宁夏地震志

宁夏地震志编纂委员会　编

地震出版社

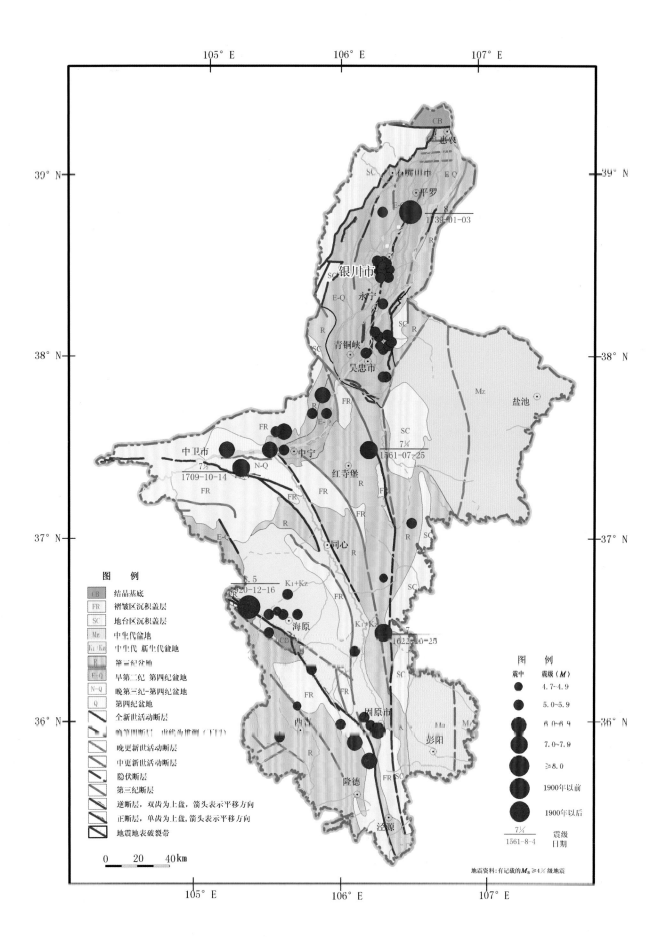

宁夏地震地质构造与中强地震震中分布图

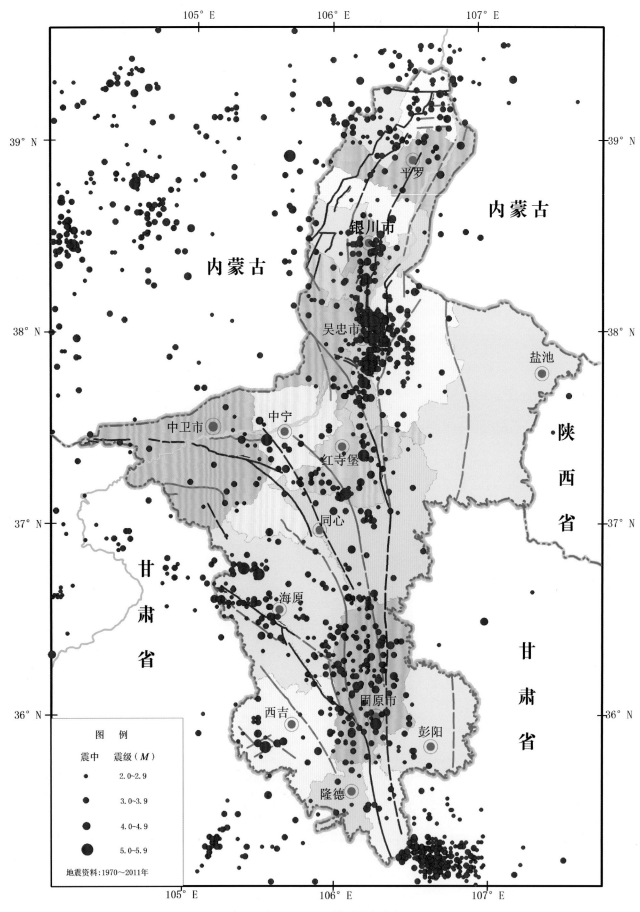

宁夏及邻区 2 级以上地震震中分布图

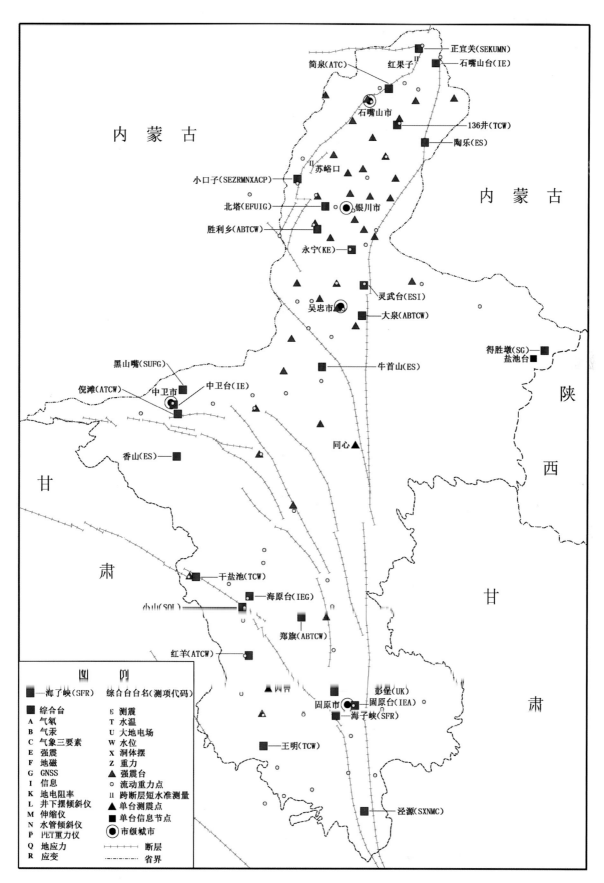

宁夏地震台站及观测项目分布示意图

重要会议

全区地方地震工作会议（1990年11月）

全区防震减灾工作会议（1995年6月）

全区防震减灾工作会议（1999年6月）

全区农村民居防震保安工作会议（2007年9月）

自治区党委健全应急体制机制做好防震减灾工作专题学习班
（2008年7月）

全区地震活断层避让工作会议（2009年6月）

全区防震减灾工作会议（2010年4月）

领导关怀

自治区副主席马英亮（中）听取地震局领导汇报工作
（1987年5月）

国家地震局副局长陈章立（正面）在自治区地震局干部会议上
讲话（1990年3月）

自治区党委书记毛如柏（右）会见中国地震局副局长刘玉辰
（1999年6月）

自治区党委书记陈建国（右2）、主席马启智（右1）与中国
地震局党组书记、局长宋瑞祥（左2）及中国地震局原局长
方樟顺（左1）交流宁夏防震减灾工作意见（2002年6月）

中国地震局局长宋瑞祥（右3）在自治区副主席赵廷杰（左1）
陪同下，到固原地震台调研指导工作（2004年5月）

宁夏回族自治区防震减灾工作会议合影

1999.6.22 于银川

自治区领导与全区防震减灾工作会议代表合影

前排左6起：姬亮洲、韩有为、任启兴、刘玉辰、毛如柏、马启智、韩茂华、马文学、于革胜、金晓昀（1999年6月）

中国地震局局长宋瑞祥（前左6）在自治区副主席冯炯华（前左5）陪同下到自治区地震局调研，与干部职工合影
（2004年5月）

中国地震局副局长陈建民（中）在银川北塔地磁台调研
（2004年8月）

自治区主席王正伟（右3）在自治区地震局视察
（2009年1月）

自治区党委书记张毅（前左4）和党委常委、秘书长蔡国英（后右2）
到自治区地震局调研防震减灾工作。图为听取监测工作汇报（2010年8月）

自治区领导到地震局调研，与干部职工合影
前排左4起：陶源、苏德良、张来武、于革胜、陈建国、王正伟、崔波（2006年12月）

自治区副主席杨惠云（左3）在石嘴山地震台调研
（1991年4月）

自治区副主席刘仲（左3）慰问银川基准台职工
（1997年12月）

自治区副主席于革胜（中）在银川基准台调研
（1998年6月）

中国地震局副局长赵和平（前右1）在盐池地震台调研
（2004年1月）

自治区副主席张来武（右1）在银川市活断层探测工程现场
调研（2005年4月）

中国地震局副局长修济刚（右3）在海原县干盐池地震遗迹
调研（2007年1月）

自治区人大副主任冯炯华（右3）视察银川基准台
（2007年8月）

中国地震局副局长岳明生（中）在中卫地震台座谈
（2007年12月）

自治区副主席李锐（左1）到自治区地震局调研震情和应对
措施（2008年10月）

中国地震局副局长阴朝民（右2）调研自治区地震局震情值
班工作（2010年12月）

中国地震局党组成员、纪检组组长张友民（左3）在银川北塔地磁台调研指导工作（2011年3月）

自治区副主席屈冬玉（中）在海原地震博物馆调研（2011年7月）

地震灾害

1920年海原8.5级地震后，海原县城的惨状

1920年海原8.5级地震，固原城墙崩坏，前提督署赏门塌坏，墙倒架在

1920年海原8.5级地震，隆德县城衙门成为废墟

1970年西吉5.5级地震，造成山体滑坡，公路路基毁坏，交通中断

1970年西吉5.5级地震，房屋窑洞遭受破坏

1982年海原5.5级地震，造成公路边长达180m的滑坡，土坯拱窑被破坏

1987年灵武5.5级地震，墙体裂缝　　1988年灵武5.5级地震，出现喷砂冒水（左）；女儿墙砸塌房顶（右）

地震碑刻文献

记载金兴定三年（1219年）
固原地震的明嘉靖十年石刻

铸有明嘉靖四十年（1561年）中宁地震铭文的铁钟

清乾隆皇帝朱批乾隆三年（1739年）银川-平罗大地震奏折

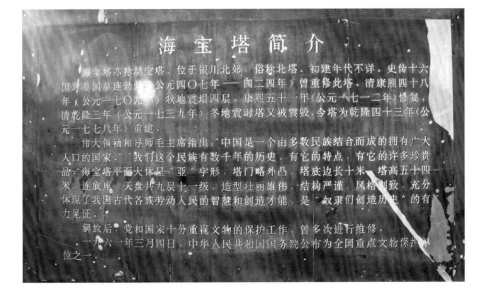

银川海宝塔寺内的《海宝塔简介》，记述了清康熙四十八年（1709年）中卫地震和清乾隆三年（1739年）银川-平罗地震致海宝塔震毁的情况

上諭舒興阿奏中衛縣城鄉地震派員勘辦一摺甘
肅中衛縣城鄉地方於本年四月初八日起至二
十三日連次地震經該督派員查明居民房舍震
倒二萬餘間壓斃男女大小三百餘口受傷者四
百餘口該縣城垣衙署及倉廠監獄等處均被坍
塌傾圮居民糧食衣物牲畜亦多被壓沒餬口無
資深堪憫惻著該督迅委賢員前往妥為安撫並
將同時被震各堡迅速查勘應動支何項錢糧分
別撫恤及該縣被災處所應微地丁錢糧應行寬
免之處一併確戥奏明妥速辦理毋令一夫失所
以副朕惠愛黎元之至意欽此

咸豐二年六月二十一日內閣奉

清咸丰二年（1852年）中卫地震清廷上谕

兰州白塔山三星殿记述1920年海原地震的"全球地震"碑

甘肃省长张广建给大总统、国务总理的十万火急电报文稿

地震遗迹遗址

中宁县鸣沙塔（又称永寿塔），遭明嘉靖四十年（1561年）中宁7¼级地震和清康熙四十八年（1709年）中卫 7½ 级地震破坏

明天启六年（1622年）固原7级地震马刚堡遗址

清康熙四十八年（1709年）中卫7½级地震，青驼崖西的地震地表破裂带（左），团卜拉东地震陡坎和土林（右）

长城被垂直错断1.5米

清乾隆三年（1739年）银川–平罗8级地震，造成平罗县红果子段长城错动。左图为水平错动，右图为垂直错动

1920年海原8.5级地震遗迹遗址

海原石卡关沟的小冲沟发生左旋水平变位，
形成断塞塘

南、西华山北麓断层中段哨马营冲沟左旋变位87m

地震地表破裂使海原哨马营古柳树劈开

海原干盐池唐家坡西块石垒砌的田埂左旋错动

海原李俊海子大滑坡与海子水库远眺

固原石碑塬低角度滑坡群

西吉西南党家岔巨型滑坡体

巨型滑坡体堵塞河道，形成西吉党家岔地震堰塞湖

自治区副主席李锐（右）和中国地震局副局长阴朝民
（左）为海原地震博物馆揭幕（2010年12月）

重点地震遗迹保护区西吉震湖碑
（2006年7月）

海原县人民政府保护地震遗迹所立石碑（2006年10月）

地震科学考察

国际饥饿救济协会的J·W·霍尔(J.W.Hall)、
U·克劳斯(U.Close)、E·麦克考尔密克
(E. McCormik)等到达海原地震区调查。图为
赴震区途中（1921年3月）

翁文灏、谢家荣、王烈、苏本如、易受楷和
杨警吾赴海原地震灾区调查、考察。
图为翁文灏（左）在静宁考察时住在帐篷里
（1921年）

中国科学院地球物理研究所郭增建（左4）等
6人组成地震预报考察队，对海原大地震遗迹
实地考察。图为队员在南华山脚下合影
（1958年）

地震科技人员测量海原地震形变带（左图），检查石卡关沟探槽（1985年）

中外地震科技人员野餐（1985年）

中美地震工作者考察贺兰山东麓断裂带地震断崖
（1984年）

专家考察黄河大柳树坝址地震地质（1994年）

中卫天景山活动断裂带考察（1992年）

贺兰山东麓活动断裂带考察（2004年）

黄河断裂带考察（2006年）

地震监测预报

银川地震台观测员杨玉玺分析地震（1954年）

宁夏培养的第一批地震观测员合影
后排左起：李兴、杨廷俊、安文国、殷占魁、魏诚、王国祥
前排左起：孙太山、郭风栖、贺长有、刘琨（1965年）

银川地震台建台40周年纪念活动，自治区人大副主任杨惠云（右7）出席（1994年）

银川小口子地震台（1964年建）

银川基准台（小口子，2001年）

石嘴山地震台（2004年）　　　　　　　原石嘴山地震台（1981年建成）

中卫地震台（2007年）　　　　　　　原中卫地震台（1984年建成）

固原海子峡数字测震、地磁、形变观测站　　野外无人值守数字地震观测点（2005年）
（2007年）

宁夏数字地震台网中心仪器设备（2008年）

原银川遥测台网记录中心（1990年）

震情值班室（2008年）

原地震观测记录（1996年）

原水氡观测（1996年）

分析地震（2003年）

安装观测仪器设备（2007年）

年度地震趋势研讨会

年度地震趋势会商会　　　　　　　周会商　　　　　　　现场落实异常（2008年）

地震灾害预防

《防震减灾法》学习培训（1998年8月）　　　　　颁发地震行政执法证（1999年12月）

1991年7月起，每年全区开展纪念"7·28"唐山地震科普宣传教育周活动

自治区副主席杨惠云（中）参加防震减灾宣传活动
（1991年7月）

自治区副主席刘仲（中）参加防震减灾宣传活动
（1996年7月）

防震减灾知识有奖竞赛活动（1997年6月）

纪念海原大地震80周年活动（2000年12月）

宁夏首届中学生防震减灾知识电视竞赛活动
（2006年7月）

家庭防震减灾知识竞赛活动（2009年11月）

防震减灾科普示范学校创建活动（2009年5月）

全区防震减灾知识网络竞赛活动（2011年4月）

评审固原、海原、西吉、隆德、同心、平罗六县
抗震防灾规划（1991年1月）

评审工程场地地震安全性评价报告（1998年5月）

开展银川市活动断层探测与地震危险性评价（2004～2007年）

开展工程场地地震安全性评价工作（2006年7月）

防震避险知识宣传进清真寺（2008年）

自治区政府对南部山区特困灾民危窑危房改造现场进行部署（2007年12月）

自治区党委书记陈建国（中）现场指导设立地震活动断层避让牌（2009年9月）

地震应急救援

1920年海原大地震后，固原电报局三名工作人员在门板搭起的工作室内发出灾情的第一份电报

1976年宁夏支援唐山抗震救灾防疫大队

1988年灵武5.5级地震，国家地震局副局长陈颙（右4）赴震区考察

2008年四川汶川8.0级地震，自治区副主席李锐（右1）到宁夏南部调查灾情

2008年四川汶川8.0级地震，宁夏地震现场工作队在宁夏南部开展灾情调查和评估工作

宁夏地震灾害紧急救援队在汶川灾区救援

自治区副主席刘仲（右2）带队检查宁夏北部防震工作并观摩应急演练（1998年4月）

银川市举行抗震救灾应急演练活动（2000年9月）

宁夏地震灾害紧急救援队成立，马启智主席（右）为紧急救援队授旗（2004年12月）

白治区人民政府在银川举行宁夏地震应急演习（2005年9月）

宁夏救灾物资储备中心（2005年）

银川市中山公园应急避难场所示意图（左）、指示牌（右）（2010年）

精神文明建设

宁夏地震局思想政治工作会议（2000年12月）

宁夏地震局人才工作会议（2004年3月）

年度工作总结暨表彰大会（2004年1月）

廉政警示教育活动（2007年7月）

纪念建党90周年歌曲演唱（2011年7月）

妇女组织活动（2011年3月）

接受革命传统教育，职工在六盘山纪念馆参观学习（2007年7月）

离退休职工在中卫沙坡头活动（2007年8月）　　参加区直机关职工体育竞赛活动（2007年9月）

职工体育活动（2008年1月）　　　　　　　青年组织活动（2011年5月）

职工植树绿化、改善环境(2006年)

为灾区捐款（1998年8月）　　　　　　　春节联欢（2007年2月）

宁夏地震队（局）办公楼（1972年7月建成）　　　宁夏地震局办公楼（1980年11月建成）

宁夏防震减灾应急指挥中心、宁夏地震局办公楼（2005年8月建成）

宁夏地震局《宁夏地震志》工作领导小组

（1986 年 9 月 6 日成立）

组　长：吴建明
成　员：王业昌　李孟銮
　　　　领导小组下设《宁夏地震志》编辑委员会
主　编：李孟銮
副主编：梁金仓（负责常务工作）
编　委：万自成　王铁林　王　成　文　卫　白铭学　刘　琨
　　　　刘亚贤　李孟銮　张文孝　杨明芝　杨玉玺　梁金仓
　　　　廖玉华

《宁夏地震志》第二届编纂委员会

（1999 年 8 月 16 日成立）

主　任：杨明芝
副主任：刘　琨　万自成
委　员：（按姓氏笔画为序）
　　　　万自成　王清云　刘　琨　杨明芝　张文孝　张思源
　　　　梁金仓　廖玉华
总　审：梁金仓

《宁夏地震志》办公室

（2003 年 7 月 29 日成立）

成　员：刘　琨　王清云　梁金仓

《宁夏地震志》第三届编纂委员会

（2005 年 3 月 31 日成立）

主 任 委 员：杨明芝

副主任委员：张思源　万自成

委　　　员：（按姓氏笔画为序）

万自成　马贵仁　王清云　朱峻峡　刘　琨

孙立新　李根起　杨明芝　张文孝　张进国

张思源　金延龙　封德春　赵广堃　赵卫明

赵知军　柴炽章　蒙和平　廖玉华

办公室主任：赵知军

2006 年 6 月，张自河接办公室主任工作

《宁夏地震志》评审委员会

（2014 年 1 月 22 日）

主 任 委 员：金延龙

副主任委员：张明鹏

委　　　员：（按姓氏笔画为序）

万自成　马禾青　马贵仁　王业昌　王怀智

王树富　王增光　白铭学　刘　琨　许文俊

闫　冲　卢巧娥　朱峻峡　孙立新　李　杰

杨玉玺　杨明芝　吴　隽　吴广新　张文孝

张进国　张自河　张明鹏　张思源　金延龙

周　辉　封德春　侯万平　柴炽章　常晟勇

梁金仓　盛菊琴　蒋志平　蒙和平

《宁夏地震志》编撰审改人员

主　　编：张思源
副主编：张自河
特邀编审：张明鹏
撰稿人员：（按书中顺序排列）

张思源	梁金仓	侯万平	谢建永	徐丽红	盛菊琴	任雪梅
廖玉华	柴炽章	孟广魁	刘琨	王怀智	张自河	张文孝
马禾青	万自成	王增光	张进国	封德春	王清云	王建功
吴隽						

图件绘制：盛菊琴　王　银　崔　瑾　许英才

审改人员：

杨玉玺	王业昌	杨明芝	刘琨	万自成	张文孝	廖玉华
朱峻峡	白铭学	王铁林	梁金仓	孟广魁	郭风栖	文正国
姚宗智	吴广新	孙维护	金延龙	李杰	柴炽章	蒙和平
张进国	封德春	孙立新	闫冲	谢建永	侯万平	王清云
王怀智	王建功	周辉	吴隽	盛菊琴	许文俊	马木青
常晟勇	王增光	焦德成	徐丽红	陈力	兰刚	王树富
高建国	周勇	党韩生	丁光林			

自治区民政厅：蒋志平
自治区住房和城乡建设厅：卢巧娥
自治区地方志编审委员会办公室：张明鹏　吴晓红　杨　云　王玉琴

凡 例

（1）本志以马克思列宁主义、毛泽东思想、邓小平理论、"三个代表"重要思想和科学发展观为指导，坚持唯物主义和历史唯物主义的立场、观点和方法，力求全面系统、翔实科学地记述宁夏地震活动和防震减灾事业发展历史进程。

（2）本志主要记述现宁夏行政区域内发生的地震事件和防震减灾事业。地震活动上限从公元 143 年（东汉顺帝汉安二年）开始，古地震的上限更早，其余各篇上限大体为中华人民共和国成立时，下限断至 2011 年年底。地震和地震地质部分为了内容的完整性，在记述中涉及周边省区，其余部分的记述均不超越本区的区域界限。2011 年后发生的重要事项列入"限外纪事"。

（3）本志采用篇、章、节、目结构。述、记、志、传、图、表、录并用，以志为主，附录为补，图（照）表相辅。以事分项，横排竖写，记而不论，述而不评，以事系人。

（4）本志除历史地震部分为了保证记述的真实性，在复载有关史料时保留原记述的文体语体之外，其余各篇均使用规范化语体文进行记述，力求通俗易懂，言简意赅，文简事丰。

（5）本志历史地震资料主要采自谢毓寿主编的《中国地震历史资料汇编》，并参阅顾功叙主编的《中国地震目录》和宁夏地震局编著的《宁夏回族自治区地震历史资料汇编》《宁夏地震目录》；其他各种资料主要采自宁夏地震局的科技档案、文书档案、资料汇编、学术刊物、科技报告、宁夏地震工作简史等，收集了相邻省区地震部门和区内市县地震机构以及自治区档案部门有关资料。

（6）本志计量单位采用国家标准 GB3100-86《国际单位制及其应用》。地震震级和地震烈度采用国家质量技术监督局 GB17740—1999《地震震级的规定》和 GB/T17742-1999《中国地震烈度表》，M_L 为近震震级，M 为面波震级，行文中以 M 表示或无震级符号的地震皆为面波震级；I 为地震极震区的最高烈度。

（7）本志中古地名第一次出现均注明今地名或辖区范围，称谓变化以后第一次出现均注明原称谓，对个别容易产生歧义之处亦加注必要的说明。

单位符号说明

m——长度单位　米；

km——长度单位　千米，$1km=10^3m$；

μm——长度单位　微米，$1μm=10^{-6}m$；

m^2——面积单位　平方米；

km^2——面积单位　平方千米；

s——时间单位　秒；

a——时间单位　年；

ka——时间单位　千年；

mm/a——运动速度单位　毫米每年；

mm/ka——运动速度单位　毫米每千年；

Gal——加速度单位　伽，$1Gal=1cm/s^2=10^{-2}m/s^2$；

mGal——加速度单位　毫伽，$1mGal=10^{-5}m/s^2$；

g——重力加速度　$1g=9.8m/s^2$；

Bq/L——放射性气体氡浓度单位　贝可每升；

L/s——井（泉）水流量单位　升每秒；

mg/L——地下水矿化度单位　毫克每升；

Ω·m——电阻率单位　欧姆·米；

Hz——频率单位　赫兹；

W——功率单位　瓦特；

kW——功率单位　千瓦特；

μH——电感单位　微享（地应力观测），$1μH=10^6H$；

dB——两个量的比值大小　分贝。

前　言

　　盛世修志，志载盛世。为贯彻落实《地方志工作条例》精神，根据《宁夏回族自治区地方志工作发展规划（2008～2020)》，宁夏回族自治区地震局将编修《宁夏地震志》作为本区地震系统一项重要的文化建设工程，组织科技专家和管理人员解放思想、继承创新，突出地方特色和时代特点，倾众人之力，凝各方心血，依法编修《宁夏地震志》。本志以服务经济社会发展大局为主线，力争系统全面、客观真实地记述宁夏重要地震事件和劳动人民同地震灾害奋力抗争的历史，记述宁夏地震工作和防震减灾工作的发展历程，记述宁夏地震工作者艰苦奋斗、默默奉献的坚实足迹，记载地震防灾减灾的经验和教训，为各级领导科学决策提供客观依据。

　　宁夏地质构造位置特殊，活动断裂发育，历史上多次发生破坏性地震。1739年银川–平罗8级地震是典型的城市直下型地震，造成5万余人遇难；1920年海原8.5级特大地震造成27万人遇难，震惊世界；1561年中宁7¼级地震、1622年固原7级地震、1709年中卫7½级地震均造成巨大灾难，都是研究地震灾害的重要实例。中华人民共和国成立以来，宁夏地震活动仍然十分频繁，特别是1970年西吉5.5级地震造成117人遇难，更是震级不高伤亡重的典型事例。地震灾害严重是宁夏的基本区情之一。

　　多年来，在中国地震局和自治区各级党委、政府的重视、关心和支持下，宁夏地震专业工作队伍和群测群防队伍逐步发展壮大。回顾不同时期的地震工作方针和目标，映射出地震工作的发展轨迹。20世纪70年代：在党的一元化领导下，以预防为主，专群结合，土洋结合，大打人民战争；80年代：以预防为主，专群结合，多路探索，加强地震预报和工程地震的研究，推进地震科学技术现代化，不断提高监测预报水平，减轻地震灾害，发挥地震科学在国民经济建设和社会进步中的作用；90年代：在各级政府的直接组织和领导下，动员全社会的力量，建立有效的地震综合防御体系，力争用10年时间，使全区城乡抗御地震的能力有明显提高，银川市、石嘴山市具备抗御6级左右地震的能力。1998年《中华人民共和国防震减灾法》实施，1999年《宁夏回族自治区防震减灾条例》实施，确立了："预防为主，防御与救助相结合"的防震减灾工作方针，防震减灾工作正式纳入法制轨道。2000年全国防震减灾工作会议部署建立健全地震监测预报、地震灾害预防和紧急救援三大工作体系。宁夏各级地震工作机构与建设、民政、科技、宣传、教育、消防、武警等单位密切协作，建立健全防震减灾三大工作体系和科技创新体系，以减轻地震灾害，保护人民生命财产安全，保障社会主义建设顺利进行。

在密切监视和分析预测震情趋势、处置地震灾害事件、防震减灾知识宣传、城市建设工程抗震设防、农村民居防震保安、地震应急救援、地震活动构造探测研究、群测群防、地震遗迹遗址保护与开发、地震社会服务工程、探索地震奥秘等工作中，一代又一代有志于减轻地震灾害损失的仁人智者艰苦奋斗，勇于开拓，知难而进，为探索、实践减轻地震灾害损失的伟大目标而默默奉献，取得累累硕果。

回顾宁夏地震防灾减灾历史，记录走过的艰辛历程，汲取取得的宝贵经验，吸取地震灾害造成损失的惨痛教训，发挥"资治、存史、育人"的作用，是编纂《宁夏地震志》的主旨。承担撰稿编辑任务的专家和管理人员搜集整理大量相关资料，仔细加工分类，去伪存真，舍粗取精，真实、客观、详细、完整地对前述内容加以记载，几经修改完善，终得完成。

但愿这部凝聚多人心血、体现集体智慧的专志，能够起到承前启后、鉴往知今的作用，助推宁夏防震减灾工作科学发展，以全新的步伐迈入新时期，实现最大限度地减轻地震灾害损失的目标。如此，幸甚！

谨以本志纪念宁夏防震减灾工作60周年。

编　者

目　录

第四篇　地震监测

第八篇 地震应急救灾

第九篇　地震科研

第十篇　人　物

附　录

概　述

　　宁夏回族自治区位于我国西北地区东部、黄河中上游，与内蒙古自治区、甘肃省、陕西省毗邻。地理范围：东经 104°17′～107°39′，北纬 35°14′～39°23′。面积 5.18 万平方千米，有 5 个辖区的市，21 个县（市、区）。人口 630 万，主要分布在北部，南部次之，中部最少，人口平均密度 121 人/km²。

一

　　宁夏位处我国南北地震带的北端。区内新构造运动十分活跃，以牛首山-青龙山断裂为界，分为性质不同的南、北两部分。北部受大华北构造应力场控制和青藏构造应力场影响，处于北北西-南南东或北西-南东方向的水平拉张构造应力状态，地块沿袭先成的北北东向断裂发生强烈拉张，银川盆地断陷，贺兰山与鄂尔多斯高原隆起。南部受青藏构造应力场控制，地块受到来自南西方向的水平挤压，受到北面的阿拉善和东面的鄂尔多斯两个古老刚性块体的阻挡，引起地壳变形，形成弧形断裂及其控制的隆起和断陷。这些新构造运动决定着宁夏的构造地貌格局和地震活动。

　　宁夏北部和南部的地质发展历史、地质构造、新构造运动和地震活动的明显差异，形成银川地震带和西海固地震带两个南北不同的地震区带。全区活动断裂十分发育，地壳厚度变异很大，地震强度大、频度高。银川地震带以银川盆地为主体，属华北地震区。银川盆地与鄂尔多斯周缘地堑系有统一的形成机制和发展历史，构造应力以水平拉张为主，主要发育 4 条北北东走向的张性活动断裂，新生代沉积厚逾9000 m，全新世平均沉降速率 1.2～1.5 mm/a。西海固地震带以甘宁弧形断裂束为主体，属青藏高原东北部地震区，构造应力以北东东向水平挤压为主，活动断裂非常发育，多属左旋走滑型逆冲断裂，全新世最大滑动速率 7～14 mm/a。

　　宁夏地震都属板内构造地震，震源浅，一般在 10～25 km范围内。工程地质条件方面，北部和中部属黄河冲积平原，覆盖层厚，地下水位高，砂土液化较重；南部黄土高原，土质疏松，湿陷性强。由于地方经济落后和传统的住房建造习俗，居民住房的抗震能力普遍较差，特别是南部山区生土建筑抗震能力更差，致使地震灾害重、损失大。

　　宁夏有文字记载的地震最早可追溯到东汉汉安二年（143 年），自唐乾符三年（876 年）宁夏有明确的地震记载以来，境内共发生 8 级以上特大地震 2 次，7 级地震

3 次，6 级地震 10 次，5 级地震 33 次。宁夏境内有 20 多万人死于地震，伤者难以计数；房屋建筑和财物损失无法统计。邻近省（区）发生的强震，波及宁夏也造成大量人员伤亡和财产损失。

自 1954 年有仪器记录以来，发生了 30 次有不同程度破坏、损坏的地震。一般，区内每年记录到小地震大约二三百次，人们感觉到的地震有七八次。有的年份发生几十次到几百次微小地震的震群；1995 年牛首山弱震群，160 天内发生微小地震 7006 次，甚为罕见。

据《中国地震动参数区划图（2001）》划分，全区 97.3% 的面积处于地震烈度Ⅶ度（地震动峰值加速度 0.10g）以上，77.2% 的面积处于地震烈度Ⅷ度（地震动峰值加速度 0.20g）以上。自治区北部至宁蒙交界地区属于国家级地震重点监视防御区，中、南部区域和部分城市被确定为自治区地震重点监视防御区和重点防御城市，总面积 9615 km²，是 2020 年前需要重点加强防震减灾工作的地区。

二

地震瞬间给人类造成生命财产的巨大损失和心理创伤，前人一直在同地震灾害奋力抗争，并摸索预测地震的方法。宁夏、甘肃等地方志不但记载了地震灾情，还记载了一些震前反常现象。如 1739 年银川–平罗大地震后，《银川小志》记述了气候变化、动物与井水反常与地震的关系；《重修隆德县志》（1935 年）辑录了 6 个震兆现象，告诫人们"如遇此六兆，急宜趋避，以防不测之灾。"

1920 年 12 月海原大地震发生之后，次年 3 月国际饥饿救济协会的 J·W·霍尔（J. W. Hall）、U·克劳斯（U. Close）、E·麦克考尔密克（E. McCormik）等到达震区进行调查，4 月民国政府委派翁文灏、谢家荣、王烈、苏本如、易受楷和杨警吾 6 人赴灾区实地考察 4 个月。通过地震现场实地调查，获得了大量地震地质、宏观破坏、人员伤亡及余震活动等方面的宝贵资料，考察报告除详细记述地震灾害情况外，还进行了地震科学探索、研究，被认为是"我国开现代地震研究之门者"。标志着我国现代地震科学工作由此开始。

中华人民共和国成立后，国家大规模的基本建设急需对重大工程进行地震危险性评价工作。中国科学院地球物理研究所先后用 51 式地震仪和天文钟等，建设第一批记录中强地震的全国地震基本台站 24 个。其中的银川地震台于 1954 年建成，首任观测员杨玉玺，宁夏的地震工作由此开始。

宁夏回族自治区成立后，经济建设速度加快，而宁夏潜在的地震灾害威胁，使人民政府在经济建设决策时不能不考虑未来可能发生的地震灾害。为加强宁夏地震工作，1959 年宁夏回族自治区科学技术委员会设立地震工作组；1962 年中国科学院西北分院兰州地球物理研究所在宁夏设立地震研究室宁夏分室，进行地震活动性研究和地震观测；1964 年宁夏地震分室相继在固原、中卫、灵武、石嘴山、陶乐、银川等地建立地震台，初步形成了宁夏地震观测台网。经对银川地震基本烈度进行专题考察研究，1965 年国家计委批准，把银川市地震基本烈度由Ⅸ度改为Ⅷ度，解决了宁夏首府城市由于地震烈度高而不宜搞大规模建设的问题，为引进工商业、开发银川、建设宁夏提供了重要依据。

<h2 style="text-align:center">三</h2>

20 世纪 60 年代国内多地发生强烈地震，造成大量人员伤亡和财产损失。地震灾害的严重性，引起党和国家的极大关注。1970 年 1 月 5 日云南省通海 7.7 级地震后 12 天，中央地震工作领导小组在北京召开了第一次全国地震工作会议，部署统一组建地震工作队伍、开展地震预报和防震抗震工作，使地震工作走上有步骤、有计划发展的轨道。1970 年 4 月，宁夏回族自治区地震工作领导小组成立，设办公室负责地震工作；地、市、县相应成立地震工作领导小组，设地震办公室专门负责地震工作，建立地下水、土地电观测网和动物习性观察点。1971 年 5 月，宁夏回族自治区地震队革命委员会筹备小组成立。遵循 1972 年全国第二次地震工作会议制定的"在党的一元化领导下，以预防为主，专群结合，土洋结合，大打人民战争"的地震工作方针，地震办公室引导群众业余观测地倾斜、土地温、土地电、植物电、地下水、土地磁、土地应力、动物行为等。观测员有工人、农民、干部、教师和学生，以为人民群众站岗放哨的热情，不计报酬，开展地震观测。至 1980 年底，全区有专业地震台（站）11 个，市县、企业地震站（台）20 个，群众地震测报点 91 个。

1971 年开始形成地震周、年会商制度，1977 年后完善地震会商制度，1986 年地震预测预报工作制度日趋完善，形成了周、月、半年、年度、震后、临时等完备的地震会商制度，逐步走上法制化轨道。工作条件从手工转向计算机化、可视化，地震预测预报的思路、方法和指标进一步明晰。对 1984 年 11 月灵武 5.3 级地震前作出较准确的短临预测，受到国家地震局的表扬。在显著地震发生后较快、较好地实现了震后趋势早期快速判定。

1979 年宁夏回族自治区地震局成立，隶属国家地震局，同时是自治区人民政府的职能机构。嗣后，各地市县设立地震办公室，是同级政府的职能机构。根据此时期国家地震工作方针，自治区地震工作坚持以预防为主、专群结合、多路探索，加强地震预报和工程地震的研究，推进地震科学技术现代化，不断提高监测预报水平，减轻地震灾害，发挥地震科学在国民经济建设和社会进步中的作用。

1983～1986 年，自治区地震局对专业地震台站进行全面评价和清理、整顿，在此基础上对全区群众地震测报点进行清理和整顿。对地震预测预报方法进行实用化清理攻关研究，撰写 50 余篇论文。

20 世纪 80 年代，自治区和国家地震部门的科学工作者与日本、美国、加拿大、前苏联等国家的地震专家，在贺兰山、六盘山等地进行地震地质、活断层勘测研究。出版了《一九二〇年海原大地震》《鄂尔多斯周缘活动断裂系》《海原活动断裂带》等专著。

西吉、海原、灵武等地发生中等强度破坏性地震后，自治区组织了四次较大规模的抗震救灾活动，积累了抢险救灾、应急援助、医疗救护、灾民救济安置、保险理赔、重建家园等项经验。

四

1990 年自治区召开全区地方地震工作会议，动员全社会力量积极参与地震综合防御工作。要求"加强地震工作，进一步提高地震的监测能力，继续开展地震预报攻关研究，力争对破坏性地震做出一定程度的短临预报，在全区开展地震知识普及教育。"自治区成立防震救灾领导小组，各地、市、县（区）成立防震救灾领导小组或抗震救灾指挥部。1995 年第一次全区防震减灾工作会议，部署实现自治区防震减灾 10 年总体目标，进一步促进防震减灾工作全面开展。县级以上政府的 340 个重点部门和 250 个各类企业，100 多个重点乡镇建立了防震减灾领导组织。各地将地震办公室改名为地震局，负责同级政府管理防震减灾工作的职能；未设地震机构的市辖区确定兼职部门，承担防震减灾工作任务。基本形成以政府为主导的防震减灾领导协调与管理体系，形成以专业和市县地震工作队伍为主的防震减灾工作体系。

与国家地震局"八·五"计划、"九·五"计划同步，自治区逐步完善由地震国家基本台、省级台、市县台、企业台及流动台组成的地震观测系统，建成银川无线遥测地震台网、中国地壳运动观测网络盐池基准站、宁夏地震区域短波数据传输通讯网。应用现代地震科技成果、信息技术和高新技术设备，建成以计算机为核心，具有数据输入、存贮、大屏幕图像显示及通讯功能的会商系统，提高宁夏地震监测预报水平。对 1991 年宁夏北部地震重点监视防御区两次 5 级以上中强地震进行了较成功的内部预测，对 1998 年海原 4.9 级地震的较好预测，得到中国地震局表扬和奖励。对有感地震后的趋势作出符合实际的判断，当地政府据此正确决策，平息地震谣传，稳定了社会秩序，保障经济建设顺利开展。

1991 年自治区政府发布《宁夏地震防灾减灾综合对策方案（试行）》《宁夏破坏性地震应急反应预案》，此后进行修订。根据《宁夏回族自治区破坏性地震应急预案》，各级政府、有关部门和单位制定地震应急预案，组织应急演练予以落实，根据实际适时修订。组建了全区地震灾情速报网。

在自治区党委宣传部领导下，地震、科技、教育、新闻等部门在唐山地震纪念日、国际减灾日、科技宣传周等时机，以广播、电视、板报、咨询等多种形式，向社会公众开展防震减灾基本知识、自卫自救和避险常识宣传教育，形成了每年坚持实施的一项制度。

全区至 1997 年累计完成城市（镇）房屋建筑设防面积 2800 多万平方米，抗震加固 177 座构筑物。南部山区改造加固农房 3.8 万余间，加固崖窑 2.2 万余孔，淘汰土坯箍窑近万间，淘汰危房 1.8 万余间。投入抗震加固经费累计 2900 万元。基本上做到新建工程按国家有关规定进行抗震设防。大部分市县编制了抗震防灾规划，进行民房抗震研究，采用抗震新技术，加快南部山区淘汰土箍窑的工作。推进城市化进程中有计划地加快危旧房屋改造。地震科技应用到工程建设领域，对黄河黑山峡大柳树水利枢纽、六盘山公路隧道、银川河东机场等重大工程进行地震安全性评价，使抗震设防初步纳入法制化轨道。出版《银川平原地震区划研究》等专著。

1997 年 12 月《中华人民共和国防震减灾法》颁布后，全区掀起学习宣传、贯彻实施该项法律的热潮，列入"三五"普法教育内容。体现宁夏特色的本区第一部地方性防震减灾法规——《宁夏回族自治区防震减灾条例》自 1999 年 7 月 1 日起施行，标志着全区防震减灾工作走上法制化轨道。1999 年全区防震减灾工作会议部署贯彻实施"一法一条例"，全面落实防震减灾 10 年目标实施阶段的措施，明确防震减灾工作具体任务，推进防震减灾工作深入开展。

五

2000 年国务院召开全国防震减灾工作会议，部署建立健全地震监测预报、地震灾害预防和紧急救援三大工作体系，要求地震、建设、民政三部门通力协作，进一步增强责任意识、法制意识、科技意识、协作意识，促进防震减灾工作健康开展。这次会议将防震减灾工作提升到崭新的阶段。根据《防震减灾法》确定的防震减灾工作"预防为主、防御与救助相结合"的方针，按照自治区《防震减灾条例》规定，在中国地震局和自治区党委、政府的高度重视和大力支持下，自治区在国家"十·五"计划、"十一·五"计划期间，认真推进防震减灾三大工作体系和地震科技创新体系建设，形成自治区和各市县统一领导、分工负责的防震减灾领导指挥系统，建立由《防震减灾法》和自治区《防震减灾条例》及政府规章构成的防震减灾法律框架，建成数字化观测与模拟观测相结合的具有一定监测能力的地震观测网络。工程建设抗震设防监管得到加强，绝大部分市县将抗震设防要求纳入基本建设管理程序；防震减灾知识宣传和地震应急演练活动日益常态化，公众防震避险知识和技能进一步提高；建成自治区级、部分市级地震应急指挥技术系统；建立地震应急预案体系、地震应急救援体系；重大地震灾害事件发生时，各部门密切配合，实施有序、高效的应急处置。防震减灾工作在维护经济社会发展中发挥了重要作用。

区内显著震情和 2008 年四川汶川 8.0 级地震、2010 年青海玉树 7.1 级地震期间，自治区党委、人民政府及时部署防震应急工作。紧急支援灾区抗震救灾和受灾群众转移安置工作；地震、公安、武警、民政等相关单位紧急联动，密切监视跟踪震情发展，确保破坏性地震后在第一时间开展应急和救援；地震专家科学研究、判定震情趋势；新闻媒体广泛开展防震减灾知识宣传，向社会通报震情和灾情信息，公布震情趋势预测意见，及时辟谣，维护了社会稳定。

实施了迄今为止宁夏防震减灾工作历史上投入资金最大、建设时间最长、施工地点最多，总投资 5786 万元的宁夏数字地震观测网络项目，基本实现地震监测的数字化、网络化、集成化；中国大陆构造环境监测网络、中国地震背景场探测宁夏项目的实施完成，全面提升了自治区地震监测能力。对前兆观测资料在地震孕育不同阶段的表现形式和复杂性有了一定程度的认识，总结出一些适合本地区地震活动特点的经验性预测预报指标。出版专著《宁夏地震活动与研究》。在区内 178 个乡镇（街道）配备 270 名防震减灾助理员，设立 266 个宏观观测点，有 560 名地震灾情速报员。汶川地震和我区几次强烈有感地震发生后，宏观观测员及时报送灾情、社情信息，发挥群测群防在地震短临预测预报、灾情信息报送和普及防震减灾知识中的重要作用。

根据自治区《防震减灾条例》，自治区颁布政府规章《地震安全性评价管理办法》《地震重点监视防御区管理办法》《房屋建筑抗震设防管理办法》。2009 年 5 月《中华人民共和国防震减灾法》修订施行后，自治区启动《防震减灾条例》的修订工作。全区地震、建设、发改委等部门履行抗震设防管理与监督职能，把抗震设防要求作为项目可行性论证、工程设计、施工审批和竣工验收等环节的必备内容，纳入了基本建设管理程序和工程质量监管体系，城市抗震防灾规划得到严格执行，提高城乡综合抗震防灾能力。建设了自治区防震减灾行政执法队伍。

2007 年自治区人民政府召开全区农村民居防震保安工作会议，对全区农村民居防震保安工作目标、原则和主要任务安排部署，把南部山区危窑危房改造、塞上农民新居工程列为其示范工程。建成全区第一个节能达 60% 以上的公用建筑抗震示范工程—银川市湖畔嘉苑小学，在全国第一个开展了省级规模的全区城乡房屋建筑抗震安全普查，在全国第一个采用轻钢结构抗震节能体系，为全国开展抗震农宅建设提供了示范。实施了惠农采煤沉陷区安置工程和农垦安居工程。中小学校舍安全工程稳步推进。2005 年以来全区累计新建、改造危窑危房 15.7 万户。完成银川、石嘴山城市活断层探测工程，出版专著《银川市活动断层探测与地震危险性评价》。完成全区地震活动断层标识牌设立工作，为城市抗震防灾规划和镇、乡、村庄防灾规划提供科学依据。

自治区建成区、市、县三级防震减灾宣传网络，建立地震科普教育基地，利用科技周、法制宣传日和唐山、海原、汶川地震纪念日等时机，多种方式开展防震减灾知识宣传教育。在全区 273 所学校的 24 万名学生中开展防震减灾知识竞赛活动，作防震减灾知识讲座 100 多场次，编印《地震防灾避险知识》《农村防震避险知识》、宣传挂图。汶川地震一周年之际，接受防震减灾知识教育的各界群众 431.2 万人，占全区总人口的 70%。建设防震减灾科普示范学校，开通 12322 防震减灾公益服务热线，举办全区防震减灾（家庭）知识竞赛。经过多年宣传教育，全区城市和川区农村的防震减灾知识普及面达到 95%，山区农村达到 85%，边远及人烟稀少地区达到 80%，地震重点监视防御区的城市（镇）学校和农村学校的普及面达到 100%。设立了地震纪念碑、典型地震遗迹遗址碑等 16 块。西吉县党家岔地震堰塞湖被中国地震局命名为国家级地震遗址。海原地震博物馆建成并对外展出。

自治区 5 次修订《宁夏回族自治区地震应急预案》，全区各市县政府、90% 以上的乡镇编修地震应急预案，70% 以上的学校、车站、医院、大中型企业、生命线工程单位制定地震应急预案，部分街道、办事处、社区制定地震应急预案，基本形成了横向到边、纵向到底的地震应急预案体系。继 2004 年组建宁夏地震灾害紧急救援队之后，自治区相关部门陆续建立了水电、交通、煤矿等行业救援队伍和 29 支城市社区志愿者地震救援队伍，初步形成了地震专业救援队伍、行业救援队伍和社区志愿者队伍三级救援体系。建成自治区级地震应急指挥技术系统、石嘴山市和固原市城市应急反应决策技术系统；建成区、市、县三级应急物资储备库 27 个，可满足 5 级左右地震应急救援需要；各市、县政府驻地都建设了应急避难场所。

2005 年自治区成功举办全国首次省级规模的地震应急演习，区级 18 个部门及其所属专业队伍 1200 多人、300 多辆机动车参加了实战演习。2006 年全区 2032 所中小学校的 84 万多名中小学生参加了地震应急演习，占全区中小学校学生人数的 76%。2008 年宁夏大学、银川新华百货商店、固原市行政中心、中卫市中小学校相继开展地震应急演习，为人员密集场所开展地震应急救援积累经验。2009 年自治区人民政府组织"5·12 宁夏地震应急实战演习"，全区各地普遍开展地震应急演习活动，参演 176 万人，占全区总人口的 28.5%。

汶川地震后，社会各界防御地震灾害的意识明显提高。自治区政协组织开展《宁夏地震灾害与对策研究》课题，并向自治区党委提交了《关于进一步加强宁夏防震减灾工作的建议》。防震减灾知识"进机关、进企业、进社区、进农村、进学校、进清真寺"活动扎实推进，清真寺阿訇在宗教活动中宣讲防震减灾知识。区内一些企业相继开发了防震头盔、防震床、防震包等产品。各城市建设"安全、稳定、和谐"的地震安全示范社区。宁夏新闻媒体适应社会大众的地震安全需求，地震知识与信息时常见诸报端。领导干部管控地震灾害的风险意识明显增强，社会公众的防震减灾意识普遍提高。实施国家地震社会服务工程宁夏分项，建设震害防御服务系统和应急救援服务系统，面向社会开展地震相关信息和灾情服务。

2010 年全区防震减灾工作会议部署进一步推进防震减灾社会管理、公共服务和基础能力向更高层次、更宽领域、更高水平发展，表彰奖励防震减灾工作先进集体和先进个人。

2011 年 9 月，自治区人民政府印发《宁夏回族自治区防震减灾"十二·五"规划》，是指导实施国家和自治区《防震减灾规划（2006～2020 年）》，推进全区防震减灾事业又好又快发展的关键依据。实施完成该项规划，是对建设地震安全的和谐富裕宁夏的重要贡献。

大 事 记

东汉汉安二年（143 年）

10 月　甘肃甘谷发生 7 级地震，强烈波及宁夏。

唐乾符三年（876 年）

7 月 14 日　青铜峡发生 6½级地震，"州城庐舍尽坏，伤死甚众"。

宋大中祥符三年（1010 年）

11 月　灵武发生 5½级地震，"坏庐舍，压人甚多"。

宋绍兴十三年（1143 年）

4 月　银川发生 6½级地震，"坏官私庐舍、城壁，人畜死伤万数"。

金兴定三年（1219 年）

8 月 6 日　固原发生 6½级地震，将镇戎（今固原）城屋宇摧塌，庐舍倾，压死者以万计，杂畜倍之。

宋理宗宝庆三年（1227 年）

7 月　银川发生 5½级地震，"宫室多坏"。

元大德十年（1306 年）

9 月 20 日　固原发生 6½级地震，"王宫及官民庐舍皆坏，压死五千余人"。

明洪武十一年（1378 年）

4 月 30 日　银川发生 5¾级地震，"城垣崩三丈五尺，女墙崩一十九丈"。

明成化十年（1474 年）

12 月 11 日　灵武发生 5½级地震，"有声如雷，城堞房屋多圮"。

明成化十三年（1477 年）

5 月 13 日　银川发生 6½ 级地震，"地裂，城垣崩坏者八十三处"。

明弘治八年（1495 年）

4 月 10 日　中卫发生 6¼ 级地震，"震倒墩台、楼八座，关墙百余丈，倒房五十余间，压伤十二人"。

明弘治十八年（1505 年）

7 月 10 日　青铜峡发生 5½ 级地震，"崩坏广武营城垣"。

明嘉靖四十年（1561 年）

7 月 25 日　中宁发生 7¼ 级地震，"城池馆舍倾者十之八九，压死人民大半"。

明嘉靖四十一年（1562 年）

2 月 14 日　银川发生 5½ 级地震，"边墙倾圮"。

明隆庆二年（1568 年）

4 月 1 日　银川发生 5¾ 级地震，"倒边墙二百余丈，崩开十九丈"。

明万历三十六年（1608 年）

9 月 23 日　中宁发生 5½ 级地震，"官廨、边墙摇覆者多"。

明万历四十三年（1615 年）

7 月 20 日　平罗发生 5½ 级地震，"摇倒月城两处二十丈"。

明万历四十三年（1616 年）

2 月 10 日　青铜峡发生 5¾ 级地震，"摇倒城垛、墩台、房屋墙壁颇多"。

明天启二年（1622 年）

10 月 25 日　固原发生 7 级地震，"城垣震塌七千九百余丈，房屋震塌一万一千八百余间，牲畜塌死一万六千余只，男妇塌死一万二千余名口"。

明天启六年（1627 年）

2 月 16 日　中宁发生 6 级地震，"城垣、房屋、边墙、墩台悉圮"。

明崇祯十年（1638 年）

1 月海原发生 5½ 级地震，"边墙、墩台及民房悉圮"。

清康熙二十五年（1686 年）

是年　同心发生 5½ 地震，"古长城关（下马关）地震倾"。

清康熙四十八年（1709 年）

10 月 14 日　中卫发生 7½ 级地震，"官舍民房、城垣边墙皆倾覆，压死男妇两千余口"。

清乾隆三年（1739 年）

1 月 3 日　银川-平罗发生 8 级地震，地如奋跃，土皆坟起，地多坼裂，水涌溢，淹没村堡。满城四门下陷，平罗等地城垣、堤坝、屋舍尽倒。压死官民男妇五万余人。

清乾隆四年（1739 年）

2 月 23 日　平罗发生 5½ 级地震，城中所盖窝铺倒塌数十处，满城北门又低陷尺许。

清乾隆十三年（1748 年）

11 月 21 日　固原北发生 5½ 级地震，"白嘴子、黑城子一带二十余村庄坍塌民房土窑一百三十余间，压死男妇大小共四十余名口，压死牛驴二十余只"。

清乾隆二十二年（1757 年）

是年　《银川小志》载："宁夏地震，每岁小动，民习为常。大约春冬二季居多。如井水忽浑浊，炮声散长，群犬围吠，即防此患。至若秋多雨水，冬时未有不震者。"这是前人第一次记述宁夏地震活动规律的认识。

清咸丰二年（1852 年）

5 月 26 日　中卫发生 6 级地震，"震倒民房二万四百六十四间，摇损坍塌民房二万九百二十六间，压死三百二十五人，受伤四百一十八人"。

清光绪十五年（1889 年）

9 月　灵武发生 5½ 级地震，"倾倒房屋甚多"。

中华民国 9 年（1920 年）

12 月 16 日　海原发生 8.5 级地震，地震烈度Ⅸ度以上严重破坏区东起固原、西止景泰，面积达 2 万余平方千米；地震烈度Ⅶ度以上受灾区面积约 20 万平方千米。"地震时山崩地裂，河流壅塞，交通断绝，房屋倒塌"。宁夏、甘肃和陕西 3 省（区）70 县遇难 27 万人。

12 月 25 日　甘肃省靖远县发生 7 级地震，是海原地震的最大强余震，波及宁夏加重了灾情。

中华民国 10 年（1921 年）

2 月 22 日　吴忠、灵武发生 6 级地震，"金积陷出黑水无数，城堞摇落，衙署摇倒，城内房屋前未摇倒者今次无余"。

3 月初，国际饥饿救济协会的 J·W·霍尔（J. W. Hall）、U·克劳斯（U. Close）、E·麦克考尔密克（E. McCormik）等到达海原地震区调查。

3 月 6 日　《中国民报》刊登"甘肃震灾救济会哀告书"，呼吁各界向地震灾区捐助款物。

4 月 12 日　固原发生 6½级地震，"附近一带田庐人民牲畜损失无数"。

4 月 15 日　民国政府委派内务、教育、农商三部委的翁文灏、谢家荣、王烈、苏本如、易受楷和杨警吾等 6 人赴灾区调查、考察，历时 4 个月。

6 月 1 日　国际救灾委员会的调查员霍先生和海格斯先生在北京广场放映甘肃地震灾情实况照片。

11 月 28 日　银川发生 5½级地震，"房屋倒塌颇多"。

中华民国 11 年（1922 年）

2 月　翁文灏《民国九年十二月十六日甘肃的地震》在《科学》第七卷第二期发表。

8 月 30 日　固原发生 5 级地震，"损失不小，人民惊恐万分"。

中华民国 12 年（1923 年）

9 月 2 日　固原发生 5 级地震，"倾倒房屋颇多"。

中华民国 13 年（1924 年）

是年　谢家荣《民国九年十二月甘肃及其他各省地震情形》在《地学杂志》第十三卷第八九合期发表。

中华民国 23 年（1934 年）

9 月 22 日　海原发生 5 级地震，"震动甚烈，房屋倒塌，响声如雷"。

中华民国 24 年（1935 年）

《重修隆德县志》辑录了"地震之兆六端"，涉及到地下水、地光、天象变异等地震前的反常现象。

中华人民共和国

1954 年

4 月　中国科学院地球物理研究所建成银川地震台，架设 51 式地震仪投入观测。

1956 年

春　中国科学院地球物理研究所李善邦和苏联专家果尔什科夫等人，来银川考察地震遗迹。

1957 年

7 月 31 日　国家建设委员会建发（燃安）字第 786 号文件通知银川市的地震基本烈度为IX度。

1958 年

是年　中国科学院地球物理研究所地震预报考察队的郭增建、蒋明先、刘成吉、赵荣国、安昌强、王贵美 6 人在海原徒步考察 1 月，发现海原地表破裂带的东段，推动了深入考察研究海原地震的工作。

本年开始，自治区有了根据仪器记录测定的地震目录。

1959 年

1 月 31 日　海原发生 5 级地震，一些房屋墙壁有裂缝，驴圈墙角震塌打死驴驹 1 头。震后，中国科学院地球物理研究所兰州分所进行了考察。

是年　自治区科学技术委员会设立宁夏地震工作组，张贵义任负责人，开展以 1739 年银川–平罗地震为重点的历史地震考察研究工作。

1960 年

1 月 23 日　中国科学院（60）院密字第 19 号函致自治区党委，明确：银川之西戈壁滩土质优良地区可作Ⅷ度设防，但地震基本烈度仍为Ⅸ度。

1961 年

10 月　中国科学院兰州地球物理研究所将银川地震台移交自治区科委管理。

1962 年

6 月　中国科学院兰州地球物理研究所在本区设立宁夏地震研究分室，宁夏地震工作组和银川地震台同时划归该室，王业昌任分室主任。

12 月 7 日和 18 日　吴忠、灵武分别发生 5.4 级和 5.5 级地震，建筑物受到不同程度的破坏，中国科学院兰州地球物理研究所和宁夏地震研究分室进行了考察。

1964 年

6 月 13 日　自治区科委、计委向国家科委、国家计委报《请批示我区银川地区地震基本烈度的报告》，申述银川市地震基本烈度应为Ⅷ度的理由。

1965 年

2 月　宁夏地震研究分室招收 10 名工作人员，经培训后于同年 10 月分配到地震台工作。

3 月 13 日　国家计委（65）计办字第 313 号《关于银川地区地震基本烈度的复函》，明确银川地区的地震基本烈度，在基本建设上按Ⅷ度设防。

是年　西北地震考察队成员刘良宽、时振梁、郭增建、周光等到宁夏考察，并在石嘴山发现了红果子长城错动新构造运动形迹。

是年　固原地震台、中卫地震台、灵武地震台、石嘴山地震台、陶乐地震台、银川小口子地震台架设高倍率微震仪投入观测，初步建成宁夏微震观测台网。

1966 年

2 月　中国科学院兰州地球物理研究所撤销宁夏地震研究分室，设立银川地震台站管理组，王评智任负责人。

3 月 8 日　河北省隆尧县发生 6.8 级地震，银川等地居民为地震灾区捐款捐物。

1969 年

2 月 10 日　中国科学院兰州地球物理研究所任命刘琨为宁夏地震台站管理组负责人，兼银川小口子台负责人。

1970 年

1 月　中国科学院兰州地球物理研究所指派吴建明组建宁夏地震前兆队。

2月26日　自治区革命委员会生产指挥部在银川召开全区地震工作座谈会。

4月　自治区临时成立地震工作领导小组，其办公室设在自治区科技卫生局。

是月　兰州军区作战部接中央地震工作领导小组办公室通告，预报宁夏固原地区将发生破坏性地震。这是在本区发布的第一次地震预报，固原地区军民开展备震救灾工作。

10月　兰州地震大队宁夏地震前兆队、兰州地震大队、宁夏工业设计院、宁夏地矿局编制完成《宁夏回族自治区构造体系和烈度区划报告》。

12月3日　西吉县蒙宣发生5.5级地震，死亡117人，受伤408人，倒塌房屋和窑洞1800余间（孔）。中央地震工作小组办公室副主任张魁三，自治区革命委员会主任康健民，自治区有关厅局和地县领导人到现场指挥救灾。兰州地震大队宁夏地震前兆队、兰州地震大队、国家地震局地球物理所、地质所、北京市地震队、国家建委、哈尔滨工力所等单位进行考察研究。

是年　海原地震台、盐池地震台、青铜峡地应力站建成。

1971 年

1月24日　自治区革命委员会生产指挥部发出《关于当前加强防震抗震工作的紧急通知》。

5月　宁夏回族自治区地震队革命委员会筹备小组成立，由王国英（军代表）、高崇维、吴建明、王业昌四人组成。筹备小组受自治区科技卫生局领导。

6月28日　吴忠县高闸发生5.1级地震，震区房屋不同程度损坏，宁夏地震队进行地震考察。

1972 年

6月19日　宁夏地震队临时党支部任命部分地震台负责人。

7月　宁夏地震队二层办公楼建成投入使用。

10月5日　全区地震工作会议在银川召开。国家地震局副局长卫一清和自治区革命委员会生产指挥部副主任吴生秀到会并讲话。

10月15日　宁夏地震队在银川召开全区地震台站工作会议。

1973 年

1月10日　陕、甘、宁、蒙四省（区）地震协作会在银川召开。

2月10日　自治区革命委员会发出《关于加强当前地震预防工作的紧急通知》。

3月8日　宁夏地震队第一次对地震台站观测质量进行通报。

11月　自治区地震工作领导小组正式成立，王志强任组长，张伯弨、赵英、姜志福、秦俊秀任副组长，成员10人。张伯弨任领导小组办公室主任。

12月26日 1974～1975年度宁夏地震趋势座谈会在银川召开。

是年 西吉综合地震台建成。

1974 年

8月3日 1974年下半年至1975年宁夏地震趋势座谈会在银川召开。

9月3日 自治区革命委员会批转科委《关于加强我区地震工作的报告》，报告提出加强地震工作的五条建议。

12月 宁夏回族自治区地震队革命委员会正式成立，业务属国家地震局领导，自治区科学技术委员会代管。

是年 同心地震台建成。

1975 年

3月31日 自治区党委发《关于成立宁夏回族自治区地震队党支部的批复》，同意地震队党支部由7人组成，王德芝任书记，吴建明任副书记。

4月12日 自治区革命委员会调整自治区地震工作领导小组人员，王志强任组长，张伯弨、赵英、姜志福任副组长，成员11人，张伯弨兼任领导小组办公室主任，地震队负责人任办公室副主任。

8月26日 全区地震工作会议在银川召开，自治区党委副书记王志强出席会议并讲话。

12月10日 1976～1977年宁夏地震趋势会商会在银川召开。

1976 年

1月7日 全区地震台站工作会议在平罗召开。

7月28日 河北省唐山7.8级地震后，自治区党委、革命委员会发出慰问电，派赴唐山抗震救灾防疫大队陈静波、张景峰、张增济等66人，并运去救灾物资。宁夏地震队派潘祖寿、赵文科、高祥林到震区协助开展地震监测和野外考察工作。

8月21日 自治区革命委员会办公室印发《关于统一发布地震预报和震情警报的通知》。

8月30日 自治区革命委员会发出《关于防震工作有关问题的通知》，规定地震预报权限，并明确本区不会发生破坏性地震，安定了民众情绪，纷纷拆除防震棚回家居住。

9月23日 自治区阿拉善左旗巴音木仁发生6.2级地震，宁夏地震队派员到震区考察，架设临时地震台监测地震活动。

12月7日 1977～1978年宁夏地震趋势会商会在银川召开。

是年 红果子形变台建成。

1977 年

1 月 1 日 银川北塔地磁台建成并投入观测。

4 月 21 日 全区地震台站工作会议在银川召开，63 人与会。

11 月 23 日 1978～1979 年宁夏地震趋势会商会在银川召开。

12 月 宁夏石嘴山矿务局地震观测站被国家地震局授予"学大庆红旗单位"称号。

1978 年

7 月 21 日 自治区编制委员会发《关于成立宁夏回族自治区地震局的通知》，撤销原自治区地震办公室和科委地震队的建制，成立自治区地震局，为二级局，隶属自治区科委领导。

12 月 11 日 1979 年宁夏地震趋势会商暨学术交流会在银川召开。

1979 年

5 月 6 日 1920 年海原地震 60 周年学术讨论会在银川召开，丁国瑜、郭增建等专家作学术报告。

8 月 宁夏回族自治区地震局正式成立。

11 月 26 日 自治区编制委员会发《关于自治区各行署、市、县地震办公室人员编制的通知》，共定事业编制 84 人。

11 月 27 日 1980 年宁夏地震趋势会商会在银川召开。

12 月 11 日 西北地震协作区第一次领导小组全体成员会议在银川召开；西北地震协作区 1980 年地震趋势会商暨学术交流会在银川召开。

1980 年

5 月 15 日 正式启用"宁夏回族自治区地震局"印章。

9 月 7 日 中国地震学会在中宁召开中国活断层与古地震专题讨论会暨中国地震学会地震地质专业委员会成立大会。马杏垣和丁国瑜等专家和代表 112 人与会，推动了我国活动构造和古地震研究工作。

9 月 18 日 自治区编制委员会发文通知，同意建立宁夏回族自治区地震研究所，与宁夏回族自治区地震局（二级局）一套工作机构，挂两个牌子。

9 月 国家地震局兰州地震研究所和宁夏回族自治区地震队编著的《一九二〇年海原大地震》，由地震出版社出版发行。

10 月 16 日 自治区科学技术委员会在海原县召开宁夏南部山区震害讨论会。

11 月 自治区地震局四层办公楼建成投入使用。

12 月 2 日　1981 年宁夏地震趋势会商会在银川召开。

1981 年

3 月 2 日　全区地震台站观测资料质量检查评比在银川进行。

4 月 21 日～5 月 28 日　自治区科委副主任张伯弨带领地震局和各地（市）地震办公室主任等 14 人组成的检查评比组，对全区各级地震办公室、地震台站、群测点的工作进行检查评比。

6 月　国家地震局明确宁夏 6 个地震台站的 13 个观测项目为国家基本台网所属的观测项目。

8 月 17 日　高铭显任自治区地震局党支部书记。

9 月 11～23 日　日本地震构造访华组藤田和夫教授等 3 人到宁夏进行地震地质考察和学术交流。

12 月 23 日　1982 年宁夏地震趋势会商会在银川召开。

是年　自治区地震局创办内部学术刊物《地震观测与预报》。

是年　廖玉华等率先在国内将探槽技术用于红果子长城错动处活断层研究，查明了红果子长城错动的性质。

1982 年

4 月 14 日　海原县蒿川发生 5.5 级地震，伤 18 人，砸死牲畜、羊只，倒塌房窑，损坏水窖。震后进行科学考察、开展抗震救灾活动。

5 月 15～29 日　美国麻省理工学院地球和行星科学系地震构造访华组 B. C. 贝奇菲尔等 2 人来宁，考察海原地震形变带并进行学术交流。

8 月 15 日　自治区人民政府主席马信任命吴建明为自治区地震局局长，王业昌、肖玉芳为副局长。

9 月 15～19 日　美国地质调查局地震研究中心主任 R. 斯蒂沃特等 4 人来宁，考察海原地震形变带。

11 月 11 日　国家地震局兰州地震研究所和自治区地震局在银川举办中国 8 级大震学术讨论会。

12 月 13 日　1983 年宁夏地震趋势会商会在银川召开。

12 月　自治区地震局汇编的《宁夏地震目录》，由宁夏人民出版社出版发行。

1983 年

7 月 27 日～8 月 11 日　美国麻省理工学院地球和行星科学系 B. C 贝奇菲尔教授来宁，进行宁夏南部活动断裂及大地震重复率问题合作研究，将活断层条带状地质填图思路引入我国。

11 月 29 日　1984 年宁夏地震趋势会商会在银川召开。

12 月 28 日　自治区编制委员会复函国家地震局，同意自治区地震局由处级机构升半格，仍委托自治区科技委员会代管。

1984 年

1 月 9 日　经国家地震局党组研究同意，高铭显任中共宁夏自治区地震局党组书记，吴建明、王业昌为党组成员。经国家地震局研究决定，吴建明任宁夏自治区地震局局长，王业昌、朱峻峡任副局长。

2 月 24 日　国家地震局《关于宁夏回族自治区地震局机关机构设置的批复》，同意自治区地震局机关设置办公室、计划科研处、监测处、后勤处。

3 月 6 日　自治区机构改革领导小组印发《关于地、市、县地震工作机构和人员编制的通知》，共定编 72 人。

6 月 13～25 日　美国地质调查局首席科学家 R. E 华莱士等 3 人来宁，进行地震地质考察和学术交流。

6 月 30 日～7 月 24 日　美国麻省理工学院 P. 莫尔纳教授等 3 人来宁，进行地震地质野外合作研究和地质填图工作。

7 月 24 日　宁夏组织 18 名中学生参加全国第三届青少年地震科学夏令营祁连山营活动。

10 月 20 日　国家地震局地质研究所和自治区地震局在银川召开鄂尔多斯周围断陷盆地带现今活动特征及其与大地震复发关系的研究第二次工作会议。

11 月 7 日　陕甘宁六地市地震协作区 1985 年地震趋势会商会议在固原召开。

11 月 22 日　自治区地震局分析预报室会商提出：银川至中宁（包括灵武）今冬有发生 5 级左右地震的可能。

11 月 23 日　灵武县新华桥乡发生 5.3 级地震，房屋墙壁裂缝。

12 月 3 日　1985 年宁夏地震趋势会商会在银川召开。

1985 年

3 月 20 日　自治区地震局和银南行署地震工作办公室委托同心县地震工作办公室编发内部《宁夏地震小报》第一期。

4 月 3 日　国家地震局批准自治区地震局承担宁夏地震基本烈度、场地烈度和中小城市地震区划工作。

5 月 7～13 日　加拿大能源矿产部地球物理局亚当斯博士来宁，考察地震遗迹遗址。

8 月 11 日～9 月 6 日　美国麻省理工学院 B. C. 贝奇菲尔教授等 4 人来宁，进行地震地质考察。

11 月 5 日　1986 年宁夏地震趋势会商会在银川召开。

1986 年

3 月 3 日　宁夏群测群防地震工作会议在银川召开。

5 月 9 日　自治区政府副主席王燕鑫主持召开防震抗震工作专题会议。

6 月 13 日　国家地震局党组研究决定：吴建明任中共宁夏地震局党组书记，李孟銮任党组成员、副局长。

8 月 12 日　自治区人民政府在固原召开宁夏南部山区抗震工作座谈会。

11 月 6 日　1987 年度宁夏地震趋势会商会在吴忠召开。

12 月 26 日　自治区人民政府转发自治区地震局、计委、科委、城乡建设厅《关于加强我区地震烈度管理工作的报告》。

1987 年

2 月 11 日　全区地震工作座谈会在银川召开，自治区政府副主席马英亮出席会议并讲话。

5 月 19 日　自治区人民政府发布《宁夏回族自治区保护地震台站观测环境和地震测量标志的规定》。

是月　经国家地震局科研、工程技术高级专业技术职务评审委员会评审通过，吴建明、白铭学、张文孝、刘亚贤四人具备高级工程师任职条件，李孟銮、杨明芝二人具备副研究员任职条件。

7 月 29 日　宁夏中学生地震科学知识竞赛决赛在银川举行。

8 月 10 日　灵武县崇兴乡发生 5.5 级地震，倒塌房屋 48 间，严重破坏 8789 间。震后进行科学考察、开展抗震救灾活动。

11 月 14 日　1988 年度宁夏地震趋势会商会在银川召开。

1988 年

1 月 4 日　灵武县东塔乡发生 5.5 级地震，自治区地震局现场工作组赴震区考察调查。自治区党委书记沈达人，自治区政府主席白立忱、副主席马英亮到震区视察灾情，部署抗震救灾工作。

1 月 8 日　国家地震局副局长陈颙带领 3 名专家来银川，赴震区考察。

1 月 10 日　灵武县发生 5.0 级地震，自治区地震局与当地政府立即派人现场调查。自治区党委书记沈达人、副书记郝廷藻、刘国范，自治区政府副主席马英亮部署抗震救灾工作。

4 月 14 日　自治区人民政府决定：自治区地震局为自治区人民政府直属机构，不再由自治区科委代管。

4 月 18 日　自治区地震局在吴忠市召开灵武地区近期震情研讨会。

6 月 13 日　自治区人民政府在银川召开全区地震工作会议。

7 月　自治区地震局编的《宁夏回族自治区地震历史资料汇编》，由地震出版社出版发行。

8 月　自治区地震局参加编撰的《鄂尔多斯周缘活动断裂系》专著，由地震出版社出版发行。

10 月 8 日　国家地震局在银川召开全国活断层填图工作会议。

11 月 9 日　1989 年度宁夏地震趋势会商会在银川召开。

11 月 26 日　自治区人民政府向云南省澜沧 7.5 级地震灾区发出慰问电，并捐赠优质大米 100 吨。

1989 年

1 月 31 日　自治区地震局在 1988 年 1 月 4 日、10 日灵武 5.5 级和 5.0 级地震后作出正确的趋势判断意见，为政府采取正确的抗震救灾措施提供了决策依据，受到自治区政府表彰。哈金杰副秘书长到局机关发奖并讲话。

2 月 1 日　自治区政府副主席马英亮到同心地震台慰问。

6 月 20 日　自治区抗震办公室组织专家评审验收自治区地震局与兰州地震研究所承担的吴忠市、青铜峡市、灵武县城抗震防灾规划。

11 月 2 日　固原发生 5.0 级地震，自治区地震局现场工作组赶赴震区工作。

11 月 9 日　1990 年度宁夏地震趋势会商会在银川召开，自治区政府副主席杨惠云到会讲话。

12 月 19 日　国家地震局验收组对银川遥测地震台网检查考核，通过验收。

10 月 6 日　自治区地震局在固原召开抗震调查工作现场研讨会。

1990 年

3 月 14 日　全区地震办公室主任工作会议在石嘴山市大武口区召开。

3 月 27 日　国家地震局副局长陈章立来宁夏调研地震工作。

4 月　国家地震局地质研究所和自治区地震局合作完成的《海原活动断裂带》专著，由地震出版社出版发行。

6 月 15 日　银川市郊区通贵乡发生地震谣传事件，一天内 2000 多村民弃家东渡黄河"避难"，银川市人民政府和自治区地震局平息谣传事件。

7 月 24 日　自治区人民政府决定成立防震救灾领导小组，杨惠云任领导小组组长，李良辉、虎维新任领导小组副组长，成员 18 人。领导小组办公室设在地震局，李孟銮任办公室主任。

9 月 18 日　陕甘宁七地市地震联防区震情会商会在固原召开。

10月26日　国家地震局发文通知：决定杨明芝、刘琨任宁夏回族自治区地震局党组成员、副局长。

11月12日　1991年度宁夏地震趋势会商会在银川召开。

11月26日　自治区人民政府在银川召开全区地方地震工作会议。

是月　以国家地震局丁国瑜教授为组长的专家组在黄河黑山峡进行地震地质考察。

12月19日　自治区编委批准：固原县、青铜峡市、吴忠市、惠农县、石嘴山区、泾源县、贺兰县、隆德县、石炭井区设立地震办公室。

1991 年

1月6日　自治区城乡建设厅组织专家组评审，通过自治区地震局承担的固原、海原、隆德、西吉、同心、平罗等六县抗震防灾规划。

1月10日　自治区人民政府印发《宁夏地震防灾减灾综合对策方案（试行）》。

2月7日　自治区政府副主席杨惠云到银川基准台调研。

3月13日　自治区党委书记黄璜考察海原地震遗迹。

3月15日　自治区政府印发《关于进一步做好防震减灾工作的通知》。

4月30日　自治区政府副主席杨惠云到地震重点监视区的市、县（区）检查地震工作。

6月20日　全区地震宣传工作会议在贺兰召开。

7月22～28日　全区各地开展纪念"7·28"唐山地震十五周年科普宣传教育周活动。

7月23～31日　苏联科学院特雷诺夫教授等3人米宁，考察贺兰山山前断层陡坎和海原地震断裂带，并进行学术交流。

8月8日　自治区政府副主席杨惠云在地震局主持召开防震救灾领导小组成员和防震减灾工作体系单位领导会议。

8月25日　第四届西北青年地震工作者学术研讨会在银川召开。

10月9日　自治区地震局与民政厅、水利厅等单位联合开展国际减灾日宣传活动。

11月5日　1992年度宁夏地震趋势会商会在银川召开，自治区政府副主席杨惠云就加强地震监测预报和抗震救灾等工作讲话。

1992 年

1月15～18日　全区地震办公室主任、地震台长工作会议在自治区地震局召开，自治区政府副主席杨惠云出席会议并讲话。

1月20日　自治区防震救灾领导小组第三次工作会议在自治区地震局召开，政府副主席、领导小组组长杨惠云主持会议并讲话。

2月4日　自治区政府副主席杨惠云到银川小口子地震台调研。

是月　国家地震局地震烈度评定委员会评审分析预报中心"黄河黑山峡河段主要断裂活动及大柳树坝址地震危险性分析报告"，同意"大柳树坝址地震基本烈度为Ⅷ度"的结论。

3月19日　自治区人民政府印发《宁夏破坏性地震应急反应预案》。

6月3日　国家地震局副局长何永年带领重点监视防御区地震工作检查组一行5人来宁，检查指导宁夏地震工作。

6月4日　自治区地震局和内蒙古地震局在银川召开宁夏北部至内蒙古交界地震重点监视防御区地震联防协作工作会议。

6月25日　中国人民保险公司宁夏分公司和自治区地震局在银川召开地震减灾及地震保险工作新闻发布会。

7月22日　全区各地普遍开展唐山地震纪念周宣传活动。

9月25日　国家地震局批文同意宁夏地震局二级机构正职执行自治区厅局下设处的正处级待遇，副职执行副处级待遇。

10月14日　自治区地震局和银川市地震办公室在银川街头开展国际减灾日地震防灾减灾宣传活动。

11月10日　1993年度宁夏地震趋势会商会在银川召开，自治区政府副主席杨惠云出席并讲话。

12月11日　自治区党委宣传部和地震局在银川召开全区防震减灾宣传工作座谈会。

1993 年

2月13日　自治区防震救灾领导小组召开第四次全体会议，政府副主席杨惠云就增强震情意识、加强综合防御工作讲话。

6月9日　自治区政府副主席刘仲到自治区地震局调研。

6月11日　自治区人民政府办公厅转发自治区地震局、城乡建设厅关于贯彻执行《中国地震烈度区划图（1990）》和《中国地震烈度区划图（1990）使用规定》的意见。

7月23日　全区普遍开展地震科普知识宣传活动。

10月15日　自治区人民政府调整防震救灾领导小组人员，刘仲任组长，王毓源、吴建明任副组长，成员21人。领导小组办公室设在地震局，杨明芝兼办公室主任，万自成任副主任。

11月9日　1994年度宁夏地震趋势会商会在银川召开，自治区政府副主席刘仲到会并讲话。

11月20日　自治区政府副主席刘仲主持召开防震救灾领导小组成员调整后的第一次全体会议，并就进一步加强地震工作讲话。

1994 年

1 月 25 日 银川地震台举行建台 40 周年纪念会，自治区人大常委会副主任杨惠云到会祝贺。

1 月 27 日 自治区政府副主席刘仲到银川基准台调研。

4 月 孟广魁主编的《银川平原地震区划研究》专著，由宁夏人民出版社出版发行。

7 月 1 日 国家地震局顾问、原副局长周锐同自治区领导商谈地震局机构改革事项。

7 月 23 日 全区普遍开展地震科普知识宣传活动。

8 月 4 日 泰国国家电力局巴提拉·阿索卡南来宁，考察地震地质灾害。

9 月 28 日 自治区人民政府决定成立宁夏回族自治区地震灾情评估委员会。

11 月 8 日 1995 年度宁夏地震趋势会商会在银川召开，自治区政府副主席刘仲到会并讲话。

1995 年

2 月 11 日 自治区政府主席白立忱主持召开政府第十四次常务会议，听取地震局关于全国防震减灾工作会议情况和本区贯彻落实会议精神意见的汇报。

6 月 6 日 国家地震局印发《宁夏回族自治区地震局职能配置、内设机构和人员编制方案》。

6 月 9 日 自治区人民政府发布《宁夏回族自治区工程建设场地地震安全性评价工作管理规定》。

6 月 13 日 自治区人民政府在银川召开全区防震减灾工作会议。

6 月 26 日 自治区防震救灾领导小组会议在自治区政府召开，刘仲副主席出席会议并讲话。

7 月 28 日 全区各地进行唐山地震纪念周宣传活动。

8 月 9 日 自治区地震局召开职工大会，国家地震局人事教育司司长高贵生宣布宁夏回族自治区地震局领导班子组成：杨明芝任党组副书记、副局长，主持工作；刘琨、万自成任党组成员、副局长。

10 月 30 日 自治区编制委员会和地震局发出《关于稳定地、市、县（区）地震工作机构的意见》。

11 月 6 日 1996 年度宁夏地震趋势会商会在银川召开。

11 月 13 日 自治区人民政府决定成立宁夏回族自治区地震安全性评定委员会。

11 月 23 日 自治区人民政府调整防震减灾领导小组人员，刘仲任组长，王毓源、杨明芝、黄超雄任副组长，成员 25 人。领导小组办公室设在地震局，万自成兼主任，张思源任副主任。

是月　经国家地震局批准，孟广魁具备研究员任职资格。

1996 年

1 月 25 日　自治区人民政府印发《宁夏回族自治区防震减灾十年目标实施纲要》。

2 月 13 日　自治区防震减灾领导小组召开全区防震减灾工作电话会议，刘仲副主席部署工作。

2 月 15 日　自治区政府副主席刘仲到宁夏北部地震台站调研。

4 月 22 日　自治区政府主席白立忱在自治区第七届人民代表大会第四次会议上的报告中提出："加强灾害性天气和地震、地质灾害的监测、预报和防治，减轻灾害损失。"

6 月 12 日　全区地震系统先进集体和先进工作者表彰会在银川召开。自治区人大常委会副主任杨惠云、自治区政府副主席马文学、自治区政协副主席吴尚贤出席会议，马文学讲话。

7 月 6 日　自治区政府副主席刘仲主持召开自治区防震减灾领导小组成员会议并讲话，部署防震减灾工作。

8 月 12 日，贺兰发生 4.6 级地震，当地居民住宅有损坏。自治区政府副主席刘仲到贺兰县金贵乡察看遭受地震损坏的房屋建筑。

8 月 19 日　自治区政府主席白立忱主持常务会议，听取地震局关于近期震情汇报，部署今后一段时间防震减灾工作。

10 月 12～20 日　以堀内茂木为组长的日本地震专家访问组一行 3 人在银川进行工作访问和学术交流。

11 月 5 日　1997 年度宁夏地震趋势会商会在银川召开。

1997 年

2 月 3 日　自治区政府副主席刘仲到固原慰问地震台站职工。

2 月 19 日　自治区政府副主席刘仲主持召开防震减灾领导小组成员会议，部署防震减灾工作。

3 月 28 日　自治区政府主席白立忱在《政府工作报告》中指出："我区处于地震多发地带，要加强群众的防震减灾意识，完善和落实地震应急预案，积极推进防震减灾工作。"

5 月 19 日　自治区人民政府印发《宁夏回族自治区破坏性地震应急预案》。

6 月 12 日　'97 宁夏防震减灾知识有奖竞赛抽奖大会在银川举行。

7 月 27 日　全区进行主题为"勿忘 7·28 唐山大震灾，努力实现'九·五'防震减灾目标"的宣传活动。

8月20日　第六届南北地震带观测技术交流会在银川召开。

9月8日　陕甘宁三省七地市地震联防区会议在固原召开。

9月23日　国家地震局党组发文通知宁夏回族自治区地震局领导班子届中调整，党组书记、局长：杨明芝；党组成员、副局长：刘琨、万自成、李文俊；万里任党组成员、党组纪检组组长（未到任）。

11月3日　1998年度全区地震趋势会商会在石嘴山市大武口召开。

11月5～11日　日本国东北大学副教授三浦哲等3人来宁，进行地震合作项目研究和学术交流。

12月31日　自治区副主席刘仲到贺兰山小口子地震台调研。

1998 年

1月8日　自治区政府副主席刘仲到固原看望节日期间坚守岗位的地震台职工。

1月13日　自治区人民政府向河北省人民政府发出慰问电，慰问张北地震灾区人民群众，并支援优质大米10万斤。

1月24日　自治区政府副主席刘仲主持召开防震减灾领导小组成员会议，部署防震减灾工作。

3月13日　自治区地震局、计委等有关部门在银川举办《防震减灾法》宣传咨询活动。

4月13日　自治区人民政府组织对9个市、县及31个重点单位进行地震应急工作实地检查。

5月18日　自治区地震局和科委租借中国地震局《地震·防震知识展》展板，在宁夏北部地震重点监视防御区巡回展出24天。

6月19日　自治区防震减灾领导小组召开成员会议，政府副主席刘仲和于革胜、宁夏军区副司令员姬亮洲出席会议。

6月20日　自治区党委书记毛如柏主持召开常委会议，听取地震局关于地震工作情况、地震形势及对策的汇报，要求抓好地震应急工作。

7月10日　自治区建设厅、地震局等单位在银川举办抗震新技术学术报告会。

7月27日　全区各地开展防震减灾知识宣传活动。

7月31日　自治区党委书记、人大主任毛如柏听取地震局关于7月29日海原4.7级地震情况的汇报，指示要严密监视震情。

8月4日　受自治区人民政府委托，地震局局长杨明芝向自治区八届人大常委会第二次会议作关于防震减灾工作情况的汇报。

8月18日　自治区地震局举办《防震减灾法》培训班。

8月24日　宁蒙地震重点监视防御区联防协作区第19次工作会议在石嘴山市大武口区召开。

10 月 8 日　全国地震通信工作 20 年暨地震信息发展研讨会在银川召开。

10 月 22 日　自治区人民政府调整防震减灾领导小组人员，于革胜任组长，姬亮洲、曾庆民、杨明芝、田明任副组长，成员 26 人。领导小组办公室设在地震局，万自成兼主任，张思源任副主任。

11 月 25 日　1999 年度全区地震趋势会商会在银川召开。

1999 年

2 月 6 日　自治区政府主席马启智在自治区第八届人民代表大会第二次会议上所做的《政府工作报告》指出：“依法加强防震减灾工作，保障人民生命财产安全。”

4 月 8 日　自治区八届人大常委会第六次会议审议通过《宁夏回族自治区防震减灾条例》，自 1999 年 7 月 1 日起施行。

6 月 22 日　自治区人民政府在银川召开全区防震减灾工作会议。

7 月 22 日　自治区政府副主席于革胜访问中国地震局，同陈章立局长、刘玉辰副局长就做好宁夏防震减灾工作交换意见。

7 月 28 日　全区各地开展防震减灾宣传活动，重点宣传《防震减灾法》和自治区《防震减灾条例》。

8 月 19 日　自治区地震局被自治区人民政府批准为首批面向社会开放的“自治区科普教育基地”。

11 月 9 日　2000 年度全区地震趋势会商会在银川召开。

2000 年

2 月 16 日　自治区地震局向中国地震局上报《关于在银川市等地开展活断层探测与地震危险性评价工作的请示》。

2 月 24 日　自治区地震局向自治区党委、政府上报《关于在我区部分城市开展活断层探测与地震危险性评价工作的请示》。

5 月 24 日　自治区人民政府主席助理张来武到自治区地震局调研。

6 月 26 日　西北地区 2000 年年中地震趋势会商会在银川召开。

7 月 26 日　中国地震局在银川举办市县防震减灾行政执法培训班，全国市县地震部门 80 人参加学习。

7 月 28 日　全区各地开展唐山大地震纪念宣传活动。

8 月 1 日　自治区政府地震重点监视防御区防震减灾工作检查组检查银川市、石嘴山市、吴忠市政府和固原行署，平罗县、固原县等 13 个县（市、区）的防震减灾工作。

9 月 7 日　中国地震局副局长汤泉来宁夏调研视察防震减灾工作。

9 月 9 日　第八届中国西部防灾减灾经验交流会在银川市召开，中国灾害防御协会常务副会长、中国地震局副局长汤泉，自治区政府副主席陈进玉、政协副主席梁俭出席会议。

9月19日 银川市市长郝林海任总指挥，在银川市体育场举行抗震救灾应急演练。

10月13日 自治区地震局在银川召开地震群测群防工作研讨会。

11月12日 2001年度全区地震趋势会商会在银川召开。

12月11日 自治区人大常委会副主任韩有为任组长的人大执法检查组，对全区贯彻实施《防震减灾法》和自治区《防震减灾条例》情况进行执法检查。

12月16日 中共海原县委、政府举办1920年海原大地震80周年纪念活动。

12月27日 自治区地震局召开职工大会，中国地震局人事司副司长阎保平宣布宁夏回族自治区地震局领导班子组成：杨明芝任党组书记、局长，万自成、张思源、马贵仁任党组成员、副局长，马贵仁兼任党组纪检组组长。

2001 年

1月11日 自治区第八届人大常委会第十七次会议，听取和审议人大常委会执法检查组关于检查《防震减灾法》和自治区《防震减灾条例》执行情况的报告。

5月22日 第七届全国地震系统地方报刊联席会议在银川召开。

5月25日 自治区计委主持召开"建设宁夏回族自治区防震减灾指挥中心研讨会"。

6月27日 自治区人民政府印发《宁夏回族自治区防震减灾规划（2001－2020年)》。

7月2日 自治区地震局、计委、经贸委、民政厅印发《宁夏回族自治区地震应急检查工作制度》。

7月24日 宁夏回族自治区灾害防御协会第一次会员代表大会在银川召开。

7月28日 全区各地开展唐山地震纪念宣传活动。

9月17日 中国地震局副局长刘玉辰到中宁红寺堡视察《大陆强地震机理与预测》研究项目子课题进展情况。

10月11日 中国地震局副局长何永年一行4人到海原视察《大陆强地震机理与预测》研究项目子课题进展情况，考察1920年海原8.5级地震遗迹，到海原地震台调研。

11月14日 2002年度全区地震趋势会商会在银川召开。

12月10日 自治区人民政府调整防震减灾领导小组人员，张来武任组长，张岳永、李耀松、杨明芝、马力任副组长，成员19人。领导小组办公室设在地震局，张思源兼任办公室主任，张进国任副主任。

是月 自治区地震局编《宁夏回族自治区地震监测预报方案（试行)》，由地震出版社出版发行。

2002 年

2 月 26 日　全区地震系统抗震设防要求管理工作座谈会在吴忠召开。

3 月 1 日　全区各地开展《防震减灾法》实施四周年宣传活动。

6 月 24 日　自治区党委书记、人大常委会主任陈建国，自治区政府主席马启智等领导到中国地震局，与中国地震局党组书记、局长宋瑞祥，原局长方樟顺，党组副书记、副局长陈建民，党组成员、副局长汤泉和部门负责人及专家 12 人，就宁夏防震减灾工作和大柳树坝址地震安全性评价问题交换意见。

6 月 27 日　中国地震局印发《宁夏回族自治区地震局职能配置、机构设置和人员编制方案》。

7 月 17 日　全区防震减灾宣传工作会议在银川召开。

7 月 28 日　全区各地开展防震减灾知识宣传活动。

9 月 22 日　中国地震局副局长岳明生为组长的全国地震应急工作检查组，实地检查宁夏地震应急工作。

11 月 19 日　2003 年度全区地震趋势会商会在银川召开。

12 月 14 日　自治区地震局邀请中国科学院李坪院士等 10 位专家专程来宁，进行黄河黑山峡河段地震地质现场考察和咨询。

是月　自治区党委宣传部、广电局、地震局、中共海原县委和政府联合拍摄的七集人文和科教纪录片《在山走动的地方》，由宁夏大地音像出版社出版发行。

2003 年

1 月 3 日　自治区政府常务会议听取关于全国地震应急工作检查组在宁夏检查指导工作情况的汇报。

3 月 1 日　全区地震系统开展《防震减灾法》颁布实施 5 周年纪念活动。

3 月 5 日　中国地震局组织的黄河黑山峡河段地震地质问题补充研究项目专题组，开始实施野外调查和勘察。

4 月 15 日　中国地震局在中卫召开"黄河黑山峡河段地震地质补充论证工作野外资料现场验收会"，一致同意通过地震地质专题野外工作验收。自治区政府主席马启智和副主席项宗西，会见验收专家组组长、中国科学院院士丁国瑜等专家。

4 月 25 日　中国科学院院士、中国工程院院士张宗祜来宁夏考察黄河黑山峡地区地震地质情况。

7 月 12 日　国家地震安全性评定委员会在北京评审通过中国地震局地球物理研究所等 5 个单位承担完成的"黄河黑山峡河段地震地质补充论证工作报告"。

7 月 24 日　宁夏防震减灾应急指挥中心大楼在自治区地震局正式开工建设。

7 月 28 日　全区各地开展防震减灾知识宣传活动。

10月14日　自治区地震局调整"十·五"重点项目领导小组人员，组长：杨明芝，副组长：张思源、万自成、马贵仁，成员9人。

10月25日　自治区人民政府向甘肃省人民政府发慰问电，慰问民乐、山丹6.1级地震灾区人民群众，运送灾区优质大米10万斤。

11月15日　2004年度全区地震趋势会商会在银川召开。

12月10日　自治区政府副主席张来武主持召开防震减灾领导小组扩大会议，马启智主席出席会议并讲话。会议要求做好地震应急预案的落实和检查、筹建地震应急救援队伍、密切注视震情发展、抓好宣传教育工作。

12月11日　自治区人民政府主席马启智签署第58号政府令，发布《宁夏回族自治区地震安全性评价管理办法》，自2004年3月1日起施行。

是月　自治区防震减灾工作检查组对吴忠市政府等12个单位的地震应急工作，对自治区发改委等22个单位的地震安全性评价和抗震设防要求工作进行检查。

2004年

1月4日　中国地震局副局长赵和平来宁调研防震减灾工作。

5月26日　中国地震局宋瑞祥局长调研宁夏防震减灾工作。自治区党委书记陈建国和自治区政府常务副主席王正伟会见宋瑞祥局长一行，交换进一步做好宁夏防震减灾工作的意见。

6月　中国地震局正式批复宁夏数字地震观测网络项目。

7月5日　自治区人民政府调整防震减灾领导小组人员，张来武任组长，王乃勤、戎生灵、杨明芝任副组长，成员20人。领导小组办公室设在地震局，张思源兼任办公室主任，张进国、白德东任副主任。

7月14日　自治区政府副主席刘慧主持会议，研究部署自治区和各市建立应急物资仓储建设和储备事项。

8月15日　陕甘宁七地（市）地震联防协作区联防会议在固原召开。

8月16日　自治区政府第41次常务会议听取地震局关于全国防震减灾工作会议精神和当前宁夏震情形势的汇报，部署贯彻落实全国会议精神和加强防震减灾工作的措施。

8月19日　自治区地震局召开职工大会，中国地震局副局长陈建民出席会议并讲话，人事教育司副司长潘怀文宣布宁夏回族自治区地震局领导班子组成：张思源任党组书记、局长，赵广堃、马贵仁、金延龙任党组成员、副局长，马贵仁兼任党组纪检组组长。

是月　"银川市活动断层探测与地震危险性评价项目"启动。

10月14日　自治区地震局召开有建设厅、民政厅、农牧厅负责人参加的农居地震安全工作座谈会。

11 月 16 日　2004 年度全区地震趋势会商会在银川召开。

11 月 25 日　自治区地方标准 DB64/400—2004《建设工程地震安全性评价分类标准》发布,自 2005 年 3 月 1 日正式施行。

12 月 12 日　宁夏地震灾害紧急救援队成立大会在银川光明广场举行,自治区政府主席马启智宣布救援队正式成立并向救援队授旗。

2005 年

2 月 3 日　自治区地震局召开宁夏数字地震观测网络项目总结暨 2005 年度工作会议。

3 月 9 日　自治区地震局在银川召开《宁夏回族自治区地震安全性评价管理办法》实施一周年暨《建设工程地震安全性评价分类标准》实施座谈会。

是月　自治区人民政府决定实施南部山区特困灾民危窑危房改造项目。

4 月 1 日　自治区地震局邀请中国科学院院士邓起东及活断层探测专家来宁,对银川市活断层探测项目进行中期评估和验收。

5 月 12 日　自治区政府副主席张来武带领地震、民政、建设、发改、财政等部门负责人,到新疆调研"地震安全农居工程"实施情况。

5 月 18 日　受自治区人民政府委托,地震局局长张思源向自治区九届人大常委会汇报防震减灾工作。

7 月 19 日　自治区人民政府调整防震减灾领导小组人员,张来武任组长,高雷、戎生灵、张思源、刘兴勇任副组长,成员 20 人。领导小组办公室设在地震局,金延龙兼任办公室主任,张进国、哈学华任副主任。

7 月 26 日　固原市人民政府和自治区地震局在固原市设立地震遗址纪念碑。

8 月 2 日　由自治区人大教科文卫委员会和政府办公厅等部门组成的防震减灾工作检查组,对吴忠市、中卫市、贺兰县等地及大型企业、生命线单位的防震减灾工作进行执法检查。

8 月 16 日　中国地震局网络工程监理总部对自治区地震局承担的"中国数字地震观测网络工程——宁夏项目"建设情况进行现场监理、巡视检查和见证。

9 月 21 日　全国省级最大规模的宁夏地震应急演习在银川体育场举行。

9 月 30 日　自治区人民政府发出关于表彰宁夏地震局的决定。

是月　宁夏防震减灾应急指挥中心大楼建成投入使用。

是月　宁夏大学袁丽侠著《宁夏地震诱发黄土滑坡》,由宁夏人民出版社出版发行。

10 月 21 日　自治区防震减灾领导小组召开宁夏地震应急演习总结暨表彰大会。

11 月 13 日　2006 年度全区地震趋势会商会在银川召开。

11 月 16 日　自治区政府成立地震安全农居工程领导小组。

是月　自治区地震局编写的《宁夏自然灾害防灾减灾重大问题研究·地震灾害卷》，由宁夏人民出版社出版发行。

12月5日　以中国地震局副局长刘玉辰为组长的国家防震减灾行政检查组，对宁夏防震减灾工作进行检查。

2006 年

1月13日　自治区人民政府发出关于表彰奖励宁夏地震局的决定。

1月20日　自治区人事厅和地震局召开全区地震系统先进集体和先进工作者表彰大会。

是月　自治区地震局编写的《宁夏回族自治区地震监测志》，由地震出版社出版发行。

6月9日　中国科协命名自治区地震局银川基准台为全国科普教育基地并授牌。

6月30日　国家"十·五"重点科学技术工程——中国地震活断层探测技术系统分项目现场工作经验交流会在银川召开。银川市活动断层探测项目作为国内探测样板在大会上作主题经验交流。

7月1日　国家级典型地震遗址保护区西吉震湖碑揭幕仪式，在党家岔地震堰塞湖遗址举行。

7月10日　自治区发改委与地震局联合印发《宁夏回族自治区防震减灾规划(2006～2020)》。

7月12日　自治区人民政府主席马启智签署第91号政府令，公布《宁夏回族自治区地震重点监视防御区管理办法》，自2006年9月1日起施行。

7月16日　宁夏首届中学生防震减灾知识电视竞赛总决赛在宁夏广播电视总台演播大厅举行。

7月28日　兰州军区国防动员委员会召开的战区国动委四次全会，在银川市举行抗震救灾救援行动实兵演习。

9月21日　自治区政府副主席张来武在北京与中国地震局局长陈建民交换进一步加强宁夏防震减灾工作的意见。

9月25日　自治区党委第31次常委会议听取地震局关于近期震情汇报，研究部署防震减灾工作。

10月10日　自治区政府副主席、防震减灾领导小组组长张来武带领自治区防震减灾工作检查组，检查固原、中卫两市防震减灾工作。

11月13日　2007年度全区地震趋势会商会在银川召开。

11月24日　全国政协常委、原中国地震局局长宋瑞祥来宁调研，与自治区党委书记陈建国、自治区政协主席任启兴交换防灾减灾工作意见。

12月9日　自治区领导陈建国、王正伟、于革胜、崔波、张来武到自治区地震局视察调研，听取地震局关于银川市活断层探测成果专题汇报。陈建国要求做好活断层避让工作。

12 月 30 日　自治区地震局召开全区地震科技工作会议。

2007 年

1 月 16 日　中国地震局副局长修济刚来宁调研，与自治区党委常委、银川市委书记崔波和自治区政府副主席张来武交换防震减灾工作意见。

1 月 25 日　自治区人民政府发出关于表彰奖励宁夏地震局的决定。

2 月 13 日　自治区政府副主席张来武慰问节日期间坚守岗位的地震科技人员。

4 月 27 日　自治区党委书记陈建国在行业博物馆建设座谈会上要求筹建海原地震博物馆。

8 月 15 日　自治区人大副主任冯炯华到自治区地震局视察调研防震减灾工作。

9 月 6 日　自治区人民政府在银川召开全区农村民居防震保安工作会议。

10 月 10 日　中国地震局活断层验收组在银川对"银川市活断层探测与地震危险性评价"项目进行验收，认为该项目是优质工程，同意通过验收。

11 月 12 日　2008 年度全区地震趋势会商会在银川召开。

12 月 6 日　中国地震局批复同意宁夏海原地震破裂带、古城废墟、地震堰塞湖、"震柳"等 11 处地震遗址为国家级典型地震遗址。

12 月 12 日　全区地震应急救援工作和地震现场工作培训会议在银川召开。

12 月 19 日　中国地震局副局长岳明生来宁调研检查，与自治区政府副主席张来武交换防震减灾工作意见。

12 月 20 日　13 时 30 分，宁夏历史上最大的一次硐室爆破在神华宁煤集团大峰露天矿羊齿采区炸响。自治区地震局协调组织北京大学、中国地质大学、中国地震局地球物理研究所等单位开展相关监测和研究工作。

是月　杨明芝、马禾青、廖玉华编著的《宁夏地震活动与研究》，由地震出版社出版发行。

12 月 24 日　自治区政府在同心召开南部山区特困灾民危窑危房改造现场观摩会，自治区党委常委、政府副主席刘慧参加会议并到改造现场检查调研。

2008 年

1 月 11 日　自治区人民政府发出关于表彰宁夏地震局的决定。

3 月 17 日　自治区地震应急工作检查组对各市县地震应急管理工作进行检查。

4 月 15 日　国家发改委稽查组对宁夏数字地震观测网络项目建设情况进行稽查。

5 月 12 日　四川省汶川发生 8.0 级地震，波及宁夏南部地区受灾。宁夏地震现场工作队和当地政府迅速开展灾害损失调查评估。自治区党委、人大、政府、政协机关组织干部捐款捐物，带动社会形成捐款高潮。

5月13日　自治区十届党委第15次常委会议部署抗震救灾工作。自治区人民政府成立支援地震灾区抗震救灾指挥部，总指挥：李锐，副总指挥：田明。

5月14日　宁夏电力救援队、医疗卫生防疫救援队、地震灾害紧急救援队、新闻媒体等陆续赶赴灾区，支援汶川地震灾区抗震救灾；通过空运、陆运送去救灾物资。

5月15日　自治区政府副主席李锐带领民政厅、地震局等部门负责人赶赴宁夏南部受灾地区察看灾情，慰问灾区群众，指导抗震救灾工作。

5月19日　14时28分，宁夏各族人民为四川汶川地震中遇难同胞默哀3分钟。

5月23日　自治区人民政府发出关于支援四川地震灾区情况的通报。

6月2日　自治区党委副书记于革胜主持抗震救灾工作座谈会，有关部门负责人围绕汶川大地震对全区进一步做好预防和应对地震灾害的启示进行座谈，提出意见和建议。

6月20日　2008年年中西北片震情趋势会商会在银川召开。

6月24日　宁夏社会各界为四川地震灾区捐款总计18286.11万元，捐物折价1137.71万元。

6月26日　自治区抗震救灾先进集体和先进个人表彰大会在宁夏人民会堂召开，自治区党委书记陈建国出席会议并讲话。

7月11日　自治区党委在吴忠举办自治区健全应急体制机制做好防震减灾工作专题学习班。

7月28日　自治区政协副主席陈守信带领调研组，赴固原市专题调研宁南山区防震救灾情况。

7月31日　自治区党委、人民政府发出关于全面加强防震减灾工作的意见。

8月14日　自治区建设厅召开全区抗震示范工程现场观摩会，政府副主席李锐出席会议并讲话。

8月26日　自治区人民政府调整防震减灾领导小组人员，李锐任组长，解孟林、高雷、田明、张军、张思源、刘兴勇任副组长，成员24人。领导小组办公室设在地震局，金延龙兼任办公室主任。

是月　宁夏援建甘肃省天水市、陇南市地震灾区各5000套过渡安置房的任务全部完成。

9月16日　中国地震局在银川召开防震减灾宣传工作研讨会。

10月6日　自治区政府副主席李锐到自治区地震局调研地震工作。

10月8日　宁夏南部地震形势研讨会在银川召开。

10月15日　自治区政协副主席马国权带领政协委员视察海原大地震遗迹保护与开发利用工作。

是月　"石嘴山活动断层一期探测与断层活动性初步鉴定项目"启动。

11 月 17 日　2009 年度全区地震趋势会商会在银川召开。

12 月 4 日　宁夏地震灾害应急响应桌面推演在自治区人民防空指挥所举办。

是年 10 月 31 日~12 月 5 日，自治区防震减灾领导小组在新华百货商店有限责任公司、宁夏大学、中卫市第四中学和第六小学、固原市行政中心等人员密集单位举行地震应急演练活动。

12 月 25 日　自治区地震局向银川市移交银川市活断层探测及地震危险性分析课题成果。

2009 年

1 月 12 日　自治区人民政府发出关于表彰奖励宁夏地震局的决定。

1 月 23 日　自治区政府主席王正伟带领有关部门负责人到地震局视察调研。

是日　自治区人民政府应急指挥中心正式启用。

2 月 2 日　自治区人民政府主席王正伟签署第 11 号政府令，公布《宁夏回族自治区房屋建筑抗震设防管理办法》，自 2009 年 3 月 10 起施行。

3 月　自治区启动"中小学校舍安全工程"。

4 月 2 日　自治区地震局在银川举办全区地震系统新修订的《防震减灾法》培训班。

4 月 8 日　自治区政府副主席李锐主持召开海原地震博物馆建设专题会议，布置博物馆建设和举办海原地震 90 周年纪念研讨会工作。

4 月 24 日　自治区政府主席王正伟主持召开第 33 次常务会议，听取地震局关于近期震情分析和加强防震减灾工作的汇报。

4 月 27 日　自治区党委宣传部、人大常委会教科文卫委员会、司法厅、政府法制办、地震局召开《防震减灾法》实施座谈会。自治区人大常委会副主任冯炯华出席座谈会并讲话。

5 月 4 日　自治区级防震减灾科普示范学校验收工作会议在银川召开。

5 月 6 日　自治区防震减灾领导小组成员单位组成督导组，对各地近期开展防震减灾知识宣传和地震应急演练活动进行督导检查。

5 月 7 日　全区各地广泛开展全国防灾减灾宣传周宣传活动，自治区人大常委会副主任冯炯华、自治区政协副主席安纯人等参加宣传活动。

5 月 8 日　宁夏"12322 防震减灾公益服务热线"正式开通。

5 月 12 日　由自治区政府副主席李锐任总指挥的"5·12"宁夏地震应急实战演习在银川体育场举行。自治区党委书记陈建国、自治区政府主席王正伟等 16 位省（军）级领导以及有关部门负责人在演习现场观摩指导。

是日　全区举行防灾减灾大型宣传活动，自治区党委常委、自治区政府副主席刘慧，自治区人大副主任张小素视察了防震减灾知识宣传现场。

5月16日　自治区党委书记陈建国在中卫市调研防震减灾工作。

5月19日　宁夏首批防震减灾科普示范学校授牌仪式在银川市第九中学举行。

5月24日　全国家庭防震减灾知识竞赛宁夏初赛在银川举行。

5月25日　自治区党委办公厅、政府办公厅、地震局组成联合督查组，对全区防震减灾知识宣传和地震应急演练活动情况进行督查。

6月3日　自治区人民政府在银川召开全区地震活动断层避让工作会议。

7月1日　全国地震科学数据共享测震业务工作交流会在银川举行。

7月27日　自治区地震局与宁夏人民出版社、灾害防御协会在银川举办纪念唐山大地震33周年暨《映秀的月》发行仪式。

8月11日　中国地震局地质研究所所长张培震研究员应邀到自治区地震局作关于5·12汶川大地震的破裂特征与成因机制专题讲座。

9月2日　自治区党委书记陈建国、自治区政府主席王正伟带领参加全区县域经济观摩会议的各厅局（委）和各市、县党政领导100多人，专程到中卫市沙坡头区孟家湾村检查地震活动断层避让牌的设置工作。

9月14日　第六届中国西部地震观测技术交流会在银川召开。

9月27日　原中国地震局局长陈章立研究员等应邀到自治区地震局进行学术讲座。

是月　由自治区政协领导，政协人口资源环境委员会组织地震、民政、建设、卫生、教育等相关部门实施的"宁夏地震灾害与对策研究"课题完成。

10月25日　全国地震现场软件培训班在银川举行。

11月6日　自治区人大副主任冯炯华到自治区地震局调研防震减灾执法工作。

11月7日　全国家庭防震减灾知识竞赛决赛在北京举行，宁夏代表队获得决赛第一名。

11月9日　自治区人大副主任冯炯华到海原县视察调研海原地震博物馆建设。

11月12日　2010年度全区地震趋势会商会在银川召开。

11月16日　受自治区人民政府委托，地震局局长张思源向自治区十届人大常委会汇报防震减灾工作。

是月　中国大陆构造环境监测网络宁夏项目完成，安装仪器试运行。

12月16日　自治区地震部门完成全区地震活动断层避让牌设置工作。

2010 年

1月2日　自治区党委书记陈建国到银川小口子地震台看望值班人员。

1月11日　自治区人民政府发出关于表彰奖励宁夏地震局的决定。

3月17日　四川省安县桑枣中学校长叶志平应邀为石嘴山市、银川市、平罗县作防震减灾安全知识教育专题报告。

4月14日　7时49分，青海省玉树藏族自治州玉树县发生7.1级地震，造成重大人员伤亡和财产损失。自治区党委书记陈建国、自治区政府主席王正伟部署公安、武警、消防、卫生、地震等部门迅速启动应急预案，全力做好对口支援各项工作。宁夏地震现场工作队和应急救援队、医疗卫生防疫救援队等陆续赶赴灾区，为灾区运送救灾物资，开展募捐活动。

4月15日　自治区党委、自治区政府向青海省委、省政府发出慰问电，捐款200万元支持抗震救灾。

4月23日　自治区人民政府在银川召开全区防震减灾工作会议。

4月26日　2010年西部青年地震分析预报人员科技论坛在银川举办。

5月7日　全区防灾减灾宣传周期间，各地开展防震减灾宣传和地震应急模拟演练活动。

5月12日　自治区地震局防震减灾科普馆建成开馆。

6月1日　自治区政府副主席李锐主持召开防震减灾领导小组会议，部署加快抗震房建设、做好地震预测预报工作。

6月4日　自治区党委书记陈建国主持召开十届党委第18次常委会议，听取地震局关于近期同心小震群活动及南部震情形势的汇报，要求划定重点防震区域，做好震情监视和应急准备工作。

是日　自治区政府副主席李锐主持召开专题会议，研究落实自治区党委常委会议精神，部署进一步做好宁夏南部地区防震减灾有关工作。

6月25日　自治区党委书记陈建国，自治区党委常委、秘书长蔡国英，自治区政府副主席李锐，带领区党委办公厅、政研室、发改委、民政厅、地震局等部门负责人，到同心县、海原县调研防震减灾工作，部署抗震房建设等事项。

8月3日　自治区政府主席王正伟主持召开专题会议，听取住房城乡建设厅关于山区地震防御区农村危房改造情况汇报。

8月12日　自治区党委书记张毅与自治区党委常委、秘书长蔡国英在自治区地震局调研。

8月16日　平罗县政府委托自治区地震局实施的"黄河东地震活断层探测工作"启动。

8月25日　宁夏"全民灾害防御知识普及公益活动"启动。

9月15日　西北五省（区）地震应急区域第四次协作联动工作会议在银川召开。

11月18日　2011年度全区地震趋势会商会在银川召开。

11月12日　自治区党委、人民政府召开全区支援青海玉树抗震救灾先进集体和先进个人座谈会，对6个先进集体和8名先进个人通报表彰。

12月15日　由自治区人民政府主办、中国地震局科技委协办、自治区地震局和海原县人民政府承办的"宁夏海原地震博物馆开馆仪式暨海原大地震学术研讨会"在海原县举行。

12月16日　自治区政府副主席李锐在银川会见中国地震局副局长阴朝民一行，交换进一步做好宁夏防震减灾工作的意见。

是日　中国地震局副局长阴朝民一行视察吴忠市创建国家级地震安全示范社区、地震宏观观测点和民居安保工程抗震房建设情况。

12月21日　自治区防震减灾工作检查组到石嘴山市、固原市检查指导防震减灾工作。

是月　由宁夏地震局、中共海原县委、海原县人民政府编著的《海原大地震-1920》，由宁夏人民出版社出版发行。

是年　中国地震背景场探测宁夏项目实施。

2011 年

1月6日　自治区政协副主席安纯人带领政协委员到自治区地震局调研。

1月19日　自治区人民政府发出关于表彰奖励宁夏地震局的决定。

3月29日　自治区地震局召开职工大会，中国地震局党组成员、纪检组组长张友民出席会议并讲话，人事教育司司长何振德宣布宁夏回族自治区地震局领导班子组成：佟晓辉任党组书记、局长，马贵仁、金延龙、柴炽章任党组成员、副局长，李杰任党组成员、纪检组组长；蒙和平任副巡视员。

4月　柴炽章、孟广魁、马贵仁等著的《银川市活动断层探测与地震危险性评价》，由科学出版社出版发行。

5月6日　自治区政府副主席李锐约见自治区地震局新一届领导班子。

5月11日　宁夏回族自治区地震局新版门户网站完成切换工作。

5月12日　全区各地开展"防灾减灾日"大型宣传活动。自治区党委常委、自治区政府副主席刘慧看望宣传防震减灾知识的地震局人员。

是日　自治区党委宣传部、地震局、科技厅、科协和自治区灾害防御协会在银川联合举行"全区防震减灾知识网络竞赛"启动仪式。

5月23日　陕甘宁川四省（区）十三市（州）地震联防区会议在固原市召开。

6月10日　自治区地震局组织召开由中国地震局相关单位，自治区发改、财政、科技、民政、国土、建设、气象等单位专家参加的《宁夏防震减灾"十二·五"规划》项目论证会。

是日　自治区地震局发文将银川市海宝公园和宁夏中心体育场列为全区示范性应急避难场所。

6月21日　自治区地震局承担的中国地震局系统"陆态网络"项目宁夏分项工程通过验收。

6月28日　全国2010年度强震动观测评比会在银川召开。

7月11日　自治区地震局在银川举办第二届全区地震速报竞赛暨速报岗位创先争

优活动。

7月27日　全区防震减灾知识网络竞赛颁奖仪式在银川举行。

7月30日　自治区政府副主席屈冬玉到海原县调研地震、文化旅游产业发展情况。

8月6日　银川市地震局与银川市紧急救援中心、宁夏网虫网站举办"宁夏网虫防震减灾知识讲座"。

8月20日　自治区地震局和中国地震局地质研究所完成的《全国重点监视防御区活动断层地震危险性评价项目—贺兰山东麓断裂1∶50000条带状地质填图》专题通过验收，自治区地震局承担的《石嘴山市活断层一期探测与断层活动性初步鉴定》项目通过验收。

8月23日　宁夏地震社会服务工程项目基础数据收集、南北地震带灾区速判与灾情展布关键技术研究项目公里格网抽样调查、全区地震应急基础资料收集培训会议在青铜峡市召开。

9月5日　自治区人民政府印发《宁夏回族自治区防震减灾"十二·五"规划》。

是日　第六届十省（市、区）震害防御协作会议在银川召开。

9月29日　自治区地震局在银川召开海原地震博物馆二期建设设计规划方案论证会。

10月14日　自治区政府副主席屈冬玉在银川会见中国地震局副局长阴朝民一行。

是日　南北地震带中北段地震形势暨宁夏和周边地区台网优化研讨会在银川召开，中国地震局副局长阴朝民出席会议并讲话，调研宁夏防震减灾工作。

10月18日　2012年度全区地震趋势会商会在银川召开。

11月17日　自治区政府副主席屈冬玉访问中国地震局，与中国地震局局长陈建民就政府关注的防震减灾热点和宁夏防震减灾事业发展交换意见。

11月29日　全区第二批防震减灾科普示范学校授牌仪式在石嘴山市举行。

12月21日　自治区政府副主席屈冬玉在银川会见来宁调研的中国地震局副局长修济刚一行。

是日　中国地震背景场探测宁夏项目的海原、红寺堡、固原彭堡地电台改造等工程完工。

是日　自治区地震局承担的"宁夏精细化工基地、陶乐镇规划区地震断层探测与活动性鉴定"项目通过评审验收。

12月20日　全区地震应急基础数据库培训班在吴忠市举办。

12月26日　自治区地震局与武警宁夏总队组成联合检查评估组，对武警宁夏总队直属支队工化救援中队救援能力建设进行检查评估。

第一篇
机构与管理

　　宁夏回族自治区自20世纪70年代开展地震工作以来，为加强地震工作领导，组织协调全区防震减灾工作，自治区人民政府确定分管防震减灾工作的副主席和副秘书长。1970年成立自治区地震工作领导组织。各级人民政府相继成立地震工作领导小组，20世纪90年代更名为防震减灾领导小组，由政府副职担任领导小组组长，有关部门负责人为领导小组成员。

　　自治区地震工作机构分为中央和地方所属两大块。一块为中国地震局（1998年4月之前是国家地震局）所属，为宁夏回族自治区地震局，实行中国地震局和自治区人民政府双重领导，以中国地震局为主的管理体制。地震部门由于所从事的地震监测预报、科研等工作性质所决定，一直被国家划为事业单位。20世纪90年代以后，随着防震减灾工作范围不断扩大，政府职能作用增强，地震部门转变为带有政府职能作用的事业局。自治区地震部门在中国地震局的领导下，完成自治区防震减灾工作任务；同时在自治区人民政府的直接领导下，行使自治区政府赋予的防震减灾工作行政职能，为保障自治区经济发展和社会稳定服务。直接领导本区的地震专业队伍，指导市县地震工作。其领导班子由中国地震局征求宁夏回族自治区党委意见后由中国地震局任命，机构、人员编制由中国地震局管理，事业经费和人员工资由中国地震局负担，自治区财政补助部分工作经费。按照行政事业单位的管理模式进行内部管理。另一块为地、市、县（区）人民政府所属地震工作机构，领导干部由地、市、县（区）人民政府任命，并承担地震工作机构的事业经费和人员工资。自治区地震局负责保证地震监测仪器正常运转的部分经费，补助宏观观测点、防震减灾宣传教育部分经费。

　　全区地震工作机构机关党的建设和精神文明建设，均按照本级机关党的建设和精神文明建设管理部门的部署进行。

第一章　地震工作领导机构

第一节　自治区分管领导与部门

一、分管（联系协调）地震工作的自治区政府副主席

表 1–1　副主席名表

时　间	副主席	时　间	副主席
1984 年 5 月前	王志强 丁毅民	1998 年 6 月～2000 年 6 月	于革胜
1984 年 6 月～1989 年 9 月	马英亮	2000 年 6 月～2008 年 1 月	张来武
1989 年 9 月～1993 年 5 月	杨惠云	2008 年 1 月～2011 年 7 月	李　锐
1993 年 5 月～1998 年 6 月	刘　仲	2011 年 7 月～	屈冬玉

二、联系自治区地震局的政府副秘书长（或办公厅副主任）

表 1–2　副秘书长（或副主任）名表

时　间	副秘书长 或副主任	时　间	副秘书长 或副主任
1994 年 10 月前	虎维新	2004 年 5 月～2007 年 11 月	戎生灵
1994 年 11 月～1995 年 11 月	王景巅	2007 年 11 月～2008 年 1 月	雷志明
1995 年 11 月～1998 年 6 月	曾庆民	2008 年 1 月～2008 年 8 月	黑智虎
1998 年 6 月～2001 年 2 月	魏锡良		任高民
2001 年 2 月～2003 年 11 月	李耀松	2008 年 8 月～2011 年 7 月	张　军
2003 年 11 月～2004 年 5 月	严　军	2011 年 7 月～	李文华

三、联系自治区地震局的政府办公厅秘书处

表 1-3 政府办公厅秘书处名表

时　　间	秘书处 （处长）	时　　间	秘书处 （处长）
1993 年 6 月前	综合处 （刘登武）	2003 年 3 月～2008 年 1 月	秘书四处 （崔晓华）
1993 年 6 月～2000 年 7 月	秘书三处 （魏康宁）	2008 年 1 月～	秘书三处 （黄明旭）
2000 年 7 月～2003 年 3 月	秘书二处 （郭进挺）		

第二节　自治区防震减灾领导组织

　　1970 年 4 月，自治区临时成立地震工作领导小组，负责领导全区地震工作。领导小组下设办公室，挂靠自治区革命委员会科卫组。1973 年 11 月，成立自治区地震工作领导小组。1990 年 7 月，成立自治区防震救灾领导小组；1995 年 11 月改为自治区防震减灾领导小组，领导小组办公室设在自治区地震局，此后进行了 5 次调整（表 1-4，附录）。领导小组的主要职责：统一领导、协调全区防震减灾工作，研究审议防震减灾工作重大政策和措施；协调各地区、各部门之间涉及防震减灾工作的重大事项；通报重要震情和防震减灾工作情况；自治区境内发生严重破坏性地震，自治区防震减灾领导小组即转为自治区抗震救灾指挥部，按预定方案实施抗震救灾。

表 1-4　自治区地震工作领导小组、防震减灾领导小组组成简表

时　间	组　长	副组长	成　员	领导小组办公室	
				主任	副主任
1973 年 11 月	王志强	张伯弨　赵　英 姜志福　秦俊秀	胡建功　周幼文　刘振国 潘效曾　崔　礼　杨　健 仇朝先　王凤翔　马豫珍 马　杰	张伯弨 （兼）	地震队 负责人

续表

时 间	组 长	副组长	成 员	领导小组办公室	
				主任	副主任
1975 年 4 月	王志强	张伯弨 赵 英 姜志福	秦俊秀 王凤翔 潘效曾 马 杰 刘振国 崔 礼 马豫珍 周幼文 胡建功 杨曙明 仇朝先	张伯弨 （兼）	地震队 负责人
1990 年 7 月	杨惠云	李良辉 虎维新	蓝玉璞 陈德祥 惠秦川 行 程 黄超雄 王志新 陈耀南 马玉章 李成洲 马骏廷 王文义 云步霄 王国相 赵长林 薛俊明 于连溪 郝锦义 吴建明	李孟銮 杨明芝	万自成
1993 年 10 月	刘 仲	王毓源 吴建明	赵春起 宋廷池 惠秦川 行 程 黄超雄 王志新 陈耀南 马玉章 李成洲 马骏廷 王文义 张永孝 胡风忠 赵长林 庞明元 来经国 郝锦义 冯永先 储国兴 梅洪海 杨明芝	杨明芝 （兼）	万自成
1995 年 11 月	刘 仲	王毓源 杨明芝 黄超雄	曾庆民 海巨增 马骏廷 王文义 庞明元 冯永先 郝锦义 马文礼 宋廷池 阮廷甫 孟昭靖 马玉章 张传义 张永孝 胡风忠 马瑞文 来经国 惠秦川 赵葆初 梅洪海 蔡国英 田哲文 程 玉 赵才尧 万自成	万自成 （兼）	张思源

续表

时　间	组　长	副组长	成　员	领导小组办公室	
				主任	副主任
1998 年 10 月	于革胜	姬亮洲　曾庆民 杨明芝　田　明	王邦秀　马　力　齐同生 毛国芝　王文义　杜文辉 杨　光　王学祥　马文礼 刘学军　吴洪相　田世存 窦文敏　张传义　宋天佑 胡义隆　来经国　徐正冠 李宁建　梅洪海　蔡国英 田哲文　张庆民　焦连新 万自成　李文俊	万自成 （兼）	张思源
2001 年 12 月	张来武	张岳永　李耀松 杨明芝　马　力	朱昌平　齐同生　张义康 刘　桓　周建军　李彦凯 刘国民　朱生宪　张包平 陈德祥　蒋志平　田世存 窦文敏　刘镇岳　方　杰 吴自生　王林宁　万自成 张思源	张思源 （兼）	张进国
2004 年 7 月	张来武	王乃勤　戎生灵 杨明芝	马汉文　蒋志平　张思源 马贵仁　马　明　赵小平 王和山　张新君　李桂林 窦文敏　张义康　汪　敬 刘国民　王法正　刘镇岳 王向东　朱生宪　保守义 沈惠利　章永久	张思源 （兼）	张进国 白德东
2005 年 7 月	张来武	高　雷　戎生灵 张思源　刘兴勇	马汉文　蒋志平　张吉胜 赵广堃　金延龙　马　明 王永耀　王和山　张新君 李桂林　马秀珍　马　林 汪　敬　刘国民　王法正 赵利宁　王向东　朱生宪 任新远　刘连柏	金延龙 （兼）	张进国 哈学华

时 间	组 长	副组长	成 员	领导小组办公室	
				主任	副主任
2008 年 8 月	李 锐	解孟林　高 雷 田 明　张 军 张思源　刘兴勇	张克洪　吴占东　赵旭辉 张新君　马 林　王风刚 高虹宁　张苏安　杨金富 郑德金　李桂林　王 炜 王法正　王政敏　王耀东 金延龙　冯建民　高 伟 邓永辉　郭吉忠　傅建贞 刘 静　张仲春　严永胜	金延龙 （兼）	

第二章　自治区地震工作机构

第一节　机构沿革

中华人民共和国成立之前，宁夏没有专门的地震工作机构。

1954 年，中国科学院地球物理研究所建成银川地震台（位于现银川市兴庆区进宁北街 196 号），受宁夏省文化教育委员会代管，后受甘肃省银川专署代管，杨玉玺为负责人。1959 年，自治区科学技术委员会设立地震工作组，张贵义负责，工作人员 14 人。1961 年 10 月，银川地震台移交自治区科学技术委员会。1962 年 6 月，中国科学院兰州地球物理研究所设立宁夏地震分室，业务上归兰州地球物理研究所领导，由自治区科学技术委员会代管，进行地震活动性研究和地震观测；王业昌任宁夏地震分室主任（1962～1966 年），编制 13 人，原地震工作组 12 人留分室；办公地点在自治区科学技术委员会院内（银川市公园街口）。1964～1965 年，宁夏地震分室在固原、银川、中卫、灵武、石嘴山、陶乐等地建地震台，工作人员 22 人。1966 年，宁夏地震研究分室撤销，合并到兰州地球物理研究所地震研究室；在宁夏设银川地震台站管理组，负责人：王评智（1967～1968 年）、刘琨（1969～1970 年），管理人员 3 人，观测人员 12 人。

1970 年 1 月，兰州地球物理研究所指派吴建明赴银川组建宁夏地震前兆队。1970 年 9 月，根据中央地震工作小组决定，中国科学院兰州地球物理研究所等单位合并成立兰州地震大队，设立宁夏地震前兆队，负责宁夏地震监测预报工作，人员由中国科学院兰州地球物理研究所已在宁夏的工作人员 50 人组成。遵照国务院《关于加强中央地震工作小组和成立国家地震局的通知》精神，1971 年 5 月 3 日，宁夏科技卫生局、地震办公室负责人王国英、高崇维和兰州地震大队负责人马守第、封森亭，就兰州地震大队宁夏地震前兆队移交宁夏自治区，成立宁夏回族自治区地震队事项，在兰州座谈议定：

（1）兰州地震大队所属宁夏前兆队自即日起划归宁夏地震队，原建制即行撤消。

（2）兰州地震大队 56 名工作人员交宁夏地震队。

（3）兰州地震大队在宁夏的全部财产（包括所有地震台、地应力站的器材、设备及车辆等）移交宁夏地震队。

1971年5月底，正式成立宁夏回族自治区地震队革命委员会筹备小组，和自治区地震工作领导小组办公室合署办公，两块牌子一套人员，接受中央地震工作领导小组和自治区科技卫生局的双重领导。筹备小组由王国英（军代表）、高崇维、吴建明和王业昌等人组成，王国英任组长，高崇维任副组长。筹备小组内设政工组、办公室、综合组和各手段观测组。1973年4月，自治区科学技术局党的核心小组决定：吴建明为中共宁夏地震队临时支部委员会副书记，王业昌、肖静涵、肖玉芳为支部委员。1973年11月，成立自治区地震工作领导小组，领导小组办公室设在自治区科学技术委员会，该委副主任张伯弨兼任办公室主任，地震队负责人任副主任。

1974年12月，正式成立宁夏回族自治区地震队革命委员会，由自治区科学技术委员会代管，业务属国家地震局领导。队革命委员会主任王德芝，副主任吴建明；革命委员会下设办公室、政工科、业务科、预报室、仪器室。1975年3月，自治区党委《关于成立宁夏回族自治区地震队党支部的批复》，同意自治区地震队党支部由7人组成，王德芝任书记，吴建明任副书记。1977年底，自治区地震队有工作人员178人；正常运行的有银川、石嘴山、红果子、灵武、青铜峡、盐池、中卫、同心、固原、海原、西吉等地震台。1978年7月13日，自治区党委常委会议决定：撤销原自治区地震办公室和科委地震队的建制，成立自治区地震局，为二级局，隶属自治区科委领导；原自治区地震办公室和地震队的人员编制划归自治区地震局的编制之内。

1979年8月，宁夏回族自治区地震局正式成立。1980年5月15日，正式启用"宁夏回族自治区地震局"印章。1980年9月，自治区编制委员会同意建立宁夏回族自治区地震研究所，与宁夏回族自治区地震局（二级局）一套工作机构，挂两个牌子，编制不予增加。1981年3月20日，正式启用"宁夏回族自治区地震研究所"印章。1983年8月2日，《国务院办公厅转发国家地震局关于省、市、自治区地震工作机构和管理体制调整改革的报告的通知》（国办发〔1983〕63号）同意保留宁夏等17个省、市、自治区的地震局。确定自治区地震局由国家地震局和自治区人民政府实行双重领导，以国家地震局为主，既是国家地震局的下属单位，又是自治区人民政府的工作机构。既要按照国家地震局的部署，承担全国性和区域性地震监测工作任务，又要在自治区党委和人民政府领导下，努力为减轻当地的地震灾害，为经济建设和国防建设服务。1983年12月，国家地震局核定宁夏地震局总的事业编制175人（含机关人员编制30人）；自治区编制委员会复函国家地震局，经区机构改革领导小组研究，同意宁夏地震局由处级机构升半格，仍委托区科委代管。

1984年1月，自治区地震局由县团级升为副厅（局）级。1984年2月，国家地震局《关于宁夏回族自治区地震局机关机构设置的批复》，同意宁夏地震局机关设置一室三处，即：办公室、计划科研处、监测处、后勤处，为减少层次，处（室）下面不设科；局设研究机构：分析预报室、基础探测研究室、仪器维修研制室。

1988 年 4 月，自治区政府决定地震局为政府直属机构，不再由自治区科委代管。1990 年 11 月 3 日，自治区政府常务会议决定：各地、市、县一级的地震机构名称统一为"地震办公室"，配备领导班子要征得自治区地震局的同意；原则同意自治区地震局升格为正厅级机构，按规定程序向国家有关部门申报。1991 年 3 月，自治区地震局内设机构调整为：办公室、人事教育处、计划财务处、科技监测处、地方地震工作处（与科技监测处合署办公）、科技开发部、审计监察室；局属事业单位调整为：震情分析预报室、震害防御室、技术室、情报资料室，财务科、通讯站、劳动服务公司。

1992 年 9 月，国家地震局同意自治区地震局二级机构正职执行自治区厅局下设处的正处级待遇，副职执行自治区厅局下设处的副处级待遇。1994 年 7 月，自治区人民政府复函国家地震局，同意宁夏地震局由副厅局级升格为正厅局级。1995 年 6 月，国家地震局印发《宁夏回族自治区地震局职能配置、内设机构和人员编制方案》，确定自治区地震局在国家地震局领导下，完成全国性和自治区辖区内的防震减灾工作任务；同时在自治区人民政府的直接领导下，行使政府赋予的防震减灾工作行政职能。自治区地震局机关设：办公室，人事教育处，计划财务处，科技监测处，震害防御处、地方地震工作处（合署办公），科技开发管理处，党组纪检组、审计处、监察处（合署办公），机关党总支。

1997 年 9 月，自治区地震局正式升格为正厅级。1998 年 3 月 5 日起正式换用"宁夏回族自治区地震局"印章。2002 年 6 月，中国地震局印发《宁夏回族自治区地震局职能配置、机构设置和人员编制方案》，确定机构设置方案：

（1）管理机构设置：办公室、外事办公室（合署办公），人事教育处，计划财务处，监测预报处、应急救援处（合署办公），震害防御处、法规处（合署办公），纪检监察审计处，机关党委，离退休干部管理处。

（2）下属单位机构设置：预报中心，监测中心，地震工程研究院，机关服务中心。

（3）地震台站设置不变。

2005 年 12 月，应急救援处独设，不再与监测预报处合署办公。2010 年 10 月，计划财务处更名为发展与财务处。2010 年 10 月，机关服务中心更名为地震应急保障中心。

自治区地震队、自治区地震局的工作场所位于银川市兴庆区北京东路 244 号、246 号（原银川市老城区湖滨西街银湖巷 45 号、上海路 86 号），南、西均邻中山公园，东邻银川市实验中学，北临北京东路。

第二节　自治区地震局历任领导

一、局党组织负责人

吴建明　1980 年 7 月~1984 年 1 月　　（党支部、党总支部副书记，正处级）

　　　　1986 年 6 月~1995 年 8 月　　（党组书记，副厅级，正厅级待遇）

高铭显　1981 年 8 月~1984 年 1 月　　（党总支部书记，正处级）

　　　　1984 年 1 月~1986 年 6 月　　（党组书记，副厅级）

杨明芝　1995 年 8 月~1997 年 9 月　　（党组副书记主持工作，副厅级）

　　　　1997 年 9 月~2004 年 8 月　　（党组书记，正厅级）

张思源　2003 年 6 月~2004 年 8 月　　（党组副书记，副厅级）

　　　　2004 年 8 月~2010 年 11 月　（党组书记，正厅级）

佟晓辉　2010 年 12 月~　　　　　　（党组书记，正厅级）

二、局长、副局长

局长：

吴建明　1979 年 8 月~1984 年 1 月　　（正处级）

　　　　1984 年 1 月~1995 年 8 月　　（副厅级，正厅级待遇）

杨明芝　1997 年 9 月~2004 年 8 月　　（正厅级）

张思源　2004 年 8 月~2010 年 11 月　（正厅级）

佟晓辉　2010 年 12 月~　　　　　　（正厅级）

副局长：

王业昌　1979 年 8 月~1984 年 1 月　　（副处级）

　　　　1984 年 1 月~1991 年 9 月　　（正处级）

　　　　1991 年 9 月~1994 年 1 月　　（副厅级）

肖玉芳　1979 年 8 月~1984 年 1 月　　（副处级）

朱峻峡　1984 年 1 月~1990 年 10 月　（正处级）

李孟銮　1986 年 6 月~1990 年 10 月　（正处级）

杨明芝　1990 年 10 月~1995 年 8 月　（正处级）

　　　　1995 年 8 月~1997 年 9 月　　（主持工作，副厅级）

刘　琨　1990 年 10 月~1997 年 9 月　（正处级）

　　　　1997 年 9 月~2000 年 12 月　（副厅级）

万自成 1995 年 8 月～1997 年 9 月   （正处级）

1997 年 9 月～2004 年 8 月   （副厅级）

李文俊 1997 年 9 月～2000 年 12 月   （副厅级）

张思源 2000 年 12 月～2004 年 8 月   （副厅级）

马贵仁 2000 年 12 月～   （副厅级）

金延龙 2004 年 8 月～   （副厅级）

赵广堃 2004 年 8 月～2008 年 5 月   （副厅级）

柴炽章 2010 年 11 月～   （副厅级）

三、党组纪检组组长

杨　静 1991 年 9 月～1996 年 6 月   （正处级）

万　里 1997 年 9 月（未到任）

马贵仁 2000 年 12 月～2010 年 11 月 （兼，副厅级）

李　杰 2010 年 12 月～   （副厅级）

四、巡视员和助理巡视员、副巡视员

赵广堃 2007 年 11 月～2008 年 5 月   （巡视员，正厅级）

万自成 2004 年 5 月～2005 年 7 月   （助理巡视员，副厅级）

蒙和平 2010 年 11 月～   （副巡视员，副厅级）

第三节　职　　责

一、自治区地震局主要职能职责

2002 年 6 月中国地震局正式下达宁夏回族自治区地震局的"三定"方案，明确自治区地震局的主要职能和职责。

主要职能　宁夏回族自治区地震局实行中国地震局和宁夏回族自治区人民政府双重领导，以中国地震局为主的管理体制。根据授权承担本行政区域内防震减灾工作政府行政管理职能，依法履行防震减灾主管机构的各项职责。

主要职责

（1）根据有关法律、法规、规章的规定，监督、检查宁夏回族自治区的防震减灾工作。

（2）组织编制宁夏回族自治区防震减灾规划和计划。

（3）负责建立地震监测预报工作体系。

（4）会同有关部门建立震灾预防工作体系。

（5）承担宁夏回族自治区人民政府抗震救灾指挥机构的办事机构的职能。

（6）会同有关部门建立地震紧急救援工作体系。

（7）会同有关部门防范地震次生灾害。

（8）承担全区的地震行政复议、行政诉讼工作。

（9）推进地震科学技术现代化。

（10）领导下属单位，指导市、县防震减灾工作。

（11）承担中国地震局和宁夏回族自治区人民政府交办的其他事项。

二、内设机构职责

办公室、外事办公室　组织协调机关政务工作；协助局领导处理日常工作和突发事件；承担秘书、机要、公文、档案、信息、信访、保密、督查、外事、行政复议、机关后勤行政管理等工作；负责机关行政值班管理工作；负责全局办公自动化管理工作；管理政务信息工作；负责新闻发布工作；管理综合档案及科技资料、图书工作；负责公文归档；负责科技资料、书籍、期刊工作；管理保密工作，负责公文和科技档案的定密，负责局保密委员会日常工作；负责地震行政复议和行政应诉案件工作；管理局机关事务；负责局社会治安综合治理、国家安全等组织的日常工作。

人事教育处　主管机构设置、人员编制、人事、劳动工资、技术干部、职工教育、劳保福利、医疗保健等工作。负责局机关和局属事业单位的人事制度和机构改革，拟定机构设置方案，核定和管理人员编制；负责人事、干部工作；负责劳动工资及劳保福利工作；负责科技干部和专家工作，负责职工业务技术培训和文化教育工作；管理人事档案、科技干部档案和考绩档案；负责人事统计工作；协助有关部门做好党、团、工会及综合治理等项工作。

发展财务处　主管防震减灾事业发展规划、阶段计划、经费分配、财务管理、综合统计、国有资产等工作。管理防震减灾事业发展计划实施工作，监督检查计划任务的执行和经费使用情况；负责防震减灾事业综合统计年报的编制工作。管理财会工作，进行会计核算、监督；编制地震事业经费年度预算和决算，供给和调度资金；管理基本建设经费；审核基本建设维修项目的合同、协议、施工预算和工程结算；管理住房公积金。管理国有资产，管理局仪器设备、消耗材料及机动车辆的计划、订（采）购、验收、保管、供应、调剂、报废等工作；管理全局房地产及国有资产。

监测预报处　主管全区地震监测预报、地震科研和科技攻关项目等工作。编制全区地震监测预报阶段计划并组织实施。管理地震监测工作，组织对地震监测系统的建设、改造方案进行论证，并监督检查其实施情况；审批台站承包经费；管理地震观测质量工作；管理水库地震和人工诱发地震的监测工作。管理震情监视预报工作，组织年中、年度全区地震趋势会商会议；组织评审震情趋势研究报告，协调落实重大地震异常；监督、检查震情跟踪工作；管理地震科研、成果和学术交流工作，负责检查科研项目的实施和组织鉴定、验收工作，推广应用科技成果。

震害防御处、法规处　主管全区防震减灾法规建设、地震灾害预防、指导市县防震减灾等工作。管理防震减灾法制工作，指导全区防震减灾行政执法队伍建设工作；指导地震法制监督、技术监督工作和贯彻地震行业标准工作。管理地震灾害预防工作，管理区内地震安全性评价工作，组织审定地震安全性评价结果，确定抗震设防要求；指导、协调地震灾害预测工作；指导防震减灾宣传教育和普法工作；管理强震动观测工作。指导、协调地市县地震机构工作。负责自治区防震减灾领导组织办公室（抗震救灾指挥部办公室）、地震安全性评定委员会办公室的日常工作。负责自治区灾害防御协会秘书处日常工作。

应急救援处　主管全区地震应急、应急救援工作。组织制定、修订自治区和本局地震应急预案，检查应急预案的落实；管理地震应急指挥中心和技术系统，检查指导相关单位保证其正常运行，监督应急后勤保障；管理全区地震灾情速报网络；负责自治区抗震救灾指挥部办公室、地震灾害损失评定委员会办公室工作；负责组织开展地震现场科学考察、地震灾害损失评估，并组织评审评估成果；指导落实应急避难场所建设和应急物资储备；负责组织开展地震应急演练；管理本系统地震应急工作。

纪检监察审计处　主管纪律检查、监察、审计工作。监督检查局机关各部门和单位执行党的路线、方针、政策和决议情况，遵守国家法律、法规情况，对局机关处室及其工作人员和本局任命的其他人员实行纪律检查和行政监察。内部审计监督财务计划、预算的执行情况，与财务收支有关的经济活动及其经济效益；国有资产的管理、使用情况，专项资金的提取、使用情况；进行干部经济责任审计。负责局党组纪检组日常工作。

机关党委　负责局日常党务工作。宣传和执行党的路线、方针、政策，执行上级党组织、本局机关党委的决议，支持和协助行政负责人完成所担负的任务。对党员进行管理监督，协助人事部门开展思想政治工作，指导基层党组织做好发展党员工作。指导机关工会、妇女、共青团等群众组织开展工作。

离退休干部管理处　管理服务离休、退休干部职工工作。协调落实离退休干部职工待遇、医疗保健、遗属照顾、慰问家访和来信来访，做好离退休干部职工思想工作，组织参观考察、听取时事报告、传达重要文件、参加重要活动。协调老科技工作者发挥作用，引导退休职工参加健康文明的社会活动。

三、直属事业单位职责

地震分析预报中心　负责地震分析预报、大震速报、地震编目、信息网络等业务技术工作。开展本区中长期地震危险性综合分析研究及全国或大区域地震活动对本区地震活动影响的研究；负责组织周、月、临时会商，提交震情研究报告和本区年度震情分析预报工作报告，负责地震重点监视防御区的震情追踪工作；负责震情值班和信息网络日常工作，负责对地震异常进行调查核实，提出分析判定意见并进行震情短临预报追踪；承担地震分析预报研究工作，引进、开发地震预报的新成果、新技术、新方法；参加中强以上地震现场震情监视预报、考察、灾情评估等工作，负责震后趋势判断并提交震例总结报告。指导地市县地震部门和地震台站分析预报工作。

地震监测中心　负责全区地震监测工作。对台站工作实施责任承包，监督检查台站阶段计划的实施情况；组织本区地震台网观测质量评比；负责全区各类地震台（站、点）观测质量的月、年检查及仪器设备的架设、标定、维修等工作；督促检查地震台站做好地震监测设施和地震观测环境保护工作。负责台站地震速报、灾情速报、震情值班的日常管理，组织地震应急观测工作。组织开展地震观测技术研究，引进先进观测技术。负责管理流动观测工作。指导地市县地震台（站、点）地震监测工作。

宁夏地震工程研究院　承担工程地震、地震区划、震害预测和评估、地震地质、基础勘测科学研究和科技服务工作。开展地震基本烈度鉴定和复核、地震危险性分析及地震小区划等工作；承担中长期地震预报的基础性勘测与研究，参加历史地震调查研究、地震地质、深部探测等科研课题和相关研究任务。参与地震重点监视防御区及一般地区的震害预测研究工作，参加区内及邻近地区中强以上地震的灾害损失调查评估和现场科学考察工作，承担区内地震地质与活断层、强震构造背景和潜在震源区的研究工作。开展地震应急、救助技术和装备的研究开发工作。

地震应急保障中心　负责地震应急指挥中心和技术系统运行、应急保障工作。承担局机关后勤服务管理和住宅区物业管理工作，保障工作正常运行；负责机动车辆管理、调度与安全运行；负责地震应急的生活保障供给；管理局机关和住宅区的供排水、供电、供暖、供气系统的安全运行与维护；负责实施局机关建筑施工现场管理、房屋维修；管理机关和住宅区的环境卫生、安全保卫、消防、绿化、美化工作；利用局内闲置资产开展创收工作。

四、专业地震台职责

负责辖区内地震监测点的日常运行维护、仪器标定、数据收集、资料分析、观测资料上报及质量管理；承担辖区及邻近地区地震分析预测及震情值班；承担辖区内地震异常核实及调查；负责台站信息节点运行维护及信息上报；承担辖区内地震监测设施和地震观测环境的保护；承担辖区内地震灾情速报工作。

第三章　市县地震工作机构

第一节　银川市地震工作机构

一、银川市地震局

1970 年 2 月，成立银川市地震工作领导小组办公室，1984 年 3 月更名为银川市地震工作办公室，为县级事业单位；1985 年 3 月归口市科委管理；1988 年 8 月改为市政府直属机构，不再由市科委代管；1996 年 1 月更名为银川市地震局。2002 年 6 月，银川市地震局设置办公室、震情监测科、震害防御科。2003 年成立银川市地震监测预报中心，2007 年 3 月增设应急救援科。

二、市辖区地震机构

银川市原市辖城区、新城区、郊区在城市建设管理局和政府办公室设兼职人员负责地震工作。2002 年 10 月，银川市调整市辖区行政区划，撤消城区、新城区、郊区，设立兴庆区、金凤区、西夏区，新三区均在科技局设兼职人员负责地震工作。

三、永宁县地震局

1976 年成立永宁县地震工作领导小组办公室，由县战备防空领导小组兼管。1979 年 7 月设县地震工作办公室，为县政府直属科级单位；2000 年 8 月更名永宁县地震局。

四、贺兰县地震局

1976 年成立贺兰县地震工作领导小组办公室，隶属县科技卫生局领导。1979 年县地震办公室与县科学技术委员会两块牌子、一套人员。1984 年县地震办公室改为银川市贺兰地震观测站；1991 年改为贺兰县地震办公室，正科级事业单位；1998 年 3 月更名为贺兰县地震局。

五、灵武市地震局

1974 年成立灵武县地震工作领导小组办公室，由战备防空办公室负责日常工作。1976 年成立县地震办公室，1978 年由县科委代管。1984 年 9 月成立县地震工作办公室，隶属县科委。1986 年 6 月县地震办公室为政府直属科级单位。1996 年 5 月设立灵武市地震工作办公室，2000 年 6 月更名为灵武市地震局。

第二节 石嘴山市地震工作机构

一、石嘴山市地震局

1970 年 3 月，市防震工作由民卫组负责，后归科卫局分管。1971 年 12 月成立地震工作领导小组，办公室设在市科卫局。1973 年地震工作由银北地区科卫处负责。1975 年 3 月成立银北地区地震工作办公室。1975 年 12 月成立石嘴山市地震工作办公室；1984 年 9 月，为正处级事业单位；1999 年 6 月更名为石嘴山市地震局。

二、石嘴山区地震工作机构

1973 年地震工作办公室隶属于石嘴山二区政府，1975 年隶属石嘴山区政府。1991 年 10 月成立石嘴山区地震工作办公室；1992 年 4 月，与石嘴山区人民防空办公室合并；1997 年 4 月，保留地震办公室牌子，由石嘴山区建设局管理。2004 年 2 月地震工作机构撤销。

三、石炭井区地震工作机构

1975 年成立石炭井矿务局地震办公室，1978 年 4 月成立石炭井区地震办公室；1985 年石炭井区地震办公室撤消，1992 年重新成立，为科级事业单位，设在石炭井区建设局。2004 年地震工作机构撤销。

四、平罗县地震局

1975 年 8 月，成立平罗县地震工作领导小组办公室，与人民防空办公室合署办公，后与县科委合署办公。1984 年成立县地震工作办公室，为副科级事业单位，由县科委代管；1988 年 7 月为县政府直属机构，1990 年 7 月升格为正科级单位；2000 年 8 月更名为平罗县地震局。

五、陶乐县地震工作机构

1972 年成立陶乐县地震工作领导小组办公室。1978 年地震办公室撤消，地震工作由县科委管理。1991 年 5 月县地震观测站更名为地震办公室，隶属县科委领导，2000年更名为陶乐县地震局。2004 年 2 月地震工作机构撤销。

六、惠农县地震工作机构

1990 年 11 月成立惠农县地震工作办公室，1994 年与县科委合署办公，2000 年 7月更名为惠农县地震局。2004 年 2 月地震工作机构撤销。

第三节　吴忠市地震工作机构

一、吴忠市地震局

1973 年银南地区的地震工作由银南行署科技卫生处管理。1980 年 8 月成立银南行署地震工作办公室，1984 年 9 月为正处级事业单位。1998 年 9 月银南行署地震工作办公室更名吴忠市地震工作办公室，1999 年 2 月更名吴忠市地震局。2009 年 10 月，吴忠市地震局与科技局、知识产权局合并，三块牌子一套人马，对外统称吴忠市科技局（地震局）。

二、利通区（原吴忠县、县级吴忠市）地震工作机构

1975 年 3 月成立吴忠县防震抗震领导小组，下设地震办公室，属战备防空办公室领导。1981 年县地震办公室归口县科委管理，1983 年 5 月撤销。1991 年 5 月成立吴忠市地震工作办公室，为科级事业单位；1998 年 5 月更名利通区地震工作办公室；2000年 5 月更名吴忠市利通区地震局。2005 年 3 月，吴忠市地震局与利通区地震局合署办公，撤消利通区地震局。

三、青铜峡市地震局

1971 年成立青铜峡县地震工作办公室，归战备防空办公室兼管。1977 年 5 月县地震办公室合并到县科委，由县科委主管。1991 年 3 月设置青铜峡市地震办公室，为正科级事业单位；1999 年 9 月更名为青铜峡市地震局。

四、同心县地震局

1972 年 12 月成立同心县地震办公室，由县科委代管；1982 年为政府直属事业单

位；2000 年 6 月更名同心县地震局。

五、盐池县地震局

地震工作一直由县科技局代管，2006 年 12 月成立盐池县地震局，与县科技局合署办公。

六、红寺堡开发区地震工作机构

2003 年成立红寺堡开发区地震办公室。2006 年 12 月成立红寺堡开发区地震局，与建设与环保局合署办公；2009 年 10 月与农牧科技局合署办公。

第四节　固原市地震工作机构

一、固原市（固原地区）地震局

1970 年 3 月，成立固原专区地震工作领导小组办公室；1971 年 1 月改名固原地区防震工作领导小组办公室；1980 年 8 月改称固原地区防震抗震指挥部办公室，同年 11 月改称固原地区地震办公室；1985 年 3 月改称固原行署地震工作办公室，1996 年 8 月更名固原地区地震局，2002 年 7 月更名固原市地震局。

二、原州区（固原县）地震局

1970 年成立固原县地震工作领导小组办公室，设在县科技卫生局。1979 年地震办公室由县科委管理。1984 年 5 月～1987 年 12 月，县地震工作移交固原行署地震办公室管理。1988 年成立县地震工作领导小组办公室，由县科委管理。1991 年 11 月成立固原县地震办公室，为县政府直属科级事业单位；1997 年 1 月更名固原县地震局；2002 年 7 月更名固原市原州区地震局。

三、西吉县地震局

1970 年 3 月成立西吉县地震工作领导小组办公室，设在县科卫局。1974 年 5 月县地震办公室改建为西吉地震台，县地震工作由西吉地震台代理。1984 年 10 月设西吉县地震办公室，为科级事业单位；2000 年 9 月更名西吉县地震局。

四、隆德县地震局

1969 年成立隆德县防震办公室，隶属县科卫局。1977 年更名为县地震办公室，由县科委管理。1985 年县地震办公室独设，为科级事业单位。1987 年 6 月县地震办公室更名固原行署隆德地震台，1992 年 12 月改为隆德县地震办公室，为县政府直属科级事业单位；1999 年更名隆德县地震局。

五、泾源县地震局

1971 年 12 月成立泾源县地震工作领导小组办公室，由县科卫局管理。1975 年 2 月，地震办公室由县科委兼管。1984 年 4 月撤销县地震办公室，改设固原行署泾源地震台；1991 年 9 月改为泾源县地震办公室，为县政府直属科级事业单位；1998 年 2 月更名泾源县地震局。

六、彭阳县地震局

1995 年 12 月成立彭阳县地震办公室，设在县科委。2006 年 3 月成立彭阳县地震局，为县政府直属科级事业单位。

第五节　中卫市地震工作机构

一、中卫市地震局

2005 年 4 月，在原中卫县地震局的基础上组建中卫市地震局，为正处级事业单位。

二、中卫县地震局（现为沙坡头区）

1972 年成立中卫县地震工作领导小组地震办公室，归战备防空办公室管理。1976 年 4 月地震工作移交县科委管理。1986 年县地震工作办公室独设，为科级事业单位；2000 年 10 月更名中卫县地震局。2005 年 4 月，原中卫县更名沙坡头区（县级），地震工作由中卫市地震局负责。2005 年 4 月前由吴忠市地震局联系管理。

三、中宁县地震局

1971 年成立中宁县地震工作办公室，属县科委管理；1985 年 9 月为政府直属科级事业单位；2000 年 6 月更名中宁县地震局。2005 年 4 月前由吴忠市地震局联系管理。

四、海原县地震局

1972 年成立县防震抗震指挥部办公室，属县科委管理。1984 年 9 月成立县地震办公室，为政府直属科级事业单位；2000 年 8 月更名海原县地震局。2005 年 4 月前由固原市地震局联系管理。

第四章　地震工作队伍

第一节　自治区地震工作队伍

一、人员编制及构成

编制　1978年7月自治区党委决定：自治区地震局（包括各地震监测台站）人员暂定230人，其中行政编制20人，事业编制210人。1980年5月，国家地震局确定自治区地震局定编200人。1984年6月，国家地震局核定自治区地震局总编制人数175人，其中机关行政编制30人。1990年10月，自治区编委给自治区地震局划编6名。1995年6月，国家地震局核定自治区地震局机关行政编制37名，内设机构领导职数13名。2002年6月，中国地震局核定自治区地震局人员编制167名。2009年3月，中国地震局人事教育和科技司批复宁夏地震局事业单位岗位总量131人。

人员构成　2011年，自治区地震局参公人员33人；事业人员126人，其中专业技术人员100人，职员20人，工人6人。在岗行政人员占职工总数的20.7%；事业单位科技人员占62.9%；地震台站人员占27.0%；工人占3.7%。大专以上学历人员占88.7%，中专、高中学历人员占11.3%。事业单位高级职称人员占21.0%，中级职称人员占49.0%，初级职称人员占30.0%。享受政府特殊津贴者6人。

自治区地震局历任处级干部和地震台干部及其任职时间详见《第十篇·人物》。

1997年，自治区地震局离退休人员31人，其中离休干部3人、退休人员28人。2011年，离退休人员91人，其中离休干部1人、退休人员90人。

二、职工教育培训与招录

教育培训　1973~2000年，自治区地震队、地震局举办测震、地倾斜、地磁、地电、测氡、无线电知识、仪器标定等培训班20期，培训观测人员540余人次。岗前培训班9期，230余人次参加学习。在职专业技术人员到中国科技大学、北京大学、地震专科学校进修，参加国家地震局直属研究所培训，进修培训200多人次。至2011年，培养博士 2 人, 硕士 17 人, 占职工总数的 11.9%; 具有大学本科学历 71 人, 占职工总数的 44.6%; 大学专科学历 49 人, 占职工总数的 30.8%。

招录工作人员　招录参照公务员管理人员, 按照《公务员法》的规定施行。2003～2011 年共招录 35 岁以下公务员 10 名, 全部是大学本科以上学历。2004 年 12 月, 自治区地震局制定《宁夏回族自治区地震局事业单位引进录用人员办法》, 2011 年 9 月修订, 规定事业单位坚持凡进必考、面向社会的原则, 学历学位一般要求在大学本科、学士学位以上。共招考事业单位人员 20 人。

三、专业技术职务评聘

职称评定　1981 年 2 月, 成立首届自治区地震局、地震研究所技术职称评定委员会, 开始评定专业人员技术职称。

（1）初级职称评定: 1986 年 1 月前, 由自治区科学技术委员会评定, 此后由自治区地震局评定。到 1999 年评定助理工程师 145 人, 助理馆员 6 人, 助理会计师 8 人, 技术员 21 人, 合计 180 人。

（2）中级职称评定: 1986 年 1 月前, 由自治区科学技术委员会评定, 此后由自治区地震局评定、科技干部局验收（到 1991 年 8 月）。到 1999 年评定工程师 107 人, 技师 1 人; 国家地震局评定助理研究员 1 人, 会计师 3 人, 审计师 1 人, 馆员 1 人, 合计 114 人。

（3）高级职称评定: 正高级专业技术职称由国家地震局、中国地震局评定, 副高级专业技术职称由中国地震局兰州地震研究所评定（其中 2004～2005 年由自治区地震局评定）。到 1999 年评定研究员 3 人, 副研究员 4 人, 高级工程师 41 人, 主任记者 1 人, 合计 49 人。

2000～2011 年, 评定高级职称 34 人, 中级职称 57 人, 初级职称 44 人, 合计 135 人。

专业技术职务聘任　1989 年前专业技术职务评定后就聘任, 即评聘不分; 此后专业技术职务评定和聘任分开。1989 年 12 月, 自治区地震局首次聘任中、初级专业技术职务 17 人, 聘期一年。1992 年 4 月起, 对专业技术人员进行专业技术职务聘任（含续聘、初聘）, 期限三年。

2011 年, 自治区地震局在聘高级专业技术人员 21 人, 其中研究员 2 人, 高级工程师 19 人; 在聘中级专业技术人员 49 人, 初级技术职称人员 30 人, 合计 100 人。

四、工青妇组织

1991 年 5 月, 自治区地震局第一届工会委员会由马贵仁、文卫、赵文科、王增光、王菁 5 人组成; 至 6 月底发展工会会员 180 人。马贵仁兼任工会主席至今, 文卫兼任工会副主席至 2002 年 3 月。

2009年4月，成立宁夏地震局妇女工作委员会，主任：徐丽红，委员：范东平、马禾青、吴隽、康凌燕。

宁夏地震队成立后组建共青团支部，宁夏地震局成立后健全共青团组织。张丰年、闵伟、王东、徐文静、程武雄、康凌燕等先后担任团支部书记。

第二节　市县地震工作队伍

1979年11月，自治区编制委员会核定各行署、市、县地震办公室事业编制84人。1984年3月，自治区机构改革领导小组核定地、市、县地震工作机构编制72人。2011年，市、县（区）地震机构工作人员166人，列入公务员系列，其中少数民族47人；具有大专以上学历146人，中专学历（包括高中）20人；高级专业技术职称5人，具有中级专业技术职称19人。

第五章　事业管理

第一节　计划财务

一、财务管理体制

自治区地震局属中央驻宁单位,财政体制实行中央财政为主,地方财政为辅,中央、地方共同安排、合理分担的双重管理体制。人员及事业经费的来源主要依靠中国地震局。自治区地方财政每年仅安排地方编制人员经费和专项补助经费。1977年4月,财政部和国家地震局划拨宁夏群测群防补助经费20万元。1998年12月,自治区地震局、计委、财政厅联合发出《关于贯彻<国家地震局、国家计委、财政厅〈关于建立健全防震减灾计划体制和相应经费渠道的报告>的通知>的通知》(宁震发〔1998〕107号),明确各级政府要建立多层次、多渠道防震减灾工作投入体制。

二、计划财务管理

中央地震工作领导小组办公室1971年3月23日《关于地震工作经费和器材管理的若干暂行规定》指出:(1)经费管理以中国科学院的管理办法为基础;(2)经费关系,各省、市、自治区地震队的经费,由地震局根据计划,按月拨给各省、市、自治区地震办公室(或相应的地震工作管理机构)。这就明确了各省、市、自治区地震工作经费统一按任务计划由国家下拨,计划内容包括人员经费、公用经费、监测预报防御经费及其他专项经费,各地按国家下拨的计划合理配置,增收节支,优化支出结构,加强领导,实施统一管理。国家地震部门为一级财务,各省(市、自治区)地震部门为二级财务。年度计划财务工作按着中国地震局的统一部署和要求,实行各省二级财务决算,并上报中国地震局。有关财务预算的编报、拨款、管理和调整,均按中国地震局财务主管部门统一规定执行;自治区地方补助经费,按自治区财政厅的要求,进行决算、上报。中央财政资金和地方财政资金均实现国库集中支付,实行零余额账户管理。1997年,自治区地震局财务开始实行电算化,审计与财务电算化系统实行联网，达到随时可监督监控。

宁夏地震队成立后，制定了经费管理办法。行政经费开支标准、福利基金的提取及劳保用品的发放，按自治区有关事业单位的规定标准执行。地震台站的公杂费、夜班费、津贴费开支有专门规定标准。在会计制度实行统一的收、付记账法后，建立了自治区地震局统一的会计账簿和会计报表及财务预决算等制度，形成开支有预算、有计划、有标准的正常财务秩序。2008 年，对 10 多项工作制度进行清理、废止和重新修订，加大对资产、基本建设、支出预算、差旅费等工作制度的执行力度。

三、事业经费

中国地震局划拨自治区地震局的事业经费中，人员经费约占 60%，公用经费约占 17%，专项业务经费约占 23%。专项业务经费主要用于保证地震基本台网运行，维持区域地震台网正常工作，以及监测预报系统基本正常开展工作，进行震害防御工作管理和小规模科研。中央财政拨款从 2000 年的 505.65 万元增长到 2011 年 2050.27 万元，地方财政拨款从 2000 年的 69.7 万元增长到 2011 年 350 万元。自治区每年补助地震工作经费，1981～1990 年 7 万元；1991～1997 年 30 万元；1998 年 40 万元；1999～2000 年 60 万元；2001～2008 年 200 万元；2009 年起 278 万元。

四、项目管理

自治区地震局的项目管理工作由计划财务部门负责。国家和自治区在"十·五"期间共投资 5700 余万元用于防震减灾重点项目——"宁夏回族自治区数字地震观测网络"建设。该项目涉及建设地点 65 个，主要分布在自治区大中城市周围与人口稠密以及地震监测能力相对薄弱的地区。为顺利地按期完成"宁夏回族自治区数字地震观测网络"项目，自治区地震局对项目实行法人责任制管理，项目经费实行预算管理，基建实行招投标，设备实行政府采购，项目管理实行合同制，工程质量实行终身负责制。成立了以项目法人代表为组长的项目领导小组，协调解决项目实施中的问题；设立台网（测震、前兆）、强震动、信息、应急、活断层子项目组和基建办公室，负责各子项目的建设实施工作；设立项目质保组、审计监察组，负责各子项目的内部质量保证和审计监督工作；各职能部门按照职责各负其责，承担项目的计划财务管理、业务管理、社会协调、条件保障、监督检查、工程验收等管理工作。

第二节 保障工作

一、机关政务后勤保障

自治区地震局机关为防震减灾第一线做好政务后勤服务管理，保障各项工作顺利开展。制定职能职责、工作规则、会议制度、公文处理办法、政务信息管理办法、新闻发布管理办法、紧急重大情况上报规定等政务工作制度。2003 年、2005 年、2009 年，编辑《宁夏回族自治区地震局工作制度选编》3 册。及时收发传递文件，严格审核，加强催办督办工作。每年编辑整理工作记事，做好大型会议组织服务工作，坚持新闻发言人制度，完善地震系统政务信息员网络，及时收集汇总和发布震情灾情信息，健全保密领导组织和保密工作责任制度。坚持督查督办制度，完成防震减灾调研报告20 多份，办理自治区人大代表建议和政协委员提案 10 件。制定反腐倡廉制度，开展廉政和警示教育。落实离退休干部职工的政治待遇和生活待遇，建设活动室，做好服务工作。为职工做好后勤服务管理，营造良好的工作生活环境。

二、档案图书服务

完善档案图书工作管理规定，保障综合档案硬件和软件建设，为工作人员借阅档案图书提供服务。1980 年 8 月起历时 3 年，完成历年前兆资料整理、归档。2003 年 7 月起历时一年，完成文书及会计档案清理工作。2005～2007 年，对 1965 年以来的地震记录图纸分类，整理 10 余吨重的地震图纸。淘汰了木制档案柜，将科技档案集中存放在密集架里。剔除价值总额 2.4 万余元的图书期刊 7844 册。完成"十五"宁夏数字地震观测网络项目档案的收集、整理，立卷 300 余卷。2011 年底，收藏地震监测、野外测量、预测预报、地震地质、地震工程、科技管理等类科技档案 6345 卷，地震科技类资料 2484 卷，地震科技类图书 21010 册。数字地震与前兆观测资料光碟（CD、DVD）239 盒。

三、物资供应与技术装备管理

1971 年，宁夏地震队物资供应与技术装备管理办法沿用原兰州地震大队的相关工作制度。1974 年 5 月，宁夏地震队第一次制定劳动保护用品管理办法；1975 年 12 月，对物资器材进行清查，规范物资供应与技术装备管理。1977 年 5 月，宁夏地震队成立物资器材供应科，负责全队主要物资器材计划、采购、供应、管理工作。1979 年 8 月，再次对全队物资器材进行大规模清查；1980 年 5 月，经国家地震局清产核资检查团检查后，认为清产核资工作富有成效，家底清楚。此后，自治区地震局规范物资与装备管理工作，保障科技工作顺利开展。截至2011年底，自治区地震局固定资产总额6066.38万元。

四、基本建设

机关工作用房　宁夏地震前兆队、宁夏地震队建队初期，借用银川市中山公园内的工人俱乐部（原怀远楼，已拆除）办公。1971年7月，银川市革命委员会建设局函复宁夏地震队，同意在中山公园东北角建设，用地15770 m²。1972年，宁夏地震队办公楼建成，2层砖混结构，建筑面积1261.72 m²。1980年，宁夏地震局办公楼建成，4层砖混结构，建筑面积2880.51 m²。2005年，宁夏防震减灾应急指挥中心大楼建成，大楼主体混凝土框架六层、局部七层，建筑面积5620 m²。

职工住宅　1971年，原宁夏地震队职工住宅建成，单层砖木结构，建筑面积1044.50 m²。1979年，原2号职工住宅楼建成，4层砖混结构、4个单元，建筑面积2019.20 m²。1985年，1号职工住宅楼建成，5层砖混结构、1个单元，建筑面积717 m²。1986年，3号职工住宅楼建成，5层砖混结构、4个单元，建筑面积2800.80 m²。1987年，4号职工住宅楼建成，5层砖混结构、2个单元，建筑面积1464.70 m²。1994年，5号职工住宅楼建成（位于现银川市兴庆区进宁北街196号），6层砖混结构、3个单元，建筑面积2795 m²。1999年，6号职工住宅楼建成，6层砖混结构4个单元（其中1个单元4层），建筑面积4227.40 m²。机关职工住宅楼参加银川市房改，地震台站职工住宅参加当地房改。

地震台站　基本建设内容详见《第四篇·地震监测》。

市县地震部门　自治区市县地震部门的基本建设，诸如办公用房和职工住宅，均由本级政府安排解决。

第三节　机关党务

一、基层组织

宁夏地震工作队伍组建后，就有健全的中国共产党基层组织。1971年5月～1985年2月组建的地震队、地震局党组织，均负有领导职责。1985年2月后组建的机关党组织，协助行政负责人完成任务，改进工作，不领导本级业务工作（见表1-5）。基层党支部设置见表1-6。

1971～1973年，高崇维任中共宁夏地震队临时支部委员会书记；1973～1975年，吴建明任副书记。1975～1980 年，王德志任中共宁夏地震队支部委员会书记，吴建明任副书记。1980～1981 年，吴建明任中共宁夏地震局临时支部委员会副书记。1981～1983 年，高铭显任中共宁夏地震局总支部委员会书记，吴建明任副书记。1984～1986年，高铭显任中共宁夏地震局党组书记。

表 1-5　中共宁夏回族自治区地震局机关党组织一览表

中共宁夏地震局机关总支部委员会

届数	时间	书记	副书记	委　员
一	1985 年 2 月	薛秀英	刘琨	陈素改　肖玉芳　常晟勇
二	1989 年 6 月	王业昌	刘琨	张文孝　马贵仁　文卫
三	1991 年 6 月	刘琨	马贵仁	文卫　张文孝　张思源
四	1993 年 3 月	刘琨	马贵仁	张文孝　张思源　万自成

中共宁夏地震局机关委员会

届数	时间	书记	副书记	委　员
一	1996 年 5 月	万自成	马贵仁	张思源　文卫　赵卫明
二	2001 年 9 月	李文俊	蒙和平	赵卫明　范东平　金延龙
三	2006 年 2 月	张思源	蒙和平	孟长春　范东平（2011 年 4 月退休）
	2011 年 4 月	佟晓辉	谢建永（专职）	兰宁　康凌燕

注：①1995 年 9 月～2000 年 10 月，文卫任机关党总支、机关党委办公室主任（专职）；②自 2006 年 2 月起，实行"一岗双责"，机关党委书记由局党组书记兼任；③表中标明"专职"以外的人员，均为兼职。

表 1-6　中共宁夏地震局基层党支部一览表

调整时间	个数	支　部　名　称
1985 年 2 月	4	机关行政支部、机关业务支部、中卫支部、固原支部
1993 年 2 月	9	机关第一支部、机关第二支部、监测预报中心支部、科技开发中心支部、机关服务中心支部、银川基准台支部、固原支部、中卫地震台支部、老干部支部
1995 年 12 月	11	机关行政支部、计划财务支部、机关服务中心支部、分析预报中心支部、工程地震研究所支部、监测支部、银川基准台支部、宁夏防震减灾工程技术开发中心支部、中卫地震台支部、固原地震台支部、离退休干部支部

续表

调整时间	个数	支　部　名　称
2001 年 6 月	8	机关行政一支部、机关行政二支部、地震监测中心支部、分析预报中心支部、机关服务中心支部、银川基准台支部、离退休办公室支部、宁夏地震工程研究院支部
2006 年 6 月	10	机关第一支部、机关第二支部、机关第三支部、分析预报中心支部、地震监测中心支部、宁夏地震工程研究院支部、机关服务中心支部、银川基准台支部、固原地震台支部、离退休支部
2009 年 12 月	13	办公室支部、人事教育处支部、应急救援处支部、计划财务处支部、震害防御处支部、监测预报处支部、纪检离退休支部、分析预报中心支部、地震监测中心支部、宁夏地震工程研究院支部、机关服务中心支部、银川基准台支部、固原地震台支部

截至 2011 年 12 月，自治区地震局有中共党员 138 人，其中在职党员 90 人，离退休党员 48 人，占职工总人数（含离退休职工）的 55.2% ；在职党员占在职人员总数的 56.6% 。在职女党员 19 人、少数民族党员 10 人。

二、党建工作

制度建设　制定了宁夏地震局党组中心组学习制度、党的工作责任制实施办法、党支部"三会一课"制度、党务公开制度、基层党建工作责任制、思想政治工作责任制、党建工作例会制度，制定了党组、机关党委、各党支部责任考核标准以及党支部书记责任与党支部目标管理制度。

党务工作　1992 年 10 月，试行党支部党建目标管理责任制。组织开展民主评议党员活动、学习邓小平理论、"三讲"教育活动、"三个代表"重要思想学习、先进性教育活动、学习《党章》、社会主义荣辱观教育、构建社会主义和谐社会、廉政文化建设活动、"三服务一推进"主题实践活动、思想道德建设年活动、学习实践科学发展观活动、读书征文活动、道德模范评选活动、机关党的建设年活动、深入开展实施西部大开发大学习活动、民族团结月活动、结对共建活动、志愿者服务活动、学习《廉政准则》活动、创先争优活动、创建学习型党组织、争当学习型党员活动、缴纳特殊党费等活动。

第六章　精神文明建设

第一节　创建活动

一、开展精神文明建设

20 世纪 80 年代初，全区各级地震工作部门在当地党政部门的领导下，抓好防震减灾各项业务建设的同时，重视抓好精神文明建设工作。随着全区精神文明建设工作的深入开展，自治区地震局把精神文明建设作为职工思想道德建设的基础性工作，在局机关和地震系统建立精神文明组织机构，制定工作制度，开展精神文明建设工作。各单位坚持中国共产党十一届三中全会以来的路线和方针政策，坚持以马列主义、毛泽东思想、邓小平理论和"三个代表"重要思想为指导，认真贯彻党的各项方针政策，全面落实科学发展观，紧紧围绕自治区党委、政府和中国地震局党组开展精神文明建设活动的总体部署和要求，始终把加强精神文明建设作为推进事业全面发展的一件大事来抓，把防震减灾工作和国家的中心工作任务紧密结合起来，抓好职工的思想道德教育、职业道德教育和家庭美德教育，坚定为人民服务的宗旨，遵纪守法，廉洁奉公，进一步树立热爱防震减灾工作的思想，增强做好防震减灾工作的信心。进行党的基本路线教育、理想教育、形势教育和法制教育，基层党支部发挥战斗堡垒作用和党员的先锋模范作用，促进本单位形成团结和谐、积极向上的良好风气和开拓进取、求真务实的优良作风，把职工的智慧和精力引导到防震减灾工作的深入开展和科技进步上来。

二、组织机构

随着精神文明建设在宁夏地震系统深入开展，逐步建立起相应的有关组织：宁夏地震局精神文明建设领导小组、党风廉政建设领导小组、社会治安综合治理委员会、保密委员会、国家安全工作委员会、计划生育工作领导小组、离退休干部工作领导小组、普法教育领导小组、爱国卫生运动委员会、医疗费改革领导小组、安全生产和消防工作领导小组、无线电管理委员会等。制定了《宁夏地震局精神文明建设发展规划》《宁夏地震局"文明处室"创建管理办法》《宁夏地震局文明机关创建规划》《宁夏地震局创建"文明机关"活动实施方案》等。每年初印发年度精神文明建设工作要点，年底接受区直机关文明委的检查验收，并向中国地震局上报党建暨精神文明建设工作总结，确保精神文明建设工作有序开展。

三、社会工作

每年初，有关部门、单位均同上级主管部门签订党风廉政、保密、安全保卫、计划生育、绿化卫生、综合治理等工作责任书，将责任落实到人。参加当地植树造林活动。开展送温暖献爱心活动，干部职工为困难职工、贫困地区、学校、灾区捐款数 10 万元。杨玉玺、杨平等人将厂家、施工单位送的回扣款物主动上缴，受到自治区地震局通报表扬。完成自治区下达的少数民族运动会、国际贸易洽谈会等活动的接待任务，吴隽等被评为优秀个人。自治区地震局 20 余人参加彭阳、固原、中宁、青铜峡、同心等地农村社会主义教育、扶贫开发、助教活动，各工作队被自治区社教办公室、扶贫开发办公室评为优秀工作队，徐丽红等被评为优秀工作队员。安万山等人被评为驻地综合治理先进个人。组织开展读书征文活动，有的征文获得奖励。

四、创建文明工作

1982 年银川小口子地震台获自治区科委直属系统建设社会主义精神文明先进集体。自治区地震局于 1985 年被银川市城区人民政府评为"文明单位"、2003 年被银川市兴庆区人民政府评为"文明单位"。2008 年，自治区地震局 12 个处室被评为文明处室，7 个地震台站被评为文明台站，10 个党支部被评为"五好党支部"。2010 年，自治区地震局获区直机关级"文明机关"。部分市县地震局被评为当地"文明机关"。

第二节　文明建设成效

宁夏开展地震工作以来，大多数地震监测台站或地处贺兰山中、六盘山麓，或地处毛乌素沙漠、腾格里沙漠边缘，环境偏僻，交通、生活不便，子女上学、就业困难。地震工作者在艰苦的环境中，每天 24 小时坚守岗位，开展地震监测，为地震预测预报、科研提供连续可靠的观测资料。野外测量、地震地质勘察队员不惧山高路险，冒着酷暑严寒，坚持野外作业，取得测量勘察成果。机关工作人员坚持服务基层、服务社会、服务群众，与全体干部职工一起，把人民群众的生命安全放在首位，落实科学发展观，紧紧围绕建立健全地震监测预报、震灾预防、紧急救援三大体系和科技创新体系工作任务，坚持依靠法制、依靠科技、依靠全社会力量，面向社会，面向科技，面向经济，面向市场，为构建社会主义和谐社会、建设平安宁夏而努力工作。宁夏地震系统干部职工坚持两个文明建设一起抓，取得显著成效，部分单位和个人获得国家级、省部级、厅局级、市县级科技成果奖励和先进表彰奖励（详见《第十篇·人物》）。

1974 年 3 月，自治区地震队召开首届先进单位、先进工作者代表会议，表彰先进。此后，自治区地震队、自治区地震局每年评选先进集体 4～6 个，先进个人 12～16 人，考核优秀工作人员 16～18 人，在年度工作总结会议上表彰奖励。市县地震部门年度工作总结时，对本单位的先进个人予以表彰奖励。1998 年以来，自治区地震局每年组织全区防震减灾工作综合评比，评出市级优秀单位和县级优秀单位 10～12 个，先进个人 10 人左右，给予表彰奖励；推荐市县级优秀单位 2 个参加全国地市（市县）防震减灾工作综合评比。

1992 年以来，杨明芝、吴建明、廖玉华、朱峻峡、佟晓辉、赵卫明享受政府特殊津贴。1986 年以来，张思源、王生才、许文俊、朱峻峡获得省部级劳动模范待遇。

2005 年以来，自治区地震局每年受到自治区人民政府表彰奖励。

第二篇
地震活动

《后汉书·顺帝纪》对东汉汉安二年（公元143年）九月地震的记载，是本区地震最早的文字记载。唐乾符三年（876年）六月雄州（辖今中卫、中宁、青铜峡等地）地震以后，本区地震文字记载越来越详，特别是明代以后愈加丰富，除记述地震日期、时辰、地点、强烈程度外，还详细记述灾害及赈灾情况，有的史料还记述了震前、震时的景象。

1954年，在宁夏境内建成银川地震台；1965年，新建石嘴山等5个地震台，此后陆续在海原、同心等地建设地震台，地震台网密度增加。2007年，宁夏数字地震观测网络建成，使地震参数的精确测定能力进一步提高。破坏性地震发生后，及时进行科学考察，调查震灾损失，划定烈度分布，研究地震活动特征、震源机制、地震构造和地震前兆，积累了大量资料。

公元876年至2011年，本区共发生5级以上强震48次，其中8级以上特大地震2次，7级地震3次，6级地震10次，5级地震33次。这些地震主要分布在银川、平罗、吴忠、灵武、青铜峡、中宁、中卫、同心、海原、固原、西吉等地，造成山川变异、建筑物倒塌，引起人员伤亡和财产损失。

1966～2011年，宁夏地震台网测定出区内发生1级以上地震3037次，其中1.0～1.9级2124次，2.0～2.9级760次，3.0～3.9级117次，4～4.6级24次，大于4.7级的地震12次。一些2级地震使人们感觉到震动，3级以上地震的强烈震动使人们惊恐外逃，有的造成房屋建筑物破坏或者损坏，5级以上地震造成了人员伤亡。

1965年以前的地震记述主要以《宁夏回族自治区地震历史资料汇编》为依据，地震参数如发震时间、震中位置、地震震级（M）、地震烈度（I）以《宁夏地震目录》为准，个别地震参数采用近年的研究成果作以修正。1965年以后的地震参数，采用仪器测定的结果。

第一章　地震纪实

第一节　古代地震

876 年 7 月 14 日（唐僖宗乾符三年六月二十日）青铜峡 6½ 级地震

乾符三年六月乙丑，雄州（今青铜峡、中宁、中卫一带）地震，至七月辛巳止，州城庐舍尽坏，地陷水涌，伤死甚众。

1010 年 11 月（宋真宗大中祥符三年十月）灵武 5½ 级地震

大中祥符三年冬十月，灵武地震，坏庐舍，压人甚多。

1143 年 4 月（宋高宗绍兴十三年三月）银川 6½ 级地震

绍兴十三年三月，西夏国王畿（今银川）地震逾月不止，坏官私庐舍、城壁，地裂泉涌出黑沙，人畜死伤万数。

1219 年 8 月 6 日（金宣宗兴定三年六月十八日）固原 6½ 级地震

兴定三年六月十八日，巳时地动，西北而来，有声如雷，顷之地大震，将镇戎（今固原）城壁、屋宇尽皆摧塌，黎民失散。平凉、镇戎（今固原）、德顺（今甘肃静宁东）尤甚，庐舍倾，压死者以万计，杂畜倍之。镇戎及威戎（今甘肃静宁西南四十里）土城震圮（后重筑）。

1227 年 7 月（宋理宗宝庆三年六月，亦即西夏末帝睍宝义二年六月）银川 5½ 级地震

宝庆三年六月，太白入东井，地大震，宫室多坏，王城夜哭。

1306 年 9 月 20 日（元成宗大德十年八月初四日）固原 6½ 级地震

大德十年八月壬寅，开成路（今固原开成）地震，王宫及官民庐舍皆坏，压死故秦王妃也里完等五千余人。以钞万三千六百余锭，粮四万四千一百余石赈之。

1378 年 4 月 30 日（明太祖洪武十一年四月初三日）银川 5¾ 级地震

洪武十一年四月乙巳，宁夏卫（今银川）地震，东北城垣崩三丈五尺，女墙崩十九丈。颓城坏屋，灾亦甚矣。

1474 年 12 月 11 日（明宪宗成化十年十一月初三日）灵武 5½ 级地震

成化十年十一月丁酉，灵州（今灵武）大沙井驿地震，有声如雷，自历昼夜屡震，至十一月甲寅，一日十一震，城堞房屋多圮。

1477 年 5 月 13 日（明宪宗成化十三年四月初一日）银川 6½ 级地震

成化十三年四月戊戌朔，陕西、甘肃天鼓鸣，地震有声，生白毛，地裂，水突出，高四五尺，有青红黄黑四色沙。宁夏地震，声如雷，城垣崩坏者八十三处。

1495 年 4 月 10 日（明孝宗弘治八年三月十六日）中卫 6½ 级地震

弘治八年三月己亥，宁夏地震，一日十二次，有声如雷，石空寺堡（今中宁县石空镇）城楼外门及永丰等墩台、楼八座，关墙百余丈，柔远堡（今中卫柔远乡）大城十余丈，镇虏（今中卫镇罗镇）等营边墙四十余丈，俱震倒。军房倒者五十余间，压伤十二人。

1505 年 7 月 10 日（明孝宗弘治十八年六月初十）青铜峡 5½ 级地震

弘治十八年六月癸亥，陕西庆阳府环县及平凉府固原州各地震，同日宁夏地震，有声如雷，崩坏广武营城垣。

1561 年 7 月 25 日（明世宗嘉靖四十年六月十四日）中宁 7¼ 级地震

嘉靖四十年六月壬申，宁夏、固原、庄浪等处地大震，城垣、墩台、屋宇皆摧，地裂涌出黑黄沙水，压死军民无算，逾月乃止。固原镇压死诸苑监牧军千余户，牧马五百余匹。

广武城系正统九年设，嘉靖四十年六月十四日巳时，地震异常，城池官舍倾者十之八九，压死人民大半。

嘉靖四十年夏，地震，起自西南牛首山一带，寺宇倾颓，佛像损坏。

安庆寺碑记：嘉靖四十年六月十四日，地大震，山崩川决，城舍皆倾圮。安庆寺永寿塔颓其半。

嘉靖四十年地震，鸣沙安庆寺梵宇宝塔倾圮，独中殿大佛俨然未动。

今年天下灾异，言地震尤数，或一日而震数者，一次而震者数次，其至土裂沙涌，房屋倒塌，人民死伤无数。

韦州：山崩，水涌泉出，坏城郭，堕楼碑，覆庐舍，压死人，康济寺塔倾颓。

银川：城堞、官署、民房多毁，书院、庙宇倾颓。

这次地震发生在中宁县，震中烈度最高达 X 度、IX 度区位于中宁、红寺堡一带，VIII 度区北起银川，南抵固原，东至韦州以西，西达中卫（图 2-1）。地震造成中卫、中宁、青铜峡、同心、红寺堡、固原、银川等地不同程度的灾害，损失惨重。

1562 年 2 月 14 日（明世宗嘉靖四十一年正月十一日）银川 5½ 级地震

嘉靖四十一年正月丙申，是岁宁夏地震，圮边墙。

1568 年 4 月 1 日（明穆宗隆庆二年三月初四日）银川 5¾ 级地震

隆庆二年三月甲寅，宁夏地震，倒边墙二百余丈，崩开九丈。

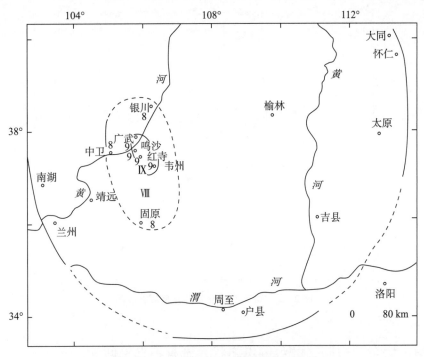

图 2-1 1561 年中宁 7¼ 级地震等震线图

1608 年 9 月 23 日（明神宗万历三十六年八月十五日）中宁 5½ 级地震

万历三十六年八月十五日己亥，地震有声，广武营官廨、边墙，石空等城堞尽摇覆。

1615 年 7 月 20 日（明神宗万历四十三年六月二十五日）平罗 5½ 级地震

万历四十三年六月二十五日地震，从西北往东南，有声。洪广营（今属平罗县）摇倒城西面月城十三丈，尖塔墩北面月城七丈。

1616 年 2 月 10 日（明神宗万历四十三年十二月二十三日）青铜峡 5¾ 级地震

万历四十三年十二月二十三日，两河同时地震，移时方住，大坝、广武、枣园等堡，城堞、墩台、房屋俱摇倾。

从西北往东南有声，广武营摇倒城堞、墩台、房屋、墙壁颇多。

1622 年 10 月 25 日（明熹宗天启二年九月二十一日）固原 7 级地震

天启二年九月甲寅，陕西固原州星殒如雨，平凉、隆德等县，镇戎、平虏、蒙古等所，马刚、双峰等堡，地震如翻，城垣震塌七千九百余丈，房屋震塌一万一千八百余间，牲畜塌死一万六千余只，男妇塌死一万二千余名口。

这次地震震中烈度达到 IX 至 X 度，极震区南起隆德，北至同心（图 2-2），固原、隆德、泾源、七营、豫旺、彭阳王洼等地受灾最重。

1627 年 2 月 6 日（明熹宗天启六年十二月二十一日）中宁 6 级地震

天启六年十二月二十一日，石空寺堡地大震，震倒碉山一座，坏石殿四座、僧房六间，压死僧二名，余丁四名。正月初一至二月初二日，连接各卫、营、屯、堡地震一百一十余次，大震如雷，小震则如鼓如风。月余以来，官军恐惧，夜多露宿，不敢

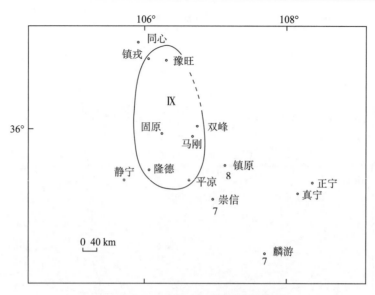

图 2-2　1622 年固原 7 级地震等震线图

安枕。其城垣、房舍、边墙、墩台倒塌之状，诚有不忍见闻者。

1638 年 1 月（明毅宗崇祯十年十二月）海原 5½ 级地震

崇祯十年十二月，陕西西安（今海原县西之西安州）及海剌（今海原县）同时地震，数月不止。边墙、墩台及民房悉圮。

1686 年（清圣祖康熙二十五年）同心 5½ 级地震

古长城关又名下马关，明嘉靖总制王宪筑土城，甃以砖，周五里七分，高厚皆三丈五尺。国朝康熙二十五年地震倾。

1708 年 10 月（清圣祖康熙四十七年九月）海原 4¾ 级地震

康熙四十七年秋九月地震，西安州堡（今海原县西）泉源壅塞。

1709 年 10 月 14 日（清圣祖康熙四十八年九月十二日）中卫 7½ 级地震

康熙四十八年九月十二日辰时，中卫地大震。初大声自西北来，轰轰如雷。官舍民房、城垣边墙皆倾覆。河南（指中卫黄河以南）各堡平地水溢没踝，有鱼游。推出大石，有合抱者，井水激射，高出数尺，压死男妇二千余口。自是连震五十余日，势虽稍减，然犹日夜十余次或二三次，人悉露栖，过年余始定。

宁夏卫城北，旧有海宝塔，挺然插天，岁远年湮而咸莫知所自始。惟相传赫连勃勃曾为重修，遂有讹为赫宝塔者……康熙四十八年秋九月地震，颓其巅四层，而丹雘亦多剥落。

文昌阁：宁灵厅（文昌阁）在厅城西面，颓圮多年，现移祀书院……曩日即墨黄大中丞来抚兹土，恢廓旧制，建设殿宇，上奉玉帝，旁列两庑，规划初备。己丑遭地震之变，踵事重修。固已规模宏整，而殿宇未正其方位，甚非所以肃典礼耸观瞻也。

灵武镇河塔：距郭外东南四里许，置田三十亩……逾年三十，有阁、有廊、有堂、有庙、有门、有方丈室，有垣丰周，而塔矗然成。己丑（康熙四十八年）九月十二日辰刻地震，廊厢半毁。戊戌（康熙五十七年）五月二十一日复震，塔遂倾栈……

这次地震震中烈度达到Ⅸ～Ⅹ度。极震区位于中卫、中宁地区，Ⅷ度区南起海原西安州，北抵银川，西起甘肃景泰，东至红寺堡；Ⅵ度区包括宁夏全境（图2-3）。

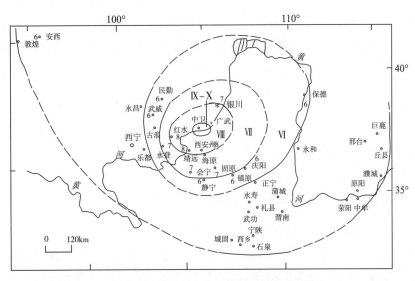

图2-3 1709年中卫7½级地震等震线图

1739年1月3日（清高宗乾隆三年十一月二十四日）银川-平罗8级地震

清乾隆三年（1739年）地震，《故宫档案》《清高宗实录》《乾隆宁夏府志》《银川小志》等多有记载，择录如下。

窃查宁夏地震，惨变异常。臣查郎阿于十二月十八日到宁，查得宁夏府城于十一月二十四日戌时，陡然地震，竟如簸箕上下两簸。瞬息之间，阖城庙宇、衙署、兵民房屋，倒塌无存。男妇人口奔跑不及，被压大半。又因天时寒冷，房屋之中俱放有烤火之具，房屋一倒，顷刻四处火起，不惟扑救无人，抑且周围俱火，无人扑灭，直至五昼夜之后，烟焰方熄。被压人民，除当即刨出损伤未甚救活者外，其余兵民、商客压死焚死者甚众。一应资财、衣帽、家具、什物俱已焚毁。城垣四面倒塌，仅存基址。其满城房屋，亦同时一齐俱倒。官兵被压死者一千数百名，且平地裂成大缝，长数十丈不等，宽或数寸或一二尺不等。地中黑水带沙上涌，亦有陷入而死者。城垣亦俱倒塌，且城根陷数尺许。臣到宁阅看，昔日繁庶之所，竟成瓦砾之场。惨目伤心，莫此为甚。而地气尚未宁静，每昼夜震动三五次。其宁城北面一百六十余里至宝丰县（今属平罗县），西面四十余里至平羌堡，南面、东面俱二三十里之村庄，其被震之重与宁城相类。此外受伤稍轻。查平罗、新渠、宝丰三县，从洪广一营、平羌一堡，阖城房屋亦倒塌无存。而平罗、新渠、宝丰等处，平地裂缝，涌上黑水更甚，或深三五尺，七八尺不等。民人被压而死者已多，其被溺、被冻而死者，亦复不少。城垣亦大半倒塌。……郡城内抬埋之压死大小口一万五千三百余躯。此外瓦砾之中，存尸尚多，除火烧尸骸已成灰烬无从刨挖外，其余现在逐处刨挖。（川陕总督查郎阿等奏折）

本年十一月二十五日，臣等曾将二十四日戌时地震，官兵房屋尽皆坍塌，所有压死人数另行查明具奏等因，奏闻在案。今查得八旗压毙佐领三员，骁骑校一员，领催前锋披甲一百九名，步军四十一名，闲散满洲（兵）二十七名，余丁幼童三百十九名。另户妇女五百九十二名，家下步军十一名，家下男妇幼童幼女一百五十名，雇工男女幼童三十八名，共压毙人一千二百五十六员名。本日满城四门下陷，不能开展，刨挖一日，始得开展西门。于二十六日，臣阿鲁、喀拉急赴汉城看视，官兵民房俱皆倒塌，压死人丁，不能悉记。总兵杨大凯、道员钮廷彩，仅能脱身，知府顾尔昌全家俱被压死。烟焰直至三日未息。所存男妇沿街奔走，号哭不绝。（镇宁夏等处将军阿鲁等奏折）

十一月二十四日戌时，宁夏地震从西北至东南，平罗及郡城尤甚，东南村堡渐减，地如奋跃，土皆坟起。平罗北新渠、宝丰二县地多坼裂，宽数尺或盈丈，水涌溢，其气皆热，淹没村堡。平罗、新渠、宝丰三县及洪广营、平羌堡，城垣堤坝、屋舍尽倒，压死官民男妇五万余人。（清《乾隆宁夏府志》）

宁夏府属新渠、宝丰二县地震水溢，户民被灾缘由前经奏闻在案。臣等于（乾隆四年）正月初二日自宁起身，由新渠、平罗以及宝丰逐一查看，查得新渠、宝丰原系查汉托护地方，逼近黄河。嗣于雍正四年定议招户开垦。另于叶升堡开建惠农一渠，延袤三百余里。又于其东开一昌润小渠，建筑四十余堡，新、宝二县，此因地利以富，边氓之至意也。但黄河迁徙无常，此年以来，河身西注，逼近渠口，而昌润渠开浚之时，断旧埂以建渠闸，今河流既近，势难堵御，每至冲决，户民田地多被水淹，臣等俱经奏明，正在查议修筑间，乃至十一月二十四日，地忽震裂，河水上泛，灌注两邑，而地中涌泉直立丈余者不计其数，四散溢水深七八尺以至丈余不等；而地土低陷数尺，城堡房屋倒塌。户民被压溺而死者甚多。臣等逐处查阅，现在新渠县城南门陷下数尺，北城门洞仅如月牙，而县属商贾民房及仓廒亦俱陷入地中，粮石（食）俱在水沙之内，令人刨挖，米粮熟如汤泡味若酸酒，已不堪食用，四面各成土堆，惠农、昌润两渠俱已坍塌，渠底高于渠涘，自新渠而起二三十里之外，越宝丰而至石嘴子，东连黄河，西达贺兰山，周围一二百里，竟成一片冰海。宝丰县城郭仓廒亦半入地中，户民无栖息之所，大半仍回原籍。尚有依栖高阜，聊图苟活者。臣等相度形势，自宁夏府城至新渠六十里，新渠至平罗四十里，平罗至宝丰五十里，于九十里中设立三县，本属无益。且平罗地方尚觉高燥，而新渠、宝丰二县地土洼下，原非沃壤，今遭此残毁之余，纵使冰融水退，可耕之地无多若俗，仍设两县，浚渠筑堡，势所不能，徒费帑金，与民无补……其新、宝二县似可无用建设。……至宝丰所存粮石（食）仓廒既已塌陷，粮食亦多伤耗，然尚有冰沙之上。转新渠仓粮犹有大半可用，若一俟春融，势必颗粒无存。臣等恳请拯派驼只，并查明附近百姓，有车辆愿雇者，尽数雇觅及时赶运。……其平罗一县系向日参将驻扎之营，为临边要隘，虽现在城垣衙舍亦系倒塌，而较之新、宝二县，地势尚属高坚，仍应修筑完固，以严讯守，谨疏。（班第请裁新、宝二县疏）

兹于初六日又据总兵杨大凯呈称：据各协路差察呈报，花马、兴武、灵州、中卫、广武、玉泉、横城等营堡，均于十一月二十四日地震，并未伤损。惟平罗、宝丰、新渠、洪广、平羌五营堡，震灾甚重，房屋皆倒，打死军民甚多。续据都司董茂林呈称：差人探得宝丰、新渠并所属各营堡，以及沿河户民一带，地震后裂开大窟，旋涌出大水，并河水泛涨进城，一片汪洋，深四五尺以至六七尺不等，民人牲畜冻死、淹死甚多，一应军器等项，俱被水淹无存。其军民男妇得生者，暂在城上栖身。再查户民房屋、庄村，亦被水淹大半。（川陕总督查郎阿等奏折）

据宁夏总兵官杨大凯呈称：宁夏城于十一月二十四日戌时，陡然地震，变出非常，一刻官署民房一齐俱倒，房倒火起，延烧彻夜。本职只身逃出房外，子媳并孙家人男妇，因房火烧压已死六口。印信、王命等项，俱在房内，火烈未能觅取。延至天明，一望皆瓦砾之场，火光更甚，阖城哭声振天。官弁军民马匹，被焚压死者甚多。（川陕总督查郎阿等奏折）

这次地震是银川平原有史以来最大的一次地震灾难，也是全国各省（区）发生在首府城市最大的直下型地震。极震区位于银川至平罗一线，地震烈度达到 X 度强（图2-4）。南起宁朔，北至石嘴山的银川平原都位于地震破坏较严重的Ⅷ度区内；其外围Ⅶ～Ⅵ度区的边界向南达到甘肃省的靖远、庆阳，向东到陕西的清涧、绥德、府谷。甚至陕西省的西安、咸阳、乾县、榆林、横山等地，也有房屋倒塌和人员伤亡。地震的有感范围大，河北省的隆平（今属隆尧县）、南和、容城，山西省的太原、临汾、襄垣、垣曲、芮城、解州等地，河南省的新乡、原阳、临汝、鲁山，内蒙古的之天镇，甘肃省的武威等地都有震感。

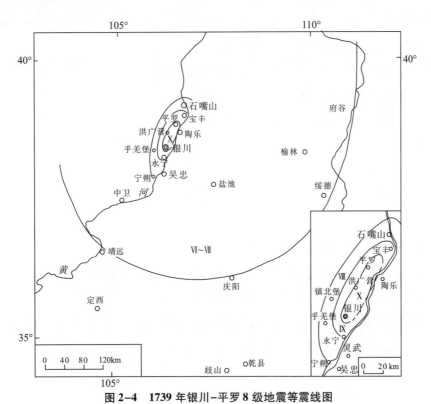

图2-4 1739年银川-平罗8级地震等震线图

这次地震对震中区的建筑物造成毁灭性破坏。宁夏府城（银川）、平罗、宝丰、新渠、洪广、平羌等城堡的城墙、衙署、民房、当铺、仓库、监狱、塔寺、庙宇、碑牌毁于地震。

1739 年 2 月 23 日（清高宗乾隆四年正月十六日）银川 5½ 级地震

宁夏自上年十一月二十四日地震，而后地气尚未安静，每一昼夜间，或三四次，或一二次不等。俱自西北方起，微震片刻即止。惟正月初六日丑末寅初，震动稍大。至正月十六日末正三刻，猛然震动，又觉稍大于前，上下颠簸者三四遍，两边摇荡者十余遍。城中所盖窝铺，倒塌数十处，居民虽有一二人微伤头面者，并无压毙人口。其地形低洼处所，水从地中涌出，带沙而上，旋成圆坎者十余处，俱不甚大，亦不为害。询之居民，较之十一月二十四日，其震动形势不过十之四五分。随差弁员飞查四乡，亦与城中相仿佛。满城北门又低陷尺许，亦无损伤人口。

1748 年 11 月 21 日（清高宗乾隆十三年十月初一日）固原 5½ 级地震

据平凉府所属固原州知州贾圣桧禀称：本年十月初一、初二两日，地微震动，塌损南关外土城一处。又据八营堡守备杨国勋禀称：十月初一日子时，初二日丑刻，本营汛地白嘴子、黑城子一带二十余村庄地震。共查得坍塌民房土窑一百三十余间，因黑夜压死男妇大小共四十余名口，压死牛驴二十余只。再查平凉府属之灵台、静宁、平凉、泾川等四处，据各有司禀报，俱于同日地微动即止，民间房舍墙壁并无损坏，安绪如旧。

1852 年 5 月 26 日（清文宗咸丰二年四月初八日）中卫 6 级地震

咸丰二年四月初八日，中卫地大震，轰轰如雷者三次。地裂房倒，涌出黑沙泥，压伤男妇数百口。自是震动无常，月余始息。

咸丰二年四月甘肃中卫县城乡地方，于本年四月初八日起至二十三日，连次地震。经该督派员查明，居民房舍震倒二万余间，压毙男女大小三百余口，受伤者四百余口。该县城垣、衙署及仓廒、监狱等处，均多坍塌倾圮，居民粮食、衣物、牲畜亦多被压没，糊口无资，甚堪悯恻。……且续报县属香山等堡，亦同时被震……节据该府等详报：查明该处城乡连次地震，实在被灾居民共七千五百三十一户，震倒民间房屋二万四百六十四间，摇损坍塌民房二万九百二十六间，压毙男女大小三百二十五口，受伤男女大小四百一十八口。

中卫文庙、应理书院倾圮，石空寺堡倾。

1889 年 9 月（清德宗光绪十五年八月）灵武 5½ 级地震

光绪十五年秋八月，灵州地大震，倾倒房屋甚多。十月又震。

附注：史志文献记载了宁夏境内震动强烈、但建筑物未遭破坏的地震，计唐代 5 次，宋代 10 次，元代 5 次，明代 141 次，清代 15 次，共 176 次。

第二节 中华民国地震

1920 年 12 月 16 日（民国 9 年农历十一月初七日）海原 8.5 级地震

主震 1920 年 12 月 16 日（农历庚申年十一月初七日）北京时间 20 时 6 分 9 秒，海原县（时属甘肃省）发生 8.5 级地震，震源深度 18 km。海原地震烈度Ⅸ度以上严重破坏区东起固原，经西吉、海原、靖远等县，西止景泰县。地震时，这里山崩地裂，河流壅塞，交通断绝，房屋倒塌，景象十分凄惨。破坏最严重地区的地震宏观烈度达Ⅺ至Ⅻ度。由于海原地震释放的能量特别大，而且强烈的震动持续了十几分钟，世界上 96 个地震台都记录到了这次地震，时称"环球大震"。

余震 海原大地震当晚，有感地震数十次，以后逐日有震。大震后第 9 天，即 12 月 25 日（农历十一月十六日）19 时 33 分在甘肃省靖远县打拉池附近发生 7 级强余震，其他 5 次 5 级以上强余震主要发生在主震后的 4 个月内，造成未倒之房屋倒塌破坏，使灾区雪上加霜。据固原县署尹君记录，大震后至 1921 年 11 月 30 日发生 571 次有感地震。自 1923 年底以后，余震活动才开始慢慢转向平静，尽管出现了一些相对活跃的阶段，曾发生了一些 5 级左右地震，但总体为减弱趋势。

从地震活动序列特征分析，海原大地震属于主震余震型地震。

地震形变带 据国家地震局地质研究所和宁夏回族自治区地震局的研究结果（1990 年），1920 年海原大地震造成的地表形变带东起宁夏固原西的海子峡附近，向北西经月亮山、南华山、西华山、黄家洼山、北嶂山、哈思山和米家山等山系的北东缘或南西缘，终止于甘肃省景泰县南的兴泉堡东，全长 237 km。地表形变规模巨大，错断了水系、山脊、山前洪积扇、阶地、田埂等，造成了一系列典型的形变类型，主要表现为地震陡坎、地震沟槽与鼓包、地震凹槽和陷落坑、眉脊面与断塞塘（坑）、地震滑坡与地震土林。破裂带的宽度由十几米到一百多米，各段不等。地震地表形变带以左旋水平剪切为主，垂直位移分量则相对较小，最大水平位移值为 10～11 m，垂直位移最大达 7.6 m。

地震烈度分布 海原大地震极震区西起甘肃省景泰县的兴泉堡（原锁罕堡），向南东东方向延伸，经靖远县的水泉进入宁夏海原县境内，沿干盐池、西安州直至油房园，然后折向东南，经李俊堡，终止于固原县的硝口附近（图 2-5）。

烈度Ⅹ、Ⅺ、Ⅻ度地区，大致沿北西方向展布，呈西端狭窄向东逐渐变宽的条带状，从景泰县的三塘经周家窑、荒凉滩、水泉、高湾子、干盐池、西安州至海原县城、李俊堡一线，长 170 km。Ⅸ度区范围，呈西窄东宽的葫芦状区域，包括固原县、静宁县、隆德县和靖远县、景泰县的部分地区，全长约 240 km。Ⅸ度以上的严重破坏区面

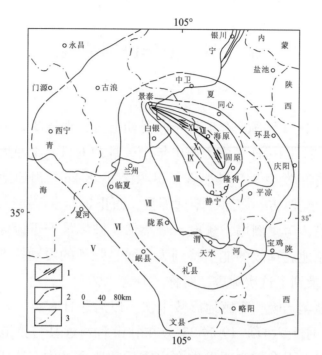

图 2-5　1920 年海原 8.5 级地震烈度分布图

1. 断层错动方向；2. 等烈度线；3. 省界

积达 2 万余平方千米。

　　遭受烈度为Ⅷ度的破坏区向北到香山、米钵山以南，其边缘距震中不过 60～70 km；向南则直抵秦岭，距震中可达 250 km 之多，面积 5 万平方千米，占据了甘肃省中部渭河以北的人口相对比较稠密的黄土地区。Ⅶ度以上的受灾区面积约 20 万平方千米。

　　烈度分布中存在两个面积很大的高烈度异常区，其中最明显的是处在Ⅷ度区内的通渭县城周围，从马营至碧玉镇长 40 余千米的地区，烈度达到Ⅹ度，"城内民房、衙署、监狱、仓库摇倒颇多"，其外围地区烈度为Ⅸ度；另一个位于静宁县南部的雷大梁，经庄浪县的山集梁、朱店至马关，长 40 km，为一北西向分布的Ⅸ度高烈度异常区。

　　这次地震的有感范围很大，东至东海之滨、山东半岛至上海一线，西达甘肃省玉门，南至福州、广州、香港，北到北京以北都有震感（图 2-6）。

　　建筑物破坏情况　海原大地震造成秦岭以北及六盘山两侧广大地区内城镇、乡村房屋建筑破坏、倒塌，河流壅塞，交通断绝，农田损毁，牲畜被压死、压伤的数量非常大。据不完全统计，41 个县倒塌房屋 59 万余间，64 个县压死耕畜、羊只等 100 万头以上。

　　地震中心地带的烈度达Ⅺ、Ⅻ度，是海原大地震破裂带穿过或邻近的地区。由于断层剧烈错动影响，该地带建筑物遭到毁灭性的袭击，房屋建筑倒塌达到 80% 以上。

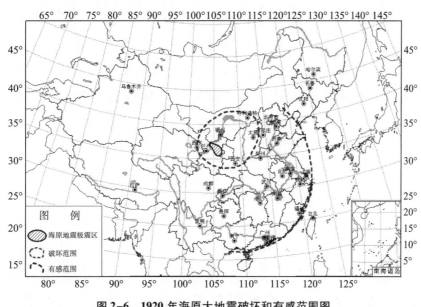

图2-6　1920年海原大地震破坏和有感范围图

海原县城位于极震区的中心部位，距发震断裂带仅8 km，地震时除一座钟楼和一孔矮小的土坯拱窑外，"全城房屋被荡平，人民死伤十之八九"，城墙原系土筑，亦大半毁坏。西安州距发震断裂带约2 km，震前这里住着200户人家，城内街道整齐，建筑物质量较好，并有庙宇、鼓楼等，城周有明代建筑的夯土城墙。地震使全城震毁，房屋倒平，甚至连1 m高的土墙都未留下；地震时麦场上的石碌子蹦起一人高，像皮球一样上下蹦跳，有的石碌子蹦起将牛砸死。震后西安州变成了废墟。干盐池城围有夯土城墙，城内有条东西向的大街，两旁都是较大的商店、客栈，设有盐税机构并驻有军队。震后有一条构造地裂缝自城墙东南隅斜穿全城，向西北延伸，震后城内1 m左右的矮墙都未留下，房屋倒塌殆尽，居民伤亡惨重。贫民于城墙中挖土为窑而居，地震时城墙多处坍塌，死难甚众。震后干盐池城完全荒废，至今未再恢复。树台、杨明堡、李俊堡、红羊等村镇也被地震夷为平地。

固原县大部分地境位于Ⅸ度以上破坏区，全县房屋土窑倒塌共约3万余间。固原县城为明代三边总制和清代陕西提督的驻地，城墙为砖石所建，除城楼、墙垛震塌外，城垣仅有少部分倾坏；城内的民房、官署、庙宇和清真寺等大部分建筑物被震坏。翁文灏发现固原董福祥神道碑扭转显著。由于固原城内房屋质量较好，震后有很多建筑物并未倒塌，木架承重房屋大多仅墙倒，而屋架基本完好，较好的砖石建筑均裂而不倒，因此人员伤亡相应减少，城中4000余人中仅遇难360人，占10%弱。该县内六盘山以西受灾较重，六盘山以东受灾较轻。受灾最重的是西乡和北乡，地震造成山崩、地裂和大面积滑坡，土房及土窑几乎全部倒塌。

隆德县位于Ⅸ度区的东南部，县城有屋架的房屋多数墙倒架在，"城中衙署、监狱均在小山上，年久失修，震后倒塌无存，知事邓君之夫人及公子均被难。居民多在山下，被灾较轻，城上垛口均倒，城垣亦然"。以县城为界，其西北部（包括现在西吉县的部分地区）属黄土地带，且距震中较近，尤其在西北二区葫芦河流域一带的烂泥河、毛李沟等处，地震引起大规模滑坡，灾情也十分严重。据《重修隆德县志》记载，地震造成的物产损失超过银洋数百万以上，全县房屋土窑倒塌约3万余间。

滑坡与地裂缝　海原地震区处在黄土高原区，地震造成的滑坡面积广、规模大、来势猛，引起非常严重的灾害。震区滑坡有5个密集地区，分布在：①海原县的李俊堡附近；②海原县的关庄一带；③西吉、会宁、静宁3县交汇地区；④固原县的石碑塬一带；⑤通渭县马家店一带。其中面积最大的一片位于西吉、会宁、静宁3县毗邻地区，达2000 km²。山体崩塌滑坡，造成波及村庄的房屋、人畜、树木、道路及田地均被摧毁掩埋。众多的黄土滑坡使这一带的山川大为改观，形成了干旱黄土高原独特的地震灾害地貌景象。

海原县南乡杨明后堡崖窑上、东乡王浩堡何家沟等地，"山崩壅塞河流，积水深十余丈，长五六里，宽十余丈，水倒流。"县城以南李俊堡附近的海子大滑坡体长约3000 m，海子沟北侧山体向东南方向滑动，堵塞河道800 m，"淤河水数里，深达十余丈"，形成堰塞湖，今修建为海子水库。

固原县北部的张家磨向南到路家梁长5 km、宽1000多米的黄土梁整个被摇散，地震时山梁向西滑动，至今残留的乱土堆子仍举目可见。位于石碑塬西侧的清水河Ⅳ级阶地黄土塬边发生的坡度角10°～15°甚至5°以下的低角度黄土滑坡，当地人称为"塌山"。

在极震区西南的西吉县西南部500 km²范围内，海原大地震诱发黄土滑坡体总面积占分布区总面积的20%，占全县国土面积的3%。滑坡面积0.8～1.5 km²的有35处，可计为滑坡的共351处；滑坡堵塞河谷形成一系列串珠状地震堰塞湖，面积大于0.2 km²的21个，可计为堰塞湖的共133个，现尚存30个，总蓄水面积6.65 km²。其中最大的震湖乡党家岔堰塞湖长达5000 m，宽约250 m。

地震还造成大量的地面裂缝，如固原以北杨郎到西梁之间、马家崖湾、杨郎和罗泉河西有5条地裂缝，它们之间的距离较远，但走向都基本为北西20°左右，每条裂缝长100余米到1000余米不等，宽5～10 m。杨郎南部有3条北东走向的大裂缝，长100余米至数百米，中间下陷，"地裂而复合，黑泉涌而旋凝。有盐骆驼七八链，驼五只为一链，中途殒没。"

人员伤亡　关于海原大地震死亡人数，众说不一。翁文灏、谢家荣的考察报告是20余万人、234117人、246004人，其时的有关报道、报告则是20万人、150万人、20余万人、15万人、246004人、234117人、20～30万人、30万人、25万人、23.4万余人、30余万人等。后人一般采用谢家荣《民国九年十二月甘肃地震报告》中死亡234117人的数字。最新分析研究成果认为海原大地震死亡27万人或者近27万人的表述更加符合实际情况。海原大地震遇难人员主要涉及宁夏、甘肃和陕西3个省（区）

70个县，其中宁夏14万余人，甘肃省12万余人，陕西省3000人。据刘百篪等研究（2003年），遇难万人以上的县：海原县73604人，占全县总人口的59%；固原县39176人，占全县总人口的45%以上；靖远县31933人；隆德县28370人；通渭县18108人；会宁县15639人；静宁县15213人。遇难千人以上的县：庄浪5376人，秦安3134人，同心3101人，镇原3005人，天水2829人，庆阳2405人，宁县2320人，环县2016人，定西1669人，清水1483人，甘谷1365人，灵台1196人，平凉1131人，凤翔1000人。海原地震造成75个县受灾，其中只有28个县有受伤人口的具体数字，共计54981人，实际受伤人数远远大于此数。

1921年2月22日（民国10年农历正月十五日）吴忠、灵武6级地震

金积、平罗两县旧历正月十五日又发生地震，震势颇剧烈，金积陷出黑水无数。

阳历二月二十二日地又大震，城堞均被摇落，城内房屋，前末摇倒者，今次无余。关渠口之清真寺、大寨子之民房倒塌强半，地流黑水，人死数百。惠安堡、韦州、平安、镇戎县衙署均摇倒，四乡窑屋全没，该数邑人民房屋仅存三分之一。预旺城民房未倒塌者约十分之一二。

1921年4月12日（民国10年农历三月初五）固原6½级地震

甘肃前次地震，山河易位，村落为墟。不料本月十二日平凉地方，固原、隆德各县又大地震，每一点钟一二次，至十三日尚未停止。会宁亦震。六盘山崩裂三十余处，附近一带，田庐人民牲畜损失无数，视前月地震情形尤甚。

1921年11月28日（民国10年农历十月二十九日）银川5½级地震

二十八日晚十钟，宁夏地震，约五分钟，房屋倒塌颇多，是夜省中（兰州）亦觉微动。

1922年8月30日（民国11年农历七月二十七日）固原5级地震

固原七时四十分又大地震，损失不小，人民惊恐万分。

1923年9月2日（民国12年农历七月二十二日）固原5级地震

（固原）夜九时一刻大地震十分钟，损失甚剧，为1920年来最激烈之震。

1934年9月22日（民国23年农历八月十四日）海原5级地震

（海原）本县九月二十二日晚地震三次，均轻微而过，至翌晨四时许一次，震动甚烈，房屋倒塌，响声如雷，数分钟后即止。

附注： 报刊和地方志记载1918～1947年间，宁夏境内震动非常强烈但未造成破坏的地震计18次。

第三节 当代地震

1959 年 1 月 31 日 6 时 52 分 54 秒海原 5.0 级地震

震中在海原县李俊堡西南，震中烈度Ⅵ度。地震波及面广，西吉、海原、固原、静宁、隆德、同心、靖远等 7 个县有感。震中区震动强烈，房梁上搁的报纸、书包被震落。李俊乡、杨郎乡群众反映震时地面上下颠簸，房屋摇动时像破马车嘎吱吱作响。西吉县城关个别土窑洞裂缝，宽约 1～2 cm，将台乡一些房屋墙有裂缝。中家口子驴圈墙角震塌一块，打死驴驹一头。

1962 年 7 月 27 日 0 时 40 分 20 秒海原 5.0 级地震

震中位于海原县干盐池、西安州一带，震中烈度Ⅴ度。海原县干盐池、西安州、树台等地震动较大，房屋掉土，持续约 1～2 分钟。人们感到声音和震动同时而来，惊出屋外。兴仁堡、海原、西吉等地较轻微，虽多数人有感，然仅少数住窑洞之老人奔出。

1962 年 10 月 9 日 21 时 22 分 25 秒海原 4.7 级地震

震中位于海原县李俊堡乡，震中烈度Ⅴ度强。李俊堡乡及其以西杨明等地，人们先听到轰隆一声，由西北而来，往东南而去，随即感到象波浪似的震动，声音和震动间隔几秒钟。室内之人全部惊逃屋外。杨明小学的横梁折断（震前已不坚固），土墙裂缝。李俊堡有 3 间旧房遭受损坏，压死羊 1 只。

三营、固原等地人们全部有感，多数人从室内奔出。有说先闻声后觉动，有说声动同时，然都一致认为声音和震动均从西北传来。个别人觉得震动时似作顺时针方向转动，并认为这是近 10 年来最大的一次地震。海原县城、干盐池、树台、西吉、同心等地多数人有感，门窗作响，悬挂物摆动。

1962 年 12 月 7 日 17 时 36 分 01 秒吴忠、灵武 5.4 级地震

震中位于吴忠、灵武之间，震中烈度Ⅶ度（图 2-7）。震中区南起吴忠，北至灵武县城，东达灵武县郝家桥、杜木桥一带。地震时，灵武-官渠口附近人们感到垂直震动，吴忠及台子寺感到东北-西南向水平摇动，永宁以北及其他地区均感到西北-东南向水平摇动。

吴忠：有 20 多间不坚固的房屋倒塌，80% 的房屋裂缝。

灵武：少数破旧土房震倒，县南 10 km 之官渠口倒土房 11 间，少数院墙倾倒，多数围墙裂缝，宽 1～3 cm。台子大寺邦克楼及门洞破坏，出现 1～5 cm 宽的裂缝。

金积：倒磨房棚 2 间，厕所墙和围墙亦有倒塌者。

宁朔：近吴忠地方土搁梁房裂缝，老朽房屋和棚圈有倒塌。

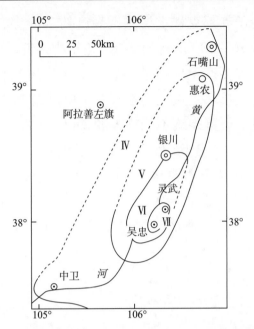

图 2-7　1962 年 12 月 7 日吴忠、灵武 5.4 级地震等震线图

银川：少数老朽房屋有细小裂缝，体育馆拱顶结合处裂缝。

1962 年 12 月 18 日 1 时 25 分 39 秒吴忠、灵武 5.5 级地震

震中位于吴忠、灵武之间，震中烈度Ⅶ度（图 2-8）。此次地震震中比 1962 年 12 月 7 日震中略向西北迁移，震中区向北略有扩大，接近黄河西岸。有感范围南起固原、北至内蒙古三盛公，西到贺兰山西麓、中卫迎水桥，东达陕西横山一带。

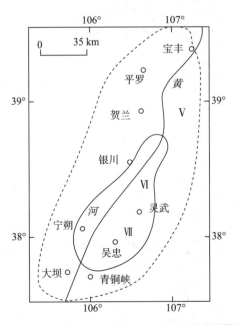

图 2-8　1962 年 12 月 18 日吴忠、灵武 5.5 级地震等震线图

台子寺破坏较重，台子寺邦克楼上层倾倒高度约 2 m 多，大寺讲经楼圆顶发生逆时针方向扭转，上层出现 20～30 cm 交叉裂缝。建筑物接近震中区的地方，老朽的房屋或棚圈有倒塌的。Ⅰ类房屋多产生明显的裂缝，Ⅱ类房屋灰皮产生细小裂缝，或灰皮小部分掉落，主要结构均无损坏。灵武县崇兴乡房屋倒塌 17 间，墙普遍裂缝；县城内 30～40% 的房屋墙壁裂缝，严重裂缝不能住人者 2 户。

1970 年 12 月 3 日 3 时 12 分 52 秒西吉 5.5 级地震

震中位于西吉县蒙宣乡（今震湖乡）芦子岔村至寨科村一带，震中烈度Ⅶ度强（图 2-9）。地震使 5792 户 3 万多人受灾，死亡 117 人，伤 408 人，其中重伤 85 人；倒塌房屋、窑洞 1800 余间（孔），造成不同程度损坏约 1 万余间（孔），砸死各类家畜 284 头（只），详见表 2-1。

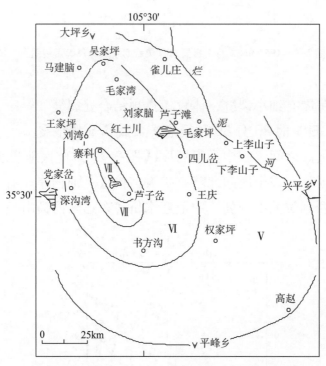

图 2-9　1970 年 12 月 3 日西吉 5.5 级地震烈度分布图

表 2-1　西吉 5.5 级地震灾害损失表

受灾乡	受灾户数	受灾人口	人员伤亡		房屋土窑破坏			压死牲畜（头、只）			
			死亡	受伤	倒塌房屋（间）	崩塌土窑（孔）	损坏房屋土窑	牛	驴	羊	猪
蒙宣	1806	11314	103	373	160	1113	4200	12	21	155	22
三合	1281	8046	5	23	68	101	2705	1	3	50	2
大坪	629	2531	8	6	17	103	1456			3	

受灾乡	受灾户数	受灾人口	人员伤亡		房屋土窑破坏			压死牲畜（头、只）			
			死亡	受伤	倒塌房屋（间）	崩塌土窑（孔）	损坏房屋土窑	牛	驴	羊	猪
兴平	386	1918	1	6	26	141	412		1	5	
平峰	1690	10146			30	82	3257	5	2	2	
合计	5792	33955	117	408	301	1540	12030	18	27	215	24

极震区面积约 15 km²。地震造成地面裂缝宽度达 10～20 cm。崖窑多出现窑面土体坍塌，重者封闭窑洞，压毙人口、牲畜；土坯拱窑几乎全部倒塌，多见窑拱顶塌落，围护土墙倒塌；土搁梁房普遍损坏严重，有 20% 塌顶，10% 墙体倒塌，30% 墙体严重开裂成为危房。滑坡严重，村西一大滑坡体将公路推出 10 余米。

Ⅵ度区面积 78.5 km²。崖窑多见窑面崖土崩塌，窑内出现细微裂缝；土坯拱窑普遍震裂，部分窑顶土坯崩落，窑腿震塌，个别旧窑坍塌；土搁梁房多见墙体开裂，个别山墙震倒，房盖破坏。约 2000 余间（孔）各类住房严重损坏，成为危房，造成 4000 余人无处居住。

蒙宣有不少土坯拱窑洞塌顶，土搁梁房裂缝，几处水位上升。

岔子沟土坯拱窑 60% 坍顶，20% 塌半边顶，10% 遭受严重破坏，1% 破坏和损坏；土搁梁房 20% 塌顶，倒半边的 10%，严重破坏的 30%，破坏和损坏的占 40%。沿山脊和陡坡产生很多地裂缝和滑坡，但多与重力作用有关。

苏堡、刘湾、滕家后湾一带，仅有少数土坯拱窑塌顶，绝大部分受到破坏，影响居住；土搁梁房被破坏，抹灰层出现裂缝或灰皮脱落，砌体上有小裂缝，有的大烟囱倒塌。此外有滑坡及小规模塌方现象。

毛家湾、刘家垴、红土川、三合、深沟湾等地土坯拱窑普遍裂缝，个别倒塌，土搁梁房有细小裂缝。

大平、党家岔、权家坪、高起、李子山、雀儿庄等处，个别老朽窑洞塌落，很多窑洞有裂缝。土搁梁房抹灰墙有细裂纹。

静宁、隆德、固原、海原等县有感。

1971 年 6 月 28 日 13 时 01 分 47 秒吴忠 5.1 级地震

震中位于吴忠市高闸乡，震中烈度Ⅵ度。震中区房屋普遍受到破坏，人无伤亡，大部分新建土搁梁房和砖柱承重土坯墙产生裂缝，尤以大梁、桁条下的墙裂缝最为严重，个别椽子、桁条向外拔出，屋顶和墙四周产生"揭顶式"水平裂缝。苦水河距沟底 1 m 高处出现地裂缝，宽 1 cm，裂缝走向与沟延伸方向平行。多处喷沙、冒黑水，水头高约 60 cm，持续 20 分钟。被破坏房屋的北墙和东墙多向北、向东方向倾倒。关马湖农场屋顶烟囱被震倒，女儿墙垮落。

平罗、银川、青铜峡、中宁等地有感。

1973 年 5 月 16 日 6 时 2 分 45 秒固原 4.4 级地震

震中区北起石掌村之北，南抵马渠村之南，东起黄家岔，西至涝子台之西，震中烈度Ⅵ度（图 2-10）。震中区内一些窑洞遭到不同程度的破坏。炭山乡高台村有 6 个自然村计 175 户，其中 32 户窑洞遭到破坏；牲畜圈 18 处，其中 10 处遭到破坏；有 3 人受伤，砸死牲畜 21 头，伤牲畜 5 头。寨科乡营畔村的土窑洞有 60%～70% 遭到不同程度的破坏。地震造成部分梯田埂垮塌，旧滑坡滑动，地面微弱裂缝以及院墙轻微扭错。

Ⅴ度区内平房及部分房檐、土搁梁砖柱、墙角出现裂缝，部分窑洞窑面垮落土块。

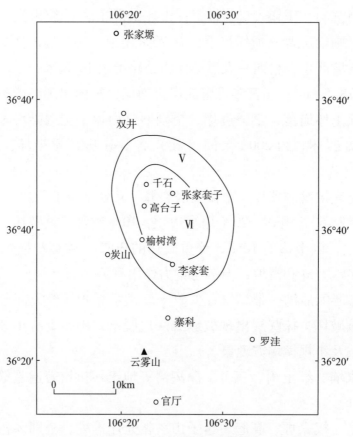

图 2-10　1973 年 5 月 16 日固原 4.4 级地震烈度分布图

1976 年 6 月 28 日 2 时 32 分 1 秒中卫 3.9 级地震

震中在中卫县永康乡，震中烈度Ⅴ度。震中区砖混结构房屋因施工质量差而普遍裂缝，个别房顶崩落大块灰浆皮，预制板移位；南山台子沟谷崖边多处土块崩落；个别老旧木架房原有墙体裂缝加宽。

1978 年 6 月 14 日 14 时 33 分 31 秒西吉 3.9 级地震

震中位于西吉县蒙宣乡，震中烈度Ⅴ度。震中区土坯箍窑普遍受损，5% 的土窑坍塌，个别窑前围护墙倒塌，48.5％的土窑裂缝较大，宽1～2 cm；土搁梁房有0.4%倒塌，17%出现裂缝。黄土崖坡土块崩落现象普遍。

1981年3月31日14时39分31秒同心3.9级地震

震中位于同心县新庄集乡，震中烈度Ⅴ度，震中区面积120 km²，崖窑面崩落土块现象较普遍，个别崖窑有裂缝。土搁梁房夯土墙与土坯墙衔接处被震动摇开，出现裂缝。

1982年4月14日14时36分50秒海原5.5级地震

震中位于海原县蒿川乡，震源深度20 km，震中烈度Ⅶ度强。地震造成土坯拱窑坍塌1294孔，倒塌房屋932间、牲畜圈棚389处，损坏储水窑2399眼。致伤18人，其中8人重伤；砸死驴1头、羊53只。

本次地震有两个互不相连的Ⅶ度区。其一南起海原至兴仁公路118 km里程碑，北起周套，西抵蒿川，东界位于蔡堡与罗套之间，面积65.4 km²。另一个Ⅶ度区分布于臭草沟至涝坝子之间，面积约10 km²。Ⅶ度区震时地声如雷，室内器物翻倒，土坯箍窑大多数严重破坏，部分倒塌；崖窑的窑脸崖面大块黄土崩落，多数窑顶出现裂缝，部分冒顶，窑面垮落；土搁梁房多数墙体震裂，个别房顶塌落，严重损坏约400余间；夯土院墙大多开裂，底部有水平裂缝。沿沟和公路的陡坡，出现规模较大、数量较多的地震滑坡，如蒿川至石脑的土质便道上，滑坡体连绵不断，长达200～300 m。

Ⅵ度区北起徐套，南抵范台，东至董堡、红柳，西达麻地，面积544 km²。该区内崖窑有裂缝，个别窑脸塌落；土坯拱窑墙体普遍开裂，多数损坏，少量破坏较重，个别倒塌；土搁梁房多数墙体裂缝，个别房屋局部塌落或出现山墙与横墙拉开的情况，损坏100余间，个别成危房（图2-11）。

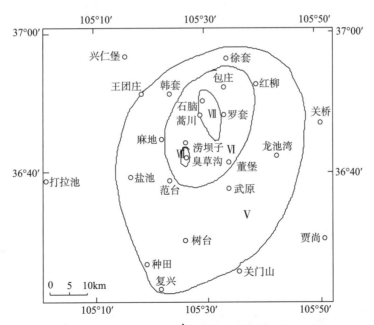

图2-11 1982年4月14日海原5.5级地震烈度分布图

Ⅴ度区，其范围较大，面积 2560 km²。此区内各类建筑物基本完好，仅有些小裂缝出现，个别破旧土坯拱窑局部塌落。

所幸地震发生在白天，人们多在地里干活，未造成人员死亡。

1984 年 11 月 23 日 17 时 45 分 26 秒灵武 5.3 级地震

震中位于灵武县新华桥乡，震中烈度Ⅶ度弱。

Ⅶ度区面积 30 km²，涉及新华桥乡河忠村和梧桐树乡杨洪桥村。此区内多见门窗上方两角出现斜裂缝，梁、檩下方墙体出现纵裂缝，房盖四周出现水平裂缝，墙泥草皮剥落，房盖前檐压饰砖落下，房上烟囱倾倒。土搁梁房墙体普遍出现裂缝，有近 300 间房屋的梁檩下裂缝，贯通上下，山墙与隔墙、横墙闪开，梁檩椽拔出 2～3 cm 不等。个别年久失修的仓库，因檩子拔出而成为危房，濒于倒塌。新建的房屋也因地基处理得不好而墙体裂缝。

Ⅵ度区内土搁梁房多见墙体结合部位开裂，门窗上方见斜裂缝，梁檩下方墙体老裂缝加宽，墙体草泥皮起鼓包，个别剥落。

轻伤 1 人，震后防震棚失火烧死两名儿童。

1987 年 8 月 10 日 20 时 12 分 16 秒灵武 5.5 级地震

震中位于灵武县崇兴乡，震中烈度Ⅶ度（图 2-12）。

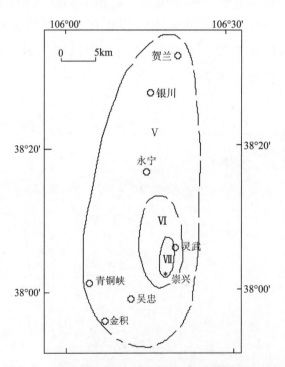

图 2-12　1987 年 8 月 10 日灵武 5.5 级地震烈度分布图

Ⅶ度区面积约 23 km²。该区内 Ⅰ 类建筑物（指用土坯干垒的畜圈，薄体土夯围墙，旧民房等）地震时部分倒塌；Ⅱ 类建筑物（指砖基土搁梁房）普遍损坏，少数破坏而成危房；Ⅲ类建筑物（指木架结构建筑、砖木结构的平房和砖混结构的楼房）多在结合部位拉开，楼房有的损坏，个别墙体开裂，塔式建筑结构折断。

地震使Ⅰ类房屋墙体都出现裂缝，裂缝宽度1～5 cm。有的房屋山墙后倾，梁、檩、椽拔出，砖混结构的建筑物也遭受破坏。崇兴镇Ⅰ类建筑物倒塌18间，镇百货大楼、医院、银行营业楼墙体出现"X"型裂缝，镇清真寺的砖墙多处震裂，房顶上的两个宣礼楼水平折断错位3 cm，两个40 cm见方的砖柱相对其下墙体右旋25°。灵武农场场部Ⅰ类房屋多处倒塌并砸伤1人，场部小学的单砖围墙倒塌40 m。钢窗厂的砖砌烟囱在距顶部3 m处折断。毛纺厂织布车间的檩条折断8根。县招待所的隔墙水平折断。县城墙外面的包砖裂缝，局部剥落。

Ⅵ度内土坯房门窗上方、梁檩下方墙体开裂，屋檐落砖瓦。

据调查汇总，有26959间生活生产用房受影响，倒塌48间，严重破坏8789间，中等和轻微损坏16000余间。压死骡马10头，伤16头。

1988年1月4日5时32分25秒灵武5.5级地震，1988年1月10日15时24分36秒灵武5.0级地震

1月4日5.5级地震宏观震中位于灵武县东塔乡，1月10日5.0级地震宏观震中位于灵武县郭桥乡，震源深度分别为15 km和11 km，震中烈度Ⅶ度（图2-13）。

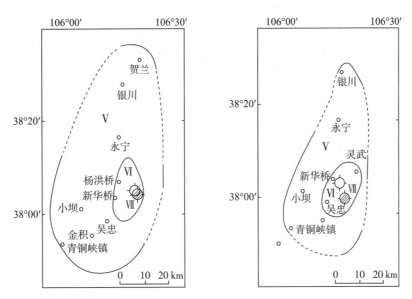

图2-13　1988年灵武1月4日5.5级和1月10日5.0级地震烈度分布图

根据地震序列划分，1月4日5.5级地震是主震，1月10日5.0级地震是强余震。由于两次地震时间相隔较短，位置相近，地震造成的灾害作一次性记述。

两次地震的Ⅶ度区面积分别为12 km² 和4.4 km²，该区内砂土液化的现象较为普遍，在Ⅵ度区内也有液化现象。1月4日地震时，灵武县城西北角的稻田和水渠内，有成片状分布的喷砂冒水点，多呈圆形砂锥，半径1～4 m，其中心喷砂孔直径最大为0.8 m，有的喷砂点地震后 8 小时仍在冒水。喷砂冒水点大部分在地势较低的部位。地裂缝宽几毫米至 1～2 cm，或顺水沟两侧分布，或出现在田间土路和庭院内，最长 50 m。

Ⅶ度区：Ⅲ类建筑物多数损坏，少数出现破坏，个别破坏较重，如县财税局楼顶层、被服厂缝纫车间和皮毛厂车间因墙体折断、裂缝贯通和结构破坏，无法修复；砖砌的女儿墙震倒者颇多。属Ⅱ类建筑的土搁梁房和砖柱土坯房普遍遭到破坏，墙体、墙角裂缝宽1 cm，有的宽达2～3 cm，使墙体自上而下裂通。东塔乡卫生院几乎所有的墙体都开裂，前墙与隔墙拉开达20 cm，个别砖柱倒塌，已无法使用。该烈度区内还见有围墙部分倒塌和圈棚、厕所倒塌的现象。

Ⅵ度区：土搁梁房、砖柱土坯房大部分在门窗上、檩条下、墙角、烟道处出现1～3 mm 的小裂缝，院墙、圈棚、厕所有少量倒塌。

Ⅴ度区：人的震感强烈，室内掉土，货架上放置不稳的货物翻倒落地，少量Ⅱ类建筑有小裂缝。银川新市区石油站一油罐在地震后轻度倾斜，出现漏油；新城肉联厂冷库的屋脊出现几厘米宽的裂缝。

这两次地震共损坏房屋 50000 余间，其中造成倒房和危房 688 间，砸死骡、马 16头。地震时居民在惊慌外逃时有百余人受轻伤。

1989 年 11 月 2 日 15 时 22 分 40 秒固原 5.0 级地震

震中烈度Ⅵ度（图 2-14）。震中区包括固原县城，695 厂的西面半部，雷祖庙和三里铺的一部分，面积 8 km²。震中区震感强烈，震时室内人员均惊慌外逃，是夜不敢入室者甚多。固原县城和 695 厂多处见到烟囱掉砖现象，个别地点老旧土围墙倒塌。地面较大器物移动，例如固原县二中一个150 kg 重的长方形水箱，地震时东端向南移动1.5 cm。

Ⅵ度区房屋受损比例约占1%，多数为墙体产生裂缝，仅有少量房屋受损较重。例如 695 厂机修车间为框架结构，长 60 m、宽 30 m，车间东部有 3 根水平放置的混凝土柱上的水泥预制梁，地震时焊接处被拉断，使预制梁和其下的混凝土柱之间产生1 cm的位移。车间边墙与框架之间出现裂缝，砖有被挤碎现象。三里铺东第四小学的砖砌平房，墙内钢管支撑的直径20 cm杨木横梁，地震时有不同程度的拔出或缩进，一般为1 cm，其中一根拔出8 cm。

Ⅴ度区北起彭堡、石碑湾，南至二十里铺，西界过上安隆庄之东和善家堡子、寇家庄，东界位于十里铺、红崖子村之西。区内人感震动强烈，室内人员几乎全部外逃，放置不稳的器物有掉落现象，商店里的瓶子和罐头碰撞作响，偶见烟囱盖砖和房顶瓦片掉落。此区内有个别房屋门、窗上方的墙皮局部震落。

1991 年 3 月 7 日 13 时 36 分 27 秒中宁 4.0 级地震

震中位于中宁县余丁乡，震中烈度Ⅴ度。震中区的余丁、石空两乡老旧房屋裂缝加宽。余丁村小学砖柱土坯房教室的砖柱外闪成为危房。中宁、中卫两县普遍有感，青铜峡市部分人有感。

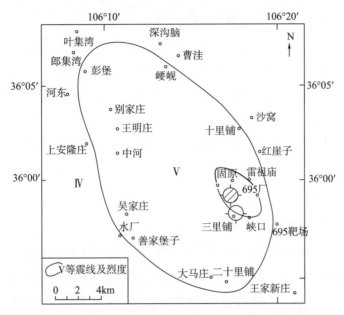

图2-14　1989年11月2日固原5.0级地震烈度分布图

1991年10月30日0时30分21秒同心4.7级地震

震中位于同心县窑山乡马家庄、李家山、何家庄一带，震中烈度Ⅵ度。

震中区震感强烈，震时室内人员全部逃出户外，部分人站立不稳，室内器物多有掉落现象。李家山一带沿公路两侧高达2 m左右的黄土路堑塌落土块现象较普遍。土窑洞受损较重，尤以土坯箍窑最重，破坏部位多在窑身与前后墙连接处，出现1至数厘米的裂缝，窑顶裂缝亦可达数毫米。崖窑的破坏主要是窑面黄土局部塌落，窑内出现毫米级裂缝。砖柱土坯房、砖包土坯房多在砖柱与土坯墙间产生裂缝，个别房梁有拔出现象，移动量达2 cm。马家庄1孔多年土坯箍窑坍塌。

Ⅴ度区内震动强烈，室内人员大部逃出户外，放置不稳的器物有掉落现象。土窑洞仍有一定程度的损坏，破坏现象与Ⅵ度区雷同，唯程度减轻。陈旧的土夯围墙局部有土块塌落。砖柱土坯房、砖包土坯房及纯土坯房在梁下及门窗上方有1~3 mm宽裂缝的现象较普遍。

1992年3月9日3时40分50秒吴忠3.7级地震

震中位于吴忠滚泉乡，震中烈度Ⅴ度。本地仅有牧羊场房屋十几间，个别房屋墙体有裂缝。有感范围广，北到永宁，南到同心。

1993年7月11日4时12分53秒同心4.7级地震

震中位于同心县羊路乡和固原县甘城乡交界处，震中烈度Ⅵ度。震中区土坯箍窑拱体夯土墙和前后土坯围护墙开裂，部分窑顶出现纵向裂缝，个别窑洞塌角。有3孔窑洞坍塌。土坯硬搁梁房、砖柱土坯房墙体有细裂缝，个别椽子拔出，房瓦震乱。夯土院墙大部分受损，个别倒塌。Ⅴ度区老旧土坯箍窑部分受损，器物翻倒。黄土崖坎崩塌，砸死羊2只。

1993年8月12日8时29分36秒石炭井4.3级地震

震中位于距离石炭井矿区8 km的山区，震中烈度Ⅴ度。震中区只有5个居住点，人口不足百人。1间土坯房顶震落泥块，1间土坯房檩上有小鼓包。有感面积18000 km²。

1994年3月16日1时54分18秒永宁4.0级地震

震中烈度Ⅴ度，震中区内的永宁县城24幢楼房内墙有细裂缝，砖木结构房舍墙体有明显裂缝，土木房门窗上部普遍裂缝，最宽达3 cm。在15 km²范围内各类房屋裂缝受损面积共计18万平方米。

1995年4月27日6时46分26秒中宁4.2级地震

震中位于中宁县大战场乡和马家梁乡之间，震中烈度Ⅴ度强。

Ⅴ度强区域面积6 km²。马家梁乡七墩村有45间近一二年新建双坡瓦房梁下墙体出现裂缝，缝宽2～5 mm。有的房屋裂缝贯通，有的只有内墙裂缝，有的农房窗台下角裂缝，有的门框上方裂缝，有一户门上方玻璃震裂。大战场乡东河村有二开间统建吊庄房，有5栋墙角裂缝，纵横墙闪开。Ⅴ度区面积约353 km²。

1996年8月12日7时50分39秒贺兰4.1级地震

震中位于贺兰县金贵镇与潘昶乡之间，震中烈度Ⅴ度。

Ⅴ度区西起潘西八队，东至江南一队，北始江南七队，南过金贵乡，面积约31 km²。受损的各类建筑中，民房7795间，集体公用房约500间，牲畜圈棚等约3800间，受损房屋约占34%。该区内房屋墙体普遍开裂，多见于梁下、门窗上方、墙体转角处，裂缝0.5～2 cm。农田水利和公益设施的桥梁、尾涵、节水闸等21处下沉和断裂。

1997年1月5日17时36分2秒西吉3.9级地震

震中位于西吉县兴坪乡、苏堡乡毛家坪村一带，震中烈度Ⅴ度。震中区呈北西方向展布，面积10.2 km²。该村多数房屋的大梁、木椽、前檐瓦向东错出3～7 cm不等，个别门楼、屋脊有塌落，裂缝比较普遍。用于灶房、牲畜圈棚的土坯箍窑均出现裂缝。土坎有掉土块现象，沿滥泥河两岸尘土飞扬。

1998年4月11日22时9分30秒同心4.2级地震

震中位于同心县新庄集乡和田老庄乡之间，震中烈度Ⅴ度，面积412 km²。

当地农村房屋有单层砖房、单层砖土坯房、土坯房、崖窑和土坯箍窑。位于震中区的土坯房个别主梁下面出现裂缝，崖窑和土坯箍窑中个别出现局部破坏，砖房未见损坏。

1998年7月29日9时15分23秒海原4.9级地震

震中位于海原县菊川乡和西安乡之间，震中烈度Ⅵ度强。

Ⅵ度区面积466 km²，包括4个乡12个行政村。受灾4456户，受灾人口约25000人。当地住房除极少数砖木平房外，以土木房和土坯房为主，还有部分土坯箍窑和崖窑。地震造成土坯箍窑普遍损坏，土坯房墙体开裂，缝宽10～30 cm，少数土夯筑院墙倒塌，有2人被砸伤。土木瓦房中等破坏达20%，土坯房中等破坏约30%。地震还造成部分水窖漏水，路边和沟壁出现小规模滑坡。Ⅴ度区少数土坯房和箍窑出现细微裂缝。评估直接经济损失折合人民币116.8万元。

1999年3月18日4时0分47秒中宁4.8级地震

震中位于中宁县长山头乡，震中烈度Ⅴ度，面积159 km²。震中区部分建筑物遭到轻度破坏，农房墙壁有开裂，梁、檩下部鼓包。灾区房屋破坏损失折合人民币50万元。

2001年5月21日23时35分10秒同心4.3级地震

震中位于同心县王团庄乡—海原县高崖乡之间，震中烈度Ⅴ度，面积50 km²。震中区部分建筑物遭到轻度破坏，农房墙壁有开裂，部分牲畜圈棚出现裂缝或掉土现象。同心县城普遍有感，窗户作响；海原、固原县城多数人有感；银川、平凉、庆阳、天水等地部分人有感。灾区房屋破坏损失折合人民币25.58万元。

2008年10月3日3时45分51秒固原3.8级地震

宏观震中位于固原市原州区海子峡水库南侧海子沟林场附近，震中烈度Ⅴ度。震中区北起原州区中和乡油坊村6队，南到红庄乡凤凰岭；西起红庄乡大吊沟口，东到开城镇母家洼一带，面积约124 km²。该区大多数人感觉到震动，从睡梦中惊醒，听到地声；家畜不宁；悬挂物明显摆动，矿泉水瓶摇倒，器皿中有液体溢出；门窗作响，尘土落下，屋顶掉灰；个别窑洞局部坍塌，旧房子原有裂缝有扩展；墙皮掉落以及不稳定瓦片掉落；沟壁掉土，冒起土雾。个别遭受连日阴雨浸泡的老房子、简易房屋及简易地窖，地震时出现小规模的掉皮、外闪和裂缝现象。刘家老庄清真寺侧房一内隔墙局部倒塌，开城镇吴庄3队一间房屋墙角倒塌。所幸这些房屋用于堆放杂物，因此没有造成人员伤亡。

有感区域范围：北起海原县李旺北，南到甘肃省庄浪县城南；东起彭阳县城，西至西吉县城，面积约16000 km²。

第四节　区外强震波及

宁夏周边省（区）发生的强震，多次波及本区，其中造成灾害的地震有：

143年10月（东汉顺帝汉安二年九月）甘肃甘谷7级地震

武威、张掖、北地（今庆阳-灵武等地）六郡亦地震。

849年10月20日（唐宣宗大中三年十月初一日）地震

大中三年十月，京师地震，振武、天德、灵武、盐、夏等州皆震，坏军镇庐舍，戍卒压死者数千人。

996 年 11 月（宋太宗至道二年十月）地震

至道二年十月，潼关、西至灵州、夏州、环、庆等州地震，城郭庐舍多坏。

1117 年 7 月（宋微宗政和七年六月）地震

政和七年六月，诏曰：熙河、环庆、泾原路地震经旬，城砦、关堡、城壁、楼橹、官私庐舍并皆摧塌，居民覆压死伤甚众。

1556 年 1 月 23 日（明世宗嘉靖三十四年十二月十二日）陕西华县 8 级地震

固原：夜半地震，声如雷，毁屋伤人。

1654 年 7 月 21 日（清世祖顺治十一年六月八日）甘肃天水 8 级地震

陕西西安、延安，平凉、庆阳、巩昌、汉中府属地震，倾倒城垣、楼垛、堤坝、庐舍，压死兵民三万一千余人及牛马牲畜无算。宁夏之隆德（地大震）。

1718 年 6 月 19 日（清圣祖康熙五十七年五月二十一日）甘肃通渭 7½ 级地震

临洮、巩昌、秦州、平凉、庆阳、宁夏等处地大震，伤人畜。隆德死者甚众。

1920 年 12 月 25 日（民国 9 年农历十一月十六日）甘肃靖远 7.0 级地震

这是 1920 年 12 月 16 日海原 8.5 级地震的最大强余震，又对震中区造成严重破坏。

1936 年 8 月 1 日（民国 25 年农历六月十五日）甘肃天水 6 级地震

甘肃东南部发生地震，区域极广，计……海原、隆德……均有剧震，各县县城及乡村，房屋多有倒塌，伤亡人畜，被灾甚重。海原树木被摇折，房屋塌者甚多。

1954 年 7 月 31 日甘肃民勤东 7.0 级地震

中宁：房墙有裂缝，不坚固之猪圈墙倒塌。银川：老旧民房有倒塌者。海原：不坚固之墙壁震倒一段。金积、宁朔、西吉、固原有感。

1967 年 10 月 16 日甘肃靖远 4.8 级地震

海原县兴仁堡个别房墙、拱窑有裂缝，稍墙有少量震落，崖头土震落。

1976 年 9 月 23 日内蒙古巴音木仁 6.2 级地震

石嘴山市震感强烈，居民从睡梦中震醒，惊逃户外；银川市有感。

2008 年 5 月 12 日四川汶川 8.0 级地震

地震波及宁夏南部地区，烈度达到Ⅵ度（图 2-15）。

Ⅵ度区包括隆德县、泾源县、西吉县南部、彭阳县南部和固原市原州区南部，灾区总面积 5780 km²。该区内土木和砖木结构房屋除个别年久失修者倒塌、严重破坏和中等破坏外，主要以轻微破坏和基本完好为主，震害现象主要为墙体开裂，少量梭瓦、屋盖下沉、屋檐掉瓦、横梁错位、屋脊装饰倒落、抹灰层脱落等。砖混结构房屋个别墙体出现裂缝，少数墙体出现显见裂纹。

Ⅴ度区以西吉县兴平北至彭阳县王洼北为界，包括西吉县北部、原州区北部、彭阳县北部和海原县、同心县。该区内土木和砖木结构房屋以完好和基本完好为主，个别轻微破坏，震害现象主要为墙体细小裂缝，墙间旧缝扩展。

宁夏各地自南向北普遍出现房屋摇动、树木摇摆、桌椅摇晃、吊灯晃动现象，人

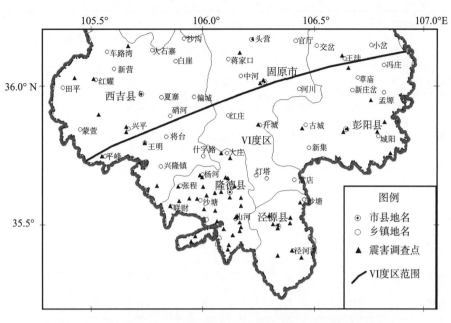

图 2-15　2008 年 5 月 12 日四川汶川 8.0 地震宁夏地震烈度分布图

体站立不稳，有眩晕感。

本次地震共造成 20000 余人受灾，倒塌房屋总面积 15940 m²，倒塌圈舍、温棚等 521 间，墙体出现裂缝的房屋面积 633040 m²；土窑洞坍塌 12010 孔，出现裂缝致严重受损的土窑洞 32695 孔；围墙倒塌 480 m；个别渠间排水闸受震不能开启；砸坏农用车 1 辆；震塌水窖（井）8 眼；伤亡家畜 8 只（头）。直接经济损失 3100 万元。

附录：

宁夏境内破坏性地震目录

编号	发震时间			震中位置			震级（M）	烈度（I）
	年	月	日	北纬（度）	东经（度）	地点		
1	876	7	14	37.8	105.9	青铜峡	6½	Ⅷ
2	1010	11		38.1	106.4	灵武	5½	Ⅶ
3	1143	4		38.5	106.3	银川	6½	Ⅷ
4	1219	8	6	35.6	106.2	固原	6½	Ⅷ～Ⅸ
5	1227	7	15	38.3	106.3	银川	5½	Ⅶ
6	1306	9	20	35.9	106.3	固原	6½	Ⅸ
7	1378	4	30	38.5	106.3	银川	5¾	Ⅶ
8	1474	12	11	38.0	106.3	灵武	5½	Ⅶ
9	1477	5	13	38.5	106.3	银川	6½	Ⅷ

编号	发震时间			震中位置			震级（M）	烈度（I）
	年	月	日	北纬（度）	东经（度）	地点		
10	1495	4	10	37.6	105.6	中卫	6¼	Ⅷ
11	1505	7	10	37.8	105.9	青铜峡	5½	Ⅶ
12	1561	7	25	37.4	106.0	中宁	7¼	Ⅸ～Ⅹ
13	1562	2	14	38.5	106.3	银川	5½	Ⅶ
14	1568	4	1	38.5	106.3	银川	5¾	Ⅶ
15	1608	9	23	37.5	105.7	中宁	5½	Ⅶ
16	1615	7	20	38.8	106.3	平罗	5½	Ⅶ
17	1616	2	10	37.8	105.9	青铜峡	5¾	Ⅶ
18	1622	10	25	36.5	106.3	固原	7	Ⅸ～Ⅹ
19	1627	2	16	37.5	105.5	中宁	6	Ⅷ
20	1638	1		36.6	105.7	海原	5½	Ⅶ
21	1686			37.1	106.4	同心	5½	Ⅶ
22	1708			36.6	105.3	海原	4¾	Ⅵ
23	1709	10	14	37.4	105.3	中卫	7½	Ⅸ～Ⅹ
24	1739	1	3	38.9	106.5	银川-平罗	8	Ⅹ⁺
25	1739	2	23	38.5	106.3	银川	5½	Ⅶ
26	1748	11	21	36.4	106.1	固原	5½	Ⅶ
27	1852	5	26	37.5	105.2	中卫	6	Ⅷ
28	1889	9		38.1	106.3	灵武	5½	Ⅵ～Ⅶ
29	1920	12	16	36.5	105.5	海原	8.5	Ⅻ
30	1921	1	7	38.0	106.3	吴忠	5	
31	1921	2	22	38.1	106.3	灵武-吴忠	6	Ⅷ
32	1921	4	12	35.8	106.2	固原	6½	Ⅷ～Ⅸ
33	1921	11	28	38.3	106.2	银川	5½	
34	1922	8	30	36.0	106.2	固原	5	Ⅵ
35	1923	9	2	36.0	106.2	固原	5	Ⅵ
36	1923	9	4	36.4	105.4	海原	5½	Ⅵ
37	1934	9	22	36.6	105.7	海原	5	Ⅵ
38	1959	1	31	36°18′	105°48′	海原	5.0	Ⅵ

编号	发震时间			震中位置			震级（M）	烈度（I）
	年	月	日	北纬（度）	东经（度）	地点		
39	1962	7	27	36°30′	105°30′	海原	5.0	V
40	1962	10	9	36°06′	105°42′	海原	4.7	V⁺
41	1962	12	7	38°00′	106°16′	吴忠-灵武	5.4	Ⅶ
42	1962	12	18	38°02′	106°11′	吴忠-灵武	5.5	Ⅶ
43	1970	12	3	35°51′	105°33′	西吉	5.5	Ⅶ⁺
44	1971	6	28	37°45′	106°12′	吴忠	5.1	Ⅵ
45	1973	5	16	36°23′	106°23′	固原	4.3	Ⅵ
46	1976	6	28	37°27′	105°23′	中卫	3.9	V
47	1978	6	14	35°52′	105°38′	西吉	3.9	V
48	1981	3	31	37°04′	106°14′	同心	3.9	V
49	1982	4	14	36°45′	105°30′	海原	5.5	Ⅶ⁺
50	1984	11	23	38°04′	106°13′	灵武	5.3	Ⅶ
51	1987	8	10	38°03′	106°17′	灵武	5.5	Ⅶ
52	1988	1	4	38°06′	106°19′	灵武	5.5	Ⅶ
53	1988	1	10	38°03′	106°16′	灵武	5.0	
54	1989	11	2	35°58′	106°17′	固原	5.0	Ⅵ
55	1991	3	7	37°33′	105°30′	中宁	4.0	V
56	1991	10	30	37°10′	106°05′	同心	4.7	Ⅵ
57	1992	3	9	37°40′	106°13′	吴忠	3.7	V
58	1993	7	11	36°39′	106°16′	同心	4.2	Ⅵ
59	1993	8	12	39°16′	106°22′	石炭井	4.3	V
60	1994	3	16	38°21′	106°16′	永宁	3.4	V
61	1995	4	27	37°18′	105°41′	中宁	4.2	V⁺
62	1996	8	12	38°31′	106°19′	贺兰	4.1	V
63	1997	1	5	35°55′	105°30′	西吉	3.7	V
64	1998	4	11	37°16′	106°15′	同心	4.1	V

编号	发震时间			震中位置			震级（M）	烈度（I）
	年	月	日	北纬（度）	东经（度）	地点		
65	1998	7	29	36°47′	105°24′	海原	4.9	Ⅵ⁺
66	1999	3	18	37°27′	105°33′	中宁	4.6	Ⅵ
67	2001	5	21	36°53′	106°07′	同心	4.3	Ⅴ
68	2008	10	3	36°02′	106°20′	固原	3.8	Ⅴ

注：本表"震中位置"栏中的经纬度，从1959年起改"度"为"°"、"分"为"′"表示。

第二章　地震分布

第一节　地震台网记录

一、地震测定

1954年银川地震台建成并投入观测，使用的51式地震仪放大倍数很低（50～100倍），只能记录本区及相邻地区震级较大的弱震和强震。1958年周边省区相继有地震台投入观测，开始利用多台站记录联合测定地震参数，本年起宁夏有了地震仪器测定的地震目录。1958～1965年，利用银川地震台和周边地震台的记录，共测定出本区及周边地区80次地震的参数，其中区内地震24次。

1965年全区有6个地震台站均架设高倍率微震仪投入观测；1970年起宁夏地震台站继续增建，仪器设备不断更新；1987年银川无线遥测台网（含5个子台）投入运转，使本区测震台网的测控能力进一步提高；2007年宁夏数字地震观测网络建成，使地震参数的精确测定能力更得以提高。近50年来，宁夏测震台网的观测结果不仅为研究本区及周边地区地震活动特征，特别是序列特征积累了大量资料，而且为开展"以震报震"方法的探索研究奠定了基础。

二、区内地震分级统计

1966～2011年，全区地震台网测定出区内1级以上地震3037次，其中1.0～1.9级地震2124次，2.0～2.9级地震760次，3.0～3.9级地震117次，4.0～4.6级地震24次，大于4.7级的地震12次（见表2-2）。受本区地震台网密度所限，对1级以下地震很难监控，故表中未列1级以下地震次数。

表 2-2　1966～2011 年宁夏区内地震分级统计表（单位：次）

年份	震级区间					合计	备　注
	1.0～1.9	2.0～2.9	3.0～3.9	4.0～4.6	≥4.7		
1966	19	16	1			36	1970 年西吉发生 5.5 级地震（孤立型）
1967	11	9	1			21	
1968	7	15	2			24	
1969	4	10	4	1		19	
1970	13	25	3		1	42	
1971	81	57	12	2	1	153	1971 年吴忠发生 5.1 级地震（震群型）
1972	36	24	7			67	
1973	45	21	7	2		75	
1974	30	20	4			54	
1975	29	14				43	
1976	18	9	3			30	
1977	24	21	3			48	
1978	23	13	4			40	
1979	41	12	2	1		56	
1980	24	11				35	
1981	44	19	2			65	1982 年海原发生 5.5 级地震（孤立型） 1984 年灵武发生 5.3 级地震（主余型）
1982	64	26	3		1	94	
1983	50	15				65	
1984	59	28	3	2	1	93	
1985	63	26	3			92	
1986	55	27	6			88	1987、1988 年灵武 发生 3 次 5 级地震 （震群型）
1987	86	33	2	3	1	125	
1988	72	21	6	2	2	103	
1989	48	14	2		1	65	
1990	47	21				68	
1991	32	14	2	1	1	50	1995 年青铜峡发生 牛首山震群，共发 生 6700 多次可定出 震中的地震
1992	42	7	3			52	
1993	33	9	2	1	1	46	
1994	47	16	2			65	
1995	76	20	2	1		99	

续表

年份	震级区间					合计	备　注
	1.0～1.9	2.0～2.9	3.0～3.9	4.0～4.6	≥4.7		
1996	55	17	1	1		74	
1997	44	10	1			55	
1998	38	11	1	1	1	52	
1999	44	12	2		1	59	
2000	25	10	2			37	
2001	58	10	2	1		72	
2002	56	9	2			67	
2003	33	11	1			45	
2004	69	12	1	3		71	
2005	43	2				45	
2006	43	7	1			51	
2007	30	4	3			37	
2008	48	18	5			71	
2009	91	21	2	1		115	
2010	108	20	1	1		130	
2011	116	13	1			130	
合计	2124	760	117	24	12	3037	

三、1958 年以来 3 级以上地震目录

表 2-3 是宁夏 1958～2011 年 3 级以上地震目录，共有 170 次 3 级以上地震，其中西海固（指固原市原州区、西吉县、海原县）地区 56 次，同心 18 次，中宁 10 次，吴忠（特指吴忠市利通区）、灵武地区 65 次，银川地区 11 次，石嘴山地区 10 次。西海固和吴忠、灵武是本区地震频度最高的地区。

表 2-3　宁夏 1958～2011 年 3 级以上地震目录

编号	发震时间					震中位置			震源深度	震级 M
	月	日	时	分	秒	北纬	东经	参考地名		
						1958 年				
1	1	14	17	50	28	36°15′	106°00′	西吉		3.7
2	10	23	02	24	15	35°48′	106°06′	固原		3.7
3	11	8	05	50	51	35°54′	106°24′	固原		3.2

编号	发震时间					震中位置			震源深度	震级 M
	月	日	时	分	秒	北纬	东经	参考地名		
1959 年										
4	1	31	06	52	54	36°18′	105°48′	海原		5.0
5	3	7	04	58	55	36°07′	105°54′	西吉		3.7
6	12	21	10	34	29	38°24′	106°12′	永宁		3.2
1961 年										
7	8	19	9	19	7	38°54′	106°18′	吴忠		3.9
8	12	7	15	56	34	36°12′	106°18′	固原		4.3
1962 年										
9	7	27	0	40	20	36°30′	105°30′	海原		5.0
10	9	12	3	17	31	37°45′	106°30′	吴忠		4.6
11	10	9	21	22	25	36°06′	105°42′	海原		4.7
12	11	6	13	0	39	38°00′	106°15′	吴忠		4.2
13	11	6	20	50	13	38°00′	106°15′	吴忠		3.6
14	12	7	17	36	1	38°00′	106°16′	吴忠		5.4
15	12	18	1	25	40	38°02′	106°11′	吴忠		5.5
1963 年										
16	02	9	19	58	22	38°05′	106°22′	灵武		4.1
1965 年										
17	03	10	23	21	15	38°00′	106°15′	吴忠		3.4
1966 年										
18	03	8	13	37	23.9	37°00′	105°34′	同心		3.9
1967 年										
19	2	13	11	58	9.7	38°02′	106°17′	灵武		3.4
1968 年										
20	1	9	14	24	59.8	38°00′	106°23′	灵武		3.3
21	10	24	7	31	7.8	38°05′	106°23′	灵武		3.2
1969 年										
22	7	9	1	48	30.6	35°37′	106°07′	隆德		3.9
23	8	30	15	9	48.5	36°36′	105°21′	海原		3.8

编号	发震时间					震中位置			震源深度	震级 M
	月	日	时	分	秒	北纬	东经	参考地名		
24	8	30	15	13	16.6	36°36′	105°22′	海原		3.3
25	9	25	14	29	59.3	39°14′	106°28′	石嘴山		4.0
26	11	28	2	41	57.3	38°08′	106°12′	灵武		3.6
					1970 年					
27	2	23	5	14	53.4	37°14′	106°11′	同心	20	3.7
28	4	16	14	55	9.8	37°05′	106°00′	同心		3.4
29	11	30	10	57	53.5	35°52′	105°30′	西吉	30	3.4
30	12	3	3	12	52	35°51′	105°33′	西吉	12	5.1
					1971 年					
31	4	8	15	11	54.3	37°52′	106°15′	吴忠		3.7
32	6	11	3	27	34.8	37°52′	106°06′	吴忠	15	4.2
33	6	11	3	29	11.3	37°52′	106°06′	吴忠		3.4
34	6	11	5	56	58.6	37°38′	106°05′	吴忠		3.7
35	6	11	6	14	12.6	37°57′	106°16′	吴忠		3.0
36	6	18	19	33	21.7	37°49′	106°17′	吴忠		3.0
37	6	28	13	1	47.1	37°45′	106°12′	吴忠	16	5.1
38	6	28	13	11	47.3	37°45′	106°12′	吴忠		3.9
39	6	28	21	21	40.3	37°49′	106°14′	吴忠		4.0
40	6	29	18	15	24.4	37°49′	106°17′	吴忠		3.3
41	6	29	18	51	22.7	37°49′	106°17′	吴忠		3.0
42	7	4	16	17	39.9	37°48′	106°15′	吴忠		3.0
43	7	20	2	5	18.3	35°00′	105°54′	西吉	10	3.8
44	9	16	18	32	32.3	39°00′	106°35′	平罗		3.0
45	9	20	6	19	40.4	36°43′	105°45′	海原	5	3.1
					1972 年					
46	2	3	22	47	34.1	36°35′	105°29′	海原		3.1
47	2	4	20	52	4.9	36°35′	105°34′	海原	38	3.1
48	2	18	16	23	45.6	38°28′	106°09′	银川	22	3.4
49	7	5	8	27	3.1	36°37′	105°15′	海原		3.8

编号	发震时间					震中位置			震源深度	震级 M
	月	日	时	分	秒	北纬	东经	参考地名		
50	8	23	14	43	57.1	35°50′	106°04′	西吉		3.6
51	10	28	13	54	20.5	36°10′	106°00′	固原	8	3.1
52	11	19	13	41	0	37°55′	106°15′	吴忠	10	3.3
1973 年										
53	1	11	0	22	35.5	37°42′	106°16′	吴忠	8	3.2
54	2	14	4	33	59.5	37°11′	105°17′	中卫	40	3.2
55	4	1	17	16	32.3	37°55′	106°15′	吴忠	20	3.0
56	5	16	6	2	44.6	36°23′	106°23′	固原	18	4.3
57	7	26	2	33	13.5	36°24′	106°25′	固原	27	3.2
58	9	25	22	4	51.5	38°02′	106°17′	吴忠	17	3.8
59	9	28	17	57	4.4	37°22′	106°12′	同心	3	4.0
60	10	23	12	6	2	38°00′	106°20′	灵武	19	3.0
61	11	18	21	38	34.7	38°27′	106°20′	银川	15	3.4
1974 年										
62	4	22	20	24	26.1	35°56′	106°07′	固原	35	3.9
63	7	27	1	53	41.2	36°46′	106°24′	同心	35	3.0
64	8	23	14	10	10.8	36°23′	106°16′	中卫	15	3.8
65	11	25	4	30	28.6	35°55′	106°30′	海原		3.0
1976 年										
66	2	13	3	2	47.1	36°09′	106°17′	固原	19	3.4
67	4	23	0	36	28.7	37°14′	105°58′	同心		3.0
68	6	28	2	32	0.1	37°27′	105°23′	中卫	20	3.9
1977 年										
69	7	9	8	5	0.8	36°24′	106°027′	固原	20	3.2
70	7	17	2	13	17	36°08′	106°22′	固原	14	3.1
71	8	30	2	57	44.6	35°52′	106°22′	固原		3.0
1978 年										
72	5	4	7	29	5.8	38°18′	106°13′	永宁	25	3.8
73	6	14	14	33	31.2	35°52′	105°38′	西吉	16	3.9

编号	发震时间					震中位置			震源深度	震级 *M*
	月	日	时	分	秒	北纬	东经	参考地名		
74	8	6	16	19	14.5	38°08′	106°10′	永宁		3.8
75	9	15	7	7	44	36°25′	106°00′	海原		3.1
1979 年										
76	1	18	15	21	15.3	36°38′	105°28′	海原		3.8
77	1	27	5	2	5.5	36°00′	106°03′	固原		3.2
78	11	6	2	47	54.7	38°23′	106°14′	银川	29	4.1
1981 年										
79	3	21	15	55	52	38°05′	106°24′	灵武	17	3.0
80	3	31	14	39	31.3	37°04′	106°14′	同心	32	3.9
1982 年										
81	4	14	14	36	56.4	36°45′	105°30′	海原	20	5.5
82	5	27	0	53	0.8	36°09′	106°09′	固原		3.1
83	10	24	10	44	12.7	37°49′	106°12′	吴忠	18	3.0
84	11	5	18	42	22.1	37°28′	106°12′	同心	24	3.3
1984 年										
85	1	17	20	20	27	36°39′	105°17′	海原	35	4.1
86	9	26	5	13	50.1	38°04′	106°18′	灵武		3.3
87	10	26	8	27	14.7	38°00′	106°14′	吴忠	13	3.9
88	11	23	17	45	20.8	38°03′	106°12′	灵武	14	4.3
89	11	23	17	45	26.4	38°04′	106°13′	灵武	14	5.3
90	12	1	15	12	47.4	38°05′	106°14′	灵武	18	3.1
1985 年										
91	1	8	17	33	29.5	38°04′	106°14′	灵武	12	3.7
92	2	18	0	13	50.1	38°05′	106°11′	灵武	13	3.9
93	4	29	9	22	46.3	36°10′	106°10′	固原		3.4
91	1	8	17	33	29.5	38°04′	106°14′	灵武	12	3.7
92	2	18	0	13	50.1	38°05′	106°11′	灵武	13	3.9
93	4	29	9	22	46.3	36°10′	106°10′	固原		3.4
1986 年										

续表

编号	发震时间					震中位置			震源深度	震级 M
	月	日	时	分	秒	北纬	东经	参考地名		
94	3	22	2	28	21.8	36°58′	105°34′	同心	23	3.4
95	7	8	17	36	44.3	36°26′	105°31′	海原		3.8
96	10	9	6	32	52.2	37°25′	105°40′	中宁		3.1
97	11	18	2	21	38.6	37°57′	106°22′	吴忠	23	3.1
98	11	21	20	13	17.2	37°57′	106°19′	吴忠	25	3.2
99	12	30	16	9	1.9	36°17′	106°02′	固原	20	3.7
1987 年										
100	6	17	9	41	14.5	37°59′	106°21′	灵武	24	3.1
101	7	4	22	41	46.5	38°05′	106°13′	灵武	10	3.4
102	8	10	20	12	15.8	38°03′	106°17′	灵武	10	5.5
103	8	10	20	26	47.3	38°05′	106°14′	灵武	10	4.3
104	8	10	20	46	35.6	38°06′	106°13′	灵武		4.5
105	8	10	20	46	54.5	38°04′	106°16′	灵武		4.5
1988 年										
106	1	4	5	32	26.3	38°06′	106°19′	灵武	24	5.5
107	1	5	11	3	16.9	38°04′	106°16′	灵武		3.2
108	1	8	23	52	1	38°05′	106°21′	灵武	27	4.3
109	1	9	2	22	24.1	38°05′	106°15′	灵武		3.0
110	1	10	8	53	6.2	38°05′	106°17′	灵武	15	3.9
111	1	10	15	24	36.7	38°03′	106°16′	灵武	16	5.0
112	4	12	4	27	43.8	38°06′	106°17′	灵武	10	4.3
113	4	12	4	45	13.6	38°05′	106°19′	灵武	12	3.4
114	4	26	23	16	25.6	37°57′	106°20′	灵武	25	3.2
115	8	27	14	19	36.9	38°02′	106°16′	灵武	12	3.1
1989 年										
116	2	10	6	31	25.5	38°04′	106°21′	灵武	15	3.8
117	11	2	15	22	40.3	35°58′	106°17′	固原	27	5.0
118	12	29	13	49	18.7	39°07′	106°47′	石嘴山	24	3.6

续表

编号	发震时间					震中位置			震源深度	震级 M
	月	日	时	分	秒	北纬	东经	参考地名		
1991 年										
119	3	7	13	36	27.2	37°33′	105°30′	中宁	28	4.0
120	3	7	13	37	55.6	37°33′	105°30′	中宁		3.0
121	10	30	0	30	20.7	37°10′	106°05′	同心	19	4.7
122	11	6	18	30	37.5	36°03′	106°03′	固原	15	3.3
1992 年										
123	1	24	1	54	33.6	36°15′	106°03′	固原	24	3.4
124	3	9	3	40	49.9	37°40′	106°13′	吴忠	10	3.7
125	12	14	8	56	5.2	36°32′	105°35′	海原	16	3.4
1993 年										
126	7	11	4	12	53	36°39′	106°16′	同心	15	4.7
127	8	12	8	29	36.1	39°16′	106°22′	石炭井	10	4.3
128	11	27	12	48	14.8	35°53′	105°40′	西吉	25	3.6
129	11	28	17	12	8.4	36°37′	106°11′	同心	19	3.0
1994 年										
130	3	16	1	54	17.7	38°21′	106°16′	永宁	17	4.0
131	9	29	22	42	0.6	36°22′	106°10′	固原	23	3.2
1995 年										
132	4	27	6	46	26.2	37°18′	105°41′	中宁	15	4.2
133	6	21	16	28	38.4	37°31′	106°11′	吴忠	10	3.0
134	11	7	3	7	46.2	39°07′	106°14′	平罗	19	3.0
1996 年										
135	4	4	9	55	24.8	38°01′	106°12′	吴忠	17	3.0
136	8	12	7	50	37.9	38°31′	106°19′	银川	19	4.1
1997 年										
137	1	5	17	36	1.8	35°55′	105°30′	西吉	10	3.9
1998 年										
138	1	15	20	24	59.1	38°26′	106°16′	银川	18	3.4
139	4	11	22	9	29.9	37°16′	106°15′	同心	26	4.2

编号	发震时间					震中位置			震源深度	震级 M
	月	日	时	分	秒	北纬	东经	参考地名		
140	7	29	9	15	21.1	36°47′	105°24′	海原	18	4.9
1999 年										
141	3	18	4	0	46.6	37°27′	105°33′	中宁	13	4.8
142	4	20	0	12	24.5	36°02′	106°03′	固原	10	3.3
143	12	9	3	6	57.6	38°59′	106°52′	陶乐	15	3.6
2000 年										
144	1	13	13	30	21.5	37°21′	105°35′	中卫	21	3.3
145	9	19	19	56	44.3	35°32′	106°13′	泾源	10	3.6
2001 年										
146	2	6	05	17	33	39°15′	106°44′	石嘴山	32	3.8
147	5	21	23	35	10	36°53′	106°07′	同心	26	4.3
148	10	10	03	19	00	36°10′	106°09′	固原	12	3.7
2002 年										
149	1	13	13	30	21.5	37°21′	105°35′	中卫	21	3.3
150	9	19	19	56	44.3	35°32′	106°13′	泾源	10	3.6
2003 年										
151	8	11	11	55	13.0	36°35′	106°06′	海原		3.6
2004 年										
152	07	23	05	12	20.0	38°08′	106°14′	灵武	16	3.2
153	08	06	05	39	54.0	37°40′	106°15′	吴忠	16	3.6
154	08	06	12	22	03.0	38°02′	106°23′	灵武	24	3.7
155	12	05	15	49	39.0	38°50′	106°44′	平罗	11	3.8
2006 年										
156	07	29	21	11	09.0	38°11′	106°09′	青铜峡	19	3.1
2007 年										
157	02	11	07	34	28.0	37°26′	106°11′	红寺堡	24	3.1
158	07	09	01	01	45.0	38°55′	106°42′	平罗	10	3.2
159	12	20	11	30	57.0	38°58′	106°07′	平罗		3.9

续表

编号	发震时间					震中位置			震源深度	震级 M
	月	日	时	分	秒	北纬	东经	参考地名		
2008 年										
160	03	12	00	58	16.0	37°11′	106°22′	同心	25	3.2
161	04	06	09	05	49.0	36°13′	106°24′	固原	30	3.8
162	10	03	03	45	51.0	36°02′	106°20′	固原		3.8
163	10	03	12	02	40.0	36°02′	106°19′	固原		3.1
164	11	24	15	23	41.0	36°19′	106°15′	固原	30	3.9
2009 年										
165	05	28	22	04	07.0	37°12′	106°32′	同心	10	3.1
166	11	21	06	54	19.0	37°09′	106°03′	同心	8	3.7
167	11	21	15	51	02.0	38°13′	106°33′	灵武	6	4.2
2010 年										
168	06	22	16	46	01.0	38°16′	106°12′	永宁	6	4.5
169	08	12	14	46	16.0	36°17′	106°13′	永宁	5	3.1
2011 年										
170	10	04	16	40	05.0	36°36′	105°22′	海原	6	3.0

第二节　地震空间分布

一、地震地理分布

公元 876 年以来，宁夏及邻近地区（东经 103.0°～107.7°，北纬 35.0°～41.0°）的强震主要分布在：

（1）沿黄河从甘肃景泰经宁夏中卫、中宁、青铜峡、灵武、银川和平罗至内蒙古磴口一线，有 10 次 6 级以上地震分布于这一地带。

（2）从宁夏固原、海原至甘肃靖远，沿六盘山-南西华山是宁夏南部的一条强震密集带，1920 年海原 8.5 级地震就发生在这条带上。

（3）银川-固原附近的南北向地震活动带，与银川盆地、罗山东麓全新世活动断裂以及布格重力异常梯级带的展布相一致。集中分布了 27 次 5 级以上地震，约占 5 级以上强地震总数的 31.8%。其中有 8 级地震 1 次，7 级地震 2 次，6 级地震 5 次。

（4）阿拉善左旗西部和吉兰泰盆地周围。

宁夏南部自固原云雾山向北经大、小罗山至灵武东山，向北沿黄河一线以东地区（大约东经 106.5°以东），包括盐池和彭阳等地，历史上和现今都无强地震发生。

区内 7 级以上地震分布在主要活动断裂带上，如贺兰山东麓断裂带、香山-天景山断裂带、海原断裂带，大多数 6 级地震也是沿主要活动断裂带分布（见文前彩图）。强震分布与第四纪盆地空间展布一致，如银川盆地和吉兰泰盆地，中卫、中宁和清水河盆地。

根据宁夏及周围地区地震活动的特点，可划分为贺兰山地震区和六盘山地震区两个地震活动区。

贺兰山地震区位于鄂尔多斯地台的西北缘，为南北地震带向北面突出的部分。展布于贺兰山东西两侧，范围大致为东经 103°00′～107°00′、北纬 37°40′～40°40′之间，包括银川盆地和阿拉善左旗大部分地区，细划为银川地震活动小区、吉兰泰地震活动小区、马三湖地震活动小区。

六盘山地震区指牛首山—罗山—云雾山一线以西的宁夏南部地区，在区域地震带的划分上属于祁连山-六盘山地震带的东段部分，细划为西海固地震活动小区、卫宁同地震活动小区。

二、地震震源深度分布

1958～2011 年，区内 170 次 3 级以上地震有 108 次定出震源深度（表 2-3），约占 3 级以上地震总数的 64%。这 108 次地震中，震源深度小于 10 km 的 9 次，10～19 km 的 58 次，20～29 km 的 31 次，30～39 km 的 9 次，40 km 的 1 次。本区地震均发生在上地壳内，属浅源地震，优势震源深度 10～30 km。

第三节　弱震震群

1970～2011 年，宁夏地区记录到最大震级 1.2 级以上的弱震震群（以下简称震群）近 60 次。表 2-4 列出了部分震级较大的震群。灵武-吴忠、固原、海原及石嘴山以北等地，震群发生较多。一些震群的最大震级超过 3.5 级，序列的地震次数较多。宁夏南部发生的震群序列总次数较少，震群释放能量较弱。还有些地方如同心地区，经常发生最大震级小于 1.2 级的微小震群活动。

表2-4　宁夏及邻近地区部分震群一览表

序号	时间起止 （年.月.日）	北纬，东经	地　点	次数	震级	
					M_1	M_2
1	1971.06.10～1971.06.28	37°52′，106°06′	吴　忠	37	4.2	4.0
2	1973.09.25～1973.09.29	38°02′，106°17′	吴　忠	11	3.8	2.3
3	1976.04.16～1976.05.13	40°08′，106°50′	巴音木仁	82	3.8	3.7
4	1976.07.19～1976.09.05	40°24′，106°15′	巴音木仁	17	2.6	2.3
5	1981.02.15～1981.03.27	39°17′，106°39′	石嘴山	10	2.5	2.3
6	1982.05.16～1982.07.28	36°09′，106°09′	固　原	24	3.1	2.0
7	1984.10.25～1984.11.22	37°55′，106°17′	吴　忠	12	2.9	2.4
8	1986.07.14～1986.07.16	36°28′，106°12′	固　原	10	2.3	2.2
9	1986.11.10～1986.12.03	37°57′，106°19′	吴　忠	28	3.2	3.1
10	1987.02.17～1987.03.04	36°29′，105°55′	海　原	12	2.4	1.5
11	1987.06.17～1987.07.14	38°05′，106°13′	灵　武	9	3.4	2.9
12	1988.01.04～1988.02.17	36°14′，106°13′	固　原	28	2.8	1.4
13	1988.07.16～1988.11.15	38°02′，106°16′	灵　武	43	3.1	2.8
14	1988.12.13～1989.01.15	38°05′，106°16′	灵　武	14	2.6	2.3
15	1989.12.19～1990.01.05	38°03′，106°18′	灵　武	6	2.3	1.9
16	1990.02.26～1990.04.05	40°04′，106°03′	阿拉善左旗	12	3.2	2.8
17	1990.05.28～1990.07.07	37°55′，106°15′	吴　忠	20	2.9	2.6
18	1990.09.30～1990.10.27	38°03′，106°20′	灵　武	19	2.3	1.7
19	1990.10.30～1990.11.24	36°37′，105°28′	海　原	10	2.3	2.0
20	1992.01.08～1992.02.21	36°15′，106°03′	固　原	32	3.4	2.3
21	1992.03.02～1992.03.31	37°42′，106°05′	吴忠南	199	3.7	2.0
22	1993.11.27～1993.12.01	40°00′，104°14′	阿拉善左旗	6	2.8	2.5
23	1994.09.11～1994.10.23	36°26′，106°04′	固　原	27	3.2	2.9
24	1994.11.21～1994.11.24	38°05′，106°30′	灵　武	7	2.5	1.6
25	1995.05.21～1995.11.01	37°39′，106°10′	牛首山	7006	3.0	2.5
26	1997.12.19～1997.12.31	35°48′，106°32′	彭　阳	100	2.8	2.4
27	2001.08.20～2001.08.30	36°11′，106°11′	固　原	9	2.6	2.4
28	2004.06.06～2004.06.11	36°31′，105°49′	海　原	14	2.8	2.5
29	2004.07.04～2004.08.12	38°02′，106°23′	吴　忠	19	3.7	3.6

序号	时间起止 （年·月·日）	北纬，东经	地　点	次数	震级	
					M_1	M_2
30	2004.07.24～2004.07.27	38°36′，104°48′	阿拉善左旗	11	3.3	2.5
31	2005.08.27～2005.08.31	39°18′，104°36′	阿拉善左旗	6	3.8	2.6
32	2008.10.03～2008.10.18	36°02′，106°20′	固原	11	3.8	3.1
33	2008.11.12～2008.11.22	37°22′，106°15′	同心	21	2.6	2.0
34	2010.05.27～2010.07.03	37°18′，106°15′	同心	94	2.9	2.8
35	2011.01.18～2011.01.24	36°46′，106°06′	同心	36	2.3	2.1

注：M_1、M_2 为震群中最大地震震级和次大地震震级（M）。

这些震群中，较为典型的有：

1971 年 6 月吴忠震群　1971 年 6 月 10～28 日吴忠南震群，是 1971 年 6 月 28 日吴忠 5.1 级地震前最突出的前震活动。震群持续时间 18 天，震群的最大震级为 4.2 级，震群地震总次数 37 次，其中 3.0 级以上 7 次，均发生在主震前 17 天内。多数地震使吴忠、灵武普遍有感，银川市部分人有感，震群最大地震烈度为Ⅵ度，造成个别土坯房产生裂缝。

1986 年 7 月固原北小震群　持续时间从 7 月 14～16 日共 3 天，震群最大震级 2.3 级，地震总次数 10 次。

1986 年 11 月吴忠、灵武震群　持续时间从 11 月 10 日至 12 月 3 日共 23 天，震群最大震级为 3.2 级，地震总次数 28 次，其中 3.0 级以上 3 次，吴忠、灵武普遍有感，银川市部分人有感。

1995 年牛首山震群　持续时间从 5 月 21 日至 11 月 1 日共 164 天。震群最大震级 3.0 级。这次震群记录到的地震频次特别高，达 7006 次，为宁夏地震观测台网投入观测以来所仅有。该震群后，宁夏及邻区并无 5 级以上地震发生。

1997 年 12 月彭阳县古城震群　持续时间从 12 月 19～31 日共 13 天，地震次数超过 100 次，测定出参数的 63 次，其中 1.0～1.9 级 8 次，2.0～2.9 级 6 次，震区有感 10 次。震群最大震级 2.8 级，有感范围 850 km^2，震中区个别石膏板屋顶产生裂缝，并有烟囱倒塌，崖窑土块崩落，畜牲圈墙倒塌现象。

2004 年 7～8 月吴忠有感震群　持续时间从 7 月 4 日至 8 月 12 日共 39 天，地震总次数 19 次，其中 3.0 级以上地震 3 次。8 月 6 日吴忠、灵武 3.7 级和 3.6 级地震，致吴忠市、灵武市、银川市强烈有感。

第三篇
地震地质

　　宁夏北部的银川地堑，新构造运动强烈，以垂直差异运动为主；南部弧形构造带新构造运动十分强烈，盆地与山脉相间分布，以挤压与走滑运动为主；东部的灵盐台地和云雾山、青龙山以东地区位于鄂尔多斯断块隆起，新构造运动相对微弱。银川地堑和南部山区均发生过大地震，近代地震也十分频繁，与地壳深部构造有着明显的相关性。处于鄂尔多斯断块隆起的部分，地震活动微弱。

　　宁夏现代构造应力场继承和延续了新构造应力场。银川地堑处于北西-南东向水平拉张与北东-南西向水平挤压为特点的应力场状态；鄂尔多斯断块部分从北到南，主压应力轴方位由北北东逐渐转变为近东西向；六盘山地区为北东东-南西西方向的水平挤压应力的构造应力场控制。

　　宁夏活动断裂考察与研究起步较早，且一直处于国内领先地位。以海原活动断裂带和贺兰山东麓活动断裂研究为代表，在20世纪80年代，国家地震局地质研究所和宁夏等5省区数十位地震地质工作者参加，对鄂尔多斯地块周边活动断裂考察与研究，出版了《鄂尔多斯周缘活动断裂系》一书。国家地震局地质研究所与宁夏地震局合作，完成了海原活动断裂带全带地震地质填图，出版了《海原活动断裂带》一书，这是国内最早出版的地震地质填图专著。自20世纪80年代至今，宁夏地震局先后完成天景山活动断裂带和贺兰山东麓断裂带的全带地震地质填图，取得了丰富的考察与研究成果。进入21世纪，对银川市、石嘴山市等城市活断层探测与评价的开展，取得丰硕成果，出版了《银川市活断层探测与地震危险性评价》专著。这些成果为宁夏城市建设乃至国民经济的可持续发展，提供了基础性资料。

　　宁夏丰富的地震地质现象，吸引国内外许多专家学者来宁考察与研究。近年宁夏被中国地震局地质研究所定为研究生野外地质实习基地，培养了大批我国地震地质专业人才。

第一章　地质构造

第一节　新构造特征

在中国新构造分区图上，宁夏地处华北断块区和青藏断块区的交接部位。属华北断块区的次级单元，有阴山断块隆起和鄂尔多斯断块隆起；属青藏断块区的次级单元为祁连山断块隆起。

宁夏北部的银川新生代地堑和贺兰山地垒为阴山断块隆起的次级单元，其内贺兰山地和银川盆地之间差异运动十分强烈，贺兰山主峰高 3556 m，而银川盆地的海拔 1100～1300 m，二者相差 2200 余米。银川盆地新生代以来强烈沉陷，其新生界厚度达 9000 m 以上。盆地内历史地震和近代地震活动均十分活跃。

宁夏南部大部分位于祁连山断块隆起的东北隅，区内弧形山地与盆地相间分布。弧顶向北东方向突出的弧形断裂系，新生代以来活动强烈，沿弧形断裂带历史地震和近代地震均十分强烈，历史地震频繁且强度大。

宁夏东部属鄂尔多斯断块隆起，是一个稳定的构造单元，内部构造单一，构造活动相对微弱，地震活动亦相对微弱。

第二节　深部构造

一、地球重力场特征

布格重力异常　我国的区域布格重力异常总体呈现东高西低的趋势。以六盘山、龙门山南北向重力梯度带为界，东部等值线走向为北东向，西部等值线走向以北西西向为主，重力变化急剧。宁夏处在我国东部重力高向西部重力低的过渡转折部位。1982 年，国家测绘局、陕西测绘局编制过包括宁夏在内的 1:100 万布格重力异常图。

1983～1989 年，宁夏地矿局物勘院在宁夏全境开展了系统的 1:20 万重力测量，是境内最新的重力测量资料。图 3-1 为宁夏布格重力异常图。地震的发生与布格重力异常有着密切关系。

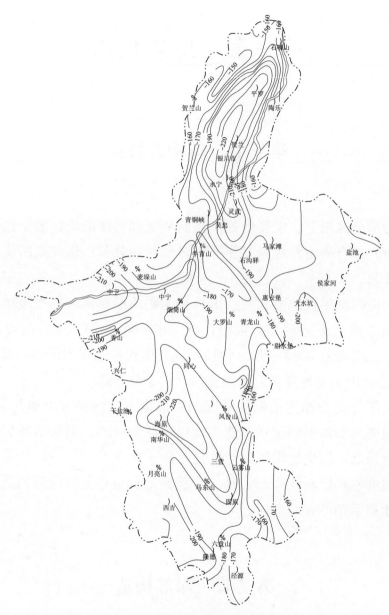

图 3-1　宁夏地区布格重力异常示意图

　　均衡重力异常　均衡重力异常与布格重力异常一样，其分布与地球内部结构存在极为密切的关系。宁夏地处我国大陆均衡重力异常变化梯度密集带（图 3-2）。

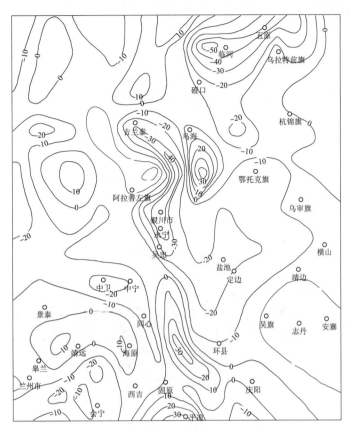

图3-2　宁夏及邻区均衡重力异常示意图

二、地壳厚度

杨明芝等根据地震测深剖面，得到宁夏地壳厚度等值线图（图3-3）。宁夏地壳厚度总体趋势是南部大于北部。银川盆地存在一个莫霍面隆起区，隆起中心地壳厚度36 km，向外增加到40 km。宁夏南部自东北向西南，地壳厚度逐渐从42 km加厚到49 km。陶乐至固原一线以东的鄂尔多斯地台和贺兰山以西的阿拉善地台，莫霍面起伏不大，是整体相对稳定的构造单元。

三、地震与布格重力异常、地壳厚度的关系

地震的发生与布格重力异常、地壳厚度陡变异常有着密切的关系。杨明芝等指出宁夏地震易发生的部位：

（1）强震发生的位置与布格重力异常区的位置相一致，在区域性重力梯级带的分界线以及重力等值线突然转折扭曲的部位常有地震发生。

（2）地震与重力异常的幅值及展布面积有一定关系，布格重力异常值越大，相应的地震强度也越高；地震与重力异常展布面积也有一定对应关系。

（3）地壳失衡区或均衡异常的梯度带或正负均衡异常的交接部位是地震易发生的

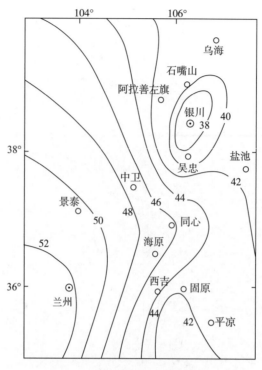

图 3-3　宁夏及邻区地壳厚度图

地带。

（4）近代地震活动地带均为地壳厚度急剧变化的地带和地壳构造的转折交会部位。

四、深部电性结构特征

20 世纪 70 年代，兰州地震研究所进行大地电磁测深，发现宁夏地壳内和上地幔顶部存在低阻层，其埋藏深度在地震区与非地震区有较大的差别。80 年代中期以来，原国家地震局兰州地震研究所和地质研究所在鄂尔多斯块体西缘及其西南缘地区布置测点，采用数字化大地电磁测深仪进行测量。盐池-阿拉善左旗的地壳、上地幔电性结构剖面，第一层和第二层均为导电良好的沉积层，电阻率在几到几十欧姆·米之间变化，其下为地壳结晶基底及花岗岩的高阻层。壳内低阻层埋深约在 19～25 km，电阻率为10 到数 10 Ω·m，厚度数千米，该层横向变化较大，在鄂尔多斯块体内部埋深较深，在银川盆地埋深变浅，形成突起状。上地幔低阻层（软流圈顶面）电阻率值很低，一般为几到十几欧姆·米。在银川盆地两侧变化平缓，埋藏深度大；在银川盆地内该层抬升，形成隆起之势，表明银川盆地来自上地幔的垂直作用力较大（图 3-4）。

宁夏地区深部电性结构的特点是：

（1）地壳上地幔电性层状结构可大致分为 5～6 个电性层。

（2）不同地质构造单元的深部电性结构差别明显。

（3）深部电性结构特征与地质构造有较好的对应关系。

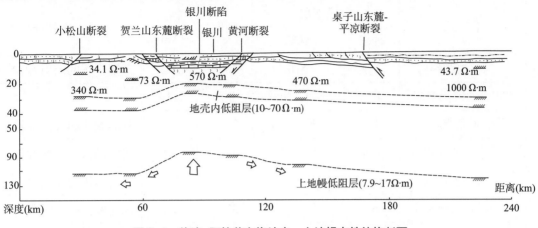

图 3-4　盐池-阿拉善左旗地壳、上地幔电性结构剖面

（4）本区壳内低阻层深度一般在 20～30 km，通常认为是地壳脆-韧转换带。宁夏壳内中部低阻层与宁夏大地震震源深度分布大体一致。

第三节　现代构造应力场

20 世纪 60 年代末、70 年代初，原国家地震局第二测量大队在宁夏布设一批基线和水准形变测量点进行观测。随着地震观测资料的积累，80 年代初期开始地震震源机制解研究，目前已获得数百个地震震源机制解。宁夏地震地质工作获得突破性进展，对宁夏区内活动断层的运动学有了更加深刻的认识，对 1709 年和 1739 年地震破裂带进行了深入研究。

一、新构造应力场

新生代褶皱　宁夏境内第三纪地层的褶皱比较发育，沿海原断裂带见下更新统砾岩变形倾斜，天景山断裂带南段见有更晚的第四纪地层卷入褶皱的现象。表 3-1 列出了主要褶皱简况。

表 3-1　宁夏地区新生代主要褶皱一览表

序号	名　称	组成地层		轴向	轴长（km）	形态特征
		轴部	翼部			
1	花布山背斜	E_3q	N_1h	345°	6	向南倾伏的开阔背斜
2	鸽子山背斜	K_1ms	N_1h	330°	7	大致对称的开阔背斜

序号	名　称	组成地层		轴向	轴长（km）	形态特征
		轴部	翼部			
3	冯鸭沟背斜	N_1g	N_1h	300°	7.5	开阔平缓的向斜
4	桃山–井家沟背斜	E_2s	E_3q，Ngn	北西	>16	
5	喊叫水背斜	K_1	E_2-N_1	350°	3	双向倾伏的开阔背斜
	贺家口子背斜	E_2q	E_3-Q4	330°	27	双向倾伏的开阔背斜
	肖家口子背斜	E_3	E_2-N_1	330°	1.5	双向倾伏的开阔背斜
	西岭子背斜	K_1	E_2-N_1	328°	2.5	双向倾伏的开阔背斜
	黑烟洞山背斜	K_1	E_2-N_1	330°	6	向北西倾伏开阔背斜
	石峡口背斜	K_1	E_2-N_1	325°	7	双向倾伏的开阔背斜
	红岭背斜	E_3	E_2-N_1	330°	302	双向倾伏的开阔背斜
	田子淌背斜	K_1	E_2-N_1	335°	10	双向倾伏的开阔背斜
	罗泉湾背斜	K_1	E_2-N_1	340°	19	双向倾伏的开阔背斜
	陈儿山背斜	E_3	E_3-N_1	350°	6	双向倾伏的开阔背斜
	大红湾背斜	E_3	E_3-N_2	350°	7	双向倾伏的开阔背斜
6	马东山背斜	K_1lp	E_2s，E_3q，Ngn		20	西翼正常，倾角40°～50°，东翼倒转
7	隆德向斜	E_3q	E_2s	北西	20	西翼略陡

注：表中序号5为庙山褶皱带，由11个背斜构成，总体走向北北西。

褶皱大部分发育在宁夏南部地区，以其轴向推论，最大主压应力方向为近北东东–南西西向；从活动断裂走向和运动方式的组合推论，银川平原地区最大主压应力方向为近北东–南西向，牛首山以南地区最大主压应力方向为近北东东–南西西向。

活动断层　宁夏境内发育有4组方向的活动断层，北北东向断层为正断兼有右旋，北北西至北西走向的弧形断层和东西走向的断层为左旋兼有逆冲，南北走向的断层为逆冲兼右旋或正断。

二、现代构造应力场

（一）震源机制解反映的构造应力场

小区域小地震综合断层面解　1981年，李孟銮、赵知军研究以石嘴山等7个地震台为中心，一定距离为半径范围内的小地震综合断层面解。结果表明中卫地区的主压应力轴为165°，接近南北向；宁夏北部的银川平原为北北东–南南西向，宁夏南部为北东东–南西西向，其仰角都比较小。反映出宁夏地区的应力场以水平方向的挤压为主。

中强地震的机制解 宁夏及其邻区300余个3.0级以上地震的震源机制解表明，宁夏地区的最大压应力方向以北东–南西方向占优势，主压应力轴的仰角都比较小（75%的仰角小于30°），反映出宁夏地壳运动以水平作用为主。

（二）水平形变测量反映的构造应力场

20世纪70年代以来，原国家地震局兰州地震大队测量队在宁夏先后开展基线和水准形变测量。测量成果表明，基线测量最大缩短方向和三角网计算边的最大缩短方向都以北东–南西方向占优势，反映出本区地壳主要受北东–南西方向的挤压力作用。

（三）地震破裂带显示的构造应力场

宁夏境内查明有地震地表破裂带并进行过研究的地震有：1739年银川–平罗8级地震的地表破裂带沿贺兰山山前展布，走向北北东，红果子沟长城错动以右旋为主兼有正断；1709年中卫南7½级地震和1920年海原8.5级地震的地表破裂带皆为北西西–南东东走向，以左旋为主，兼有逆冲。其组合图像表明，大震的最大主压应力为近北东–南西向至北东东–南西西向。表明现代构造应力场继承和延续了新构造应力场。

（四）构造应力场特征

综合震源机制解、地震地表破裂和形变测量资料，宁夏及邻区现今地壳应力场特征为：银川地堑以及位于其西北和北面的吉兰泰盆地、临河盆地均处于北西–南东向水平拉张与北东–南西向水平挤压为特点的应力状态下；鄂尔多斯断块部分从北到南，主压应力轴方位由北北东逐渐转变为近东西向；六盘山地区为北东东–南西西方向的水平挤压应力的构造应力场控制，主张应力轴近于直立。因此银川盆地及以北地区和其以南弧形构造带展布区的现代构造应力场存在地区性差异。

第二章 活动构造

第一节 活动断裂带

一、贺兰山东麓活动断裂带

（一）考察研究

贺兰山东麓断裂带是银川盆地的西侧构造边界，其西为贺兰山，最高峰3556 m；东侧为银川平原，海拔1110～1300 m，两者相差2200余米，盆地内堆积有厚达9000 m的新生代地层，故新生代以来，断层两侧的差异运动幅度万米以上，表现了该断裂的强烈活动性。1957年，Г. П. 果尔什可夫在编制全国地震烈度区划图时指出，贺兰山与银川盆地之间存在一条很大的断裂。1965年3月，郭增建等考察银川平原的地震时，发现了红果子沟明代长城错动。1981年，廖玉华等对石嘴山西南长城的两个错动点开挖了探槽，证实确为断层活动所致；次年张维岐等在贺兰山苏峪口洪积扇上的断坎布槽开挖，同样证明了断层的存在。1983年，邓起东等对苏峪口探槽剖面复查，发现古地震的物质标志—崩积楔。1984～1988年，廖玉华等在鄂尔多斯周缘断陷盆地带现今活动特征和大震重复周期的研究中，对贺兰山东麓断裂带进行全面野外调查，获得该断裂带晚更新世和全新世的垂直位移量和位移速率，全新世古地震和重复周期等定量数据，发现了1739年银川–平罗8级地震在贺兰山东麓产生的地表破裂带，并查明了破裂带的分布和垂直位移量。1984年，美国地质调查局Wallace, R. E. 、Bucknam, R. C. 、Hanks, T. C. 和国家地震局地质研究所张步春、宁夏地震局廖玉华、甘肃省地震局李玉龙等合作，对红果子和苏峪口断层崖进行短期考察和研究。2004～2010年，宁夏地震局杜鹏等对贺兰山东麓断裂带进行了1：10000和1：25000比例尺活动断裂带状地质填图。

（二）结构组成

贺兰山东麓活动断裂带北起宁蒙交界柳条沟，向南止于头关，长度125 km，倾向东南，倾角60°以上，是由一系列正断层组合而成的锯齿状断裂带。其宽度10～16 km，由5条次级断层组成。该断裂形成于侏罗纪末的燕山运动，为一向南东倾斜的逆断层，渐新世转化为兼有右旋分量的高角度正断层。断层晚更新世以来的活动十分显著，表现为山前洪积扇群的形成，沿山前各晚更新世地层的断层剖面多见，全新世的活动在山前晚更新世洪积扇形成了年轻的断层崖。其中最壮观的是苏峪口断层崖和红果子沟断层崖，前者长约 17 km，最高达 11.3 m。后者长 4 km，最高 7.6 m。该断裂在 1739 年银川-平罗 8 级地震中错断了明代修建的长城，在断层崖下部形成了新的断层崖-自由面。

　　红果子沟长城错动　　红果子沟长城错动作为现代构造活动的范例而闻名中外。长城修建于 1531 年，目前保存的长度约 2.5 km。该处查明由 3 条断层组成，主断层长 4 km，平面上呈折线状，倾向东南，倾角大于 70°；其余两条分布在主断层的东、西两侧，地貌上均表现为为断层崖。主断层和西支断层错动了明代长城（图 3-5）。中国科学院西北地震考察队郭增建等发现该错动时测量了两个断点长城的位移量；1967 年，中国科学院测量与地球物理研究所通过摄影测量获得西支断层的水平位移量和主断层的垂直位移量；1981 年，廖玉华等根据开挖出的长城墙基测量了西支断层的水平和垂直位移量。1984 年，T. C Hanks 测量了主断层两侧长城顶面的剖面，得到该处的垂直位移量为 2.0 m。表 3-2 列出长城错动位移量数据。

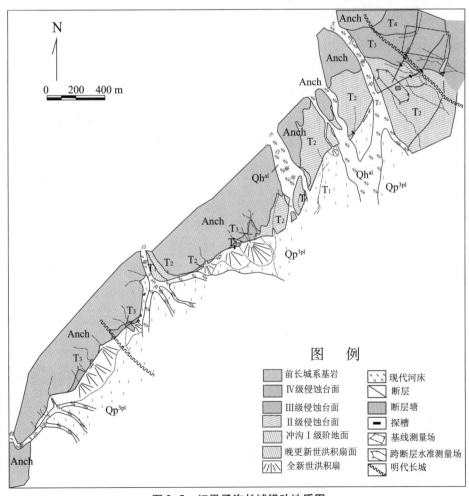

图 3-5　红果子沟长城错动地质图

表3-2　红果子长城错动位移量数据（单位：m）

测量单位	时间	西支断层位移量		主断层位移量	
		水平	垂直	水平	垂直
中国科学院西北地震考察队	1966	1.45			0.90
中国科学院测量与地球物理研究所	1967	1.95			1.50
宁夏地震局	1982	1.45	0.35		0.95
宁夏地质局研究队	1982	1.44	0.90	1.23	
T. C Hanks	1984				2.00

苏峪口断层崖　苏峪口外洪积扇断层陡坎在距离贺兰山山边 4～5 km 的洪积扇上延伸，自南向北错断白寺口、苏峪口、贺兰口和插旗口 4 个洪积扇，总体走向北35°东，地表出露长度为 16 km（图3-6）。宁夏地质局第一水文队电法勘探证明，断层在深部依然存在，且向南可延至小口子附近。在断坎的中段，洪积扇面的垂直位移量可达 11.4 m。断层面上残留有向南西倾斜的、倾伏角为 65°和 45°的擦痕，一些穿越断坎的先成河谷，被水平错断，因而又显示出右旋的运动学特征，是全新世活动而形成的断层崖。通过对断层陡坎构造地貌和坎下堆积物研究，证明贺兰山东麓活动断裂带具有多期活动的特征。

（三）位移量及速率

1984～1988 年，廖玉华等研究贺兰山东麓晚更新世洪积扇面的垂直位移量，共测量 120 条断层崖地形剖面，获得了全带的垂直位移和每一条次级断裂的垂直位移分布情况（图3-7）。最大垂直位移量：F4 断裂达 30 m，F3 断裂为 18.2 m，F5 断裂仅 2.3 m。

在红果子断坎和苏峪口断坎探槽剖面上采集土样，由兰州大学、国家地震局地质研究所作年龄测定。根据位移和年龄数据，计算了贺兰山东麓断裂带晚更新世以来的垂直位移速率（表3-3）。

表3-3　贺兰山东麓断裂带晚更新世以来垂直位移速率（单位：mm/a）

地　点	使用最大位移	使用平均位移	扣除平罗地震影响
苏峪口断层崖	2.33	1.80	1.34
红果子断层崖	1.14	1.05	0.85

贺兰山东麓断裂带的垂直位移十分醒目，右旋水平位错除了长城以外，还发现冲沟的右旋水平位错（表3-4）。

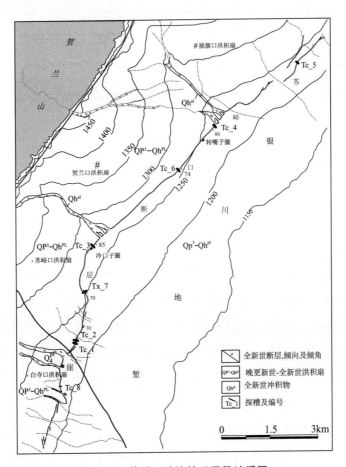

图3-6　苏峪口陡坎转咀子段地质图

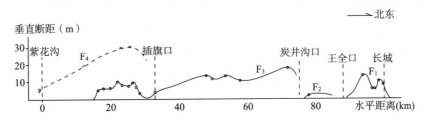

图3-7　贺兰山东麓断裂带晚更新世以来的垂直位移

表3-4　贺兰山东麓断裂带的水平位移（单位：m）

位　　置	位移标志	右旋水平位移量	位　　置	位移标志	右旋水平位移量
砂石厂西	洪积扇边界和冲沟	75	苏峪口断坎公路北1km	冲沟	20，40

位　　置	位移标志	右旋水平位移量	位　　置	位移标志	右旋水平位移量
西北轴承厂西 1 km	冲沟	24	苏峪口断坎基 13 南	冲沟	15
小水渠沟	冲沟	34	苏峪口断坎基 14	冲沟	24
贺兰口南	冲沟	20			

二、海原活动断裂带

（一）考察研究

1920 年海原 8.5 级地震后的次年 4 月，农商部地质调查所翁文灏等 6 人在海原大地震震区进行开创性的考察工作。同期 U. Close 和 E. Mccormik 对震区进行过调查。1958 年，中国科学院兰州地球物理研究所郭增建等 6 人首先发现了海原大地震的地震地表破裂带干盐池以东的东段，1960 年代初，阚荣举等在甘肃景泰发现该地震地表破裂带的西段。1970 年，李玉龙等在考察中首次指出海原活动断裂带具有左旋走滑的性质，断层的走滑使横跨断裂的水系发生了左旋变位；同期李龙海等发现干盐池唐家坡的田埂被左旋错动，指出其水平错动量 2 m 左右。在上述工作的基础上，国家地震局兰州地震研究所和宁夏回族自治区地震队总结 1920 年 8.5 级大地震的资料，出版了《一九二〇年海原大地震》一书。

1981～1984 年，国家地震局地质研究所邓起东等和宁夏回族自治区地震局张维岐等对震中区地震地表破裂带和南、西华山北麓断裂带晚第四纪活动特征进行调查，包括 1:5000 断错水系及其他断错地貌的测绘，发现并肯定了海原大地震地表破裂带的左旋水平最大位移为 10～11 m，对断层全新世滑动速率进行初步研究，对干盐池拉分盆地进行调查，发现断层多次错动和一些古地震现象。1983 年前后，刘百篪等对海原地震地表破裂带和景泰地区断裂带上的古地震进行研究；国家地震局地球物理研究所环文林和宁夏回族自治区地震局张维岐等对海原大地震的地震地表破裂带进行调查。

1984～1987 年，国家地震局地质研究所和宁夏回族自治区地震局对海原断裂带全带进行 1:50000 地震地质填图，对该断裂带晚第四纪的活动历史和滑动速率、全新世活动特征及古地震重复间隔和海原大地震地表破裂带的结构及位移分布等进行综合研究。填图范围东起六盘山北段，经马东山、月亮山、南华山、西华山、黄家洼山、北嶂山、哈思山至米家山，长 280 km，宽 2～10 km。在全带开挖了探槽 20 余个，并进行了地层与古地震研究相关的年龄测定工作。1984～1985 年，美国马萨诸塞州理工学院的 P. Mornar、B. C Burchfiel 教授，L. Royden 博士和由国家地震局地质研究所邓起东研究员领衔的中方海原地震课题组人员对该断裂带的东段进行了考察和研究。这次工作，美方将沿活动断裂带状地质填图的科学思路引入中国。

海原断裂带的丰富研究成果，集中反映在 1990 年出版的专著《海原活动断裂带》中。

1995～1996 年，冉永康等在海原断裂带高湾子开挖三维探槽，对海原断裂带的古地震作进一步研究，深化了对海原断裂带大地震重复周期的认识。

（二）结构组成

海原活动断裂带西起甘肃景泰，东至宁夏固原硝口，全长 237 km。断裂带总体走向为北西西-南东东，以海原为界，西段长约 180 km，走向 280°～290°；东段转为320°，由 11 条次级剪切断层（表 3-5）和连接次级剪切断层的拉分盆地组成。

表 3-5　海原活动断裂带次级剪切断层一览表

断层名称	断层长度（km）	断层走向	断层倾向及变化	位移性质及其变化	最新活动概况
硝口-蔡祥断层	55	320°～330°	南西	逆走滑断层	A 级河流变位幅度 100～600 m，B 级河流为 10～80 m
小南川断层	7～8	330°	南段北东，北段南西	逆走滑断层，南北两端为正走滑断层，分别控制小南川盆地西缘及老虎嵝岘盆地东缘	A 级河流变位幅度 100 m，B 级河流为 20～30 m
大黄沟断层	5～6	330°	北东	逆走滑断层，南段为正走滑断层，控制老虎嵝岘盆地西缘	B 级河流左旋错距 30～40 m
南、西华山断层	73	305°～310°	东段北北东	正走滑断层，控制西安州、海原和贾埫等晚第四纪沉积区	西华山北麓断层走滑错距 14 km，A 级河流变位幅度 500～600 m，B 级河流变位幅度 50～90 m，沿断层向东西两侧位移幅度变小，前者为 100～200 m，后者为 20～50 m
			中段南南西西段南南西	逆走滑断层逆走滑断层	

断层名称	断层长度（km）	断层走向	断层倾向及变化	位移性质及其变化	最新活动概况
黄家洼山南麓断层	9	290°～310°	北北东	东段为正走滑断层，西段为逆走滑断层	A级河流变位幅度180～500 m，B级河流为20～50 m
阴凹窑断层	12	305°～310°	北北东	逆走滑断层	A级河流变位幅度200 m，B级河流为20～30 m
北嶂山北麓断层	30	295°～300°	东段北北东西段南南西	逆走滑断层西段为正走滑断层，控制大营水盆地	下志留统左旋位错10 km，A级河流左旋变位幅度120～400 m，B级河流为20～35 m
赵家岘-小红门断层	15	300°	东段北北东西段南南西	正走滑断层，控制大营水盆地南界正走滑断层，控制邵水盆地北界	B级河流变位幅度20～70 m
水泉-荒凉滩盆地北缘断层	12	295°	北北东	东段正走滑断层，控制邵水盆地南界；西段为逆走滑断层	邵水盆地形成断层三角面
哈思山南麓断层	42	290°～300°	东段北北东西段南南西	荒凉滩南缘为正走滑断层，哈思山南麓为逆走滑断层沈家庄盆地北缘为正走滑断层	泥盆系左旋错距大于6 km，A级河流左旋错距100～500 m，B级河流为30～70 m
马厂山北麓断层	13	290°～300°	东段北北东西段南南西	正走滑断层，东段控制了沈家庄盆地南界	B级河流左旋位错10～30 m

　　海原断裂带具有长期的活动历史，在新生代期间，其活动方式发生过明显的变化。中更新世以前，断裂活动主要表现为逆冲，之后转为左旋走滑。

（三）水平位移及速率

　　第四纪左旋水平位移总量　海原活动断裂带第四纪期间的左旋水平位移总量是根

据前第四纪各种地质体的位移幅度确定的。最大位移出现在南、西华山北麓断层的中段，左旋位错量达12～14.5 km（表3-6）。

表3-6 前第四纪地质体所反映的海原活动断裂带左旋走滑位移量简表

地 点	所在断层名称	位移标志	位移量（km）	备注
山门-油房院	南西华山北麓断层东段	志留系和前寒武系与志留系接触界线	>3.0	断层北盘未见接触界面
野狐坡	同上	加里东期花岗闪长岩	15.5	接触界线不清
干盐池盆地-西安州盆地南侧	南西华山北麓断层中段	前寒武系与下第三系不整合面，上、下第三系接触面，前寒武系中的大理岩和角闪岩	12～14.5	
秦家湾-李家沟	北嶂山北麓断层	下志留系地层西界	10	
扁强沟-沙葱沟	哈思山南麓断层	泥盆系地层沿断层与母岩分离	>6	

各级水系的水平位移量 沿断裂水系、河流阶地、山脊洪积扇等最新标志物的左旋位错十分发育。除黄河、园河等较大河流以外，穿越断裂带的绝大多数河流、冲沟的发育历史较晚，一般是晚更新世晚期，甚至是全新世以来形成的。根据河流冲沟的长度、宽度、切割深度和阶地发育状况，分为四级，A、B、C级水系左旋位错统计见表3-7。

表3-7 海原活动断裂带A、B、C三级水系平均变位幅度统计表

断层名称	A级水系			B级水系			C级水系		
	数据量（个）	位移量（m）	平均位移量（m）	数据量（个）	位移量（m）	平均位移量（m）	数据量（个）	位移量（m）	平均位移量（m）
六盘山东麓逆断层北端				2	20～61	40.5	2	5～13	9
硝口-蔡祥断层	11	130～1300	627	30	19.5～102	41.5	17	6.4～19	14.3
小南川断层	1		170	2	28～31	29.5			
南、西华山断层	8	115～600	330	36	24～136	55	14	8～22	17.7

续表

断层名称	A 级水系			B 级水系			C 级水系		
	数据量（个）	位移量（m）	平均位移量（m）	数据量（个）	位移量（m）	平均位移量（m）	数据量（个）	位移量（m）	平均位移量（m）
黄家洼山南麓断层	8	125～500	264	4	30～58	48.5	1	11.6	11.6
阴凹窑断层	1	200	200	3	20～31	25.7	1	13.5	13.5
北嶂山北麓断层	4	120～400	204	2	21～98	59.5	4	8.5～18	14.9
高枣坪断层	1	190	190	3	22.5～36	31.2			
赵家岘—小红门断层				2	22～70	46			
邵水盆地西端断层				6	21～85	38.2	4	10～15	13.4
哈思山南麓断层	7	105～500	251	47	18.5～100	41.1	43	7～19.5	13.2
马厂山北麓断层				5	19～27	19.9	3	9～12	10.7

位移速率　据《海原活动断裂带》专著的作者研究，第四纪期间的水平滑动速率：南西华山北麓断层中段为 11.7～19.2 mm/a，北嶂山北麓断层为 8.3～13.7 mm/a，哈思山南麓断层大于 5～8.2 mm/a。1997 年，宁夏地震局王萍和宁夏地质矿产局李天斌等估算南西华山北麓断层的走滑速率为 3～10 mm/a。全新世的走滑速率计算结果如表 3-8。

表 3-8　海原活动断裂带各次级断层全新世时期平均滑动速率统计表

断层名称	位移值数量（个）	B 级水系平均位移值（m）	位移经历时间（a）	平均滑动速率（mm/a）
六盘山东麓逆断层北端	2	40.5	8000～6000	5.06～6.75
硝口-蔡祥断层	30	41.5	8000～6000	5.19～6.92
小南川断层	2	29.5	8000～6000	3.69～4.92
南、西华山断层	36	55.0	8000～6000	6.88～9.17
黄家洼山南麓断层	4	48.5	8000～6000	6.06～8.08

续表

断层名称	位移值数量（个）	B级水系平均位移值（m）	位移经历时间（a）	平均滑动速率（mm/a）
阴凹窑断层	3	25.7	8000～6000	3.21～4.28
北嶂山北麓断层	2	59.5	8000～6000	7.47～9.92
高枣坪断层	3	31.2	8000～6000	3.9～5.2
赵家岘—小红门断层	2	46.0	8000～6000	5.75～7.67
邵水盆地西端断层	6	38.2	8000～6000	4.78～6.37
哈思山南麓断层	47	41.1	8000～6000	5.14～6.85
马厂山北麓断层	5	19.9	8000～6000	2.49～3.32

三、天景山活动断裂带（中卫-同心活动断裂带）

（一）考察研究

20世纪60年代1:20万区域地质填图，在红谷梁发现古生界逆冲到第三系之上；70年代宁夏地震烈度区划工作中发现同心石峡口第四纪断层剖面；1980年，张步春等发现同心西山李家堡子晚第四纪断层剖面；1981年，国家地震局兰州地震研究所贾云鸿等考察1709年中卫南7½级地震，指出天景山断裂带上存在1709年地震地表破裂带，认为宏观震中在碱沟附近。1988～1992年，宁夏地震局张维岐等沿天景山活动断裂带开展了1:5万地震地质填图。对断裂的几何学、运动学、古地震等问题进行了系统的研究。同期，围绕黄河黑山峡开发方案的论证，对中卫-同心断裂带和大柳树坝址附近断层的活动性，先后有7个单位开展过工作。其中1984年和1990年，中国科协组织胡海涛等考察了中卫-同心断裂带和坝址区的工程地质问题，出版专著。1984年，刘百簏等对该断裂带双井子以西、西梁头以东的段落考察，开挖大堆堆沟探槽，认为1709年地震地表破裂带东起双井子，西端止大堆堆沟，长度60 km；同年，宁夏地震局廖玉华和宁夏地矿局潘行适分别率组考察研究中卫-同心断裂带的活动性，并在孟家湾、梁水园子、黑土湾布设临时地震台，对黑山峡河段的弱震活动进行4个月的监测。1985年，国家地震局地质研究所对大柳树坝址进行地震基本烈度复核，研究该断裂的活动性，在红沟梁西和孟家湾东的断层崖上开挖了多个探槽，进行古地震研究。1990年，宁夏地震局和地矿局组成工作组，对大柳树坝址下游800 m的F_7断层的活动性进行详细研究；同年，国家地震局丁国瑜院士组织曾经在此工作过的甘、宁两省区地震、地质部门和水利电力部西北勘察设计院、国家地震局地质研究所的有关人员，在现场对有争议的现象进行了考察，在此基础上开展复查性工作。1994年11月，受国家计委委托，地质矿产部组织专家组考察论证大柳树坝址的区域稳定性、坝区工程地质条件和主要工程地质问题以及兴建高坝的适宜性，解决了有争议断层活动性和工程地质问题。

（二）断裂带构成

断裂带西起中卫西梁头，向东经下河沿、碱沟、红谷梁、双井子、寺口子、团卜拉、李家堡子，止于海原李旺，全长 200 km（图 3-8）。断裂呈弧形展布，向南西倾斜，弧顶以西的走向为北西西或近东西，以东的走向为北西-北北西。地貌上断裂南西侧为香山、天景山和同心西山等中高山地，北东侧为中卫和清水河盆地。由 8 条次级断层组成，自西而东是：西梁头-红石沟断层、孟家湾-粉石沟断层、窟窿山-碱沟断层、青驼崖-双井子断层、寺口子-团卜拉断层、团卜拉-桃山断层、杨家河-井家口子断层和井家口子-李家堡子断层（表 3-9）。

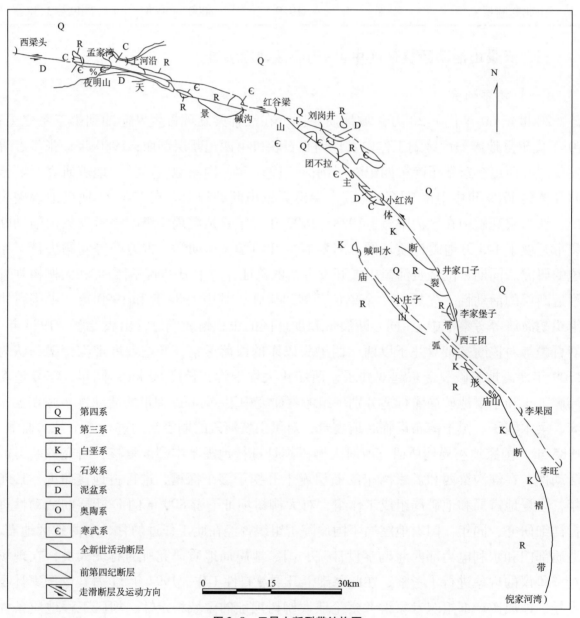

图 3-8　天景山断裂带结构图

表 3-9　天景山断裂带次级断层活动特征简表

编号	断层名称	长度（km）	走向	倾向	位移性质	基本活动特征
SF1	西梁头-红石沟断层	13	277°	南西	逆走滑	构成Ⅰ、Ⅲ级地貌面分界线。B级河流左旋 62 m，Qp^{3-2-3} 以来平均滑动速率 0.66 mm/a。全新世中期以来活动性减弱，东端以阶区为界
SF2	孟家湾-粉石沟断层	23	西段 274°	南西	逆走滑	C级河流左旋变位 15 m，Qp^{3-2}-Qh^1 以来平均滑动速率 0.58 mm/a，总体发育在石炭系中两端以阶区为界
SF3	窟窿山-碱沟断层	18	283°	北东	逆走滑	总体从Ⅱ级地貌面中通过，D级河流左旋变位 11.7 m，Qh^2 以来平均滑动速率 1.36 mm/a，活动性较强，两端以阶区为界
SF4	青驼崖-双井子断层	13	西 280°东 310°	南西	逆走滑	结构复杂，构成Ⅰ、Ⅲ级地貌面分界线。D级河流左旋变位 13.8 m，Qh^2 以来滑动速率 1.6 mm/a，活动性强，为 1709 年地震震中所在段，东端以断层弯曲、分叉为界
SF5	寺口子-团卜拉断层	12	305°	北东	总体逆走滑，局部正走滑	发育断层崖，C级河流左旋变位 15.8 m，Qp^{3-3}-Qh^1 以来平均滑动速率 0.9 mm/a，东南端以断层性质不同为界
SF6	团卜拉-桃山断层	23	西北 308°南东 315°	总体南北，局部北东	正断层	为Ⅱ、Ⅲ级地貌面分界线，Qp^{3-3}-Qh^1 以来平均滑动速率 0.6 mm/a，东南端以阶区为界

编号	断层名称	长度（km）	走向	倾向	位移性质	基本活动特征
SF7	杨家河-井家口子断层	11	350°	总体南西，局部北东	总体逆断层，局部正断层	北段B级水系左旋变位33.9 m，平均滑动速率0.45 mm/a，南段无水平位移。构成Ⅱ、Ⅲ级地貌面分界线，东南端以断层性质不同为界
SF8	井家口子-李家堡子断层	11	330°	总体南西，局部北东	总体逆断层，局部正断层	断层南西盘发育左阶排列的新生界短轴背斜，形成断坡型背斜构造

该断裂切割了晚更新世和全新世地层，穿越断裂带的水系发生同步的左旋变位，1709年中卫南7½级地震再次错动，是一条全新世活动断裂。

（三）位移及走滑速率

1:50000地震地质填图查明，天景山活动断裂带第四纪期间的最大水平位移为2.3～3.2 km。根据野外调查获得209个水系水平位移数据，结合年代学数据，估算得到了断裂带不同时段平均水平位移量和滑动速率。其中全带第四纪期间的平均滑动速率为2～4.4 mm/a，晚更新世晚期-全新世早期为0.55～1.46 mm/a，全新世中期以来为0.41～1.62 mm/a（表3-10）。

表3-10　天景山断裂带各段的水平位移量和滑动速率

分段	次级断层名称	A级水系 $(Qp^{1-3}-Qp^{2-1})-Qp^{2-3}$		B级水系 $Qp^{3-1}-Qp^{2-2}$		C级水系 $Qp^{3-3}-Qh^1$		D级水系 Qh^2-Qh^3	
		位移均值	速率	位移均值	速率	位移均值	速率	位移均值	速率
西段	西梁头-红石沟断层			49.5	0.66	9.1	0.55～0.57	3.7	0.44～0.41
	孟家湾-粉石沟断层			105.3	1.40	9.8	0.58～0.59	5.2	0.61～0.57

续表

分段	次级断层名称	A级水系 $(Qp^{1-3}-Qp^{2-1})-Qp^{2-3}$		B级水系 $Qp^{3-1}-Qp^{2-2}$		C级水系 $Qp^{3-3}-Qh^1$		D级水系 Qh^2-Qh^3	
		位移均值	速率	位移均值	速率	位移均值	速率	位移均值	速率
中段	窟窿山–碱沟断层	1110	$1.01\sim1.52$					11.7	$1.38\sim1.30$
	青驼崖–双井子断层			74.1	0.99	24.1	$1.41\sim1.46$	13.8	$1.62\sim1.53$
东段	寺口子–团卜拉断层	643	$0.59\sim0.88$	16.9	0.23	15.3	$0.92\sim0.96$	5.6	$0.66\sim0.62$
	团卜拉–桃山断层			35.4	0.47	10.3	$0.60\sim0.62$	5.5	$0.65\sim0.61$
东南段	杨家河–井家口子断层			33.9	0.45	10.0	$0.59\sim0.61$	4.5	$0.53\sim0.50$
	井家口子–李家堡子断层								

表中单位：位移均值为"m"，速率为"mm/a"

四、罗山东麓断裂带

（一）考察研究

1987年，宁夏地震局柴炽章等对海原活动断裂带外围区调查中，发现了大罗山北段谭庄一带罗山东麓断裂全新世有显著活动的证据。1990~1992年，闵伟等在地震联合基金项目的支持下，对该断裂的分布、结构、活动性状、活动速率和全新世古地震复发行为等进行比较系统的考察和研究。1996年，柴炽章等对该断裂最新活动年代进行了复核性的研究。

（二）结构和组成

走向北北西，展布在罗山东麓。北起西泉、向南经周家圈、谭庄、马王庙、石窑洞、双庙、红泉子、大口子等地，最后消失在庙山附近，长度约60 km。断裂主要由5条次级断裂作右旋左阶排列组成（图3-9），呈直线状延伸，具有明显的右旋走滑运动特征。根据断裂剖面性质，可将罗山东麓断裂分三段。庙儿沟以北，断裂表现为基岩逆冲或逆掩于第四系地层之上；中段庙儿沟至石子沟，断裂表现为向东陡倾的正断层；

石子沟以南，具有最新活动的罗山东麓右旋走滑断裂与早期的逆冲断裂基本合为一条，在剖面上表现为第四系与基岩分界处为一东倾正断层。罗山东麓断裂具有枢纽运动特征，枢纽轴部位于石窑洞一带，属于全新世活动断裂。

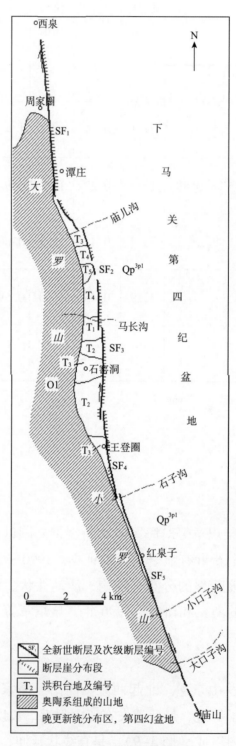

图3-9　罗山东麓断裂分布图

（三）断层水平滑动速率

根据闵伟等的研究，罗山东麓断裂全新世滑动速率平均值 3.19 mm/a。

五、灵武断裂

（一）考察研究

灵武断裂，也称灵武东山西麓断层，是控制银川地堑东界黄河断裂带的南段部分。1980 年，汪一鹏等对该断裂的活动性做过踏勘性调查。20 世纪 80 年代末期和 90 年代初期，在银川河东机场等项目的地震安全性评价中，发现了该断裂晚第四纪活动的形迹。1998～1999 年，在地震联合基金项目的支持下，柴炽章等对该断裂的晚第四纪活动习性作了比较系统的研究。

（二）结构组成

灵武断裂北起水洞沟，向南止于大泉附近，全长 48 km。塌鼻子沟以北为北段，走向 40°～45°，长 16 km；塌鼻子沟至大河子沟为中段，走向南北，长 12 km；大河子沟以南为南段，走向仍为南北，长 23 km。该断裂东侧由中－晚更新世中期洪积物构成高台地或白垩系构成的低矮山系，西侧为黄河冲积平原。断裂向西或北西倾斜，倾角 50°以上，是一条高角度正断层。断层崖地貌显著清晰。断层的破裂具有分段性。断裂形成于侏罗纪末，当时是一条逆断层，正断层活动始于渐新世。

（三）晚第四纪垂直位移以及位移速率的估计

通过地形剖面测量，研究了 4 个地貌面的垂直位移量（图 3–10）。高台地地形剖面的位移在 16.00～18.60 m 之间，平均 17.25 m；跨Ⅲ级阶地剖面的位移 5.24～17.58 m，平均 9.09 m；跨Ⅱ级阶地面剖面的位移 1.55～5.76 m，平均 3.38 m，Ⅰ级阶地面的断错仅出现在南段，平均 1.33 m。平均位移速率 0.25 mm/a。

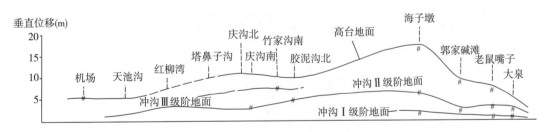

图 3–10　灵武断裂垂直位移分布图

六、其他活动断裂

2004 年以来，通过银川市和石嘴山市两个城市活断层探测项目的开展，对银川隐伏断裂、芦花台隐伏断裂以及黄河断裂中北段的分布及其活动性有新的认识。查明了一条新的活动断层——西大滩隐伏断裂，对正谊关断层得到出了贺兰山后不再向东延伸的结论，查明了黄河断裂带中北段的分布及其活动性，否定了以往认为红崖子陡崖是黄河断裂北端裸露段的认识。

宁夏境内还有一条规模较大的断裂带，即"三关口－牛首山－罗山－固原断裂带"，前述的罗山断裂带位于它的中段。北段牛首山北东麓断裂是银川盆地的南侧边界，也是华北地台与祁连山地槽区的构造分区边界。

第二节　活动褶皱

一、庙山、红尖山褶皱带

位于天景山活动断裂带的东南段，发育两排北西走向、由新生代地层构成的褶皱带，表3-11自南向北列出主要背斜和简要特征。

表3-11　庙山、红尖山地区主要褶皱简表

褶皱名称		长度（km）	轴面走向	形成及活动时代	组成地层		形态特征		相互关系
					核部	翼部	平面	剖面	
庙山地区	喊叫水背斜	3	350°	N_2－Qh	K_1	E_2－N_1	短轴	西缓东陡	左阶
	贺家口子背斜	27	330°	Qp^2－Qp^3	E_2	E_3－Qp^3	短轴	西缓东陡	左阶
	肖家口子背斜	1.5	330°	N_2－Qp^3	E_3	E_3－N_1	短轴	西缓东陡	左阶
	西岭子背斜	2.5	328°	N_2－Qp^3	K_1	E_2－N_1	短轴	西缓东陡	左阶
	黑烟洞山背斜	6	330°	N_2－Qp^3	K_1	E_2－N_1	短轴	对称	左阶
	石峡口背斜	7	325°	N_2－Qp^3	K_1	E_2－N_1	短轴	西缓东陡	
红尖山地区	井家口子背斜	0.75	354°	N_2－Qp^3	K_2	E_2－E_3	短轴	西缓东陡	左阶
	大疙瘩山北背斜	0.60	355°	N_2－Qp^3	E_2	E_3	长轴	西缓东陡	左阶
	大疙瘩山背斜	1.00	354°	N_2－Qp^3	E_2	E_3	短轴	西缓东陡	左阶
	红尖山背斜	1.25	354°	N_2－Qp^3	E_2	E_3	长轴	西缓东陡	左阶
	大口子背斜	2.20	345°	N_2－Qp^3	E_3	N_1－N_2	短轴	西缓东陡	左阶
	李家堡子背斜	3.00	350°	N_2－Qp^3	E_3	N_1－N_2	短轴	西缓东陡	不明

庙山褶皱带　其单个背斜走向北西，左阶斜列分布，与其东侧的断层以小角度相交。由于香山－天景山次级条块向东或向南东的滑移没有越过清水河盆地，故其所有的滑移量都在清水河盆地西缘地区以褶皱和断层逆冲活动所吸收。

红尖山褶皱带　发育在红尖山逆冲断裂上盘，在井家口子以北，褶皱与桃山背斜重合，走向北北西，由白垩系砾岩和第三系红层组成。以南在第三纪背斜之上，叠加了6个第四纪背斜，前4个背斜以15°左右的夹角与断裂相交，构成"入"字型构造，后2个与断裂平行。在井家口子、龙湾和李家堡子，见到断层剖面，断层倾向255°～276°，倾角50°～70°，渐新统逆冲于上更新统和全新统之上。

二、六盘山地区的褶皱

马东山褶皱带　由套子沟背斜、陈庄背斜和寺口子背斜左阶斜列组成。卷入褶皱的地层包括下白垩统、第三系及可能属于第四纪初期的杨忠堡砾石层。

六盘山地区的褶皱与断裂　包括六盘山和小关山地区。主要有罗家峡背斜，六盘山背斜和小关山背斜，背斜之间分别为苏台向斜和六盘山东向斜。与三条背斜相伴的有六盘山东麓断裂、小关山逆断裂带、菜子川-凉亭峡和三里店-奠安逆断层。

六盘山东麓断裂北起硝口一带，与海原活动断裂带东南段的硝口-蔡祥断层之间以几条作左阶排列的小型北西向断层过渡。总体走向近南北向，为逆断裂，但在其北端的过渡段走向为330°～350°，仍具有左旋走滑特征。断裂倾向西，下白垩统六盘山群向东逆冲于第三系红层和第四系砾石层之上。小关山逆断裂带位于六盘山东麓逆断裂以东14 km处，二者走向近于平行。该断裂倾向西，倾角约40°～50°，下白垩统六盘山群向东逆冲于早第三纪红层之上。菜子川-凉亭峡和三里店-奠安逆断层分布在六盘山西侧的隆德县城以南，走向北北西至北西，东倾，倾角50°～70°。

地壳缩短量　据张培震等计算，沿六盘山东麓逆断裂东西方向的地壳水平缩短量约为5.5～6.5 km，以褶皱形式发生的水平缩短量约2 km。因此，六盘山东麓逆断裂东西方向的缩短量为7.5～8.5 km。小关山断裂东西方向的水平缩短量为5～6 km。马东山褶皱带的平均地壳缩短量为5.7±0.75 km，褶皱带形成之后还遭到了5.0±1 km左右的左旋位移。

第三节　活动盆地

一、银川盆地

银川盆地北起石嘴山，南至青铜峡，长160 km，最宽处55 km，以永宁为界，以北走向北北东，以南转为南北向。东侧构造边界为黄河大断裂，西侧以贺兰山东麓断裂带为界；其南是北西向的牛首山北麓断裂。在黄渠桥和石嘴山之间，3条向南倾斜的东西向正断层组成了盆地的北界。据人工地震勘探和钻孔资料，新生代地层总厚度可达 7000 m，其中古近系厚 3600 m，新近系厚 2500 m，第四系最厚大于 1609 m。

盆地内有 3 个第四纪沉降中心：南部为灵武第四纪沉降中心，靠近盆地东缘；中部银川沉降中心在盆地的中轴线附近；北部平罗凹陷明显地靠近贺兰山山前。盆地基底由古生代地层构成。盆地北端的石嘴山，石炭系地层出露地表；南段吴忠以南，奥陶系埋深约为 2000 m。盆地内的第三系构成一个不对称的宽缓向斜，东翼较缓，倾角 3°～5°；西翼较陡，倾角 10°左右。向斜的两翼各有 1 条规模较大的正断层，东为银川至平罗隐伏断裂，西为崇岗断裂。布格重力异常图上，银川盆地表现为一个封闭的负异常区，南段走向南北，北段走向北北东，最低值为 -210 mGal；东西两侧为等值线密集的梯度带，盆地下对应的是莫霍面的上隆区。

盆地的地震活动显示有分段性。南段灵武—吴忠一带以 5 级地震为特征，弱震活动十分频繁；北段银川—平罗一带历史上发生过 6 级地震 2 次，8 级地震 1 次，以地震强度高为特征，弱震活动相对较弱。

二、南部地区断陷盆地

（一）北东列断陷盆地

中宁盆地　展布于牛首山和卫宁北山、烟洞山之间，走向北东东，长 32 km，宽 12 km，主体是黄河冲积平原。第四系厚度 384.63 m，其中下更新统厚 311.53 m，中更新统厚 44.89 m，上更新统厚 26.61 m，全新统厚 1.6 m。

红寺堡盆地　分布于牛首山、烟洞山和罗山之间，近南北走向，长 34 km，北宽 22 km，南宽 8 km，南西侧为烟洞山断裂带。盆地西部为红柳沟冲积平原，东部为罗山西麓洪积平原，盆地中第四系厚度不超过 70 m，其下是产状平缓的第三系。

韦州盆地　介于罗山与青龙山之间，南北走向，长 52 km，北段宽 22 km，南段为 14 km。罗山东麓活动断裂带为其西界。盆地西部为罗山东麓洪积平原，东部为苦水河冲积平原；盆地的基底是石炭—二叠系地层，盖层为第三系渐新统、中新统和第四系，第四系厚度从西向东变薄，厚度 220～75 m。

（二）中列断陷盆地

中卫盆地　展布于卫宁北山和香山之间，东西走向，长 48 km，宽 20 km。天景山活动断裂的中段构成了盆地的南界。盆地北部为黄河冲积平原，南部为冲洪积台地。盆地内第四系厚度超过 300 m，其中下更新统厚度大于 118 m，中更新统厚 94.3 m，上更新统厚 82.3 m，全新统厚 4.6 m。

清水河盆地　沿清水河展布，长 180 km，宽 5～13 km，北东侧为清水河隐伏断裂，南西侧为天景山活动断裂带的东南段。主体由清水河冲积平原构成，西侧山地东麓局部发育洪积平原。盆地内第四系厚度变化较大，从数 10 m 至 400 m。彭堡、洪山坪-盘河、王团庄-同心地区为沉积中心。固原七营乡洪山坪第四系厚度 372 m。

（三）南西列断陷盆地

兴仁盆地　分布在香山和黄家洼山之间，系第四纪封闭盆地，长 57 km，走向北西，盆地北东侧为兴仁断裂。盆地主要堆积第四纪洪积物，由边缘向中心粒度变细，厚度增大。沉积中心位于兴仁堡西，第四系厚度439 m，下更新统厚49 m，中更新统厚255 m，上更新统厚115 m，全新统厚20 m。

西安州盆地　位于南、西华山北侧，走向北北西，长11 km，宽8 km。其南侧为南西华山北麓断裂，北侧为黄家凹山南麓断裂。盆地内缺失早更新世的沉积，中更新世以来的沉积厚度超过430 m。

三、南部地区拉分型盆地

海原活动断裂带内拉分型盆地有8个，表3-12列出简要特征。在天景山活动断裂带中也有发现。

表3-12　海原活动断裂带中的拉分型盆地

盆地名称	规　模			第四系厚度（m）	形成时代	基底时代
	长（km）	宽（km）	长宽比			
小南川盆地	2～3	1	2～3	很薄	Qp^3-Qh	
老虎腰岘盆地	2	2	1	很薄	Qp^3-Qh	
干盐池盆地	8	3	2.7	>176.15	Qp^2-Qh	An
秦家湾盆地	2	1	2	很薄	Qp^2-Qh	
大营水盆地	8	2.5	3.2	>750.15	Qp^2-Qh	D-T
邵水盆地	4	3	1.3	>335.15	Qp^2-Qh	S-D
荒凉滩盆地	5	1.5	1.3	>120.91	Qp^2-Qh	S
沈家庄盆地	5	2	2.5		Qp^2-Qh	

第四节　古地震及大震重复间隔

1980年，朱海之在宁夏中宁开创了国内古地震研究的先河。此后，宁夏的古地震研究工作一直位于国内前列。

一、贺兰山东麓活动断裂带

1984～1987年，宁夏地震局以红果子和苏峪口断层崖为重点，解剖式地研究贺兰山东麓活动断裂带全新世的古地震。利用红果子和苏峪口断层崖上升盘一侧的洪积扇面的多级侵蚀台面和裂点，测制95条垂直于断坎的地形剖面，在红果子长城错动断坎开挖 7 个探槽，沿苏峪口外洪积扇断坎开挖 8 个探槽，分析研究堆积物的韵律特征、变形强度的差异、相型突变、冲刷面，分析对比红果子和苏峪口断层崖的累积垂直断距和 1739 年银川-平罗大地震垂直错距。据此确定苏峪口断坎和红果子断坎记录了 4 次大的地震事件，其中有 3 次发生在本区历史记载之前。

最早一次古地震距今 8060±170 年或 8400±170 年。第 2 次古地震距今 4760±80 年。苏峪口断层崖垂直断距 2.6～2.8 m，平均垂直断距 2.53 m；红果子断坎垂直断距 1.4～3.8 m，平均垂直断距 2.14 m。估计震级等于或小于 8 级。第 3 次古地震距今 2720±60 年，苏峪口断层崖垂直断距 0.2～4.2 m，平均垂直断距 2.69 m；红果子断坎垂直断距 1.0～2.7 m，平均垂直断距 2.13 m。估计震级等于或小于 8 级。第 4 次地震即为 1739 年银川-平罗大地震，震级 8 级。

二、海原活动断裂带

宁夏地震局综合南西华山北麓次级断层上的剌儿沟、菜园、大沟门、哨马营探槽，黄家洼山南麓断层的高湾子探槽、邵水盆地北东向边界断层探槽、哈思山南麓断层荒凉滩探槽和马厂山北麓断层景泰三塘探槽的资料，共揭露出 8 次古地震事件。最早一次发生在距今 11000～12000 年，平均重复间隔 1200 年。东部南西华山北麓断层古地震在时间上多发生在全新世中晚期，地震重复间隔 1000 年左右；西部古地震事件多发生在全新世早中期，重复间隔千余年至 2000 余年。古地震的震级，大多数与 1920 年海原地震相当，部分可能小于海原地震，但其震级不会小于 7 级。

1995～1996 年，冉永康等在海原断裂带的高湾子开挖三维探槽，揭露了 7 次地震事件，除 1920 年地震外，年龄分别为距今 10004±316 年、6689±169 年、6120±505 年、4208±577 年、2763±372 年和 1005±465 年，重复间隔分别为 3315±3200 年、561±532 年、1920±766 年、1758±595 年和 980±465 年。海原断裂在高湾子地点的古地震平均重复间隔时间为 1641±207 年。

三、天景山活动断裂带

1986～1987 年，国家地震局地质研究所在天景山活动断裂带中段的红谷梁西开挖了 1 个探槽，研究古地震。1985 年兰州地震研究所，1986～1987 年国家地震局地质研究所，1990 年国家地震局分析预报中心，分别在 F_{201} 断层和大堆堆沟断层开挖探槽，进行古地震研究。

红谷梁西探槽剖面反映，天景山活动断裂带有过 2 次强震事件，第一次发生在距今 5100 年前，且距今 5100 年到距今 8900±500 年没有古地震发生，其强震间隔为 4000 年左右。2 次事件的垂直断距均为 1.1 m，故其震级与 1709 年中卫南 7½ 级地震相同。

F_{201} 断层上的 3 个探槽综合揭示了 6 次古地震事件，其中 5 次都发生在距今 13000 年以前，重复间隔为 4300～6200 年，平均 5100 年左右。全新世期间只有 1 次古地震。

大堆堆沟揭露出 2 次古地震，均发生在距今 2690±60 年前。红谷梁西探槽中 F_{201} 上古地震的垂直错距 0.4～0.8 m，平均 0.63 m，其震级 6¾。

国家地震局分析预报中心认为，沿天景山活动断裂带的中-西段，全新世期间只有 2 次强震，第 1 次发生在距今 8000 年左右，第 2 次即为 1709 年中卫南 7½级地震，重复间隔 7000 多年。

四、罗山东麓断裂带

闵伟等在罗山东麓断裂上开挖 6 个探槽，研究认为有 5 次古地震事件存在。估计最早 1 次古地震事件发生在晚更新世末或全新世初；第 2 次古地震事件的年龄早于距今 8200±600 年；第 3 次古地震事件的年龄在 5020±70 年～5400±400 年之间；第 4 次和第 5 次古地震事件分别发生在距今 3975 年和 2200 年以后。古地震震级不大于 7½级，可能为 7 级左右。宁夏地震局柴炽章在罗山东麓断裂南段和北段的断层崖开挖 2 个探槽，研究认为罗山东麓断裂最后一次事件发生在距今 2060±220 年。

五、灵武断裂

1997～1999 年，柴炽章等横跨灵武断裂开挖探槽，综合 6 个探槽的分析研究，认为距今 28 千年以来，灵武断裂上发生过 5 次造成地表破裂的地震事件，时间分别为距今 27.15±0.778 千年、20.0 千年、13.07±0.06 千年、10.586±0.05 千年和 6.0 千年。北段和中段从距今 9.2±0.07 千年以来未发生过破裂事件，南段有一次破裂事件。估计灵武断裂上发生的古地震震级大于 7.0 级，小于 7.5 级。

第三章　大震地表破裂带

第一节　中卫南 7½ 级地震地表破裂带

一、形变遗迹及类型

根据张维岐等 1:50000 地震地质填图结果，地震破裂带的形变遗迹由地震沟槽、地震陡坎、地震滑坡、地震断层、水系错动、地震裂缝与鼓包所组成。以上几种地震形变类型往往相伴出现，以沟槽、滑坡、陡坎和水系错断为主，沿断层呈带状分布，共同构成了 1709 年中卫南 7½ 级地震地表破裂带。

二、分布范围

对 1709 年地震地表破裂带的分布范围有不同的认识，分歧主要是在黄河以西是否有这次地震的地表破裂带存在。

兰州地震研究所工程地震研究室意见　地震地表破裂带西起红卫车站东，向东经孟家湾、下河沿、碱沟、青驼崖、红谷梁到刘岗井附近全长 64 km，分布在西梁头-麻雀湾断层的中段、孟家湾-粉石沟断层、窟窿山-碱沟断层和青驼崖-双井子断层的中西段，以左阶排列为主，在红谷梁以东，地震破裂带没有随弧形断裂带转向东南，而是直线延伸到刘岗井断层上。

国家地震局地质研究所意见　地震形变带西起粉石沟附近，东至双井子东，在该段落内现象清晰，集中成带分布，总长 27～28 km。对于黄河以西地段专门作过追索，但未发现可靠证据，明确提出孟家湾东的断层陡坎和大堆堆沟不存在 1709 年中卫南 7½ 级地震的遗迹。

国家地震局分析预报中心意见　地震地表破裂带东起双井子附近，向西经红谷梁、碱沟、乱叉沟、孟家湾终止于大堆堆沟附近，全长为 53 km，沿天景山断裂带上的 4 条次级断层呈不连续分布。

宁夏地震局意见　通过 1:50000 填图，认为 1709 年地震的地表破裂带西起大堆堆沟附近，向东经孟家湾、粉石沟、碱沟、红谷梁、双井子，沿山前主断层继续延伸至小红湾一带，破裂带全长约60 km，分布在天景山断裂带中西段的4条次级断层上，受天景山活动断裂主体的控制。综合形变遗迹分布的密集程度、清晰程度以及形变强度，把该地震地表破裂带分为主体破裂段和两个次级破裂段（影响破裂段）。主体破裂段位于粉石沟至双井子一带，长约30 km，该段地震形变现象集中、连续、变形强度较大。西侧次级破裂段从粉石沟向西断断续续延伸到大堆堆沟附近，长约23 km；东侧次级破裂段沿山前断裂发育至双井子以南的小红湾南一带，走向向南偏转，长约7 km。

三、地震位移分布特征

张维岐等针对1709年地震的最大位移存在不同的认识进行核查，确认1709年地震的最大水平位移是5.6 m，位于红谷梁以西。地震地表破裂带最大垂直位移位于碱沟拉分区内的边界正断层上，残存的陡坎高度约2～3 m，代表了1709年地震最大垂直位移的下限。沿1709年地震地表破裂带，测得阴洞沟至红谷梁之间最大水平位移值5.6 m，平均水平位移值4.05 m，是天景山断裂带左旋走滑总位移量和全新世水平位移量最大的地段，为1709年地震震中。水平位移值向东衰减较快，向西较慢，具不对称性。

第二节　1739年银川–平罗8级地震地表破裂带

一、展布范围

1984～1987年间，廖玉华等首先发现1739年银川–平罗8级地震沿贺兰山东麓产生的地震破裂带。确定地震地表破裂带北起红果子长城北侧，向南南西断续延伸到黄旗口附近，总长度88 km，由互不相连的5段组成，自北而南依次向西错列：①白杨沟–沙石厂段，长5.5 km；②简泉段，长约7.5 km；③小石头沟段，长1 km；④插旗口–白寺口段，长16 km；⑤小水渠沟段，长1 km。其中简泉段和小石头沟段的间距最大，为25 km。这条破裂带沿袭了原有断层的活动方式，表现为显著的正断层运动，兼有右旋错动分量。

20世纪90年代以来，随着对1739年8级地震研究的不断深入，确认贺兰山东麓断裂带是此次地震的发震断裂，并有许多研究者对其进行考察，直至近年完成全带的地震地质填图工作。1739年地震地表破裂带的分布，不断有新的发现。2004～2006年银川市活断层探测期间，通过考察将破裂带长度延至98 km。2008～2010年石嘴山市活断层探测中又将其延长至125 km。

二、垂直位移量

最大位移出现在整条破裂带的南段，即插旗口-白寺口破裂段上，平均垂直位移 2.55 m，最大垂直位移达 4.4 m；冷口子圈以南，最大平均垂直位移 3.8 m（图 3-11）。

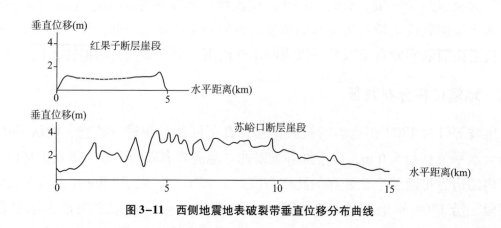

图 3-11　西侧地震地表破裂带垂直位移分布曲线

第三节　1920 年海原 8.5 级地震地表破裂带

一、分布范围

1920 年海原大地震的地表破裂带东起固原西的海子峡附近，向北西经月亮山、南华山、西华山、北嶂山、哈思山、米家山等山系的北缘或南缘，中止于甘肃景泰南的兴泉堡东，全长 237 km。以南西华山东端为界，西段总体走向北西西，东段略向南偏转为北西向，两段总体走向之间的夹角为 30°左右。

二、位移分布

最大水平位移和垂直位移　实测海原大地震的最大水平位移，出现在西安州盆地以西的大沟门至干盐池盆地以东的万家水之间、长约 10 km 的区间上。该段水平位移值普遍为 6～9 m，最大 10～11 m。地震最大垂直位移分布在邵水拉分型盆地西部边界正断层上，达 7.6 m；干盐池盆地西北部边界正断层的垂直位移达 7.8 m。

位移分布特征　沿海原地震地表破裂带共获得 286 个水平位移数据和若干垂直位移数据，基本上控制了整个破裂带的位移变化情况（图 3-12）。综合分析认识到：

（1）1920 年海原地震最大水平位移分布段与海原活动断裂带晚第四纪以来水平位移值最大的地段一致。

（2）水平位移值自震中向东西两侧呈波浪式衰减，东段的衰减速度略大于西段。

（3）震中以东的次级剪切断层上，小波峰位于各次级剪切破裂的北西端；震中以西，较大的水平位移值往往分布在次级剪切破裂的东端。

（4）在次级剪切破裂段，垂直位移具有一端或两端大、中间小的分布特征。拉分盆地内垂直位移普遍增大。垂直位移分布与水平位移分布相反，较大的垂直位移均分布在水平位移较小的拉分区，甚至以垂直位移占主导地位；而水平位移较大的地段，则是次级剪切断层段，垂直位移则相对较小。

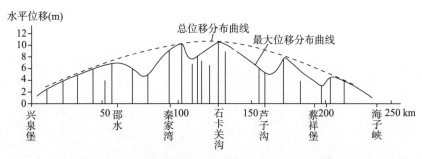

图3-12　海原地震地表破裂带水平位移分布曲线略图

第四篇
地震监测

　　中华人民共和国建立以来，随着国民经济建设发展的需要，国家逐步加强地震监测工作。1954 年银川地震台建成投入观测，自此宁夏地震监测从无到有，逐步走向科学化、规范化、现代化，监测队伍随之健全完善。地震监测主要经历了三个发展阶段，即中强地震观测阶段（1954～1964 年）、中强地震及微震观测阶段（1964～1970 年）和地震综合监测阶段（1970 年至今）。多年来，宁夏地震监测手段和观测仪器不断完善，宁夏地震局属专业国家基本台网台、省级监测台（网）和市县属地震观测台（站）及群众测报点相结合，开展测震、地形变、地应力、重力、地电、地磁、水化学、地下流体等项目观测，形成了测震台网、地下水动态观测网、地电观测网、水氡观测网、流动重力观测网和 GPS 观测网。20 世纪 80 年代后期建成银川地震遥测台网、宁夏地震无线通讯网，使地震综合监测能力明显提高，为宁夏地震监测和预测预报、地球科学研究等提供了大量连续的基础观测资料。2007 年，国家"十·五"防震减灾重点项目—"宁夏回族自治区数字地震观测网络"建成，实现地震监测包括数据采集、传输、分析、应用等方面的数字化、网络化，全面提升了地震监测水平。"十一·五"期间陆续开展的"中国大陆构造环境监测网络"、"中国地震背景场探测"项目，进一步完善了地震监测网络。

　　全区大多数地震监测台站或地处贺兰山中、六盘山麓，或地处毛乌素沙漠、腾格里沙漠边缘，环境偏僻，交通、生活不便。在艰苦的环境中，地震观测工作者爱岗敬业，默默无闻地监测地震活动和地震前兆的变化，取得大量观测成果。国家"十·五"防震减灾重点项目的完成，也改善了地震台站人员的工作和生活条件，促进观测质量进一步提高，使地震监测、预报、科研工作得到更好的结合。

第一章　宁夏地震监测台网

第一节　监测台网建设

一、监测机构

1954 年，国家大规模的经济建设，需要一批地震台站监视地震活动。中国科学院地球物理研究所在银川（时属甘肃省）建立了宁夏境内第一个地震台，首任观测员杨玉玺，架设 51 式地震仪，正式开创了地震仪器观测工作。

1962 年，中国科学院兰州地球物理研究所在宁夏设立地震研究分室，开展地震研究工作，于 1964～1965 年在固原、中卫、灵武、石嘴山、陶乐、银川小口子建成地震台。宁夏第一批地震观测员刘琨、李兴、贺长有、郭枫喜、杨廷俊、安文国、孙太山、魏诚、殷占魁、王国祥等 10 人在兰州、北京培训后上岗。各台架设微震仪观测（银川小口子地震台还架设了 513 中强地震仪和 5 倍强震仪），记录宁夏及邻近地区的地震，对区内 3.0 级以上地震可准确定位。

1970 年，宁夏回族自治区革命委员会成立地震工作领导小组，在教科文卫组设地震办公室，负责地震工作；部分地、市、县也相继成立地震工作办公室，开展地震群测群防工作；兰州地震大队在银川组建宁夏回族自治区地震前兆队。1971 年 5 月，成立宁夏回族自治区地震队。1971～1976 年，相继在盐池、海原、宗别立、同心、西吉、吉兰泰、银川北塔、平罗红果子建成地震台、地磁台和地形变台，从兰州地震地质大队接收青铜峡地应力站、乌达地应力站。由于行政区划变动，将乌达地应力站、宗别立地震台和吉兰泰地震台移交内蒙古自治区地震局（队）。各地震台除地震观测记录外，根据台站实际分别开展地电、地磁、重力、地倾斜、地应力、水化学、地下水位等前兆项目观测。

1976 年开始，贺兰、永宁、平罗、陶乐、同心、灵武、中宁、中卫、泾源、固原、隆德、银川、石嘴山等市、县陆续建成地震观测台（站）；石炭井矿务局、长庆油田物探处、石嘴山矿务局、西北轴承厂、石炭井区卫东矿、石嘴山煤机二厂、石嘴山 905 厂等部分企业建立地震观测站（台）。各地建立群众地震测报点，干部、工人、军人、学生、农民业余开展水化学、土倾斜、土地温、土地电、植物电、地下水位、土地磁、动物行为等多种观测。至 1980 年底，全区有专业地震台（站）11 个，市县地震站（台）13 个，企业地震观测站（台）7 个，群众骨干地震测报点 46 个，一般地震测报点 45 个。

1983～1986 年，宁夏地震局组织力量对台站观测环境、观测方法等进行全面评价和清理、整顿工作。将观测技术设备缺乏科学性、观测环境不符合观测规范而又难于改造、观测工作管理不能到位的观测方法、观测点停测和撤销，保留了科学性较强、映震能力较好的台站。"八·五"期间完成台站优化调整，台站工作条件趋于科学、统一，生活条件得到改善，台站环境得到保护。通过优化调整，前兆台网自动化观测程度和综合观测能力普遍提高。同时，抓好市县地震台、群众观测点的正规化建设。全区从南到北布设了 24 个地下水动态观测井点，开展深井水位、流量、水温观测。有 7 口深井列入全国 II 类水网，有 14 口井列入宁夏区域井网。以市县地震监测手段的优势，补充专业台网的不足，基本做到布局合理、观测仪器正规、观测条件规范。

1976 年，在宁夏北部明代长城错动处的贺兰山红果子开展精密短水准测量。1984 年，在宁夏北部贺兰山苏峪口开展精密短水准测量。1978 年，开始在全区开展流动重力测量。1988 年，建成银川无线遥测地震台网。从 1986 年开始，将固原、中卫、同心、海原、石嘴山和银川基准台测震改造为遥测传输，提高了测震监控能力。1994 年初，石嘴山、灵武、海原 3 个强震动台建成投入观测。

"九·五"期间，全区部分地震台站实施数字化改造。1996 年，实施中日合作项目，建成盐池国家级 GPS 基准站和 5 个观测点组成的 GPS 观测网。1999～2001 年，建成宁夏地震通讯网络；完成银川国家级数字地震台建设，开始了宁夏地震数字观测；完成银川基准台（重力、水管倾斜仪、伸缩仪、地电）、石嘴山地震台（简泉流体）、固原地震台（地电）、海原地震台（红羊流体）数字化技术改造。共有形变、重力、电磁、地下水和水化学等 13 套数字化观测仪器投入使用。

2007 年，完成国家"十·五"防震减灾重点项目"宁夏回族自治区数字地震观测网络"建设（见第五章）。"十一·五"开展中国大陆构造环境监测网络、中国地震背景场探测的宁夏项目建设（见第六章）。

二、监测队伍

1954 年，宁夏仅有 1 名地震台站观测员。1960 年 14 人，1965 年 24 人（其中观测员 12 人），1971 年 91 人。1979 年，宁夏地震局职工达到 178 人，有 11 个地震台站，观测人员 94 人。各地市县及企业建起了 17 个观测台站，群众观测点 91 个，共有观测员 344 人，其中专职 97 人。1986 年，经过清理整顿、调整优化，保留了 13

个地方及企业办台站和 26 个观测点。2002 年 6 月，宁夏地震局管理的地震台站有工作人员 45 名，占全局工作人员总数的 31%。地震台站大专以上学历人员占台站人员总数的 42%，中专、高中学历人员占 56%，初中学历人员占 2%；高级职称人员占 7%，中级职称人员占 31%，初级职称人员占 62%。属市县和企业管理的地震台站专（兼）职工作人员 40 名。2011 年 12 月，宁夏地震局管理的地震台站有工作人员 44 名，占全局工作人员总数的 27%。地震台站大专以上学历人员占台站人员总数的 78%，中专、高中学历人员占 21%；高级职称人员占 12%，中级职称人员占 50%，初级职称人员占 35%。

第二节　监测台网管理与成果

一、台网组成

宁夏地震监测系统由常规测震台网、地下水动态观测网、地电观测网、水氡观测网、流动重力观测网、红果子和苏峪口短水准测量场和 GPS 观测网、地震遥测台网和地震无线通讯网组成。

自治区境内先后建设了 15 个专业地震台站，由于观测环境恶化和观测项目调整，撤消了部分台站。2011 年 12 月直属自治区地震局有人值守的地震台：

（1）银川基准台，属国家基准台，包括：小口子地震台（贺兰山滚钟口），为三类艰苦台；北塔地磁台，为五类艰苦台；银川地震遥测台网；银川地电观测站（位于永宁县）。

（2）石嘴山综合地震台，属国家基本地震台，四类艰苦台。

（3）灵武综合地震台，属区域性地震台，四类艰苦台。

（4）盐池综合地震台，属国家基本地震台，三类艰苦台。

（5）中卫综合地震台，属区域性地震台，五类艰苦台。

（6）海原综合地震台，属国家基本地震台，四类艰苦台。

（7）固原综合地震台，属国家基本地震台，三类艰苦台。

贺兰县地震观测站、永宁县地震观测站、平罗县地震观测站、陶乐县地震观测站、石炭井矿务局地震台、中卫县地震观测站、泾源县地震观测站为市县级观测台（站）。

二、地震台网监测能力

宁夏地震台站的分布和观测手段见文前彩图、表 4-1、表 4-2。

至 2000 年，宁夏地震台站对全境及其邻近地区 $M \geq 2.3$ 级地震震中参数具有很好的定位能力，精度可达 A 类。对宁夏绝大部分区域内发生的 $M \geq 1.7$ 级地震和部分区域内发生的 $M \geq 1.2$ 级地震、对国内发生的 $M \geq 5.0$ 级以上地震具有一定的定位能力，精度可达 B 类。

至 2011 年，全区范围内监控能力 $M \geq 1.5$ 级，重点区域可达到 $M \geq 1.0$ 级。

表 4-1　宁夏地震监测台（站）简表（2002 年 6 月）

台站类型	台名	观测项目
国家基本台网台	银川台	测震、重力、形变、水氡，流动水准、重力
		地磁基本台
	石嘴山台	测震、定点形变
		强震动
		流体综合观测
	固原台	测　震
		地　电
		水化综合观测
	盐池台	测震、GPS 基准站
省级监测台	海原台	测　震
		强　震
		流体综合观测
		强震动
	灵武台	水　氡
		强震动
	中卫台	测　震
	银川小口子	测震遥测子台
	灵武横山	测震遥测子台
	磁窑堡	测震遥测子台
	牛首山	测震遥测子台
	罗　山	测震遥测子台
	红崖子	测震遥测子台

续表

台站类型	台名	观测项目
市、县地震台	平罗县地震观测站	水　位
		地　电
	中卫县地震观测站	水　氡
	永宁县地震观测站	地　电
	泾源县地震观测站	水　氡
	石炭井矿务局地震台	测震、形变
	陶乐县地震观测站	水　位
	贺兰县地震观测站	水　位

表 4–2　宁夏"十·五"数字地震观测网络项目台站（2011 年 12 月）

序号	台站名称	台站所在位置	建设内容	通讯方式
01	正谊关	石嘴山化工厂测震观测山洞内（SZS）	测震、伸缩、水管、电场、电阻率、强震动	扩频+SDH CDMA
02	石嘴山	石嘴山地震台院内	强震动、信息	PSTN SDH
03	红崖子	平罗县陶乐镇红崖子中滩村李金明家	强震动	PSTN
04	简泉	石嘴山市简泉村水化观测室内	强震动、流体	PSTN
05	大武口	石嘴山市大武口区石嘴山市地震局基地院内	强震动	PSTN
06	大武口	石嘴山市大武口区石嘴山市地震局	信息	SDH
07	汝箕沟	平罗县汝箕沟矿中槽区	强震动	PSTN
08	陶乐	平罗县陶乐镇地震站院内（TLE）	测震、强震动	SDH PSTN
09	崇岗	平罗县崇岗镇政府院内	强震动	PSTN
10	前进农场	平罗县前进农场沙湖中学院内	强震动	PSTN

续表

序号	台站名称	台站所在位置	建设内容	通讯方式
11	宝丰	平罗县黄渠桥小学院内	强震动	PSTN
12	平罗	原平罗县地震局院内	强震动	PSTN
13	平罗	平罗县地震局	信息	SDH
14	平罗	平罗县136井	流体	CDMA
15	姚伏	平罗县姚伏中学院内	强震动	PSTN
16	金山	贺兰县金山林场院内	强震动	PSTN
17	南梁	贺兰县南梁台管委会院内	强震动	PSTN
18	月牙湖	贺兰县京星农场院内	强震动	PSTN
19	常信	贺兰县常信中学院内	强震动	PSTN
20	贺兰	贺兰县习岗镇和平村五队杨孝家	强震动	PSTN
21	贺兰	贺兰县地震局	信息	SDH
22	通贵	贺兰县潘昶乡市场	强震动	PSTN
23	丰登	银川市金凤区丰登镇蘑菇菌场院内	强震动	PSTN
24	银川	银川北塔地磁台	强震动、地磁、电场、信息	PSTN SDH
25	银川	自治区地震局	防震减灾中心	SDH
26	小口子	银川基准地震台小口子观测山洞内	测震、强震动、地应力、重力、伸缩、水管、洞体摆	扩频
27	平吉堡	银川市西夏区平吉堡牛奶场乳香花园内	强震动	PSTN
28	高家闸	银川市西夏区贺兰山管理所院内	强震动	
29	良田	银川市胜利南街宁夏林业学校院内	强震动	PSTN
30	通桥	永宁县通桥中小学院内	强震动	PSTN
31	金沙	永宁县胜利乡金沙银川地震局基地院内	强震动	PSTN
32	银川	永宁县胜利乡井	流体	CDMA

序号	台站名称	台站所在位置	建设内容	通讯方式
33	永宁	永宁县地震局地电观测站院内	强震动、地电阻率	PSTN
34	永宁	永宁县地震局	信息	SDH
35	横山	灵武市临河村樊武家院内	强震动	PSTN
36	灵武	灵武地震台院内（LWU）	测震、强震动、信息	PSTN SDH
37	灵武	灵武市大泉乡	流体	CDMA
38	磁窑堡	古窑子磁窑堡镇高速公路出口处	强震动	PSTN
39	白土岗	吴忠市九公里金银滩园艺场院内	强震动	PSTN
40	玉泉营	青铜峡市邵岗镇驻甘城子办事处院内	强震动	PSTN
41	李俊	青铜峡市叶升镇人民政府院内	强震动	PSTN
42	青铜峡	青铜峡市气象局院内	强震动	PSTN
43	青铜峡	青铜峡市地震局	信息	SDH
44	吴忠	吴忠市利通区武装部院内	强震动	PSTN
45	吴忠	吴忠市地震局	信息	SDH
46	牛首山	青铜峡市牛首山263微波站院侧（NSS）	测震、强震动	卫星
47	广武	青铜峡市原广武乡政府院内	强震动	PSTN
48	渠口	中宁县渠口农场中小学院内	强震动	PSTN
49	中宁	中宁县南河子公园北门口	强震动	PSTN
50	红寺堡	红寺堡东南村民居住区	强震动	PSTN
51	盐池	盐池县城郊乡得胜墩（YCI）	测震、GPS	扩频+SDH 卫星
52	盐池	盐池地震台	信息	SDH
53	长山头	中宁县长山头农场粮库院内	强震动	PSTN
54	同心	同心县回民小学院内	强震动	PSTN

序号	台站名称	台站所在位置	建设内容	通讯方式
55	同心	罗山（TXN）	测震	卫星
56	中卫	中卫地震台院内	强震动、信息	PSTN SDH
57	中卫	中卫市沙坡头区黑山嘴（ZHW）	测震、电场、地磁	MDS+DDN CDMA
58	中卫	中卫市沙坡头区倪滩	流体	CDMA
59	香山	中卫市沙坡头区永康乡（XSH）	测震	SDH
60	海原	海原地震台院内	强震动、信息	PSTN SDH
61	海原	海原县小山（HYU）	测震、地应力、井下摆倾斜	MDS+DDN CDMA
62	海原	海原县红羊乡	流体	PSTN
63	干盐池	海原县干盐池乡小学院内	强震动	PSTN
64	干盐池	海原县干盐池乡唐坡村	流体	卫星
65	七营	固原市七营镇	强震动	PSTN
66	固原	海原县郑旗乡	流体	CDMA
67	西吉	西吉县火石寨旅游区扫竹林场院内（XJI）	测震	卫星
68	西吉	西吉县地震局	强震动、信息	PSTN SDH
69	西吉	西吉县王民乡	流体	GPRS
70	固原	固原地震台院内	强震动、信息	PSTN SDH
71	固原	固原市地震局	信息	SDH
72	固原	固原市原州区城郊乡海子峡（GYU）	测震、地磁、地应力	SDH
73	固原	固原市原州区彭堡乡	电场、地电阻率	PSTN CDMA
74	泾源	泾源县城堡子山（JYU）	测震	SDH

续表

序号	台站名称	台站所在位置	建设内容	通讯方式
75	固原	泾源县城堡子山	伸缩、水管、洞体摆倾斜	SDH
76	泾源	泾源县地震局	信息	SDH

三、地震监测信息的传递与处理

1987年前，地震信息主要通过电话传递。各地、市、县和台（站）将观测数据和地震参数使用电话报宁夏地震局分析预报室，再由分析人员输入数据库，作图分析。

1987年，成立了宁夏地震局通讯站，建成以宁夏地震局为中心的主干通讯网（含子台28个）和以各地、市地震局（办）为中心的区域通讯网（含子台10个）。各子台均架设15～100W电台，并同甘肃省地震局、内蒙古地震局、青海省地震局开展资料交换，大大提高了地震信息传递的速度。

宁夏地震监测通讯网肩负着全区17个重点地震台、办、点及全国4个主干网线资料的传递任务和大震速报、地震现场考察、信息交流等方面的工作。1999年，宁夏地震通讯网络中心建成运行，使宁夏地震局数据的利用率和数据信息传递速率得到明显提高，实现了全区和全国范围内的数据共享。逐步将数字地震观测和地震应急快速响应系统的数据通讯纳入计算机网络互联，并用于地震科技情报和地震系统各个管理领域的办公自动化。

（一）地震通讯站

1987年10月，成立无线电管理领导小组，并在宁夏地震局分析预报室设地震通讯值班室，主要承担银川站和流动台的通讯及设备维护、维修任务。1988年，主要承担全区子网通讯电台的架设、维修、资料传递、大震速报、大震现场考察通信及整理各台前兆数据入库、资料交换并向中国地震局分析预报中心报送各类资料、报表等项任务。1990年5月，正式成立宁夏地震局通讯站，隶属震情分析预报室；1998年3月，该站隶属银川基准台；1999年3月，隶属地震监测预报研究院；2000年2月，该台同宁夏地震通讯网络中心合并值班试运行，2000年6月1日正式运行，台站报数仍使用电台，震情值班任务由网络中心承担。2000年12月，该站隶属宁夏地震局分析预报中心。2002年停止工作。

（二）地震通讯网络中心

"宁夏地震通讯网络系统建设"是中国地震局"九·五"重点项目，1998年，宁夏地震局开始实施该项目，1999年底完成建设工作，经过6个月的试运行，运转良好，性能达到或超过原设计指标。2000年下半年，对全区专业地震台站及地、市地震局进行拨号入网接入工作，达到了下至地震台站和地、市地震局，上至中国地震局和国际互联网的宁夏地震通讯信息体系。网络布线采用一般布线工程，计算机房至各主要部门之间的微机均采用超五类双绞线，在主服务器和各网段之间采用 Switch Hub 相连，其他 PC 机和各网段采用一般 Hub 进网。在内部网与公用网之间使用代理服务器相联。地、市、县及台站的计算机可由拨号电话（PSTN）或分组交换网（X. 25）联入该通讯中心。通讯中心与北京的沟通采用（X. 25）信道和卫星通信信道（由中国地震局建设）。电子邮件（E-mail）服务器、文件传输（FTP）服务器、主页服务（WWW）均放置于一个服务器上。布设 48 条计算机网线的计算机局域网，在需布设接口的办公室内，安装联入网络的 RJ45 插座，使其能方便的接入网络。

（三）通讯网构成

宁夏地震监测通讯网分主干网和区域网，主干网主要以宁夏地震局通讯站为中心，由各地、市地震局和各专业地震台组成的网络系统；区域网是以各地、市地震局为中心，辐射该地区各县地震局和骨干测报点的网络系统。两级网络分别使用 IC-M700、MDT-5000、MDT-550A、XD-D3B、XD-D3C、XD-D2B 等不同型号的电台联系并传送数据。

四、监测管理工作

1954 年，银川地震台建成，直属中国科学院地球物理研究所管理。1960 年初，宁夏科学技术委员会设立地震组。1962 年初，中国科学院西北分院兰州地球物理研究所设立地震研究室宁夏分室，负责管理地震工作。1966 年，兰州地球物理研究所设银川地震台站管理组。1971 年宁夏地震队业务科负责管理地震监测工作；1980 年 12 月，宁夏地震局业务科、群测群防科负责管理专业和市县地震监测工作；1984 年 3 月，宁夏地震局监测处负责管理地震监测工作；1991 年 3 月，宁夏地震局科技监测处、地方地震工作处（合署办公）负责统一管理专业和市县地震监测和群测群防工作。1995 年 9 月，成立地震监测中心负责地震台站监测业务管理服务工作。1998 年 2 月，成立宁夏地震监测预报研究院负责地震台站监测业务管理服务工作。2000 年 12 月，恢复地震监测中心，负责地震台站监测业务管理服务工作。2001 年 3 月，宁夏地震局监测预报处负责对全区地震监测工作宏观管理，其他部门配合开展地震监测管理工作。

1976 年 5 月，组建流动测量队，负责流动重力复测和水准测量；1979 年 4 月，撤销流动测量队建制。流动重力复测由宁夏地震局业务科组织，流动水准测量由红果子形变台承担。1984 年 5 月，成立测量队，1988 年 2 月撤销，改为测量组归宁夏地震局科技监测处管理。1990 年 12 月，流动重力复测和短水准复测工作归银川基准台承担。1993 年后，由地震监测单位组织管理。

五、仪器维修与标定

1954～1962 年，由地震台站观测人员负责；1962～1966 年，由宁夏地震分室专人负责；1966～1971 年，由宁夏地震台站管理组专人负责仪器维修和标定工作，台站观测人员协助。1971 年后，自治区地震队、自治区地震局先后设立仪器维修室、仪器维修研制室、地震观测技术研究室、技术室，负责全区地震仪器的维修和标定工作，台站观测人员协助。1976 年 5 月至今，流动重力仪的标定工作由武汉地震研究所负责，短水准仪每年送国家地震局第二地形变测量大队（今中国地震局第二监测中心）标定。1998～2000 年由宁夏地震监测预报研究院、2001 年以来由宁夏地震局地震监测中心负责全区地震仪器的架设、维修和标定工作。

六、专业地震台站管理

（一）台站管理

宁夏地震局专业地震台分为国家基本地震台网台和区级地震台两类。国家基本台网台实行三级管理，即：中国地震局、宁夏地震局、地震台站；区级地震台实行两级管理，即：宁夏地震局科技监测处和地震监测中心、地震台站，人事教育处负责台站的人员配置、调动、专业技术职务任职资格的评定和聘任、干部的考察等，局其他部门配合地震监测主管部门对台站开展相关工作。

（二）台站责任目标管理

1985 年，宁夏地震局《关于下发〈宁夏地震局台站承包责任制试行办法〉的通知》，对地震台站实行责任目标管理，定岗位、定编制、定任务（目标）、定经费、定奖惩，局职能部门同台站签订目标责任书（承包合同）。实施后，对提高地震监测台站的观测质量和监测效能，调动台站人员工作积极性，发挥台站一级管理职能，扩大自主权，加强技术管理，提高职工生活水平、节约经费开支等方面起到积极作用。

（三）台站观测工作评比

1980 年 8 月，自治区科学技术委员会发出《关于开展全区各级地办和专业台站检查评比工作的通知》，要求对各级地震办公室和台站进行五查，即：一查职能发挥如何，二查组织宣传防震、抗震工作，三查群测工作组织管理水平，四查监测预报效能，五查经费、器材的管理。据此，宁夏地震局发出《关于年终开展台站日常工作和观测资料质量检查评比的通知》，并制定了各观测手段的评比办法和评分标准。1985 年 4 月，修订《地震台站观测资料质量评比办法和评分标准》。自 1987 年下半年开始，每半年对台站观测资料质量评比一次。1993 年，国家地震局《地震台站、台网观测与工作质量省级评比办法》试行后，宁夏地震局开始据此进行年度观测资料质量评比，一般采取集中评比和巡回检查评比形式。台站观测资料质量评比由各台技术骨干和局各学科技术人员组成的评比小组开展。地震台站综合评比由局领导、各职能部门负责人和各台长参加，集中评比。1999 年和 2008 年，重新修定《宁夏地震局观测资料质量评比办法》和《评分标准》。

七、市县地震台（站）管理

宁夏各地、市、县地震局（办）和各企业办地震台（站）的行政事务和监测工作，主要由各有关地震局（办）及企业管理，宁夏地震局在业务技术上给予指导。宁夏地震局对使用资料的台（站）和骨干测报点，提供仪器消耗材料，负责仪器维修标定和台站的环境改造，每年给予部分经费补贴；对不使用资料的观测项目，提供消耗材料和仪器维修标定，适当给予一定的经费补贴。观测资料报地、市、县地震局（办）集中分析使用的，参加地、市地震局组织的观测资料质量评比，评比结果由各地、市地震局结合目标责任指标统一考核、表彰奖励。部分台、站的观测资料报宁夏地震局分析预报中心综合分析使用的，参加全区、全国观测资料质量评比。

八、地震监测成果

1983 年，国家地震局《关于明确承担全国基本台网任务的通知》明确宁夏地震局承担全国台网观测任务的台项：

测震 II 类台：银川台；地形变 I 类综合台：银川台；水化学 I 类台：固原台；水化学 II 类台：银川台、石嘴山台、西吉台；地应力台：青铜峡台；地电台：银川台、固原台；地磁 II 类台：银川台；重力台：银川台。

宁夏地震观测资料参加全国评比取得前三名和特别奖的台项如表 4-3。

表 4-3　宁夏地震监测资料全国评比获奖一览表

年度	获奖名次	成果名称	主要完成单位
1988	第二名	西吉地震台水氡资料（II 类台）	西吉地震台
1989	第二名	西吉地震台水氡资料（II 类台）	西吉地震台
1989	特别奖	海原红羊井资料（全国第四届地下水动态评比）	海原地震台
1989	第二名	银川北塔地磁台地磁观测资料（II 类台）	北塔地磁台
1990	第一名	银川基准台定点重力观测资料	银川基准台
1990	第二名	西吉地震台水氡资料（II 类台）	西吉地震台
1990	第三名	固原地震台地电观测资料	固原地震台
1990	第三名	银川北塔地磁台地磁观测资料（II 类台）	北塔地磁台
1990	第二名	地震编目（II 类局）	分析预报研究室
1990	特别奖	固原地电观测资料（地震预报类）	固原地震台
1991	第二名	银川北塔地磁台核旋磁力仪观测资料（II 类台）	北塔地磁台

续表

年度	获奖名次	成果名称	主要完成单位
1991	第三名	银川基准台定点重力观测资料	银川基准台
1991	第三名	石嘴山地震台水氡观测资料	石嘴山地震台
1991	第三名	固原地震台地电观测资料	固原地震台
1992	第三名	银川基准台测震 DD-1 仪观测资料（Ⅱ类台）	银川基准台
1992	第三名	银川基准台测震 763 仪观测资料（Ⅱ类台）	银川基准台
1992	第三名	流动重力测量资料	银川基准台
1992	第三名	固原地震台地电观测资料	固原地震台
1993	第二名	固原地震台地电观测资料	固原地震台
1993	第三名	银川基准台定点重力观测资料	银川基准台
1993	第二名	通讯工作	通讯站
1994	第一名	银川基准台测震观测资料（Ⅱ类台）	银川基准台
1994	第一名	银川基准台定点重力观测资料	银川基准台
1994	第三名	流动重力测量资料	银川基准台
1994	第三名	通讯工作	通讯站
1995	第二名	通讯工作	通讯站
1995	第三名	银川基准台定点重力观测资料	银川基准台
1996	第二名	流动重力测量资料	银川基准台
1996	第一名	银川基准台定点重力观测资料	银川基准台
1996	第一名	通讯工作	通讯站
1997	第一名	银川基准台定点重力观测资料	银川基准台
1997	第一名	地震主干通信网	通讯站
1998	第二名	银川基准台测震观测资料（综合评比）	银川基准台
1998	第二名	银川基准台测震观测资料（Ⅱ类台）	银川基准台
1998	第二名	地震编目（Ⅱ类局）	监测预报研究院
1998	第三名	强震评比	科技监测处
1999	第三名	银川基准台测震观测资料（综合评比）	银川基准台
2000	第三名	银川基准台测震观测资料（综合评比）	银川基准台
2000	第二名	银川基准台测震观测资料（Ⅱ类台）	银川基准台
2001	第三名	流动重力测量资料	银川基准台

续表

年度	获奖名次	成果名称	主要完成单位
2001	第三名	流动观测	银川基准台
2001	第一名	银川基准台测震观测资料（综合评比）	银川基准台
2001	第二名	银川基准台测震观测资料（Ⅱ类台）	银川基准台
2001	第三名	流动观测资料	分析预报中心、监测中心、银川基准台
2001	第三名	流动重力测量资料	分析预报中心、监测中心、银川基准台
2002	第三名	数字仪测震	银川基准台
2003	第二名	水氡	固原地震台
2003	第三名	重力潮汐台站	银川基准台
2003	第三名	主干通信网	台网信息部
2004	第二名	重力潮汐	银川基准台
2004	第三名	测震（综合）	银川基准台
2004	第三名	气氡	石嘴山地震台
2005	第三名	重力潮汐	银川基准台
2006	第一名	重力潮汐	银川基准台
2006	第三名	气氡	石嘴山地震台
2007	第二名	重力潮汐	银川基准台
2008	第一名	强震动观测运行维护	地震监测中心
2008	第三名	倾斜潮汐形变单项台	海原地震台
2008	第三名	地电阻率	银川地震台
2008	第三名	气氡	石嘴山地震台
2009	第一名	强震动观测运行维护	地震监测中心
2009	第二名	地下流体学科郑旗气氡	海原地震台
2009	第二名	分析预报综合评比	地震分析预报中心
2009	第三名	强震动观测记录	地震监测中心
2009	第三名	国家测震台大震速报	银川基准台
2009	第三名	倾斜潮汐形变单项台	海原地震台
2009	第三名	地电阻率	石嘴山地震台
2009	第三名	地下流体学科倪滩水位	中卫地震台

续表

年度	获奖名次	成果名称	主要完成单位
2009	第三名	网络运行单项奖	地震监测中心
2009	第三名	台站节点综合奖	中卫地震台
2010	第一名	强震动观测运行维护	地震监测中心
2010	第二名	强震动观测记录	地震监测中心
2010	第二名	倾斜潮汐形变单项台	海原地震台
2010	第三名	地下流体学科郑旗气氡	海原地震台
2010	第三名	流动重力	地震监测中心
2010	第三名	台站节点综合奖	银川基准台
2010	第三名	年度会商报告	地震分析预报中心
2011	第一名	强震动观测运行维护	地震监测中心
2011	第二名	网络运行单项	地震应急保障中心
2011	第三名	地电阻率	固原地震台
2011	第三名	台站节点综合评比	固原地震台
2011	第三名	台站节点综合评比	银川地震台
2011	第三名	台站节点综合评比	中卫地震台

银川基准台重力固体潮观测成果（1990～1995 年）项目在 1997 年获中国地震局科技进步三等奖。

第二章 区级专业地震台网

第一节 区级专业地震台站

一、银川基准地震台

银川基准地震台由银川小口子地震台、银川北塔地磁台和银川地电台三部分组成，承担测震、地形变、重力、水氡、地磁、地电等观测项目。

（一）银川小口子地震台

1. 台站建设

银川小口子地震台的前身是银川地震台。1953 年 3 月，中国科学院地球物理研究所在银川市建设宁夏第一个地震台—银川地震台，1954 年 4 月正式投入观测，开创了宁夏地震观测工作。该台位于现银川市兴庆区进宁北街 196 号宁夏地震局 5 号住宅楼处，占地 2500 m^2，建房 7 间 126 m^2，台基为砂黏土。1964 年，在银川贺兰山小口子（滚钟口）建两层小楼一幢，9 间 126 m^2，在小楼西南侧 80 m 处开凿山洞 1 孔 15 m^2，台基为花岗片麻岩，占地面积 4129.7 m^2。

1965 年 9 月，将银川地震台 513 中强地震仪和 5 倍强震仪搬迁至银川小口子地震台观测。1965 年 10 月，增上 63–A 型晶体管单分向微震仪，开始微震观测。1969 年，将山洞口向外砌伸，并增装两道门，采取防尘保温避光措施。1970 年 5 月，在洞内架设地震仪拾震器、金属水平摆倾斜仪。1976 年，架设石英摆倾斜仪同金属摆倾斜仪对比观测。山洞体是裸岩毛洞，上部岩石覆盖 5.5 m，洞内湿度较大，日温差 0.3℃～0.5℃，年温差 7.5℃～10.0℃，不符合地震观测规范要求。

1972 年，国家地震局将银川地震台列为全国基准地震台，观测仪器陆续更新增加，包括小口子测震、形变观测，银川市区的地磁、重力、水氡和地电观测等。经国家地震局批准，1974 年 10 月拆观音庙平地，1975 年在原二层小楼西南侧建成新二层小楼，14 间房屋 320 m^2，辅助用房 80 m^2。根据国家地震局对基准地震台仪器配置的规定，1977 年开始在小楼北侧山体开凿山洞 1 孔，1979 年竣工。山洞总长 110 m，其中主巷道南北长34.0 m，东西长36.5 m，暖瓶式被覆后巷道宽1.6 m，高2.0 m，山洞覆盖50 m，内建7个洞室，总长46 m。山洞采用双层中空式被覆，两层间距0.5 m，留有出水槽，山洞口加盖10 m² 控制室，通过辅助巷道进入主巷道。辅助巷道长21.9 m，内加三道防风保温门。1980年开始在山洞主巷道内架设仪器。山洞年温差小于0.5℃，日温差小于0.1℃，相对湿度在65%～75%之间，温、湿度均符合地震观测规范的要求。

2011年底，观测手段有测震、强震、地形变、GNSS、定点重力、地电、地磁、水氡等项。

2. 观测项目

测震　大51式地震仪（1954年3月～1958年5月），周期5 s，机械放大倍率100，烟记录。小51式地震仪（1954年3月～1961年8月），周期3 s，机械放大倍率50，烟记录。513中强地震仪（1958年11月～1990年1月），周期5 s，机械放大倍率50，烟记录。5倍强震仪（1958年11月～1990年1月）。63-A型单分向地震仪（垂直向）（1965年10月～1970年8月），周期1 s，放大倍率29000，烟记录。微式光记录地震仪（1967年8月～1968年5月），周期1 s，放大倍率：南北向20000、东西向19000、垂直向15000。473型三分向地震仪（1970年8月～1974年1月），周期3 s，放大倍率：南北向38000～87000、东西向40000～130000、垂直向29000～58000，烟记录。DD-1三分向地震仪（1974年1月～2005年9月），周期1 s，放大倍率：南北向138000、东西向92500、垂直向148000，墨水记录，1986年6月无线传输至银川市区记录，1989年11月正式并入银川遥测记录中心观测，为银川遥测台网的子台之一。DK-1中长周期地震仪（1976年9月～2005年9月停测），周期15 s，放大倍率：南北向高放1115、低放154；东西向高放1029、低放90；垂直向1710，墨水记录，1992年7月无线传输至银川市区遥测记录中心观测。SK基式地震仪（1983年1月～1991年5月），周期12.5 s，放大倍率：1983年测南北向2430、东西向2540、垂直向1160，光记录。763长周期地震仪（1983年7月～2002年5月），周期15 s，放大倍率：1986年测，三个分向均为750，光记录。573型地震仪（1986年6月～1990年1月），周期1 s，放大倍率：1986年测，南北向112000、东西向102000、垂直向204000，烟记录。

该台测震仪器齐全，被国家地震局1983年列为Ⅱ类基本台；1985年，被指定为首批全国大震速报台，承担国内5.0级以上和国外7.0级以上大震的速报任务；1990年7月，列为Ⅰ类基本台。

形变观测　①金属摆倾斜仪。1970年5月，在山洞内架金属摆倾斜仪，摆体和记录器同放在一个水泥墩上，光杆距1.0 m，折合摆长14.1 mm，铍青铜扁平吊丝，长150 mm，自振周期定为15 s，观测格值0.026角秒/毫米。属全国Ⅱ类形变台网，定期向国家地震局分析预报中心报送资料，1993年1月停测。②石英摆倾斜仪。1976年3

月在山洞内架石英摆倾斜仪观测，石英吊丝长 170~180 mm，摆重 10g，折合摆长 70.0 mm，光杆长 5.0 m，南北摆体自振周期 38.7 s，格值 0.003879 角秒/毫米；东西摆体自振周期 39.7 s，格值 0.003686 角秒/毫米，记录有规则的日变形态，能记录到固体潮，潮汐因子 0.676，仪器精度达 10^{-9}。每日向中国地震局分析预报中心报送观测资料，参加全国资料评比。③目视长水管倾斜仪。1982 年 5 月，在山洞内架设目视长水管倾斜仪，仪器分别架设在南北、东西四个主墩体上。东西水管长 30.33 m，南北水管长 30.55 m，水管为直径 14 mm 的玻璃管，用乳胶管相连接。南北向格值 0.00675 角秒/毫米，东西向格值 0.0068 角秒/毫米，仪器精度 10^{-8}。1990 年 10 月停测。④浮子倾斜仪。1986 年 10 月，在目视长水管倾斜仪墩子上架设浮子倾斜仪。该仪器自身采用磁传感测微装置，仪器精度高达 10^{-9}，测定高差为 0.04μm 以内，采用自动平衡记录仪进行模拟记录。1989 年 5 月，将长水管倾斜仪和浮子倾斜仪两分向用铝合金柜封闭，观测资料较稳定，向中国地震局分析预报中心报送资料且参加全国资料评比。⑤石英伸缩仪。1987 年 10 月，在目视长水管倾斜仪墩体上架 SSY-Ⅱ型石英伸缩仪，南北和东西各长 30 m，南北向固体潮最大幅值 200 mm，东西向因跨断层漂动太大，固体潮曲线不稳定。仪器精度 10^{-10}。2001 年 8 月，架设数字化 SY-Y 型石英伸缩仪，2002 年 1 月正式投入观测。

　　定点重力观测　属中国地震局重力观测基本台之一，架设 GS-15 型重力仪观测。1974~1978 年，重力仪放置在现宁夏地震局机关院内，仪器室采取双层保温措施，但潮湿问题无法解决，资料连续率差。1982 年 5 月，将重力仪移至小口子山洞内观测记录。仪器主体由内外加温恒温继电器控制温度，并采取多系统供电措施，仪器观测资料连续、可靠。潮汐因子计算值相对较高，影响资料质量，但日变和年变形态规律较好。1999 年 8 月，该套仪器送往中国地震局武汉地震研究所进行数字化改造，2001 年 3 月完成维修改造投入观测。

　　水氡观测　1970 年 6 月~1975 年 9 月，取银川氮肥厂和自来水公司两口深井水，用 FD-118 射气仪在原宁夏地震队机关测量，氡值一般在 5.56Bg/L 左右，1975 年停测。1976 年 3 月选定小口子台南侧柳树沟泉水（泉名 2586）继续开展水氡观测，泉水出露于沟顶的山凹风积黏土中，泉点距台约 300 m，下降泉，流量 0.45 L/s，水温 12℃。采用 FD-118 射气仪观测，1997 年 4 月改架 FD-125 氡钍分析仪，氡值在 122.1 Bg/L。

　　银川国家级数字地震台　银川国家级数字地震台和银川数字强震台的建设是中国地震局下达宁夏的"九五"重点项目。1997 年 6 月，宁夏项目组提出"宁夏数字地震观测系统建设项目工程技术设计书"，同年 9 月制定"宁夏数字地震观测系统建设实施方案"。1999 年 5 月，同北京港震机电技术有限公司及中国地震局地震研究所签订了设备供货合同；同年 10~11 月，对银川小口子地震台的基础设施和观测条件进行改造，包括：观测楼监控室改造、楼顶卫星天线架设、地线埋设和高质量电源线布设等。2000 年 6 月 1 日试运行，12 月 5 日通过中国地震局、自治区计委、财政厅、科技厅和地震局等有关单位验收，投入正式运行。利用该数字地震仪的观测资料和单台分析软件，进行地震记录分析处理，其精度和速度优于模拟观测记录。银川数字地震台架设的甚宽带数字地震仪，包括 CTS-1 宽频带地震计、SLJ-100 三分向力平衡加速度计、EDAS-C24 地震数据采集器和远端站组成。

（二）银川地电台

1971 年 2 月，在银川市中山公园工人俱乐部内架设 DDC-2A 电子自动补偿仪，人工读数，开始地电阻率和自然电位观测。以观测室为中心十字型布极，南北向和东西向测道供电极距均为 900 m，测量极距均为 300 m，测值分别为 36、32 Ω·m。由于干扰因素多，1974 年宁夏地震局办公楼建成后，更换观测场地，重新架设地电线路，在银川市北环路以北约 50 m 为中心十字型布极，距观测室 480 m。北东向测道和北西向测道供电极距均为 690 m，测量极距均为 300 m，南北向测道供电极距 900 m，测量极距 300 m，三个测道的测值分别为 30、31、29 Ω·m 左右。受城市建设对观测干扰逐年增大的影响，1981 年 7 月在北塔村架设新线，十字型布极，中心距北环路 1500 m，距观测室 2000 m，线路布设同老线各道平行，两套观测线路同时观测。新线北东向测道和北西向测道供电极距均为 1000 m，测量极距均为 400 m，测值为 35 Ω·m；南北向测道供电极距 1500 m，测量极距 300 m，测值为 33 Ω·m。

由于城市建（构）筑物增多，地电场地周围观测环境日趋恶化，不符合观测规范，于 1989 年选定永宁县地震观测站作为地电观测场地（位于县城东约 1 km），同年 11 月架设 DDC-2A 电子自动补偿仪试测，1990 年 1 月正式观测。十字型布极，东西测道供电极距 880 m，测量极距 240 m，测值 40.5 Ω·m；南北测道供电极距 1200 m，测量极距 400 m，测值 19.3 Ω·m。1993 年 6 月更换为 ZD-8 数字地电仪观测。1999 年 6 月，将架设在空中的外线路更换为电缆，改架 ZD-8B 数字地电仪器观测。

（三）银川北塔地磁台

地磁观测始于 1970 年 6 月，在银川市中山公园内工人俱乐部架设刃口式垂直磁力仪观测，人工读数。1972 年搬至宁夏地震队办公楼后的土坯房内观测，观测室采取双层保温式结构，由人工读数改为自动记录。由于观测环境干扰太大，1973 年选定在银川海宝塔（即北塔）西北 300 m 处建北塔地磁台，该台占地面积 16900 m²，1975 年建办公室 5 间 115 m²，仪器室 5 间 174 m²，职工住宅 10 间 180 m²。1976 年 12 月，架设 72 型磁变仪开始观测；1978 年，增架 CB3 型磁变仪做实验对比观测（1989 年 8 月停测）；1979 年 6 月，架设核子旋进磁力仪进行绝对磁测；1981 年 5 月，增架 CJ6（80036）型地磁经纬仪观测，1997 年 7 月停测。1982 年对仪器室进行改造（加墙保温），日温差 0.2℃，年温差 10.0℃，相对湿度小于 80%，基本符合地磁观测规范要求。

1999 年，在原仪器房东北侧 30 m 处新建仪器室，建筑面积 100 m²，半地下室结构，上覆盖 3.0 m 厚砂黏土。建办公楼两层 400 m²，2000 年 7 月完工。2000 年 9 月，将两套磁变仪搬入新建磁房调试后正常工作。1999 年 12 月，在老观测室架 DI 型数字地磁经纬仪工作；2000 年 11 月，在新磁房架磁通门磁力仪（中美合作项目）。2007 年 7 月，架设磁通门组合观测磁力仪（FHDZ-M1）、磁通门磁力仪（GM4）、质子旋进式磁力仪（G856A）、绝对观测偏角倾角磁力仪（MINGEO）。2009 年 11 月，在地磁台院内建成 GNSS 基准站，2011 年 6 月正式观测。

2001 年，在地磁台南侧埋设大地电场观测电极，十字型布极，极距 300 m。架设 ZD-9A 大地电场仪观测。

北塔地磁台属国家基本地磁台之一，观测资料参加全国统评。

在原银川地震台（老城区）先后工作的人员：杨玉玺、李汉臣、许权、何寿欢、初洪科、郭风栖、连纪仁、徐继生、王棉棉、关汝贤、陈素改、吕培荣、班铁、夏月山、张万劳、刘积荣、邱文彬、王清云、孙惊诗、李耘、余志新。

在银川小口子地震台先后工作的人员：李兴、刘琨、杨玉玺、卢金铎、李太安、方明安、张富华、郭风栖、季立业、李荔、葛世权、王国玺、程力刚、张淑兰、董卫国、周志雄、余志新、王旭明、吕平、赵文科、俞诚、张自河、赵向军、张进国、朱峻峡、李惠智、王军、郭宏斌、郭海军、李冬临、文卫、马俊宁、张进、赵卫东、常晟勇、焦德成、刘保生、王萍、王小力、刘秀景、马禾青、孙立新、李根起、王树青、郭宏斌、蒙晓平、王轲、周辉、吴隽、许文俊、王怀智、梅浩、黄苏平、许传兴、黄拓、蔡森、蔡新华、徐丽红、杨平、任雪梅、延海军、朱鸿雁、蔡黎明、金涛、康凌燕、李泽山、王建功、安玉清、刘惠丽、赵宁、訾少刚、李福利、陈春梅、吕俊强、马小军、李自芮、杜文勇、何秋菊、袁盈盈。

在北塔地磁台先后工作的人员：刘述旺、杨静瑜、周汉瑜、马淑英、杨树棠、刘庆斋、邵成玺、陈喜、彭玉桂、吕平、王国玺、蒙和平、邢同成、贾启超、金延龙、兰宁、王军、余志新、吴成功、孙惊诗、陈春梅、李万胜、李国斌、李春贵。

在永宁地电台先后工作的人员：井树祥、高洲宁、魏挥涛、张志辉、杨自平、魏丽。

二、固原综合地震台

1. 台站建设

1963 年，中国科学院地球物理研究所地震研究室宁夏分室在固原县城西北角选建固原地震台，占地面积 7741 m²。1964 年，建观测室和办公室 4 间，面积 75 m²，架设维式 581 三分向烟记录地震仪开始地震监测。1970 年，开展地震前兆观测，在台站院内建地磁地下室和地倾斜地下室各一孔，增建办公室 4 间 80 m²，宿舍 4 间 80 m²。1981 年，建观测室 6 间 116 m²。1984 年，在距固原县城 3.5 km 的西郊乡明家庄建成地电台，占地面积 2496 m²，建观测室、宿舍和辅助用房 10 间 268 m²。1986 年，国家地震局投资 40 万元在县城台站院内建综合水化楼三层 733.4 m²，建职工宿舍楼三层三个单元 1219 m²（含固原地区地震局一个单元）。自 1970 年以来，先后投入观测的手段有：测震、地磁、地电、地倾斜、土地应力和综合水化等。2011 年底，观测项目有测震、强震、地磁、形变、地电和综合水化。

2. 观测项目

测震　1964 年 4 月至 1965 年 10 月，架设维式 581 三分向电子烟记录地震仪，拾震器放置在台站院内的竖井，井深 15 m，直径 3 m，实际工作静态放大率在 15000～28000 倍之间。1966 年 6 月至 1972 年 3 月，改架维式三分向光记录地震仪工作，放大倍率在 15000～20000 倍之间。1972 年 3 月至 1985 年 7 月，改架"B73"三分向烟记录地震仪工作，放大倍率在 8500～13500 倍之间。1985 年 8 月～1986 年 10 月，改架"573"三分向烟记录地震仪工作，各分向实际工作静态放大率在 6000 倍左右。由于城市扩建，振动干扰逐年增大，放大倍率降低，地震监测能力下降，于 1985～1986 年在固原东部的云雾山主峰尖山顶的山洞内架设遥测地震仪器，传至固原地区地震办公室试记。1988 年 11 月，在云雾山草原管理站旁建成拾震器摆房，台基为白云质灰岩，摆墩用混凝土与基岩一次浇注而成。1989 年 3 月，正式架设仪器开始观测，发射机房位于摆房南，面积 6 m²，距摆房 420 m，两地用 450 m 电缆线连接，埋深 0.8 m，接草原站交流电供仪器使用。在程儿山乡程儿山村建中转站一处，机房面积 4 m²，天线架在水泥电杆上。接收端放置在固原地震台水化楼二楼测震室。使用 DD-1 型记录器和 DS-1 拾震器，发射场强 40 dB，接收端场强 36 dB。实际工作静态放大倍率在 12 万倍左右。云雾山草原管理站距县城较远，交通不便，维护困难，仪器设备多次被盗，到 1989 年 12 月才正式使用该台资料。此后发射端设备多次被盗，馈线被割损，仪器丢失损坏严重，只好在固原县城西部 16 km 的海子峡选建遥测地震台，该台位于海子峡水库管理所旁边，1992 年 9 月建成摆房和发射机房，架"573"三分向烟记录地震仪试记。摆房为未被覆山洞，面积 15 m²，台基为第四系粉砂岩。发射机房位于摆房东 180 m 的山梁上，面积 8 m²。1993 年 10 月架设沈阳产 DWY-Ⅲ 路遥测设备无线传至固原地震台记录，实际工作静态放大倍率在 8 万倍左右。2008 年 10 月，架设 CTS-1E 型地震仪。

地电观测　1970 年 12 月，架设 DDC-2A 电子自动补偿仪，开始地电阻率和自然电位观测。布极采用四极对称装置，有北西 32°、北东 13°、北东 58° 三个方向测道，供电极距均为 900 m，测量极距均为 300 m，测值分别 16、17、18 Ω·m 左右。随着城市扩建，观测区内建（构）筑物增多，观测干扰增大，不符合观测规范要求。经国家地震局批准，迁建固原县西郊乡明家庄，1984 年 7 月地电台建成并投入观测。观测布极为南北、东西、北东 45° 三个方向，供电极距均为 1000 m，测量极距均为 200 m，测值分别在 14.2、14.5、14.8 Ω·m。北东 45° 测道另延长测线，供电极距 2200 m，测量极距 589 m，测值 9.20 Ω·m。1987 年改架 ZD-8 地电仪自动记录。1999 年 7 月，将架空的外线路全部更换为电缆，并更换为 ZD-8B 数字地电仪工作。2005 年 11 月，地电台迁建至原州区彭堡乡。该台属国家地电阻率观测基本台之一，资料报送国家地震局分析预报中心。

综合水化观测　1970年12月，架设FD-105静电计开展水氡观测。取水井孔在县城北的西郊乡什里村北海子处，距台3 km，是1953年中国-匈亚利石油物探队打的深井，井深300 m，承压自流，水头高度1 m，流量80升/分，水温9.5℃，氡值66 Bq/L。1985年，国家地震局批准建固原一类综合水化台，1986年建成综合水化楼后，开展气体和水质观测，主要有：氡、二氧化碳、甲烷、氦和氯离子、碳酸根离子、重碳酸根离子等。

1989年4月，在固原县中河乡硝口村选定Ⅰ号、Ⅱ号泉开展综合水化观测。泉点位于硝河河床，泉水来自地下600 m深处，为上升泉，水温15.2℃，流量0.3 L/s。Ⅰ号泉逸出气体丰富，取气开展气体观测：气氡60 Bg/L，二氧化碳0.2%～0.3%，甲烷0.30%～0.35%，氦0.26%～0.30%。Ⅱ号泉在Ⅰ号泉南500 m，上升泉，水温16.0℃，流量0.1 L/s，取水样开展水质观测：氯离子6600 mg/L，碳酸根离子150 mg/L，重碳酸根离子850 mg/L。由于北海子周围打井灌溉，致地下水位大幅度下降，北海子泉水断流，1992年3月停测。

2007年6月，在西吉王明流体井架设SZW-1A型水温仪、LN-3A型水位仪、WYY-1型气象三要素。

地形变观测　1970年11月在台站院内的半地下室架金属摆倾斜仪开展地形变观测。地下室露出地面高1 m，地下埋深2 m，顶厚0.5 m，覆盖黄土1.5 m，室内面积6 m²，摆体和记录器同置于一个砖砌水泥抹面的仪器礅上，光杆距1.0 m，自振周期10～15 s。室内日温差0.5℃～0.8℃，年温差21℃，相对湿度90%，不符合规范要求，加之台站周围人类活动干扰增大，于1981年停测。2007年3月，在泾源卧龙山山洞内架设SS-Y型伸缩仪、VS型洞体摆倾斜仪、DSQ型水管倾斜仪。2007年6月，在海子峡架设TJ-2型钻孔应变仪。

地磁观测　1970年12月，在地下室架CRZ-69型刃口式垂直磁力仪进行地磁观测，地下室条件同地形变。1970年12月为人工读数，1972年5月改为光记录。随着城市建设规模扩大，地磁观测条件日趋恶化，1983年7月停测。2007年6月，在海子峡架设FHD-2B型地磁仪。

在该台先后工作的人员：姚俊义、何乃一、王评智、朱念英、孙述国、王克芬、卫廷義、安文国、李保元、马尚义、梁金仓、丁国柱、刘玉山、张维德、延兴豹、张思源、姚喜凤、吴诗芬、张万劳、卢金铎、崔福元、黄慧芳、吴成功、武晓英、黄诚、王凤萍、姚宗智、余生勤、夏月山、蒲万莲、乐云轩、任雪梅、田小慧、白晓川、杜文勇、李青梅、谢晓峰、司学芸、马文娟、李芳芳、姚琳、谢辉、张锦玲、刘赟、赵旭光、侯炳正、马继文、高五明、沈宁、许英才。

三、石嘴山综合地震台

1. 台站建设

1965 年 10 月，宁夏地震分室在石嘴山矿务局化工厂家属区借房设临时地震台，拾震器放置在家属区北东侧 200 m 处的临时摆房内，开创了宁夏北端的地震观测工作。1970 年 9 月，正式建成石嘴山综合地震台，台址位于临时摆房东北侧，台基为贺兰山洪积扇坡积物，占地面积 2100 m²，建砖木结构观测室、办公室、住房共 12 间和 2 孔半地下室，总建筑面积 260 m²。在台站围墙西北侧 200 m 挖建竖井一孔，深 10 m，放置拾震器。为兼顾贺兰山正谊关和红果子两处的地震观测工作和职工生活，1981 年 10 月，在石嘴山市二区安乐桥南 2 km 处新建地震台生活区，占地面积 5184 m²，建办公室、职工宿舍、锅炉房共 22 间，面积 540 m²。1991 年 1 月，正谊关工作区转让石嘴山矿务局化工厂。2000 年 7 月，建成职工住宅两幢两层四户，面积 340 m²。2003 年 11 月，拆除平房，建二层办公楼 1 栋，面积 409 m²。

先后开展测震、地形变、地磁、短水准测量、地电、水化等项观测。

2. 观测项目

测震　1965 年 10 月，架设 63－A 型单分向烟记录地震仪，工作放大倍率 21900 倍。1973 年更换"B73"三分向烟记录地震仪观测，各分向实际工作放大倍率 30000 倍。1976 年改架"573"三分向烟记录地震仪，各分向实际工作放大倍率 20000 倍左右。为提高地震监控能力，1980 年在贺兰山正谊关沟口山坡上开凿山洞 1 孔，洞基花岗岩，山洞双层被覆，洞顶覆盖约 20 m，主洞长 22 m，洞室高 3 m，宽 1.6 m，端部洞室为地震仪摆房，摆墩为混凝土与基岩浇注而成。1982 年 9 月，采用有线传输，架设 DD-1 地震仪工作，拾震器和记录器间采用 10 号铅丝架空传输，线路长 3000 km，各分向实际工作放大倍率 80000 倍。为地震速报，于 1987 年将"573"地震仪垂直向改为低放。1991 年 1 月，在正谊关架设 CDM-1 型遥测地震仪，改在生活区观测，传输距离 15 km，各分向实际工作放大倍率 8 万～10 万倍；架设 DD-1 低放地震仪工作，摆房建在生活区东侧 300 m 处，摆房为地面建筑，面积 10 m²，三分向放大率 300 倍。2000 年 4 月，在台站院内建低放 DD-1 地震仪摆房 8 m²（已停测），内用混凝土浇注摆墩，三分向放大倍率 600 倍。2003 年 6 月，在正谊关山洞架设测震仪（FBS-3B）。

水化观测　1970 年 12 月，架 FD-118 射气仪开始水氡观测。采样泉点在贺兰山东麓的道儿沟内，距台 5 km。该泉为下降泉，水温 10.0℃，流量 0.13 L/s，氡值 110 Bq/L。1982 年 12 月改架 FD-125 氡钍分析仪，配 FH-408 定标器进行观测。因该泉取水困难，于 1995 年 1 月改测贺兰山东麓的简泉水样。2001 年 10 月，完成"九·五"升级改造，架设气氡仪（SD-3A）、水温仪（SZW-1A）、气象三要素（WYY-1），该泉出露于逆断层带上的石英砂岩，水温 17.4℃，流量 6.4 L/s，氡值 70 Bq/L。2007 年 6 月，在平罗 136 井架设水温仪（SZW-1A）、水位仪（LN-3A）、气象三要素（WYY-1）。

地形变观测　1971 年 2 月，在台站院内的半地下室架金属摆倾斜仪开展地形变观测，地下室在地表下约 1.5 m，地面以上 1.0 m，墙外用土石围填，厚约 0.5 m，室顶为水泥预制板，上铺 0.3 m 厚炉渣。地下室日温差大于 1.0℃，湿度较大，不符合规范要求，于 1978 年停测。1986 年在正谊关山洞内架石英摆倾斜仪观测（已停测），仪器墩与基岩黏接一体，仪器墩和记录墩相距 2.0 m，南北向和东西向光杠杆长均为 5.0 m，仪器周期 40 s。2007 年，在正谊关山洞架设水管倾斜仪（DSQ）、伸缩仪（SS-Y）。

地磁观测　1976 年 5 月，在台站院内的半地下室架 CR-69 型刃口式磁秤开展地磁观测。地下室观测条件同地倾斜仪地下室，人工读数，因不符合观测规范要求，于 1978 年停测。

地电观测　2007 年 7 月，在正谊关山洞前洪积扇上架设地电阻率仪（ZD-8B）、大地电场仪（ZD-9B）。

在该台先后工作的人员：王国祥、孙太山、杨廷俊、高明安、王一宽、田义国、吴宗平、王树经、王国玺、梁金仓、蒙和平、马贵仁、刘秀景、范东平、冯燕军、吴广新、孟长春、刘保生、刁守忠、兰刚、李福利、马思敬、任爱萍、刘存、苏文昌、许文俊、刘惠丽、周俊、黄苏平、王利波、李乐、訾少刚、常明、文卫、蔡黎明、吴迪、张楠、崔瑾、刘晋。

四、中卫综合地震台

1965 年建台以来五易台址，即：沙坡头、常乐、四方墩、黑山嘴，现中卫市沙坡头区中山街。

（一）中卫沙坡头地震台

1965 年 9 月，中卫沙坡头地震台建于中卫县城东南西园公社沙坡头小队，建土坯房 2 间作为观测室和住房，摆房建在观测室东侧 100 m 处的红砂岩上。架设 581 型电子管三分向烟记录地震仪观测，各分向实际工作放大倍率 15000 倍。

（二）中卫常乐综合地震台

为开展地震前兆观测，于 1970 年 11 月在中卫县常乐公社南建成中卫综合地震台，占地面积 4000 m²，建砖木结构办公室和职工宿舍 12 间 216 m²，建地下室两孔 26 m²。摆房为竖井，面积 6 m²，深 4 m，距观测室 750 m。

测震　1971 年 2 月，将地震仪从沙坡头迁至该台观测。1972 年改架 "573" 三分向烟记录地震仪观测，各分向实际工作放大倍率 15000 倍。因摆线多次被盗，1974 年将摆房移到台站院内地下室工作，各分向实际工作放大倍率 10000 倍。

水氡观测　1971 年 1 月，架设 FD-105 静电计，开展水氡观测。泉点在距台 15 km 的倪滩村南阴洼崖。该泉位于香山北麓南山台子黄河二级阶地陡坎下缘出露，水温 15℃，流量 1.65 L/s，是受断层控制而溢出的下降泉水，渗水干扰严重，氡值 44 Bq/L。1972 年改架 FD-105K 静电计观测，1984 年底停测。

地电观测　1976年2月，架设DDC-2A电子自动补偿仪，开展地电阻率观测。布极呈偏十字型，东西向供电极距1500 m，测量极距500 m，测值13.0 Ω·m；NS向供电极距1000 m，测量极距300 m，测值11.6 Ω·m。1984年底停测。

地形变观测　1971年12月，在台站地下室架金属摆倾斜仪，开展地形变观测。地下室深4 m，竖井式入口，面积8 m²，室内相对湿度70%～80%，室温日变化0.5℃～1.0℃。仪器墩和记录墩相距0.8 m，光杆距1.0 m，摆杆自振周期15 s。由于干扰大等原因，1983年停测。

地磁观测　1971年底，在台站地下室架光记录无定向磁力仪，地下室条件同上，1973年停测。1975年架设核子旋进磁力仪观测，由于仪器性能不稳定，1976年改架陶磁偏角仪观测，1982年停测。

（三）中卫四方墩综合地震台

中卫常乐地震台受环境干扰严重，不符合规范，经国家地震局批准，于1983年开始重新选址，1984年在中卫县城东北四方墩建工作区，在县城南郊建生活区。四方墩台位于东园公社北水管所近旁，距南侧村庄3 km，距中卫县城15 km。占地面积2000 m²，建观测室和职工住房9间160 m²，在观测室北100 m处的基岩上打山洞一孔，山洞长15 m、宽2.5 m、高2.2 m，洞体覆盖厚3 m，双层被覆。仪器墩体用混凝土在基岩上浇注而成。生活区位于县城南郊南园村二队，占地面积2000 m²，建观测室7间、职工宿舍14间，总面积380 m²。工作人员定期轮流到四方墩值班。1995年1月，因四方墩地震台测震、地电干扰大，加之用电、用水困难而撤台，建筑物转让中卫县供电局新北乡电管站。

测震　1984年11月将"573"三分向烟记录地震仪（已停测）迁至该台观测，拾震器放置在山洞里，三分向实际工作放大倍率30000倍。

地电观测　1985年1月，架设DDC-2A电子自动补偿仪开展地电观测，十字型布极，东西向和南北向正交，供电极距均为1000 m，测量极距均为300 m，地电阻率值分别为4.7和14.7 Ω·m。在山洞东侧基岩山体上凿坑埋入电极，开展岩石电阻率观测，供电极距90 m，测量极距30 m，测值50 Ω·m。1994年底，因撤台停止地电观测。

水氡观测　1985年在生活区架设FD-105K静电计开展水氡观测。泉点在生活区南1 km的黄河高阶地前缘，泉水因地表水渗入，氡值较低，为48～66 Bq/L。1986年8月停测。

（四）中卫黑山嘴地震台

由于四方墩工作区环境干扰严重，1994年初重选台址，考虑到地震仪可采取无线传输，将台址选定在中卫县新北乡黑山村北侧黑山嘴的山体上。1994年7月，在石炭系砂页岩互层开凿小山洞一孔，长2.0 m、宽1.8 m、高2.0 m。1995年1月架设WY-Ⅲ型三路地震无线遥测仪正式投入观测，地震仪拾震器直接放置在基岩平台上，接收端在生活区。地震仪三个分向实际工作放大倍率80000倍。2003年6月，在黑山嘴建设摆房架设地震仪（FBS-3B）。2007年7月，在黑山嘴架设大地电场仪（ZD-9B）、质子磁力仪（FHD-2B）。

（五）中卫市沙坡头区中山街地震台

2006年10月，在中卫市沙坡头区中山街（原生活区）建2层地震观测楼，建筑面积266 m²，附属用房40 m²。距黑山嘴地震台15 km。

2008年10月，在中卫市沙坡头区红泉乡香山村建测震台，架设地震仪（CMG-3ESP）。2007年6月，在中卫市沙波头区倪滩打自流井一口，井深195.7 m，架设气氡仪（FD-125）、水位仪（LN-3A）、水温仪（SZW-1A）、气象三要素（WYY-1）。

在该台先后工作的人员：贺长有、郭风栖、殷占魁、王国玺、孙海林、吴永录、吴福祥、刘文和、贾有廉、韩建国、李保寿、万自成、魏秀玲、丁平、邵荣华、李建华、王玉霞、黄生成、张学平、丁国福、贺永忠、安玉清、刘赟、师海阔、张立恒。

五、海原综合地震台

1970年建台以来三易台址，即：伍桥沟、黎庄村、县城。

（一）海原地震台（伍桥沟）

1970年12月西吉5.5级地震后，为监视余震活动，在海原县南华山下的伍桥沟口养路段借房设临时地震台，架单分向流动地震仪观测。拾震器放置在养路段东南侧临时挖的摆坑内，放大倍率40000倍。1971年，在距海原县城12 km的伍桥沟口建砖木结构平房7间150 m²，在台东南150 m处的花岗片麻岩山体上打山洞作为摆房，洞室面积9 m²，摆墩座于基岩上。1972年3月，架设维式光记录地震仪观测，各分向放大倍率15000～20000倍，同年4月架"473"三分向烟记录地震仪观测，南北和东西向放大倍率50000倍，垂直向20000倍。1974年3月，因供电不正常，光记录地震仪停测。

（二）海原综合地震台（黎庄村）

为开展前兆观测，于1975年选建海原综合地震台，定址于海原县黎庄村县防疫站旁，距海原县城3 km，距伍桥沟9 km，台基为砾石层。1975年8月开始基建，1976年8月竣工，占地面积22500 m²，建观测室、宿舍13间260 m²。同时在伍桥沟台南500 m处的基岩山体上建成开挖式山洞一孔，主洞长16 m，宽2.5 m，为地震仪摆房和地倾斜仪记录室。

测震 1976年9月，将地震仪由伍桥沟迁至新台观测，仍架"473"三分向烟记录地震仪工作，各分向实际工作放大倍率15000倍。1979年10月，架有线传输地震仪观测，64型拾震器放置在伍桥沟新山洞内，传输距离9 km，各分向实际工作放大倍率30000倍，故障率高。1980年，在台站修建摆房，面积23 m²，室内用水泥浇注三个记录墩。1981年，紧靠原记录室东侧建地震观测总控制室80 m²和"513"中强地震仪记录墩。1982年，中止有线地震传输，将64型拾震器从伍桥沟迁回院内摆房观测，同时架 DK-1 中长周期地震仪和"513"中强地震仪观测，DK-1 地震仪水平向高放倍率 3000～6000倍、低放 80～200 倍，"513"地震仪放大倍率 50 倍。1985 年，在南华山小山村西南侧的前寒武系大理岩山体修建山洞一孔，洞体长 5.0 m、宽 2.3 m、高 2.3 m，摆墩同基岩浇注一体。1986 年，架 CDM-3 型无线传输地震仪传至台站记录，传输距离7 km，各分向实际工作放大倍率均在 10 万倍以上。2003 年 6 月，在海原小山架设地震仪（BBVS-60）。2007 年 8 月，将地震仪搬迁至新建设的山洞内。

水化观测　1977 年 9 月，架设 FD-105 静电计开展水氡观测。采样泉点在距台 6 km 的南华山小山，为下降泉，流量0.10 L/s，水温 12.0℃，氡值 33 Bq/L。1986 年 6 月，改架 FD-125 氡钍分析仪测氡（已停测）。2007 年 6 月，在郑旗流体井架设气氡仪 （SD-3A）、水位仪（LN-3A）、水温仪（SZW-1A）、测汞仪（RG-BQZ）、气象三要素（WYY-1）。2007 年 6 月，在干盐池流体井架设水温仪（SZW-1A）、水位仪（LN-3A）、气象三要素（WYY-1）。

地电观测　1977 年 10 月，架 DDC-2A 电子自动补偿仪，开展地电阻率观测。布极以台站记录室为中心点，南北道和东西道正交，南北道供电极距 1200 m，测量极距 400 m，测值201 Ω·m；东西道供电极距 1020 m，测量极距 300 m，测值 288 Ω·m。因干扰太大，1990 年停测。

地磁观测　1977 年 9 月，在台站建地磁地下室一孔，面积 18 m²，覆盖厚 5.0 m，通道出口建地面观测室 32 m²，双层门保温。架设陶磁偏角仪观测，后停测。

（三）现海原地震台（县城）

为解决职工工作与生活困难，经国家地震局批准，于 1992 年 9 月在海原县城东南侧交联路东新建地震台，占地面积 5897 m²，建二层观测楼一幢 350 m²、二层住宅楼一幢 6 套住宅 350 m²。建半地下室一孔 10 m²，浇注水泥摆墩作为 DK-1 地震仪摆房。1992 年 10 月，将小山村山洞地震仪信号改传至现台观测，将黎庄台 DK-1 中长周期地震仪迁至现地震台半地下室观测，后停测。仍在小山泉点采样，送地震台观测水氡，2011 年停测。2009 年 11 月，在地震台院内建 GNSS 基准站，2011 年 6 月正式观测。

在该台先后工作的人员：潘志玺、张玉珍、姚兴、余志新、姚宗智、罗永选、黄生成、邱鹏、葛世权、兰刚、程鹏图、贺永忠、延海军、杨平、蔡黎明、李万胜、常明、郭振江、张立强、常兴、柳忠旺、张正义。

六、灵武地震台

1965 年建台以来三易台址，即：县城东和马场、灵武园艺场、县城北街。

（一）灵武临时地震台（县城东及马场）

1965 年 10 月，在灵武县城东烈士陵园借房 1 间架设 63-A 型单分向烟记录地震仪观测，台基为砂土，拾震器放置在陵园内 5 m² 的临时摆房，摆墩砖砌水泥抹面。实际工作静态放大倍率 8000 倍。1967 年 5 月，该台迁至灵武县城南 12 km 的马场，拾震器放置在临时挖的摆坑内，实际工作静态放大倍率 10000 倍。1970 年 3 月，架 FD-105 静电计开展水氡观测，采样泉点在马场东 1.5 km 的大泉，该自流井所处部位是一个断层泉，深 350 m，自喷高度 2.5 m，氡值 14.8 Bq/L。1970 年，因台站搬迁而停测。

（二）灵武综合地震台（灵武园艺场）

1970 年 5 月，在距灵武县城 3 km 的灵武园艺场四队选建灵武综合地震台，台基为灵武东山山麓砾石砂土层。占地面积 4686 m²，建砖木结构观测室等 12 间 200 m²、土木结构房 6 间 120 m²；围墙外 150 m 处建地震仪摆房，为 7.0 m 深竖井，平面面积 4 m²，井底摆墩用混凝土浇注；台院内半地下室 2 孔，深 3.0 m，面积 6 m²，顶部覆盖层 2 m。

测震　1970 年 12 月，将灵武县马场临时台迁至该台工作。仍架 63-A 型单分向烟记录地震仪观测。拾震器放置在竖井内，实际工作静态放大倍率 15000 倍。1973 年改架 “B73” 三分向烟记录地震仪观测，各分向实际工作放大倍率 20000 倍。1979 年更新为 “573” 三分向烟记录地震仪，各分向实际工作放大倍率 15000 倍（已停测）。2008 年 10 月，在灵武台安装井下摆（JDF-2）。

水化观测　1971 年 8 月，架 FD-105 静电计改测灵武精神病院深井水氡。该井深 174 m，距台 3.5 km，氡值 13.0 Bq/L。1984 年 11 月，改架 FD-125 氡钍分析仪观测。因用水干扰，于 1986 年 1 月选用县城东南的安家湖自流井测氡，该井距台站 3.0 km，井深 190 m，流量 0.02 L/s，水温 12.0℃，氡值 10.0 Bq/L（已停测）。2007 年 6 月，在灵武大泉井架设水温仪（SZW-1A）、水位仪（LN-3A）、测汞仪（RG-BQZ）、测氡仪（SD-3A）、气象三要素（WYY-1）。

地形变观测　1974 年 4 月，在院内半地下室架设电子倾斜仪观测；1975 年 8 月改架石英倾斜仪观测。因观测条件不符合规范要求，1981 年 5 月停测。

地磁观测　1974 年 4 月，在院内半地下室架设磁秤和核子旋进磁力仪观测。因观测条件不符合要求，1978 年停测。

（三）现灵武地震台（县城北街）

1991 年，在灵武县城北街选建灵武地震台，占地 1848 m²。1992 年，建三层观测楼 432 m²、建 3 套职工住宅 189 m²。1997 年 3 月，将原灵武综合地震台转让灵武园艺场，把水氡仪器迁至现台观测，取水点仍为安家湖自流井。1999 年 7 月，在灵武东塔乡果园三队开展二氧化碳气体观测，测孔位于断层上，2000 年 7 月停测。2007 年 6 月，将大泉自流井改建为流体观测井，井深 80.5 m，架设 LN-3A 型水位仪、SZW-1A 型水温仪、SD-3A 型气氡仪、RG-BQZ 型气汞仪、WYY-1 型气象三要素仪；在地震台院内钻 250 m 深井，于 248 m 处架设 JDF-2 型井下摆。

在该台先后工作的人员：魏诚、安文国、刘琨、赵知军、卢金铎、许行、唐来发、崔占魁、蒋云、吴广新、关汝贤、王棉棉、甄代顺、薛桂华、白莹、周雪莲、王梦林、李建华、白晓川、吴成功、张隆生。

七、盐池综合地震台

1. 台站建设

1970 年 4 月，在盐池县城借县文化馆两间房设临时地震台，架单分向烟记录地震仪开展地震观测。拾震器放置城墙边挖的土坑内，实际工作静态放大倍率 10000 倍。1970 年 10 月，在距盐池县城 3 km 的城郊公社沟沿大队得胜墩生产队（现城郊乡沟沿村）建成地震台，台基为砂页岩。占地面积 2525 m²，建观测室和办公室 7 间 130 m²、地下室 1 孔，在院外 120 m 处建砖混结构地震仪摆房 1 间 15 m²，摆墩用混凝土在基岩上浇注而成。1999 年 8 月，在县城北关东路北侧建生活区，占地面积 2000 m²，建二层观测楼，建筑面积 231 m²，职工住宅一套 80 m²。

2. 观测项目

测震　1970 年 11 月，将单分向地震仪从县文化馆迁至该台观测，实际工作静态放大倍率 30000 倍。1973 年 12 月，改架 "473" 三分向烟记录地震仪工作，各分向实际工作静态放大倍率 26000 倍。1981 年，扩建摆房 1 间 15 m²。1986 年 1 月，增架 DK-1 中长周期地震仪观测，拾震器放置在摆房，放大倍率 600～100 倍。1992 年初，在原摆房 80 m 处新建摆房（地下室），垂直深度 5.0 m，面积 5 m²，覆盖厚 2.5 m，在基岩上浇注混凝土摆墩。1992 年 11 月，将原摆房的 64 型拾震器迁入新摆房观测，实际工作放大倍率提高到 60000 倍。1993 年 10 月，改架 DD-1 三分向墨水记录地震仪观测。2001 年 7 月，将 DK-1 地震仪拾震器搬至地下室内观测（2003 年 10 月停测）。2003 年 10 月，架设 KS-2000 地震仪。

地形变观测　1971 年 1 月，在地下室架设金属摆倾斜仪观测，仪器光杠杆长 1.0 m，周期 17 s。因观测条件不符合规范要求，1984 年 3 月停测。

水氡观测　1971 年 8 月，架设 FD-105 静电计开展水氡观测。泉点距台 2 km，氡值 18 Bq/L，1974 年 6 月因干扰大停测。1978 年 6 月，距台 0.5 km 选泉点，氡值仍在 18 Bq/L。因泉点不符合观测规范，于 1980 年 10 月停测。

GPS 基准点　1995 年，宁夏地震局同日本东北大学达成开展 GPS 跨断层形变测量的协议，于 1996 年 10 月在盐池地震台新建摆房前建设 GPS 桩基，观测墩与基岩相接，地面部分长 0.7 m、宽 0.7 m、高 3.5 m，地下部分长 1.7 m、宽 1.7 m、深 1.2 m。

1997 年，中国地壳形变网络建设项目（95-10）部在宁夏选定盐池地震台为 GPS 基准站。1998 年，紧靠该台新摆房西侧建观测室两间 35 m²，分内外两室，外室建 GPS 天线墩，内室放置仪器设备。屋顶架卫星地面站和太阳能电池，并采取避雷措施。1999 年 4 月 1 日投入试运行，1999 年 8 月经中国科学院、总参测绘局和中国地震局验收为优秀。2000 年 4 月 1 日正式投入运行，自动观测，自动储存，GPS 数据中心随时可通过卫星或电话提取数据。2009 年，"中国大陆构造环境监测网络" 项目架设仪器 NetR8，开展 GNSS 观测。

在该台先后工作的人员：王国祥、夏月山、王生才、高生兴、刘文凯、纪庆文、赵卫东、王利波、常明、李万胜、刘春云、王峰、徐金银。

八、西吉综合地震台

1. 台站建设

1971 年 10 月，西吉县地震办公室建县办地震台，开展测震、水氡观测。1973 年，宁夏地震队将县城东葫芦河畔的县种猪厂房舍改扩建成西吉地震台，台基为粉砂层，占地面积 3000 m²。新建砖房 5 间作为观测室，维修原有土坯房 13 间，在围墙外开挖窑洞式摆房一孔，面积 6 m²。1974 年 6 月，该台建成后，西吉县地震办公室同宁夏地震队达成协议，将县办地震台人员和仪器设备移交宁夏地震队。1984 年，为改善台站工作和生活条件，新建砖混结构观测室、单身职工宿舍 10 间 270 m²，新建职工住宅 2套 110 m²，改造原建房屋 200 m²。1985 年 10 月，将所有观测仪器搬入新建观测室工作。随着城市建设的不断发展，干扰增大，环境条件不符合地震观测规范要求，于 1993 年 5 月停测，建筑物转让西吉县经委。

2. 观测项目

测震　1971 年 10 月，架 DSL-1 单分向烟记录地震仪，拾震器放置在县委大院防空洞内，仪器实际工作静态放大倍率为 9600 倍。1975 年 5 月，将单分向地震仪更新为"B73"型三分向烟记录地震仪工作，各分向实际工作静态放大倍率 5000 倍。1993 年停测。2005 年，在火石寨开凿山洞，于 2007 年架 CMG-3ESP 型地震仪。

水氡观测　1972 年 7 月，架设 FD-105 静电计开展水氡观测，泉点为西吉县城南3 km 的阮家庄泉儿湾的下降泉，流量 0.10 L/s，水温 7.0℃，水氡测值 55 Bq/L。

地电观测　1977 年 6 月，架设 DDC-2A 电子自动补偿仪，开展地电阻率观测。测道呈不对称交叉分布，北东 75°道供电极距 900 m，测量极距 300 m；北西 40°道供电极距 700 m，测量极距 200 m，测值 8.5～7.8 Ω·m。为减少干扰，于 1986 年 6 月将北西道测线东移 500 m。

地下水位观测　1976 年 11 月起，对西吉县火石寨公社沙岗子 1 号深井（391.0 m）和沙岗子 2 号深井（312.74 m）水位进行观测。

在该台先后工作的人员：朱峻峡、陈余忍、马一民、马尚义、王树经、赵文科、陈致雄、夏月山、丁国柱、王凤萍、崔福元、黄慧芳、马思敬、任爱萍、王树富、任雪梅、延海军、白晓川、杜文勇。

九、同心地震台

1. 台站建设

1974 年 11 月，在距同心县下马关公社 15 km 的小罗山脚下红城水下垣大队第二生产队选定地震台，占地面积 2700 m²，建土坯观测室和住房 7 间，占地面积 1200 m²，在台 700 m 处的煤山东麓石炭系砂页岩上建半地下室窑洞 2 孔，各长 2.5 m、宽 2.0 m、高 2.1 m，用混凝土在基岩上浇注摆墩。1982 年，对地震仪摆房进行改造，向下挖 1.3 m，在基岩上重新用混凝土浇注摆墩，摆房上部覆盖 3 m 厚砂土。1983 年，改建砖混结构观测室、办公室和住房 9 间 217 m²，打 15 m 深水井一口，保证生活用水。1995 年 10 月，撤销同心地震台，转让当地。

2. 观测项目

测震　1975 年 5 月，架"B73"三分向烟记录地震仪观测，各分向实际工作静态放大倍率 30000 倍。1979 年 6 月，微震仪更新为"573"三分向烟记录地震仪，各分向实际工作静态放大倍率 13 万倍。由于 65 型拾震器工作不稳定，1980 年又改为"B73"地震仪工作。1995 年 10 月，罗山遥测子台正式投入观测后，取代同心地震台工作。

水氡观测　1976 年，架 FD-105 静电计开展水氡观测，发电机供电。泉点距台 200 m，氡值 40 Bq/L。1978 年 4 月，因山洪压埋泉眼无法取水而停测。1984 年，利用院内井水测氡 8 个月，由于氡值太低而停测。

在该台先后工作的人员：安文国、余志新、高生兴、陈学武、王军、马玉龙、王建功、李惠智、李建华、陈致雄、周学莲、赵卫东、邢同成、杨平、李万胜、刘春云、张翠玲。

十、青铜峡地应力站

1970 年，兰州地震地质大队在青铜峡镇距黄河大坝东侧 100 m 处选建地应力站，当年 7 月 20 日建成投入观测。台基为灰岩，占地面积 90 m²，建观测室 4 间，地应力观测井孔深 44.97 m，孔内下四个元件，架 DLI-69 型电感应力仪观测。各向电感值：北东 30° 向 31000μH，北西 30° 向 34490μH，东西向 24477μH，悬空 28187μH。1971 年 8 月，该台移交宁夏地震队。

1975 年初，北京三河地质大队钻深 48.67 m 的新井孔，同年 9 月安装元件，新孔位于旧孔西侧 8 m 处。1976 年，建办公室和住房 7 间，将两观测井孔修建在 24 m² 的地下室内，顶部覆盖 3.0 m 土层，仪器架设在地下室恒温测量，年温差 5℃～10℃。改建后的台站占地面积 300 m²。新孔电感值：东西向 44165μH，北西 30° 向 34947μH，北东向 41378μH，悬空 34765μH。1986 年 12 月，因新孔元件漏电，精度不高而停测。

1984 年 8 月，利用台站院内地应力废孔开展水位和气压观测，井深 46.9 m，水位埋深 20.5 m，架 SW40-1 型水位自记仪观测。

1985 年，建家属住宅 5 间 85 m²。由于地应力仪器元件老化，灵敏度降低，于 1998 年 3 月正式撤销该台建制，台站建筑物转让青铜峡电厂。

在该站先后工作的人员：张华、吴乙让、刁守忠、高祥林、徐德祥、文正国、高莉清、谢建永、马玉龙、安文国、吴广新、王小力、安玉清、张晓勇。

十一、红果子形变台

1976 年 5 月，宁夏地震队在平罗县西北 35 km 的贺兰山东麓红果子沟沟口洪积扇上，选建红果子定点形变台，开展短水准和基线测量，监视长城错动，探寻断层活动与地震的关系。此处一段 3.5 km 的明代长城，石块砌筑段水平错动 1.45 m，土夯段垂直错动 0.95 m，与洪积扇陡坎相对应。生活区位于红果子火车站北 1 km，占地面积 3000 m²，建办公室和职工宿舍共 16 间 300 m²。同年 8 月，在长城错动处北侧建基线场，按大地四边形布设 8 个基线桩，桩距 24 m。1976 年 10 月，开始绕基线场地进行短水准试测。1977 年，在长城北侧布设 14 个水准站点，测线长 340 m，使用 Ni004 水准仪正式开展短水准复测，同时不定期开展基线测量。1979 年，在长城南侧新布设 16 个水准站点，测线长 320 m，两测线同时进行复测，复测周期 1 天。由于基线桩埋设不合规范要求，未正式开展基线观测，1978 年停测。

1981 年 9 月，经国家地震局批准，撤销红果子台建制，延长短水准复测周期为 10 天，红果子短水准测量工作交由石嘴山地震台承担，红果子台的工作人员分配到银川基准台和石嘴山地震台，生活区建筑物转让石嘴山第四中学。1984 年 5 月，红果子短水准测量工作交宁夏地震局测量队承担，复测周期改为 1 个月。1984 年 7 月，测量队对红果子测量场地进行改建，保持原测线，在原场地断层两侧新增加 6 个基本水准点，组成六边形测环，测环长度 657 m，原测线长改为 310 m，测线总长 967 m，其中 3 个测段与断层相交。1996 年 10 月，改造测量场地，过渡站点基本等距布设，用水泥砂浆浇注，长、宽各 1.2 m，深 0.4 m。为保护测量场地，在惠农县土地局办理土地使用面积 31076.0 m² 证书。

1984 年 6 月，在苏峪口贺兰山山前活动断层陡坎两侧建短水准测量场地，由 6 个基本水准点组成环线，测线总长度 540 m，其中 2 个测段与断层正交。1984 年 11 月，正式开测，复测周期每年 12 次。两场地均使用 Ni002A 型水准仪观测，水准标尺为西德产双排木式铟钢带尺。1996 年 10 月，平整测量场地，将过渡站点用水泥砂浆浇注。在贺兰县土地局办理土地使用面积 12500 m² 证书。

1988 年 2 月，撤销测量队建制，红果子和苏峪口短水准测量工作由宁夏地震局监测处测量组承担，复测周期改为每月 1 次。1990 年 12 月，红果子和苏峪口短水准测量工作由银川基准台承担，复测周期为两月 1 次。1996 年 8 月，红果子和苏峪口短水准测量工作由宁夏地震局地震监测中心管理并组织观测，复测周期 3 个月。1998 年 12 月，红果子和苏峪口短水准测量由宁夏地震局地震监测预报研究院承担。2001 年 3 月，红果子和苏峪口短水准测量由银川基准台承担，复测周期 3 个月。

在该台先后工作的人员：潘祖寿、文卫、郭宏斌、谢富仁、李福利、苏文昌、郭海军、李冬临、马思敬、刘存、陈致雄、王国祥、任爱萍、马俊宁、朱峻峡。

十二、宗别立地震台

1966 年，中国科学院兰州地球物理研究所在内蒙古阿拉善左旗宗别立公社所在地的气象站院内设临时地震台，架单分向地震仪观测，1967 年停测。1971 年，宁夏地震队在宗别立气象站院内架单分向烟记录流动地震仪，开始选址试记。1972 年在气象站东侧 50 m 基岩出露处定址建台，建土坯房 6 间作为观测室和住房，占地面积 1600 m²，在花岗岩上开凿地下室 2 间 10 m²。1973 年 5 月，架"B73"三分向烟记录地震仪开始观测，各分向实际工作静态放大率 40000 倍。1974 年 5 月，改架 DD-1 型地震仪工作，各分向实际工作静态放大率 50000～90000 倍。1974 年 5 月，架电子倾斜仪观测，1976 年改架金属丝水平摆倾斜仪观测。1976 年，建砖木结构观测室和办公室 6 间 150 m²，将原 6 间土坯房改造为家属和职工宿舍。

1979 年 10 月，因行政区划变动，将该台移交内蒙古自治区地震局。鉴于该台测震资料对监视宁夏北部地震活动的重要作用，由该台代宁夏地震局观测一套 DD-1 地震仪，记录图纸由宁夏地震局使用，1989 年 6 月终止。

在该台先后工作过的人员：殷占魁、余志新、赵成科、冯涛、俞诚、刘玉山。

十三、吉兰泰地震台

1976 年 6 月，在内蒙古阿拉善左旗吉兰泰公社五队建土坯观测室和住房 5 间 90 m²、地面摆房 7.5 m²，台基为砂黏土。1977 年 9 月，架"B73"三分向烟记录地震仪观测，各分向实际工作静态放大率 9000 倍。1979 年 10 月，因行政区划变动，将该台移交内蒙古自治区地震局。

在该台先后工作的人员：刘远、王梦林、孙太山。

十四、乌达地应力站

1970 年初，兰州地震地质大队选乌达市西 3.5 km 五虎山东麓的奥陶系致密灰岩上建乌达地应力站，占地面积 160 m²，建观测室 1 间 15 m²、职工住宅 5 间 80 m²。在基岩上钻电感和振弦应力观测孔各一孔，电感应力孔深 63 m，振弦孔深 24 m，两孔相距 3 m 且均在观测室内，孔内无渗水。电感孔底部安装三个受力元件，其方向为：北西 50°、北东 70°、北东 10°，同时在孔内放置一个悬空元件，使用 DL1-69 型电感应力仪于 1970 年 11 月正式观测。振弦孔底安装三个受力探头，其中一个探头因加力不当损坏，另两个探头的方向是：北西 40°、北东 20°，另放置一个悬空探头，使用 XYL1-70 型振弦地应力仪于 1971 年 3 月正式观测。该台投入观测后，于 1971 年 8 月移交宁夏地震队；1974 年 12 月，由宁夏地震队移交内蒙古地震队。

在该站先后工作的人员：任庆维、黄诚、张华、顾谷钧。

第二节　银川无线遥测地震台网

一、台网建设

1986 年 2 月，国家地震局以合同制项目下达建设银川无线遥测地震台网任务，宁夏地震局抽调技术人员野外考察选址、仪器选频和试记、土建。1988 年，建成银川地震遥测中心和银川小口子、青铜峡牛首山、灵武横山、磁窑堡、陶乐红崖子等五个子台和横山中继站，同年 7 月试运行，1989 年 12 月验收通过，台网观测系统投入正式运行。台网共投资 29.4 万元。1992 年 8 月，筹建同心罗山子台，1995 年 10 月投入运行，并纳入银川无线遥测地震台网统一管理。

银川无线遥测地震台网在 1989 年 12 月至 1994 年运行期间，仪器工作基本正常，信号传送质量较为稳定，台网总体效益发挥较好，基本达到设计要求。由于城市建设快速发展，台站周围观测环境不断恶化，通讯干扰加大，仪器设备老化，故障增多等因素，造成台网整体效益下降。1996 年，对遥测地震台网进行技术改造，观测质量有所提高。

二、台网构成与监控能力

（一）接收中心

银川地震遥测台网接收记录中心设在宁夏地震局机关大楼，接收天线架设在楼顶，天线总高 22 m，记录室内架 CDM 接收机两台、终端机 11 路、768 记录器两台和 DD-1 记录器一台观测。记录中心接收牛首山子台三分向、横山子台三分向、红崖子子台垂直向、磁窑堡子台垂直向、小口子子台三分向、罗山子台三分向信号。

（二）台网子台

银川小口子子台、银川小口子中转站　1986 年 6 月，利用国家地震局 581 厂生产的无线传输设备将银川小口子台 DD-1 地震信号传至银川宁夏地震局机关记录。MYD-Ⅱ无线传输仪放置在小口子台值班室，发射天线安装在小口子台楼顶，选择两山山口夹缝将地震信号直传银川。1989 年 7 月，遥测台网建成后，小口子台 DD-1 三分向地震信号直传银川遥测台网记录中心，三分向实际工作放大倍率 7 万倍。为解决红崖子和磁窑堡两子台的无线传输问题，1996 年在小口子台建成中转站。2007 年 6 月，架设 CTS-1 型地震仪。

灵武横山子台、横山中转站　1987 年 7 月，在灵武县临河乡黑山建成横山子台并投入观测。台基为奥陶纪灰岩，DD-1 三分向地震仪拾震器洞室面积 10 m²，覆盖层厚 3 m。

在山洞顶建发射机房一座9 m²，放置CDM-1发讯机。半年后将提供电源的空气电池改为太阳能电池。同期建成横山中转站，接收中转牛首山三分向地震讯号传接收记录中心。1988年5月，接收中转红崖子和磁窑堡两子台单分向地震讯号传接收记录中心，将太阳能电池换架150W风力发电机，并备四组蓄电瓶供电。

青铜峡牛首山子台　1986年9月，在距青铜峡县青铜峡镇22 km的牛首山东麓微波站建成牛首山子台，占地面积666 m²，在奥陶系灰岩开凿地下摆房一孔10 m²，发射天线架设在发射机房顶。1987年5月，架DD-1三分向拾震器，地震信号通过CDM-2收发讯机传银川记录中心。仪器实际工作静态放大倍率13万倍。1997年12月，同心罗山中转站建成后，将该台DD-1垂直向地震信号通过罗山中转站传至银川记录中心。2007年6月，架设CMG-3ESP型地震仪。

陶乐红崖子子台　1987年11月，在陶乐县红崖子乡东1 km建成投入观测，占地666 m²，建土窑洞式摆房一孔5 m²、发射机房9 m²。架DD-1单分向拾震器，用铠装电缆埋至发射机房，架768单路发射机，发射天线和太阳能设备都架设在发射机房房顶之上，地震信号直传银川记录中心。1988年5月，地震信号通过横山中转至银川记录中心。1996年9月，地震信号通过小口子中转至银川记录中心。仪器实际工作静态放大倍率7万倍。2007年6月，架JDF-2型深井摆。

灵武磁窑堡子台　1988年初，在距灵武县城23 km的磁窑堡镇北建成，占地面积666 m²。摆房选在粉砂岩处，放置DD-1单分向拾震器，天线架设在10 m水泥杆上，768单路发射机放置在摆房内，交流市电、蓄电瓶浮充转换供电。1988年5月，经横山中转至银川记录中心。1996年9月，改由银川小口子中转站将地震信号传至银川记录中心。仪器实际工作静态放大倍率7万。2002年停测。

同心罗山子台、罗山中转站　1995年10月，在同心县罗山主峰上的微波站东侧山梁上建成。在板岩上开凿山洞9 m²，内架DD-1拾震器；租微波站专用铁柜安放DWY单分向遥测地震仪发信机两台，发端天线架设在微波站的铁塔上，同银川遥测台网中心接收天线高差为1624 m，接收场强30 dB，干扰小，实际工作静态放大倍率11万。1997年12月，建成罗山中转站，将牛首山单分向地震信号通过罗山中转至银川记录中心。2007年6月，架设FBS-3型地震仪。

（三）监控能力

1989年12月，银川无线遥测地震台网建成后，台网内及网缘地区可控制$M_L \geq$ 1.7级地震。2000年全区地震台网可监控区内大部分地区的$M_L \geq 2.5$级地震和部分区域内的$M_L \geq 2.0$级地震，可监控银川、灵武个别区域内的$M_L \geq 1.5$级地震。

第三节　强震动观测台

哈尔滨工程力学研究所于 1968 年 7 月在银川城区宁夏交际处架设 RDZ-12-66 型强震仪观测（六笔照相记录），同年 8 月改架在宁夏工业厅机械研究所三楼观测，观测工作划归兰州强震观测中心管理，于 1972 年移交宁夏地震队管理。期间，兰州强震观测中心在石嘴山（现惠农区）架 QZY 型（仿苏）强震仪观测一年。依据国家地震局"八·五"重点项目（85-01-04-01）规划，于 1994 年初建成石嘴山、灵武、海原三个强震动台并投入观测。

一、石嘴山强震动台

位于石嘴山地震台院内，台基为洪积扇坡积物。1994 年 1 月，架 GQ-Ⅲ型强震仪投入观测。该仪器回转摆三个，互相正交，自振频率 28±3 Hz。1996 年 5 月 3 日较好地记录了震中距 380 km 的内蒙古包头 6.4 级地震，图形清晰，最大加速度值北南向 22.09 Gal。

二、灵武强震动台

位于灵武地震台院内，台基为黄土。1994 年 1 月，架 GQ-Ⅲ型强震仪投入观测，仪器基本参数同石嘴山台。

三、海原强震动台

位于海原地震台院内，台基为卵石层。1994 年 1 月，架 GQ-Ⅲ型强震仪投入观测，仪器基本参数同石嘴山台。1998 年 7 月 29 日较完整地记录了震中距 28 km 的海原 4.9 级地震，最大加速度值北南向 38.5 Gal，是宁夏开展强震观测以来所获得的第一个最大加速度记录，也是区内首次有重要价值的近场强震记录。

"十·五"期间在全区建设 48 个强震动台站，见本篇第五章。

第四节　临时地震台

一、海渤湾地震台

1967 年 8 月，为监视宁夏北部地区地震活动，宁夏地震台站管理组在海渤湾市东部的磨儿沟口 208 地质队借房架单分向烟记录流动地震仪观测，实际工作静态放大率 9800 倍。1969 年 3 月，因台址不理想停测。

二、陶乐地震台

宁夏地震分室根据测震台网布局，于 1965 年 10 月在陶乐县城东南 1 km 的马太沟公社移民四站借房架微式单分向烟记录地震仪观测，实际工作静态放大率 22000 倍。1969 年 4 月，因台址不理想停测。

三、吴忠高糜子湾临时地震台

1971 年 6 月 28 日吴忠发生 5.1 级地震，次日宁夏地震前兆队在高糜子湾借房架单分向烟记录流动地震仪应急观测，仪器实际工作静态放大率 15000 倍，记录余震发挥了重要作用。1971 年 9 月撤台。

四、阿拉善左旗巴音木仁临时地震台

1976 年 3～4 月，阿拉善左旗巴音木仁地区出现震群活动，宁夏地震队根据震情趋势，在巴音木仁公社借房架单分向烟记录流动地震仪观测，仪器实际工作静态放大率 15000 倍，7 月撤台。同年 9 月 23 日巴音木仁东发生 6.2 级地震，当日在巴音木仁公社架设流动地震仪观测，记录主震后的地震活动起到重要的作用。1976 年 11 月撤台。

五、固原七营临时地震台

1976 年固原北出现两次震群活动，最大震级 3.8 级。为监视该地区震群活动，同年 9 月 5 日在固原县七营公社租房架单分向烟记录流动地震仪观测，仪器实际工作静态放大率 15000 倍。1976 年 12 月撤台。

六、灵武新华桥临时地震台

1984 年 11 月 23 日灵武县境内发生 5.3 级地震。为监视余震活动，次日在灵武县新华桥镇园艺场租房架 DSL-3 型三分向墨水记录地震仪工作，仪器各分向实际工作静态放大率 20000 倍。1985 年 1 月撤台。1987 年 8 月 10 日灵武县境内发生 5.5 级地震，震后在此地架设地震仪开展余震观测，1988 年 3 月撤台。该台在监测灵武两次中强地震的余震中起到重要作用。

七、黄河黑山峡地区临时地震台网

为了对黄河黑山峡两水电厂坝址（小观音和大柳树）的区域地质稳定性评价提供精确的地震活动资料，宁夏地震局于 1984 年 8 月在孟家湾、景庄、黑土湾建临时地震台，和原中卫地震台组成地震观测台网，对黑山峡两侧约 50 km 范围内的地震活动进行监测。

中卫孟家湾临时地震台　在中卫孟家湾村租房架 "573" 三分向烟记录地震仪观测，仪器三分向实际工作静态放大倍率 30000 倍。1985 年 1 月撤台。

中卫景庄临时地震台　在中卫县景庄乡梁水园子卫生所借房架 "573" 三分向烟记录地震仪观测。各分向实际工作静态放大率 30000 倍。1985 年 1 月撤台。

景泰县黑土湾临时地震台　在甘肃省景泰县翠柳沟黑土湾生产队借房架 "B73" 三分向烟记录地震仪观测，三分向实际工作静态放大率 40000 倍。1985 年 1 月撤台。

第三章　流动地震监测

第一节　大地水准测量

1958～1965 年，国家测绘总局在宁夏境内布设一等水准测量路线，埋设 97 个水准点，共施测 465.6 km。国家地震局从 1970 年开始，在宁夏境内布设地震水准路线和支线 33 条，总长 2858.5 km，埋设水准点 904 个，已观测 2749.8 km。其中 805.7 km 和 532.7 km 路线分别被国家一、二等水准网利用。施测的主要技术规范同国家一等水准测量。

20 世纪 70 年代初，中国地震预报研究大范围开展，迫切要求把地壳运动、地球重力场的研究摆到重要位置，提供精确资料。宁夏地区重新布测的任务主要由国家地震局第二测量大队承担，陕西省第一测绘大队和黄河水利委员会勘测规划设计院测绘总队各承担部分任务。布测工作从 1976 年开始，1981 年结束。经过宁夏的一等水准测线为 6 条：棋盘井—吴忠、黄羊滩—吴忠、吴忠—绥德、吴忠—和尚铺、静宁—和尚铺、和尚铺—咸阳，共 230 个水准点，路线长 967.1 km，其中国家地震局第二测量大队施测 193 个水准点，路线长 805.7 km。测段距离最大 10.2 km，平均 4.2 km。

第二节　地壳形变测量

一、垂直形变测量

区域形变水准网　1967 年，国家测绘总局第八大地测量队在银川区选埋了石嘴山西环线、石嘴山-徐家桥、大磴沟-平罗 3 条地震水准路线和银川-小口子、苏峪口、插旗口、灵武，平罗-陶乐 5 条地震水准支线。1970 年，兰州地震大队地震测量队（1978 年 7 月改为国家地震局第二测量大队）改选上述部分水准路线，补埋和更埋了原兰西线宁夏段和咸阳—中宁精密水准路线之马家河湾至和尚铺段（简称咸中线）的水准标石。1971 年起，兰州地震大队地震测量队陆续进行新线布测，至 1986 年，在银川区布设地震水准路线 9 条，支线 5 条；在西海固区布设水准路线 16 条，支线 3 条。两区的水准网互相连接，构成 14 个闭合环，建成控制宁夏全区的垂直形变测量网。西海固区还同关中形变水准网和兰州–天水形变水准网互相连接。

宁夏全区地震水准路线总长 2858.5 km，其中银川区 937.6 km，西海固区 1920.9 km。至 1990 年，第二测量大队在宁夏累计观测地震水准路线 11589.6 km。全区埋设基本水准标石 57 座、普通水准标石 845 座。地震水准路线的复测周期，一般监视地区间隔 5 年，重点监视地区每隔 2～3 年沿全线复测一次，对穿过主要活动断裂带或形变异常地段的水准路线，则每年沿全线或其中部分线段复测一次或数次，发生地震时则根据需要随时复测。

短水准　1970～1989 年，宁夏布设的短水准场地共 14 处，全区共埋普通水准标石 46 座、基本水准标石 17 座。线长最长 2.11 km，最短 0.56 km。施测单位是国家地震局第二测量大队。宁夏地区每年复测 3～4 次。红果子、苏峪口短水准场地为宁夏地震局布测，1978～1981 年每日复测一次，此后每旬或每月复测一次。

应急监测　1970 年 12 月西吉发生 5.5 级地震，兰州地震大队地震测量队即组织两个小组，分别在震区布设临时定点短水准观测场，在震中南 50 km 的静宁一带复测形变水准路线。至 12 月下旬，两个组复测了兰西线的静宁至隆德段、静宁至七里铺段和天水–静宁线的威戎至静宁段共 80 km。1982 年 4 月海原发生 5.5 级地震，国家地震局第二测量大队派出 3 个小组赶赴震区复测，至 5 月底复测 480 km。

二、水平形变测量

1970～1981 年，国家地震局第二测量大队在宁夏布设 9 处水平形变三角网，共 87 个点。角度观测使用威尔特型经纬仪，全组合测角法。1980 年 5～6 月复测时，改用电磁波测距方法，以美国 RangeMaster–Ⅲ 型测距仪观测全网边长。

三、跨断层测量

1970～1985 年，国家地震局第二测量大队根据地质、地形特征，在宁夏境内布设了 27 处跨断层测量场地（称位移型形变测量场地），共施测三角点（含基线端点）、水准点各 102 点，基线 51 条。基线丈量使用 24 m 铟钢线状基线尺，三角观测使用威尔特 T3 型经纬仪，连同短水准测量，均按一等要求施测。该大队于 1980～1981 年在宁夏布设了 5 处应变型形变测量场地。

四、GPS 测量

1995 年底，自治区地震局和日本东北大学理学部商定，利用地震数字化记录和

GPS 观测资料进行宁夏中部地区中强地震与形变关系的研究，由日方提供设备和计算机软件，地震局负责建点、观测和分析。1996 年 11 月，建成宁夏中部 GPS 观测网，有盐池县城、灵武甜水河、灵武沙坝头、吴忠板桥和青铜峡龙坑子等 5 个观测站；1998 年，建成海原县城和阿拉善左旗站。该观测网最大边长 254 km，最短边长 17.9 km，鄂尔多斯块体、银川盆地、青藏块体各有两个 GPS 观测站，阿拉善块体有 1 个观测站。盐池位于鄂尔多斯块体腹地，基岩完整，故在盐池建基准观测站。1996 年 12 月、1997 年 3 月、1997 年 11 月、1998 年 5 月和 1999 年 5 月进行 5 期观测。

五、大地电磁测深

1970～1972 年，中国科学院兰州地球物理研究所大地电磁测深组在南北地震带中北端布点观测，获得我国第一批大地电磁测深资料。1973～1977 年，国家地震局兰州地震研究所大地电磁测深组在宁夏等地施测；1978～1988 年，该测深组利用德国 MMS-02E 型数字大地电磁测量系统，在宁夏等地开展大地电磁测深补测和复测工作。1970～1979 年在宁夏布设大地电磁测点 11 个（含阿拉善左旗测点）。

第三节　流动重力测量

1967 年 1～2 月，中国科学院测量与地球物理研究所在宁夏北部布设了青铜峡-石嘴山、灵武杨洪桥-回民巷、银川小口子-巴音浩特、平罗火车站-宗别立、平罗黄渠桥-陶乐红崖子 5 条地震重力测线，布设重力点 40 个。使用加拿大环球公司生产的CG-2型重力仪观测，联测精度 50μGal。1975 年 8～9 月，武汉地震大队同型号重力仪首次进行复测。同年，武汉地震大队在宁夏南部布设了中宁-隆德和吴忠-中宁-下河沿、西吉毛家坪-固原-官厅地震重力测线。联测使用 CG-2 型重力仪。

1978 年，宁夏地震队流动测量队开始承担全区地震重力测线的复测任务，自治区财政支持从加拿大购进 2 台 CG-2 型重力仪。该队增扩点线，建成以沿石嘴山至固原公路的测线为主测线，基本覆盖全区的区域重力网，全网 74 个测段，66 个测点，基本控制了宁夏的主要活动断裂。测量精度相当于国家一等重力网，复测周期为每年 2 次。1987 年起使用国家地震局 2 台拉科斯特-隆贝格 G 型重力仪往返联测，联测精度一般不大于 ±10μGal。到 2011 年底，已测有 89 期复测资料。

1981 年，宁夏地震局在苏峪口林管所与贺兰山磷矿之间建银川重力基线，使用 2 台 CG-2 型、3 台沃尔登型、1 台 ZS-2-67 型和 1 台 ZSM-Ⅲ型重力仪进行观测，因达不到地震高精度重力基线的要求，未予使用。1987 年 9 月，为便于拉科斯特-隆贝格重力仪安装观测和点位长期保存，宁夏地震局重新更埋了所有重力点标石。

第四节　流动地磁测量

　　1977 年 3 月，宁夏地震队流动测量队开始承担全区流动地磁测量，建立测点 22 个，使用 CHD 质子旋进磁力仪两台仪器，于 1977 年 3 月、1977 年 6 月、1977 年 9 月、1978 年 5 月共观测 4 期，每期 20 天。1977 年 10 月～1978 年 2 月，为监视震情活动，用两台质子旋进磁力仪分别在固原和西吉测点同一时间进行对比观测，每天测 5 次。因观测仪器等原因，第四期测量结束后停止观测。

　　先后参加流动测量的人员：屈新、张隆生、杨树棠、杨新宁、陈力、黄拓、郭宏斌、周志雄、严烈钧、郭海军、崔黎明、任爱萍、马俊宁、刘登宁、马思敬、刘存、王国玺、张家志、许文俊、高生兴、陈致雄、郭海军、王旭明、王学山、赵文科、吴立辛、杜文勇、延海军、李福利、余志新、赵宁、訾少刚、蔡黎明、杨平、安玉清、吴成功、梅浩、金涛、李鸿庭。

第四章 市县地震观测网

第一节 地震观测台站

一、银川市地震观测站

1982 年，建成观测室和办公室 14 间 180 m^2，占地面积 1666 m^2，同银川市地震办公室（现银川市地震局）合署办公。该站位于银川市东郊塔桥村（现银古公路口红花渠旁）。1982 年 8 月架土地磁、土地电、土地应力和土地倾斜仪观测。1986 年除深埋土地电外均停止观测，1989 年深埋土地电停测。1989 年转让银川市政府。

二、贺兰县地震观测站

1978 年，建观测室及办公室 14 间，占地面积 2342 m^2，同县地震办公室（现贺兰县地震局）合署办公。该站位于贺兰县政府大院北侧，同年 6 月架设土地电、土地应力、磁偏角、土地倾斜和磁秤等仪器开始观测，1986 年停测。后选建金贵井和暖泉井开展地下水动态观测。

三、永宁县地震观测站

1978 年，建观测室和办公室 11 间、职工住房 7 间，占地面积 3330 m^2，同县地震办公室（现永宁县地震局）合署办公。该站位于永宁县城东 2 km 处，同年 6 月架土地电 4 组、电磁波仪 2 台、大气电位仪 1 台观测，开展浅井水位观测 4 处。1986 年除保留深埋土地电观测外，其它观测仪器停测。1989 年 10 月，架 DDC-2A 电子自动补偿仪开展地电阻率观测，1993 年 6 月更换 ZD-8 地电自动记录仪观测，1999 年 6 月改架为 ZD-8B 数字地电仪观测。

四、石嘴山市地震观测站

1980 年，石嘴山市地震办公室在大武口贺兰山南路建办公室和观测室 11 间 200 m^2，为市地震办公室和地震观测站工作用房。购置 FD −125 氡钍分析仪、电导仪、超级恒温水浴等仪器设备，开展综合水化观测。1983 年 6 月，在九泉观测井架 HCJ-1 水位自计仪开展水动态观测；1986 年对简泉村自流井进行改造，架 CZ-1 型流量仪观测流量和水温，1990 年停测；1991 年在简泉村涝坝沟泉点（简泉）取水试测水氡；1992 年在简泉泉点建观测室 7 m²，1993 年正式架 SD-1 型双道自动测氡仪进行水氡连续观测，氡值 62 Bq/L。1994 年，因仪器问题而停测。1987 年，石嘴山市科委大楼竣工后，该观测站拆除。

五、平罗县地震观测站

1980 年，在平罗县二闸乡光华村东建观测室和办公室 10 间 170 m²，占地面积 8000 m²，同平罗县地震办公室（现平罗县地震局）合署办公。1982 年建住宅 3 间 55 m²。1981 年 3 月架陶瓷偏角仪、土地应力仪、土地电和土地倾斜仪观测。1986 年停测。1982 年选建平罗 136 井开展水动态观测。1986 年 9 月架 DDC-2B 电子自动补偿仪，开展地电阻率观测，十字型布极，东西道供电极距 950 m，测量极距 250 m，测值 12.5 Ω·m；南北道供电极距 1000 m，测量极距 300 m，测值 12.4 Ω·m。1993 年更换为 ZD-8 地电仪观测。2007 年 6 月停测。

六、陶乐县地震观测站

1979 年，建观测室和办公室 10 间 160 m²，住房 2 间 40 m²，占地面积 6448 m²，同县地震办公室合署办公。该站位于陶乐县城南石油站西侧，台基为黄土。1980 年 5 月架土地应力、土地电、生物电和陶瓷偏角仪开始观测。1981 年 7 月架 "473" 三分向烟记录地震仪工作，各分向实际工作放大率 7000 倍。1981 年 8 月选 47 号井开展水动态观测。1982 年 7 月，架 DDC-2A 电子自动补偿仪开展地电阻率观测，仅架东西测道，供电极距 1500 m，测量极距 500 m。1985 年 6 月停测。1986 年保留水动态观测，其余观测仪器均停测。

七、石炭井矿务局地震台

1979 年，石炭井矿务局建矿办地震台，同石嘴山三区地震办公室合署办公。建观测室和办公室 8 间 160 m²、地下室 2 间 30 m²、地震仪摆房 14 m²。该台位于石炭井镇西北侧，台基为泥质灰岩。1976 年架 DD-1 地震仪开始微震观测，各分向实际工作放大倍率 50000 倍；1985 年更换为 "573" 三分向烟记录地震仪。1979 年在地下室架磁偏角仪工作，1984 年停测。1976 年 8 月，架 FD-105 静电计开展水氡观测，在距台 12 km 的塔塔沟 8 号泉取水，氡值 21.6 Bq/L，1985 年 10 月停测。1985 年维修该台对面的防空洞，覆盖 11 m，距观测室 50 m，同年 8 月将 65 型地震仪拾震器移放防空洞内，各分向实际工作放大倍率 10000 倍；在防空洞架金属摆倾斜仪，仪器折合摆长

14.5 m（已停测）。

八、石嘴山矿务局地震观测站

1970 年 3 月，石嘴山矿务局建地震观测点，是宁夏最早的地方地震观测点。观测室设在矿务局医院，在医院防空洞内先后架设磁秤、土地应力仪、土地倾斜仪观测，在职工机校和机关农场开展土地电、生物电和地下水动态等项观测。1977 年该观测点被评为全国地震战线先进集体（全国十面红旗之一）。1978 年建观测室和办公室 5 间 100 m²，占地面积 900 m²。1978 年 5 月，在防空洞架 DD-1 地震仪开展微震观测，各分向实际工作放大倍率 50000 倍，1986 年 6 月停测。1983 年架设 FD-105 静电计测氡，取水泉点在矿务局化工厂，氡值 7 Bq/L，1989 年停测。1996 年 7 月该观测站撤销。

九、西北轴承厂地震观测站

1978 年 9 月，在贺兰山大水沟沟口点将台下建观测室和办公室 15 间 270 m²，台基为花岗岩。架设 DD-1 微震仪观测，拾震器放置在山洞内，三分向实际工作静态放大率 40000 倍；架 FD-125 氡钍分析仪开展水氡观测，泉点在大水沟内原上庙遗址的山脚下，氡值 35 Bq/L。开展土地电和土地应力仪观测，1986 年停测。1992 年 8 月，测震和水氡停测。

十、石嘴山九〇五厂水化观测站

1972 年，九〇五厂自建地震水化观测站，取水点是该厂抽水机井，架本厂改制的射气仪开展水氡和电导等项观测，氡值 15 Bq/L。1980 年停测。

十一、石嘴山煤机二厂地震观测站

1975 年，石嘴山市地震办公室在煤机二厂建地震观测站，观测工作由该厂化验室承担，1975 年 6 月观测九泉村九泉的氯离子、碱度、水电导等项，1976 年架 FD-125 氡钍分析仪测氡，氡值 30 Bq/L。架设 DD-1 型地震仪观测，各分向实际工作放大倍率 30000 倍。1989 年 4 月停测，观测站撤销。

十二、石嘴山市石炭井卫东矿地震观测站

1976 年 7 月，利用矿部房屋为观测室，架 DD-1 型地震仪观测，各分向实际工作静态放大率 100000 倍，同时架设土地电和土地应力仪观测。1986 年停测，观测站撤销。

十三、长庆油田物探处地震台

1976 年 8 月，建观测室和办公室 15 间、生活用房 2 间共 479 m²，建地震仪摆房、

地倾斜观测室、地磁观测室各 1 间共 18 m²，占地面积 7200 m²，为企业办台。该台位于原吴忠市（现利通区）南 9 km 处，台基粉砂黏土。1977 年 6 月，架 DD-1 微震仪观测，各分向实际工作静态放大率 10000 倍，1980 年 10 月因干扰大而停测。1977 年 12 月架 SW40-1 型水位仪开展水位观测，井深 54 m；1979 年 6 月架 CR2-69 型垂直磁秤和陶瓷偏角仪开展地磁观测；1979 年 10 月架金属摆倾斜仪开展地倾斜观测；1980 年 6 月架土地电观测。1986 年均停测。2000 年打 5 m 深孔开展 CO_2 观测，后停测。

十四、中卫倪滩地震观测站

1986 年，中卫县地震办公室在倪滩村租用民房开展地震观测。1986 年 10 月架 FD-125 氡钍分析仪测氡，在村南的阴洼崖下降泉取水，氡值 37 Bq/L。1991 年，建中卫倪滩地震观测站观测室和住房 6 间 104 m²，占地面积 600 m²。同年将测氡仪搬入该站观测，取水泉点未变。

十五、同心县地震观测站

1976 年，在同心县城东建观测室和办公室 5 间、住宅 4 间，整修利用人防地道 60 m，占地面积 8000 m²，台基为粉细砂亚黏土互层。合署办公。1977 年 6 月架土地电和土地温观测。1979 年架 FD-105 静电计开展水氡观测，取水点为县医院深井，氡值 10 Bq/L；1989 年更换为 FD-125 氡钍分析仪观测。1979 年架简易地震仪开展微震观测，拾震器放置在人防地道内，放大倍率 10000 倍。1979 年在人防地道架陶瓷偏角仪观测。1985 年 3 月在该站院内浅井架 SW40-1 型水位计开展水位观测。1986 年，除保留水氡和水位观测外，其他均停测。1988 年 5 月水位停测，1993 年 5 月水氡停测。

十六、中宁县地震观测站

1981 年，在中宁县城东建观测室和办公室 10 间 120 m²，占地面积 210 m²。同年 9 月架三分向烟记录地震仪观测，各分向实际工作静态放大率 10000 倍，1987 年 7 月停测。1986 年 9 月架 FD-105K 静电计开展水氡观测，在距中宁县城 20 km 的黄营泉点取水，氡值 15～20 Bq/L，1987 年 10 月停测；1988 年 3 月在县城东南的解放桥下降泉取水，氡值 31 Bq/L，水温 14.0℃。1998 年 8 月停测。1987 年 11 月，在长山头陈麻子自喷井建井房 6 m²，架流量自记仪开展流量和水温观测，流量 0.26 L/s，水温 17.0℃。

十七、灵武县地震观测站

1985 年，宁夏地震局投资协助灵武县地震办公室在县城南 14 km 的大泉乡建观测室 3 间 63 m²，占地面积 132 m²。1985 年 10 月，架 FD-105 静电计开展水氡观测，取大泉自喷井的泉水，氡值 16 Bq/L，流量 2.5 L/s，水温 12.5℃。1988 年 12 月，利用大泉自喷井的有利条件，将泉水引入室内，架 FD-128 水氡自记仪自动观测，同时架

CS-1 型流量仪观测水温和流量；1990 年 12 月改架 SD-1 水氡自记仪自动观测。此期间 FD-105 静电计人工观测未停，作对比观测；1991 年 3 月改架 FD -105K 静电计仍作对比观测。1991 年 10 月水氡自记仪无法修理而停测。1993 年 12 月观测站撤销，观测终止。

十八、固原县寺口子地震台

1979 年，固原县地震办公室在黄铎堡公社西 8 km 的寺口子须弥山石窟处建成观测室和办公室 4 间、住房 9 间共 195 m²，台基为变质岩，维修石窟（山洞）三孔作为地震仪和地倾斜仪、地磁仪观测室。1979 年 9 月，架"573"三分向烟记录地震仪观测，各分向实际工作静态放大率 80000～120000 倍；同时架金属摆倾斜仪开展地形变观测。1980 年 9 月，架 FD-105 静电计测氡，泉点在须弥山石窟北约 1 km 处，氡值 70 Bq/L。1979 年 10 月，架陶瓷偏角仪开展地磁观测，1980 年 7 月改架刀口式磁秤观测。1984 年 3 月，该台划归固原地区行署地震办公室领导。由于生活和工作条件十分艰难，1985 年 6 月撤销。

十九、隆德县三里店地震台

1970 年，县防震办公室兼搞地震观测工作，观测室位于县看守所大院内。1970 年 4 月开始土地电和浅井水位观测。1976 年 5 月架土地应力仪观测；架 FD-105 静电计测水氡，泉点在三里店东龙王寺，氡值 60 Bq/L；架单分向烟记录地震仪开展微震观测，实际工作静态放大率 10000 倍，1978 年停测。

1980 年，隆德县地震办公室在县城西北 1.5 km 的三里店建成观测室 5 间，住房 5 间共 180 m²，台基为第三系红土夹石膏层。同年 11 月架 DD-1 地震仪观测，三分向实际工作放大倍率 30000 倍。继续观测水氡，取水泉点仍在三里店龙王寺。1981 年除继续开展土地电、土地应力和水位观测外，还架陶瓷偏角仪开展地磁观测，1986 年停测。1991 年因龙王寺泉水干涸停测；1991 年 8 月，测震因公路车流量增大致干扰严重而停测。

二十、泾源县地震台

1977 年 5 月，泾源县地震办公室在县城东堡子山人防洞架单分向烟记录地震仪观测，实际工作静态放大率 80000 倍。同年架土地电和土地应力仪观测。1980 年在堡子山建成观测室和办公室 5 间、住宅 12 间，在人防洞内建洞室 3 间，台基为第三系红土。1980 年 5 月，架 FD-125 氡钍分析仪开展水氡观测，取水泉点在县城东南 5 km 的大园子村公路边，该泉为下降泉，水温 10.0℃，流量 1.27 L/s。1980 年 6 月，在人防洞室内架刀口式磁秤和陶瓷偏角仪开展地磁观测。1981 年 7 月，架 DD-1 微震仪观测，拾震器放置在人防洞室内，三分向实际工作静态放大率 60000 倍，1992 年 12 月因干扰大而停测。1984 年 3 月，该台划归固原行署地震办公室领导。1986 年除水氡继续观测外，其他前兆项目停测。

第二节　骨干观测点

石嘴山市大武口九泉观测井　位于大武口区西南 12 km 的九泉村。石嘴山市钻井队于 1973 年 9 月成井，井层底深度 86.65 m，现深 36.0 m，水位埋深 0.28 m，水温 17.0℃。石嘴山市地震办公室 1983 年架 HCJ-1 型水位自记仪始测，1988 年更换为 SW-1 型水位自记仪观测（已停测）。

平罗县 136 观测井　位于南郊合作村三队，宁夏地质局水文一队于 1981 年 9 月成井，井层底深度 151.35 m，现深 115.05 m，水位埋深 2.01 m，多层承压水，水温 9.0℃。平罗县地震观测站 1982 年 1 月架红旗-1 型水位自记仪始测，1984 年 4 月改架 SW40-1 型水位自记仪观测。2007 年 6 月，架 LN-3A 型水位仪、SZW-1A 水温仪观测。

贺兰县金贵观测井　位于金贵乡东侧的农田，宁夏地质局水文地质队于 1981 年 12 月成井，井层底深度 151.30 m，现深 130.91 m，水位埋深 3.61 m，水温 9.0℃。贺兰县地震观测站 1985 年 8 月架 SW40-1 型水位自记仪观测。

海原县干盐池观测井　位于干盐池乡唐家坡村南的农田，宁夏地矿局水文二队于 1974 年 4 月成井，井层底深度 306.73 m，现有井深 165 m，水位埋深 19.90 m，承压水，涌水量 0.53 L/s，水温 7.0℃。海原县地震局于 1983 年 6 月架红旗-1 型水位自记仪始测，1984 年 4 月改架 SW40-1 型水位自记仪观测。1985 年 8 月被列为国家地震局井网观测井。2007 年 6 月，架 LN-3A 型水位仪、SZW-1A 水温仪观测。

海原县红羊观测井　位于红羊乡下红羊村北，宁夏地质局水文二队于 1976 年 8 月成井，井层底深度 416.5 m，现有井深 416.5 m，水位埋深 1.00 m，涌水量 0.62 L/s，水温 9.0℃。海原地震局 1980 年委托当地业余测报员人工观测，1985 年 7 月架红旗-1 型水位自记仪观测，1987 年 5 月架 CZ-102 流量自记仪观测流量和水温，1996 年 10 月改架 JPR-1 型水位自记仪观测水位和水温。2001 年 9 月，架 LN-3A 型水位仪、SZW-1A 水温仪、SD-3A 气氡仪观测。

西吉县王民观测井　位于王民乡，宁夏地质局水文二队于 1982 年 9 月成井，井层底深 357.62 m，现有井深 351.20 m，水位埋深 10.16 m，涌水量 0.40 L/s，水温 12.0℃。西吉县地震局于 1983 年 2 月架红旗-1 型水位自记仪始测，1984 年 8 月改架 SW40-1 型水位自记仪观测。1985 年 8 月被列为国家地震局井网观测井。2007 年 6 月，架 LN-3A 型水位仪、SZW-1A 水温仪观测。

西吉县苏堡观测井　位于苏堡乡苏堡水堰旁边，宁夏地质局水文二队于 1982 年 6

月成井，井层底深293.76 m，现有井深131.38 m，水位埋深15.7 m，涌水量0.82 L/s，水温12.0℃。西吉县地震局于1983年2月架红旗-1型水位自记仪始测，1984年7月改架SW40-1型水位自记仪观测。1985年8月被列为国家地震局井网观测井。

固原县东山坡观测井　位于什字镇东山坡村，宁夏水文地质二队于1982年7月成井，井层底深268.07 m，现有井深255.74 m，水位埋深7.0 m，承压水。固原地区地震办公室于1985年11月架SW40-1型水位自记仪始测。1985年8月被列为国家地震局井网观测井。

固原县南郊观测井　位于南郊乡吴庄村西南，宁夏地质局第二水文地质队于1982年8月成井，井层底深90.42 m，现有井深90.42 m，水位埋深13～14 m，深层潜水。固原地区地震局于1982年10月委托当地业余测报员人工观测，1983年8月架红旗-1型水位自记仪观测，1984年5月改架SW40-1型水位自记仪观测。

银川市水利工程处观测井　位于银川市老城区南门外水利工程处大院内，宁夏水利工程处于1963年11月成井，井层底深106 m，现有深度37.7 m，水位埋深3.01 m，微承压潜水。1974年6月由水利工程处观测员人工测量，1984年3月架SW40-1型水位自记仪观测，后停测。

银川市芦花台观测井　位于芦花台宁夏枸杞研究所西南200 m，宁夏水文地质队于1982年10月成井，井深135 m，水位埋深3.0 m，1996年架SW40-1型水位自记仪观测。

银川市掌政春林观测井　位于掌政乡春林村，宁夏水文队成井，井深118.9 m，水位埋深1.46 m，潜水。银川市地震办公室于1986年9月架SW40-1型水位自记仪观测。

贺兰县暖泉观测井　位于县西北暖泉农场十队，宁夏水文地质队于1981年6月成井，井层底深109.59 m，现有井深88.40 m，水位埋深0.38 m，承压潜水，涌水量4.40 L/s，水温10.0℃。贺兰县地震观测站于1985年7月架设SW40-1型水位自记仪观测，后停测。

陶乐县47观测井　位于陶乐马太沟农场四站，宁夏地质局水文地质队1981年6月成井，井层底深126.81 m，现有深度85.89 m，水位埋深4.8 m，潜水。陶乐县地震观测站于1981年7月人工观测，1984年4月架SW40-1型水位自记仪观测。

惠农县上营子观测井　位于下营子乡上营子村，宁夏水文二队于1981年11月成井，井深80 m，水位埋深2.44 m，现有井深80 m，1982年5月开始人工观测，1987年12月停测。1991年选用县城西一口民用井（103井）架SW40-1型水位自记仪观测，1997年停测。1998年5月上营子井架SW40-1型自记水位仪观测（已停测）。

还有一些地下水观测井曾经投入过观测，如石嘴山宁钢14号井、石嘴山宁钢2号井、同心县城井、海原县西安州井、海原县郑旗井、固原县七营井、西吉县沙岗子井、青铜峡市广武井、灵武市白土岗子井、灵武市绒线厂井、银川市高家闸井、陶乐县62号井、贺兰县地震观测站井、石嘴山区162号井、中宁长山头井等。

第五章 宁夏数字地震观测网络项目

第一节 观测网络建设

"宁夏回族自治区数字地震观测网络"是"十·五"国家重大建设项目"中国数字地震观测网络"重要组成部分,由中国地震局统一部署,同时是自治区立项的"宁夏回族自治区防震减灾应急指挥中心技术系统"项目的一部分。该项目于2004年启动,2007年建成。

宁夏数字地震观测网络项目涉及地点76个,分布在全区26个市、县(区)。建设完成1个网络中心(包括数字测震台网部、地震前兆台网部、活断层探测技术部、地震应急指挥中心、地震信息服务部)、13个数字测震台站、1个流动数字测震台网、9个地震前兆台站(共46个测项)、48个数字强震动台站、2个大中城市信息节点、7个县级信息节点、7个台站信息节点、2个大中城市灾情上报系统。

第二节 数字前兆台网

宁夏数字前兆网络包括前兆台网部1个,地磁、形变、地电、流体等前兆学科观测台站主测项46个、辅助测项8个,其中地磁6项、形变14项、地电4项、流体22项、气象三要素8项。采用TCP/IP通信协议,实现"九·五"和"十·五"前兆观测系统的综合集成,区域前兆台网中心在机房工程、核心存储设备、数据库等方面实现综合集成;前兆台网传输系统依托宁夏地震信息网,实现前兆观测系统的网络通信(表4-4)。

表4-4　宁夏"十·五"期间新增改前兆项目测项表

节点序号	台　站	台　址	高程（m）	观测项目	通讯方式
1	银川基准台	北塔地磁台	1110	DI 仪	SDH 通信网络
				FLARE—PLUS	
				磁通门	
				G856 质子旋	
				进磁力仪	
		小口子地震台	1545	洞体摆	扩频微波
				钻孔应变	
		银川流体台	1117	水位	CDMA
				水温	
				气氡	
				气汞	
				气象三要素	
2	石嘴山地震台	正谊关观测站	1300	大地电场	扩频+SDH
				伸缩仪 NS	
				伸缩仪 EW	
				水管仪 NS	
				水管仪 EW	
				电阻率	
3	固原地震台	泾源观测站	1890	水管仪 NS	SDH
				水管仪 EW	
				钻孔应变	
				洞体摆	
				伸缩仪 NS	
				伸缩仪 EW	
				气象三要素	
		彭堡地电站	1870	大地电场	CDMA
		海子峡观测点	1756	FHD	SDH

节点序号	台　站	台　址	高程（m）	观测项目	通讯方式
3	固原地震台	郑旗水化点	1802	水位	CDMA
				水温	
				气氡	
				气汞	
				气象三要素	
4	海原地震台	小山观测点	2225	洞体摆	扩频+SDH
				钻孔应变	
5	中卫地震台	黑山嘴观测点	1220	大地电场	CDMA
				FHD	
		倪滩水化点	1223	水位	CDMA
				水温	
				气氡	
				气象三要素	
6	灵武地震台	大泉水化点	1185	水位	CDMA
				水温	
				气氡	
				气汞	
				气象三要素	
7	平罗观测站		1098	水位	CDMA
				水温	
				气象三要素	
8	干盐池观测点		2018	水位	卫星
				水温	
				气象三要素	
9	西吉观测站		1783	水位	GPRS
				水温	
				气汞	
				气象三要素	

第三节　数字测震台网

　　宁夏数字测震台网包括新建的数字测震台网部、流动数字地震台网、流动数字地震台网中心和香山、西吉、陶乐、灵武等4个区域数字地震台站，改建固原和盐池区域模拟地震台为国家数字地震台站，改建泾源、牛首山、同心、海原、中卫、石嘴山等6个区域数字地震台站。升级"九·五"运行的银川国家级数字地震台，配备7台（套）流动数字地震观测设备。各台站基本情况见表4-5。

表4-5　宁夏数字测震台站基本情况表

序号	台名	台网	简称	数采	地震计	观测环境内类型	连接方式
0	中心	宁夏	NX				
1	石嘴山	宁夏	SZS	EDAS-C24	FBS-3	山洞	WIR+SDH
2	陶乐	宁夏	TLE	CMG-DM24	JDF-2	井下摆	SDH
3	银川	宁夏	YCH	EDAS-C24	CTS-1	山洞	WIR（扩频）
4	灵武	宁夏	LWU	CMG-DM24	JDF-2	井下摆	SDH
5	盐池	宁夏	YCI	SMART-24	KS-2000	地下室	WIR（扩频）+SDH
6	牛首山	宁夏	NSS	CMG-DM24	CMG-3ESP	地下室	卫星
7	中卫	宁夏	ZHW	EDAS-C24	FBS-3	地面	WIR+SDH
8	同心	宁夏	TXN	EDAS-C24	FBS-3	地面	卫星
9	香山	宁夏	XSH	CMG-DM24	CMG-3ESP	地面	SDH
10	海原	宁夏	HYU	EDAS-C24	FBS-3	山洞	WIR+SDH
11	西吉	宁夏	XJI	CMG-DM24	CMG-3ESP	山洞	卫星
12	固原	宁夏	GYU	EDAS-24L6	CTS-1E	山洞	SDH
13	泾源	宁夏	JYU	EDAS-C24	FBS-3	山洞	SDH

第四节　强震动台网

在宁夏地震重点监视防御区建成 48 个数字强震动观测台站（表 4-6）。宁夏强震动观测台网全部采用先进的数字强震仪和遥测技术，大幅度增强获取近场强震动数据的能力。当区内发生 4 级以上地震时，可以获得多台强震动记录，定量给出监视地区的地震动强度和确定宏观震中。

表 4-6　宁夏数字强震动台网固定台站基本情况表

序号	台站地点	台站代码	高程（m）	场地类型
1100	石嘴山	64SZS	1152	土层
1101	正谊关	64ZYG	1292	基岩
1102	大武口	64DWK	1111	土层
1103	简泉	64JON	1152	基岩
1104	宝丰	64BFN	1090	土层
1105	陶乐	64TLE	1095	土层
1106	平罗	64PLO	1096	土层
1107	前进农场	64QJC	1091	土层
1108	崇岗	64CHG	1055	土层
1109	汝箕沟	64RJG	1988	基岩
1110	金山	64JSN	1121	土层
1111	姚伏	64YFU	1092	土层
1112	红崖子	64HYZ	1090	土层
1113	月牙湖	64YYH	1119	土层
1114	小口子	64XKZ	1545	基岩
1115	高家闸	64GJZ	1128	土层
1116	银川	64YCH	1055	土层
1117	平吉堡	64PJB	1118	土层
1118	良田	64LTN	1105	土层
1119	南梁	64NLG	1106	土层
1120	玉泉营	64YQY	1160	土层

续表

序号	台站地点	台站代码	高程（m）	场地类型
1121	贺兰	64HEL	1103	土层
1122	常信	64CHX	1098	土层
1123	丰登	64FDG	1093	土层
1124	通贵	64TGI	1100	土层
1125	白土岗	64BTG	1132	土层
1126	通桥	64TQO	1112	土层
1127	永宁	64YNG	1109	土层
1128	金沙	64JSA	1120	土层
1129	横山	64HSN	1116	土层
1130	磁窑堡	64CYB	1277	土层
1131	灵武	64LWU	1119	土层
1132	广武	64GWU	1175	土层
1133	青铜峡	64QTX	1126	土层
1134	牛首山	64NSS	1456	基岩
1135	李俊	64LIJ	1121	土层
1136	中卫	64ZHW	1221	土层
1137	吴忠	64WUZ	1126	土层
1138	渠口	64QUK	1182	土层
1139	红寺堡	64HSB	1337	土层
1140	同心	64TXN	1344	土层
1141	干盐池	64GYC	2005	土层
1142	长山头	64CST	1288	土层
1143	中宁	64ZHN	1179	土层
1144	固原	64GYN	1736	土层
1145	海原	64HYN	1853	土层
1146	西吉	64XIJ	1928	土层
1147	七营	64QIY	1510	土层

第五节　地震信息服务系统

宁夏地震信息服务系统，主要建成防震减灾中心地震信息服务部、大中城市地震信息服务节点、地震台站信息节点和县级地震信息服务节点，组成分层次的地震信息宽带服务系统，构成宁夏地震行业计算机信息网络（INTRANET）。在自治区级节点下建设2个大中城市地震服务信息节点（石嘴山、固原）、7个县级地震信息服务节点（平罗、贺兰、永宁、吴忠、青铜峡、西吉、泾源）和7个地震台站节点（石嘴山、银川、灵武、盐池、中卫、海原、固原）。建设四条观测站点光缆（固原海子峡、泾源堡子山、中卫香山、石嘴山陶乐），五个卫星地面站（中心、牛首山、罗山、西吉火石寨、海原干盐池），6个CDMA机站（平罗流体、银川流体、灵武流体、中卫流体、固原流体、固原彭堡），1个GPRS机站（西吉王民），实现观测站点数据向台网中心的汇集以及对观测站点的监控和管理。

该信息服务系统是全区数字地震观测网络各技术系统的纽带。采用现代地震观测技术、通信网络技术、应急指挥技术、信息处理技术，使专业数据汇集速度加快，共享范围加大，实现了网络到台站、IP到仪器。提供的计算机网络技术系统服务平台、宽带信息通道以及地震信息服务，保证宁夏防震减灾中心在大震时应急指挥信息和通信的需要及应急响应、监测预报数据信息的快速传递与共享。保证平时对宁夏地震活动的监测和日常地震预报跟踪、科学研究的数据信息传递和共享的需要。采用现代通讯技术，完成集数据、语音、视频为一体的计算机网络平台建设；建立行业信息发布和信息服务系统，可快速传递地震消息和信息，提供综合的地震数据信息查询服务；建立网络运行管理系统，保证网络的运行质量为地震应急和专业数据传输服务；建立VOIP电话；建立地震信息网站，提供多种方式的地震信息服务，包括文件、报表、图形、图像、视频多媒体信息、地理信息系统查询、数据库内容查询等各方面的内容。

第六章 "十一·五"项目建设

第一节 "陆态网络"宁夏项目

2007年8月，国家发展改革委员会批准中国地震局、总参测绘局等单位联合实施国家重大科技基础设施项目"中国大陆构造环境监测网络"（简称"陆态网络"），自治区地震局承担新建银川北塔和海原基准站、银川小口子连续重力观测站，升级盐池核心站的任务；自治区气象局承担新建中卫基准站的任务。2009年6月土建工程竣工验收，11月安装仪器。2011年6月通过中国地震局系统"陆态网络"项目分项工程验收，2012年3月通过国家验收。

该项目在原有地壳运动观测网络基础上，建立由基准网、区域网、数据系统三大部分构成，高时空分辨率、高精度、多尺度、实时和多种卫星定位系统兼容的地面观测基础设施，为地壳运动及动力学、地震预报和灾害性天气形成机理研究提供基础数据，同时服务于军事测绘和大地测量，以及社会减灾和国民经济建设。

第二节 中国地震背景场探测宁夏项目

2008年12月，国家发展改革委员会批准中国地震局"中国地震背景场探测项目"，2010年实施建设。宁夏地震局承担建设测震台网、重力台网、地电台网地下流体台网、强震动台网5个专业子项。建设完成地震观测台站21个，观测仪器82台（套），其中：建设测震台站2个，主要设备6台（套）；建设重力台站1个，主要设备2台（套）；建设地电台站4个，主要设备13台（套）；建设地下流体台站3个，主要设备6台（套）；建设强震动台站11个，主要设备55台（套）（表4-7）。

表4-7　中国地震背景场探测项目宁夏建设内容表

分项	序号	台　站	建设地点	主要设备
测震	1	海原炭山	海原县甘城乡炭山丘陵村	6套
	2	银川台	银川市西夏区小口子	
重力	3	海原炭山	海原县甘城乡炭山丘陵村	2套
地电	4	固原	固原市原州区彭堡乡	13套
	5	海原	海原县海城镇高台乡	
	6	红寺堡	吴忠市红寺堡区南川乡南角湾村	
	7	银川	永宁县望远镇	
流体	8	海原红羊	海原县红羊乡红羊村	6套
	9	泾源东山坡	泾源县六盘山镇东山坡村	
	10	固原硝口	固原市原州区硝口镇	
强震动	11	甘塘（沙坡头）	中卫市沙坡头区迎水镇	5套
	12	固原海子峡	固原市原州区善家堡冠庄村	5套
	13	中卫红泉	中卫市永康镇红泉村	5套
	14	海原红羊	海原县红羊乡红羊村	5套
	15	盐池惠安堡	盐池县惠安堡镇惠安堡小学	5套
	16	泾源	泾源县香水镇卧龙山景区	5套
	17	隆德	隆德县气象局院内	5套
	18	海原炭山	海原县甘城乡炭山丘陵村	5套
	19	西吉王民	西吉县王民乡小学院内	5套
	20	盐池	盐池县得胜墩村	5套
	21	海原郑旗	海原县郑旗乡郑旗村	5套

第五篇
地震预测预报

地震预测预报是综合减灾的一个重要环节，成功的预测预报对减轻人民群众生命财产的损失具有重大作用。政府重视地震预测预报工作，地震部门把地震预测预报放在十分重要的位置。地震预测预报至今是世界性科学难题，处在艰难的探索研究和经验积累阶段。宁夏地震工作者在成功与失败的交替中，艰难地推动地震预测预报事业向前发展。

宁夏有科学意义的预测预报始于1970年，坚持边观测、边研究、边预测预报，不断积累经验，在实践—探索—实践中前进，其技术水平与各项工作始终与全国同步发展。

地震是地下岩层应力积累以至破裂的结果。岩层在应力积累过程中引起地下应力场和地球物理场的变化，观测这种"场"的变化，研究其与地震间的内在联系，是地震预测预报的基本思路方法。组织多学科，运用多种观测手段，开展各项预报方法的综合分析，是进行预测预报的基本方法。地震预测预报方法以地震活动性和前兆观测资料的综合分析为主，还采用许多统计学方法。

地震的孕育和发生是十分复杂的物理化学—力学过程，它引起各种"场"的时空变化和特点复杂多样，区域性特点明显。宁夏作为多震区，地震发生过程独具特点。结合宁夏实际，提取各类前兆方法的区域性特点，是宁夏地震预测预报方法探索、研究的重点。地震科研机构虽然按行政区域设置，而地震活动区（带）却不受行政区划的限制。为搞好震情监视预测预报工作，宁夏地震部门同相邻省区开展地震区域联防工作，结合宁夏震情特点，在震前预测预报、震后趋势判断、消除地震谣传等方面做了大量工作，对安定人心、稳定社会起到较好的作用。

第一章 地震预测预报历程

第一节 摸索预测方法

宁夏居民在长期与地震灾害的斗争中，摸索地震预测的方法，有一些朴素的认识。《银川小志》（1757 年）记载："宁夏地震，每岁小动，民习为常，大约春冬二季居多。如井水忽浑浊，炮声散长，群犬围吠，即防此患。至若秋多雨水，冬时未有不震者。"

1920 年海原 8.5 级大震后，许多地方志、专门报告中记载了丰富的前兆现象。典型的如民国 24 年（1935 年）完稿的《重修隆德县志》，辑录了震兆方面的内容："余读华龙氏书，窃之地震之兆约有六端。一、井水本湛静无波，倏忽浑如墨汁，泥渣上浮，势必地震。二、池沼之水，风吹成縠，荇藻交萦，无端泡沫上腾，若沸煎茶，势必地震。三、海面遇风，波浪高涌，奔腾泙淘，此为常情；若风日晴和，台飓不作，海水忽然浇起，汹涌异常，势必地震。四、夜半晦黑，天忽开朗，光明照耀，无异日中，势必地震。五、天晴日暖，碧空清净，忽见黑云如缕，宛如长蛇，横亘空际，久而不散，势必地震。六、时值盛夏，酷热蒸腾，挥汗如雨，蓦觉清凉如受冰雪，冷气袭人，肌为之慄，势必地震"。并告诫人们："如遇此六兆，急宜趋避，以防不测之灾。"民国《固原县志·艺文志》记载：海原大震"未震之先，有居山之人，有时夜半看见山中闪火，并闻沟内空响。又有向居平原之人，家有井绳十丈，震前忽强半而能汲水，人以为水旺，其实地震之预兆也。"

记载涉及到地下水、地光、地声、天象变异等地震前兆现象，与现在开展的前兆观测内容基本一致。

第二节　现代预测预报探索

1956 年，国务院制订科学发展规划，将地震预测预报列为长远科研项目之一。1958 年，中国科学院地球物理研究所派出"地震预报考察队"（又名"民间取经队"），在 1920 年海原大地震极震区广泛调查震前各种前兆现象，作为开展地震前兆观测的线索和依据。1970 年，自治区建立专门地震机构，进行地震前兆观测、地震预测预报工作，具有现代科学意义的地震预测预报工作在宁夏正式开展。

一、起步阶段（1970～1976 年）

1970 年，全国第一次地震工作会议指出宁夏为地震活动的重点地区，要求迅速加强地震工作，开展预测预报和防震工作，掌握地震活动规律，赶在大震发生之前作出预测预报。宁夏很快建成测氡、地电等专业观测和群众业余观测项目。宁夏地震队设地震分析预报室，专门从事预测预报探索研究。地震预测预报的主要体现形式是会商会，从 1971 年开始形成周、年会商制度，建立震情值班、资料报送、异常核实等制度。

预测预报工作开展初期，地震活动性较强的市、县建立业余综合分析预报小组，被要求随时掌握地震活动趋势，积极大胆试报，因而产生虚报而引发社会恐慌。1976 年 8 月，自治区革命委员会办公室发出《关于统一发布地震预报和震情警报的通知》，规定："发布全区地震预报和在紧急情况下发出震情警报的权限在自治区革委会。其他任何部门不准发布全区性地震预报和紧急震情警报。各地、市、县、旗革委会如要发布当地的地震警报，事先应向区革委会请示。"

这一阶段的地震预测预报方法被称为"看图识字"，即从前兆资料的变化曲线上探索异常和地震的关系。1970 年西吉 5.5 级地震前，宁夏地震队已注意到当地小震活动的异常，进行紧急会商，并及时向自治区地震办公室报告，提请有关部门注意。固原地震台发现土地电有明显异常，认为有发生较大地震的可能。震后 3 天，地震现场工作队根据现场考察结果和历史地震经验分析，提出这次地震属单发式主震类型，认为西吉地区最近不会发生 5 级以上地震。1971 年吴忠 5.1 级地震前的 11 天发生 4.2 级震群，根据历史上该区中强震曾有双震型的特点，宁夏地震队提出吴忠—灵武地区有发生 5 级左右地震的可能，并将此意见通报当地政府。

二、完善会商制度阶段（1977～1985 年）

1977 年开始，对宁夏震情特点有了较符合实际的认识，周会商预测预报 5 级以上地震的次数大为减少，对 1984 年灵武 5.3 级地震有较成功的短临预报。1978 年开始，每年 6 月召开年中会商会，审议年度地震会商意见，对下半年的震情进一步分析判断。根据国家地震局部署，对 1983～1985 年各种前兆方法及综合预报进行清理攻关。攻关成果初步认定：地震活动性、地电、地下水位、水化学可能是以后进行分析预报研究的重点方法和手段；明确了各前兆台站的台址条件、观测环境、主要干扰因素的识别和排除方法，使用资料做到心中有数；锻炼了分析预报队伍，提高了分析预报水平。1983～1985 年，参加国家地震局《近期强震危险性判定研究》宁夏部分工作，对宁夏及邻区未来 15 年的地震危险性进行预测研究，认为银川平原和西海固两个地震区未来 15 年内有可能发生 2～3 次中等强度的地震。此意见为短期预报提供了长期预报背景，实际震情验证基本正确。1970～1985 年，宁夏及邻区发生 4 次中强地震，经验性预报初步系统化、条理化。

三、进一步发展阶段（1986～2000 年）

1987 年，开始增加月会商，判定宁夏未来一月地震形势。形成了周、月、半年、年度、震后、临时等完备的地震会商制度。结合宁夏实际制订了《国家地震局震情分析预报工作管理条例》实施细则。1986～1988 年，开发研制宁夏地震监视与震情分析会商软件系统，初步实现分析预报计算机化，改变低效率的手工作图分析方法。1988 年，制订宁夏地震局分析预报大震对策岗位职责分工，将任务、责任落实到人。制订地震会商工作评比办法。成立宁夏地震预报评审委员会。完成 1987～1989 年地震预报实用化攻关课题，完成宁夏及邻区 1～3 年地震危险性研究课题，制订宁夏短临预报决策方案，完成银川市震后早期趋势快速判定工作预案。结合宁夏实际应用"中国地震分析预报程式指南"和多种基本计算机软件及攻关成果，使宁夏地震分析预报水平大体与全国同步。"八·五"期间建成数据库管理与会商系统，1999～2000 年建立 SQL SERVER 网络数据库系统，开发宁夏地震局会商服务系统、宁夏地震局数据库管理与信息管理软件、基于 WEB 的宁夏地震信息动态查询网站等数据信息服务系统，提升数据管理与服务、网络地震会商等方面的能力。2001 年，制订《宁夏回族自治区地震监测预报方案（试行）》，进一步规范宁夏地震预测预报工作，鼓励、促进地震预测预报科学技术研究。

此阶段地震预测预报的工作制度日趋完善，走上法制化轨道。改善分析预报硬件建设，工作条件从手工转向计算机化、可视化；地震预测预报的思路、方法和指标进一步明晰。成功实现了一些中强地震的短临预报，在显著地震后较快、较好地实现了震后趋势早期快速判定。

四、全面发展阶段（2001～2011 年）

2001 年，自治区地震局开始应用以 MapInfo 为平台，以数据库、知识库为基础，以 Gis 为支柱的地震活动、地震前兆资料、地质构造条件、地球物理环境及其他空间信息的综合分析的地震分析预报软件（MapSiS），使得震情会商资料处理的效率和水平大为改观。2006 年，制定地震分析预报中心地震应急预案。2008 年，在地震综合预报方法、测震学科、形变学科、流体学科、电磁学科、宏观现象等方面，就汶川 8.0 级地震和余震的预测与预报、汶川 8.0 级地震后的预测预报工作开展科学总结与反思。完成"不同孕震阶段及不同地震构造条件下地震活动统计分布特征研究"；完成中国地震局组织的"鄂尔多斯西南缘强震危险趋势综合分析研究"、"甘东南—陕甘宁地震重点危险区及邻区强震危险性综合研究"、"甘东南至甘宁陕交界危险区强震趋势与短临危险强化跟踪研究"和"年度危险区强震趋势与短临危险强化跟踪研究"等震情跟踪定向工作任务；完成"考虑盆地效应的概率地震危险性方法研究"、"西北地区东部中强震以上地震的地震活动性异常特征研究"；完成"宁夏地震预警系统研究"、"汶川地震对南北地震带北段、宁夏及邻区震情影响"、"宁夏及邻区中强以上地震震后趋势判定及强余震的预测研究"、"银川市中小有感地震特征及社会影响和应急对策"等；完成"宁夏及邻区中强以上地震预测指标及震后趋势判断"、"宁夏数字化测震台网地震和爆破的识别研究"、"中强以上地震震后趋势判定及强余震的预测"。参与了其他单位主持的与地震预测预报有关的研究工作。2011 年，完成宁夏地震前兆观测资料预报效能评估及报告编写工作。

逐步提高编写宁夏年度地震趋势研究报告的水平，在全国二类局 2009～2012 年会商报告评比的名次分别为第九、第三、第五和第三名。

宁夏开展地震预测预报工作以来，各项制度得到贯彻执行，水平不断提高。但成功实现地震预报仍处在艰难的探索之中。随着自治区经济发展、城市化进程的加快，地震观测环境随之发生很大变化，对一些观测项目产生严重干扰，映震效果变差，影响观测资料在地震分析预测预报中的作用；有的观测项目因干扰太大而失去应用价值，制约地震预测预报能力的提升。这些不利因素迫使地震工作者寻求新的出路，引进和应用新理论、新方法、新技术。

第二章　地震预测方法

第一节　地震活动性方法

一、方法与内容

地震活动性方法是用地震学方法揭示地震记录（地震目录与地震图）中所包含的"中强以上"地震的前兆信息，又称为震兆异常。宁夏地震部门应用震兆异常进行地震预测预报的方法大体分为空间图象方法、时间进程法、地震序列方法、地震相关方法、震源参数及介质参数方法、合成方法等。采用震兆异常的内容有：区域地震活动性的增强和减弱，地震空区，条带，前兆震群，前震，相关地震，余震窗，信号震，逼近地震，b 值（震级–频度关系中的系数），Q 值（介质品质因子），D 值（危险度），h 值（衰减函数），C 值（集中度），U 值（能量均匀值），K 值（归一化熵值），ρ 值（地震发生方式参数），波速比，P 波（地震纵波）与 S 波（地震横波）振幅比，小地震机制解，应力降 σ 的异常等 30 余种。

在这些方法和内容中，多数预测预报时段较长，基本上属于中长期预报方法。其中以空区、条带、b 值、震群等的研究较多，应用较广。按照宁夏预测预报经验，地震活动性方法在短临预报中起着重要的作用。宁夏北部的中强地震发生前，在半年甚至更短时段内多有地震活动明显增强的过程。依据这个指标，对宁夏北部的一些中强地震曾作出较好的预报，并减少了大量虚报。宁夏南部中强地震发生前，小震活动的增强也是存在的，但其发展变化显得较慢。

二、地震活动指标

中强地震之前一段时间，地震活动在低频次的背景上有所增强的现象较为普遍比较典型的有：1971 年吴忠 5.1 级地震前 17 天，震中区发生一次最大震级为 4.2 级的震群；1984 年灵武 5.3 级地震之前 4 个月内，灵武地区 2 级以上地震在长达 13 个月的平静背景上明显增多，且时间间隔逐渐变小，震级逐渐增大；1987 年灵武 5.5 级地震之前 4 个月，该区 2 级地震增多，且时间间隔变短，震级亦有所增大；1976 年内蒙古巴音木仁（当时震区为宁夏所辖）6.2 级地震前，该区域 3.4 级地震持续平静 2 年多，震前半年地震明显增多，连续出现 3 次震群活动。

1971 年吴忠 5.1 级地震、1976 年内蒙古巴音木仁 6.2 级地震前，震中区都曾出现过前兆性震群 有的震例震前地震活动虽构不成震群序列，但其震前地震活动的低 b 值特征明显，如 1984 年、1987 年灵武两次 5 级多地震前地震活动的 b 值分别为 0.46 和 0.53，都是低值状态。

三四级地震对中强地震有一定的短临预测意义 震前 3 个月内在震中附近发生三四级地震的震例有 5 个，占宁夏及邻区自 1970 年以来整个震例的 45%，但 4.1 级以上地震发生后，震区多在一年内不会发生 5 级以上地震。

出现较长平静现象的多地震区，在短时间内连续发生多次 2～3 级地震对周边地区中强地震的发生有一定的警示作用 如 1990 年 10 月 8 日永宁在长达 8 年平静的背景上连续发生 3 次 2.3 级左右地震后，10 月 20 日甘肃天祝—景泰发生 6.2 级地震；1990 年底至 1991 年 1 月上旬，永宁、银川—内蒙古乌海 16 天内连续发生 4 次 2～3 级地震后，1 月 13 日内蒙古庆格勒图发生 5.2 级地震；1995 年牛首山高频次震群的频次最高时段后 1 个月，7 月 10 日甘肃永登发生 5.8 级地震；1996 年牛首山再次发生震群后不足 1 个月，6 月 1 日甘肃古浪发生 5.4 级地震。

第二节　前兆性方法

宁夏用于地震预报的前兆现象，有地形变、流体、电磁、宏观异常等四大学科的大地形变测量、地倾斜、重力、地磁、地电、地下水动态、地球化学、动物异常等，所用分析方法数十种。前兆性方法基于对前兆观测资料的分析；"九·五"以前，前兆观测资料均为模拟观测，"九·五"以来，宁夏前兆观测基本实现了数字化。相对于模拟观测资料，数字化前兆观测时间较短，震例积累相对较少，资料的分析处理方法及映震指标等正在积累。本节所述前兆性方法主要是针对模拟观测资料。

一、水文地球化学

干扰因素 水点的环境条件有无变化，井（泉）水装置有无变更，取水条件有无变化，观测环境及观测室环境条件有无变化，仪器工作是否正常，测试人员技术水平变更。以线性趋势分析法排除长趋势变化明显的资料的趋势变化，以多元逐步回归分析法排除气象干扰因素，以最优周期谱分析法将周期成分分离出来，还有均值线法、差分法等识别。

预测预报指标　两个台出现确认异常，有发生中强以上地震的可能。震中与最早出现异常的台（点）靠近，一般不超过200 km。固原综合水化观测的二氧化碳、氯离子、氦气、气氡、甲烷等测项，采用傅立叶分析、相关距平方法等处理资料，取2.5倍均方差作为阈值，出现连续或多次超出阈值的值作为异常，预测1～3个月以内350 km范围内的5级和400 km范围内的6级以上地震。

二、地电阻率

干扰因素　观测系统变更或故障产生的干扰，电磁干扰，观测场地条件变化。用数学方法（如傅氏分析）或相关分析方法等识别。

预测预报指标　排除各种干扰变化后，异常判据为变化幅度大于1%且超过2倍标准差，短期异常一般在3个月内，短临异常一般在1个月内，异常对应5～5.9级地震在150 km内，6级多地震可达200 km左右。

三、深井水位

干扰因素　大气降水的渗入补给、人工注水、地下水开采，地球固体潮、气压变动、降雨积水或地表水体荷载作用等。排除干扰常使用滑动平均法、滤波法、回归分析等数学方法。

预测预报指标　水位大幅度升降、变化不符合正常年变形态，或日均值差分超过3倍均方差，异常结束后1个月或稍长时间，在异常区200 km范围内可能发生中强地震。

四、地倾斜

干扰因素　环境影响、仪器因素、人为干扰等。常用形态法、γ值判别异常法、差分法、最大相关系数法、卡尔曼滤波法、契氏拟合法、短时图像类比法识别。

预测预报指标　定点形变观测资料出现长趋势异常及破年变异常，可判断未来2年将发生5级以上地震；应特别注意趋势异常背景下出现的破年变异常，可判断较长时间存在发生强震的可能。

五、定点重力

异常判据和预测预报指标为：零漂出现3个月以上的加速下降变化或潮汐因子出现3个月以上转折加速变化，预测3个月内300 km范围内可能发生5.5级以上地震。

六、流动重力

异常判别　先进行固体潮、气压、仪器周期误差、仪器高度及仪器零漂等改正，计算测点的平差值和中误差，其差值大于2倍均方差。

预测方案　预测地点为测值变化较大的区域或其变化梯度较大的区域，如果预测地点在宁夏，震级一般报 5 级以上。流动重力点值变化超出点位观测精度的 2 倍，视为显著活动点，点值变化幅度多点超出 60μGal，判断未来 1 年左右宁夏境内将发生 4.5 级以上地震。

七、地磁

银川地磁台应用相关法、差值法、转换函数法等出现几个月的异常时，可提出 5～6 级地震的中期预报意见，范围 50～100 km。

第三节　统计学等方法

一、概率统计方法

一般先根据一些数理分析结果建立相应的数学模型。要求模型的拟合值和实际值误差最小，外推效果较好，在建模时先预留一些数据作为"现在"；当用"过去"来预测"现在"时，并与"现在"作对比，若两者符合得较好，则预测下一次事件的把握性较大，否则应修改预测模型。

极值理论预报方法　常用的方法有岗贝尔 I 型和韦布尔Ⅲ型及陈培善、林邦慧的修正公式。

利用韦布尔分布估计未来强震的概率　对固定地区的某级以上地震的时间间隔的韦布尔统计分布研究分析，可得出某级以上地震的平均复发周期以及较大地震发生后不同时段内再次发生地震的概率。

利用概率增益预测方法、基于支持向量机回归的综合前兆预测模型研究前兆异常与地震震级的关系，采用马尔科夫模型估计未来强震发生的概率，利用古登堡公式估计某地区、带的缺震次数和最大地震震级；利用综合概率方法，以时间序列中的一些方法，如 AR 模型，自激励门限回归模型，震级序列的 GMDH 模型等预测未来时段的最大震级；以地震周期谱分析的合成概率方法、利用线性叠加的方法预测未来地震的发震概率。

二、物理统计模型方法

加速矩释放（AMR）模型　尝试性地应用于宁夏及邻区，作为一种中期预测方法。

地震活动加速模型　能够描述当前地震活动过程的位置，对该区域未来地震危险性进行评估。

能量场方法　将地震活动能量作为随机场，采用自然正交函数展开方法分析，探索中强地震与能量场的关系。

三、模糊数学方法

宁夏在年度会商中经常使用，应用较多的为模糊聚类分析方法，主要判定某一固定区域未来一定时段内有无中强以上地震。

四、模式识别方法

模式识别又称图像识别，主要判定固定区域未来的一固定时段是否发生中强以上地震。

五、专家系统

计算机专家系统用于处理现实中需要由专家来判断的复杂问题，模拟专家的推理过程，得出与专家相同的结论。给出一定区域一定时段发生某级以上地震的信度。

六、地震学定量综合预测方法

为一种经过自学习过程，确定单项、综合参量和预测指标的地震学综合预测方法。

七、其他方法

以分维方法判断地震活动的有序降维情况；以神经网络方法判断地震趋势；以灰色理论判断发震时段。

第四节　数字地震学方法

数字化技术的采用大大地提高了地震观测的精度和地震信息传输的速度，计算技术的进步使对地震数据的定量化分析和反演成为可能。这就使得现代社会对于地震的反应速度、对于地震监测的精密程度有了明显提高。将以数字化、宽频带地震记录为基础，以宽频带、大动态、高精度、实时性、定量化为特征的地震观测和地震研究称为数字（宽频带）地震学。通过对地震参数的测定和应用，使得数字地震学可能应用在地震预测中，其中震级、地震矩张量、辐射能量、震源谱、震源时间函数等，属于重要的地震参数内容。宁夏数字地震学在地震预测中的应用正处于摸索阶段。

第三章 预测预报状况

第一节 预测预报程序

地震预测预报工作的体现形式是各类地震会商会。从类别上划分，有年度会商、年中会商、月会商、周会商、临时会商、加密会商、紧急会商等，分别对未来1~2年的地震趋势、短临震情、紧急震情、特殊场合和时段期间震情作出分析和估计，划定为综合减灾服务的10年或更长时间的地震重点监视防御区。从地域上划分，有全国、西北片、宁夏全区、周边协作区以及地、县级会商，地震台站会商等，分别对相应地区的地震趋势和震情做出判断。

1970年，自治区地震部门编印《地震简报》《震情反映》《震情监视报告》《会商意见》等，向自治区政府和中国地震局汇报震情，同时通报有关部门，加强防震工作。1977年、1988年，国务院相继批准《国家地震局关于发布地震预报的暂行规定》及《发布地震预报的规定》；1998年12月，国务院第255号令发布《地震预报管理条例》，全区地震预报逐步走向规范和有序。宁夏地震预报的程序如图5-1所示。

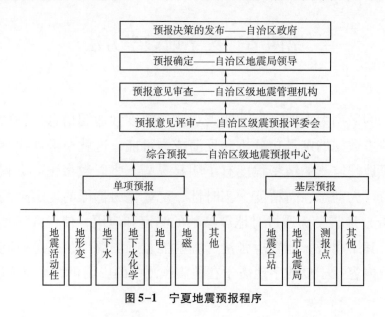

图5-1 宁夏地震预报程序

第二节　地震重点监视防御区

自 20 世纪 70 年代以来，全国和自治区每年都召开年度地震趋势会商会，运用各种手段判定全年或稍长时间内的地震危险区。地震危险区主要考虑地震本身的危险性，地震重点监视防御区要同时考虑震情、震害、国民经济和社会发展三方面的因素，并具一定的稳定性，作为一定时期（10 年或更长一段时间）防震减灾的重点地区和率先实现国家防震减灾目标的战略区域。

中国地震局于 1994 年组织多学科科技力量开展研究，综合确定 1996～2005 年 21 个全国地震重点监视防御区和 13 个地震重点监视防御城市，其中宁夏北部至宁夏、内蒙古交界地区为国家级地震重点监视防御区之一；宁夏南部是自治区确定的地震重点监视防御区。中国地震局于 2005 年综合确定 2006～2020 年 24 个全国地震重点监视防御区和 11 个地震重点监视防御城市，其中宁夏北部至宁夏、内蒙古交界地区仍为国家级地震重点监视防御区之一；宁夏南部仍是自治区确定的地震重点监视防御区。

自治区政府于 1996 年 1 月印发的《宁夏回族自治区防震减灾十年目标实施纲要》、2006 年 7 月以政府第 91 号令发布的《宁夏回族自治区地震重点监视防御区管理办法》、2007 年 11 月印发的《关于全区地震重点监视防御区（2007 年—2020 年）判定结果和加强防震减灾工作的意见》，对加强全区地震重点监视防御区的防震减灾工作作出具体规定。

第三节　中期预测预报

一、趋势会商意见

1973 年 12 月，宁夏召开第一次中期地震趋势会商会，分析研究 1974 年度地震趋势意见。1978 年 6 月增加年中会商。至 2011 年度，共召开年度和年中会商会 77 次，主要研究半年或稍长时间的震情。宁夏南部山区居民住房简陋，抗震性能差，5 级多地震就会造成较大破坏。因此，将地震预报的目标界定在 5 级以上。历年宁夏年度及半年地震趋势会商意见列于表 5-1。

表 5-1　1974～2012 年度宁夏地震趋势会商意见表

年度	会商时间（年.月.日）	会商地点	会　商　意　见
1974～1975 年	1973. 12. 26	银川	石嘴山地区近期不致于发生大于或等于 5 级的地震。 银川、灵武、吴忠地区：部分人认为近一二年发生 5 级以上地震的可能不大，有些人认为不能忽视银川-平罗一带有 5 级左右地震的危险，还有人认为如果明年上半年吴忠、灵武地区发生两个 4 级多地震，则应考虑下一步会有 5 级地震的可能。 西海固地区：近一二年内，该地区有可能发生 5.0～6.0 级的地震。 注：该会商会当时称为"宁夏地震队地震趋势座谈意见"，与以后的会商会有所区别，故意见不太集中
1974 年下半年至 1975 年	1974. 8. 3	银川	多数同志认为西海固地区 1974 年下半年或 1975 年可能发生 5 级左右地震。 石嘴山地区今冬明春不可能发生 5 级以上地震。 对灵武-吴忠地区，有的人认为今冬明春可能发生 5.0 级地震，但也有人认为近期不会发生 5 级以上地震
1975～1976 年	1975. 7. 1	银川	1976 年底以前宁夏有发生五六级地震的危险。 分区意见为：1976 年底以前西海固地区有可能发生五六级地震；银川、吴忠地区、石嘴山地区今后一年内发生 5 级以上地震的可能性不大
1976～1977 年	1975. 12. 10	银川	西海固地区未来一二年可能发生五六级地震；银川、吴忠、灵武地区 1976 年发生 5 级多地震的可能不大；石嘴山-吉兰泰地区 1976 年内不会有大于 5 级的地震
1976 年下半年至 1977 年	1976. 8. 23	银川	从中期尺度看，西海固地区有发生破坏性地震的可能，对银川以北的地区也应严密监视
1977～1978 年	1976. 12. 7	银川	1977 年宁夏有发生 6 级左右地震的危险。 ①六盘山地震带（包括西、海、固及其邻近地区）：明后年有可能发生 6 级左右地震； ②贺兰山地震带（包括石嘴山、银川、吴忠以及中宁、中卫以北的地区）：一种意见认为该区在 1977 年内发生 6 级以上地震的可能性不大，另一种意见认为不能排除 6 级左右地震的危险； ③阿左旗有发生五六级地震的危险

续表

年度	会商时间 （年.月.日）	会商 地点	会　商　意　见
1977 年下半年 至 1978 年	1977. 7. 14	银川	①中卫、中宁以北至阿左旗–巴音木仁一带：大部分人认为近期不会发生大于 5 级以上地震；少数人认为年内乌达–磴口和巴音木仁一带可能会有 5 级左右地震； ②西海固地区（包括同心一带）一至二年内发生 5 级以上地震的背景依然存在，但近期发震的可能不大
1978～1979 年	1977. 11. 23	银川	明后两年内宁夏有发生 6 级左右地震的危险，发震地点可能在宁夏南部的西海固及邻近的中宁、中卫以南一带
1978 年下半年	1978. 8. 3	银川	1978 年内宁夏地区发生 5 级以上地震的可能性不大
1979 年	1978. 12. 11	银川	西海固在一二年内有发生 5.5 级地震的可能
1979 年下半年	1979. 7. 13	银川	西海固特别是固原–西吉–李旺发生五六级地震的可能性还是存在的
1980 年	1979. 11. 27	银川	银川平原 1980 年有发生 5 级地震的危险，不排除今冬明春发震的可能。但也有部分同志以为，今年银川发生 5 级以上地震的可能性不大。 西海固地区 1980 年发生 5.5 级地震的危险性依然存在
1980 年下半年	1980. 8. 7	银川	西海固地区发生 5.5 级地震的背静依然存在，但 1980 年内发生的可能性不大； 吴忠–石嘴山地区年底以前发生 5 级以上地震的迹象目前尚不明显
1981 年	1980. 12. 2	银川	西海固地区仍然存在发生 5.5 级左右地震的背景和一些异常情况，近期发生 5 级以上地震的可能性不大 银川平原近期发生 5 级以上地震的可能性不大
1981 年下半年	1981. 7. 31	银川	半年内我区发生 5 级以上地震的可能性不大
1982 年	1981. 12. 23	银川	1982 年宁夏境内发生 6 级以上地震的可能性不大，但是发生 5 级左右地震的背景依然存在。目前似乎还看不出上半年有发生 5 级地震的危险
1982 年下半年	1982. 7. 8	银川	下半年宁夏北部及邻近地区存在发生 5 级左右地震的异常背景，西海固地区近期可能会有 4.5 级左右地震活动

续表

年度	会商时间（年.月.日）	会商地点	会　商　意　见
1983 年	1982.12.13	银川	我区仍然存在发生 5 级左右地震的可能，从地区上说，1983 年北部地区发生 5 级地震的可能更大些； 宁夏南部可能有 4.5～5.0 级地震
1983 年下半年	1983.7.7	银川	下半年宁夏北部地区地震活动的危险性比南部要大些，北部有发生 5 级以上地震的可能；南部地区发生 5 级左右地震的可能性不大
1984 年	1983.11.29	银川	石嘴山以北、以西地区仍有发生 5 级以上中强地震的可能。吴忠、同心地区发生 5 级左右地震的可能性在增强，1984 年存在发生 5 级左右地震的可能； 1984 年西海固地区地震活动可能仍然维持在 1983 年的水平
1984 年下半年	1984.7.3	银川	同心至石嘴山以北以西地区有可能发生 5 级左右地震，但还未发现下半年即将发生 5 级以上地震的短临异常显示； 西海固地区下半年发生 5 级以上地震的可能性不大
1985 年	1984.12.3	银川	宁夏及邻区 1985 年有发生 5 级或 5 级以上地震的可能，从地区分析，石嘴山及其以北以西地区有发生 5 级和 5 级以上地震的危险；宁夏中部（主要是银川至同心一带）地区有发生 5 级左右地震的可能；西海固地区的地震活动水平将继续维持 1984 年或稍高一些的水平
1985 年下半年	1985.7.3	银川	石嘴山及其以北以西地区可能发生 5 级或 5 级以上地震； 灵武老震区下半年再次发生 5 级左右地震的可能性不大，西海固地区下半年发生 5 级以上地震的可能性不大
1986 年	1985.11.5	银川	宁夏境内发生 6 级以上地震的迹象不明显，今冬明春发生 5 级以上地震的可能性不大，石嘴山以西以北有 5 级或 5 级以上的可能
1986 年下半年	1986.7.6	银川	1986 年下半年宁夏境内发生 6 级以上破坏性强震的迹象不明显；下半年在同心以南即西海固地区，地震活动水平可能高于上半年，但发生 5 级以上地震的可能性不大

续表

年度	会商时间 （年．月．日）	会商 地点	会 商 意 见
1987 年	1986.11.6	吴忠	宁夏及邻近地区今后几年内有发生五六级地震的危险，1987 年还不会发生 6 级以上破坏性地震，1987 年上半年宁夏境内发生 5 级以上中强震的可能性也不大
1987 年下半年	1987.7.20	固原	今年下半年在宁夏境内不会发生 5 级以上地震。
1988 年	1987.11.14	银川	1988 年及今后二三年内宁夏及邻近地区有可能发生五六级或更高震级的地震，今后几年需重点加强以下地区的地震监视和研究： ①宁夏石嘴山至内蒙古吉兰泰地区； ②银川至平罗地区； ③固原以北至中宁地区。 尤其需要对宁内交界处的石嘴山、磴口和阿拉善左旗地区发生 6 级左右地震的危险性给予足够的重视，固原以北至中宁或银川、平罗地区有发生 5 级左右地震的可能
1988 年下半年	1988.7.14	中卫	今后二三年内宁夏及邻区中强地震可能会继续活动，仍有发生五六级或更高震级地震的可能。 西海固及邻近地区，特别是固原北至中宁地区和固原以南地区应重点加强监视工作，对石嘴山至内蒙古阿拉善左旗的吉兰泰地区和灵武老震区的震情发展也应给予密切注视
1989 年	1988.11.9	银川	警惕宁夏南部 5 级左右地震的突发，应注意灵武及周围地区地震活动可能出现的起伏
1989 年下半年	1989.7.12	银川	宁夏下半年发生 6 级以上地震的可能性不大，警惕宁夏南部 5 级左右地震的突发
1990 年	1989.11.9	银川	西海固及其周围地区今后一二年再度发生 5 级或更高震级地震的危险性依然存在，银川及其以北地区 1990 年及今后几年存在发生五六级地震的可能
1990 年下半年	1990.7.19	银川	石嘴山至临河及其周围地区今明两年有发生 6 级左右地震的危险，应特别警惕 1990 年下半年至 1991 年上半年发震的可能性； 西海固及其周围地区今后一二年再度发生 5 级地震的危险性仍然存在

续表

年度	会商时间 （年.月.日）	会商 地点	会　商　意　见
1991 年	1990. 11. 12	银川	宁夏及邻近地区 1991 年及今后稍长时间内有发生 6 级地震的可能，重点区域为银川及以北地区
1991 年下半年	1991. 6. 24	银川	1991 年下半年及稍长时间，宁夏及邻近地震活动仍将维持较高水平，存在发生 6 级以上地震的危险
1992 年	1991. 11. 5	银川	宁夏及邻近地区 1992 年及今后稍长一段时间有发生 6～6.5 级地震的可能，重点区域为银川及其以北地区； 西海固地区在 1992 年或稍长时间有可能发生五六级地震
1992 年下半年	1992. 6. 10	银川	宁夏北部与内蒙古交界地区今后一二年发生 6 级左右或稍强地震的危险性依然存在，短时间内发震的迹象尚不明显，也不排除下半年发生较强地震的可能性； 宁夏南部及甘宁交界地区发生五六级地震的可能性正在进一步增强
1993 年	1992. 11. 10	银川	1993 年度及今后一二年内，宁夏及邻区发生 6 级多地震的可能性较大，其重点区域为宁夏北部及宁蒙交界地区，但今冬明春立即发生 6 级以上地震的可能性不大； 宁夏南部及甘宁交界地区存在发生五六级地震的可能
1993 年下半年	1993. 6. 22	银川	宁夏北部及宁蒙交界地区 1993 年下半年发生 6 级地震的可能性不大； 对宁夏南部及甘宁交界地区应警惕 5 级左右中强地震的突发
1994 年	1993. 11. 9	银川	宁夏北部及宁蒙交界地区 1994 年或稍长时间发生 6 级多地震的可能性较大； 宁夏南部及甘宁交界地区未来一二年有发生五六级地震的可能
1994 年下半年	1994. 6. 22	银川	宁夏北部及宁蒙交界地区下半年发生 6 级地震的可能性不大； 宁夏南部及甘宁交界地区有发生五六级地震的可能，应特别注意 5 级左右地震的突发

续表

年度	会商时间 （年.月.日）	会商 地点	会 商 意 见
1995 年	1994.11.8	银川	宁夏北部与宁蒙交界地区 1995 年或稍长时间内有发生 6 级左右地震的可能，但今冬明春发震的可能性不大； 宁夏南部及甘宁交界地区 1995 年度或稍长时间发生五六级地震的可能性较大，并应特别警惕在 1995 年度突发的可能性
1995 年下半年	1995.6.11	银川	宁夏北部及宁蒙交界地区 1995 年下半年发生 6 级地震的可能性不大； 宁夏南部未来一年或稍长时间发生五六级地震的可能性较大
1996 年	1995.11.6	银川	1996 年度或稍长时间宁夏北部及宁内交界地区存在发生 6 级左右地震的可能；宁夏南部及甘宁交界地区 1996 年有发生五六级地震的可能
1996 年下半年	1996.6.11	银川	宁夏北部及宁内交界地区 1996 年下半年或稍长时间存在发生 6 级左右地震的危险；宁夏南部及甘宁交界地区有五六级地震的危险
1997 年	1996.11.5	银川	宁夏北部和宁内交界地区存在发生 6 级左右地震的危险； 宁夏南部及甘宁交界地区今后一二年有发生五六级地震的可能
1997 年下半年	1997.6.17	银川	1997 年下半年或稍长时间宁夏北部和宁内交界地区存在发生 6 级左右地震的可能，宁夏南部及甘宁交界地区有五六级地震的危险
1998 年	1997.11.3	大武口	宁夏南部及甘宁交界地区有发生 6 级左右地震的可能； 宁夏北部和宁蒙交界地区有发生五六级地震的可能
1998 年下半年	1998.6.9	银川	1998 年下半年宁夏及邻区发生 6 级左右地震的可能性在增强，区域为： 宁夏北部及宁蒙交界地区； 宁夏南部及甘宁交界地区

年度	会商时间 （年.月.日）	会商地点	会 商 意 见
1999 年	1998.11.25	银川	宁夏北部和宁蒙交界地区有发生 6 级左右地震的可能，但今冬明春发震的可能性不大；宁夏南部及甘宁交界地区有发生五六级地震的可能
1999 年下半年	1999.6.7	银川	宁夏北部及宁蒙交界地区存在发生 6 级左右地震的可能；宁夏南部及甘宁交界地区发生五六级地震的可能性较大
2000 年	1999.11.9	银川	宁夏北部及宁蒙交界地区存在发生 6 级左右地震的危险；宁夏南部及甘宁交界地区有发生五六级地震的可能
2000 年下半年	2000.6.15	银川	宁夏北部及宁蒙交界地区存在发生 6 级左右地震的背景，但近期发震的可能性不大；警惕宁夏南部及甘宁交界地区有发生五六级中强地震的可能
2001 年	2000.11.12	银川	2001 年或稍长时间，宁夏及邻区有发生五六级地震的可能，发生五六级地震的重点区域为宁夏北部及宁蒙交界地区，一年内的发震信度为 0.60；宁夏南部与甘宁交界地区有发生 5 级地震的可能，一年内的发震信度为 0.55
2001 年下半年	2001.6.12	银川	宁夏北部 2001 年下半年地震活动水平将会高于上半年，有发生五六级地震的危险。 宁夏南部及甘宁交界地区 2001 年下半年有发生 5 级左右地震的可能
2002 年	2001.11.14	银川	2002 年或稍长时间，宁夏及邻区发生五六级地震的可能性较大，发震的重点区域为宁夏南部及邻近地区，信度 0.70；对宁夏北部及宁蒙交界地区仍应继续注意
2002 年下半年	2002.6.11	银川	2002 年下半年或稍长时间，宁夏及邻区发生五六级地震的可能性较大；发震的重点区域为宁夏南部及邻区；对宁夏北部及宁蒙交界地区仍应继续注意

续表

年度	会商时间 （年.月.日）	会商 地点	会商意见
2003 年	2002. 11. 19	银川	2003 年或稍长时间，宁夏及邻区地震活动水平将会明显上升，有发生五六级地震的可能；发生五六级地震的重点区域为宁夏北部及宁蒙交界地区，信度 0.70；宁夏南部有发生 5 级地震的可能，信度 0.75
2003 年下半年	2003. 6. 10	银川	2003 年下半年或稍长时间，宁夏及邻区地震活动水平将会上升，有发生五六级地震的可能；发生五六级地震的重点区域为宁夏北部及宁蒙交界地区，信度 0.70；宁夏南部有发生 5 级地震的可能，信度 0.75
2004 年	2003. 11. 15	银川	2004 年度，宁夏及其邻近地区地震活动水平将会上升，宁夏南部及甘宁交界地区有发生五六级地震的可能，信度 0.70；宁夏北部及宁蒙毗邻地区发生 5.5 级以上地震的可能性不大，信度 0.60
2004 年下半年	2004. 6. 7	银川	2004 年上半年宁夏地震活动水平总体偏低，下半年宁夏及邻区地震活动水平将会有所升高；2004 年下半年或稍长时间，宁夏南部及邻区存在发生五六级地震的可能；宁夏北部及宁蒙交界地区发生 5.5 级以上地震的可能性不大
2005 年	2004. 11. 16	银川	2005 年宁夏境内地震活动水平将不会显著升高，发生 5.5 级以上地震的可能性不大，信度 0.70；需注意宁夏及邻区，特别是宁夏南部及邻区已有异常的发展和新出现的短临异常，将根据震情发展的需要，对以上预测结果进行修正
2005 年下半年	2005. 6. 13	银川	2005 年下半年宁夏境内地震活动水平将不会显著升高，发生 5.5 级以上地震的可能性不大，信度为 0.7；需注意宁夏及邻区，特别是宁夏南部及邻区已有异常的发展和新出现的短临异常，将根据震情发展的需要，对以上预测结果进行修正
2006 年	2005. 11. 13	银川	2006 年度宁夏境内地震活动水平将不会显著升高，发生 5.5 级以上地震的可能性不大，信度 0.70

年度	会商时间（年·月·日）	会商地点	会 商 意 见
2006 年下半年	2006.6.7	银川	维持我局 2006 年度地震趋势会商意见，即 2006 年度下半年，宁夏境内地震活动将不会显著升高，发生 5.5 级以上地震的可能性不大，信度 0.70
2007 年	2006.11.13	银川	2007 年度宁夏地震活动水平将比 2006 年度有所提高，存在发生 5 级左右地震的可能，宁夏南部的同心至西海固一带发震的危险性较大，信度 0.70
2007 年下半年	2007.6.11	泾源	2007 年下半年宁夏存在发生 5 级左右地震的可能，南部的同心、海原至固原一带发震的危险性较大。维持宁夏 2007 年度地震趋势判定意见
2008 年	2007.11.12	银川	2008 年宁夏地震活动水平不会显著升高，发生 5.5 级以上地震的可能性不大
2008 年下半年	2008.6.16	银川	2008 年或稍长时间，宁夏地震活动水平将增强，存在发生 5 级左右地震的可能，宁夏南部为发生地震的重点区域
2009 年	2008.11.17	银川	2009 年或稍长时间宁夏及毗邻地区存在发生 5 级地震的可能性，地震危险区为宁夏南部的同心—海原—西吉—固原一带，震级 5.0 左右
2009 年下半年	2009.6.7	银川	2009 年下半年宁夏地震活动水平将比上半年有所升高，存在发生 5.5 级左右地震的可能，宁夏南部的同心至固原一带为发生地震的危险区域
2010 年	2009.11.12	银川	2010 年度宁夏及邻近地区地震活动水平将会上升，存在发生 5.5 级左右地震的危险性。重点危险区为石嘴山以北至宁蒙交界 5.5 级左右地震危险区和同心至固原 5.5 级左右地震危险区
2010 年下半年	2010.5.18	银川	2010 年下半年宁夏及毗邻地区存在发生 5.5 级左右地震的可能，宁夏南部的同心至固原地区、石嘴山以北至宁蒙交界地区为发生地震的危险区域

续表

年度	会商时间 （年.月.日）	会商 地点	会　商　意　见
2011 年	2010.11.18	银川	2011 年度宁夏及邻近地区地震活动水平将会上升，存在发生 5.5 级左右地震的危险性。重点危险区为石嘴山以北至宁蒙交界 5.5 级左右地震危险区和同心至固原 5.5 级左右地震危险区
2011 年下半年	2011.5.17	银川	2011 年下半年宁夏及毗邻地区存在发生 5.5 级左右地震的可能，宁夏南部的同心至固原地区、石嘴山以北至宁蒙交界地区为发生地震的危险区域
2012 年	2011.10.18	银川	2012 年度宁夏及邻近地区地震活动水平将会上升，存在发生 6.0 级左右地震的危险性。重点危险区为石嘴山以北至宁蒙交界 6.0 级左右地震危险区和同心至固原 5.5 级左右地震危险区

宁夏近 40 年来没有预测过 7 级以上地震，实际上在宁夏监视区没有发生 7 级以上地震。预测震级 5～6 级，实际上 40 年来发生在宁夏境内的最大地震为 5.5 级，发生在宁夏邻区的最大地震为 6.2 级。

宁夏除盐池县外，其他区域都有弱震活动。从西海固至同心、吴忠、灵武、银川、石嘴山，近 40 年来都发生过中等强度以上地震，存在发生较大地震的地质构造背景。会商开始阶段，预测区域较多，比较稳定的是西海固地区；另外常有吴忠—灵武地区，石嘴山地区，银川—吴忠地区，石嘴山—吉兰泰地区等不同提法。后来认为将宁夏的预测地区分为宁夏南部与甘宁交界地区、宁夏北部与宁蒙交界地区较为合适，从 1990 年后更为明确。

会商预测预报意见的表述经历了从分散到集中的过程。初期会商意见有多数人认为如何、部分人认为如何、也有人认为如何等表述，后来意见比较集中，反映了后期会商意见研究有了一定深度。预报用语经历了从混乱到较为规范的过程，初期的意见有"应警惕、有背景、要注意"等表述，后来表述为："可能、可能性较大、不太可能、可能性较小"等，更能表现当前会商预测预报的实际水平。

二、较好的中期预测预报意见

（1）1976 年年中会商首次提出对银川以北的地区也应严密监视，这是自 1974 年中期会商以来，首次对该区提出程度较重的预报意见。毗邻的内蒙古巴音木仁于 9 月 23 日发生 6.2 级地震。

（2）1983 年预报吴忠、同心地区 1984 年存在发生 5 级左右地震的可能，后于 1984 年 11 月又指出今冬宁夏中部有可能发生 5 级左右地震，之后灵武发生 5.3 级地震。

（3）1988 年度认为固原以北至中宁或银川—平罗地区有发生 5～6 级地震的可能，距预报区很近的灵武于 1 月 4 日和 10 日分别发生 5.5 和 5.0 级地震。

（4）1989 年中提出应警惕宁夏南部 5 级左右地震的突发，11 月 2 日固原发生 5.0 级地震。

（5）自 1990 年度开始，特别认为宁夏的重点区域为银川及其以北地区（含内蒙古阿拉善左旗）1991 年度有发生 6 级地震的可能，1 月 13 日、6 月 16 日，9 月 14 日在内蒙古阿拉善左旗分别发生 5.3 级、5.3 级、5.0 级地震。

（6）自 1992 年开始的 9 个年度，多数预报意见为宁夏北部与宁蒙交界有发生 6 级左右地震的可能，宁夏南部与甘宁交界地区有发生 5～6 级地震的可能。1993 年、1995～2000 年每年都有 4.2 级以上地震发生，特别是 1997 年 10 月 21 日内蒙古杭锦后旗发生 5.1 级地震，2000 年 6 月 6 日甘肃景泰发生 5.9 级地震。

（7）2010 年度预报石嘴山以北至宁蒙交界为 5.5 级左右地震危险区，2012 年度预报石嘴山以北至宁蒙交界为 6.0 级左右地震危险区，这两个年度虽无相应地震发生，但在预测区域附近分别发生了两次永宁 4.5 级地震。

三、全国会商和片区会商及邻省会商

中国地震局每年在各单位年度会商的基础上召开全国年度地震趋势会商会，深入分析研究我国震情形势及未来强震趋势，判定下一年度我国地震重点危险区域，部署监测预报工作措施。召开全国年中地震趋势跟踪会以来，会议形式、组织方式、召开时间发生变化，首先各单位年中会商，然后片区会商，最后全国会商。宁夏所在的西北片区组成单位包括新疆维吾尔自治区地震局、甘肃省地震局、青海省地震局、陕西省地震局、内蒙古自治区地震局、中国地震局第二测量中心、宁夏回族自治区地震局等单位。片区会商会每年由各省（区）地震局轮流召集，负责组织在本地召开。各省（区）年度会商时突出"商"的含量，甘肃省地震局、宁夏回族自治区地震局、青海省地震局、陕西省地震局、中国地震局第二测量中心年度会商时均互派代表参加。

第四节　短临预测预报

一、短临预测预报工作

宁夏短临预测预报工作始于 1970 年，1971 年 6 月开始有完整的会商记录，逐步建

立了周会商、震情值班、异常核实等制度。1987年1月建立月会商制度。短临预测预报主要通过周、月、临时、加密、紧急会商等形式实现。短临会商初始就体现多方法、多学科协同分析研究的特点，体现专群结合、上下结合的特点。每次会商前，各地震台站、市县地震部门提出预测意见，由自治区地震分析预报部门依据前兆分析结果和基层上报的预测意见综合分析，提出最终预测结果。历年所提预测预报意见大多数为无震预测意见，少数为有震预测意见。

二、有震短临预测预报特点

宁夏自1971年来共召开短临会商会（包括周、月会商和临时会商）2549次，提出4.5级以上地震的有震预测预报意见如表5-2。

表5-2 有震短临预测预报意见一览表（单位：次数）

起止年份	4.5级左右	5级左右	5级以上	5～6级	6级左右	合 计
1971～1979	16	14	1			31
1980～1989	3	9				12
1990～2000	2	5			1	8
2001～2011			2			2
合 计	21	30	1		1	53

从表5-2看出：①预测预报地震的最大震级为6级左右，且只有一次，区域在石嘴山至磴口一带，时间3个月。这次为内部预报，没有引起任何社会震动。预报期过后3天，1990年6月14日乌海发生4.7级地震，实际震级明显偏小。②随着时间推移，有震预报意见减少，这与宁夏地震的频次和强度逐年减少相一致，也反映出对地震发生的认识能力有所提高。③自20世纪80年代以来，预测预报地震震级明显偏重于具有破坏性的5级以上地震的预测预报，这与防震减灾目标要求及宁夏的实际监测预报能力相一致。

三、短临预测预报实况

1970年12月3日西吉5.5级地震 1970年11月30日在西吉和银川分别发生4.0和3.5级有感地震后，宁夏地震前兆队紧急会商，提请有关部门加以注意，加强观测，密切注视震情发展。固原地震台依据土地电的变化认为在西吉还会有更大地震发生，并向固原专署地震办公室汇报。这次地震的预测预报过程可谓初始一个较成功的尝试。

1971年6月28日吴忠5.1级地震 1971年6月11日吴忠发生4.2级震群，会商认为一周左右灵武—吴忠至石嘴山有发生5级左右地震的可能。6月27日晚，自治区化工研究所群测点根据生物电异常预报："28、29两日，特别是28日银川以南50 km

处可能发生 5 级地震"。宁夏地震队会商后通报自治区地震办公室，将预报意见当晚通知吴忠县人民政府。6 月 28 日中午发生了 5.1 级地震。对这次地震较为成功的预报，提高了地震工作者探索地震预报的信心。

1982 年 4 月 14 日海原 5.5 级地震　震前曾发现一些异常情况，在 1982 年 4 月 8 日的周会商上提出："周内西海固及邻区可能发生 3.5 级左右地震"。该次预报前，连续 140 天的预测预报都属无震预测意见，说明震前有所觉察，但预测震级明显偏低。

1984 年 11 月 23 日灵武 5.3 级地震　震前曾注意到灵武—吴忠地区 2 级左右地震增多，并显示震级逐次增高、时间间隔逐次变短的特点，还发现了一些宏观异常情况。1984 年 11 月 22 日召开的临时会商会提出："今冬明春灵武有发生 5 级左右地震的可能"，在 23 日的周会商中又明确："今年年底以前吴忠、灵武有发生 5 级左右地震的可能"，并将预报意见上报自治区政府和国家地震局。这是宁夏第一次对 5 级以上地震较成功的短临预报，预报程序规范，预报记录完整，结果符合实际。

1987 年 8 月 10 日灵武 5.5 级地震　没有作出短临预报，但震前有所觉察。1987 年 6 月 17 日灵武发生 3.7 级地震后不久，灵武水氡、银川地电出现异常情况。宁夏地震局立即采取措施：①立即调查异常情况和原因；②决定将灵武—吴忠附近的 3 项观测资料（青铜峡水位、灵武水氡、银川地电）的报送由原来的电报报送改为当日电话报送；③立即在新华桥增上临时地震台。震前多次召开临时会商会，专门讨论灵武—吴忠地区的震情发展。在紧张而有序的追踪和研究之中，地震发生了。

1988 年 1 月 4 日灵武 5.5 级地震　震前异常很少，加之该地区在不长时间内连续发生多次 5 级地震，与过去的震例特点不一致，没有作出短临预报。仅青铜峡地震台在震前提出该台东南方向有 5 级地震的短临预测意见。

1989 年 11 月 2 日固原 5.0 级地震　震前有所觉察，但没能作出短临预报。固原地电于 1989 年 10 月 25 日大幅度突跳。固原地震台、西吉地震台周会商意见认为"周内有发生 4 级左右地震的可能"，宁夏地震局震情分析预报室认定异常可靠，并在 10 月 27 日会商会后派人到固原地震台、西吉地震台、海原红羊井检查，发现观测变化加剧，异常可靠。在核实后的会商过程中，地震发生了。

1991 年 1 月 13 日内蒙古阿拉善左旗 5.3 级地震　1990 年 12 月至 1991 年 1 月上旬，宁夏永宁至内蒙古乌海一带连续发生 6 次 3 级左右地震，石嘴山、小口子水氡有短临异常显示，1991 年 1 月 12 日宁夏地震局临时会商会预报："在 1991 年元月底之前，宁夏银川至内蒙古乌海有发生 4.5 级左右地震的可能"。第二天在内蒙古自治区庆格勒图发生 5.2 级地震，这次成功的短临预报受到中国地震局表扬。

1998 年 7 月 29 日海原 4.9 级地震　自治区地震局在 1998 年 7 月 22 日月会商中提出：考虑到近期连续出现多起水氡异常变化，应警惕宁夏及邻区 5 级左右地震的突发。固原地震台依据本台的氡、地电阻率的异常变化，7 月 28 日会商提出：一周内西海固地区有发生 4.5 级左右地震的可能。固原地区地震局提出：未来一周西海固及邻近地区有发生5级左右地震的可能。这次成功预报受到中国地震局的表扬和奖励。

2001年以来，宁夏境内未发生4.9级以上地震，最大地震为几次4.5级地震。自治区地震局作出的短临预测意见大大减少，仅作出2次有震短临预测意见，均为虚报。2003年11月13日甘肃岷县—临潭5.2级地震前，分析预报部门察觉到地震活动及前兆观测存在异常情况，但受地震活动大形势认识的局限，惜未能提出明确的有震预测预报意见。

第五节　震后趋势判断

一、震后趋势判断稳定社会

（1）1970年12月3日西吉5.5级地震后，兰州地震大队、宁夏地震前兆队根据西海固中等强度地震的单发型特点，判断该地区不会再发生强烈地震，符合实际情况。

（2）1987年8月10日灵武5.5级地震后，自治区地震局会商认为：震区不会发生更大的破坏性地震，但可能有强余震活动。判定意见消除了灾区民众恐震心理，稳定了震区社会秩序。

（3）1988年1月4日灵武5.5级地震后两小时，自治区地震局紧急会商认为：灵武地区近几天发生5.5级以上地震的迹象不明显，但可能发生强有感余震，此后每天的临时会商均坚持上述意见。1月10日15时发生5.0级强有感地震后，在20时会商时又提出：这几天灵武地区发生5级以上地震的迹象不明显，但有发生4.5级以上地震的可能。1月20日地震局通过新闻媒体向社会明确发布：目前全区前兆资料均没有重大趋势异常，近期宁夏及邻区都不会发生大地震；灵武地区近期也不具备发生更大地震的条件。该次震后趋势意见是在灵武地区1984年以来连续发生4次5级以上地震、发生多次有感地震的背景下作出的，对稳定社会起了很大的作用。这次成功的震后趋势判定，受到中国地震局表扬，自治区人民政府给予奖励。

（4）1989年固原5.0级地震、1991年10月30日同心4.9级地震、1993年8月12日石炭井4.8级地震、1998年海原4.9级地震后，所作趋势判断都符合实际情况。

（5）2008年5月12日四川汶川8.0级地震后，社会民众的恐慌心理极为严重。当地明确预测有强余震，陕西和甘肃也对强余震有明确的预测意见，实为虚报。宁夏距离震中较近，主震震感也非常强烈，民众惶恐不安。自治区地震局根据本区地震活动和前兆观测资料的变化情况，始终没有作出有震的短临预测意见，使社会保持稳定，民众正常生活和生产，学校坚持上课，高考顺利进行。

二、为平息地震谣传提供科学依据

　　地震谣传或者恐震事件发生后，宁夏地震分析预报部门提出明确的短临预测预报意见，为当地人民政府平息地震谣传事件提供科学依据。平息的地震谣传事件主要有：1988 年 1 月灵武地震谣传、1990 年 6 月银川郊区通贵地震谣传、1994 年 7 月吴忠市九公里地震谣传、1996 年 7～8 月宁夏北部地震误传、1999 年 7 月海原—同心地震谣传、2004 年 8 月灵武地震谣传、2008 年 5 月后地震谣传、2010 年 6 月银川地震谣传事件等。

第四章　地震预测预报探索

第一节　预测预报思路

深化对地震过程本质的研究　深化的唯一途径就是要坚持地震预测预报的科学研究。宁夏是多震区，又是经济欠发达的少数民族地区，开展规模较大的研究不现实，但可以力争加入国家所组织的有关预报研究项目，锻炼提高预报队伍。同时多做引进、学习、消化国内外有关预测预报的新思想、新方法，和宁夏震情相结合而在预测预报实践中得到应用。

多学科、多方法协同作战　地震孕震过程中会引起地球物理场、化学场、形变场等不同程度的变化而产生异常。伴随地震孕震的不同阶段，其异常可分为长、中、短临的不同类型。长、中预测预报是对总体形势的把握，短临预测预报是关键和重点，中长期预测预报对短临有指导作用，但又不可绝对化。有时短临变化的幅度大、数量多、展布范围广，而对长、中期意见有较大的修正。对地质背景、对大形势深入研究，也是用于地震震级预测的重要方面。

做好短临追踪　地震异常，特别是短临异常，具有出现突然、发展较快的特点，而对其适时捕捉和分析，是做好短临预测预报的关键。必须做到：

（1）建立完善的岗位责任制。

（2）强化震情值班和通讯联络工作。

（3）及时组织短临会商。

（4）充分利用现代化的研究工具。

（5）重视基层地震台站、市县地震部门的预测意见和对异常的分析结果。

（6）重视宏观异常的收集、落实和分析。

（7）加强与邻近省区的协作与沟通。

预报决策是实现预报的关键步骤　在收集、整理、分析研究各类异常情况后，最终必须形成一个会商意见。通常情况是报还是不报？报多大、报在什么地方、报多长时间？属于预报决策的内容。其所遵循的规律主要有：

（1）预测要建立在具有一定监测能力的基础上。

（2）预测目标的确定要和监测能力、社会要求、科学水平相协调。

（3）预测中直接经验要比模式化的公式更有效。

（4）预测中要考虑灾情因素。

（5）应给出所预测震级的信度，即某时段某区域发生某级地震的概率有多大，或这个预测意见的可信度是多少。

（6）为减少片面性，应和国家地震分析预报管理部门、业务部门及周边省（区）多联系沟通。

实践中采用较多的短临预测预报指标

（1）中强地震出现的异常项数并不多，西北地区和宁夏震例中的异常一般三四项。

（2）前兆异常多集中在震中 100 km 范围内。

（3）前兆异常与地震活动关系密切，表现为前兆异常的分布与地震活动的丛集区、条带及空区相关联。

（4）前兆异常的时间有 76% 出现在震前 3 个月内，65% 出现在震前 45 天内，临震前多数震例出现过宏观异常，宏观异常一般出现在震前 18 天内。

（5）宁夏北部中强地震发生前，震区弱震活动增强的特征较为明显，而南部地区出现信度较高的前兆异常特征较为明显。

第二节　探　　索

宁夏地震科技工作者做好震情分析预测预报，开展相关的研究，成果发表于各类专业期刊。研究成果主要如下：

地球物理场：陈素改（1984），陈素改等（1986），李孟銮等（1981、1986），马禾青等（2010a、2010b、2011），吴立辛等（2011），谢晓峰等（2007、2010a），赵知军等（1990）。

速度结构：金春华等（2011），金延龙等（1999），赵卫明等（1998a）。

地震孕育模式：连纪仁等（1979）。

地震与构造：陈素改（1980），李孟銮（1984、1985），赵卫明等（1992、1998b）。

地震预报过程：李孟銮（1987），杨明芝等（1983），张文孝等（1997），赵卫明等（1999）。

地震活动及特征：柴炽章等（2003），何寿欢（1979），李孟銮（1979、1984、1986a、1986b），李孟銮等（1980、1982、1983），李英等（2004a、2004b），罗国富

等（2007、2010），马禾青等（2003、2005、2006、2007），任雪梅等（2002a、2002b、2002c、2004、2005a、2005b、2008、2009），谢晓峰等（2005），杨明芝（1988），赵知军等（2001）。

地震活动异常：刁守中等（1990），李孟銮等（1981），罗国富等（2011a、2011b、2011c），马禾青等（2008、2012），许晓庆等（2011b），杨明芝等（1991、2004、2011），赵知军等（1987）。

地震学参数：金春华等（2005），任雪梅等（2011a），盛菊琴等（2004），许文俊（1995、1996）。

利用地震模拟记录、数字记录波形开展研究：董卫国（1991），金春华（2009），盛菊琴等（2007b、2007c），师海阔等（2010、2011a、2011b），许英才等（2001），杨明芝（1990、1992），杨明芝等（1994、1985a、1985b），曾宪伟等（2008、2010a、2010b、2010c），赵卫明等（2000、2002）。

模型及方法的研究：李英等（2003），马禾青等（2003a、2003b），盛菊琴等（2004b、2007a），许晓庆等（2011a2），赵卫明（1993），赵卫明等（1992、1994）。

地震前兆异常：陈素改（1990、1991），陈素改等（1987、1991），金春华等（2003），金涛等（2005），兰宁等（1998），李根起（1992），李国斌（2005），李国斌等（2010），李英等（2001），吕俊强等（2008），马禾青（1994、1998），司学芸等（2011），王勇等（1991、1994），许文俊（1994、1997、1998），杨明芝等（1987），张立强等（2010），赵和云等（1984），赵卫明等（1993）。

前兆资料分析：封德春等（1987），李国斌（2006、2008a、2008b），李国斌等（2004、2008、2011），李英等（2000），马禾青等（1998、2003），蒙和平等（1992），卫定军（2010），卫定军等（2004、2009），吴立辛等（2000、2005、2007、2010），杨明芝等（1986），赵和云等（1985a、1985b），訾少刚等（2007）。

其他相关研究：陈素改等（1994），罗国富等（2005、2009），马禾青等（2002），任雪梅等（2005c、2006、2008、2010、2011b），谭俊林等（2006），王树青等（1992），王勇（1991），吴立辛等（2001），谢晓峰等（2009、2010b），许文俊等（2001），赵卫明等（2009），赵知军（1982），赵知军等（1997、1989、2002）。

杨明芝等将多年研究成果汇集，出版《宁夏地震活动与研究》（2007），这是我区地震分析预报领域的第一部专著。

第五章　地震区域联防

第一节　西北地震工作协作区

一、组织机构

1979 年，根据国家地震局《关于成立地震预测预防工作协作机构有关事项的通知》精神，经甘肃、陕西、宁夏、青海四省（区）地震局（队）协商后，于 1979 年 12 月在银川成立西北地震工作协作区。协作区领导小组由尹之席、崔玉亭、张伯弨、姚文卿、蔺增仁等 5 人组成，尹之席任组长，崔玉亭任副组长。协作区领导小组办公室设在甘肃省地震局，蔺增仁兼主任。协作区组织跨省区范围的地震监测、科研、预报业务协作和协调，对跨省区的工作具有一定业务指导和统一指挥的职能，有行政管理性质，但不是一级领导机构。其主要任务：

（1）了解和掌握本协作区内的地震活动情况，负责组织协作区会商会，提出本协作区域的震情趋势意见。

（2）统一指挥和组织协作区内重大地震异常的核实工作。

（3）对协作区内台网布局进行协调，在观测和传输技术方面组织协作。

（4）根据各省（区）长远和年度计划以及震情发展的趋势，组织协作区震情监视的流动观测和基础探测工作。

（5）总结交流协作区各省的地震预测预报经验和改进观测技术。

1983 年 8 月，协作区撤销。

二、重要活动

组织协作区的震情会商会　1979 年 12 月，在银川召开西北协作区 1980 年度地震趋势会商会和学术交流会。1980 年 12 月，在西宁召开西北协作区 1981 年度地震趋势会商会暨地震学术讨论会。1981 年 1 月四川道孚 6.9 级地震后南北地震带北段小震活动增多，协作区办公室于 4 月 8～10 日在兰州召开四省（区）临时会商会分析震情。

1982年1月，在兰州召开西北协作区1982年度地震趋势会商会，同年7月召开协作区年中会商会。1982年12月，在西安召开西北协作区1983年度地震趋势会商会。

举办专业学术讨论会和学习会　1980年3月，协作区委托甘肃省地震局在兰州举办水氡训练班，陕、甘、宁、青、新和内蒙古等省（区）地震局的水化观测人员40余人参加学习；同年8月在兰州召开地电专业学术讨论会，邀请全国10多个省地震局派代表参加会议。1981年8月协作区办公室与国家地震局分析预报中心、兰州地震研究所联合在兰州召开地震大形势研究学术讨论会；同年11月，协作区在兰州召开地震地质学和测震学专业学术讨论会。1982年6月，协作区在兰州举办地倾斜学习讨论会；同年10月在银川举办流动重力测量学习讨论会。

协调台网布局，建立资料交换制度

（1）为改变协作区内地震台网疏密不均，尤其是相邻省区交界部位台网稀少的状况，1980年9月，在兰州召开协作区地震台网布局协调会议，对台站建设作统筹布局安排，确定甘肃省地震局负责编辑陕甘宁青四省（区）地震目录。

（2）1981年11月，在西安召开西北协作区流动重力、地磁和形变测量布网实施方案的会议，制定了布网规划和实施方案。

第二节　陕甘宁川地市地震联防协作区

1977年3月，陕甘宁三省（区）的武都、天水、平凉、庆阳、固原、宝鸡六地（市）地震联防协作区成立，后汉中市加入地震联防协作区。2007年四川省成都市、德阳市、绵阳市、广元市、阿坝自治州加入地震联防协作区，2010年四川省雅安市加入地震联防协作区，命名为"陕甘宁川十三地市地震联防区"。固原市地震局自联防区成立以来，参加历次联防区会议。

一、成立至1980年联防活动

1977年度全国地震趋势会商会将岷县-武山和宝鸡-西吉一带列为重点监视区，陕甘宁三省（区）地震部门于1977年3月在宝鸡市召开第一次重点监视区的震情会商会，六地（市）地震办公室的代表王海清（武都）、吴宗林（天水）、滕建中（平凉）、王新运（庆阳）、黄宗仁（固原）、王在镇（宝鸡）对加强六地（市）地震办公室协作进行讨论，商定成立六地（市）地震联防区并签订"陕甘宁六地市关于加强地震工作的协议"。同年6月在天水召开陕甘宁三省（区）第二次重点监视区会商会，同年10月在固原召开第三次重点监视区会商会。后来地震活动趋于平静，联防区工作一度中断。

二、1981～2011 年联防活动

1981 年 7 月 13 日，在平凉召开地震联防会议，回顾第一次联防会议以来的工作，就进一步加强协作区地震联防和业务技术协作磋商，并对今后加强地震联防工作重新签订协议。1982 年 1 月，宝鸡市地震局以联防区名义向西北地震协作区办公室报"关于 1982 年度陕甘宁六地市地震联防计划的报告"。同年 5 月和 11 月，在宝鸡召开联防会议，考察华县 8 级地震遗迹。1983 年 5 月，地震联防会议在天水召开，邀请甘肃省地震局和兰州铁道学院等单位的专家参加会议。同年 11 月在天水举行下半年联防会议。1984 年 5 月和 11 月，联防会议在固原召开，进行地震活动趋势会商和学术交流，考察 1920 年海原 8.5 级地震遗迹。1985 年 5 月和 11 月，联防会议分别在武都和文县召开，讨论联防区震情趋势，进行学术交流和实地考察活动。1986 年 10 月，联防会议在庆阳召开，甘肃省地震局副局长张必敖作"地球科学现状"的学术报告。1987 年 11 月，联防会议在平凉召开，兰州地震研究所郭增建研究员作"西方新三论、东方灾异观、块带源兆触、三场共相参"的学术报告。1988 年 10 月，联防会议在宝鸡召开，甘肃省地震局局长郭增建、陕西省地震局副局长李永善、宁夏地震局副局长李孟銮作学术报告。1989 年 10 月，联防会议在天水市召开，甘肃省政府副秘书长魏庆同、省地震局副局长钱家栋和宁夏地震局副局长李孟銮出席会议，进行震情会商和学术交流。1990 年 9 月，联防会议在固原县召开，宁夏地震局副局长李孟銮出席会议，进行震情会商和学术交流。1997 年 9 月，陕甘宁三省七地市地震联防区会议在固原召开，60 名代表与会，宁夏地震局局长杨明芝、副局长万自成、原局长吴建明出席会议，进行震情会商和学术交流。2002 年 8 月，联防会议在宝鸡市召开，联防区所在的省（区）地震局、联防区成员单位的领导及业务人员 42 人与会，宁夏地震局李英作学术交流发言。2003 年 9 月，联防会议在天水市召开，47 人与会，宁夏地震局张进国、卫定军作交流发言。2004 年 8 月，联防会议在固原市召开，固原市副市长刘锦旗，陕西省地震局、甘肃省地震局、宁夏地震局领导和专家，联防区各成员单位的领导及专业技术人员 50 人与会，刘锦旗致辞，宁夏地震局盛菊琴作学术交流发言。2005 年 9 月，联防会议在陇南市召开，53 人与会，宁夏地震局赵卫明作学术交流发言。2006 年 9 月，联防会议在庆阳市召开，64 人与会，宁夏地震局刘秀景作学术交流发言。2007 年 10 月，联防会议在汉中市召开，70 人与会。2008 年 9 月，联防会议在平凉市召开，40 人与会。2009 年 4 月，联防会议在成都市召开，50 人与会。2010 年 4 月，联防会议在宝鸡市召开，150 人与会。2011 年 5 月，联防会议在固原市召开，80 人与会，固原市副市长李守银致辞，宁夏地震局副局长马贵仁讲话，固原市地震局局长乔守俊作联防区工作报告，宁夏地震局马禾青作学术交流发言。

第三节　宁夏内蒙古地震联防协作区

内蒙古自治区西部地区地震联防工作开始于 1979 年，依据震情不定期召开。1987 年 9 月，在巴彦淖尔盟临河市召开的第八次联防会议，宁夏地震局代表参加。1989 年 8 月，在呼和浩特市召开第 10 次联防会，宁夏地震局代表参加。1990 年 10 月，在临河召开第 11 次联防会，宁夏地震局和石嘴山市地震局、银川市地震局代表参加。1994 年 8 月，在呼和浩特市召开第 15 次联防会议，石嘴山市地震局代表参加。1995 年 8 月，在临河市召开第 17 次联防会议，宁夏地震局代表参加。1998 年 8 月，蒙西协作区第 19 次联防会议在石嘴山市召开，石嘴山市地震局和银川市地震局正式加入蒙西协作区，改名"宁蒙地震重点监视防御区联防协作区"，石嘴山市地震局被确定为协作区副组长单位，会议讨论了宁蒙地震重点监视区地震趋势。

第四节　其他协作

一、地震重点危险区协作区

2010～2012 年度，宁夏南部在全国地震趋势会商会上均被纳入甘东南-甘宁陕交界地震危险区。根据中国地震局震情跟踪工作的整体安排，由甘肃省地震局牵头，危险区涉及到的省（区）成立了地震重点危险区协作区。地震重点危险区协作区工作会议分别于 2010 年 4 月 6～8 日、2011 年 1 月 22～24 日在兰州召开，宁夏地震局专家参加了会议。

二、大峰矿爆破联合监测

2007 年 12 月 20 日 13 时 30 分，宁夏历史上最大的一次硐室爆破在神华宁煤集团大峰露天矿羊齿采区炸响。此次爆破炸药量 5499 吨，爆破体积 632.9 万立方米，也是近 15 年国内最大的硐室爆破。宁夏地震局联合北京大学、中国地质大学、中国地震局地球物理研究所、中国地震局地震预测研究所、中国地震局工程力学研究所、中国地震局地球物理勘探中心、甘肃省地震局、青海省地震局、四川省地震局等单位开展相关监测和研究。记录到的爆破波形资料，为贺兰山和银川盆地及周缘深部结构研究，进行银川盆地区域走时表和宁夏地区地震台站走时校正、区域场地效应等研究提供了大量基础信息。据估算爆破规模将在当地产生一次 5 级左右的人工地震，由于采用分层爆破技术，当日自治区地震监测台网只监测到一次相当于 3.9 级地震的爆破。2008 年 10 月 16 日大峰露天矿使用 3 吨炸药进行工程爆破时，造成 16 人死亡、48 人重伤。自治区地震台网测定，此次爆破相当于一次 2.5 级地震，估算其炸药量 70～80 吨。显然 "12·20" 矿爆时所埋炸药没有全部炸响。地震监测资料对这次爆破事故的定性、责任认定起到重要作用。

三、联合落实重大非震宏观异常

2003 年 4 月起，海原县有 9 口机井陆续出现喷吸气现象，引起自治区领导高度重视，指示宁夏地震局牵头落实。宁夏地震局与宁夏地矿局、宁夏气象局、宁夏水利厅和宁夏大学等单位专家联合调查分析，认为喷吸气现象是由于机井高强度抽水所致，不属于地震宏观异常。

四、联合会商及研讨

2004 年 6 月后，宁夏及邻区地震活动出现明显的活跃势态。宁夏地震局于 2004 年 7 月在银川召开 "宁夏及邻区近期震情研讨会"，邀请中国地震局地震预测研究所和甘肃省、陕西省、内蒙古自治区阿拉善盟地震局有关领导和专家与会；内蒙古自治区地震局、中国地震局第二形变测量中心发来研究报告。

2009 年 3 月起，宁夏地震活动非常活跃，在西北地区东部总体活动较弱的背景下表现突出，甚至高于祁连山地震带的活动水平。宁夏地震局建议，中国地震局监测预报司组织中国地震台网中心、地球物理研究所、第二监测中心和甘肃省、陕西省、内蒙古地震局等单位专家，于 2009 年 5 月在银川专门研讨宁夏及邻区震情。

2011 年 10 月，宁夏地震局牵头在银川召开 "南北地震带中北段地震形势研讨会暨宁夏和周边地区台网优化研讨会"。中国地震局台网中心、地震预测研究所、地质研究所、第二监测中心和湖北省、四川省、甘肃省、陕西省、青海省、内蒙古地震局及中国科学院地球物理研究所等单位专家 40 余人与会。15 位专家认真分析南北地震带中北段未来地震形势，研讨 "南北地震带中北段的动力背景与变形模式"、"以颗粒物理原理认识地震" 专题，并对宁夏及周边地区地震监测台网布局提出建议。

第六篇
工程地震

　　工程地震是地震科技直接为国民经济建设服务的一项任务。随着国民经济建设"五年计划"的实施和综合国力的不断提高，全社会对地震灾害的认识和工程技术人员对建设工程防震抗震技术认识的提高，地震科技服务领域不断拓宽。宁夏地震工作从国家第一个五年计划建设工程项目的场地地震烈度复核开始，逐渐到"八·五"计划实施中开展的大中型建设项目、特殊工程、生命线工程和产生严重次生灾害的工程，在项目实施前对场地进行地震烈度复核鉴定和工程场地地震小区划、地震安全性评价，以及对工程场地进行的专门地震动特性的研究、地基岩土的专门勘察，继而对各类地基质量的检测，建（构）筑物单体抗震能力的鉴定评估和建筑质量的技术测试工作也普遍开展。

　　随着《防震减灾法》和自治区《防震减灾条例》的实施，全社会越来越重视建设工程的安全在减轻生命财产损失方面的重要作用。建设前期进行抗震设防要求确认，对需要进行地震安全性评价的工程项目，具有国家资质的单位开展地震安全性评价工作，确定抗震设防参数，以提供建设工程设计使用，使建（构）筑物既科学安全又投资合理。开展重大工程场地、城市活动断层的探测，使建（构）筑物避开活动断层，避免地震时遭受无法抗拒的灾害损失。为工程地震而积累资料的强震动观测台网，自1965年在宁夏相继建立；特别是"十·五"期间建设48个数字强震动台网，积累了地震时不同地基条件下的地面加速度观测数据，为确定符合当地实际情况的抗震设防参数提供了科学依据。

第一章　地震区划

第一节　全国地震区划图宁夏部分

一、第一代地震区划图

第一代全国地震烈度区划图于 1957 年完成。该图采用的基本原则是：历史上发生过地震的地区，同样强度的地震还可能重复发生；在相同的地质构造条件下，可能发生同样强度的地震。该图涉及到宁夏境内除贺兰山区、陶乐县和盐池县部分地区为Ⅷ度区外，全区 80% 的国土面积均为Ⅸ度区。由于该图没有时间概念，大于等于Ⅸ度区的国土面积很大，未被建设部门采纳。

二、第二代地震区划图

1977 年，国家编制完成第二代地震区划图，即《中国地震烈度区划图（1:300万)》。该图以地震区、带为基本单元，开展地震活动规律，发震构造条件及影响场研究，给出地震基本烈度的概念，即"在未来 100 年内，在一般场地条件下，该地可能遭遇的最大地震烈度"。经有关部门批准作为中小型建设工程抗震设防时参考使用。该图将宁夏全部区域划入青藏高原北部地震区的宁夏-龙门山地震亚区，北部的银川盆地为银川地震带，南部为西海固地震带。宁夏境内六盘山北段、中宁和银川被判定为未来百年地震危险区，六盘山北段发生最大地震为 6 ～7 级，中宁和银川发生最大地震为 6～6½ 级，相应的震中烈度为Ⅸ度和Ⅷ度。

三、第三代地震区划图

国家地震局采用以可靠度理论为基础的地震危险性概率方法，于 1990 年编制了第三代地震区划图，即《中国地震烈度区划图（1990)》（1:400 万）。这张地震烈度区划图根据地震环境、场地条件，预测未来一定年限内发生地震的可能。又根据一般工业与民用建筑允许的风险水平、安全目标及我国的经济能力，首次以 50 年超越概率

10%的形式定义地震基本烈度的概念，作为一般工业与民用建筑设防要求编制成图。该图以牛首山-罗山为界，将宁夏北部的银川、吉兰泰、河套盆地划归华北地震区的银川-河套地震带；牛首山以南，罗山至固原一线以西地区划入青藏高原地震区祁连山-六盘山地震带西海固地震亚带。宁夏地震局编图组于1987年完成了地震地质、地震活动和地球物理三组基础图件的编制和各图说明的撰写，提出了潜在震源划分方案，为本区划图提供基础资料。第三代区划图反映了地震活动时间、空间不均匀性的特点，吸收了地震预测方面的科研成果，其结果更符合当地的实际情况。按本区划图划分，区内地震烈度Ⅶ度以上地区占全区国土面积的91%；重要市县，如银川、吴忠、石嘴山、青铜峡市区和灵武、中卫、固原县等城镇都在Ⅷ度区。

四、第四代地震区划图

该区划图保留前三代区划图的精华，吸收当时的科研成果和工程使用部门的意见，采用加速度峰值和反应谱特征周期双参数分区的形式，以平均场地50年超越概率10%的水准编图，以强制性国家标准GB18306-2001《中国地震动参数区划图》（1:400万）颁布，具体包括"中国地震动峰值加速度区划图"、"中国地震动反应谱特征周期区划图"、"中国地震动反应谱特征周期调整表"、"关于地震基本烈度向地震动参数过渡的说明"及使用规定等，适应于新建、改建、扩建一般建设工程抗震设防，也是编制社会经济发展和国土规划的重要基础图件。根据该图划分，宁夏国土面积的97.3%处于地震动峰值加速度0.10g以上，89.3%处于0.15g以上，77.2%处于0.20g以上，13.9%处于0.30g以上。

2007年7月，为适应21世纪国家社会发展的需求，第五代地震区划图的编制工作正式启动。宁夏地震部门专家参加了第五代区划图的编制。该图已完成编制，待批准颁布。

第二节　宁夏地震区划

一、地震小区划

1986年前，宁夏市、县城镇个别厂、矿在建设选址中进行了小区划，此后各市、县成立抗震防灾规划编制委员会，委托有关单位完成。各市县城镇抗震防灾规划以国家地震局1988年颁布试用的《地震小区划工作大纲（试行）》为依据。

中卫电厂地震烈度小区域划分　1960年，应中卫迎水桥电厂要求，兰州地球物理研究所地震研究室宁夏分室和自治区科委、计委及中国科学院西北地震考察队进行中卫地震烈度小区域划分。区划成果：中卫地处鄂尔多斯地台西缘、阿拉善地块之南、祁连山地槽之北，在黄河阶地之上，地势较平坦，第四纪沉积物 3 m 以上为黄土状黏性土及黏、细砂，以下为砾石层。用 76 个工程地质钻孔资料进行地震刚性法计算，以中卫城镇 6 个孔的平均值为标准土值，各点计算烈度增减值约±0.2 度左右，无显著差异，故中卫县城、沙坡头、迎水桥等地震基本烈度按同一烈度值考虑。

青铜峡 304 厂地震烈度小区域划分　1965 年，根据青铜峡 304 厂的要求，兰州地球物理研究所地震研究室宁夏分室和自治区科委、计委及中国科学院西北地震考察队进行青铜峡 304 厂地震烈度小区域划分。区划成果：青铜峡位于银川平原南端，西南接牛首山，地势呈西南向东倾斜。黄河河床至牛首山麓分布着三级阶地。304 厂厂区在牛首山分水岭北坡山前平原，厂区有第四纪、第三纪和奥陶纪地层；厂区北磨石沟有牛首山东麓断裂展布，估计对厂区烈度有影响。取青铜峡冲积平原的土质作为标准土，采用麦德维捷夫地震刚性法计算 87 个工程地质钻孔各地段的地震烈度增减值。计算结果：近山麓洪积扇前缘，土力学强度大，地下水埋深大，计算烈度值偏低；平原区地下水埋深小，力学强度小，计算烈度值偏高；洪积扇前缘地形冲沟影响，烈度值偏高。

二、1970 年宁夏地震区划

开展区划工作　1970 年，兰州地球物理研究所、西北地震地质大队、兰州地质研究所、宁夏综合地质大队、宁夏石油指挥部、宁夏工业设计院、宁夏基建局设计室七个单位组成宁夏地震区划工作组，开展宁夏全境的地震区划工作。这是涉及宁夏全境、较为系统的第一个地震区划。进行的工作：

（1）地震活动性方面，对本区历史地震及仪器记录的地震资料分析整理，编制了全区 3.5 级以上地震目录及震中分布图；对历史上的破坏性大地震作了进一步的调查。

（2）地震地质方面，综合有关资料进行活动性构造调查，寻找主要活动断裂带，划出危险地段，预测潜在的地震震中；在分析资料的基础上，进行现场补充调查，编制了本区 1∶50 万地震地质构造图及说明书。

（3）地震烈度区划工作方面，综合有关资料作出本区地震中长期预报，对银川地区进行了地震烈度小区划。

区划结果

（1）Ⅸ度地震烈度区：李俊-和尚铺亚区，西吉-隆德亚区。

（2）Ⅷ度地震烈度区：固原-李旺亚区，李旺-长山头亚区，海原-火石寨-干盐池亚区，中宁-中卫亚区，韦州-青铜峡-头关亚区，灵武-吴忠-永宁亚区，银川-平罗亚区，贺兰山东麓，头关-大武口一带，石嘴山-大武口-平罗亚区，马三湖亚区和巴音木仁-陶勒格亚区。

（3）Ⅶ度地震烈度区：包括山区，阿拉善左旗管辖的部分地区，以及与各Ⅷ度地震烈度区相毗邻的地区。

（4）Ⅵ度地震烈度区：本区的东部如盐池、天池及赵家营等地，宁夏北部纬度40°30′以北的阴山纬向复杂构造带和狼山山系外旋摺皱带分布区。报告着重指出今后数十年内地震危险性更大的地区是：两个Ⅸ度区中的西吉-隆德亚区；Ⅷ度区中首先考虑银川-平罗、灵武-永宁、固原-李旺和海原-干盐池。

三、银川平原1:50万详细烈度区划

该烈度区划于1989年经国家地震局批准立项。区划的范围是北纬105°30′～107°30′，东经37°50′～39°20′，比例尺1:50万，资料和基础图件编制的范围都以区划边界外延200 km。区划的原则和方法与1990年全国地震烈度区划图相同。第一阶段收集整理地震地质、地震活动性和地球物理三方面的基础资料，编制了16幅基础图件和相应的文字说明。第二阶段以地震区带划分为基础，进行了地震活动趋势分析、潜在震源划分、地震动衰减规律统计，最后进行地震危险性概率计算和评定。1992年完成区划工作，通过了国家地震局专家组的验收；1993年11月通过国家地震局鉴定，认为该项成果达到了国内先进水平；1994年由宁夏人民出版社出版。具体划分结果如图6-1。

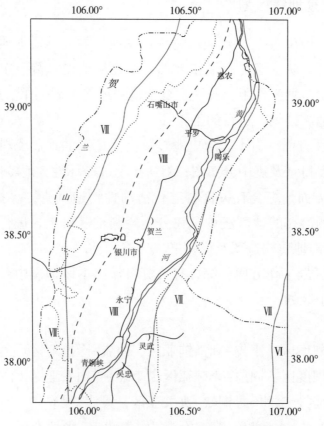

图6-1　银川平原烈度区划图（50年周期，超越概率0.1）

自治区还开展了海原县新区、吴忠开发区、灵武市宁东镇鸳鸯湖片区等处的地震小区划，一些城市的防震减灾规划也涉及到小区划的部分内容。

四、抗震防灾规划

银川市城市抗震防灾规划 1986 年，银川市成立抗震防灾规划编制委员会，委托中国建筑科学研究院抗震研究所、宁夏地震局承担银川市潜在震源区划分和地震活动性分析、地震危险性分析及抗震设防小区划分、银川市区工程地质概况及场地土层动力性质、银川市主要建筑物及烟囱、水塔的抗震能力分析、银川市供水管网的震害预测、银川市建（构）筑物震害预测及损失分析等内容。本规划共编写八章、26 幅图。其目标是：从城市整体出发，立足有震、大震，以预防为主，"平震结合"，新建和加固建筑物，提高综合抗震防灾能力。当地发生Ⅷ度地震时，要求"抗震救灾指挥系统安全、生命线系统正常运转、房屋无严重破坏，不发生次生灾害，工矿企业不停产，市民生活和社会秩序基本稳定，救灾抢险系统快速反应、行动有序有效，力争将地震灾害损失控制在最低限度。"为达到上述目标，采取七项措施。1990 年 12 月，区内外专家评审通过该"规划"；1991 年 12 月，自治区政府审查后批准实施。银川市政府成立抗震防灾总指挥部，下设办公室具体组织实施本规划。

吴忠、青铜峡、灵武三市县抗震防灾规划 吴忠市、青铜峡市、灵武县抗震防灾规划按建设部规定的丙类模式编制。1988 年 7 月，吴忠市、青铜峡市、灵武县政府委托国家地震局兰州地震研究所、宁夏地震局、甘肃工业大学共同承担。三市县抗震防灾规划的目标是提高城市综合抗御地震的能力。从综合分析地震地质新构造活动，活断层和地震活动性等资料的基础上进行了潜在震源区划分及地震活动影响参数的概率计算；在工程地质、水文地质资料基础上完成了市区场地小区划与场地震灾预测；从分析原建筑物调查评估等资料的基础上进行工程建筑物震害预测；从现代化城市建筑物、交通、通讯、供水、供电等及人口结构、经济结构、行政管理机构等，对地震灾害的形态及结果出发，提出各种抗震、防震、抢险救灾对策。吴忠、青铜峡、灵武三市县抗震防灾规划，丰富、扩展了丙类模式的工作内容要求，主要结合灵武 1987 年 5.5 级，1988 年 5.5 级、5.0 级三次地震的震害及影响，统计分析三市县多层砖房、土平房墙体抗震强度，建立了评估标准，并结合震害对场地土进行划分，为今后全区各城市抗震防灾规划编制奠定了基础。1989 年 6 月，自治区建设厅抗震办公室同当地市县政府组织区内外专家评审验收，经吴忠市、青铜峡市、灵武县政府批准实施。

石嘴山市抗震防灾规划 石嘴山市由三区 16 个片区组成，是 10 多个不同功能、相对独立的小城镇和工矿企业区组成的城镇群体。各区之间距离 35～60 km。整体分散，局部集中，建筑物布局分散，缺乏功能分区。1989 年，石嘴山市成立石嘴山抗震防灾规划编制委员会，邀请宁夏地震局、国家地震局兰州地震研究所、甘肃工业大学、石嘴山市规划建筑设计院共同参与。历时两年完成"地震危险性分析与地震动输入"、

"设防小区划"、"震害预测"、"规划与应急对策"等4份成果。本规划编制借鉴区内外经验，结合自身城市特点编制出各独立区的土地利用规划，抗震加固及新建工程设防规划，给水系统与排水系统抗震防灾规划，医疗卫生、交通运输、供电、邮电通讯、粮油物资供储系统抗震防灾规划，防止地震次生灾害、避震疏散、抗震防灾知识宣传、组织机构以及震后恢复重建规划。1991年8月，石嘴山抗震防灾规划编委会组织有关单位专家评审鉴定，报请市政府同意后，由市人大常委会批准实施。

固原等六县城抗震防灾规划　　1990年，固原县、海原县、西吉县、隆德县、同心县、平罗县抗震防灾规划依据建设部的规定按乙类模式编制，规划范围只限于县城，不包括农村。规划经县政府批准后，作为县抗震防灾和抗震抢险救灾的指导性文件加以实施，使城市在遭遇到相当于基本烈度的地震影响时，要害系统不遭破坏，主要工矿企业能正常或很快恢复生产，人民生活基本正常。在分析历史地震灾害原因和潜在震源、地震危险性分析的基础上，确定了县城一般工业民用建筑物抗震设防基本烈度值和地震影响系数、特征周期值；用地质调查、浅层钻探和波速测试等方法，对各县城进行场地土划分并提出土地利用规划建议；对县城所有建（构）筑物进行了结构分类、数量统计、现状调查，抽样评价震害，得出各县城建（构）筑物震害损失（建筑物震害、资产损失及人员伤亡）评估；提出新建工程的设防要求和原建筑物抗震加固规划；对生命线工程系统进行分析，进行抗震防灾具体单项规划。制定县政府及各部门的抗震救灾组织对策方案和抢险救灾对策，恢复重建对策等。六县城抗震防灾规划由正文、附图、附件（建筑物震害、资产损失及人员伤亡预测报告）三部分组成。1990年12月专家组验收通过，经各县政府审查批准，成为县城建设总体规划的组成部分，又是地震发生时县城及农村抗震救灾的方案。

长庆石油勘探局物探处九公里基地抗震防灾规划　　1990年12月，受长庆石油勘探局物探处委托，宁夏地震局对其九公里基地抗震防灾规划编制提供基础性工作报告。以工作区为中心系统地研究300 km范围内地震活动构造体系，实地调查30 km范围内的断层及其活动性、可动性，确定潜在中强地震震源及活动性参数，研究近场区和远场区地震活动性及其衰减特征。在地震趋势预测的基础上，计算场地地震危险性分析结果是：50年超越概率60%的水平地震加速度0.092g，对应地震烈度Ⅶ度；50年超越概率10%的水平地震加速度0.234g，对应地震烈度Ⅷ度；50年超越概率3%的水平地震加速度0.330g，对应地震烈度Ⅸ度。在地震地质、工程地质的基础上，对35个钻孔进行对比分析和部分钻孔原位剪切波速测量，划出了场地土类型和小区域划分。场地土卓越周期0.23～0.33 s之间，为Ⅲ类建筑场地土。在地震烈度为Ⅷ度时，有喷沙现象发生，产生地基不均匀震陷。对现有11.42万平方米建筑物进行震害判别分析，确定震害预测指标数，进行各类建筑在不同烈度条件下震害预测，给定震害指数，并计算出各类建筑物破坏的经济损失及可能造成的人员伤亡数。该报告经宁夏地震烈度评定委员会评审，交付使用。

隆德县城地震危险性分析报告 1991 年，受隆德县政府和自治区建设厅的委托，宁夏地震局对隆德县城进行地震危险性分析。以隆德县城为中心 200 km 范围为工作区，调查分析地震地质、地震活动性和深部构造资料，确定地震区带和潜在震源区，统计计算各地震带中强地震频度和活动准周期，综合考虑预测各潜在震源区未来百年内地震活动趋势，综合历史震灾震害及水文、工程地质确定了各震源地震动对隆德县城的影响。通过综合概率法分析计算，得出隆德县城 50 年超越概率 63%、10%、3% 的水平峰值加速度分别为 0.10 Gal、0.24 Gal、0.36 Gal，对应烈度值为Ⅵ、Ⅷ、Ⅸ度。

中宁县城抗震防灾规划 1993 年 12 月，中宁县城乡建设局组织地震、科委、计委等各方工程技术人员，按丙类模式编制《中宁县城抗震防灾规划》。在统计分析中宁县城现状、功能的基础上，利用地震、地质、水文震害等研究资料，对场地土进行小区域划分，对现有建（构）筑数量、质量及抗震能力进行评估，并对生命线工程（供水、供电、通讯、交通、医疗、后勤保障、治安、产生次生灾害）系统进行震害评估，在不同烈度条件下计算出经济损失和人员伤亡预测值。在此基础上提出中宁县城原有建筑物抗震加固、新建工程的设防要求、县城改扩建的意见，制定破坏性地震减灾对策。"规划"评审后经中宁县政府批准组织实施。

中国石化宁夏化工厂抗震防灾规划 宁夏化工厂是大型化肥生产企业，特点是：生产规模大型化，动力装置透平化，调节控制自动化，生产过程连续，并且易燃、易爆、易中毒。如果抗震性能不足或者遇震处置不当，都可能产生严重的直接灾害和次生灾害。1995 年，根据中国石油化工总公司相关规定，宁夏化工厂组织区内外专家编制《中国石化宁夏化工厂抗震防灾规划》。"规划"以现有企业生产设备和生活建筑为基础，以实际应用为主的原则，对各类建筑工程、生产系统、生命线工程系统进行各烈度条件下的抗震能力分析和震害损失预测，提出相应的抗震减灾对策，加固及其设防要求，对给水排水、供电、通讯、医疗、消防、生活保障等系统做出抗震能力分析，制定应急对策方案，并提出规划管理与实施的建议。规划图文并茂，附 21 幅图。经自治区建设厅批复组织实施。

青铜峡水电厂防震减灾规划 青铜峡水电厂于 1958 年兴建，是宁夏境内黄河段的第一座水利枢纽。1995 年全区防震减灾工作会议将青铜峡水电厂作为宁夏防震减灾十年目标实施试点单位之一。受自治区电力局委托，宁夏地震工程研究院、青铜峡水电厂、电力局抗震办公室的科技人员，自 1996 年开始陆续完成《青铜峡水电厂建筑物抗震性能鉴定》《青铜峡水电厂震害预测》，于 2000 年编制完成《宁夏电力局青铜峡水电厂防震减灾规划》。"规划"提出了"中震"和"大震"时生产设备易损程度预测及其防震抗震对策；建筑物的设防标准及震害损失预测和抗震加固要求；对生命线系统正常运转提出对策；对次生灾害提出防范措施；规划了地震时应急避险、疏散的部位和场地；制定了各级组织的地震应急对策方案。该"规划"经自治区地震灾害损失评估委员会和地震安全性评定委员会组成的评审组审查通过，提交青铜峡水电厂实施。

第三节　地震基本烈度复核与鉴定

宁夏的地震烈度复核、鉴定工作，1957～1972 年由中国科学院兰州地球物理所承担，1972～1980 年由国家地震局兰州地震大队和宁夏地震队（局）承担，1980 年以后由宁夏地震局承担。

1957 年 7 月，国家建设委员会以建发（燃安）字第 786 号通知，全国第二批地区基本烈度：石嘴山Ⅶ度区，银川Ⅸ度区。1960 年，自治区科委地震组针对中国科学院地球物理研究所于 1957 年编制的《中国地震区划分图 1:800 万》将宁夏地区统划为Ⅸ度，与当地实际不符的情况，开展编制《银川平原地震烈度划分图》工作。经大量实地调查、分析研究，划分出：Ⅸ度区：银川、满城、镇北堡、宝丰、掌政桥，面积2990 km²；Ⅷ度区：包括平吉堡、镇北堡、掌政桥、大武口、横城、大坝、小口子、苏峪口及银川新市区和石嘴山一带，面积 3900 km²；Ⅶ度区：金积、灵武、青铜峡、吴忠，面积 1250 km²。说明书特别提出银川旧城区为Ⅸ度区，新市区在Ⅷ度区范围内。1965 年 3 月，国家计委复函自治区科学技术委员会：同意你委意见，宁夏回族自治区银川地区基本烈度，在基本建设上按Ⅷ度处理。至此，银川地区地震基本烈度从Ⅸ度降到Ⅷ度。自治区境内开展的地震基本烈度复核、鉴定项目见表 6-1。

表 6-1　1963～1990 年地震基本烈度复核、鉴定一览表

时间	项　目	复核、鉴定意见	承担工作单位
1963	青铜峡地震基本烈度复核	地震基本烈度约为Ⅶ度或稍高一些	中国科学院地球物理所
1965	宁夏 9 个建设地点地震烈度鉴定	①银川、平罗地区今后一二百年内的基本烈度可考虑Ⅷ度；②吴忠、灵武地区基本烈度可定为Ⅶ度；③青铜峡地区基本烈度为Ⅶ～Ⅷ度；④中卫地区基本烈度为Ⅷ度；⑤石空地区基本烈度可定为Ⅷ度；⑥枣园基本烈度为Ⅷ度；⑦汝箕沟、葫芦斯台和石炭井基本烈度为Ⅷ度；⑧石嘴山地区基本烈度暂定为Ⅷ度；⑨大武口地区基本烈度为Ⅷ度	中国科学院西北地震考察队

时间	项　目	复核、鉴定意见	承担工作单位
1965	红果子、大武口等地烈度鉴定	红果子东站附近Ⅷ度，大武口Ⅷ度，中卫迎水桥Ⅷ度	中国科学院兰州地球物理研究所
1965	汝箕沟支线地震基本烈度鉴定	大武口一带为Ⅷ度，老树湾以上为Ⅶ度；Ⅶ～Ⅷ度分界线在老树湾一带	中国科学院兰州地球物理研究所
1965	大武口地区地震烈度鉴定	地震基本烈度Ⅷ度	中国科学院兰州地球物理研究所
1966	套门沟小区域地震烈度鉴定	地震基本烈度Ⅷ度	中国科学院兰州地球物理研究所
1966	宁夏新寺沟地区地震烈度鉴定	地震基本烈度Ⅷ度	中国科学院兰州地球物理研究所
1966	泉七沟一带地震烈度鉴定	地震基本烈度Ⅷ度	中国科学院兰州地球物理研究所
1967	小风沟地区地震烈度鉴定	地震烈度Ⅷ度	中国科学院兰州地球物理研究所
1967	西北煤机一厂、二厂、三厂厂址地震基本烈度鉴定	地震基本烈度Ⅷ度	中国科学院兰州地球物理研究所
1968	中宁渠口堡地震烈度鉴定	地震基本烈度Ⅷ度	中国科学院兰州地球物理研究所
1969	吴忠地区地震基本烈度鉴定	地震基本烈度Ⅷ度。考虑地下水位甚浅，土质松软，建设时应提高抗震措施	中国科学院兰州地球物理研究所
1972	中宁电厂厂区地震基本烈度意见	地震基本烈度Ⅷ度	国家地震局兰州地震大队区抗队、宁夏地震队
1972	石嘴山地震基本烈度鉴定	1965年地震基本烈度Ⅶ度强的意见偏低，按Ⅷ度为妥	国家地震局兰州地震大队区抗队、宁夏地震队

续表

时间	项　目	复核、鉴定意见	承担工作单位
1972	西安—中卫、宝鸡—中卫铁路沿线地震烈度鉴定	①中卫‐吴忠亚区，基本烈度Ⅷ度；②长山头、中宁、中卫亚区，基本烈度Ⅷ度；③蒿店、和尚铺、固原、李旺堡区，基本烈度Ⅷ度；④青龙山‐小关山亚区，基本烈度Ⅶ度；⑤同心‐下流水亚区，基本烈度Ⅶ度	国家地震局兰州地震大队区抗队
1973	西安—中卫铁路线黄河桥渡方案选择地段场地烈度鉴定	各桥渡场地基本烈度：老渡口Ⅷ度，泉眼山Ⅷ度，俞家滩Ⅷ度，新墩Ⅷ度，莫家楼Ⅷ度	国家地震局兰州地震大队区抗队、交通部铁道第一设计院第三总队
1974	蒿店‐长山头地震基本烈度意见	地震基本烈度Ⅷ度	国家地震局兰州地震大队、宁夏地震队
1985	宁夏铁合金厂厂址及外围断层探查	地震基本烈度Ⅷ度	宁夏回族自治区地震局
1985	银川民用机场地震基本烈度分析鉴定意见	地震基本烈度Ⅷ度	宁夏回族自治区地震局
1985	中意合资暖泉蘑菇场地震基本烈度鉴定	地震基本烈度Ⅶ度	宁夏回族自治区地震局
1985	银川市汽车制动器厂基本烈度鉴定	地震基本烈度Ⅷ度	宁夏回族自治区地震局
1985	银川市大口子硅石矿基本烈度鉴定	地震基本烈度Ⅷ度	宁夏回族自治区地震局
1985	青铜峡市预选市址周围的断层活动性及其地震烈度	市址规模跨Ⅶ～Ⅷ度两个烈度区。建设前需做小区划分工作	宁夏回族自治区地震局
1986	靖远‐固原‐西峰330 kV高压输电工程基本烈度鉴定	固原云雾山以西Ⅶ度（靖远‐固原），云雾山以东（固原‐西峰）Ⅵ度	宁夏回族自治区地震局
1986	自治区公安厅超短波天线塔基本烈度鉴定	地震基本烈度Ⅷ度	宁夏回族自治区地震局
1986	宁夏炼油厂地震基本烈度鉴定	地震基本烈度Ⅷ度	宁夏回族自治区地震局

续表

时间	项　目	复核、鉴定意见	承担工作单位
1987	青铜峡市地震烈度复核	市址座落在相对稳定的块体之上，以100年超越概率10%确定市址基本烈度为Ⅶ度	宁夏回族自治区地震局
1988	石嘴山钢铁厂基本烈度鉴定	地震基本烈度Ⅷ度	宁夏回族自治区地震局
1989	银川发电厂地震基本烈度鉴定	地震基本烈度Ⅷ度	宁夏回族自治区地震局
1989	青铜峡市树脂厂基本烈度鉴定报告	地震基本烈度Ⅷ度	宁夏回族自治区地震局
1990	银川黄河公路大桥地震基本烈度鉴定	地震基本烈度Ⅷ度	宁夏回族自治区地震局
1996	灵武、吴忠地区地震烈度分界线复核	永宁、灵武二县及吴忠市地震基本烈度定为Ⅷ度	宁夏回族自治区地震局

第二章　地震安全性评价

第一节　评价工程范围

一、1995 年自治区规范性文件规定

1995 年 6 月 9 日，自治区人民政府发布《宁夏回族自治区工程建设场地地震安全性评价工作管理规定》，规定进行工程建设场地地震安全性评价工作的工程是："地震设防要求高于《中国地震烈度区划图（1990）》设防标准的重大工程，特殊工程和可能产生严重次生灾害的工程等。"工程建设场地地震安全性评价工作包括：对工程建设场地进行概率的或者确定性的地震危险性分析，地震烈度复核，地震小区划，工程场地设计地震动参数确定，地震地质灾害评价和断层活动性评价等。

二、2003 年自治区政府规章规定

自治区人民政府于 2003 年 12 月 11 日以第 58 号令发布政府规章《宁夏回族自治区地震安全性评价管理办法》，规定必须进行地震安全性评价的建设工程是：

（1）对社会有重大价值或者有重大影响的建设工程，其范围包括：①铁路主要干线上地震地质情况复杂的桥梁、隧道、Ⅱ级铁路干线枢纽的行车调度、火车站、飞机场，高速公路、一级公路、一级汽车客运站等的监控室；②单机容量为 300 MW 以上或者规划容量为 800 MW 以上的火力发电厂，装机容量超过 200 MW 的水电厂，220 kW 以上变电站（所）、电力调度中心，位于地震重点监视防御区的 110 kW 以上变电站（所）；③自治区、设区的市的长途电信枢纽建筑、微波通讯站、一级邮件处理中心，电视中心或者卫星、广播电视地面接受站，10 kW 以上的广播、电视发射塔；④位于地震重点监视防御区内建筑面积超过 10000 m² 的国家机关、金融机构的办公用建筑物、博物馆、体育场（馆）、影剧院及会堂、商场、宾馆、地下公共建筑及其主要设施，大中型企业的重要生产用建筑物、国防单位、公安消防指挥机构；⑤医院、急救中心，大中型供水、供气、供热的主要干线工程和粮油仓库；⑥法律、法规和国

家有关行业主管部门规定必须进行地震安全性评价的建设工程。

（2）受地震破坏后可能引发水灾、火灾、爆炸、剧毒或者强腐蚀性物质大量泄露、放射性污染或者其他严重次生灾害的建设工程，其范围包括：①蓄水量为3000万立方米及其以上的水库大坝和位于城市市区内或者上游的Ⅰ级挡水建筑及防护堤工程；②输油、输气长输管道的首末站及其中间加压泵站；③易燃、易爆、剧毒、强腐蚀性以及放射性、人工细菌、病菌的生产、存储工程。

（3）需要进行地震安全性评价的建设工程，其范围包括：①坚硬、中硬场地高度达到60 m以上的高层建筑物，中软场地高度达到50 m和软弱场地高度达到30 m以上的高层建筑物；②位于地震动参数区划分界线附近的新建、扩建、改建的建设工程以及复杂工程地质条件区域内新建的开发区。

自治区地方标准DB64/400《建设工程地震安全性评价分类标准》，明确了工程建设场地地震安全性评价工程范围、工作内容等。

进行工程场地地震安全性评价工作的单位，必须具备中国地震局审核颁发的《地震安全性评价工作许可证》（甲级、乙级）或者自治区地震局审核颁发的《地震安全性评价工作许可证》（丙级），按照国家地震安全性评价技术规范开展工作。在自治区境内进行的工程场地地震安全性评价级别为Ⅱ级、Ⅲ级和Ⅳ级工作，所得工程场地地震动参数提供抗震设计应用。

第二节　评价项目

1990以来，宁夏境内开展工程场地地震安全性评价工作的单位和领域，涉及电厂、输电线路、煤矿、石化装置、输油和输气管线、水库、大桥、隧道、机场、铁路、公路、商场、影剧院、体育场馆、医院、学校、办公大楼、住宅小区等400余项，为业主提供了各自所需的不同设计地震动参数。其中比较大或有影响的工程场地地震安全性评价项目：

六盘山公路隧道地震危险性分析项目、银川河东机场场地项目、靖边-银川输气管道工程项目、银南第二电信通信楼场地项目、银川第二电信枢纽中心场地项目、宁夏电力调度中心工程场地项目、自治区人民政府办公大楼工程场地项目、宁夏药物研究所试验药厂建设工程项目、武警宁夏总队新建营区建设场地隐伏断层勘察及设计地震动参数的确定项目、中卫沙坡头机场工程项目、固原机场工程项目、宁夏南部引水工程项目、宁夏永利电厂工程项目、宁夏国电大武口发电厂热电联产项目、新梁220 kV变电站项目、宁东能源化工基地宁夏捷美丰友化工有限公司煤化工园区项目、宁夏罗山电厂2×600 MW项目、蒋家南330 kV输变电项目、海原县城新区供水项目、海原县城新区地震小区划项目、宁夏贺兰山体育场项目、吴忠市西区地震小区划项目、银川市第三人民医院综合门诊大楼工程场地项目、宁东矸石电厂–太阳山330 kV送电线路项目、石嘴山市"三馆一中心"项目、宁夏水洞沟电厂二期2×1000 MW级项目、灵武电厂扩建工程（4×1000 MW机组）项目、神华宁夏/沙索煤间接液化（"CTL"）项目、固原市中医院迁建项目、吴忠市"两馆一中心"项目、灵州电厂二期2×660 MW机组项目、石嘴山市天然气工程项目、石嘴山至银川高速公路项目、银川市第五污水处理厂项目、宁夏职业技术学院新校区项目、宁夏发电集团有限责任高速银星一井工业广场项目、宁东急救中心建设项目、宁夏红旗文化大厦项目、银川汽车站项目、宁夏老年福利服务中心项目、宁夏哈纳斯天然气有限公司年产2×5亿立方米液化天然气项目、吴忠市第二污水处理厂项目、宁夏鲁能鸳鸯湖电厂二期（2×1000 MW）扩建工程项目、信秀大厦项目、银川奥林匹克花园项目、宁夏财经职业技术学院新校区项目、宁夏石嘴山煤矸石综合利用热电厂项目、宁夏煤炭总医院外科病房楼项目、固原一中迁建项目、黄河楼项目、宁夏工人文化宫项目、石嘴山市惠农区人民医院项目、宁夏儿童医院项目、宁夏发电集团新建铁路原州区至王洼线工程场地项目、宁东能源化工基地塘坊梁–韦州三矿铁路工程场地项目、宁夏吴忠市线驮石矿区湾岔沟煤矿工业场地项目、太中银铁路太阳山铁路集运站工程场地项目、宁东能源化工基地红柳–太阳山–塘坊梁铁路工程场地项目、109国道石嘴山黄河公路大桥工程场地项目、宁夏东部热电股份有限公司4×200 MW级联合循环热电冷联产工程场地项目、青铜峡市金岸一品项目工程场地项目、石嘴山220 kV输变电工程场地项目、西大滩220 kV输变电工程场地项目、中国宁夏国际小商品交易中心工程场地项目、中宁县体育馆工程场地项目、银川科技职业学院工程场地项目、宁夏第五人民医院石嘴山中心医院职业病防治综合楼工程场地项目、香山330 kV输变电工程场地项目、牛首山330 kV输变电工程场地项目、大坝三期–贺兰山–黄河Ⅱ回750 kV输变电工程场地项目、麻黄山330 kV输变电工程场地项目、黄河–清水河–固原330 kV输变电工程场地项目、宁夏吴忠市韦州矿区韦二煤矿工业场地工程项目、宁夏煤炭地质博物馆工程场地项目、神华宁夏煤业集团有限责任公司双马矿井工业工程场地项目、同心县新区地震小区划、湖畔嘉园二、三、四期工程场地项目、吴忠市高闸煤矿有限公司30万吨/年改扩建项目工程场地项目、G109线石嘴山黄河公路大桥改建工程场地项目、星能330 kV输变电工程场地项目、平罗县阳光商城领航佳苑住宅小区工程场地项目、宁夏英力特化工股份有限公司固原盐化工工业园工程场地项目、宁夏王洼煤业银洞沟煤矿工程场地项目、宁夏亿中煤业有限公司（煤矿）15万吨/年扩建工程场地项目、宁夏盐池县四股泉北矿区贺陡沟煤矿工程场地项目、国际汽车城二期工程场地项目、宁夏王洼煤矿600万吨改扩建项目工程场地项目、宁夏机场有限公司工程场地项目、银川河东机场三期扩建工程场地项目、石油管道基地二区开发项目工程场地项目、自治区残疾人康复中心工程场地项目、304省道盐池至红井段公司工程场地项目、省道103线羊场湾至马儿庄公路工程场地项目、中电投宁夏红墩子选煤一厂工程场地项目、银川至中宁高速公路工程场地项目、临河

330 kV输变电工程场地项目、灵武市体育中心工程场地项目、银川市第六污水处理厂工程场地项目、省道103线石坝至宁东段公路工程场地项目、新建地方铁路黎红线临河工业园A区至红三矿段工程场地项目、华电海原330 kV升压站工程场地项目、中电投宁夏红墩子300万吨/年煤焦化多联产项目工程场地项目、宁夏中卫宣和吉安北330 kV变电站工程场地项目、同心王团330 kV变电站工程场地项目、同心县惠安新村边浅沟大桥工程场地项目、红寺堡区洪沟大桥工程场地项目、恩和至红寺堡公路工程场地项目、省道203线高仁镇至横城段公路工程场地项目、G109线中宁黄河公路大桥改扩建工程场地项目、中卫黄河公路大桥改扩建工程场地项目、古青高速灵武立交桥至滨河大道公路工程场地项目、永宁220 kV输变电工程场地项目、彩虹330 kV输变电工程场地项目、新建地方铁路宁夏捷美丰友化工有限公司园区铁路专线工程场地项目、中卫市人民医院工程建设工程场地项目、神华宁夏煤业集团有限责任公司金家渠井田工程场地项目、宁东热电厂330 kV输变电工程场地项目、贺兰220 kV输变电工程场地项目、宁夏大唐国际青铜峡风电场工程场地项目、吴忠热电厂330 kV输变电工程场地项目、金凤区宏铭铝业研发中心工程场地项目、宁夏国际会议中心工程场地项目、宁夏石嘴山富海煤业有限责任公司场地项目、宁夏宁东清洁煤发电示范工程场地项目、G309线固原过境段改线工程场地项目、宁夏中南部城乡饮水安全水源工程场地项目、宁夏水利调度中心工程场地项目、华能宁夏大坝电厂四期（2×1000 MW）扩建工程场地项目、宁夏安能生物质热电有限公司石嘴山2×15 MW生物质热电工程场地项目、东部热电220 kV输变电工程场地项目、宁东电解铝供电系统改造输变电工程场地项目、宁夏水洞沟电厂二期2×6000 MW级工程场地项目、同心县人民医院新区医院工程场地项目、吴忠市文化体育会展中心工程场地项目、青银高速公路银川至宁东段改扩建工程场地项目、同心至预旺公路改建工程场地项目、彭阳县人民医院迁建工程场地项目、吴忠市人民医院迁建工程场地项目、宁夏防沙治沙职业技术学院（宁夏生态工程学院）工程场地项目、彭阳至青石嘴公路工程场地项目、S101线头营至天里铺段公路工程场地项目、石嘴山汽车客运站工程场地项目、省道202线西吉至毛家沟公路工程场地项目、泾源至平凉公路工程场地项目、203省道王洼经彭阳至高寨源段公路工程场地项目、宁夏宏兴能源20万吨/年液化天然气工程场地项目、灵州电厂二期2×660 MW机组工程场地项目、隆德县民政福利医院工程场地项目、省道305线黑城至海原公路工程场地项目、吴忠市文化体育会展中心工程场地项目、固原市农村信用合作联社办公大楼工程场地项目、省道101线桃山口至同心段及同心过境段公路工程项目、S203线黑风沟桥改线段工程场地项目、宁东镇鸳鸯湖片区农村土地整治项目地震小区划、中卫热电330 kV输变电工程场地项目、宁夏灵武市白土岗风电工程场地项目、宁东—浙江±800 kV特高压直流输电线路（宁夏段）工程场地项目、神华国华宁东发电厂2×660 MW扩建工程场地项目。

第三章　地震活动断层探测

第一节　黄河黑山峡水利枢纽工程

一、黄河大柳树坝址附近断层活动性探测

1980～1993 年间，围绕黄河黑山峡开发方案的论证，先后有多个单位对大柳树坝址附近断层的活动性开展过工作。

水利电力部西北勘测设计院工作　1980 年 1 月，水利电力部西北勘测设计院地质四队完成了大柳树坝选址地质报告。同年 7 月，水利电力部西北勘测设计院提出正式报告，得出大柳树坝址"无大的顺河断层通过"、"未发现新构造断裂迹象"、"坝址不具备发生强烈地震的构造条件"等三点结论。

中国科协组织的考察研究工作　1983 年 3 月，受自治区人民政府委托，中国科协组织水利、地质等方面专家 20 多人会同黄河水利委员会、陕西、内蒙古、兰州地震研究所等 10 多位专家，实地考察大柳树坝址和灌区，开始进行黑山峡河段开发方案论证。专家组作比较系统的野外调查，出版专著《黄河黑山峡河段大柳树坝址工程地质专题研究》，认为大柳树坝址所在的夜明山次级地块可作为水坝修建的相对稳定地块–"安全岛"。

甘肃、宁夏地震部门的考察探测工作　1984 年，兰州地震研究所对该断裂带双井子以西、西梁头以东的段落进行考察，开挖了大堆堆沟探槽，认为 1709 年地震的地表破裂带东起双井子，西端止于大堆堆沟，长度为 60 km。同年，宁夏地震局和宁夏地矿局考察研究了中卫-同心断裂带的活动性，并在孟家湾、梁水园子、黑土湾布设了临时地震台，对黑山峡河段的弱震活动进行了 4 个月的监测。

国家地震局地质研究所的考察探测工作　1985 年，国家地震局地质研究所对大柳树坝址进行地震基本烈度复核，研究该断裂的活动性，在红沟梁西和孟家湾东的断层崖上开挖了多个探槽，进行古地震研究。1987 年 11 月，提交《黄河黑山峡大柳树坝址地震基本烈度复核报告》，得出大柳树坝址地震基本烈度为Ⅷ度的结论。1988 年 2

月，国家地震局批文同意"报告"的结论。

宁夏地震局、地矿局工作组的考察研究工作 1990年，宁夏地震局和宁夏地矿局组成工作组，对大柳树坝址下游800 m的F_7断层的活动性进行详细研究。根据断层上覆盖地层的时代，判断F_7断层最新活动的时代为中更新世。

国家地震局分析预报中心的考察工作 1990年11月，中国科学院院士、国家地震局地震烈度评定委员会主任丁国瑜等7人专家组到大柳树坝址考察，组织曾经在此工作过的甘肃、宁夏的地震、地质部门和水利电力部西北勘察设计院、国家地震局地质研究所的有关人员，在现场对有争议的现象进行考察，在此基础上开展复查性工作。1991年，国家地震局分析预报中心《黄河黑山峡河段主要断裂活动及大柳树坝址地震危险性分析报告》，得出大柳树坝址地震基本烈度为Ⅷ度的结论。1992年2月，国家地震局地震烈度评定委员会同意该"报告"的结论。

地质矿产部专家组的考察研究工作 1994年11月，受国家计委委托，地质矿产部组织由中国科学院和中国工程院院士、研究员组成的专家组，考察论证大柳树坝址的区域稳定性、坝区工程地质条件、主要工程地质问题以及兴建高坝的适宜性，以解决有争议断层的活动性和工程地质问题。1995年5月，正式考察成果《地质矿产部黄河黑山峡大柳树水利枢纽工程地质论证专家组报告》的主要结论认为：大柳树坝址区的地震基本烈度，国家地震局定为Ⅷ度，我们认为是合适的。"总之，大柳树坝址位于现代构造活动强烈地区的相对稳定地段；坝址附近地段地震活动较微弱，但受外围地区的强震影响较大，地震基本烈度为Ⅷ度；坝址范围内无晚更新世以来的活断层，故可不考虑大坝抗断问题。"

水利部天津水利水电勘测设计研究院的工作 2002年，该院《黄河黑山峡河段开发方案论证综合报告》认为，大柳树坝址不存在活断层，因此不存在工程抗断问题，仅仅是在地震基本烈度基础上的抗震问题。

兰州地震工程研究院的工作 2002年，该院在《黄河黑山峡小观音坝址及大柳树坝址区域构造稳定性研究初步结果》等报告中认为，大柳树坝址不仅存在高强度的抗震问题，而且存在明显的抗断问题。

国家电力公司西北勘测设计研究院的工作 2002年，该院在《黄河黑三峡河段开发方案补充论证（大柳树高坝方案）工程地质报告》《大柳树坝址重大工程地质问题简要报告》中认为，大柳树坝址在平面和剖面位置上均处于活动断裂带上，工程区不仅存在抗震问题，还可能存在抗断问题。

二、宁夏开展的黑山峡水利枢纽工程地震地质论证工作

（一）项目背景

黄河黑山峡水利枢纽工程，围绕在宁夏大柳树建设160 m高坝的一级开发方案，还是在甘肃小观音建设140 m高坝和在宁夏大柳树建设70 m低坝的二级开发方案，长

期以来相关省区和单位一直存在争论。20 世纪 80 年代到 90 年代，甘肃和宁夏两省（区）围绕大柳树坝址区附近的 F_1、F_3、F_7 断层晚第四纪是否活动发生过激烈辩论，以国家地震局分析预报中心（1991）和地矿部专家组（1994）给出否定性意见而告一段落。2002 年，甘肃省兰州地震工程研究院等单位再次提出"F_1、F_3 和 F_7 断层与 F_{201} 断层存在'截切'和'归并'关系，且前者被后者'牵动'"的观点，同时提出中卫甘塘小红山北缘发育的一段约 5 km 长的年轻断层陡坎，是 1709 年中卫地震破裂带西延部分，欲提高大柳树坝址的抗震设防水准。为此，2002 年 6 月中国国际工程咨询公司召集国内有关行业的专家，在宁夏中卫和甘肃景泰召开了"黄河黑山峡水利枢纽工程现场论证会"，围绕大柳树坝址 F_1、F_3、F_7 断层是否受到 F_{201} 断层"牵动"以及中卫小红山年轻断层是否与 1709 年中卫地震有关等问题展开研讨和辩论。中国国际工程咨询公司要求宁夏、甘肃等省区和单位继续提供相关证据，希望中国地震局组织单位和专家再次对黄河黑山峡河段的地震地质问题做出权威评价。自治区政府要求宁夏地震局对大柳树坝址和小观音坝址及其附近地区开展地震地质研究，提供全面、科学和公正的证据。宁夏地震局组织项目组，从 2002 年 6 月下旬至 2003 年 4 月，开展野外地震地质调查和研究工作。

（二）重要成果

查明了中卫活动断裂带未"牵动"F_7 及 F_3 断层　在烟筒沟西岸距离 F_7 断层北约 15 m 处的石炭系地层中，见黄色细粉砂与黑色地层"疑似"断层接触，局部剥离后见到人工生活坡积物，且层理与断层走向近垂直，与断层错动无关。在 F_7 断层和 F_{201} 断层交汇点东侧约 80 m 的长流水沟支沟南侧，开挖三个探槽，见 F_7 断层延伸至此，证实 F_7 断层被距今 6.04±0.74 万年的晚第四纪地层覆盖，表明断层至少从晚更新世中期以来未受到 F_{201} 断层牵动。沿大柳树坝址南的 F_3 断层追索，在井沟至马路滩之间，采用 1:1 万地质填图、测制地质剖面、开挖探槽等方法，发现井沟一带有 4 条断层，呈东西方向延伸，是中卫同心活动断裂带的一部分，与大柳树坝址南的 F_3 断层隔山相望，不存在相连的关系。

发现并查明宁、蒙、甘交界罐罐岭地震断裂带　在内蒙古自治区阿拉善左旗地界的罐罐岭南麓和甘肃省景泰县地界的景泰小红山南麓，发现了晚全新世地震断层及年轻的地震破裂遗迹，与宁夏中卫小红山的情况非常相似，彼此呈有规律的左阶排列，构成了一条完整的地震地表破裂带，将其命名为罐罐岭地震断裂带。该断裂带长 65 km，从西向东由景泰小红山、罐罐岭、沙井、中卫小红山和青山 - 孤山子 5 条次级断层错列组合构成，总体走向近东西，晚第四纪以来以水平向左旋走滑错动为主，兼有少量的倾滑分量。据采得光释光样品测试，判定罐罐岭地震发生年代距今 0.95±0.35 千年期间。在罐罐岭主峰西侧见到最后一次事件的最大同震位移为 4～6 m，结合整条破裂带长 65 km 资料分析，该断裂带最后一次破裂事件对应的地震震级为 7～7½级。

发现五佛寺断裂带属于晚第四纪活动断裂 2002年7月至2003年5月，项目组对甘肃境内的小观音坝址区附近进行了地震地质调查。从小观音坝址南侧8 km穿过的五佛寺断裂带西段青沟附近，发现石炭系逆冲到上更新统之上，表明这是一条规模很大的晚第四纪逆－左旋走滑活动构造。五佛寺断裂带东起宁夏中卫石岘子，西至甘肃景泰娃娃水，呈东西方向分布，长约110 km。自东向西由窑洞水断层、旱沟断层和五佛寺断层三条次级断层组成。

2002年11月，自治区政府邀请中国地震局专家来宁，对宁夏地震局项目组成果进行实地考察，专家组对项目成果给予充分肯定。

三、中国地震局组织的黑山峡水利枢纽工程地震地质补充论证工作

2003年1月，中国地震局安排地球物理研究所等5家局直属科研单位与中国国际工程咨询公司签署协议，开展"黄河黑山峡河段地震地质补充论证工作"。中国地震局直属5单位组成的联合工作组，在调查研究宁夏和甘肃两省野外工作的基础上，独自开展了1个多月的野外调查和研究。在提交并通过国家地震安全性评定委员会评审的《黄河黑山峡河段地震地质补充论证工作报告》中，采纳了宁夏地震局三方面重要工作成果，得出结论：①在烟筒梁附近，F_7断层没有断错上覆第四纪阶地堆积。F_7断层与F_{201}断层不相交，二者不存在"重接"的关系。②井沟一带中卫—同心断裂带由4条呈近东西向排列的次级断层构成，其中F_3断层规模较大，全新世活动强烈，其地质地貌形迹可向东、西两个方向断续延伸，是带中的主断裂。北西向断裂在井沟一带为T_4阶地堆积所覆盖，探槽揭示其中没有断层。山前活动断裂带晚更新世以来的活动未对北西向断裂产生牵动作用。③中卫—同心断裂全长约200多千米，是一条区域性活动断裂带。以孤山子为界的东段长74 km，以逆走滑为主，最大水平位移5.4 m，最大垂直位移1.1 m，是1709年7½级地震的发震断层；西段长68 km，以正走滑为主，最大水平位移6 m，最大垂直位移3.4 m，最新一次破裂事件没有断错横跨断层的明代长城，年代测定其年龄为距今1200年左右。④五佛寺—窑洞水断裂带为一条发育在香山地块内部的东西向—北西西向断裂带，断裂倾向北，总长度约110 km。晚更新世以来以左旋走滑运动为主，兼有逆冲运动特点。最新活动时代为晚更新世晚期，它与小观音坝址最近距离约为8 km。⑤对黄河黑山峡河段大柳树和小观音两个坝址重新进行地震危险性分析，给出50年超越概率10%和100年超越概率2%的水平向地震动峰值加速度值如表6-2。

表6-2 大柳树和小观音坝址水平向地震动峰值加速度

坝址	50年超越概率10%峰值加速度（Gal）	50年超越概率2%峰值加速度（Gal）
大柳树	202	468
小观音	173	376

第二节　银川市活动断层探测与地震危险性评价

一、项目背景

中国地震局于 2000 年提出"大城市活断层探测与地震危险性评价"项目。宁夏地震局将自治区首府银川作为拟探测和评价的对象向中国地震局申报，被列入"十·五"期间"中国数字地震观测网络"建设工程的"大城市活断层探测与地震危险性评价"分项，作为 20 个拟选探测评价城市之一，上报国家发改委被正式批准实施。2004 年 8 月，宁夏地震局正式启动"银川市活动断层探测与地震危险性评价"项目，有 8 个单位承接了部分勘探或研究任务。2007 年 10 月通过中国地震局验收。

二、项目实施

工作内容　活断层试验探测、区域探查与断层活动性初步鉴定；地震活断层危险性评价；地震活断层详细探测与综合制图；活断层地震危害性评价与地理信息系统建设。

工作范围　工作区范围涵盖整个银川盆地，并适当外延，整体上呈长方形区域，其中南北长 178 km，东西宽 103 km，面积约 1.83×10^4 km^2。包含 6 条主要活动断层：牛首山东麓断层（F_1）、贺兰山东麓断层（F_2）、芦花台隐伏断层（F_3）、银川隐伏断层（F_4）、黄河断层（F_5）和正谊关断层（F_6）。本项目确定的目标区包括银川市区所属兴庆区、金凤区和西夏区，南北延伸包括永宁和贺兰两个县的县城部分。目标区主体处在银川平原上，构造上属于银川盆地的中段，探测的目标断层自西向东主要有贺兰山东麓断层（F_2）、芦花台隐伏断层（F_3）、银川隐伏断层（F_4）、黄河断层（F_5）等 4 条控制盆地发育的活动断层。

三、目标区探测成果

整理和录入了银川市活断层探测与地震危险性评价施工期间收集和产生的工作区和目标区各类基础地理、地质和地球物理资料。其中，对本次探测获取的遥感、地球化学，浅层地震、钻探、探槽、地质填图、地震危险性概率评价、危害性破裂带以及强地震动数据进行了详细录入。完成 29 项专题研究和最终成果报告，绘制成果图件 13 幅。

银川隐伏断层探测成果　①发现目标区内银川隐伏断层由主断层和分枝断层构成；②查清了主断层和分枝断层在目标区、特别是城市区的展布情况；③查清了主断层和分枝断层在目标区的上断点埋深和晚第四纪活动习性。

银川市兴庆区（老城）东部由一条主断层和两条纵向排列、但不相连的分枝断层组成。主断层呈波状（或锯齿状）延伸，总体走向15°，倾向北西西，断层近地表浅部倾角66°～71°，在19～20 km深处交至贺兰山东麓断层。断层北从贺兰县东环路东侧约500 m处进入目标区，向南从市郊万头养猪场东300 m处通过，过丽水家园、友爱小区、上前城康居小区、塔桥村一组、永清村小学、观桥村六组西、启元药业有限公司和永宁县城，最后在红星村一组延伸出目标区。北分枝断层分布于主断层西约2 km，向东高角度倾斜，总体平行主断层，北部向西偏转，从贺兰县城西侧的习岗镇经济村6组进入目标区，向南从庆丰园进入银川市城区，过国际汽车城、新悦花园、银佐家园、春满园、北馨园、银川三建家属院、银川七小、永康家园、原市政府、银川市电信局、原市委、宁夏商务信息大厦（宁夏日报社）、百吉大酒店、百斯特宾馆、南门广场西侧、昊源宾馆（交通医院）、国龙医院、中房家友广场，最后消失在回民一小附近。南分枝断层走向12°，倾向北西西，断层倾角76°。从北向南经过解放军第五医院、绿绣园小区、宁夏医学院新校区、永宁人造革厂、观桥村一组、纳家户村四组，在杨和中学东延出目标区。在银川市城区，主断层从兴庆区城区东缘与石油城之间通过，建筑物比较少，多为农田区或新开发的多层住宅区，但分枝断层从市区东部繁华地段的羊肉街口—南门一线通过，人口和建筑物密集。

银川隐伏断层活动显示为上盘下降，下盘上升，具有清楚的正断属性。北部主、分枝断层的上断点埋深分别为1.5～4.3 m和6.3 m，属于全新世中～晚期活动断层；南部主、分枝断层的上断点埋深分别为11.8 m和18.4 m，属于晚更新世末期活动断层。北部断距明显大于南部。

芦花台隐伏断层探测成果　　查明了目标区芦花台隐伏断层分布于银川市西夏区西部，北起贺兰山农牧场十一队东约1.3 km，向南南西方向延伸，经贺兰山农牧场农六队，至石化建筑公司后转为近南北向，经银川电石厂延伸到东大滩附近。断层在目标区内北段走向北北东，南段走向近南北，向南东东—东倾斜。北部在主断层西侧，有一条长度不大的次级断层，产状与主断层接近。芦花台断层是一条中更新世活动断层。

贺兰山东麓断层探测成果　　查明了目标区内断层的平面上由南北二条不连续次级断层构成。其中北部椿树口段北起独石沟，向南延伸到紫花沟以南，长6.8 km，走向北北东，倾向南东，倾角50°～80°；南部套门沟段相对于椿树口段，位置向东平移近10 km，断层走向南东，倾角50°～80°，北起套门沟，向南延伸到榆树沟以南，长度大于13.2 km。北部紫花沟段断层不仅全新世活动，且参与了1739年银川-平罗8级地震活动；南部套门沟段全新世有活动，但未参与1739年地震错动，最近活动时间距今3.0±0.45千年。发现目标区北部椿树口段断层活动与其北侧的苏峪口段断层同属一个断层段落，自距今8240±170年以来，先后发生过4期古地震事件，最后一次事件的离逝时间为3.0±0.45千年。

黄河断层探测成果　目标区内的黄河断层南起红柳湾东，向北经河东机场东、临河东、横城东，截至月牙湖，全长约40 km。以横城北为界，分为南北两段：南段相当于灵武断层的北部，断层从双叉沟向东北方向延伸到横城北，出露在黄河东岸，发育在高台地和低台地之间，地貌上呈连续性较好的陡坎，野外多处见到断层露头走向40°～45°，倾向北西，倾角55°～80°，剖面上表现为东盘上升、西盘下降的正断层特征，兼有右旋走滑分量。北段存在于黄河西岸，隐伏于银川冲积平原之下，断层走向30°～45°，倾向北西，倾角60°～80°。

四、目标区主要活动断层地震危险性评价成果

银川市及其近邻目标区范围共有3条地震活动断层，分别是贺兰山东麓断层、银川隐伏断层和黄河断层，这三条断层根据活动时代和破裂习性等均分为南北二段。其中贺兰山东麓断层南北二段均为全新世地震活动断层；银川隐伏断层北段属于全新世地震活动断层，南段为晚更新世末期活动断层；黄河断层北段为晚更新世活动断层，南段属于晚更新世末期至全新世活动断层。

预测6个断层段的最大潜在震级，其中贺兰山东麓断层北段为8级，贺兰山东麓断层南段、黄河断层南段和银川隐伏断层北段均为7.0级；银川隐伏断层南段和黄河断层北段不超过6.5级。预测贺兰山东麓断层南段未来150年有发生6.0级地震的可能；未来50年，黄河断层南段有发生6.5级地震的可能，未来150年有发生7.0级地震的可能。其他断层段未来200年发生6级以上地震的可能性不大。

第三节　石嘴山市活断层探测与断层活动性鉴定

一、项目背景

石嘴山市辖区范围内有6条规模较大的断层，其中3条发育在盆地边缘，另外3条断层隐伏在盆地内部，这些断层的研究程度差异很大。为了大规模城市建设的地震安全，石嘴山市政府委托宁夏地震局实施"石嘴山市活断层一期探测与断层活动性初步鉴定"工作。

二、项目实施

工作区主体包括银川盆地、贺兰山地、吉兰泰盆地及巴音浩特盆地的东部，以石嘴山市为中心，向北151 km，向西120 km，向南149 km，向东52 km，总面积5.15万平方千米。2008年10月启动，2011年8月通过验收，被评为优质工程。

三、探测成果

大武口区探测成果　经浅层地震勘探、钻孔联合地质剖面探测及槽探，查明了大武口区长庆路及其以北城市区和平罗县城不存在活动断裂。

芦花台隐伏断层探测成果　该断层在目标区及其西南地区分为两段，南小段断层走向32°，倾向南东，倾角73°。北小段长约9 km，走向48°，倾向南东，倾角78°；两段断层在汝箕沟沟口公路附近存在4 km长的间断区。芦花台断层在目标区内埋藏较浅（5 m），鉴定为全新世活动断层。活动强度北小段弱于南小段，表明北小段属于断层末端。

西大滩隐伏断层探测成果　该断层在目标区内的长度为20 km，大致呈弓形形态，南段走向近南北，北段走向46°，倾向南东，倾角85°。断层的上断点埋深8 m，活动时代为晚更新世末期。

平罗东隐伏断层探测成果　该断层是一条规模不大的东倾正断层，埋藏较深，其活动时代在晚更新世以前，不属于活动断层。

正谊关断层探测成果　前人推测该断层向东在干沟口出山后呈隐伏状态继续向东延伸。经本次浅层地震勘探，仅在两条测线上发现规模很小、埋藏较深的零星断层点，且不在正谊关断层延伸线上。由此否定了正谊关断层在干沟口以东存在隐伏段的可能，即惠农区城区北缘不存在东西向隐伏活动断裂。

贺兰山东麓断裂带条带状地质填图成果　①完成了石嘴山辖区贺兰山东麓断裂带1:25000带状地质填图工作；②对山前洪积扇仔细研究，划分出6期冲洪积扇（锥）面，均被贺兰山东麓断裂错断；③根据断层崖研究，获得贺兰山东麓断裂带全新世以来断层垂直滑动速率为1.14 mm/a；④根据槽探研究，确定贺兰山东麓断裂带距今2.1万年以来发生过5次地震破裂事件，其中前4次为古地震事件，最后一次为1739年银川-平罗8级地震。

黄河断层隐伏段高仁至红崖子段断层探测成果　此段断层分为南、北两个小段，两小段由一个阶区分开，呈右阶错列，阶区宽约4 km。南小段断层称黄河断层隐伏段高仁-陶乐北小段，该小段南起高仁镇，向北经青沙窝延至陶乐北，断层长14.1 km，走向21°，倾向北西西，北端止于陶乐镇规划区以西，未进入陶乐镇规划区。北小段断层称黄河断层隐伏段陶乐东-红崖子小段，该小段自陶乐东向北东方向经庙庙湖、红翔新村至红崖子，断层长38.5 km，走向24°，倾向北西西，北端进入宁夏精细化工基地，在基地偏西部位沿北北东方向展布。活动性鉴定结论：高仁-陶乐北小段的活动时代为晚更新世末至全新世初期，陶乐东-红崖子小段为晚更新世中期以前活动断层。

红崖子陡崖性质鉴定结果　红崖子一带的地形陡崖是黄河的古河岸，为流水侵蚀作用的产物。陡崖带上的滑动面与内营力作用无关，是河岸地带的重力滑动构造。从而否定了以往关于红崖子陡崖是黄河断裂带北端裸露段的看法。

第四章　地震科技应用

第一节　建筑场地地基岩土工程勘察

建筑物设计之前，要充分了解和掌握建筑场地的场地土成因、土的物理、力学和化学性质指标、土的工程分类以及地下水等情况，确定地基土的承载力、动力特征和震陷性、液化性等，综合分析后提出地基土评价报告，为工程设计、施工和安全使用提供依据，同时对不良地基提出处理意见，并提出基础方案的建议。

建筑场地地基岩土工程勘察的内容有工程地质测绘与调查，工程地质钻探、标准贯入试验，岩土现场采样与室内测试以及岩土原位测试、水位测量与化学分析等内容。其工作内容一般依据建筑工程安全等级而定。工作结果为钻探、标准贯入、综合分析文字报告及相关图件。地基岩土工程勘察工作按各类建筑工程的工程勘察规程进行。

宁夏地震工程研究院（宁夏科震岩土工程有限责任公司）自2002年取得勘察资质以来，开展岩土工程勘察近百项。

第二节　建设工程地基检测

自治区境内由于地质、地理、地貌的特殊多样化，建筑物地基类型亦多种多样，大体上可分为银川平原区的冲积饱和粗细砂、轻亚黏土、液化土、盐渍土等，南部山区的各类湿陷性黄土。各种地基土中，不少为软弱土和不良土。随着城市高层建筑和各类大型工程、重要工程的建设，建（构）筑物的安全使用对地基处理的要求越来越高。近年来，新的地基处理技术得到广泛应用，不仅加快了基本建设速度，节约了基建投资，更重要的是提高了地基土的承载力。但是否达到了设计目标，需要进行科学检测，给出定性、定量的指标，以保证建筑物的安全。因此，地基检测成为工程建设中的一个关键程序。

地基检测量大面广。根据不同的处理方式、不同的地基类型，可采用不同的检测方法。宁夏地震工程研究院（宁夏科震岩土工程有限责任公司）主要开展的方法有：地基（土）原位测试、平板载荷试验、桩基载荷试验（抗拔、抗压试验）、桩基大小应变测试、重型（Ⅱ）动力触探试验、标准贯入试验等。根据不同的检测方法，依据不同的检测规范（规程），给用户提供所需的不同参数（地基承载力、压缩模量等）。从1997年至今，宁夏地震工程研究院（宁夏科震岩土工程有限责任公司）检测地域遍及宁夏全境。涉及的地基类型多种多样，有天然地基、复合地基（碎石桩复合、CFG桩复合、灰砂桩、灰土桩复合等）、强夯地基、桩基（挖孔桩、灌注桩、贯入桩等）等，检测量级从十几吨至两千多吨。

第三节　建（构）筑物抗震性能无损检测

对建筑物单体进行震害预测，对已有老、旧房屋抗震能力现状评估、判断其维修使用价值，对新建房屋评估其建筑质量等，都可采用现场抗震性能无损检测技术。房屋抗震性能无损检测，采用现场调查、检测和室内分析计算相结合的方法进行。工作内容有三部分：现场调查和原始资料搜集、房屋结构材料强度的现场检测、房屋常时微动测量。宁夏地震局工程地震研究所科技人员从1993年应用该方法，对区内外建筑物进行抗震性能无损检测。宁夏地震工程研究院自1997年开始对区内、外各类建筑物进行无损抗震性能检测与鉴定，为委托单位在正确使用、维护保养，改造加固以及拆除重建等方面提供依据。

地震科学技术还应用于地基沉降观测、建（构）筑物沉降观测，建筑地基湿陷性黄土的定量和定性分析，湿陷性地基的病害处理，场地下空洞探测，地脉动测量，震害预测等方面。

第七篇
震灾预防

地震灾害预防指地震发生之前应做的防御性措施，分为工程性预防和非工程性预防两大块。工程性预防措施是对新建、扩建、改建工程必须按抗震设防要求和抗震设计规范进行抗震设防；对已建成的建筑物、构筑物，未采取抗震设防措施的应采取必要的抗震加固措施。非工程性的防御措施主要指人民政府及有关部门或者机构和社会公众所从事的旨在提高抗御地震灾害能力，增强全社会的防震减灾意识的依法减灾活动。自治区实施农村民居地震安全工程，南部山区危窑危房改造工程经受汶川地震考验；改造农村危房 15.7 万户，受益群众 140 万人；塞上农民新居采取抗震设防措施，提高了住房的安全程度；城镇建设严格执行国家和自治区抗震设防法律法规，增强了建（构）筑物抗震能力。地震安全性评价走上法制化轨道，使城镇地震安全更加有了保障。建设场地避让地震活动断层，避免遭受更大的地震灾难。制定防震减灾规划并付诸实施，使防震减灾措施切实得到落实；广泛开展形式多样的防震减灾宣传教育，使位于宁夏的城市和川区农村防震减灾宣传工作普及教育面达到 95%，山区农村达到 85%，边远及人烟稀少地区达到 80%，地震重点监视防御区的城市（镇）学校和农村学校的宣传普及教育面达到 100%，社会民众防震避险的意识和能力得到提高。"三网一员"建设，增加了群众参与防震减灾的积极性，观察到的宏观异常现象，为短临地震预测增添重要依据，使群众和家人做好自我保护。地震遗址遗迹得以保护，使地震造成的灾难转化成科学研究、旅游开发、灾难文化活动的资源。社会组织积极参与防震减灾活动，促进最大限度地减轻地震灾害损失。

第一章 规划和计划

第一节 总体部署

一、自治区关于地震工作的部署

1991年4月，自治区六届人大第四次会议批准的《宁夏回族自治区国民经济和社会发展十年规划和第八个五年计划纲要》，提出"加强地震工作，进一步提高地震的监测能力，继续开展地震预报攻关研究，力争对破坏性地震作出一定程度的短临预报，在全区开展地震知识普及教育。"1996年1月，自治区人民政府印发《宁夏回族自治区防震减灾十年目标实施纲要》，提出全区防震减灾十年目标。1996年4月，自治区第七届人民代表大会第四次会议批准的《宁夏回族自治区国民经济和社会发展"九五"计划和2010年远景目标纲要》提出："加强防震减灾工作。进一步提高地震监测能力和地震应急反应能力，广泛普及地震知识。强化抗震设防标准和工程建设质量管理，抓好抗震防灾规划的实施，使全区城乡抗御地震的能力有明显提高。""积极推进地震预测、预报工作的科学化"。1998年12月，根据自治区政府批复，自治区地震局、计委、财政厅联合发出《关于贯彻<国家地震局、国家计委、财政厅〈关于建立健全防震减灾计划体制和相应经费渠道的报告>的通知>的通知》，落实防震减灾工作经费。自治区政府每年初对防震减灾工作作出部署。

二、宁夏回族自治区防震减灾十年目标实施纲要

1996年1月25日，自治区人民政府印发《宁夏回族自治区防震减灾十年目标实施纲要》，确定自治区实施防震减灾十年目标的基本原则、主要指标、主要任务、措施和途径、实施步骤。确定的自治区未来十年防震减灾的总体目标是：在各级政府的直接组织和领导下，动员全社会的力量，建立有效的地震综合防御体系，力争用十年时间，使全区城乡抗御地震的能力有明显提高，银川市、石嘴山市具备抗御6级左右地震的能力。依据自治区经济发展状况、人口分布及区域地震趋势预测，从最大限度减轻地震灾害的原则出发，十年目标的实施，在区域上划分为二级监视防御区：宁夏北部全国重点监视防御区和宁夏南部监视防御区。确定银川市和青铜峡水电厂、宁夏化工厂

分别为自治区实现防震减灾十年目标的示范区和示范点。

为将防震减灾 10 年目标的任务落到实处，自治区政府于 2000 年 4 月印发《宁夏回族自治区防震减灾 10 年目标实施阶段任务的通知》，确定了加强各级政府对防震减灾工作的领导、依法管理防震减灾工作、建立健全防震减灾计划体制与计划管理制度、建设防震减灾应急指挥中心等 13 项任务，规定了实施任务的目标、工作内容和要求、完成的时间、考核办法，明确了承办实施任务的自治区相关部门和市县人民政府。

三、宁夏回族自治区防震减灾规划（2001～2020 年）

2001 年 6 月 27 日，自治区政府印发《宁夏回族自治区防震减灾规划（2001-2020 年）》，提出我区防震减灾事业 2001～2010 年奋斗目标：在各级政府的领导下，依靠法制和科技进步，经过全社会的共同努力，争取用 10 年左右的时间，建立健全监测预报、震灾预防和紧急救援三大工作体系，使银川市、石嘴山市、吴忠市和青铜峡、灵武、中宁、中卫、固原、平罗等县级以上城镇具备抗御 6 级左右地震的能力。其中，在 2001～2005 年，实施完成 1996 年确定的我区防震减灾 10 年目标任务，使银川市、石嘴山市具备抗御 6 级左右地震的能力。

2011～2020 年奋斗目标：在前 10 年奋斗目标的基础上，继续增强防震减灾能力，使全区人口稠密和经济相对发达地区具备抗御 6 级左右地震的能力，基本实现防震减灾工作与国民经济和社会发展相适应。

四、宁夏回族自治区防震减灾规划（2006～2020 年）

经自治区人民政府批准，自治区发展和改革委员会、地震局于 2006 年 7 月 10 日印发该规划。总体目标是：到 2020 年，全区基本具备综合抗御 6 级左右地震的能力，相当于当地地震基本烈度的地震的能力。宁夏沿黄城市群的防震减灾能力力争达到国内先进水平。"十一·五"阶段目标：到 2010 年，沿黄城市群基本具备抗御 6 级左右地震的设防能力。2006～2020 年自治区防震减灾的主要任务是：进一步完善和加强监测基础设施建设，努力提高地震预测水平；加强基础信息调查，提高城市、重大生命线工程和重点监视防御区农村的地震灾害防御能力；进一步完善突发地震事件处置机制，提高各级政府应急处置能力。

五、宁夏回族自治区防震减灾"十二·五"规划

2011 年 9 月 5 日，自治区政府印发《宁夏回族自治区防震减灾"十二·五"规划》。规划目标是：到 2015 年，基本形成多学科、多手段的综合立体观测系统，能够监测全区 1.5 级以上的地震，8 分钟内完成区内及周边地震速报，初步建成全区地震烈度速报网，20 分钟内基本完成地震烈度速报，地震预测预报能力不断提高，科技创新能力对防震减灾工作的贡献率进一步提升。新建、改扩建工程全部达到抗震设防要求，

生态移民等集中建设的农宅建设项目选址、建设达到抗震设防要求，农村民居抗震设防能力显著提升。建立健全地震应急救援体系，完善协调和联动机制，区内破坏性地震发生后，1 小时内给出灾情预评和破坏范围的初步结果，2 小时内救援队伍赶赴灾区开展救援，24 小时内受灾群众生活得到基本安置和医疗救助，灾后过渡性安置和恢复重建能力显著提升。防震减灾知识基本普及，地震重点监视防御区社会公众较好掌握防震减灾基本知识和防震避险技能，公众应对地震灾害的能力明显提升。

规划对地震监测预报体系、地震灾害预防体系、地震应急救援体系、地震科技创新体系的主要任务，对宁夏地震背景场观测网络建设、宁夏震灾预防基础探测工程和示范工程建设、宁夏地震应急处置应急服务与应急救援能力支撑系统工程等重点项目建设内容作出具体部署。

第二节　防震减灾举措

自治区每年制定地震工作计划，后改为防震减灾计划；根据国家防震减灾规划，结合宁夏实际相应地制定防震减灾规划。自治区政府和相关部门适时召开专门会议部署落实地震工作计划和防震减灾规划。

一、1970 年全区防震减灾工作座谈会

自治区革命委员会生产指挥部于 1970 年 2 月 26 日在银川召开。各市、县、旗和有关部门、单位的代表 55 人与会。中央地震工作小组办公室、中国科学院兰州地球物理研究所等单位的代表应邀出席会议。会议传达了周恩来总理关于地震工作的指示和全国地震工作会议精神，听取关于我区地震形势的介绍，研究提出我区开展地震预报和抗震工作的计划意见（草案），制订具体措施。

二、1972 年全区地震工作会议

于 1972 年 10 月 5 日在银川召开。各地、市、县、旗革命委员会主管地震工作的负责人，各市、县气象站、地震办公室、地震台，宁夏军区及有关局代表 80 人参加会议。国家地震局副局长卫一清和自治区革命委员会生产指挥部副主任吴生秀出席会议并讲话。会议总结交流了全区两年来地震工作经验，并就当前地震形势和进一步加强地震工作的领导等事项进行讨论，提出具体措施。

三、1975 年全区地震工作会议

于 1975 年 8 月 26 日在银川召开。各地、市、旗革命委员会主管地震工作的负责

人，地震主管部门负责人，地震办公室、群众测报点和有关协作部门的代表，综合地震台负责人参加会议。自治区党委副书记王志强出席会议并讲话。会议传达贯彻全国第三次地震工作会议精神，学习辽南地震预测预报预防经验，研究加强专群地震队伍的思想组织建设，健全各级地震管理机构，总结交流防震抗震经验及专业台站和群众测报点开展预测预报地震的经验。

四、1988 年全区地震工作会议

自治区政府于 1988 年 6 月 13 日在银川召开，各地、市、县人民政府和厅局委的领导，各级地震办公室主任，各地震台台长等 91 人与会。自治区副主席马英亮作题为《加强地震工作领导，做好防震抗震工作》的讲话，地震局局长吴建明作《努力做好地震监测预报工作，为国民经济建设和社会进步服务》的报告。会议总结交流做好地震监测预报、防震、抗震及加强地方地震工作管理的经验，部署加强全区地震工作的任务。

五、1990 年全区地方地震工作会议

自治区政府于 1990 年 11 月 26 日在银川召开。自治区党委书记黄璜和张仕儒、杨惠云、李成玉、李庶民、汪愚、李良辉、周生贤等领导，国家地震局副局长周锐出席会议。黄璜和周锐讲话，自治区地震局局长吴建明作《努力做好宁夏地方地震工作，为国民经济建设和社会进步服务》的报告，杨惠云副主席作题为《提高震情观念，努力减轻地震灾害》的总结讲话。会议传达贯彻全国地方地震工作会议精神，总结我区地方地震工作，研究加强地方地震工作的措施。大会表彰了地方地震工作先进集体和先进个人。各地、市、县人民政府主管地震工作的领导、有关厅局领导、各级地方地震机构负责人和自治区地震局的代表共 120 人与会。

六、1995 年全区防震减灾工作会议

自治区政府于 1995 年 6 月 13 日在银川召开。自治区领导马锡广、杨惠云、刘仲、吴尚贤、王毓源，国家地震局副局长陈章立、原副局长周锐等出席会议。会议传达贯彻全国防震减灾工作会议精神，商讨我区推进实现防震减灾 10 年目标的具体措施，明确今后防震减灾工作的具体任务。刘仲和陈章立讲话，自治区地震局局长吴建明作题为《充分发挥政府职能，加强地震综合防御，积极推进我区实现防震减灾 10 年目标》的报告，政府秘书长师梦雄主持大会并作总结讲话。银川市、石嘴山市政府，银南、固原行署等领导作交流发言。各地、市、县（区）政府领导，有关厅局委办和大中型企业以及各地震部门负责人共 160 人与会。

七、1999 年全区防震减灾工作会议

自治区人民政府于 1999 年 6 月 22 日在银川召开。会议学习贯彻《防震减灾法》

和自治区《防震减灾条例》，总结交流近年来加强地震应急工作和做好防震减灾 10 年目标条件准备阶段的工作情况，部署防震减灾 10 年目标实施阶段的工作任务，确保全区经济发展和社会全面进步。自治区党委书记毛如柏、自治区政府主席马启智和韩茂华、任启兴、马锡广、马文学、于革胜、韩有为、金晓昀、姬亮洲等领导与全体代表合影。马启智、于革胜和中国地震局副局长刘玉辰出席会议。于革胜、刘玉辰讲话，自治区地震局局长杨明芝作题为《认真贯彻〈防震减灾法〉，努力实现我区防震减灾 10 年目标》的工作报告；银川市、建设厅、电力工业局等 9 个单位作经验介绍；自治区地震局副局长万自成作自治区《防震减灾十年目标实施阶段任务》的说明；政府魏锡良副秘书长主持会议并作总结讲话。会议提出今后 5 年全区防震减灾工作的总体思路是：坚持一手抓经济建设、一手抓防震减灾，以全面贯彻实施《防震减灾法》和《防震减灾条例》为主线，大力发扬宁夏精神，加强依法行政，依靠地震科技进步，积极推进实现防震减灾目标，最大限度地减轻地震灾害造成的人员伤亡和财产损失，保障经济建设和社会可持续发展。自治区防震减灾领导小组成员，各地、市、县（区）分管领导，地震局长，地震台长，有关部门负责人，有关大中型企业厂长（经理）和新闻单位记者 200 人与会。

八、2010 年全区防震减灾工作会议

自治区政府于 2010 年 4 月 23 日在银川召开。会议深入贯彻落实科学发展观，以最大限度地减轻地震灾害损失为根本宗旨，全面贯彻落实全国防震减灾工作会议精神，总结全区防震减灾工作，表彰先进，交流经验，部署任务，推进防震减灾社会管理，保障和促进全区经济社会发展。自治区政府副主席李锐讲话，地震局局长张思源代表自治区防震减灾领导小组作全区防震减灾工作报告，政府副秘书长张军主持会议并作总结讲话。会议对固原市政府等 33 个先进集体、王彦龙等 62 名先进个人颁奖，自治区地震局马禾青研究员介绍近期震情形势，银川市政府等 10 个单位进行防震减灾工作书面交流。各市、县（区）政府分管领导，地震局、发改局、建设局、民政局局长，自治区防震减灾领导小组成员单位，以及受表彰的先进集体、先进个人代表共 260 多人与会。

第二章　防震减灾法制工作

第一节　立　法

一、地方性法规

《宁夏回族自治区防震减灾条例（草案）》于1996年初列入自治区政府年度立法工作计划后，自治区地震局组织力量进行调研，结合实际，起草了《条例（草案）》（送审稿），于1996年11月报自治区政府。法制局按照立法程序，广泛征求有关部门和市、县意见，并对《条例（草案）》条分缕析，反复修改。经自治区政府审核同意，提请人大常委会审议。1997年12月《防震减灾法》颁布后，自治区政府根据该法修改《条例（草案）》。1999年4月8日，经自治区第八届人民代表大会常务委员会第六次会议审议通过，于1999年7月1日起施行。

《宁夏回族自治区防震减灾条例》共七章四十九条。第一章为总则，主要规定立法目的，法规适用范围，减轻地震灾害的方针、政策和基本原则，防震减灾管理体制、经费，对自治区区域内的单位、团体和个人参加防震减灾活动提出要求等。第二章地震监测预报，规定了地震监测台网的管理、监测设施和观测环境保护，鼓励和支持群测群防活动，发布地震预报的权限。第三章地震灾害预防，将防震减灾宣传教育、地震安全性评价和抗震设防工作及其管理、地震重点监视防御区的确定做了规定。第四章地震应急，对地震应急预案的制定及实施、地震现场工作、在灾区实行特别管制措施的权限及实施单位做了规定。第五章震后救灾与重建，对救灾领导体制和救灾中优先采取的措施、地震灾害损失评估工作做了规定，对抗震救灾和恢复重建的资金，保护地震遗址遗迹作了规定。第六章法律责任，规定了违反本条例应承担的法律责任以及追究法律责任的程序和内容。第七章附则，规定了制定本条例实施细则的授权和施行的时间。

《中华人民共和国防震减灾法》于2008年12月27日经第十一届全国人大常委会第六次会议修订颁布后，自治区开展学习宣传贯彻活动，并组织力量对《防震减灾条例》进行修订，列入自治区政府和人大立法计划。

二、政府规章

（一）宁夏回族自治区地震安全性评价管理办法

于 2003 年 12 月 11 日以自治区人民政府第 58 号令发布，自 2004 年 3 月 1 日起施行。办法共二十四条。明确本办法所称地震安全性评价的涵义，明确自治区地震行政主管部门负责对自治区行政区域内的地震安全性评价工作实施统一监督管理；市、县（区）人民政府管理地震工作的部门，负责本行政区域内地震安全性评价的监督管理工作。对必须进行地震安全性评价的建设工程范围作出规定。确立了对地震安全性评价单位实行资质管理制度。必须进行地震安全性评价的建设工程，要办理建设工程地震安全性评价和抗震设防要求确认手续。应当将抗震设防要求纳入建设工程可行性研究报告的审查内容，建立健全建设工程抗震设计、施工专项审查制度。规定承担建设工程的建设、勘察、设计、施工、监理等单位必须按照各自的职责，对建设工程抗震设防质量负终身责任。

（二）宁夏回族自治区地震重点监视防御区管理办法

于 2006 年 7 月 12 日以自治区人民政府第 91 号令发布，自 2006 年 9 月 1 日起施行。办法共六章三十一条。明确本办法所称地震重点监视防御区（以下简称重点防御区），是指未来 10 年或稍长一段时间内，存在发生破坏性地震危险或者受破坏性地震影响，可能造成严重灾害损失，需要加强防震减灾工作，并依据法定程序批准的区域。规定了适用范围和重点防御区的县级以上人民政府的职责。确定自治区北部至宁蒙交界地区属于国家级重点防御区；自治区行政区域内地震动峰值加速度 0.20g（地震基本烈度Ⅷ度）及以上的区域，是自治区级重点防御区。

（三）宁夏回族自治区房屋建筑抗震设防管理办法

于 2009 年 2 月 2 日以自治区人民政府第 11 号令公布，自 2009 年 3 月 10 日起施行。办法共五章四十三条。规定新建、扩建、改建房屋建筑，必须按照国家和自治区规定的抗震设防要求、工程建设强制性标准、施工技术规范进行选址、规划、设计、施工和验收。必须进行地震安全性评价和地震动参数复核的房屋建筑进行可行性研究论证、初步设计审查，应当征求地震工作主管部门的意见。规定学校、医院、商场、敬老院、幼儿园、影剧院、清真寺、体育场馆等人员密集场所的抗震设防，必须按照高于当地其他房屋建筑的抗震设防要求进行设计和施工。加强对农村居民住宅和乡村公共设施抗震设防的指导和管理，推广达到抗震设防要求、经济适用、具有当地特色的建筑设计和施工技术。实施农村居民易地扶贫搬迁、生态移民搬迁、农民新居建设、危窑危房改造工程和城镇廉租住房、经济适用住房建设、农民工集体宿舍建设等工程时，应当按照不低于地震烈度Ⅷ度的要求，进行抗震设防设计。县、乡（镇）人民政府应当将现有窑洞住房和土坯住房纳入危房改造计划，逐步引导农村居民进行淘汰改造；对危险住房进行限期改造。对采取必要抗震加固措施的房屋建筑作出规定。

三、地方标准

2004 年 11 月 25 日，经自治区质量技术监督局批准发布，宁夏回族自治区地方标准 DB64/400-2004《建设工程地震安全性评价分类标准》，2005 年 3 月 1 日正式施行。

第二节　行政执法

一、行政执法队伍

（一）执法人员

2001 年 3 月，自治区地震局成立法规处，与震害防御处合署办公，管理自治区防震减灾法制工作。此前，防震减灾法制工作由震害防御处、监测处负责。1999 年 12 月，自治区地震局召开地震行政执法证颁发大会，为第一批持证人员张思源、蒙和平、张自河、王清云、吴鸣、吴隽等 6 人颁发证件。此后，随着工作岗位变动，有关人员经过培训与考试，获得执法证。2011 年地震行政执法持证人员：张进国、蒙和平、张自河、吴鸣、吴隽、陈力、周德宁、王怀智、王建功等，地震行政执法监督持证人员：马贵仁、张进国。

市县地震部门行政人员经自治区地震局专业培训合格，参加同级政府法制局综合法律知识培训合格后，取得市县地震行政执法证。2000 年持证 30 人。2011 年持证 53 人。市县地震行政执法队伍 5 支。

（二）法制培训

2000 年 7 月，中国地震局震害防御（法规司）在银川举办全国市县防震减灾行政执法培训班，80 人参加学习。自治区各市县地震局均来人旁听学习。近年来，自治区地震局举办法制专题培训班 30 次。

二、行政执法工作

（一）自治区人大、政府执法检查

2000 年 12 月，自治区人大常委会副主任韩有为任执法检查组组长，带领人大常委会委员顾廷良、刘德华、马绍彬、郝振秋等，检查自治区政府、银川市等 5 个市（县）政府防震减灾工作，实地检查宁夏建筑设计院、宁夏电视台、银川市南门人防工程等 24 个单位的抗震设防和地震应急工作。2001 年 1 月，自治区第八届人大常委会第十七次会议听取和审议执法检查组的报告，向自治区政府发《关于加强我区防震减灾工作的四点建议》。2001 年 5 月，自治区人大教科文卫委员会主任李耀华、副主任牛长云

到地震局调研防震减灾执法、地震安全性评价管理。2003 年 12 月，自治区政府副秘书长魏锡良带队，对吴忠市、石嘴山市、固原市的地震应急工作进行执法检查。2004 年 11 月，自治区地震局重点对各市、县、区依法开展抗震设防管理和地震应急工作情况进行执法检查。2005 年 8 月，自治区政府副秘书长戎生灵带队，对吴忠市等 7 个市县政府及大型企业、生命线单位防震减灾工作进行执法检查。2006 年 10 月，自治区政府副主席张来武带队，对固原市、西吉县、海原县防震减灾工作进行执法检查。实地检查了应急物资储备、农村危窑危房迁建、地震监测和群测群防工作，听取有关部门工作汇报，观看了学生地震应急演练。共检查了 2 市、3 县、5 乡镇、7 个行政村，3 个物资储备仓库，3 个地震观测点和 2 个宏观观测点。2010 年 12 月，根据自治区政府部署，政府办公厅、应急办公室和地震局等 9 个单位组成自治区检查组，重点对银川等 5 个辖区的市和平罗等 6 个县（区）地震部门机构设置、人员编制、经费投入、办公场所、工作条件以及应急避难场所的建设情况进行检查。

（二）国家执法检查

2002 年 9 月，以中国地震局副局长岳明生为组长，由国务院办公厅、国家计委、国家经贸委、民政部等部门工作人员组成的全国地震应急工作检查组，在自治区政府主席助理张来武、副秘书长李耀松和有关部门负责人的陪同下，对宁夏地震应急工作进行执法检查。

2005 年 12 月，以中国地震局副局长刘玉辰为组长，由中国地震局、全国人大教科文卫委员会和国务院法制办公室组成的国家防震减灾行政检查组，对宁夏防震减灾工作进行执法检查。检查组听取自治区政府及石嘴山市、吴忠市和银川市政府的汇报，实地检查石嘴山煤矿塌陷区、青铜峡铝厂、银川市民生花园的抗震设防工作，检查观摩银川市第九中学科普教育、地震应急演习，视察了新启用的自治区防震减灾指挥中心大楼指挥大厅、分析预报中心、地震台网信息中心等。

（三）法制宣传教育

自治区和各地在每年防震减灾宣传教育活动中，将法制宣传教育作为一项重要内容。自治区司法部门将"一法一例"纳入"三五"普法和"四五"普法的教育内容。翻印《防震减灾法》、自治区《防震减灾条例》《防震减灾法律法规选编》、新修订的《防震减灾法》单行本 12 万册。

（四）行政执法制度

2005 年，自治区地震局与政府法制办公室制定了《宁夏回族自治区地震行政执法管理办法》《宁夏回族自治区地震行政法制监督管理办法》。自治区地震局制定《宁夏回族自治区地震行政复议管理办法》《全区地震系统普法依法治理和法制宣传教育工作要点》。

（五）地震监测设施和观测环境保护

1988 年 10 月，自治区地震局成立执法检查领导小组，在全区地震系统范围重点检查国家地震局《发布地震预报的规定》、自治区政府《宁夏回族自治区保护地震观测环境和地震测量标志的规定》和《关于加强我区地震烈度管理工作的规定》的执行情况。1994年1月，国务院发布《地震监测设施和地震观测环境保护条例》后，自治区地震局与公安厅、城乡建设厅联合发出《关于做好我区地震监测设施及观测环境保护工作的通知》，将全区10个专业地震台、9个市县地震观测站、12个地震骨干观测站（点）、66个流动重力观测点、2个大地形变水准测量场地、100多项观测设施等纳入保护范围。

依法对石嘴山形变观测场地，磁窑堡测震台，永宁、固原地电观测场地，银川北塔地磁台，海原、陶乐、青铜峡地下流体观测水点等进行保护。2006年6月，泾源县公、检、法、司组织40余名执法干警，就附近村民强行侵占"十·五"重点项目建设场地—堡子山山洞一案依法强制执行，将场地归还县地震局。

（六）依法管理抗震设防要求

全区有21个市县制定了抗震设防管理实施办法，并纳入基本建设管理程序。设立政务大厅的7个市县将抗震设防要求审批纳入服务窗口。全区有85人取得地震安全性评价个人执业证书，6个单位取得《建设工程地震安全性评价许可证书》。吴忠市地震局首次对重大建设工程未依法进行地震安全性评价的单位进行了行政处罚。此后各市县涉及此类事项立案调查27件，实施行政处罚22件，法院强制执行5件。

第三章　防震减灾宣传教育

第一节　组织管理

一、宣传教育机构

防震减灾宣传工作在自治区各级党委宣传部的领导下进行。自治区党委宣传部负责防震减灾宣传的组织协调工作，有计划、有针对性的拟订和审查重要宣传报道文稿，组织新闻单位积极参与防震减灾宣传，进行检查监督。自治区地震局主要负责宣传内容、宣传口径的把关，负责向宣传、新闻部门提供有关宣传材料。

全区防震减灾宣传工作管理机构，1980 年前由自治区地震工作领导小组办公室负责；1980～1984 年，由自治区地震局群测群防科负责；1984～1991 年，由自治区地震局监测处负责；1991 年后，由自治区地震局地方地震工作处、震害防御处负责；2001年 3 月后，由自治区地震局震害防御处、法规处负责。

建立了自治区、市、县（区）三级防震减灾宣传网络，

二、宣传教育思路

开展防震减灾知识宣传教育的任务是：向广大人民群众普及地震防灾减灾知识，提高公民在地震灾害中自救、互救的能力；加强对有关专业人员的培训，提高抢险救灾能力，增强整个社会抗御地震的能力，最大限度地减轻灾害损失。坚持"因地制宜、因时制宜、经常持久、科学求实"的宣传原则，积极、慎重、科学、有效地开展宣传工作。宣传的重点是地震灾害综合防御的途径、环节的内容、方法，防震减灾工作的意义、目的、作用以及我国防震减灾工作的方针、政策、法规；地震预测预报及地震科普常识、地震灾害的工程抗震等震前防御措施，震后自救、互救、应急避险以及抗震救灾与重建知识；地震前兆和宏观异常知识等方面。

三、部署宣传教育任务

1991 年 6 月，自治区地震局和党委宣传部在贺兰召开全区地震宣传工作会议，传达贯彻全国地震科普宣传工作会议精神，汇报交流宣传经验，研究部署全区地震宣传

工作。1992 年 11 月 27 日，自治区党委宣传部和地震局发出《关于加强全区防震减灾宣传工作的通知》。1992 年 12 月，自治区党委宣传部和地震局召开全区防震减灾宣传工作座谈会，传达落实全国地震重点监视防御区防震减灾宣传工作座谈会精神。自治区党委副书记梁国英、政府副秘书长虎维新，党委宣传部、地震局，两地两市、区直有关厅局、新闻单位的负责人参加会议。会议提出加强防震减灾宣传工作的具体意见。1995 年 12 月 28 日，自治区科学技术协会和地震局发出《关于联合开展防震减灾科普知识宣传工作的通知》。1997 年，自治区地震局会同计委、经贸委、财政厅、公安厅、建设厅、文化厅、教育厅、电力公司等 20 多个部门和单位联合印发规范性文件 30 余件，对做好防震减灾宣传工作作出明确规定。制订《宁夏回族自治区地震应急宣传预案》。2004 年 12 月，自治区地震局、科技厅、教育局、科学技术协会发出《关于加强防震减灾科学普及工作的通知》，团委、广播电影电视局等单位安排宣传教育任务。

2002 年 7 月 17 日，自治区党委宣传部和地震局召开全区防震减灾宣传工作会议，宣传部副部长朱昌平、地震局局长杨明芝等出席会议。会议总结全区防震减灾宣传工作，部署下一步工作，表彰全区防震减灾宣传工作 30 个先进集体、40 名先进个人。

第二节　常规宣传教育

20 世纪 70～80 年代，破坏性地震或者对居民有显著影响的地震发生后，宁夏地震等相关部门通过广播、电视、报纸等形式，宣传地震知识和防震常识，尚未将地震知识宣传工作纳入正式轨道。

1991 年 6 月，自治区党委宣传部和地震局通知各地在 7 月 22～28 日，开展纪念"7·28"唐山地震 15 周年地震科普宣传教育周活动。各地印制宣传资料，利用报纸、电台刊播宣传文章，播放录像，摆放展板，街道咨询等方式，开展较大规模的宣传活动。自治区副主席杨惠云，各地、市、县领导参加了这次活动。7 月 27 日晚，地震局副局长杨明芝在宁夏电视台作"纪念唐山地震十五周年"的电视讲话。此后，"7·28"唐山地震纪念日开展宣传活动成为一项制度坚持下来。

至今，全区在"3·1"防震减灾法实施日、"5·12"全国防灾减灾日、"7·28"唐山地震纪念日、"12·16"海原地震纪念日、国际减灾日、世界地球日、宁夏科技周等重要时机，面向广大群众坚持防震减灾知识的长期宣传。各地在繁华街道、农贸集市、机关学校、农村乡镇、厂矿企业和居民社区等人员集中的场所，开展防震减灾知识宣传咨询。利用科技"三下乡"、下乡扶贫、建设小康村、民间庙会、赶集日等时机，针对农村和农民的特点进行防震避险知识重点宣传。在社会高度关注震情时开展应急宣传，安定群众情绪。各地普遍开展防震减灾知识进农村、进社区、进学校、进厂矿、进机关、进清真寺活动。

第三节　特色宣传教育

一、地震知识竞赛

1987 年暑假期间，自治区地震局指导银川市、石嘴山市、银南行署、固原行署地震办公室、教育局（处）、科学技术协会等单位举办中学生地震科学知识智力竞赛，全区 73 所学校约 1.7 万名学生参赛，宁夏电视台实况录像并转播。1993 年 7 月，石嘴山市委宣传部、地震办公室、保险公司、广播电视局举办市防震减灾地震保险知识电视竞赛、有奖知识竞赛活动。1997 年 4～6 月，自治区党委宣传部、宁夏国际减灾十年委员会、地震局、计委、科委、教委等 21 个单位举办'97 宁夏防震减灾知识有奖竞赛活动。6 月 12 日，自治区领导刘仲、吴尚贤出席有奖竞赛抽奖大会，在公证处监督、指导下，产生一等奖 11 名、二等奖 21 名、三等奖 100 名。大会表彰了获得竞赛组织优秀奖的自治区电力工业局抗震办公室等 10 个单位。

二、地震防震知识巡回展

1998 年 5～6 月，自治区地震局和科委租借中国地震局《地震·防震知识展》展板，自制宁夏地震工作展板，举办"宁夏地震·防震知识巡回展"。在位于北部地震重点监视防御区的银川市城区、新城区、永宁县城、青铜峡市区、吴忠市区、宁夏化工厂、石嘴山矿务局、青铜峡铝厂、青铜峡水电厂等地展出。参观群众 5 万余人。

三、青少年地震科学夏令营

自治区地震局先后组织我区内 100 余名中学生，参加中国地震学会、中国地震局等部门举办的 8 届全国青少年地震科学夏令营活动。

四、防震减灾科普教育基地

1999 年 7 月，自治区地震局被科技厅、党委宣传部和科协认定为自治区科普教育基地。同年 8 月被自治区政府批准为首批面向社会开放的"自治区科普教育基地"。2005 年 11 月，自治区地震局银川基准台被中国科协认定为"全国科普教育基地"。海原地震台为第五批"自治区科普教育基地"。海原地震博物馆、固原地震台为"自治区防震减灾科普教育基地"。各地震台均建成当地科普教育基地。"市级防震减灾科普教育基地" 4 所。2010 年 3 月，自治区地震局建成防震减灾科普馆。

五、中学生防震减灾知识电视竞赛

2006 年 4 月，自治区党委宣传部、地震局、教育厅、科技厅、科协、团委、广电局、灾害防御协会联合发出通知，开展"宁夏首届中学生防震减灾知识电视竞赛"活动。地震局将编印的 5 万册"防震减灾知识电视竞赛题集"发放到各地学校。全区有 273 所学校，24.13 万名中学生参与知识竞赛，覆盖面占全区中学生总数的 60% 以上。经过县级初赛、市级复赛选拔，7 月 16 日银川市、固原市、吴忠市、中卫市、石嘴山市代表队，自治区教育厅直属中学代表队和银川市教育局直属中学代表队进入总决赛。总决赛在宁夏广播电视总台演播大厅举行。经过四轮角逐，银川市代表队获得第一名，自治区教育厅直属中学代表队、银川市教育局直属中学代表队获得第二名，其他代表队获得第三名。自治区人大副主任冯炯华、政府副秘书长戎生灵观摩竞赛活动。

六、领导干部防震减灾专题学习班

2008 年 5 月 12 日四川汶川 8.0 级地震后，自治区党委常委会议决定 7 月中旬举办专题学习班，系统学习防震减灾、应急管理等方面的知识，研究部署防震减灾工作。7 月 11~13 日，自治区党委在吴忠市利通区举办自治区健全应急体制机制、做好防震减灾工作领导干部专题学习班。在职的省级领导干部 29 人，人大、政府、政协秘书长 6 人，区党委和区直有关部委办厅局、人民团体、直属事业单位，中央驻宁有关单位主要领导 75 人，各市、县（区）党委（工委）书记，市、县（区）长 49 人参加了专题学习班。学习了胡锦涛总书记、温家宝总理在省区市和中央部门主要负责同志会议上的讲话，听取了国务院参事室参事、国家应急管理专家组组长闪淳昌和自治区地震局局长张思源的辅导讲座，自治区政府办公厅、民政厅、建设厅、卫生厅、通信管理局和银川市的负责同志作交流发言。自治区党委书记陈建国在专题学习班结束时讲话，对防震减灾重点工作作以部署。自治区党委宣传部、纪委、人大办公厅、政协机关，银川市行政中心、固原市领导干部大讲堂、宁夏邮政局、神华宁煤集团、同心县委和政府等单位邀请自治区地震局领导和专家，作地震灾害与防震减灾专题讲座。

七、防震减灾科普示范学校

2008 年 5 月，自治区地震局、教育厅、科技厅、科协联合发出通知，要求在全区普通中学开展防震减灾科普示范学校创建活动。通过建立防震减灾科普示范学校，达到"教育一个孩子，影响一个家庭，带动整个社会"的目的。2009 年 5 月 19 日，宁夏首批防震减灾科普示范学校授牌仪式在银川市第九中学举行。自治区领导冯炯华、李锐、张乐琴，自治区教育工委书记黄占华等，为银川市第九中学、银川市第二十中学、永宁县回民高级中学、灵武市东塔中学、平罗县第二中学、吴忠市高级中学、青铜峡市高级中学、盐池县第五中学、同心县中学、中卫市第二中学、中宁县第一高级中学、西吉县第三中学等 12 所示范学校授牌。2011 年 11 月 29 日，宁夏第二批防震减灾科普示范学校授牌仪式在石嘴山市第七小学举行，为石嘴山市第三中学、吴忠市吴忠中学、固原市回民中学、原州区第四中学、泾源县高级中学、银川市第十四中学和西吉县第二小学、石嘴山市第七小学、银川市第二十一小学湖畔分校、中宁县第一小学、中卫市第六小学、吴忠市盛元小学授牌。创建市级防震减灾科普示范学校 26 所。

八、12322 防震减灾公益服务热线

2009 年 5 月 8 日，宁夏"12322 防震减灾公益服务热线"正式开通。公众直接拨打"12322 热线"，就可以了解防震减灾法律法规、震前预防、震后自救、地震谣言识别等防震减灾知识。

九、家庭防震减灾知识竞赛

2009 年 5 月，中国地震局部署在全国范围内开展以家庭为单位的防震减灾知识竞赛活动。自治区各地经过县级初赛、市级复赛，银川市、石嘴山市、吴忠市、固原市和中卫市的 5 个家庭，分别代表 5 市于 5 月 24 日在银川参加区级选拔赛，中卫市代表队获得第一名。中宁县何华一家 3 口组成的宁夏回族自治区代表队，在重庆取得全国家庭防震减灾知识竞赛西部复赛第一名，在同年 11 月 7 日中国地震局、教育部、中国科协在北京举办的全国决赛中获得第一名。

十、全民灾害防御知识普及公益活动

2010 年 8 月 25 日，自治区地震局、灾害防御协会联合中国平安保险宁夏分公司举行"全民灾害防御知识普及公益活动"启动仪式。此后，宁夏平安人寿保险公司近 4000 名业务员积极投身该项公益活动中，科普宣传活动覆盖全区五大市区。2010 年 9 月 1 日～11 月 30 日，共举办"地震知识普及公益讲座"1154 场，向 52428 人进行了一对一防震减灾知识宣传。

十一、防震减灾知识网络竞赛

自治区党委宣传部、地震局、科技厅、科协和灾害防御协会于 2011 年 4 月 10 日～7 月 28 日在全区开展防震减灾知识网络竞赛活动。各地组织 35000 多人通过网络参加答题活动。活动组委会从中抽取一、二、三等奖和优秀奖，评选出优秀组织奖。7 月 27 日，在银川市行政中心举行全区防震减灾知识网络竞赛颁奖仪式，向获奖代表、单位颁发证书、奖牌。

经过多年防震减灾知识宣传，使位于全区的城市和川区农村，防震减灾宣传工作普及教育面达到 95%；山区农村达到 85%；边远及人烟稀少地区达到 80%。特别在地震重点监视防御区的城市（镇）学校和农村学校的宣传普及教育面达到 100%。

第四节　宣传教育载体

一、科普读物

1972 年，宁夏地震队编印《地震是可以预报的》宣传册印发 3 万册。1975 年后，地震部门编印《地震知识问答》《地震科普知识手册》《地震防灾减灾知识》《地震防御与减灾》《地震·防震知识展览图片》《宁夏的两次大震灾》《防震减灾知识》《地震防灾避险知识》《农村防震避险知识》《建设地震安全的社会主义新农村（彩色挂图）》《学习地震知识，提高防灾避险能力（彩色挂图）》《学习地震科普知识，提高避险自救能力（彩色挂图）》《地震活动断层与防震避险（折页）》《防震避险知识》《家庭防震知识》《地震歌谣》《宁夏首届中学生防震减灾知识电视竞赛试题》等科普读物 132 万册（份、张），翻印《防震减灾法》《防震减灾条例》《防震减灾法律法规选编》等 12 万册。

2000 年，自治区地震局和宁夏电视台联合拍摄纪念海原大地震 80 周年录像片，在各地电视台播放。2002 年，宁夏广电总台与自治区地震局摄制七集专题电视片《在山走动的地方》，由宁夏音像出版社出版；2009 年，自治区地震局编制专题电视片《9.21 宁夏地震应急演习纪实》《宁夏地震应急救援行动》，由宁夏音像出版社出版。

各地、市、县地震部门编印地震科普知识读物、购买地震画册和地震知识读物向群众发放。购买印有地震知识的折扇、台历、小工艺品等宣传品。自治区对农村实施教育的"231"工程教材编有地震知识内容。部分中小学校将地震防灾减灾知识内容列为学生课外读物。

二、新闻报刊

各地震部门为《宁夏日报》《宁夏科技报》《宁夏政府法制》《银川晚报》《石嘴山报》《银南报》《固原报》等报刊撰写地震知识稿件，为宁夏人民广播电台和当地广播电台、广播站提供地震知识宣传稿件。《青铜峡铝厂报》《宁夏电力报》《宁夏炼油厂报》《宁夏钢铁厂报》等企业报刊也经常登载地震知识宣传文章。

三、地震报刊

1985 年初，自治区地震局和银南行署地震办公室联合编办《宁夏地震小报》，为不定期四开四版内部报纸。1991 年 1 月，宁夏出版局批准继续办报。1993 年 4 月，《宁夏地震小报》改名为《宁夏地震报》。止 1997 年底，《宁夏地震报》编辑出版 62

期，发表文章1500余篇，计110万字，发行约60万份。1998年，将《宁夏地震报》由内部报刊转为内部资料《宁夏防震减灾》，八开四版，每月1期。2010年1月起改为A4纸对开四版，彩色印制，两月1期。

1988年5月30日，中国地震报宁夏记者站成立，组织采写稿件，在《中国地震报》《中国减灾报》《宁夏日报》《中国保险报》《宁夏科技报》等报刊发表有关宁夏地震、干旱、水灾、滑坡、火灾等防灾减灾文章100余篇。2000年11月记者站撤销。

四、电影和电视录像片

20世纪70～80年代，自治区和部分地县地震部门购置16毫米电影放映机，放映《动物与地震》《地震》《海城地震》《唐山地震》等科普电影244场。此后购买地震知识宣传录像带，到城市乡村放映，供各地和厂矿单位有线电视台播映。放映的录像片有：《地震谣言》《瞬间抉择》《面对震灾的思考》《阪神淡路大震灾》《地震与保险》《生存的希望》《民房抗震指南》《5·3包头6.4级地震》《地震专家访谈录》《为您幸福》《日本阪神淡路大震灾》《地震应急与避险》《在山走动的地方》《9.21宁夏地震应急演习纪实》《宁夏地震应急救援行动》等30余部。1993～1997年，宁夏电视台在每月第一个星期日晚上"宁夏新闻"节目之后，播放上月全球7级以上，全国5级以上，区内2级以上地震信息。区内发生有感地震，宁夏电视台、宁夏有线电视台很快以字幕形式或口播报道，相关地方和单位的电视台网也及时对地震信息进行报道。

第五节　平息地震谣传

一、1988年1月灵武地震谣传事件

1988年1月4日灵武发生5.5级地震，银川盛传将要发生8级大地震，部分市民到处打听地震消息。6日，街头巷尾议论"灵武地震，喷水冒沙，房子倒了很多，楼房也破了，大地震要来了，人都在外面住宿……"造成群众恐慌。10日，当地又发生5.0级地震，一时谣言四起："外国人报宁夏发生8级地震"，"搬家损失日本人答应赔偿"，"兰州军区给宁夏调来三个师，发给每个战士一把铁锹准备救灾"。谣传搅得一些人无心工作，地震成了人们谈论的主要话题。食品商店的饼干面包很快被抢购一空，手电筒、水壶等成了紧俏货，多年积压商品一销而空。很多人家将食品、水等藏到卫生间、床底下。有的人家轮流值班"听地震"，有的则将钱、票等贵重物品缝在孩子的衣服口袋里，住楼房的人纷纷到农村亲朋处"避难"，外地商贩不惜亏血本抛售完货物后也逃往他地。一时铁路、公路运输量猛增，创历史最高水平。有些人纷纷

到保险公司投保，1月11日、12日创营业史最高纪录。有的青年职工彻夜不眠、酗酒、打扑克……。恐震行为和心理相互感染，使市民情绪紧张，生产和生活秩序开始混乱。经各级人民政府和地震部门反复宣传，并于1月20日举办地震新闻发布会，生活秩序渐趋正常。

二、1990年6月银川郊区通贵地震谣传事件

1990年6月15日，银川郊区通贵乡的通北、通西、通东、通贵村及贺兰县潘昶乡新渠村一带流传"18日夜间通贵一带要发生大地震，黄河要改道西移"，"19日凌晨3点到6点要发生大地震，最安全的地方是河东磨盘山。"随着地震谣言的迅速传播，通贵乡一带群众惶恐不安，16日便出现了举家东渡黄河躲震的现象。17日有600多人，18辆手扶拖拉机装载家具粮食渡河，有40多头骡马、500多只羊也过河"避难"。有200多户人家连夜加工干粮、炒面，储粮藏物，封门钉窗。18日清晨，上百辆大小机动车辆、畜力车，一起拉着妻儿老小和食品，涌向黄河码头。通北十队200多口人全部"逃"走；杨家集的村民一夜之间将鸡鸭全部宰杀；通贵镇卖耕牛、羊只的人突然增多，价格降低到历史最低水平，牛价卖不上羊价，羊价卖成鸡价；有的就地屠宰牛羊，有的将尚未成熟的果子全部打落。16~18日上午，村民到乡信用社取存款11万多元，仅18日上午两小时就取款3万多元。通贵、潘昶一带商店里的火柴、蜡烛、奶粉、面包、饼干等被抢购一空。通贵中学百余名学生不请假就与家人过河"避震"。过河"避震"的人们无处住宿，便搭起各式各样的草棚。群众的生活、生产秩序遭到破坏，造成严重的社会问题。

银川市人民政府对此事件十分重视，立即派副市长、公安局长、区长前往现场。贺兰县人大主任、县长等带领工作组，到现场采取强制手段，阻止渡河"躲震"。区、地、县地震部门领导和专业技术人员也赶赴现场，配合政府领导和工作组，明确宣传"银川及石嘴山地区近期无较大地震，传说有地震纯属谣言"，并严肃批评凭幻觉向社会散布"地震预报消息"的乡干部吴某，使其公开承认自己的错误。县、乡政府召开村干部和阿訇会议，对防止扩散谣言、扩大事态做出具体安排。经耐心细致宣传和劝说，18日下午有人开始返家，20日就全部返回家乡。

三、1994年7月吴忠市九公里地震谣传

1994年7月，吴忠市发生有感地震，有人将彗星与木星相碰撞的天体运动、南涝北旱的气候因素，以及正常的防震减灾工作联系起来，猜测、臆造宁夏将发生7级大地震，长庆石油勘探处近百户人家搭起防震棚，生活受到影响。区、地、市地震工作人员到现场解释宣传，打消了群众顾虑，自行拆除防震棚。

四、1996年7~8月宁夏北部地震误传

1996年7月，某地震部门"7月宁夏北部及宁蒙交界可能发生6级左右地震"的

内部预测意见流传到社会上，加之7、8月银川、石嘴山等地连续发生有感地震，特别是8月12日贺兰4.6级强烈有感地震发生后，纷纷传闻"宁夏北部要发生大地震"，银川市、石嘴山市和银南地区部分群众惶惶不安，有人购物避震，有人准备远走他乡。宁夏地震部门根据掌握的大量资料分析研究，坚持"宁北和宁内交界地区近期发生6级地震的可能性不大"的短临预报意见，及时向自治区政府汇报，并通过电视、电台和报纸等媒体宣传解释，稳定了群众情绪。

五、1999年7月海原-同心地震谣传

1999年7月17日晚10时，海原县城及高崖乡、李旺镇、兴隆乡，同心县城及河西乡、王团乡等地谣传："今晚12点到明早2点，同心、海原要发生7级大地震"，18日凌晨2时达到高峰。有的清真寺和村子的高音喇叭反复播送将发生大地震的消息，部分居民将贵重物品搬到屋外，许多人在外过夜。两县及地（市）地震局的领导和工作人员现场调查了解真相，向群众做宣传解释，并通过广播、电视反复辟谣，安定了社会秩序。据调查，谣言来自同心县河西乡清真寺和县邮电局某职工。

六、其他地震误传、谣传

2004年7～8月，吴忠市利通区、灵武市一带连续发生3级多地震，并出现了一些地震前兆异常。与此同时，社会上出现了要发生大地震的误传、谣传，引起社会上一些群众惶恐不安。自治区地震局和当地地震局严密监视震情，并向社会进行防震减灾知识宣传，稳定了群众情绪，消除了不安定因素。

2008年5月12日四川汶川8级地震后，地震消息成为社会热点。5月20日，外省地震部门预测龙门山断裂带有可能发生强余震，该信息传到宁夏山区部分市县，有的市县打电话向地震局询问中小学校是否放假，也有人散布宁夏南部要发生大点的地震的消息。自治区地震局会商认为：宁夏近期不会发生破坏性地震，汶川地震余震在宁夏的震感不会超过8.0级主震，宁夏不必停工停课。该会商意见报自治区主要领导后，指示：学生不放假，危房里的人要出来。自治区教育厅将此指示传达到有关市县，学校坚持了正常的教学秩序。

2010年6月22日永宁县境内发生4.5级地震，各地普遍有感，银川市震感强烈。社会上传言宁夏还要发生更大的地震，引起一些群众惴惴不安。自治区地震局会商认为：近期我区发生5级以上破坏性地震的可能性不大。会商意见向社会发布后，稳定了群众情绪。

第四章 抗震设防

第一节 农村民居抗震

一、抗震调研

1970 年 12 月西吉 5.5 级地震后，赴西吉抗震小组经现场调查研究，提交《1970 年 12 月宁夏西吉地震调查报告》，对山区房窑抗震性能详细分析，提出改进措施。1976 年 10 月，宁夏地震办公室在同心县召开南部山区各县抗震房爆破试验现场会。1980 年 10 月，自治区科学技术委员会在海原县召开宁夏南部山区震害讨论会，与会 42 人。会议就 1920 年海原地震和 1970 年西吉地震震害、黄土高原地质环境、震害预防措施等内容作 11 个专题发言，并进行现场考察。1984 年 9 月，国家地震局向自治区政府送地震局白铭学《宁夏南部山区震害问题初步研究》一文，认为该文对宁夏南部山区乡村建设具有一定的参考价值，转致政府参考。1986 年 8 月，自治区政府副主席王燕鑫在固原主持召开"宁夏南部山区抗震工作座谈会"，宁南山区地县领导和有关厅局的代表 62 人与会。会议传达全国第八次抗震工作会议精神，讨论宁南山区抗震工作现状和存在的问题，研究做好抗震工作的方针政策和措施。同年 10 月 7 日，自治区人民政府转发《宁夏南部山区抗震工作座谈会纪要》，决定每年安排 60 万元作为农房抗震补助费，由宁夏建委抗震办公室具体组织实施。1987 年 12 月，自治区抗震办公室在同心县召开南部山区农房抗震改造经验交流现场会议。1988 年 5 月，自治区人民政府批转自治区城乡建设厅关于继续抓好宁南山区农房抗震加固和改造工作的报告。1999 年 6 月，自治区建设厅和地震局向自治区党委、政府提交《关于我区农村房屋抗震情况的汇报》。

二、抗震住房工程

1994 年 8 月，中国国际减灾十年委员会和中国抗灾救灾协会安排海原县抗震住房工程项目，投资 38.6 万元，在关庄、双河、罗川、关桥 4 个乡为 50 户住窑洞的极贫户建房 100 间1644 m²。

三、地震安全工程

部署实施 为借鉴外地经验做好全区农房抗震工作，2005 年 5 月，自治区政府副主席张来武带领地震、民政、建设、发改、财政等部门负责人，到新疆维吾尔自治区调研乌恰县、伽师县等地实施抗震安居工程的经验。2005 年 11 月，自治区政府成立地震安全农居工程领导小组，常务副主席王正伟任组长，副主席张来武、郝林海任副组长，政府秘书长、财政厅、建设厅、地震局、民政厅、国土厅等 22 个单位的领导为成员，领导小组办公室设在建设厅。2007 年 9 月 6 日，自治区政府召开全区农村民居防震保安工作会议，总结交流全区农村危窑危房改造和防震保安工作经验，对实施全区农村民居地震安全工程做出部署，决定将平罗县列为示范县，把先期实施的"塞上农民新居"和"南部山区危窑危房改造工程"作为示范工程。同年 9 月 28 日，自治区政府发出《关于实施农村民居地震安全工程的意见》，并批复平罗县为"农村民居地震安全工程示范县"。

南部山区危窑危房改造 2005 年 3 月，自治区政府决定实施南部山区特困灾民危窑危房改造项目，涉及原州区、彭阳县、泾源县、隆德县、西吉县、海原县、中宁县、同心县、盐池县、红寺堡开发区 10 个县区。经过 3 年实施，部分群众搬进新砖瓦房。5 月 12 日的汶川大地震，全区震感强烈，南部山区部分农村旧房、旧窑倒塌损毁，但没有人员伤亡，得益于危窑危房改造。汶川地震后，自治区政协主席项宗西和党委常委、政府副主席刘慧到固原山区实地调研，提出"关于继续实施农村危窑危房改造工程并提高建房补助标准的建议"。自治区政协副主席陈守信率政协委员到地震灾情严重的固原市县、乡、村，了解当地灾情、救灾情况。政协调研成果被相关部门采用，进一步推进了危窑危房改造工程的顺利实施。到 2008 年底，危窑危房改造工程共筹集 2.2 亿元，改造 3.9 万户，为特困群众新建住房 11.7 万间，受益人口 19.5 万人。到 2011 年，两期危窑危房改造和中部干旱带生态移民搬迁工程，共新建村庄 303 个，综合整治旧村 1440 个，改造农村危房 15.7 万户，受益群众 140 万人。农村困难群众喜迁新居，解决农村特困灾民家庭住房安全问题。

塞上农民新居建设 自 2005 年启动实施"塞上农民新居"建设以来，全区累计新建"塞上农民新居"示范点达 204 个，新建农宅 13553 户。建设部门坚持高起点规划，高标准设计，高质量建设，采取统一招标选择施工队伍、统一采购建筑材料、统一组织实施等措施，加强建设管理，严格按照抗震设防标准和技术规范施工，严格审查施工队伍资质和个体工匠资格，严把材料进场关，把"塞上农民新居"建设工程纳入各级建设部门和工程质量监督机构的监管范围，确保了新居建设质量。汶川地震发生后，为吸取地震灾害教训，对全区在建的重点工程、塌陷区安居工程和"塞上农民新居"建设工程进行了质量安全大检查，反思地震灾害，严格抗震设防标准，加强工程规划设计，严格施工质量管理，提高新居建设的抗震设防水平。严禁在地震断裂带、山体

滑坡带、水库下游、滞洪区内规划建设农民新居。始终把防震保安放在首位，加强重要结构部位的抗震加固，既要美观实用，又要符合抗震设防要求，确保农民新居建设结构安全，住得放心。

第二节　抗震设防要求

一、抗震设防要求管理

抗震设防要求即建设工程抗震设防标准，是建设工程抗御地震破坏的准则和在一定风险水准下的抗震设计采用的地震动参数或地震烈度。

第一代、第二代地震区划图　国家 1956 年编制第一代地震烈度区划图。1978 年编制的第二代《中国地震烈度区划图（1:300 万）》，是按未来 100 年、一般场地条件下，可能遭遇的最大地震烈度分布编制的。该图标明的地震基本烈度，即抗震设防要求，是进行抗震设防的依据。

1986 年 12 月，自治区政府转发自治区地震局和计委、科委、城乡建设厅《关于加强我区地震烈度管理工作的报告》，明确规定"宁夏境内地震基本烈度鉴定、工程场地和城市地震小区划等工程地震工作统一由自治区地震局归口管理"，"新建大型项目、生命线工程和需要做烈度复核的中型工程，必须有自治区地震局提供的基本烈度复核报告或鉴定书才能设计施工；一般工业和民用建筑必须以《中国地震烈度区划图》（1:300 万）提供的基本烈度为抗震设防依据；重要建设地区和城市的地震小区划由自治区地震局承担并组织实施。"

第三代地震区划图　国家地震局于 1990 年编制出第三代《中国地震烈度区划图（1990）》（1:400 万）。该图选取 50 年超越概率 10% 水准，作为一般工业与民用建筑抗震设防要求。

1993 年 6 月，自治区政府转发地震局、城乡建设厅关于贯彻执行《中国地震烈度区划图（1990）》和《中国地震烈度区划图（1990）使用规定》的意见。文件要求严格按照地震烈度区划图和国家有关规定，尽快完善抗震标准规范管理与落实工作，并做好新建工程抗震设防，确保质量。一切新建和扩建工程必须严格按《建筑抗震设计规范（GBJ11-89）》的规定设防，对地震烈度要求高于本区划图标示值地区的大、中型建设工程要做好专门的地震安全性评价工作，我区经济建设和国土利用规划，一般工业与民用建筑的地震设防、制定减轻和防御地震对策可用该图作为资料依据。此文件促进了各地对地震烈度区划图的应用。

第四代地震区划图　2001 年 2 月，国家质量技术监督局发布中国地震局编制的

《中国地震动参数区划图（2001）》（1:400万）。这是由国家地震行政主管部门依法组织编制并具有法定效力的国家强制性标准，是法定的一般建设工程的抗震设防要求。该图采用地震动峰值加速度和特征周期双参数进行编图，满足反应谱设计阶段的要求，使这幅地震区划图成为国际上最先进的地震区划图之一。地震动峰值加速度和特征周期即是设计采用的抗震设防要求。

　　抗震设防要求管理　全区有21个市县制定了抗震设防要求管理实施办法，纳入基本建设管理程序。建设单位在建设项目可行性研究阶段，到县级以上人民政府管理地震工作的部门办理抗震设防要求确认手续，对必须进行地震安全性评价的建设工程，提出开展评价级别的意见，由建设单位联系具有相应级别地震安全性评价资质的单位进行地震安全性评价。2006年以来，市县地震部门每年审批确认的抗震设防要求项目千余项。发改部门在审批重大建设项目时，对可行性研究报告中未包含抗震设防要求的项目，不予批准；各设计部门依据抗震设防要求和抗震设计规范进行设计；建设单位依法进行抗震设防的意识和自觉性明显增强。

二、地震安全性评价工作

　　地震安全性评价工作管理规定　自治区政府于1995年发布《宁夏回族自治区工程建设场地地震安全性评价工作管理规定》，规定进行工程建设场地地震安全性评价工作的工程是："地震设防要求高于《中国地震烈度区划图（1990）》设防标准的重大工程，特殊工程和可能产生严重次生灾害的工程等。"工程建设场地地震安全性评价工作包括：对工程建设场地进行概率的或者确定性的地震危险性分析，地震烈度复核，地震小区划，工程场地设计地震动参数确定，地震地质和断层活动性评价等。规定自治区地震行政主管部门统一管理自治区行政区域内的工程建设场地地震安全性评价工作，各行署、市、县（区）地震工作办公室，负责对本行政区域内的工程建设场地地震安全性评价工作进行监督和检查。该规定的发布，标志我区的工程建设场地地震安全性评价工作走上正常轨道。此前，仅有六盘山公路隧道、大柳树坝址、银川河东机场、靖边-银川输气管道等10余工程项目进行了建设场地地震安全性评价工作。

　　依法管理地震安全性评价工作　《防震减灾法》实施以来，国务院于2002年1月公布施行《地震安全性评价管理条例》，中国地震局于2002年1月颁发了部门规章《建设工程抗震设防要求管理规定》。2003年12月11日，自治区人民政府第58号令发布政府规章《宁夏回族自治区地震安全性评价管理办法》。制定DB64/400-2004《建设工程地震安全性评价分类标准》，明确了工程建设场地地震安全性评价工程范围、工作内容等。全区各地将地震安全性评价工作纳入基本建设管理程序，促使符合地震安全性评价的建设工程进行评价工作。银川第二电信枢纽中心、自治区电力调度中心、自治区政府办公大楼、银川市第一污水处理厂、武警宁夏总队办公大楼等400多项建设工程在设计前，开展了工程建设场地地震安全性评价工作。确定的抗震设防要求，被工程设计单位应用。特别是汶川地震以来，各级政府、相关部门依法管理地震安全性评价和确认抗震设防要求的意识明显增强，建设、国土、规划等部门配合地震部门把好抗震设防要求关，有效的遏制了重大工程、生命线工程不进行地震安全性评价、一般性工程不按抗震设防要求设计和施工的局面。全区建设工程的抗震设防能力有很大程度的提高。

地震安全性评价技术工作　20世纪60年代，中国科学院兰州地球物理研究所、兰州地震大队、宁夏地震局（宁夏地震队）承担了自治区内各类场地基本烈度复核、鉴定工作，到80年代开始地震小区域划分和城镇抗震防灾规划编制工作。1997年后，依据《防震减灾法》和自治区《防震减灾条例》，工程场地地震安全性评价工作纳入基本建设管理程序。具备中国地震局审核颁发的《地震安全性评价工作许可证》的单位，依据其资质等级进行相应的项目工程场地地震安全性评价工作；上岗人员持有中国地震局和宁夏回族自治区地震局颁发的等级《上岗证书》，才能从事《上岗证书》规定的业务范围内的工作。

地震安全性评价工作单位按照国家地震安全性评价技术规范开展工作，提交工程建设场地地震安全性评价报告，该报告经自治区地震安全性评定委员会评审通过，由自治区地震局行政批准抗震设防要求后，交由建设单位提供设计单位，作为工程抗震设计的依据。

三、地震安全性评定委员会

1995年11月，自治区政府决定成立宁夏回族自治区地震安全性评定委员会。该委员会是在国家地震安全性评定委员会指导下的专业技术委员会，由自治区有关厅、局、委、办的工程技术专家组成，是自治区地震安全性评定工作的高层次技术组织。工作岗位变动的委员较多时，由自治区地震局进行调整。2003年6月、2005年9月、2008年12月、2011年6月调整自治区地震安全性评定委员会委员，杨明芝、张思源、马贵仁先后担任主任委员，万自成、张思源、赵广堃、金延龙先后担任副主任委员，委员25人左右。自治区地震安全性评定委员会办公室设在地震局震害防御处，处长兼任办公室主任。

四、具有评价许可证的单位和持上岗证的人员

（一）具有地震安全性评价工作许可证的单位

中国地震局核发《地震安全性评价工作许可证书》（甲级）的单位：宁夏地震工程研究院。自治区地震局核发《地震安全性评价许可证书》（丙级）的单位：宁夏地球物理地球化学勘察院、宁夏地质工程勘察院、宁夏石嘴山市基力地质工程有限公司。

（二）获得中国地震局颁发的地震安全性评价上岗证书人员

自治区地震局1994年获证人员：甲级证书：孟广魁、柴炽章、焦德成、张维岐、

杨明芝、张文孝、赵卫明、廖玉华、崔黎明；乙级证书：万自成、王增光、张自河、闵伟、潘祖寿、常晟勇、班铁、王萍、任庆维、刘琨、赵知军、张思源、金延龙、白铭学、张家志、何开明。

宁夏地震工程研究院 2001 年获证人员：甲级证书：焦德成、王增光；乙级证书：黄拓、王怀智、兰宁、朱峻峡、郭宏斌、周辉、杨云平、吴致远、赵向军。

（三）获得中国地震局颁发的地震安全性评价工程师上岗证书人员

国家一级地震安全性评价工程师：杨明芝、张文孝、廖玉华、柴炽章、赵卫明、兰宁、焦德成。国家二级地震安全性评价工程师：朱峻峡、王增光、杨云平、赵向军、郭宏斌、常晟勇、武治群、邵祯。

第三节　建（构）筑物抗震设防

一、自治区抗震办公室

宁夏的抗震防灾工作，从 1976 年唐山地震后开始起步。成立抗震办公室前，抗震防灾工作由自治区基本建设委员会设计处兼管。1977 年底，成立自治区抗震办公室，与自治区基本建设委员会设计处合署办公，负责全区全面抗震防灾工作。1982 年，自治区抗震办公室与城乡建设厅设计科技处合署办公。自治区抗震办公室业务上由城乡建设环境保护部抗震办公室归口。

二、编制抗震设防规划

1978 年，国家建委批准全国 38 个重点抗震城市，宁夏银川市和石嘴山市被列入其中。1986～1995 年，自治区建设厅组织地震、建筑设计、地质等多方力量，投入 150 多万元经费，编制出银川市、石嘴山市、吴忠市、青铜峡市、灵武县、固原县、海原县、西吉县、隆德县、同心县、平罗县、中宁县等 19 个市县以及宁夏化工厂、大武口发电厂等部分大中型企业的抗震防灾规划，通过建设厅组织的区内外专家鉴定，经各市、县人民政府批准组织实施。

《防震减灾法》和自治区《防震减灾条例》实施后，特别是自治区政府规章《宁夏回族自治区房屋建筑抗震设防管理办法》于 2009 年 3 月施行后，建设厅进一步加强对各级规划行政主管部门的管理，严格执行建筑工程有关标准、规范，做好规划编制工作。对建筑工程规划实行行政属地化管理原则，全面推行规划方案专家评审制度、公示制度、报告制度和规划失误责任追究制度。建设城镇新区和各类开发区，必须进行充分研究认证，全面开展各种灾害评估，科学合理地选址。对地震防御区内新建、扩建、改建工程，塌陷区安居工程，"塞上农民新居"建设工程，以及城镇生命线工程，严格按照国家抗震设防标准实施并强化监管。各级规划行政主管部门组织设计单位对在建工程和即将开工的工程特别是居民区、学校、医院、文体娱乐等公用设施进行设计再审查，凡不符合抗震设防标准的，一律重新设计。

三、城市建筑物抗震设防能力调查评估

（一）建筑抗震设计规范

1974 年国家建委发布全国第一个建筑抗震设计规范，原则上我国建筑工程开始了抗震设防设计。至 1978 年，限于当时的经济实力低下，技术水平落后，抗震防灾意识淡薄，无法律法规及配套技术支撑，其时建筑基本上不满足抗震设防要求。改革开放后，国力增强，国家编制了《建筑抗震设计规范》（GBJ11-89），对单一抗震设防水准进行改进，改为"三水准"抗震设防标准，按照三个超越概率的地震作用进行抗震设防，即通常所说"小震不坏，中震（设防烈度）可修，大震不倒"。总结近几十年国内外发生的大震灾害，国家编制《建筑抗震设计规范》（GB50011-2001），仍采用"三水准"进行抗震设防，比 1989 版抗震规范的设防标准提高了 10%～15%，从 2002 年 1 月 1 日实施。总结汶川震害，国家对 2001 版抗震规范进行修订，于 2008 年 7 月出版现行《建筑抗震设计规范》（GB 50011-2001.2008 年版）。

（二）房屋建筑抗震设防能力调查评估

1989 年前　1978 前全区城市建筑物多为 2～3 层砖混结构房屋，平房在以后的城市改造中拆除。这类建筑物一般位于城市中心地带，在 20 世纪 90 年代以后的城市发展中多数被拆除，现存数量较少，大约占现存建筑物数量的 5%。可以认为 1978 以前全区的建筑物基本不具备抗震设防能力。1978～1989 年期间进入城市发展的起步阶段，此期间的建筑物主要以 2～6 层的砖混建筑预应力空心板居多，也有部分框架结构，占的比例很小，银川市只有不足 10 栋 8 层以上或24 m以上的高层建筑，其他地区基本上没有高层建筑。全区城镇房屋建筑面积 1988.08 万平方米，其中住宅 970.55 万平方米。这期间的建筑物抗震设防能力较低，存在安全隐患，在罕遇大震作用下倒塌的可能性大。

1990～2000 年　此期间城市建造 3002.78 万平方米建筑物，其中住宅面积 1681.38 万平方米。银川市同期建筑面积 1490.16 万平方米，占现存建筑物总量的 29.4%；住宅 760.97 万平方米，占现存住宅总量23.72%，进入城市发展的较快阶段。建筑物能满足 1989 年版抗震规范设防标准，具备一定的抗震设防能力，与现行国家标准的抗震设防要求有一定差距，抗震设防能力相对仍显偏低。银川市的公共建筑框架结构占多数，砖混结构占的比例也相当多。建筑物层数以 4～6 层居多，部分较大的公共建筑为高层建筑，住宅主要以 4～6 层砖混住宅为主，有几幢剪力墙结构高层住宅。

2001～2008 年 7 月　全区城市建筑面积 6041.89 万平方米，占现存建筑物总量的

54.94%；住宅建筑面积3907.8万平方米，占现存住宅总量的59.57%。公共建筑主要以框架结构为主，砖混结构相对较少，大量框架剪力墙结构的高层建筑出现，住宅砖混结构及框架结构各占一半，也出现了相当数量的高层住宅。建筑抗震设防标准相对较高，具有较好的抗震设防能力。严格按2001年版抗震设计规范设计的建筑物绝大多数能满足"小震不坏，中震可修，大震不倒"的三水准设防标准，有少数建筑物抗震设防能力低下。

（三）房屋建筑抗震性能安全普查

为全面了解全区城乡既有房屋建筑抗震安全情况，自治区建设厅从2009年9月正式启动全区城乡既有房屋建筑抗震性能安全普查工作，普查工作分城镇和农村两个系统进行。普查对象涉及城镇住宅和公共建筑以及农村农民住房等，对既有建筑的坐落地点、建设年代、建筑面积、结构类型、层数、竣工日期、外观质量、改造情况和房屋是否建造在危险场地上以及农宅的安全性评价等级等进行详细调查统计、登记。对危险建筑物和构筑物，设立警示标志，及时组织排险；对存在结构安全隐患的，经检测鉴定后做加固处理；对承重结构承载力不能满足正常使用要求的危险建筑物和构筑物，编制加固改造规划，分期实施，五年内全部改造完成。

四、建筑工程抗震设防管理

对新建工程，自治区建设部门执行建设部发布的《新建工程抗震设防暂行规定》《建筑抗震设计规范》《建筑抗震鉴定标准》，全面进行工程抗震监督检查工作，每年组织1～2次勘察设计、施工质量大检查。在设计单位和施工企业实行全面质量管理，建立质量保障体系和岗位质量责任制；推行建筑工程质量监督管理制度，新开工的工程项目接受当地建筑质量检查机构的监督管理；严格质量奖罚制度，建立按资质水平承接相应施工任务的动态资质管理制度；在完善已有质量管理措施的基础上，积极探索适合本区实际的工程质量管理新办法，加强建筑市场管理和行业道德建设，坚决查处施工企业的偷工减料、粗制滥造行为以及无照设计、无照施工问题；依靠科技进步提高工程抗震能力，严格执行国家工程抗震设防有关规范、规程、标准，开发、引进、推广先进适用的工程抗震设计、施工技术，试行建设新产品推广认证制度，定期组织工程抗震设计专项检查。

五、建设工程监督管理

地震防御区内新建、扩建、改建工程，塌陷区安居工程，"塞上农民新居"建设工程，以及各类重大基础设施工程和公用设施工程，严格按设计标准施工，按技术规范施工，按抗震设防要求施工。实行建筑工程"环节管理"，凡不符合施工规范的不得开工建设，已开工建设的立即停工，已竣工的不得交付使用；对施工资料不全、工程存在质量安全隐患的，不得出具竣工验收备案手续。完善建设工程监理制度，实行监理资质动态管理，建立市场信用体系，规范监理行为，提高监管质量，确保施工质量。对不履行职责、不严格监管的监理企业，依法降低或取消其监理资质。开展以防震防灾为主要内容的工程质量安全大检查，重点检查抗震防灾应急预案的编制和落实情况，地震防御区内各类建设工程质量安全情况，城市道路、桥梁、供水、供气等工程结构安全情况。对存在结构安全隐患的，提出抗震加固方案并组织实施，坚决拆除影响规划实施和城市安全的违法建筑，确保各类工程和城市基础设施安全运行。

六、抗震技术交流研讨

1995 年 11 月，自治区科协举办"城市抗震减灾研讨会"，就地震造成的灾害类型，直下型地震对城市交通、供水、供电、通信、消防等生命线工程的影响，对人身损害及社会政治、经济、稳定的影响，采取的最佳对策等内容进行研讨。1996 年 9 月，中房银川分公司、自治区科委、地震局和银川市科委组织召开建筑物减震技术讲座报告会。1998 年 7 月，自治区建设厅在银川召开全区抗震工作座谈会，传达全国抗震办主任座谈会精神，总结交流各地各部门抗震工作经验，部署抗震工作。1998 年 7 月，自治区建设厅、地震局、科协等单位邀请中国科学院院士、中国建筑科学研究院工程抗震研究所教授周锡元和隔震技术研究室主任、教授苏经宇专题讲座，研讨"银川城区东部隐伏断裂对城市规划布局的影响"。

七、抗震加固

1977～1997 年，全区累计完成城市房屋建筑设防面积 2800 多万平方米，县城房屋建筑设防面积 1076 万平方米。新建工程按国家有关规定进行抗震设防，农村房屋不同程度地采取了抗震措施。完成各类建筑物抗震加固面积 90 万平方米、烟囱 74 座、水塔 34 座、桥梁 25 座、水池 12 个、小水库 32 个，对南部山区 8 县 3.5 万余农户生土建筑进行抗震改造，加固农房 38792 间，加固崖窑 22709 孔，淘汰土坯拱窑 8036 间和危房 18794 间。推广应用生土建筑新技术，新建试验房 8587 间。共投入抗震加固经费 2900 万元。1991～1997 年，银川市拆除危旧房屋 42 万平方米，在原地建设居住舒适安全、抗震能力较强的楼房 73.87 万平方米。自治区供电、供水、通信、交通、卫生等生命线工程单位增加投入，对本系统的重要环节进行整改，提高了对突发事件的快速反应能力。青铜峡水电厂、宁夏化工厂、青铜峡铝厂、大武口发电厂、宁夏电力公司等企业对达不到抗震设防要求的建筑物、构筑物进行改造加固，增强防灾减灾能力。2001 年开始，自治区政府恢复每年抗震加固财政补助专项经费 40 万元。

八、建设抗震节能示范工程

自治区建设厅组织专业人员研究开发抗震新技术、新材料和新结构体系，组织精干专业队伍于 2008 年 6 月仅用 30 天时间，建成区内第一所以轻钢骨架、轻型墙体材料 ASA 水泥复合保温板、轻型楼面板、屋面板组成，可抵御特大地震灾害轻型结构体系的两栋抗震示范教学楼工程—湖畔小学。建成平罗县轻钢结构抗震节能新农村住宅等一批新型抗震节能建筑。该体系结构轻、造价低，抗震、安全、节能、保温，是宁夏在全国第一次将民用建筑体系引入公用建筑结构体系。

第四节 中小学校舍安全工程

2008 年汶川地震后，国务院决定实施"中小学校舍安全工程"，从 2009 年开始，用三年时间，对地震重点监视防御区、Ⅶ度以上地震高烈度区、山体滑坡和泥石流等地质灾害易发地区的各级各类城乡中小学存在安全隐患的校舍进行抗震加固、迁移避险，提高综合防灾能力建设，将学校建成最安全、家长最放心的地方。2009 年 3 月，自治区率先在全国启动该项安全工程，成立中小学校舍安全工程领导小组组织实施。2009～2010 年，共筹措资金 16.5 亿元，完成了 170 万平方米的校舍改造任务，工程涉及 796 所中小学校。2011 年，改造校舍 112 万平方米，其中加固 52.5 万平方米，重建 59.5 万平方米，改造资金 10 亿元。通过工程实施，迁移场址不安全学校 53 所，就地消除学校场址不安全隐患 94 处，使全区所有学校的场址都达到安全标准。

第五节 地震活动断层避让

自治区地震局利用 40 多年来宁夏地区活动断裂调查成果，对本区活动断层进行深入勘查、探测和研究工作，取得一些科学研究成果。2008 年汶川地震后，编制各市行政区域内的地震构造分布图，提供市主要领导参阅。2009 年 4 月，抽调管理部门和熟悉活断层位置的专家、技术骨干，与市县地震局工作人员组成宁南和宁北两个野外调查组，翻越深山大沟，对全区境内展布在六盘山、南西华山、天景山、罗山、烟洞山、贺兰山和银川平原等地的 15 条主要地震活动断层进行了为期 2 个多月的艰苦野外科学勘查，完成 441 个点位的实地踏勘工作，摸清了地震活动断层穿越农村乡镇、学校、厂矿、企业的具体位置。

2009 年 6 月 3 日，自治区政府召开有关市县分管领导，地震、财政、民政、建设、应急办等部门负责人参加的全区地震活动断层避让工作会议，部署避让工作。政府办公厅印发《全区地震活动断层避让工作方案》，规定了科学设置活动断层避让标识牌的要求、管理保护、设置原则、经费保障等。

　　自治区地震局负责统一设计、统一制作、统一编号、统一安装、统一管理全区地震活动断层标识牌。地震局、公安厅、住房和城乡建设厅、国土资源厅联合发出《关于做好地震活动断层标识牌管理工作的通知》，编印地震活动断层与防震避险宣传材料，发到设置避让牌的村庄每户一份，并向当地居民做好宣传解释工作。标识牌上用箭头标明断层的走向，注明："避让范围：以本牌为中心，沿地震断层走向两侧各3000 m，垂直断层走向的两侧各200 m范围内，不得新建房屋建筑。"2009 年 9 月 2 日，自治区党委书记陈建国、政府主席王正伟带领参加全区县域经济观摩会议的自治区各厅局（委）和各市、县党政主要领导 100 多人，专程到中卫市沙坡头区孟家湾村检查观摩设置的第一块地震活动断层避让牌。到同年 12 月，在通过活动断层的居民点设置避让标识牌 167 块。

第五章　地震群测群防

第一节　地震群测群防历程

一、地震群测群防兴起

1970年4月，自治区和部分地、市、县设地震办公室，固定专人负责地震工作，学习河北省邢台开展地震群测群防经验，由当地政府解决经费，建立地下水位观测、土地电观测和动物习性观察点等一批群众业余测报点，形成了一支业余测报队伍。1970年西吉县蒙宣发生5.5级地震，房屋窑洞倒塌造成117人遇难的惨情，更引起全区各级政府和群众的重视，群众性地震测报活动踊跃开展起来。1972年全国第二次地震工作会议制定了"在党的一元化领导下，以预防为主，专群结合，土洋结合，大打人民战争"的地震工作方针。遵循此项方针，宁夏大力开展群测群防工作，学习邢台地震后兴起的"土地电"、"土地磁"、"土倾斜"、"土应力"即"四土"观测模式，安装简易仪器，进行地震前兆观测。中卫县和银川市的观测员研制出"土地温"、"植物电"观测装置。到1974年，全区19个市、县共建立群众测报点85个，开展地震、水化学、地倾斜、土地温、土地电、植物电、地下水、土地磁、土地应力、动物行为等多种类多项目的前兆观测。到1979年底，建立群众业余测报点91个，有336台（套）仪器，其中自制土仪器298台，观测员344人。许多观测员以为人民群众站岗放哨的热情，不计报酬，认真观测，取得大量观测资料。观测员中有工人、农民、机关干部、人民教师和学生，有的是种田能手，有的是单位工作骨干，有的是收入大户，还有的是离退休老人。许多人业余搞观测，每天只有几角钱的补贴，但是他们不为名、不图利，坚持连续干着单调的观测工作，默默无闻地为地震事业奉献。

二、清理整顿

1985年，根据国家地震局的部署，宁夏在清理整顿专业地震台站的基础上，对全区群众地震测报网点也进行了整顿和清理。填写各种调查表格800多张，绘制图件410幅。经过分析研究，停止了土地电、土地磁、土倾斜、土应力等观测手段100余项，重点开展水位、水化学、水温和动物习性异常的观测。为节省人力、物力和财力，撤销了一些布局不合理、工作不正常的群众测报点。20 世纪 90 年代以来，各地根据实际情况，陆续建立以观察动物行为为主的宏观测报点。2000 年有地震前兆宏观点 94 个，其中银川市 39 个、石嘴山市 20 个、吴忠市 22 个、固原地区 13 个。主要观察浅井水位、水温、气压和牛、羊、猪、兔、狗、鸡、鹅、鸭、鸽、鱼等行为异常现象。

三、建设"三网一员"体系

2007 年 3 月，自治区政府印发《关于在全区乡（镇）街道配备防震减灾助理员的通知》，要求重点防御区的各级政府建立和完善群众性地震宏观测报网、地震灾情速报网和地震知识宣传网，切实加强群测群防工作。各乡（镇）以及街道居民委员会按照国家有关规定配备防震减灾助理员。至今全区建成拥有 270 名防震减灾乡镇（街道）助理员，266 个宏观观测（站）点和 560 名地震灾情速报员的"三网一员"体系。汶川地震后，"三网一员"及时向地震部门报告灾情，并且密切监视宏观现象。地震宏观观测网成为全区防震减灾工作体系的重要组成部分。

第二节　地震宏观观测点

2010 年 10 月，自治区地震局对全区地震宏观观测网重新调整，共有地震宏观观测点 266 个。各市观测点数目如下：

银川市 40 个，其中市辖区 16 个，灵武市 7 个，贺兰县 9 个，永宁县 8 个；石嘴山市 38 个，其中市辖区 20 个，平罗县 18 个；吴忠市 45 个，其中利通区 13 个，青铜峡市 12 个，同心县 7 个，红寺堡 5 个，盐池县 8 个；固原市 86 个，其中原州区 22 个，西吉县 18 个，隆德县 14 个，泾源县 13 个，彭阳县 19 个；中卫市 57 个，其中沙坡头区 16 个，中宁县 20 个，海原县 21 个。

各观测点分别观察动物行为异常、水井水位、泉水流量、气象要素等项目。观察的动物种类主要有：羊、牛、鸡、猪、狗、骡、驴、马、猫、藏獒、兔、驯鹿、狐狸、鸵鸟、鸭、鹅、鸽子、孔雀、欧洲雁、鱼等。

第六章　地震遗址遗迹保护

第一节　海原大地震纪念活动

从海原大地震 60 周年开始，每 10 年开展一次纪念活动，呼吁对地震遗址、遗迹进行保护并加以利用。1979 年 5 月，国家地震局兰州地震研究所与宁夏地震队在银川举办"1920 年海原地震学术讨论会"，会议邀请国家地震局副局长丁国瑜，国家地震局地球物理研究所等 13 个单位参加过海原大地震现场考察的 53 人参加会议。会议研讨兰州地震研究所和宁夏地震队编著的《1920 年海原大地震》书稿，在 1980 年出版发行，纪念海原地震 60 周年。

2000 年 12 月 16 日，中共海原县委、政府举办 1920 年海原大地震 80 周年纪念活动。自治区地震局局长杨明芝、海原县县长马存玉在纪念大会上讲话。开展了街头防震减灾科普宣传、联谊活动。郭增建、吴瑾冰在《国际地震动态》发表《海原大震的历史意义及大震减灾对策的讨论—纪念海原地震 80 周年》。《宁夏日报》《新消息报》等发表"地球深刻的记忆"、"海原大地震留下大奇观"、"世纪浩劫–海原大地震"等纪念文章。

2010 年 12 月 15 日，海原大地震 90 周年学术研讨会在海原举办，参加海原地震博物馆开馆仪式的领导、专家和代表 300 余人，聆听中国科学院院士邓起东和研究员何永年、张培震、徐德诗、王兰民、吴忠礼、孙柏涛所作专题报告，到海原地震遗迹遗址考察，提出进一步做好保护工作的建议。《光明日报》《宁夏日报》《北京日报》《南方都市报》、新华网、宁夏新闻网等发表纪念文章。

第二节　保护地震遗址遗迹

大地震造成宁夏境内大量自然和人文景观破坏，有的景观已无所循迹；一部分景观虽然保存下来，但也在逐渐消逝。现有迹可寻的，如：元大德十年（1306 年）被毁坏的开成秦王府遗址（现固原市原州区西南），明嘉靖四十年（1561 年）遭受破坏的中宁县鸣沙安庆寺梵宇宝塔，明天启二年（1622 年）被毁坏的固原马刚堡城墙，清康熙四十八年（1709 年）震塌四层、清乾隆三年（1739 年）震毁后被修复的银川海宝塔，震毁修复的平罗县田州塔，贺兰山红果子长城处错动段。银川华夏西部影视城由"旧堡"和"新堡"组成，其"旧堡"被清乾隆三年的地震毁坏，成为废墟。民国九年（1920 年）地震造成的大量遗址遗迹遍布地震灾区。

一、海原大地震遗址遗迹

1920 年海原大地震造成的滑坡遗迹主要分布在海原县李俊堡附近，海原县关庄一带，西吉、会宁、静宁 3 县交会地区，固原市原州区的石碑塬一带，通渭县马家店一带。西吉县西南的滑坡堵塞河谷形成一系列串珠状地震堰塞湖。有代表性的地震遗址和遗迹景观：

干盐池古城　　位于海原县盐池乡盐池村，处在古丝绸之路的贸易要道上，作为盐业贸易的重镇，曾经店铺林立，商贾云集，异常繁华，被地震毁坏。

唐家坡错位田埂　　位于海原县西安镇干盐池盆地唐家坡村西，海靖公路北侧，地震断层横切田埂，将 13 条田埂左旋错动，错距约5 ～6 m，最大者达7.4 m。

哨马营震柳　　位于海原县西安乡西北10 km西华山北麓的哨马营村。地震断层正好从这棵古树中间通过而被撕裂。

盐湖　　位于海原县盐池乡盐池村，面积950 亩。地震后盐湖水位线北移约1000 m。

李俊海子　　位于海原县李俊乡海子村，原为河滩，并有多处水泉。地震造成北山滑坡塌陷，与南山相接，阻塞河道，形成天然堰塞湖，当地人取名"海子"。堰长2200 m，宽300 m，容水 308 万立方米。1961 年改建成海子水库。

小山地堑　　位于海原县城南5 km南华山下小山村。地震造成山体滑坡，在长约600 m的山坡、山凹地带形成雁行式排列的张裂缝和地震鼓包。

石卡关沟水平位移　　位于海原县盐池乡万家水南，古名石桥关，地震时三条相距约50 m的冲沟被断层左旋错动，形成三个断塞塘。10 km内小冲沟水平位移达 10～11 m。

刺儿沟探槽　　位于海原县城西南刺儿沟自然村，距县城约12 km。1982 年国家地震局地质研究所在此开挖探槽，研究海原活动断裂带古地震事件。

李俊滑坡　　位于海原县李俊乡海子沟与猫儿沟交汇处，自西北穿向东南。地震造成海子沟北侧发生大规模滑坡，自马儿山向南和东南方向滑向海子沟，堵塞河道积淤河水，整个滑坡体长约3 km，形成的大小山包及滑坡后缘面仍清晰可见。

菜园断裂带　　位于海原县西安镇菜园村，地震破裂带宽度达100 m左右，形成各种类型的地震地表破坏痕迹。

邵家庄破裂带　　位于海原县西安镇干盐池盆地东侧，地震地表破裂带为倾向盆地的阶梯状陡坎和断层崖，地堑、地垒式构造形变宽度可达100 m。

西安州老城城垣　　海原县西安州城址位于南、西华山以北较开阔的西安州盆地中，距地震断裂带以北约2 km。城呈正方形，黄土夯筑，边长千余米，系宋代建筑。地震使曾经繁华的西安州城变成废墟，其坚固厚实的城墙坍塌。

万人坟　海原县城西南角，占地近200亩。地震后埋葬遇难者的墓地。

震湖　位于西吉县城西南28 km之党家岔，湖长4 km，宽300余米，水域面积1.5 km²。该湖系海原8.5级特大地震诱发黄土滑坡体，沿下伏第三系红色泥岩表层滑动而堵塞河道形成的堰塞湖，属地震黄土滑坡最严重之区域。

强烈的震动使固原市须弥山石窟圆光寺佛窟中的龛壁震塌，佛像裸露在外。地震崩塌的古堡，坍塌的土窑洞，崩塌的海原县城墙、隆德县城墙等遗迹，都还能寻迹。

二、保护措施

1961年，银川市政府在全国重点文物保护单位"海宝塔简介"记述地震对塔的破坏情况；2000年5月，在中山公园西门设立银川古城墙碑记，记述地震对城墙的破坏情况，并确定为保护遗址；2006年10月，在玉皇阁旧址重设石碑记述地震破坏情况；2009年10月，在兴庆区设立多块石质遗址碑，记述地震破坏情况，如位于解放西街与进宁街交叉西北侧的都察院旧址（今怡园所在地）碑、位于北京东路实验中学与宁夏地震局之间的振武门旧址碑等。1739年平罗-银川8级大地震造成贺兰山红果子长城处错动，自治区地震局和平罗县政府在错动处竖铁蒺藜，防止人畜践踏。平罗县政府在县城公园内设立平罗-银川地震碑，简介地震灾情，警示人们提高防震减灾意识。2005年7月，固原市政府、自治区地震局在固原市西湖公园设立地震遗址纪念碑。2006年7月，自治区地震局和西吉县政府在西吉县苏堡乡党家岔水堰设立西吉震湖碑。

位于海原哨马营的明代柳树，在地震中因地表错动而被撕裂，但劫后余生。经过长年风蚀、山洪冲刷以及牲畜啃噬破坏，古柳树树身严重腐蚀、干化。海原县政府采用先进技术对古柳树防腐处理，并设置保护围栏、基座，避免牲畜、山洪对古柳树的破坏和侵蚀。2006年，在唐家坡田埂错动遗迹、万人坟遗址、部分城垣遗址和探槽、破裂带遗迹等处均设立石质保护标牌，加以中英文简介告之群众。2008年11月，自治区地震局和海原县政府在干盐池设立海原大地震震中标示石碑。这些措施为日后科研、科普教育和旅游开发利用奠定了基础。

三、考察保护情况

2004年5月，中国地震局局长宋瑞祥带领司长阴朝民和副司长张宏卫、潘怀文一行考察海原大地震遗址，要求对地震遗址遗迹加强保护。2007年1月，中国地震局副局长修济刚带领部门司领导刘连柱、于惠芳等一行考察海原大地震遗址，提出具体保护建议。2008年10月，自治区政协副主席马国权带领政协委员到干盐池城垣、西安州城垣、海城镇万人坟、菜园地震破裂带等遗址遗迹调研，向自治区党委提交《关于海原大地震遗址保护情况的视察报告》，对建设海原地震博物馆、划拨经费用于地震遗址的基本保护提出具体建议。

第三节　海原地震博物馆

一、建设始末

2000年12月，海原大地震80周年纪念活动中，海原县县长马存玉提出建设海原地震博物馆的建议，得到与会者认同。2006年2月，在自治区人大、政协两会中，自治区党委书记陈建国提出要建立"海原地震博物馆"；同年6月，海原县政府做出"海原地震博物馆可行性研究报告"。2007年1月，自治区政府批准建立"海原地震地质公园"；同年12月6日，中国地震局同意1920年海原大地震遗址设立为国家级典型地震遗址，命名为"宁夏海原大地震遗址"。

2008年4月，自治区发展和改革委员会正式批复"海原地震博物馆"项目后，海原县政府与自治区地震局商讨建设事项。2009年4月，自治区政府副主席李锐主持召开海原地震博物馆建设专题会议作出部署，10月7日海原地震博物馆主馆工程开工建设，11月9日自治区人大副主任冯炯华及人大常务委员韩陕宁、高伟等视察主馆建设工地。2010年9月，海原地震博物馆建成。同年12月15日，自治区政府副主席李锐和中国地震局副局长阴朝民为海原地震博物馆开馆揭幕。

二、博物馆简介

海原地震博物馆位于海原县城东3 km处的牌路山，距牌路山生态公园500 m，建设用地总面积33350 m^2。第一期博物馆主体建筑展览大厅分两部分：一层长36 m、宽18 m，建筑面积均为648 m^2；二层长、宽各18 m，建筑面积均为324 m^2。建筑物与环境设施总投资680万元。2010年初，自治区地震局和海原县组织力量开展布展工作，确定布展思路，提供相关资料和材料；同年11月由固原博物馆负责设计、制作展板、布置展馆。博物馆以图片、文字、实物、模型、影像等形式，展现海原大地震的震情及奇灾、救灾赈济、科学考察研究、海原地震断裂带、地震遗址遗迹与保护、地震文化、灾区海原崛起等内容。中国科学院院士、原国家地震局副局长、著名地震学者丁国瑜题写馆名，原甘肃省地震局局长、国家地震局兰州地震研究所所长郭增建研究员撰写"开馆赋"。

三、开展二期筹建工作

2011年7月，自治区政府副主席屈冬玉带领副秘书长李文华、地震局局长佟晓辉和旅游局局长李春阳等，调研海原县地震、文化旅游产业发展情况。要求自治区地震局制订海原地震公园总体保护规划方案，提出博物馆二期建设方案，征集海原地震博物馆设计、布展方案，将海原大地震博物馆、地震公园纳入自治区旅游总体规划方案。自治区地震局协调文化厅、旅游局和海原县政府，成立海原地震文化旅游产业开发与建设工程领导小组，确定海原地震博物馆建设项目。同年9月29日，自治区地震局在银川召开海原地震博物馆二期建设设计规划方案论证会，从地震、文化、旅游和地方民俗等多个角度对海原地震博物馆二期建设方案提供思路。

第四节　地震文化

一、文献实物

二十五史及朝廷实录都有宁夏地震的记载，宁夏地方志书如《宁夏新志》《朔方道志》《宁夏府志》《朔方广武志》《银川小志》《中卫县志》《固原州志》《海原县志》《隆德县志》《新编化平县志》《花马池志》等，《平罗纪略》《灵州志迹》等书籍，记载固原、中卫、银川等地当时地震的碑刻碣石等，现代考察研究地震的报告、文章等大量文献资料，都是深入研究地震防灾的实物依据。从1920～2010年，出版海原地震和海原活动断裂带专著4部，中外科学论文100余篇。尚未发现西夏文有关地震的记录。

二、地震歌谣

清代乾隆年间宁夏民歌　1986年8月，苏忠深在青海省民和回族土族自治县发现一首在宁夏早已失传的清代乾隆年间宁夏民歌。主要内容是记载乾隆三年（1739年）宁夏发生8级大地震的情景。歌词以悲恸哀号的语句描绘出这次大地震的凄惨情景："好一个宁夏城哟，好一个宁夏城！宁夏的大城九里三，有一个倒影塔，比城墙高十分！宁夏的大城遭了难哟。唉哟，宁夏的大城遭了难哟！黑水水儿哗来，洪水儿漫，摇掉了宁夏的城呀，淹掉了宝丰、新渠县哟！摇掉了宁夏的城呀，淹掉了宝丰、新渠县哟！十冬腊月里三九天哟。哎嗨哟，十冬腊月里三九天哟！十冬腊月的三九天哟！孤苦的穿不上衣呀，精肚子冰上站哟！孤苦的穿不上衣呀，精肚子冰上站哟！宁夏的个大人们造字文哟。唉哟，宁夏的个大人们造字文哟！这一本文字哈，带到了北京城哟。乾隆爷念字文呀，双泪肚儿上滚哟！乾隆爷委了个查大人哟。唉哟，乾隆爷委下的查大人哟！查大人上马不带兵，查大人带到兵，攘我的好百姓哟！乾隆爷发了十万兵哟。唉哟，乾隆爷发了十万兵哟！这十万兵带到了宁夏的城，先给活人们送口粮呀，回来了死人们哈葬哟！乾隆爷发了十万银哟。唉哟，乾隆爷发了十万银哟！这十万大银带到了宁夏的城，活人吧，有三分呀；死人吧，有七分哟。"

摇摆歌　1920 年海原大地震前，海原等地的儿童传唱名为"摇摆歌"的童谣："一碗羊肉摇一摇，白花了，世上的好人摇摇摆，贼杀了。咯噔咯噔摇，哗啦啦啦摇。大豌豆开花摇一摇，麦出穗，咱两个名声摇摇摆，死去了。咯噔咯噔摇，哗啦啦啦摇。"还有其他类似的内容，后边加上"摇摇摆，摆摆摇，地摇了，哗呀哗啦摇，咯呀咯噔摇"的造势词。不知道这首歌来自哪里，是什么意思。

三、地震民俗

海原大地震后，当地回族把农历十一月初七称为"纪难日"，汉族称为"劫难日"。形成了四种民俗：一是在地震"纪难日""劫难日"，回汉群众都要炒一点未经加工的原粮吃，纪念从地震废墟下挣扎出来的难民；二是回民在"纪难日"要到家人遇难地或居家附近倒油，汉民焚香祭奠；三是埋葬海原县城遇难者的"万人坟"一穴数人、一穴数层的特殊埋葬方式；四是在居住的窑洞或者房门背后立一把铁锹，以备遇震后自救，现在这个习惯已经淡化。

四、地震文学作品

20 世纪 70 年代，有人尝试创作以海原大地震为背景的电影剧本。2003 年 3 月，自治区党委宣传部、广电局、地震局、海原县委和政府联合拍摄的七集人文和科教纪录片《在山走动的地方》由宁夏电视台播出。2006 年 12 月牛中奇等主编出版了同名《在山走动的地方》一书。海原作家王漫曦对海原大地震的故事从小听到大，积累了大量资料，撰写出版《1920 年海原地摇了》纪实文学作品。

五、"震柳"精神

位于海原地震断裂带上的哨马营"震柳"植根于海原大地有上百年历史，被海原大地震断裂带错动而撕裂，虽历经磨难，如今依旧残躯吐翠，傲然挺立，枝繁叶茂，堪称奇观。中共海原县委、县政府总结提炼的"震柳"精神，就是一种"坚韧不拔、自强不息"的精神。海原县党代会提出，要在海原县开展"弘扬震柳精神、推动科学发展"主题实践活动，进一步鼓舞和激励全县干部群众加快建设和谐富裕新海原步伐，在新的历史起点上再创新辉煌。

第七章　自治区灾害防御协会

第一节　机　构

1994年1月，自治区地震局向自治区政府请示成立宁夏回族自治区减灾协会。经自治区政府副主席周生贤同意，地震局开始前期调研，联系345个单位征求意见。2000年4月，地震局向自治区政府建议成立宁夏回族自治区灾害防御协会，并负责具体筹备工作。2001年7月24日，宁夏回族自治区灾害防御协会第一次会员代表大会在银川召开，通过了《宁夏回族自治区灾害防御协会章程》，选举产生协会第一届理事会、常务理事会；选举自治区副主席陈进玉担任协会会长，自治区地震局局长杨明芝任协会常务副会长、法定代表人；通过了秘书长、副秘书长人选，地震局副局长万自成任协会秘书长，震害防御处处长张进国任协会常务副秘书长。地震局负责灾害防御协会日常工作。2007年9月，张进国任协会秘书长。2004年12月8日，自治区灾害防御协会召开第二届理事大会，选举自治区政府副主席赵廷杰担任协会会长，自治区地震局局长张思源担任协会常务副会长、法定代表人，张进国担任协会秘书长。

自2002年以来，协会相继成立了农业、气象、林业、地震、地质、环境、企业、水利、保险、科普宣传、交通、卫生、消防等13个专业委员会以及专家咨询委员会和《宁夏灾害防御通讯》编委会。各专业委员会、专家咨询委员会、灾害防御通讯编委会的成员由各会员单位分管领导或资深专家担任，协会副秘书长由相关厅局业务部门负责人担任。协会各专业委员会基本吸纳了自治区有关灾害行业的知名专家，组成一支开展灾害防御研究的综合科技队伍。

第二节　防灾减灾活动

一、防灾减灾知识宣传

协会主办的《宁夏灾害防御通讯》编印40余期，"非典"期间连续报道非典防治工作系列文章，汶川地震后特辑 2 期专刊宣传防震减灾知识。在科技活动周、《防震减灾法》实施日、《地质灾害防治条例》实施日、防灾减灾日、唐山地震纪念日、世界地球日、国际减灾日，联合相关单位，通过宣传单、宣传挂图、音像电视、展板资料、专家咨询服务等多种形式，广泛宣传普及各类灾害防御知识。2008 年汶川地震后，协会联合宁夏楼市新网络媒体有限公司举办"安全建筑，责任地产"抗震防灾公众安全危机教育大型专业讲座。

二、开展防灾减灾工作

编制防灾减灾白皮书　自 2002 年开始，协会先后联合自治区民政厅、科技厅、人保财险宁夏分公司、抗灾救灾综合协调委员会办公室、救灾救济协会等单位召开"全区年度灾害防御研讨会"，对本年度各类灾害损失与防治措施进行总结，预测下一年度各类灾害趋势，并在此基础上提供防御对策措施，形成"宁夏回族自治区年度主要灾情暨下年度灾害趋势预测及对策建议白皮书"。2003 年以来，自治区政府办公厅每年将"白皮书"印发自治区党委、人大、政府、政协的领导，各市、县（区）人民政府和自治区各部门、单位，作为制定防灾减灾计划、开展防灾减灾工作的依据。

开展专项减灾课题研究　2008～2009 年度，协会组织相关单位开展"宁夏低温阴雪冰冻灾害防御对策研究"课题，供各级政府及相关部门在我区遭遇低温阴雪冰冻等极端灾害天气时采取应对措施时提供参考。

承办全国社团防灾减灾会　2005 年，受中国灾害防御协会委托，在银川承办了"2005 全国社团防灾减灾研讨会"，来自全国 20 个省区的防灾社团和区内各学会的代表 150 余人参加了会议，交流论文 40 多篇。

交流防灾减灾经验　组织代表参加"第九届中国西部防灾减灾研讨会"、"黄河流域灾害、环境与可持续发展研讨会"、"第十届中国西部防灾减灾研讨会"、"华北、西北十省区直辖市学会研究会第十二届研讨会议"、"纪念中国灾害防御协会成立 20 周年暨防灾学术研讨会"等活动，交流宁夏灾害防治措施和经验。

协会获得自治区科学技术协会 2002 年、2003 年、2004 年、2008 年度"全区先进协会"称号。2007 年，被中国科学技术协会评选为"全国省级学会之星"。

第八篇
地震应急救灾

　　破坏性地震造成房倒屋塌，压死、砸伤人员，灾民采取自救互救措施，尽量减少生命财产的损失。当政者有时派出官员抚恤，并拨付财物救灾赈灾。1739年银川－平罗8级地震造成巨大损失，这次地震逢康乾盛世，朝廷对救灾十分重视，拨出大量国库银用于救灾和灾后重建，各级官员救灾措施有效，震后较快得到恢复重建。1920年海原8.5级地震伤亡惨重，时值军阀混战，国弱民贫，震后灾区几乎没有抢险救灾的能力，当时执政的北洋军阀政府没有采取有力的救灾措施，致使伤亡增加，灾情进一步扩大，灾区元气大伤。

　　中华人民共和国成立以来，党和国家十分重视国计民生，一旦发生破坏性地震，当地人民政府组织抢险救灾，以挽救生命，减轻灾害损失。宁夏境内共组织了四次较大规模的抗震救灾活动。境外发生严重地震灾害，派出支援人员到现场参加抗震救灾活动，并捐助财物给予支援。

　　地震灾害突发性特点和目前建（构）筑物的防御能力不足以及地震预测预报水平还很低的现实，要及时挽救人员生命，减少财产损失，防止灾害扩大，最直接、最有效的措施就是做好地震应急救援工作。国家从20世纪60年代逐步加大地震应急工作力度，特别是《破坏性地震应急条例》《防震减灾法》实施以来，各级政府把应急救援体系建设摆上重要工作日程。宁夏地震应急救援工作在自治区党委、政府和中国地震局的关心、支持下，创新发展思路，健全工作机制，加强能力建设，取得了较大进展。地震应急预案体系已经形成，紧急救援队伍建设和志愿者队伍得到增强，应急救援技术装备、物资储备进一步完善，应急救援演练经常化，城市应急避难场所建设延伸到城镇。各地进一步完善应急救援工作，为应对未来地震灾害、减轻生命财产损失做好准备工作。

第一章 1949 年前的地震救灾赈灾

第一节 古代地震救灾

一、金兴定三年固原 6½ 级地震

金宣宗兴定三年（1219 年）平凉、镇戎（固原）、德顺（静宁东）地震，六月戊子（震后五天）朝廷"诏右司谏郭著抚谕其军民"。

二、元大德十年固原 6½ 级地震

元成宗大德十年（1306 年）开城路（今固原市原州区西南四十里）地震，"以钞万三千余锭，粮四万四千一百余石赈之"。

三、明嘉靖三十四年陕西华县 8 级地震

明世宗嘉靖三十四年（1556 年）陕西省华县地震，固原等地毁屋伤人，次年诏发太仓银一万两于宁夏，一万两于固原，协济军屯民屯军饷。

四、明嘉靖四十年中宁 7¼ 级地震

明世宗嘉靖四十年（1561 年）宁夏卫、固原等处地震，嘉靖四十年九月"命发太仓银八千两，并留本省事例银三千两赈恤"；四十一年三月"发银二万二千两修筑（边墙）及赈济费"。

五、清乾隆三年银川-平罗 8 级地震

清高宗乾隆三年（1739 年）银川-平罗地震，阖城庙宇、衙署、兵民房屋倒塌无存，居民被压大半，遇难达 5 万余人，仅宁夏府城（银川市）就遇难 15300 多人。宁夏知府顾尔昌全家被压死，总兵官杨大凯只身逃出屋外，家人 6 口被压死。居民房屋倒塌无存者，各捡砖块木植搭盖窝铺，以为栖身之所。这次地震逢康乾盛世，朝廷对救灾十分重视。地震之后，兵部右侍郎班第等官员和川陕总督查朗阿及其继任尹继善、鄂弥达，甘肃巡抚元展成、甘肃提督瞻岱，甘肃布政使徐杞以及宁夏道员钮廷彩、总

兵杨大凯、镇守宁夏将军阿鲁等地方官员都先后到达震区查看灾情，动员组织幸存兵民救灾，并派员调查灾害损失及时向朝庭奏报，申请救灾费用和震后重建资金，朝庭拨大量国库银用于救灾和灾后重建。由于清政府对救灾重视，各级官员救灾措施有效，震后一年灾区面貌大有起色，三年内灾区已基本得到恢复。救灾的主要做法：

安葬死难者　清政府急拨兰州藩库银 20 万两用于安葬死者和赈济，死难者不分民族，不分兵民，不分男女，不分大小，一律用官银安葬。分配葬银成人 2 两、孩童 7 钱 5 分。对震亡的地方官员和驻军官兵，根据职位高低对其家属发给不同数量的赏银。知府、佐领等官员的赏银 225 两，千总骁骑校 125 两，领催 100 两，马甲 75 两，把总 50 两，马兵 35 两，步甲和步守兵 25 两。共发放 81139 两。

维持灾区社会治安　灾区部分地方盗贼乘机抢掠，当地官员除了调集幸存官兵维持社会秩序外，还紧急从广武调拨兵员 200 人，看护震塌的粮库，以免灾民哄抢粮食。又经请政府批准，从固原挑选了 600 名标兵到灾区维护社会治安，辑拿盗贼，抢掠之风戛然而止，兵民相安，社会秩序井然。

恢复正常生活生产　宁夏地方官员对所有灾民先发 1 个月口粮，并动用宁夏府库银计 45 万两，发给 5 万户灾民每户 1 两，用于添置家具。调查地震倒塌房屋，按间付给银两，以为修葺之资。无房住者两口之家分房 1 间，3 口之家分 2 间，5 口之家分 3 间，多者递增；没有房分者，则按间付银 2 两。农家耕牛被压死者，买牛每头借银 8 两，4 年还本，便于农家购买耕牛以备春耕之用。采取以工代赈等措施安置救济灾民，对于他乡移居新渠、宝丰二县积水区的人员，允许回原籍安置，愿留者以工代赈。乾隆四年春统一妥善分配可耕之地，疏通灌溉渠道，使灾民情绪安宁，灾区社会稳定。

减免灾民税息和借贷、捐助　震后不久，乾隆皇帝便旨谕："著将宁夏、宁朔、平罗、新渠、宝丰五县本年应征地丁及粮米草束杂税等项，悉行豁免，如有旧欠，亦著蠲除。"次后又降旨将宁夏、宁朔、平罗三县（新渠、宝丰已并入平罗县）"额征银粮草束，再宽免一年。"对受灾甚重的商民发放的生息本银并利银 8057 两，全部豁免。受灾稍轻的商户发放的生息本银，只还本银 4540 两，所有应交利银悉行豁免。由于采取了这些政策，地震之后，"一年以来陆续经理，地方渐有起色。"个人慷慨捐助，中卫县广武堡武生俞汝亮为灾民捐制钱 2000 串、银 1000 两、羊 150 只、当铺内所存布、棉、夹衣 2908 件。

灾后恢复重建　从中卫向北的各县城、镇堡、村庄、灌溉渠道都有破坏，宝丰、新渠县城全毁。清政府划拨大量库银，宁夏府库也拨出工程银，资金相对充足，致重建速度快。被毁的汉渠、清渠、唐徕渠等，当时主要灌溉渠道均于次年春季由宁夏道员钮廷彩负责修固完好，并于次年三月放水灌溉，保证了农业生产用水。宁夏府城是灾后恢复重建的重点，工程巨大，耗银 314529 两之多。重新修建城墙 2754 丈，6 个城门，62 道水簸箕，大城楼瓮城楼 6 座，角楼 4 座，铺楼 24 座，城外河桥 6 座，六城门军房 6 处，还重修了衙署、仓库、监狱、庙宇、鼓楼、文庙、关帝庙等被毁建筑。工程从乾隆五年五月开始，次年六月六日竣工，历时一年，使宁夏府城基本恢复原貌。同时，清政府还动用国库银两在平湖桥（现平伏桥）附近重修了被毁的满城，重修的满城较前更为坚固壮观。另外平罗县城、洪广营、中卫枣园、石空、镇罗等堡于乾隆四年重建，银川的平羌堡、镇北堡等堡于乾隆五年建好，灵武县城、洪城、兴武、花马池等城堡于乾隆六年建成。宝丰县和新渠县因地势低凹，积水很深而无法修建县城，加之灾民流离，人口锐减，因此清政府撤销了新渠县和宝丰县，将其划并平罗县。

这次地震救灾中，由于宁夏总兵杨大凯"视为泛常，怠忽殊甚"，被乾隆皇帝下令"交部严加议处"。

六、清乾隆十三年固原5½级地震

清高宗乾隆十三年（1748年）固原白嘴子、黑城子地震，遇难者大口每人给棺木银2两，小口每人给棺木银7钱5分，压毙牲畜之家每户给银5钱，摇塌的房屋、土窑每间给银1两，共赈过银216两5钱。见存民人无论大小各给粮3斗，共赈过仓斗粮89石4斗。赈济银粮数额均与乾隆三年银川－平罗地震赈恤之例相符。固原州塌损城垣另案请修。

七、清咸丰二年中卫6级地震

清文宗咸丰二年（1852年）中卫地震，委员安抚，并将同时被震各堡分别抚恤，被灾处所本年地丁钱粮宽免。该府县等先后量捐口食，俾免枵腹。伤毙人口给棺敛埋，受伤者量予医药。察看民情实形，给极贫民一月口粮，内大口日给仓斗粮五合，小口减半，共用过仓斗小麦2922石8斗2升5合。震倒房舍每间给修费300文，共用钱2440串800文。

第二节　海原大地震应急救灾赈灾

一、应急救灾

1920年12月16日北京时间20时海原发生8.5级地震。据《民国固原县志》记载，固原"其始震也，状如车惊马奔，轰声震耳，房倒墙塌，土雾弥天，屋物如人乱掷，桌动地旋，人晕难立。真是震荡倾足下，土瓦临头上，急呼狂奔，茫无所适，张皇失措，莫明其妙，乃不辨为何事焉。瞬息之间丑态毕露，怪状齐现。此时有少妇情急出避，抱枕为儿，仓促之际，误犹不知。一妇正眠，裸体遽奔出，对人言指划自若，观笑罔顾，反斥人欣，而忘其下体为裸也。甚至有未着缕，仅着一裤，猝难觅衣，白脚所出者；有鞋提足跣者；有顶被呼救者。男跳驰，女匍喊，骇怪惊讶，莫知所为，奇态怪状，不殚其举，忙乱之情，形状急极。有顷，约十分钟，震完人止，群相惊异，始悉为地震也。"。据《重修隆德县志》记载，隆德"夜戌刻，月微明，忽震声从西北来，轰若雷动，若火山爆裂，房中器物相击撞，檐带瓦乱飞，仓促之间，有惊为盗贼至者，有疑为魔鬼来者，倏而墙屋摇荡，崩塌倾覆益急，人始知为地震。相唤奔逃而被压者已多，即欲逃出已不可得，裸尸枕籍，比户皆是。暗月迷雾中，喊叫声、哭痛声、呻吟声彻夜不已。顷刻间横死者，一村数家，一家数口，且有全家尽亡，全村尽灭者。"

据当地县志和有关资料记载，海原 8.5 级地震致海原"四乡死亡极多，往往全家压死……。震后粮食多被覆压，一时不及刨出，灾民多取场内未碾谷麦，带壳充饥。"固原乡间"凡住窑而全家覆没者；或压而继震得出者。曩之居众声稠者，顿无犬吠人语之声，大家巨院，已成废址荒迹。死之甚多，较城更苦"。隆德县"隆邑东南各村，山多磐石，窑庄颇少，压于墙屋者其尸易得。西北各村，乱山纠纷，石质较少，人多依山为宅，藉崖为窑，山崩则宅没，崖塌则窑覆。有移宅基在数里之外，覆压在数十丈之深者，既掘亦无从掘处。有闷闭窑室三五日后手执木锥或铁器掘土成洞，卒率子女爬出，缘侧有隙裂透空气故也。有一半年后出尸者，躯体无损，盖当时本未即死，久则闷死者也。有压在屋内，身体无伤，被炕火烧坏者。有的已奔出卧房，却被他屋及院墙倒压，本卧房固无恙者。有因外来而得免者，有因内出而殒命者。有某夫妇被压者粘成一片，力折不开，因合葬讫。当时牛、马、羊、豕闭置窑屋，或陷裂缝，五七日后，犹闻鸣声然无力开掘，听其闷死而已。"

震后灾民在自家和邻居间开展艰难的自救互救，挽救生命。地方政府采取了一些救灾措施，然杯水车薪，无济于事。继则社会秩序混乱，而且人为的、自然的次生灾害接踵而至。据《民国固原县志》载："人如寒冷不堪，可将已损之木料，无分属谁之所有，准其所取，燃火御寒，以待天明"。"城中居民，结茅为居，环错纷纭，日散夜居，暂避风雪。""迨初八夜，比户搭棚，并肩席地，寒气凛冽，砭人肌骨。时震势尤甚，人心彷徨，讵料棚火失慎，风力助威，远近棚户尽数焚如。由是均在冰天雪地之中，露宿过冬，而冻死者时有所闻。""由平（凉）运来锅饼（平凉特色大面饼）两车，行至郊野，未及交割，饥民蜂拥，半道拦乞。虽有押护弁兵，叱之不退，宁甘引颈受刃，不肯舍车放行。其饥迫之情，轻命重食，惨状可想矣。""城关凡未有被压没粮米挂面，赶做熟食，摆摊出售，暂济燃眉，以待筹赈。""旧腊二十三四日，又降大雪数寸，冷冻难当，皆藉炕搭棚，又有移于未倒之房内者；又有当院搭棚，而棚下搭板，板下煨火者，又有野地盘炕炕上搭棚者，种种惨状笔难尽述。"

震后三五天，幸存者共患难，不分谁家的食品衣物，有啥就吃啥，随后各顾各家，给自家搜集储存物资。受伤难民无医无药，忍受剧痛盼望自愈，许多难民终身残疾。

很少的地方如靖远县曾组织红十字会医疗救灾。次年春暖疫情蔓延，造成部分难民死亡。

以上3县灾情典型地反映了地震重灾区灾难甚重，灾民无力自救，互救更无可奈何，只能盼等外界救助。

二、政府赈灾

地震造成海原县政府全毁，县长钟某的妻与儿子均遇难，钟某如中疯魔；隆德县知事邓某的妻与女儿遇难；政府官吏间有伤亡，其尤重者停止政务。极震区地方政府震后一段时间基本瘫痪。

地震灾情比震中稍轻的地方，震后5天方由官绅出面组织赈灾。固原议办赈务，北区巨富祁瑞亭捐黄米20石（相当1000市斤），城中富商张福堂捐麦、豆各10石（相当500市斤），在武庙设局急赈。官绅共理其事，每日炊米煮豆，以救灾民。平凉军统（陇东镇守使）陆洪涛捐洋3000块，商学两界捐洋2000吊，派妥员携款赈济灾民。天水在地震发生后，县中绅士设立义赈公会，调查贫民施放急赈。崇信将省上发的棉衣300件、票银1000两，分投施放，杯水车薪，略事点缀。灾区部分县也相继设立义赈会，办理救济事项。

1921年1月10日（震后第25天），甘肃省长并督军张广建除电陈府、院、部请赐赈恤外，并与省议会议长王世相、王之佐暨全体官吏绅民给全国通电，发起义赈。执政的北洋军阀政府忙于内战，面对大难浩劫竟然态度冷漠，仅以大总统徐世昌之名捐大洋1万元了事。甘肃省署设立震灾筹赈处，募款赈济，并提公款急办衣物，分发食粮，饬被灾较重各县，截留应解款项，立办急赈，电令各镇、道集款分发。甘肃省统捐烟酒均加收一成赈捐。在京、沪的甘肃人员经办义赈奖券，至1923年4月，共收到国内外捐银30万余两，拨海原等县急赈，并拨各县公赈，主要用于修复震毁的城垣和淤塞的河渠，历时两年而始竣。

1921年旅京甘肃同乡会成立甘肃震灾救济会，制定了简章、办事规则，向社会发出哀告书，军政要人黎元洪、曹锟、张作霖等84人呼吁慨施捐助；发往全国各地募捐函件390件、电报210件，反馈信100件、电报20余件，收到16个省150余县、军队和500余人的捐款3.1万元。全年呼吁救济成效不大，年底即结束工作。

甘肃省还自制赈灾"砂板"铜币发行4年之久，由于质量粗劣，只能流通于兰州周围城镇和地震灾区，在外省无法使用。老百姓用此铜币从外省不能直接购进粮食，只能用购买"粮食券"后才能购得粮食，造成灾民怨声四起。

华洋救济会以工代赈，将海原、会宁、通渭、隆德等地山崩堵塞的河流疏通，把滑坡破坏的道路修通。

海原大地震给震区人民的生命财产造成极大的损失，灾情惨重，闻者悸心。据《陕甘地震记略》报道，大震后灾区人民"无衣、无食、无住，流离惨状，目不忍睹，耳不忍闻；苦人多依火炕取暖，衣被素薄，一日失所，复值严寒大风，忍冻忍饥，瑟瑟露宿，匍匐扶伤，哭声遍野，不为饿殍，亦将殭毙。牲畜死亡散失，狼狗亦群出吃人……"。北洋政府没有及时采取有力的救灾措施，致使灾情进一步加重。以甘肃地震救灾名义从国内外募集到的一些捐款，政府并没有完全用到地震救灾上。面对这样的惨景，甘肃在北京工作的人员和学生一再呼吁，要求救济灾民。直到1921年2月24日，甘肃旅京人员仍在《中国民报》上发表文章要求政府救济并予抨击，文中说；"甘肃为国家征出租税之地方，甘肃人民即为国家负担义务之分子，今遭此亘古以来未有之浩劫，竟不能邀并顾兼筹之余惠。既拂舆情，亦非人道。""甘肃此次劫灾，因地方邮电交通不便，平日在外游客经商之罕稀，遂使弥天劫尘，不成空气，而责任当局，亦不关心。莽莽七十余州县，统一地图上无颜色；蚩蚩九百万人民，于共和国之内，为孤孽饮痛而无泪可挥"……

三、媒体呼吁募捐

甘肃省政府驻地兰州至各地的电话线路皆断，经数日后才知道地震灾区遍于全省。固原电报局的房屋倒塌，除发报机外的机器遭到破坏，话务员修复机器和线路后，发出地震灾难最早的消息。震后第二天，北京《晨报》发布大地震消息。直到12月26日，才知道震动最剧烈的地方在海原、固原一带。1921年1月12日北京《晨报》报道大地震的余震和固原县城遭受严重破坏的情况。此后，《中国民报》相继报道固原、靖远等地灾情，并对较大余震作以报道。1921年3月初，《中国民报》分次报道了本报所收集到的各地函电报告概况，刊登了地震"灾情调查表"，将评估单位精确到县城和村子，评估项目有震动次数、死伤人数、死伤牲畜数、损失动产及不动产、崩裂山川等内容。3月6日该报刊登"甘肃震灾救济会哀告书"，呼吁各界给地震灾区捐助款物。上海的《时报》《新闻报》《申报》《民国日报》《大陆报》，北京的《中国民报》《民国日报》《民报》《晨报》《中央日报》《大陆报》（英文版），南京的《南京日报》，西安的《西京日报》，英文《字林西报》，无锡的《锡报》，《顺天时报》《盛京时报》《新闻报》等国内外20多家报纸派记者收集灾情或者派记者到灾区报道灾情并呼吁募捐，此后10多年陆续报道海原大地震后的余震情况。

四、灾情调查

海原大地震后第80天，即1921年3月初，国际饥饿救济协会的J·W·霍尔(J·W·Hall)、U·克劳斯（U·Close）、E·麦克考尔密克（E·McCormik）等到达震区进行调查。他们的调查结果发表在1922年美国地理杂志上，题目是《Where the Mountains Walked》（在山走动的地方），文章列举了大量有关灾情的实际资料，特别是对地震滑坡作了生动的描述，并附有珍贵的震害照片。

海原大地震发生后4个月，民国政府委派内务、教育、农商三部委的翁文灏、谢家荣、王烈、苏本如、易受楷、杨警吾赴灾区调查、考察。他们于 1921 年 4 月 15 日离开北京，经呼和浩特、银川到达兰州，尔后进入震区，经会宁、静宁赴固原，再由固原经平凉、天水返回兰州。这次调查历时 4 个月，除实地调查了解地震灾情、考察山崩地裂等现象外，还特别注重了地质科学考察。他们的调查报告发表在北京《晨报》《科学》《地学杂志》上。1922 年 11 月，翁文灏因"办理震灾异常出力"，受到中央政府嘉奖，被授予"二等嘉禾章"。

五、震后重建

海原地震后，灾民依靠自身力量逐步修盖房屋，挖掘窑洞穴居，平整土地耕种。政府拨款主要用于修复城池、衙署；社会各界捐助的款物主要用于疏通河道、修复道路等。灾区一些地方不堪居住生活，有的人投亲靠友，迁移到其他地方。

六、伤亡惨重的主要原因

一是地震释放能量太大，高烈度地区面积很广，仅Ⅷ度区面积达 5 万平方千米以上。二是地震发生在冬季晚上 8 时，当地居民大都在屋内或已入睡，地震时多数人来不及逃出，房屋、土窑倒塌后被砸致死，或被埋压得不到及时救助而死亡。三是居住条件太差，当时地震灾区人民生活异常困苦，"贫瘠甲天下"，许多人居住在抗震性能很差的"土坯拱窑"、"崖窑"、简陋的土木结构房屋中，遇稍大地震极易坍塌，将人直接砸死或者覆埋。四是极震区内规模巨大、数量众多的山体崩塌、滑坡，吞噬村庄，掩埋房屋，往往"全村覆没无一幸免"，"数十里内，人烟断绝，鸡犬灭迹"。当时居住在西吉滩（时属隆德县）的回族教主马元璋，"因山崩坍，全家六十余口尽被湮殁"。五是位于地震断裂带附近的海原县城、西安州、干盐池等城镇和村庄几乎荡然无存。六是震后没有及时采取抢险救灾措施。地震造成衣被食物均被倒塌的房屋掩埋，灾民在严寒的冬季无衣、无食、无住，加之疫病横行，死于冻馁、疾病者不在少数。灾区交通断绝，经济完全瘫痪，人民无力自救，大批震害遇难者的尸骨都没法掩埋。七是当时的北洋军阀政府没有及时采取有力的救灾措施，致使伤亡增加，灾情进一步扩大。

第二章　1949 年后的抗震救灾

第一节　1970 年西吉县抗震救灾

一、自救互救

1970 年 12 月 3 日凌晨 3 时西吉县蒙宣 5.5 级地震后，苏堡大队群众在队干部带领下，积极开展自救互救，很快挖出 225 名被埋压人员，该队牛德元就扒挖出 15 人。张撒岔大队五队有 23 户 161 口人，地震造成 90% 住房和窑洞倒塌，队长卞福祥及时组织抢救，仅他就刨挖出 12 人，救活 9 人。有 1 个 12 岁的孩子把自家 6 口人挖出来后，又挖出邻居 3 口人。有的生产队干部没有及时组织抢救，遇难 38 人，造成严重伤亡。

这次地震发生在夜间群众酣睡之时，极震区房倒屋塌，几乎户户有伤亡。大部分群众被突然降临的灾难惊吓而发怵，在极度惊恐中不知如何扒救被埋压者。凡是生产队干部积极组织及时抢救的地方，遇难人数就少得多；凡是干部领导不力，没有带头及时抢救的地方，遇难人数就明显偏多。由于震区山崩滑坡摧毁一段道路，使交通不便的山村通行更加困难，偏远山村的一些被埋压者未得到及时救援，还有一些重伤员没有能及时抢救，也是伤亡惨重的原因之一。

二、政府应急响应

地震发生后，震区群众立即开展自救互救。极震区生产队派人翻山越岭步行 5 km 到公社驻地报告灾情，公社干部立即电话向西吉县领导报告。西吉县党的核心小组、革命委员会很快研究部署抢险救灾措施，凌晨 6 时，县领导带领医疗、宣传、武装中队等县属单位的 270 多人和附近社、队的民兵，乘坐卡车或者步行，赶赴灾区抢险救灾。当天上午 11 时，固原专署副专员程焕卿等先后带人赶赴灾区指挥抗震救灾。自治区革命委员会接到灾情报告后，立即部署卫生等有关单位组织队伍开赴灾区；当日 12 时，革命委员会主任康建民出发去西吉，副主任刘震寰带领 11 人慰问团赴灾区慰问灾民。党中央指派国务院地震工作办公室主任张魁三等 5 人当日即乘飞机到震区指导抗震救灾工作。当日下午，固原行署和西吉县成立地县抗震救灾生产指挥部，下设政工组、生产自救组、后勤保障组、地震预报组、宣传队、医疗队等 6 个小组。兰州军区派出直升飞机 2 架, 自治区、固原地区、西吉县和一些厂矿单位派出运输汽车共 100 余辆次。震后党政军、企业、新闻、地震等部门有 2688 人赴灾区开展抢险救灾、慰问、宣传、地震监测工作。

三、军队抢险救灾

地震后 8 小时, 固原行署根据了解到的灾区灾情实际, 向地方驻军紧急求援。12 月 3 日 13 时固原驻军领受抗震救灾紧急任务, 30 分钟后派出一个营官兵先行乘车奔赴灾区, 傍晚到达蒙宣公社驻地。官兵扛着抢险救灾物资, 全副武装徒步沿着崎岖的山路赶到重灾区, 未喝水吃饭就连续抢险救灾 23 小时。此后, 固原驻军 5266 部队调集官兵 1900 人和卫生连医护 100 人、平凉陆军医院派 23 人、银川陆军第五医院派 10 人赴灾区抢险救灾。当日晚上, 兰州军区向自治区革命委员会、宁夏军区并固原军分区、西吉县革命委员会、西吉县人民武装部及灾区人民群众发出慰问信。兰州军区政治部张副主任、宁夏军区王晓一副司令员、固原军分区李凯国司令员等部队领导先后带人在地震当天赴灾区慰问灾民、指导抗震救灾工作。

四、医疗救护

自治区、固原专区、西吉县和解放军共派 177 名医护人员组成医疗队开展抢救治疗。抗震救灾生产指挥部组织将 48 名重伤人员分别转送到蒙宣公社、西吉县、固原县等地医院急救治理, 用直升飞机将部分重伤员转到外地治疗; 将 300 多名轻伤员, 分片包干就地治疗; 对灾区群众的一般疾病巡回医疗。灾区伤病员得到及时治疗, 没有发生疫情。

五、现场地震监测考察

在中央地震办公室的组织协调下, 中国科学院地球物理研究所、地质研究所、工程力学研究所、兰州地震大队、三河地震地质大队、北京防震办公室、西安地震队、西北地震大队、新疆地震大队、兰州地震大队宁夏地震前兆队、固原地区地震办公室等单位先后派人赶赴地震现场, 进行地震和宏观烈度调查和地震现场监测工作。兰州地球物理研究所当天在震区架设两台流动地震仪, 分析预报人员通过历史地震特点及 1920 年大地震后该区域地震特点分析, 于 12 月 4 日晚正式提出: 最近西吉地区不至于发生 5 级和 5 级以上地震的趋势意见, 并将此意见向自治区和地县抗震救灾生产指挥部报告。

六、震害考察评估

国家建委建筑科学研究院和五局建筑科学研究所组成的抗震工作组, 对震区的建筑物特点和类型进行考察研究, 对 "土坯箍窑" 和土搁梁房的破坏情况、倒塌原因进行科学分析，并在布局、结构、施工和保养维修等方面提出改进方案。

七、灾民安置

地震使重灾区群众的土坯箍窑几乎全部倒塌，土木结构平房部分倒塌或者严重裂缝。在严冬季节，群众御寒保暖成突出问题。抗震救灾生产指挥部依据灾区实际，发动群众在救灾解放军官兵支援帮助下，首先搭草棚、挖地窝子、改建窑洞。震后，部分群众在打麦场的墙根下铺上麦草避寒，在草垛边掏洞钻进去避寒。一些群众利用旧窑洞改建成简易住房，部分群众清理倒塌窑洞的墙根，在墙根上面搭蓬木椽，再铺苦麦草，抹上草泥，修建成简易屋顶，再利用窑洞原来的火炕取暖。其时这种办法因地制宜，省工省料、保温效果好、安全性能高、施工时间短。群众自己采用的这种临时安置办法，得到抗震救灾生产指挥部的重视，专门召开现场会予以推广。解放军官兵发扬不怕疲劳、连续作战的精神，帮助灾区群众建造简易住房。没有抹泥工具，战士就直接用手去抹，手指冻裂，鲜血往外渗出，仍然继续修建。震后 3 天，3 个公社共搭建草棚、挖地窝子 2430 多个。震后 5 天，大部分群众住宿问题得到解决，10 天后完全解决。共搭草棚、挖地窝子、补建简易房屋 3082 所，其中 1569 户有热炕取暖，每户都有了抗寒的住所，暂时解决了灾区绝大多数群众的过冬问题。1971 年 3 月，灾区普遍开展以修建土搁梁房为主的重建家园工作，于 5 月底结束。

灾民生活基本安定、生活生产条件基本得到保证后，抗震救灾生产指挥部于震后 13 天召开了西吉县抗震救灾工作会议，分析总结抗震救灾形势、取得的成效，找出存在的差距，对今后灾区生活救济、重建住房、农业生产作了部署。固原地区和西吉县革命委员会抗震救灾生产指挥部表彰了抗震救灾积极分子 22 名，并记三等功（表 8-1）。

表 8-1　西吉县蒙宣 5.5 级地震抗震救灾积极分子名单

单　位	抗震救灾积极分子
中国人民解放军 5266 部队	张永轩、文玉虎、王先礼、路克思、徐之友、周胜元、贾居孝、王庭怀、郭军高、普升华、秦庆云、李庭福、张维岗、张明宝、张金喜、杨生栋、杨明礼、王先高
固原地区医院	田德仓
西吉县蒙宣公社	卞福祥、牛德元、尤瑞莲

八、捐赠物品

固原专署、西吉县革命委员会、自治区生产指挥部及慰问团、解放军官兵、邻县单位、职工个人捐赠的款物有：人民币 72220 元；米 18250 斤，面粉 2670 斤，粉条

2600 斤，熟食品 10019 斤，食油 30 斤，食糖 100 斤，苹果 5000 斤，蔬菜 11900 斤；煤 444 吨；药品各种 20 箱，酒精 20 斤；被子 205 条，衣裤 757 件，绒衣 100 套，帽子 34 顶，鞋 60 双，毛衣 6 件，布 30 匹；粮票 7 斤，棉花票 5.6 斤，布票 30.3 尺；木檩橡 11500 根，竹席 900 张，竹子 6 车，铁锹 109 把，镢头 20 只；毛主席像 2000 张，毛泽东选集 41 套，毛主席语录 500 册，毛主席著作单行本 300 册。

第二节　1982 年海原县抗震救灾

1982 年 4 月 14 日 14 时海原县蒿川 5.5 级地震后，群众自发扒救被埋压的财物，并用木橡、木棍和塑料袋、被子搭成"人"字型简易防震棚。因震区交通不便，又无通讯手段，破坏情况不能及时上报，15 日村民仍在自救互救。15 日晚，海原县人民政府召开紧急会议，听取地震现场考察队对震区灾情的汇报，并部署紧急救灾。县物资部门于 16 日将救灾物资用 16 辆汽车送到重灾区，群众搭起防震棚，没有露宿野外。17 日，海原县政府调集车辆给灾区送水，对灾区供应 1 个月成品粮食及部分食品。灾民喝到了配给的救灾水，并领到食品和粮食。自治区及固原行署派出医疗队到震区为灾民治病。固原行署慰问团由行署副专员王国璋带领到灾区慰问。自治区政府组织慰问团，由政协副主席马腾霭任团长，人大副主任张俊贤任副团长，于 18 日到达灾区慰问群众。固原行署直属单位职工向灾区群众捐献衣物，银南等地、市、县组织大量救灾物资运送到灾区，当地驻军组织医疗队、宣传队到灾区为灾民看病防疫。4 月 26 日，固原行署召开海原抗震救灾工作阶段总结会。当地采用以借代赈、以工代赈的方法，帮助灾民恢复生产、重建家园。当年，地震灾区重建家园、恢复生产的救灾抗灾工作结束。

第三节　1987 年灵武县抗震救灾

1987 年 8 月 10 日 20 时灵武县崇兴 5.5 级地震时值夜晚，震感强烈，人们纷纷惊逃户外，误伤者数十人。有的人逃出户外撞在墙壁、树杆，致使脑震荡或眼球损坏；有的逃出户外恰被落下的砖瓦打伤；有的碰翻悬挂之物而导致损伤，有的踩在玻璃片上被割伤，有的逃离时扭伤脚踝、手臂。地震发生时县城震感强烈，灵武县防震救灾指挥部成员惊醒后立即赶到政府，分五路赴各乡镇了解情况。自治区党委书记沈达人、政府副主席马英亮等领导于 8 月 11 日晨到达灵武县政府，听取各调查组灾情调查汇报。12日上午，灵武县党委、政府召开紧急会议，听取民政、地震、公安、保险等部门的灾情调查结果汇报，并提出六条抗灾救灾措施。

震后，村民恐震情绪陡增，在村落空旷处搭建防震棚，城镇居民人心惶恐露栖街头。公安人员在城中加强夜间巡逻。由于政府措施得力，民众人心安定，无意外事故发生。震后第二天，农户开始修葺住宅，五天内村民陆续搬回室内居住。当年9月，自治区政府给灵武县拨款70万元，以资助救灾。按照"先生产、再生活，先集体、后个人"的原则，安排了救济款，强调个人用款对象以特困户、五保户、优抚户为主，不搞平均分配，用好救济款。自治区、地、县保险公司发挥救灾主渠道的作用，震后第二天保险业务人员就到各投保单位、企业、家庭，进行灾情调查和财产损失评估，兑现保险金，帮助企业恢复生产，恢复营业。

第四节 1988年灵武县抗震救灾

1988年1月4日凌晨5时灵武县东塔发生5.5级地震，1月10日又在灵武县郭桥乡发生5.0级地震，造成灾害损失扩大。1月4日5.5级地震后，自治区地震局将地震参数和震情在震后20分钟报告自治区党委，沈达人书记同地震局局长吴建明通话询问有关事宜后，立即和秘书长周安科于清晨8时许到达灵武震区，视察灾区房屋损失及群众生活、生产情况，并同灵武县党政领导共同研究部署抗震救灾工作。吴建明率领第二批震区工作组到达灵武震区开展现场工作。沈达人向吴建明提出加强灵武地震监视工作、请国家地震局研究宁夏震情并派专家来宁指导工作的要求。当天，自治区副主席马英亮到达灾区指导抗震救灾。自治区主席白立忱，自治区党委副书记郝廷藻、刘国范，自治区计委、民政厅等有关部门的领导先后到灾区视察慰问。灵武县委、县政府召开汇报会，听取各调查组汇报，并对抗震救灾工作提出具体措施。5日上午，召开乡镇长会议布置抗震救灾工作，要求各乡镇加强抗震救灾工作的组织领导；积极组织救灾；安定人心，确保人民群众生活、生产秩序正常；加强社会治安管理。1月8日，国家地震局副局长陈颙等3名专家来宁指导地震工作。

地震后，城乡群众人心慌乱，投亲靠友，许多住宅院落、楼房人去门锁。县公安局、检察院、法院等部门协同配合，干警分片包干，责任到人，加强夜间巡逻和值班，保障社会治安秩序。各乡镇领导亲自带领工作人员逐户查询灾情，慰问五保户、军烈属优抚户，并专门到特困户详细了解生活、生产困难，到重灾户进行调查和宣传。宁夏军区于1月6日调驻防的坦克团到灵武县协助抗震救灾，出动30辆汽车、官兵1000多人，对乡镇400间危房作财产搬出的紧急处理，对城内危楼进行应急加固。

地震第二天，自治区、县保险公司到各单位、企业和农户、职工家里慰问、勘察和审理评估灾情，共理赔 100 余万元。灵武县人民政府对救灾款制定了明确的使用原则，先后对农村灾区安排 86.5 万元，对企业事业单位安排 72.7 万元，对城镇居民安排 50 万元救灾款。自治区政府先后拨出 165 万元支持灵武、吴忠、银川救灾救济。各乡镇和各单位坚持"专款专用、重点使用"的原则，把救济款主要用在提高房屋抗震能力上，并按照"有偿救济"的原则，对困难户给予帮助，无息有偿救济占10%～15%；同时把救济重点放在五保户、特困户和优抚户上，解决他们的住房维修和生活、就医等困难，安排好生活。

　　1 月 10 日 15 时灵武县郭桥发生 5.0 级地震后，自治区地震局及当地政府立即派人赶赴现场调查灾情。20 时自治区党委书记沈达人、副书记郝廷藻、刘国范，政府副主席马英亮，银川市领导到自治区地震局，听取吴建明局长关于灵武震区情况报告和专家对灵武地震活动的分析意见。国家地震局副局长陈颙提出震区工作对策建议，沈达人、马英亮部署抗震救灾工作。

　　1 月 20 日，自治区地震局召开记者座谈会，吴建明局长介绍灵武震情和应急工作。

第五节　支援区外抗震救灾

　　国内发生严重破坏性地震，自治区政府和有关部门派出人员到震区协助开展抗震救灾和灾害损失调查工作，并捐助物资。

　　1966 年 3 月 8 日河北省隆尧县发生 6.8 级地震，银川等地居民自发捐款捐物支援地震灾区。1975 年 2 月 4 日辽宁省海城、营口一带发生 7.3 级地震，宁夏地震队张文孝到震区现场协助开展地震预报工作。1976 年 4 月 6 日内蒙古自治区和林格尔县发生6.3 级地震，宁夏地震队高祥林、孙太山前往震区现场协助开展地震监测预报工作。

　　1976 年 7 月 28 日河北省唐山 7.8 级地震后，自治区党委、革命委员会代表全区各族人民向灾区军民表示慰问，同时派去了医务人员 66 人，其中男 52 人、女 14 人。运去了救灾物资。宁夏所有制药企业大幅度增产抗菌素、磺胺、解热镇痛、强心、利尿、止血等药品，支援灾区治病防疫。宁夏地震队派潘祖寿、赵文科、高祥林到震区协助开展监测预报和野外考察工作。《宁夏日报》从 7 月 29 日～9 月 6 日刊载有关唐山抗震救灾的报道、消息、社论 66 篇，照片 25 幅。宁夏赴唐山抗震救灾防疫大队经 30 余天艰苦奋战，进行环境消毒 100 万平方米，预防接种 15000 人次，帮助新建厕所 800多座，食堂消毒1440 m²，居民家庭消毒 4390 户，消毒垃圾 356 吨，消毒坟墓 793 座，卫生知识宣传 12 万人次，治疗各种肠道传染病 6000 人次，其他疾病 1300 人次。宁夏参加唐山抗震救灾防疫大队（初名医疗大队）的大队长：陈静波；副大队长：张景峰、张增济；分队长张增济、孔凡元、尹忠昶、栗政中；队员：宋建福、朱继斌、周经悦、张积熙、陈德利、王炳欣、张春福、阎茂成、边淑媛（女）、王家涛（女）、潘国萍（女）、沈小玲（女）、周绯秋（女）、吴玉霞（女）、何国平、徐仲俊（女）、朱振国、应恭岩、饶闻午、彭卫生、陈招娣（女）、袁仁铨、袁秀兰（女）、朱皓皓、牛今、杨巧玲（女）、张宗贤、马学保、李平枝、张平镖、秦长渝、何业新、马学存、扈福、曲海波（女）、吕邦宁、何援朝（女）、孟庆年、吴盛文（女）、何连德、张承璧、尹振江、徐梦顺（女）、龚传斌、李玉柱、于援生（司机）。

1976 年 8 月 16 日四川省松潘发生 7.2 级地震后，宁夏地震队派出王一宽、王军到震区工作，受到国家地震局通报表扬。1976 年 9 月 23 日内蒙古自治区阿拉善左旗巴音木仁（时属宁夏辖区）发生 6.2 级地震后三小时，宁夏地震队派出第一辆满载人员和仪器的考察车奔赴现场，分四批共派出 30 余人到地震现场工作，现场工作由宁夏地震队王业昌和内蒙古地震队林万毅共同负责指挥，宁夏军区派直升飞机协助考察。1988 年 11 月 6 日云南省澜沧、耿马发生 7.5 级和 7.1 级地震，自治区政府向云南省政府发出慰问电，并捐赠优质大米 100 吨。1996 年 5 月 3 日内蒙古自治区包头市发生 6.4 级地震，自治区政府向内蒙古自治区政府发出慰问电，慰问灾区人民群众。1998 年 1 月 10 日河北省尚义县、张北县一带发生 6.2 级地震，自治区政府向河北省政府发出慰问电，慰问灾区人民群众，并发运优质大米 10 万斤。2003 年 10 月 25 日甘肃民乐、山丹之间发生 6.1 级地震，自治区政府即向甘肃省政府发出慰问电，并在 10 月 29 日将 10 万斤优质大米运往地震灾区；自治区地震局派出张自河、焦德成等人赴地震现场工作。

第六节　支援汶川地震灾区

2008 年 5 月 12 日 14 时 28 分，四川省阿坝藏族羌族自治州汶川县发生 8.0 级特大地震灾害后，自治区党委、政府紧急动员，成立自治区支援地震灾区抗震救灾指挥部，组织 3 个工作组到南部山区转移并妥善安置受灾群众，连夜组织救援队并调集物资，尽宁夏最大的能力支援四川灾区。

监视震情　自治区地震系统全体职工迅速到岗，立即启动应急预案，开展震情紧急应对。震后 12 分钟完成地震速报，坚持每天会商，做好震情、灾情信息收集报送、避震知识宣传、地震宏观异常收集核实工作。震情会商提出宁夏近期不会发生破坏性地震的预测意见，经报自治区领导并通过媒体向社会公布，安定人心，稳定了社会。

灾害损失调查评估　5 月 12 日 18 时宁夏地震现场工作队赶赴受汶川地震波及的宁夏南部地区和甘肃省陇南市、四川省北部市县，完成 13 个受灾区的现场调查、损失评估，对隆德县、彭阳县、西吉县、泾源县、固原市原州区、海原县开展灾害详查、损失评估工作。

宁夏南部转移安置灾民 地震波及宁夏南部受灾，固原市委立即启动固原市抗震救灾应急预案，组织人员火速奔赴各县（区），调查了解受灾情况，指导群众抗震救灾。各县（区）领导带领工作组到受灾乡镇察看灾情，紧急转移安置灾民423户共1800人。自治区民政厅紧急调运救灾帐篷安置受灾群众。5月15日，自治区政府副主席李锐带领民政、财政、地震等单位领导深入泾源、彭阳两县察看灾情，指导救灾。

捐赠款物 至5月23日，自治区通过空中和公路运输方式，向灾区发送救灾急需物资10批，其中：帐篷1220顶、棉被10000床、绒衣裤1000套、棉大衣2200件、毛毯1510条、折叠床500张、睡袋200个，还有大量药品、方便面、纯净水、牛奶、清真食品和妇幼用品等救灾物资。截至6月24日，宁夏社会各界捐款总计18286.11万元，捐物折价1137.71万元。

医疗防疫 自治区卫生部门先后组织医疗卫生防疫救援队4批70人，奔赴四川地震灾区紧急救治危重伤员87名，现场医疗救治1000多名轻伤员，协助重新消毒掩埋尸体258具。卫生防疫人员进村入户巡查集中灾民安置点50余个，集中消毒12万余平方米，受益人口13000余人。

突击抢险 宁夏消防总队紧急调集155名官兵组建地震灾害应急救援队，携带紧急救援器材转战北川县的龙湾村、双堰村10多个村庄和汶川县映秀镇，抢救被埋压人员46人（其中6人生还），营救被困人员17人，转移受灾群众144人；清理废墟杂物100余吨，帮助受灾群众抢收小麦、油菜籽，将在废墟中挖掘、发现的56万余元现金、100多万元票据和贵重财物发还群众或移交当地政府。

应急供电 银川、石嘴山供电局的2辆大功率发电车、2辆越野车、12名职工连夜集结，连续赶路1100 km抵达甘肃陇南，为受灾严重、供电瘫痪的乡镇灾区医院、居民点供电。

空中生命线畅通 驻宁空军某部完成了125吨救灾物资的空转任务，保障了158个架次的各型救灾飞机顺利起降，出动兵力2324人次，始终保持通往甘南灾区的空中生命通道畅通无阻。

保障运输救援 宁夏军区先后出动41台运输车、97名官兵，累计行程12万多千米，7次向灾区运送各类清真食品200余吨，帐篷320顶，活动板房300间，防疫药品和生活用品10多吨。武警宁夏总队组成5批抗震救灾运输保障分队，连续行军万余千米，将价值千万元的救灾物资送到灾区。

新闻采访报道 宁夏广电总台、宁夏日报记者对在四川开展工作的宁夏医疗防疫救援队和宁夏消防队进行采访。宁夏广播电视、报纸、网站等新闻媒体，对抗震救灾工作即时作了大量报道和宣传。从5月23日开始，自治区政府新闻办公室每天举行汶川地震抗震救灾新闻发布会，通报宁夏抗震救灾工作开展情况。

动员赴灾区抢险 5月22日凌晨2时，自治区主席王正伟、宁夏军区司令员陈二曦签发紧急动员命令，集结某预备役工兵团2个连220名民兵预备役人员，87台

（部）装载机、挖掘机、运输车等大型装备，13200（套）件物资器材，待命赶赴四川、甘肃灾区参加抗震救灾行动（后因故取消）。

治安防范　5月29日，由银川市特警支队组成的宁夏援川特警队120余名队员，赶赴四川什邡市等灾区进行为期3个月的治安防范工作。

先进事迹报告会　6月12日，全区抗震救灾救援先进事迹报告会在宁夏人民会堂举行。自治区领导出席报告会，各级各界负责人及机关干部、部队官兵、医护人员和学生千余人聆听报告。宁夏消防总队副总队长傅建贞、宁夏电力公司银川供电局政工部主任李劼、自治区卫生厅疾控处处长张波、武警宁夏总队直属支队副队长李志勇、大武口区前进诊所个体医生李海生、宁夏广电总台新闻部记者刘海燕先后结合个人的亲身经历作报告。随后，报告团一行到五市巡回报告。

表彰先进　6月26日，自治区党委、政府在银川召开抗震救灾先进表彰会议，表彰自治区抗震救灾先进集体11个、抗震救灾先进个人35名、抗震救灾先进基层党组织6个、抗震救灾优秀共产党员8名。

援建地震灾区过渡安置房　8月初，宁夏援建甘肃省天水市、陇南市各5000套过渡安置房的任务全部完成。

第七节　支援玉树地震灾区

2010年4月14日7时49分，青海省玉树藏族自治州玉树县发生7.1级地震，造成重大人员伤亡和财产损失。自治区地震局迅速完成地震定位后，立即向自治区党委、政府汇报，向自治区防震减灾领导小组成员单位通报，提出"派遣宁夏地震灾害紧急救援队赶赴灾区开展抗震救灾"、"有序接受社会捐助"等建议。自治区主要领导要求公安、武警、消防、卫生、地震等部门迅速启动应急预案，全力做好对口支援各项准备工作。4月15日，自治区党委、政府向青海省委、省政府发出慰问电，代表宁夏620多万回汉各族群众向玉树地震灾区人民表示亲切慰问，并捐款200万元支持抗震救灾。

现场工作队赴灾区考察　4月14日10时30分，自治区地震局派出地震现场工作队，次日到达玉树藏族自治州结古镇，对重灾区进行入户调查评估和科学考察，圆满完成结古镇到杂多县、结古镇到巴塘乡至青藏交界的地震现场工作任务。

救援队赶赴青海　4月14日19时30分，按照自治区党委、政府和公安部的统一部署，120名消防官兵及地震、卫生、建设等有关部门专家组成的应急救援队从银川出发，连夜赶赴地震灾区。15日21时救援队抵达距离灾区300公里处时，接到公安部和现场指挥部"立即返回西宁市休整待命"的命令。16日上午，救援队返回西宁市待命，后返回银川。

医疗防疫　自治区卫生厅迅速抽调 138 名医护人员、29 台救援车辆组成第一批宁夏医疗卫生防疫救援队，于 16 日 22 时抵达玉树县跑马场，进行伤员诊治、卫生防疫等工作。截止 6 月 4 日卫生厅先后派出 3 批 171 人的救援队，累计诊治 450 多人，巡诊 1000 多人次，转运危重病人 12 人，转运严重高原反应的救援人员 3 人，参与救治护理儿童 195 人次，参与手术 25 例，重症监护 8 例，助产护理 15 例。

"动中通"　自治区公安厅派出"动中通"车组，抵达结古镇后于 16 日上午开始向公安部、中央电视台传输图像。

邮政服务　宁夏邮政总公司组织的抗震突击队第一批 3 车 14 人于 16 日 23 时抵达玉树，迅速投入"全功能邮政所"架设，并随之开展了函件、物品寄递等邮政和金融存取款业务。

应急通信　中国移动宁夏分公司、中国电信宁夏公司应急通信队伍，携带应急移动通信车、光缆线路抢修车、海事卫星通信设备等，到达地震灾区后抢修机站，恢复讯号，为灾区提供应急通信保障。

运送救灾物资　银川市组织 16 辆卡车运输价值 110 万元的清真食品；自治区民政厅紧急调集 1000 台煤炉、50 套活动板房和 35 顶棉帐篷，由宁夏军区和宁夏武警总队 28 辆军车运送灾区；中卫市调运 112 吨蔬菜运送灾区。

采访报道　宁夏日报报业集团、宁夏广电总台派出报道组，深入灾区采访报道，传回灾区抗震救灾实况。

募捐　全区向灾区捐款 4319.6 万元，捐物折价 56.1 万元。

第三章　地震应急救援工作

第一节　地震应急工作组织机构

1970 年以来，自治区境内发生破坏性地震，当地政府视情成立抗震救灾指挥部，统一组织指挥抗震救灾工作。自治区和各地、市、县（区）人民政府、有关部门、单位和大中型企业、学校、乡镇，成立防震减（救）灾领导小组或指挥部，在破坏性地震发生后转为抗震救灾指挥部。全区形成以政府为主导的地震应急领导和以政府各职能机构、专业救援队伍、社会力量为主体的地震应急工作体系。

一、自治区抗震救灾指挥部

自治区抗震救灾指挥部指挥长由自治区防震减灾领导小组组长担任，副指挥长由领导小组副组长担任，指挥部成员由领导小组成员组成，指挥部办公室设在自治区地震局。指挥部的主要职责是：及时向国务院上报最新震情和灾情；确定应急工作方案；部署和组织自治区有关部门和有关地区对受灾地区进行紧急救援；调派宁夏地震灾害紧急救援队并协调宁夏军区和武警宁夏总队迅速组织救援力量参加抢险救灾，协调兰州军区驻宁部队空中支援；必要时，提出跨省（区、市）的紧急应急措施以及干线交通管制等紧急应急措施的建议；承担其他有关地震应急和救灾的重要工作。

二、自治区人民政府应急管理机构

自治区人民政府应急办公室于 2007 年 12 月设置，负责包括地震灾害在内的突发性灾害事故的行政管理工作。2009 年 1 月，设在自治区政府大楼一层的应急指挥中心正式启用。自治区人民防空指挥所同时是自治区应急指挥部，为自治区政府应急指挥的备用场所。

三、宁夏防震减灾应急指挥中心

应急指挥中心场所　2003 年 7 月，宁夏防震减灾应急指挥中心大楼开工建设，2005 年 9 月建成，位于银川市兴庆区北京东路 244 号自治区地震局院内。自治区抗震救灾指挥部位于中心大楼裙楼 2 层，面积 300 m²，其中指挥大厅240 m²，计算机机房

40 m², 工作室 20 m²。建成地震应急物资储备库。

固原市、吴忠市建成地震应急指挥中心，市 县也利用现有建筑物改建成应急指挥中心，为本级政府指挥抗震救灾活动提供支撑。

地震应急指挥技术系统 应用计算机技术、通信技术、信息技术和地震灾害损失评估模型研究的最新成果，建成自治区地震应急指挥技术系统及地震现场应急技术系统，建成石嘴山市、固原市 2 个大中城市地震应急灾情上报系统。为自治区政府开展地震应急、实施抗震救灾指挥提供指挥场所和各种必要的技术手段。地震发生时，在基础数据库和现场信息的支持下，迅速判断地震的规模、影响范围、损失等情况，并据此提出系列科学的救灾和调度方案，协助指挥人员实施各种地震救灾行为，实现地震应急信息快速传递、高效处理，提高应急救灾指挥与决策的技术水平，最大限度地减少震时的混乱和人员伤亡。技术系统的主要内容有：地震应急救援组织指挥系统、地震应急预案管理系统、地震应急指挥技术系统（指挥、信息、对策、震情、灾情、灾害损失评估评定、大震现场科学考察、震害预测）、地震应急救援队伍系统、应急宣传系统、地震应急检查系统、建（构）筑物抗震设防能力、应急物资储备、建立应急避难场所系统等。

四、自治区地震局应急组织机构

2005 年 12 月设置应急救援处，负责全区地震应急救援的协调服务行政管理工作。此前的应急管理工作由监测预报处、震害防御处负责。2010 年 12 月，机关服务中心更名地震应急保障中心，调整工作职责，调配专业技术人员，负责防震减灾应急指挥中心的日常管理服务和应急救援后勤保障工作。

自治区地震局地震应急工作领导小组（发生重大地震灾害转为抗震救灾指挥部）组长由局长担任，副组长由分管副局长担任，成员由局属各部门、单位的负责人组成，日常工作由应急救援处承担。

五、地震现场应急工作队

强烈地震发生后，地震部门工作人员立即到岗，分析测定地震参数，并迅速上报有关领导机关，根据实际情况组织现场工作队赴震区进行调查和监视工作。为使地震现场应急工作常备不懈，2006 年 6 月，自治区地震局成立宁夏地震现场应急工作队，队员 44 人，实行 AB 制，队长由副局长担任，副队长由相关部门负责人担任，下设震情分析预报组、地震监测及通讯保障组、灾害损失评估及科学考察组、后勤保障组、地震知识宣传组、新闻发布组、综合协调组，分别由部门负责人、专家和专业技术人员组成。开展地震监测、灾害损失评估、科学考察、通讯保障、后勤保障、新闻报道等工作。配置流动监测仪、海事卫星通讯系统、GPS 定位仪、笔记本电脑、数码照相机、地震现场工作车辆、帐篷等地震应急设备等，配备个人生活装备。2010 年 12 月，改装一辆现场应急通讯指挥车。2011年7月，队员扩充到55人。

六、宁夏地震灾害紧急救援队伍

2004年8月，自治区政府决定组建以自治区消防总队为主、有关部门参加的综合救灾救援队伍，购置应急救援专用设备。12月12日，自治区政府在银川光明广场召开宁夏地震灾害紧急救援队成立大会，马启智主席宣布宁夏地震灾害紧急救援队成立并授旗。中国地震局副局长赵和平、紧急救援司司长黄建发，公安部消防局战训处处长牛跃光大校，自治区领导余今晓、张来武、李增林、王乃勤与会。宁夏地震灾害紧急救援队依托宁夏消防总队银川支队特勤大队为主力，地震、建设、医疗等专业技术人员参加，共有100名队员。配备生命探测仪、液压破拆、侦检、起重、移动照明等救援专业装备、设备和全套个人防护装备。以整合电力、电信、交通、自来水等单位的各行业救援资源为基础，设区的市人民政府相继组建了应急救援队伍，灵武市、青铜峡市等地相继成立了10多支市县级地震灾害紧急救援队。部分大中型企业依托已有抢险救灾队伍建成地震紧急救援队。组建了城市社区地震应急救援志愿者队伍1300多人。到2011年底，宁夏地震灾害紧急救援专业队伍依托宁夏消防、宁夏武警、21军工兵团，建立了三支地震灾害紧急救援队伍，救援装备更加齐全和先进，队伍的应急救援能力得到不断提高。建立了自治区级地震灾害紧急救援队伍联席会议制度。选送指挥员和骨干队员50多人到新加坡民防学院和国家地震灾害应急救援凤凰岭训练基地进行培训。

七、地震灾害损失评定委员会

1993年，自治区政府发布《宁夏回族自治区地震灾情上报规定》，各地建成乡镇一级地震灾情速报网。1994年9月，自治区地震灾情评估委员会成立，后更名自治区地震灾害损失评定委员会。主任委员由自治区地震局专家担任，副主任委员由自治区发改委、经济委员会、民政厅、建设厅、水利厅的专家担任，委员由发改委、财政厅、民政厅、城乡建设厅等单位专家23人组成。自治区地震灾害损失评定委员会办公室设在地震局，负责日常工作。1997年8月、2001年12月、2005年9月、2008年5月对评定委员会委员进行调整。

第二节　地震应急预案

1991年1月自治区政府制订《宁夏地震防灾减灾综合对策方案（试行）》，1992年3月制订《宁夏破坏性地震应急反应预案》。各地、各有关部门、单位相应编制了破坏性地震应急反应预案，并报当地同级地震部门备案。1997 年 5 月，根据国务院《破坏性地震应急条例》，第 3 次修订《宁夏回族自治区破坏性地震应急预案》。为与《国家地震应急预案》和《国家突发公共事件总体应急预案》相衔接，根据《宁夏回族自治区突发公共事件总体应急预案》，2006 年 5 月第 5 次修订《宁夏回族自治区地震应急预案》，其内容包括总则、组织指挥体系及职责、预警和预防机制、应急响应、震后处置、保障措施、其他地震突发事件处置和附则等 8 个部分。2009 年 1 月，自治区政府印发《宁夏回族自治区应对中强地震灾害工作方案》，进一步明确承担地震应急任务单位的职责任务和工作程序。地震应急预案对一般破坏性地震、严重破坏性地震、造成特大损失的严重破坏性地震后，有关市、县（区）政府和自治区政府以及相关部门的应急反应责任、程序作出明确详细的规定。

至 2011 年底，全区 100% 的市、县级政府和 90% 的乡（镇）政府编修了地震应急预案；100% 的市县（市、区）地震局重修了地震应急预案；70% 的人口比较密集的中学、公共车站、医院、影剧院，大中型企业、生命线工程的单位制定了地震应急预案；部分街道办事处、社区制定了地震应急预案。基本上形成了横向到边、纵向到底，分级、分类、分部门管理的相对规范的地震应急预案体系，并在各种地震应急准备和演练活动中发挥了重要作用。

第三节　地震应急救援演练

一、以演练检查地震应急预案

1998 年 4 月，自治区政府副主席刘仲带队，分成南、北两个检查组，对 9 个重点市县和 31 个重点单位的地震应急工作进行现场检查。重点检查邮电局、电信局、供电局、自来水公司、交通局、医院、消防队、广播电台、电视台、武装部、武警部队等单位的地震应急工作，模拟 6 级地震发生后的实地演练。对检查出的问题，责成有关单位予以改进。2006 年 10 月，自治区政府副主席张来武带队，实地检查宁夏南部山区地震应急工作，抽查应急物资储备情况，观看学生地震应急演练，为固原市、中卫市、海原县、西吉县等地解决应急经费困难。

二、9·21 宁夏地震应急演习

2005 年 2 月，自治区党委要求组织地震应急演习，政府安排自治区地震局牵头筹备落实。地震局与相关单位沟通协商后，拟定地震应急模拟演习方案。7 月 28 日，自治区政府副主席张来武主持召开宁夏地震应急演习协调专题会议，部署应急演习任务。

嗣后，在综合演习场地三次合练。9 月 12 日，宁夏地震应急演习指挥部召开新闻发布会通报应急演习事宜。9 月 21 日，自治区组织的全国省级最大规模的地震应急演习在银川体育场举行，张来武担任演习总指挥，演习于 8 时 15 分开始，12 时结束。自治区党政军领导和区内外嘉宾 500 人观摩了演习。自治区党委宣传部、政府办公厅、宁夏军区、宁夏地震局、宁夏地震灾害紧急救援队、武警宁夏总队、消防总队、公安厅、交通厅、卫生厅、民政厅、建设厅、商务厅、财政厅、电力公司、通信管理局、广电总台、银川市人民政府等 18 个厅局、单位及其所属专业队伍的 1200 多人、300 多辆机动车参加了实战演习，演习了地震监视、人员抢救与工程抢险、医疗救护与卫生防疫、交通恢复、通信恢复、电力抢修、食品物资供应、灾民安置、公共设施抢险、社会治安、重要目标警卫、次生灾害防御和宣传报道等 13 个科目。

中国地震局副局长赵和平带领代表团指导演习活动，国家地震灾害紧急救援队 30 多名队员、4 辆救援车、2 条搜救犬、2 架直升飞机参加联合演习。这是国家地震灾害紧急救援队首次与地方救援队伍进行的联合演习。自治区党委书记陈建国和自治区政府主席马启智利用卫星电话与中国地震局局长陈建民通话，对演习取得圆满成功互致祝贺。陈建国和赵和平讲话，指出这次演习组织周密、演习规模大、参演单位多、演习科目全、复杂程度高，涉及到地震应急救援的各个环节，检验了指挥能力、协同作战能力、后勤保障能力，检验了前方作业与后方指挥、地面救援和空中协同、前期灾害评估和后续应急处置能力，是对自治区政府各部门地震应急处置工作的全面检验，也是对宁夏地震应急预案的全面检验。10 月 21 日，自治区政府召开宁夏地震应急演习总结暨表彰大会，对演习工作全面总结，表彰了宁夏地震应急演习 18 个先进集体和 105 个先进个人。

三、国动委抗震救灾救援行动实兵演习

2006 年 7 月 28 日，兰州军区国防动员委员会在银川召开战区国动委四次全会。国务院、总参谋部、国家国防动员委员会、兰州军区国防动员委员会、西北五省（区）有关领导参加会议。会议期间，宁夏军区国动委以银川市发生破坏性地震为背景，在宁夏人民防空指挥所举行了抗震救灾救援行动实兵演习。宁夏军区副司令员高雷和地震局局长张思源采用多媒体形式，依托人民防空指挥技术系统，分别模拟报告地震灾情速报、灾害损失预测、抢险救灾建议，对驻军和救援队下达抢险救援命令。自治区国动委领导、宁夏军区机关、五个设区的市国动委和银川市、石嘴山市民兵预备役人员，武警宁夏消防总队、军区独立步兵团官兵共 1498 人参加演练，动用各类车辆、机械 233 台。

四、人员密集场所地震应急演练

2008 年 10 月，自治区防震减灾领导小组在新华百货商店有限责任公司、宁夏大

学、中卫市第四中学和第六小学、固原市行政中心5个人员密集单位举行地震应急演练活动。自治区政府副主席、防震减灾领导小组组长李锐观摩了这些单位的演练。演练活动主要以政府应急反应、指挥，各部门密切配合、紧急互动、应急保障及民众尤其是学生自救互救、应急避险为主，检验政府部门及演练单位地震应急预案的操作性，增强民众应急避险意识，提升应急处置能力。

五、宁夏地震灾害应急响应桌面推演

2008年12月，宁夏地震灾害应急响应桌面推演在地震应急指挥中心举行。自治区政府副主席、防震减灾领导小组组长李锐和防震减灾领导小组成员，各市县分管领导及地震局长92人观摩演练。演练模拟固原市原州区中河乡发生6.8级破坏性地震造成的直接灾害和各种次生灾害出现后，自治区防震减灾领导小组与事发地市政府联动指挥，调配社会救灾资源，发挥行业优势，共同抵御突发事件的过程。

六、"5·12"宁夏地震应急实战演习

2009年5月12日，自治区政府组织的宁夏地震应急实战演习在银川体育场举行。自治区党委书记陈建国、自治区政府主席王正伟等16名省（军）级领导及有关部门负责人现场观摩指导。自治区政府副主席李锐担任演习总指挥。演习模拟5月12日14时28分04秒，银川市永宁县境内发生6.8级破坏性地震后，自治区防震减灾领导小组成员单位、各有关部门开展的地震应急快速反应和紧急救援行动。第一部分为模拟地震发生以及群众自救互救演练，第二部分为领导机构的快速应急反应演练，第三部分为地震灾害现场应急实战救援演练。自治区政府办公厅、宁夏军区、武警宁夏总队、消防总队、地震局、交通厅、卫生厅、民政厅、建设厅、商务厅、电力公司、通信管理局等17个单位及其所属专业队伍1600多人、200多辆机动车参加实战演习。进行了群众紧急疏散、自救互救、震情监视、搜救埋压人员、医疗救护、卫生防疫、公共设施抢修、灾民安置、社会治安维护、次生灾害预防和宣传报道等30多个科目表演。王正伟主席在演习结束后讲话，对地震应急实战演习的组织领导、指挥协调、救援行动和技术保障给予肯定。

全区各地在5月12日前后都组织了地震应急救援演习和群众紧急疏散避险演练，党政军主要领导带头和机关工作人员一起参加演练活动。共有1247个部门单位，3312个学校、医院、商场等，310个城市社区、居委会，249个乡镇，1036个行政村参加地震应急演练活动，出动演练队伍2147人，车辆1937辆，参与人数达到176万人。各新闻媒体对演练进行了跟踪报道。

七、区域联动应急演习

2007年6月26日，宁夏地震灾害紧急救援队和宁夏地震现场工作队根据西北区域

地震应急联动协议，组派队伍参加陕西省在宝鸡组织的地震应急演习；2010 年 9 月 14 日内蒙古自治区举行"蒙西–2010"地震应急演练，宁夏地震灾害紧急救援队组派队伍参加。

第四节　应急物资储备

2004 年，自治区政府安排专项资金 500 万元建设自治区级救灾物资储备库：银川市 1188 m²，吴忠市 500 m²，中卫市 500 m²，石嘴山市 500 m²。2006 年，自治区民政厅自筹资金 160 万元建成 2 号储备库 1548 m²。2007 年，自治区政府投资 120 万元，在海原县建成 500 m² 的自治区级救灾物资储备库。同年争取到民政部调拨 36 m² 救灾指挥帐篷 100 顶。6 个自治区级救灾物资储备库仓储面积 5000 多平方米，储备救灾帐篷、折叠床、御寒衣被、雨衣、应急发电机、铁锹、蜡烛等 12 个种类，价值 3000 多万元的救灾物资。

自治区商务厅储备食糖 2000 吨、食盐 2000 吨、纯棉白布 30 万米、镀锌铁丝 100 吨，对生活必需品市场具有一定的调控能力。确定了区内应急商品储备骨干企业，建立宁夏华联商厦、宁夏新华百货购物中心、宁夏新华百货连锁超市公司等骨干流通企业和宁夏广厦矿泉水、宁夏禾露饮用水厂、康师傅矿泉水等骨干生产基地，并建立骨干企业名录库。确定这些企业为宁夏市场样本监测单位，及时掌握重点企业方便食品、饮用水、毛衣、毛裤的市场销售和库存动态。如遇大的自然灾害，随时调动相关企业承担有关应急商品的供应；如仍不能满足需要，可向邻近省区及国家商务部请求支援。

制定了自治区救灾物资储备应急预案、救灾储备物资管理办法、救灾储备物资管理实施细则，基本形成了互为补充、互相支持的自治区、市、县（区）三级救灾物资储备网络体系。

第五节　应急避难场所

自治区在城镇建设总体规划、旧城改造、新区建设中，对于紧急避险通道、避难场所设置、措施都有明确规定，并且规定了建筑密度、人口密度、房屋间距、房屋高度、市区道路、构筑物的安全地带。各地在建设规划中，基本上能够执行有关规定。对学校、医院、宾馆、大型商场、影剧院、车站、清真寺等人员集中的单位，要求制订破坏性地震应急预案，报当地地震部门批准；紧急避险通道要有明确的标志，保持畅通无阻；各地的公园、绿地均确定为未来的避难场所。

2006 年 7 月，自治区政府批转地震局、发展和改革委员会、建设厅、财政厅、民政厅、国土资源厅《关于贯彻落实推进地震应急避难场所建设的意见》。五个设区的市及全区各县，逐步建设地震应急避难场所。2011 年 6 月，自治区地震局将银川市海宝公园和宁夏中心体育场列为全区示范性应急避难场所。全区应急避难场所设置情况见表 8-2。

表 8-2　宁夏回族自治区应急避难场所设置表

内容 地区	已建应急避难场所			"十二·五"期间拟建应急避难场所		
	场所数量 （个）	面积 （万平方米）	可安置 人数（万）	场所数量 （个）	面积 （万平方米）	预计安置 人数（万）
银川市	18	382	66	20	584	108
石嘴山市	16	444	50	17	457	52
吴忠市	9	37	12	10	48	14
中卫市	4	46	7	4	46	7
固原市	3	11	5	4	24	8

第六节　检查地震应急工作

2002 年 9 月，以中国地震局副局长岳明生为组长，国务院办公厅、国家计委、国家经贸委、民政部等部门人员组成的全国地震应急工作检查组，听取自治区政府介绍近年宁夏开展地震应急工作的情况，先后到银川市、石嘴山市、吴忠市等地采用查看资料、质询、实地调查及随机突击抽查、明查与暗访相结合的方式，实地检查了自治区交通厅、宁夏石化公司、宁夏大元集团公司、青铜峡铝业集团，突击抽查了石嘴山市水务局、宁夏大学附属中学、银川市供电局等单位的地震应急工作。检查组认为，宁夏地震应急工作基本符合《防震减灾法》和《破坏性地震应急条例》的要求，针对宁夏地震应急工作中存在的问题，提出改进建议。

2005 年 12 月，以中国地震局副局长刘玉辰为组长，由中国地震局、全国人大教科文卫委员会和国务院法制办公室组成的国家防震减灾行政检查组，对宁夏地震应急工作进行了检查。

2008 年 3 月，自治区政府应急管理办公室、地震局、发改委、经委和民政厅等单位共同组成自治区地震应急工作检查组，对各市县地震应急预案的制定或修订、备案和预案演练、预案动态管理，地震应急机构与队伍建设，应急避难场所建设，救援资金与物资及设备储备情况等地震应急管理工作进行了检查。

2009 年 5 月，自治区党委办公厅、政府办公厅和地震局组成联合督查组，对 5·12 地震应急演练活动情况督查，重点抽查石嘴山市、吴忠市、灵武市、中宁县、西吉县。督查组通过听取汇报、查阅资料、座谈询问、实地查看、反馈交流等方式进行督查，重点了解活动的组织领导、防震减灾知识宣传、地震应急演练等情况。针对存在的问题，督查组向有关党委、政府反馈并提出改进要求。

第九篇
地震科研

1962 年初，中国科学院西北分院兰州地球物理研究所在宁夏设立地震研究分室，开始了宁夏地震科学研究和地震观测。50 年来，地震科学工作者利用历史地震资料和宁夏地震台网资料，采用多种方法和理论，在地震科学领域进行了多方面的探索和研究，取得了一批研究成果。宁夏地区历史和现今地震活动频繁，从南到北大地震遗迹、遗址历历在目，吸引国内外地学研究机构和专家来宁开展地震考察和合作研究活动，推动了宁夏地震科学技术研究工作，培养出一批优秀的地震科学技术人才。宁夏地震及相关部门的科技与管理工作者，在古地震、地震活动性、地震地质、地震监测预报、地震灾害、地震考察、工程地震等方面进行多年探索和研究，取得一批成果，独立或与其他单位合作研究获得国家级科技进步奖 2 项；省部级科技进步奖 15 项；国家地震局专项奖 11 项；宁夏回族自治区地震局科技进步奖、防震减灾优秀成果奖 121 项。出版专著书籍 16 本，在国内外多种公开刊物上发表学术论文 350 余篇。1981 年以来，有 13 批外国专家 33 人次来宁，对海原、固原、中宁、石嘴山和银川等地的活动断层、古地震断层、地震堰塞湖、地震形变带及历史地震遗迹进行野外考察、地质填图，开展断层活动性和地震重复率的合作研究，进行学术交流。自治区地震局科技人员先后有 50 多人次到美国、德国、法国、菲律宾、朝鲜、墨西哥、泰国、日本、英国、意大利等国家进行地震科技合作、考察和学术交流活动。自治区政协开展宁夏地震灾害与对策研究课题，促进自然科学与社会科学有机结合，为防御与减轻地震灾害的科学发展起到积极作用。

第一章　地震考察研究

第一节　大地震考察研究

一、1920 年海原 8.5 级地震

翁文灏、谢家荣等人科学考察　海原 8.5 级地震发生 4 个月后，北洋政府内务部、农商部和教育部委派中央地质调查所和北京大学的翁文灏、谢家荣、王烈、苏本如、易受楷、杨警吾六人对震区考察。谢家荣指出："这次考察不仅为普通的调查，尤注意科学之研究，故除调查震害状况、勘察山崩地裂之现象外，复从事地质之考察，俾明此次地震之起源及地壳之关系焉"。这次科学考察在中国地震史上尚属首次，标志着中国现代地震科学的兴起。考察历时 4 个月，取得大量丰富的第一手资料，经过总结，提交了《民国九年十二月十六日甘肃的地震》等近 10 篇报告。这些报告涉及海原地震时的景象、余震活动、人口伤亡、山崩地裂、建筑物的破坏、地震之原因、震害与地质地形之关系以及地震烈度分布等。考察结束以后，翁文灏就震区善后事宜、灾民居住、水利修复等问题以及地震研究设施、机构和人才问题提出对策意见和建议，呈报北洋政府。

翁文灏等人对海原地震的科学考察，促进了中国现代地震科学的兴起和发展，在地震史上具有划时代意义。著名地球物理学家傅承义教授认为："用现代科学方法考察地震，在中国可以说是从 1920 年海原地震开始的"。

外国人考察　海原地震发生后，国际饥饿救济协会的 J·W 霍尔、U·克劳斯、E·麦克考尔密克 3 人到震区考察，是最早涉足海原震区的外国人。他们发表"在山走动的地方"一文，对地震滑坡等灾害作了生动具体描述。

1958 年以来考察研究　1958 年，郭增建、蒋明先、刘成吉、赵荣国、安昌强、王贵美 6 人组成地震考察队进入震区实地考察 1 个月；此后，阚荣举、唐铭麟、朱皆佐、李玉龙、康哲民、陈立军、冯学才、徐煜坚、时振梁、徐静明、姚俊义、贾云鸿、吕田保等人到震区实地考察。1981～1987 年，国家地震局地质研究所和宁夏地震局合作，开展海原活动断裂带 1∶50000 地震地质填图及活动速率的研究，参加研究的人员主要有邓启东、张维岐等。1982～1985 年，美国麻省理工学院大气、地球和行星科学系、

国家地震局地质研究所和宁夏回族自治区地震局合作，开展宁夏南部活动断裂与大地震复发率的研究。参加研究的人员，美方：P. 莫尔纳（P. Molnar）教授、B. C. 贝奇菲尔（B. C. Burchfiel）教授、L. 雷登（L. Royden）博士和我国留美博士生张培震；中方：邓启东、汪一鹏、宋方敏、张维岐、焦德成。1982 年，郭增建等赴震区考察研究。1983 年，刘百篪等对 1920 年海原地震地表破裂带及景泰地区断裂带上的古地震事件进行了研究。1983～1985 年，国家地震局地球物理研究所和宁夏地震局开展 1920 年海原 8.5 级地震的地震断层带及孕震考察研究，参加研究的人员有环文林等。1995～1997 年，冉勇康等人进行海原断裂主要活动段的重复破裂特征细研究。1996～2000 年，闵伟等人对海原断裂带古地震活动与强震复发间隔进行了研究。

二、1739 年平罗 8 级地震

1958 年，中国科学院地球物理研究所地震研究室地震考察队根据调查考察材料和历史记载，判断 1739 年地震的烈度为 X～XI 度，于 1958 年 9 月提交《1739 年贺兰山大地震调查报告》。1960～1961 年，宁夏科委地震工作组对 1739 年平罗地震多方搜求、推敲地震历史记录，在大地震现场遗迹核对、考证，并与震区 70 岁以上老人的传闻相印证。研究认为 1739 年大地震烈度应为Ⅷ度至Ⅸ度，震中区在新渠、平罗一带，地震可能与黄河沿岸一带某一隐伏断裂有关。1965 年，中国科学院西北分院地震考察队对宁夏黄河流域地区进行地震考察研究，对比新发现的一些家谱、手稿和碑记等原始资料与《中国地震资料年表》记载的破坏程度相符；现场考察地震破坏的遗迹也发现贺兰山边的破坏并不严重，认为极震区只限于银川至平罗一带，银川位于极震区南半部内，烈度 X 度弱。考察队注意到极震区内地陷现象极为严重，如银川城基陷入地中，满城四门下陷，宝丰城、新渠城都下陷了。认为宁夏科委地震工作组的意见比较正确。

三、宁夏境内大地震

1965 年 4 月，中国科学院地球物理研究所、兰州地球物理研究所、兰州地质研究所和宁夏地震研究分室组成考察队，分 6 个学科组，考察了北起石嘴山，南至中卫和靖远，西起巴音浩特，东至黄河以东地区。重点对 1561 年中宁 7¼ 地震、1709 年中卫 7½ 震、1739 年银川–平罗 8 级地震考察研究。1965 年 8 月，提交《宁夏地震考察研究初步报告》。

四、1709 年中卫 7½ 级地震

1965 年 4 月，中国科学院地球物理研究所等对中卫地震考察中，发现的石碑和其他实物较多，经分析研究，认为地震烈度不至于达到 X 度，作 IX 度比较合乎实际情况；地震轻破坏区的范围也显示出北西西向的长轴方向。发现黄河南的宣和堡是一个

小区域烈度剧增的地区。1987 年 8 月，宁夏地震局崔黎明等对中卫地震烈度作比较系统的考察，提交《1709 年 10 月 14 日中卫南地震烈度核查报告》，核实中卫地震的震中烈度为 IX 度，圈定了 IX 度区和破坏区的范围。

五、古地震研究

1980 年，朱海之在中宁开创宁夏境内古地震研究的先河。此后，宁夏和中国地震局地质研究所的专业技术人员沿银川地堑的东、西两侧的活动断裂、海原活动断裂带、天景山活动断裂带和罗山东麓活动断裂带开展了古地震研究工作。

第二节　现今地震考察研究

1962 年海原 5.0 级地震　1962 年 7 月 27 日，海原县树台发生 5.0 级地震；1962 年 10 月 9 日，西吉县火石寨发生 4.7 级地震。宁夏地震研究分室朱皆佐于 11 月 9 日赴海原县李俊、西安州、干盐池等地调查，走访当地居民，划定这两次地震的高烈度区和强有感区。考察确定震中烈度为 VI 度。

1962 年灵武 5.4 级、5.5 级地震　1962 年 12 月 7 日，灵武县郝家桥发生 5.4 级地震，12 月 18 日又在灵武县崇兴发生 5.5 级地震。震后，中国科学院兰州地球物理研究所和宁夏地震研究分室立即派人到震区考察，对建筑物的破坏情况详细调查，走访当地居民震感情况。确定了地震的宏观震中，震中烈度为 VII 度。编写了《灵武、吴忠地震建筑物受害情况调查报告》。

1970 年西吉 5.5 级地震　1970 年 12 月 3 日，西吉县蒙宣发生 5.5 级地震。震后国务院地震办公室主任张魁三等 5 人到震区指导工作，兰州地震大队、宁夏地震前兆队、陕西地震队、新疆地震大队等单位 51 人到震区考察、监测。确定震中烈度 VII 度强，提交了《一九七〇年十二月三日西吉地震考察总结》《一九七〇年十二月三日宁夏西吉地震宏观地震地质调查小结》《宁夏西吉地震农村建筑抗震调查报告》《1970 年宁夏西吉地震调查报告》《一九七〇年十二月三日宁夏西吉 5.5 级地震前后的认识》《西吉地震前兆总结》。

1971 年吴忠 5.1 级地震　1971 年 6 月 28 日，吴忠市高闸发生 5.1 级地震。宁夏地震队和自治区地震办公室组成现场工作队考察，确定震中烈度为 VII 度，划定了极震区范围和 VI 度、V 度区界线，编写了房屋震害调查报告。

1982 年海原 5.5 级地震　1982 年 4 月 14 日，海原县蒿川发生 5.5 级地震。宁夏地震局、国家地震局兰州地震研究所、固原行署地震工作办公室立即派人携带流动观测仪器赶赴震区工作，4 月 16 日国家地震局地球物理研究所时振梁等 6 人赶赴震区，进行现场震情监测和地震考察。经过 8 天对地震的宏观震中、烈度、影响场、发震构造及未来地震趋势的考察研究，确定震中烈度为Ⅶ度，提交《一九八二年四月十四日海原 5.7 级地震总结》。

1984 年灵武 5.3 级地震　1984 年 11 月 23 日，灵武县新华桥发生 5.3 级地震。宁夏地震局立即组成震区指挥部、考察组、临时观测组赴震区，临时观测台设在新华桥园艺场，记录了 427 次余震。考察组人员沿途询问、勘察地震破坏情况，到极震区逐村逐户访问调查。查清了Ⅶ度区、Ⅵ度区的范围及震害，确定震中烈度Ⅶ度弱。提交《1984 年 11 月 23 日灵武 5.3 级地震烈度调查资料》《灵武 5.3 级地震的烈度和发震构造初探》两份报告。

1987 年灵武 5.5 级地震　1987 年 8 月 10 日 21 时，灵武县崇兴发生 5.5 级地震。震后 3 分钟，宁夏地震局震情应急领导小组组长吴建明主持召开应急会议，各组按大震应急方案立即开展工作。震区临时观测台网组赶赴灵武，在新华桥园艺场架设地震观测仪，震后 1 小时正式观测；震中宏观调查组分两组向震区出发，沿途调查地震破坏情况。确定震中烈度为Ⅶ度，提交《1987 年 8 月 10 日灵武 5.5 级地震烈度报告》《1987 年 8 月 10 日灵武 5.5 级地震烈度调查资料》《1987 年 8 月 10 日灵武 5.5 级地震照片集》。

1988 年灵武 5.5 级地震　1988 年 1 月 4 日，灵武县东塔发生 5.5 级地震，当月 10 日，灵武县郭桥发生 5.0 级地震。1 月 4 日地震发生后，宁夏地震局大震应急领导小组副组长王业昌带领宏观烈度考察组、监测预报大震现场工作组赶赴震区开展考察和地震监测工作。确定震中烈为Ⅶ度，提交了《1988 年元月 4 日灵武 5.5 级地震烈度考察报告》。1 月 9 日，国家地震局副局长陈颙率专家组到震区考察。1 月 10 日地震发生后，宁夏地震局派宏观烈度调查组赴震区考察，确定震中烈度为Ⅶ度，提交《1988 年元月 10 日灵武 5.0 级地震烈度考察报告》。

1989 年固原 5.0 级地震　1989 年 11 月 2 日，固原县南郊发生 5.0 级地震。宁夏地震局大震应急领导小组组长吴建明带领地震现场工作组赶赴震区考察、监测，中国地震局兰州地震研究所派人到现场调查。确定震中烈度为Ⅵ度，提交了考察报告。

其他地震考察　1991 年 3 月 7 日中宁 4.0 级地震、1991 年 10 月 30 日同心 4.7 级地震、1992 年 3 月 9 日吴忠 3.7 级地震、1993 年 7 月 11 日同心 4.7 级地震、1993 年 8 月 12 日石炭井 4.3 级地震、1994 年 3 月 16 日永宁 4.0 级地震、1995 年 4 月 27 日中宁 4.2 级地震、1996 年 8 月 12 日贺兰 4.1 级地震、1997 年 1 月 5 日西吉 3.9 级地震、1998 年 4 月 11 日同心 4.2 级地震、1998 年 7 月 29 日海原 4.9 级地震、1999 年 3 月 18 日中宁 4.8 级地震、2001 年 5 月 21 日同心 4.3 级地震、2008 年 10 月 3 日固原 3.8 级地震发生后，宁夏地震局地震现场工作队都到震区考察，确定震中烈度，提交地震考察报告。2008 年 5 月 12 日四川汶川 8.0 地震波及宁夏南部地区，宁夏地震局地震现场工作队立即赴南部考察调查震区，确定当地烈度为Ⅵ度，并赴四川震区协助考察。

第二章　科技成果

第一节　出版物

一、专著书籍

《一九二〇年海原大地震》　国家地震局兰州地震研究所和宁夏回族自治区地震队为纪念 1920 年海原大地震 60 周年共同编著，1980 年 9 月由地震出版社出版发行。本书在国家地震局兰州地震研究所所长郭增建研究员具体指导下，由李孟銮、冯学才、孙崇绍、李龙海、秦保燕执笔编写。

《宁夏地震目录》　自治区地震局汇编，1982 年 12 月由宁夏人民出版社出版发行。汇编人员：李孟銮、王一宽、董卫国、赵知军、高祥林等。

《宁夏回族自治区地震历史资料汇编》　自治区地震局编，1988 年 7 月由地震出版社出版发行。本书在宁夏社会科学院历史研究所副研究员韩荫晟指导下，由王铁林、杜玉冰、宛燕平完成。

《鄂尔多斯周缘活动断裂系》　国家地震局《鄂尔多斯周缘活动断裂系》课题组编撰，是中国活断层研究专辑之一，1988 年 8 月由地震出版社出版发行。宁夏地震局廖玉华、崔黎明、潘祖寿、王萍参加银川盆地野外地质工作，张维岐、焦德成、柴炽章参加宁夏南部弧形断裂束地质研究；崔黎明为写书工作组成员。

《海原活动断裂带》　国家地震局地质研究所和宁夏回族自治区地震局合作完成，1990 年 4 月由地震出版社出版发行。邓起东、张维岐主编，宁夏地震局撰稿人员：张维岐、焦德成、柴炽章。

《银川平原地震区划研究》　自治区地震局孟广魁主编，1994 年 4 月由宁夏人民出版社出版发行。副主编：王增光；编者：孟广魁、王增光、廖玉华、王萍、董卫国、赵卫明、崔黎明。

《地震防御与减灾》　为纪念唐山地震 20 周年，自治区地震局组织编写，1996 年 7 月由宁夏人民出版社出版发行。万自成、张思源、刘登齐、杨廷俊编写。

《宁夏回族自治区地震监测预报方案（试行)》　自治区地震局编，是中国地震局省级地震监测预报方案丛书之一，2001 年 12 月由地震出版社出版发行。编委会主任：

万自成，副主任：张思源，主要编写人员：万自成、王建功、刘琨、孙立新、许文俊、赵卫明、张文孝、张自河、张进国、张思源、杨明芝、金延龙、封德春、常晟勇、蒙和平。

《宁夏地震诱发黄土滑坡》 宁夏大学研究员袁丽侠著，2005 年 9 月由宁夏人民出版社出版发行。

《宁夏自然灾害防灾减灾重大问题研究·地震灾害卷》 自治区地震局组织编写，2005 年 11 月由宁夏人民出版社出版发行。该书是自治区政府组织开展的宁夏自然灾害防灾减灾八个重大问题研究内容之一。主编：张思源，副主编：张进国，撰稿：张思源、张进国、李根起、封德春、孙立新、李鸿庭、周德宁、金延龙、马文娟、焦德成、周莉萍、李惠智、许文俊、张自河。

《宁夏回族自治区地震监测志》 自治区地震局组织编写，2006 年 5 月由地震出版社出版发行。主编：万自成，副主编：刘琨、张自河（常务），撰稿：万自成、刘琨、张思源、马贵仁、张自河、蒙和平、许文俊、李惠智、孙立新、吴隽、张进国。

《宁夏地震诱发黄土滑坡图集》 宁夏大学研究员袁丽侠著，2006 年 10 月由地质出版社出版发行。

《在山走动的地方》 宁夏广播电影电视局牛中奇为主编，田海波、高武为副主编，马力、张进国、李宝宁、田海波、高武、刘伟、邬志斌等撰写，2006 年 12 月由宁夏人民出版社出版发行。

《宁夏地震活动与研究》 自治区地震局杨明芝、马禾青、廖玉华编著，2007 年 12 月由地震出版社出版发行。

《海原大地震·1920》 为纪念海原大地震 90 周年，自治区地震局、中共海原县委和海原县人民政府编著，2010 年 12 月由黄河出版传媒集团阳光出版社出版发行。编委会主任：张思源，副主任：王文宇、马新民；主编：马新民，副主编：孙立新、王兴文；编辑：闫冲、吴隽、刘刚、田玉龙、李进兴、赵廷虎、王炳军。

《银川市活动断层探测与地震危险性评价》 该书是中国城市活动断层探测丛书之一，自治区地震局实施完成，2011 年 4 月由科学出版社出版发行。主要作者：柴炽章、孟广魁、马贵仁、刘保金、廖玉华、杜鹏、王银、雷启云、宋方敏、赵卫明、张学辉、谢晓峰、盛菊琴。

二、图集（图件）

1:50 万《宁夏回族自治区构造体系与震中分布规律图》及说明书 1976 年由宁夏地质局研究队马云超主编，宁夏地震队崔黎明编辑，于 1979 年完成。

宁夏地震构造图（1:175 万） 1980 年由宁夏地震局和宁夏地质研究所协作完成。主要完成人：廖玉华、崔黎明、潘祖寿、刘霄祥。

《中国活断层图集》中的宁夏地区活断层图件　1983年宁夏地震局参加编绘，1989年由地震出版社、西安地图出版社出版。主要完成人：廖玉华、张维岐、焦德成、柴炽章。

《宁夏回族自治区国土资源地图集》中的"宁夏地震"图（1∶130万）　1988年由自治区地震局编绘，1990年12月由中国地图出版社出版。主要完成人：白铭学、崔黎明、董卫国。

《宁夏回族自治区资源环境地图集》中的"地震"图（1∶180万）　2003年由自治区地震局编绘，2006年9月由中国地图出版社出版。主要完成人：柴炽章、廖玉华、杜鹏。

三、音像制品

《在山走动的地方》　自治区党委宣传部、广播电影电视局、地震局、海原县委和政府联合摄制，七集电视纪录片，2005年3月由宁夏大地音像出版社出版。主编导：牛中奇，撰稿：北川、雅军、张进国、刘刚等。

《9.21宁夏地震应急演习纪实》　自治区党委宣传部、地震局、广播电视总台联合摄制，电视专题片，2005年10月由宁夏大地音像出版社出版。撰稿：李根起、孙立新、李翔，摄像：刘晓龙等，解说：张巨红。

《宁夏地震应急救援行动》　自治区党委宣传部、地震局、广播电视总台联合摄制，电视专题片，2005年10月由宁夏大地音像出版社出版。撰稿：李根起、孙立新、李翔，摄像：刘晓龙等，解说：张巨红。

《银川隐伏断层探测》　中国地震局震害防御司、中国地震活断层探测技术系统项目组、宁夏回族自治区地震局于2006年3月联合摄制，专题片。撰稿：孟广魁、柴炽章、杨主恩，摄像：陈树岩等，解说：郭杰。

四、部分内部印制物

《宁夏地震工作简史（1954～1981）》　自治区地震局刘琨编写，1983年印制。

《宁夏地震台志（1954～1986）》　自治区地震局万自成、刘琨编写，1987年印制。

《建国以来宁夏破坏性地震》　自治区地震局万自成、刘登齐、王玉霞、张自河编写，1994年印制。

《宁夏地方地震工作》　自治区地震局万自成、张思源主编，张思源、王清云、吴隽、吴鸣和市县地震局王树富、杨万忠、吴广新、黄占伟等32人撰写，1998年印制。

《宁夏地震监测》　自治区地震局刘琨编写，2002年印制。

第二节　获奖成果

一、国家级科技进步奖获奖项目

鄂尔多斯周围断陷盆地带现今活动性特征及其与大震复发关系的研究　获 1990 年国家地震局科学技术进步二等奖，获 1991 年国家级科学技术进步奖二等奖，获奖人员：汪一鹏、邓起东、廖玉华（排第 8 名）等 10 人（名额有限）。

海原活动断裂带　获 1991 年国家地震局科学技术进步一等奖，获 1992 年国家级科学技术进步奖二等奖，获奖人员：邓起东、张维岐、汪一鹏、张培震、宋方敏、焦德成、陈社发、朱世龙、柴炽章。

二、省部级科技进步奖成果

断层崖研究及海原地震断层位移分布　获 1986 年度国家地震局科学技术进步三等奖，获奖人员：邓起东、宋方敏、朱世龙、汪一鹏、张维岐、尤惠川、焦德成。

宁夏南部山区震害问题研究　获 1989 年度国家地震局科学技术进步三等奖，获奖人员：白铭学、王增光。

黄河黑山峡大柳树坝址地震基本烈度复核报告　获 1989 年度国家地震局科学技术进步三等奖，获奖人员：汪一鹏、蒋溥、宋方敏、叶文华、崔黎明等。

中国活断层图集（IGCP 第 206 项——全球主要活断层特性的对比）　获 1992 年度国家地震局科技进步一等奖，获奖人员：丁国瑜、张裕明、廖玉华等。

宁夏北部及宁内交界地震重点危险区的趋势判断及中短期预报　获 1992 年度国家地震局科技进步三等奖，获奖人员：杨明芝、张文孝、任庆维、李根起、赵卫明。

黄河大柳树坝址工程地质论证　获 1994 年度宁夏回族自治区科学技术进步奖一等奖，获奖人员：胡海涛、罗国煜、廖玉华（排第 8 名，其他人员略）。

银川平原 1:50 万地震烈度区划　获 1994 年度宁夏回族自治区科学技术进步三等奖，获奖人员：孟广魁、廖玉华、王萍、王增光、董卫国、崔黎明、赵卫明。

银川基准台观测资料成果　获 1997 年度国家地震局科学技术进步三等奖，获奖人员：周辉、赵向军、蔡新华、吴隽。

天景山活动断裂带　获 1998 年度宁夏回族自治区科学技术进步二等奖，获奖人员：张维岐、焦德成、柴炽章、王增光、闵伟、廖玉华。

宁夏北部及宁蒙交界地震重点危险区地震短临追踪预报　获 1998 年度宁夏回族自治区科学技术进步三等奖，获奖人员：张文孝、赵卫明、封德春、柴炽章、许文俊、马禾青、赵知军、金延龙、兰宁。

灵武断裂晚第四纪活动习性及地震危险性研究 获 2002 年度宁夏回族自治区科学技术进步二等奖，获奖人员：柴炽章、廖玉华、张文孝、许文俊、马禾青。

黄河黑山峡地区地震地质再研究 获 2003 年度宁夏回族自治区科学技术进步一等奖，获奖人员：柴炽章、焦德成、廖玉华、张思源、马禾青、陆颜俊（宁夏区域地质调查院）、杜鹏、沈卫华。

断裂活动习性、古地震活动和大地震复发间隔的精细研究 获 2003 年度中国地震局防震减灾优秀成果二等奖，获奖人员：张培震、闵伟、冉永康、姚大全、毛凤英、张秋文、边庆凯、焦德成。

宁夏自然灾害防灾减灾重大问题研究·地震灾害卷 获 2005 年度宁夏回族自治区科学技术进步二等奖。参与人员：张思源、张进国、李根起、封德春、孙立新、李鸿庭、周德宁、金延龙、马文娟、焦德成、周莉萍、李惠智、许文俊、张自河。

宁夏石嘴山市惠农新区 D 组团住宅楼岩土工程勘察 获第三届中国地震局优秀工程勘察二等奖（2005 年度），获奖人员：王怀智、刘幸军、杨平、王增光、朱峻峡。

宁夏地震活动与研究 获 2009 年度宁夏回族自治区科学技术进步三等奖，获奖人员：杨明芝、马禾青、廖玉华。

银川城市活断层探测 获 2010 年度中国地震局防震减灾优秀成果二等奖，获奖人员：柴炽章、孟广魁、马贵仁、刘保金、杜鹏、王银、雷启云、谢晓峰、盛菊琴、张学辉。

三、宁夏回族自治区地震局科学技术进步奖、宁夏回族自治区防震减灾优秀成果奖

1983～2011 年，自治区地震局学术委员会评选出科学技术进步奖和防震减灾优秀成果奖 121 项，其中一等奖 12 项、二等奖 19 项、三等奖 58 项、四等奖 23 项、五等奖 9 项（表 9-1）。四等奖和五等奖的评选截至 2002 年。2003 年 1 月起，自治区防震减灾优秀成果奖只设一等奖、二等奖和三等奖。

表 9-1 科学技术进步奖、防震减灾优秀成果奖简表

获奖年代	序号	成果名称	获奖等级	主要完成人	备注
1983	1	宁夏及邻近地区地震震源机制与地震活动性的探讨	3	李孟銮 任庆维 赵知军	1979～1981 年度国家地震局科技成果
	2	固原地震台视电阻率的研究	4	杨明芝	
	3	红果子长城错动新知	4	廖玉华	

续表

获奖年代	序号	成果名称	获奖等级	主要完成人	备 注
1983	4	宁夏强震与深部构造	5	陈素改	1979～1981 年度国家地震局科技成果
	5	宁夏及邻区虚波速度与震源深度分布	5	赵知军　李孟銮	
	6	西海固地震	5	张思源	
	7	青铜峡地应力受力元件和悬空元件的相关关系	5	任庆维	
	8	对黄土地区地震标志的观测与分析	5	白铭学	
1985	9	宁夏地震目录	3	李孟銮　王一宽　董卫国 赵知军　高祥林等	1981～1982 年度国家地震局科技成果
	10	1982 年海原 5.5 级地震总结	4	张文孝　李孟銮　廖玉华 杨明芝	
	11	我国 8 级大震前的地震活动图像	5	李孟銮　任庆维	
	12	利用重力资料探讨宁夏地区地壳结构的基本形态及其与强震的关系	5	陈素改	
	13	宁夏地震观测系统布局方案	5	梁金仓　刘琨	
	14	初论贺兰山前洪积扇陡坎	5	张维岐	
1989	15	1984 年 11 月 23 日灵武 5.3 级地震预报	1	李孟銮　杨明芝　刘琨 廖玉华	
	16	宁夏地区地震波走时表及走时表的编制与检查	2	王绒霞　王玉霞	
	17	宁夏地震局地震台站承包责任制试行办法及观测资料质量	2	刘琨　万自成	
	18	宁夏南部山区震害问题研究	2	白铭学　王增光	
	19	利用地方震出格记录尾波测定宁夏北部及邻区 Q 值	3	杨明芝　董卫国	

续表

获奖年代	序号	成果名称	获奖等级	主要完成人	备注
1989	20	海原古地震的一个剖面	3	张维岐　焦德成	
	21	宁夏地下水位动态观测井网的技术总结	3	万自成　马贵仁　刘　琨	
	22	地电操作台	3	张思源	
	23	银川地堑新构造运动考察	3	廖玉华　潘祖寿　崔黎明	
	24	宁夏中强地震前兆及其区域地震活动特征	4	李孟銮　杨明芝	
	25	宁夏台网地震观测报告及地震目录（1982～1986年）	4	赵知军等	
	26	地办系统观测手段技术清理	4	万自成等	
1990	27	宁夏地震监视与震情分析会商系统	2	杨明芝　封德春　任庆维李孟銮	
	28	宁夏回族自治区1989年度震情研究报告	3	杨明芝　张文孝　任庆维	
	29	银川无线遥测地震台网建设	3	刘亚贤　吴致远　邢同成周志雄　班　铁　张隆生	
	30	固原Ⅰ类水化基本台建设	3	张思源　刘登齐　万自成延兴豹　姚宗智　崔福元	
	31	银川地震台测震观测资料成果（1985～1988年）	4	张进国　郭风栖　赵卫东刘保生　李惠智	
1991	32	地震分析会商软件系统	2	任庆维　陈素改　封德春赵卫明　王树清　金延龙	
	33	宁夏及邻区未来几年地震危险性研究报告	3	杨明芝　张文孝　陈素改任庆维	
	34	宁夏中强地震的异常特征及综合预报指标的再研究	3	杨明芝	
	35	宁夏地震局大震应急工作方案、宁夏地震短临预报决策方案、宁夏大震速报方案	3	万自成　张文孝　任庆维殷占魁	

续表

获奖年代	序号	成果名称	获奖等级	主要完成人	备注
1991	36	《768 单路无线地震遥测设备》由单分向改制为三分向	4	邢同成 齐俊英 张隆生	
1992	37	宁夏北部及宁内交界地震重点危险区的趋势判断及中短期预报	2	杨明芝 张文孝 任庆维 李根起 赵卫明 王 勇 马禾青	
	38	地球非潮汐、潮汐变形与重力场变化的一些新的模型研究	3	王 勇	
	39	贺兰山东麓冲沟裂点溯源迁移速率及其形成年龄的讨论	3	崔黎明 王 萍 潘祖寿 廖玉华	
	40	银川地磁台观测报告	4	蒙和平 兰 宁 陈 喜 杨树棠	
	41	比值 R 分析及其在宁夏中强地震预报中的应用	4	张东平	同心县地震办公室
1993	42	长庆石油勘探局物探处九公里基地抗震防灾规划基础研究报告	1	杨明芝 张文孝 白铭学 廖玉华 潘祖寿 柴炽章 董卫国 金延龙 赵卫明 张维岐	
	43	宁夏灵武地区尾波研究	3	杨明芝 马禾青	
	44	六盘山公路隧道地震危险性分析报告	3	孟广魁 张文孝 廖玉华 焦德成	
	45	固体潮预报地震的物理基础及宁夏井水位固体潮研究（含软件系统）	4	王 勇	
	46	地震谣传与误传的社会心理学分析	3	吴 军	银南地震办公室
1994	47	银川平原 1:50 万地震烈度区划	1	孟广魁 廖玉华 王 萍 王增光 董卫国 崔黎明 赵卫明	

续表

获奖年代	序号	成果名称	获奖等级	主要完成人	备注
1994	48	罗山东麓断裂带分段结构、全新世活动历史及断层崖的研究	3	闵伟　柴炽章　王萍　杨平	
	49	宁夏地震台网技术改造（1991～1992年）	3	万自成　孙惊诗　王清云　张自河　殷占魁　张进国	
	50	宁夏地震区域短波数字传输通讯网	3	张文孝　封德春	
	51	吴忠市城镇房屋抗震性能调查分析	4	王鹏　罗福宁　刁桂林　袁金惠	吴忠市地震办公室
1995	52	银川河东机场及输油管道地震安全性评价	2	孟广魁　王增光　柴炽章　潘祖寿　何开明　班铁　闵伟　孙惊诗	
	53	固原地电观测成果及固原5.0级地震预报（1989～1993年）	3	余生勤　张维德　孙惊诗　张思源　延兴豹	
	54	短水准测量记薄系统	4	许文俊	
	55	银川基准台观测资料成果（1990～1995年）	4	孙立新　赵卫东　刘宝生　李惠智　任雪梅	
	56	宁夏银川-中宁、中卫-西海固地区地震活动迁移特征与相关性分析	4	吴广新	银南行署地震办公室
1996	57	高效接地树脂复合电极系统的实验观测研究	2	杨明芝　孙惊诗	
	58	对一些地震预报方法的研究、改进和应用	3	赵卫明　许文俊　刘秀景　金延龙	
	59	青藏高原东北缘活动构造和动力学研究	3	闵伟　王增光　焦德成　邓起东	
	60	宁夏几次中强地震与重力变化特征	4	许文俊	

续表

获奖年代	序号	成果名称	获奖等级	主要完成人	备注
1996	61	海原地震台测震观测资料	4	张玉珍　黄生成　贺永忠　程鹏图	
1997	62	靖边－银川输气管道工程（Ⅶ度及以上地区）地震安全性评价	1	王增光　何开明　孟广魁　焦德成　潘祖寿　王　萍　班　铁　柴炽章	
	63	银川基准台重力固体潮观测成果（1990～1995 年）	2	周　辉　赵向军　蔡新华　吴　隽	
	64	宁夏固原地震台气体观测成果（1990～1996 年）	4	武晓英　姚宗智　田小慧	
	65	宁夏固原地震台水质观测成果（1990～1996 年）	4	乐云轩　王凤萍　黄慧芳	
1998	66	宁夏北部及宁内交界地震重点危险区地震短临追踪预报	2	张文孝　赵卫明　封德春　柴炽章　许文俊　马禾青　赵知军　金延龙　兰　宁	
	67	宁夏吴忠、灵武地区地震精确定位和发震构造研究	2	赵卫明　金延龙　刘秀景　许文俊　王树清	
	68	宁夏地震台网技术改造（1993～1995 年）	3	张进国　杨明芝　邢同成　张玉珍　王清云　殷占魁	
	69	宁夏回族自治区银川市震后早期趋势快速判定工作预案	3	张文孝　兰　宁　柴炽章　张思源　许文俊　金延龙	
	70	固原综合水化干扰因素的进一步研究	4	姚宗智　乐云轩　崔福元　姚喜风	
	71	海原地震台水氡观测成果（1993～1997 年）	4	黄生成　程鹏图　李万胜　贺永忠	
1999	72	1998 年 7 月 29 日海原 4.7 级地震的成功预报	3	姚宗智　乐云轩　白晓川　张维德　田小慧　杜文勇	
	73	1998 年 7 月 29 日海原 4.7 级地震预报	3	黄占伟　党韩生　庞维龙　于兆云　李雅娟	固原地区地震局

续表

获奖年代	序号	成果名称	获奖等级	主要完成人	备注
1999	74	银川无线遥测地震台网改造	4	周志雄　张玉珍　张隆生 封德春	
	75	平罗 136 井水位动态观测成果（1994～1998 年）	4	李英和　杨金玲	平罗县地震办公室
2000～2002 年未评宁夏地震局科学技术进步奖					
2003	76	宁夏地震通信网络系统建设与完善	1	许文俊　金延龙　吉　祥 孙立新　封德春　兰　宁 赵卫明　任雪梅　李　英 谢晓峰	
	77	宁夏地震前兆台站（网）技术改造	2	许文俊　蒙和平　吴立辛 吉　祥　孙立新　封德春 金延龙　王建功	
	78	青藏高原东北缘挤入滑动作用及其对华北西部新构造变形的影响	2	王　萍　王增光　高维明	
	79	银川基准台测震观测资料（1995～1999 年）	3	李惠智　赵卫东　蔡新华 李冬临　刘保生　任雪梅	
	80	固原地震台水质分析资料（1997～2001 年）	3	乐云轩　田小慧　武晓英 杜文勇　白晓川	
	81	固原地震台气体观测资料（1997～2001 年）	3	田小慧　武晓英　乐云轩 李青梅	
	82	2001 年 5 月 21 日宁夏同心4.5 级地震短临预测	3	姚宗智　白晓川　田小慧 杜文勇　乐云轩　余生勤	
	83	宁夏地方地震工作	3	张思源　王清云　吴广新 杨万忠　蓝相云　王树富	
	84	1、银川国家级数字地震台站建设；2、银川国家级数字强震台站建设	3	孙立新　金　涛　延海军 蔡黎明　吴立辛　訾少刚	

续表

获奖年代	序号	成果名称	获奖等级	主要完成人	备 注
2003	85	宁夏扶贫扬黄灌溉工程第十号泵站、南城拐子泵站自重湿陷性黄土处理、试验报告	3	朱峻峡　郭宏斌　杨云平　王增光　赵向军　严烈钧	
	86	银川市第一污水处理厂振冲置换碎石桩复合地基检测报告	3	王怀智　焦德成　赵向军　杨　平　吴成功　邵　祯	
	87	包头高新技术开发区稀土大厦砼钻孔灌注桩单桩竖向抗压静载荷试验	3	赵向军　朱峻峡　邵　祯　严烈钧　黄生成　张小勇	
2004	88	宁夏及邻区地震研究与预测	1	赵卫明　许文俊　柴炽章　金延龙　马禾青　孙立新　郑斯华　崛内茂木　三蒲哲　左腾俊也	
	89	银川基准台测震观测资料（1998～2002年）	2	赵卫东　李惠智　蔡新华　李冬临　刘宝生　王　军　刘惠丽　陈春梅	
	90	宁夏地震监测	3	刘　琨	
	91	宁夏盐池GPS基准站建设	3	许文俊　王生才　刘春云　吴立辛　金延龙　吉　祥	
	92	宁夏地震前兆数据报文处理系统	3	吉　祥　马文娟　许文俊　孙立新　刘秀景　陈　喜	
2005	93	不同孕震阶段及不同地震构造条件下地震活动统计分布特征研究	1	赵卫明　马禾青　张文孝　邵辉成　盛菊琴　李　英　柴炽章　卫定军	
	94	宁夏回族自治区地震安全性评价法规体系建设	1	张进国　张思源　朱　东　周德宁　张自河　周莉萍	
	95	宁夏平罗136井1999～2004年地下水观测成果	3	李英和　杨金玲　李维元	平罗县地震局
	96	宁夏地震信息网暨宁夏地震信息共享系统	3	吉　祥　许文俊　蔡新华　吴晓燕　李鸿庭　张淑贤	

续表

获奖年代	序号	成果名称	获奖等级	主要完成人	备注
2006	97	宁夏地震应急演习	1	孙立新　张思源　赵广堃　马贵仁　金延龙　李根起　张自河　吴　隽　李　翔　李　莉	
	98	宁夏石嘴山市惠农区新区 C 组团岩土工程勘察	2	王怀智　刘幸军　杨　平　杨云平	
	99	甘肃岷县 5.2 级、宕昌 4.7 级以及民乐至山丹间 6.1 和 5.8 级地震的预测	3	姚宗智　田小慧　白晓川　乐云轩　姚　琳　武晓英	
	100	2001～2005 年气氡观测资料连续五年获全区评比第一名	3	田小慧　武晓英　姚　琳　乐云轩　白晓川　余生勤	
	101	宁夏回族自治区盐池 GPS 基准站观测成果（2000～2004 年）	3	刘春云　王　峰　王生才	
2007	102	甘肃岷县 5.2 级、5.0 级地震的预测	3	黄占伟　党韩生　蓝相云　庞维龙　于兆云	固原市地震局
	103	宁夏中北部震后早期趋势快速判定	3	任雪梅　张文孝　柴炽章　金春花　卫定军　延海军　司学芸	
	104	宁夏回族自治区固原台气体观测成果（2002～2006 年）	3	田小慧　姚　琳　武晓英　乐云轩　白晓川　谢　辉	
	105	宁夏回族自治区固原台水质观测成果（2002～2006 年）	3	武晓英　姚　琳　田小慧　乐永轩　白晓川　张锦玲	
2008	106	宁夏及邻区中强以上地震预测指标和震后趋势判断	2	赵卫明　马禾青　盛菊琴　李　英　李国斌　罗国富　李春贵　司学芸　许晓庆　陈　喜	
	107	宁夏数字化测震台网地震和爆破的识别研究	3	盛菊琴　蔡新华　赵卫东　曾宪伟　陈春梅　赵卫明	

续表

获奖年代	序号	成果名称	获奖等级	主要完成人	备注
2008	108	宁夏回族自治区地震局定点核旋观测成果（2001～2005 年）	3	杨树棠　李万胜　王　军 李春贵　蔡黎明	
	109	宁夏回族自治区地震局石英摆倾斜观测成果（2001～2006 年）	3	延海军　郭海军　王小力 赵　宁　訾少刚　安玉清	
	110	宁夏回族自治区地震局短水准观测成果（2002～2006 年）	3	郭海军　赵　宁　蔡黎明 訾少刚　马小军　安玉清	
	111	宁夏回族自治区地震局水管倾斜观测成果（2003～2007 年）	3	延海军　郭海军　赵　宁 訾少刚　王小力　吕俊强	
2009	112	宁夏地震活动与研究	1	杨明芝　马禾青　廖玉华	
	113	小波变换在宁夏地震前兆资料分析中的应用	3	吴立辛　卫定军　金　涛 李国斌	
2010	114	宁夏回族自治区数字地震观测网络项目强震动分项目	1	许文俊　李惠智　孙立新 王建功　周志雄　金　涛 吴立辛　周　辉　杜文勇 白晓川	
	115	宁夏数字地震观测网络信息服务系统	2	许文俊　吉　祥　吴晓燕 金　涛　赵　静　吴立辛 张淑贤　马文娟	
	116	宁夏地震局银川台定点重力观测资料成果（2003～2007 年）	2	延海军　赵　宁　訾少刚 郭海军　吕俊强　金　涛 蔡黎明　安玉清	
2011	117	宁夏回族自治区数字地震观测网络项目测震台网分项目	1	许文俊　周志雄　孙立新 李惠智　王建功　吴立辛 金　涛　李鸿庭　杜文勇 张隆生	
	118	宁夏回族自治区数字地震观测网络项目前兆分项	2	许文俊　吴立辛　周　辉 周志雄　张隆生　金　涛 杜文勇　王建功	

获奖年代	序号	成果名称	获奖等级	主要完成人	备 注
2011	119	宁夏地震局盐池地震台GPS观测资料成果（2005～2009年）	3	刘春云 王 峰 徐金银 王生才	
	120	固原地震台实现多次地震预测的进一步研究（"三结合"课题）	3	姚宗智 乐云轩 姚 琳 张锦玲 沈 宁 马继文	
	121	西北地区中强以上地震前分级地震活动特征（地震科学联合基金课题）	3	罗国富 许晓庆 曾宪伟 杨明芝	

第三节 地震科学技术清理攻关

根据国家地震局部署，宁夏地震局于1983年对地震监测、预报方法清理、整顿及科技攻关。1983～1986年，提交各种清理报告20多篇30万字。经全国各清理攻关小组评议，宁夏地震局取得11项清理攻关工作成果（表9-2、表9-3）。

表9-2 宁夏地震局地震科学技术清理攻关成果简表

（国家地震局《地震预报方法清理及近期强震危险性判定研究》科学技术专项奖）

序号	成果名称	主要完成人	奖励等级	备 注
1	西部地电台址环境及观测技术	杨明芝（宁夏地震局）	一等奖	由甘肃、四川、宁夏地震局共同完成
2	层状介质特征及反常年变化的对比观测实验	杨明芝 赵和云 张思源 张文孝 孙惊恃	三等奖	
3	宁夏及邻近地区近期地震危险性的预测研究	李孟銮等	三等奖	
4	华北地区电感法地应力悬空元件清理报告	任庆维等	三等奖	

续表

序号	成果名称	主要完成人	奖励等级	备　注
5	宁夏地震综合预报清理研究报告	李孟銮　张文孝 任庆维　杨明芝	三等奖	
6	地倾斜观测及预报地震方法清理	张自河　焦德成	纪念奖	
7	重力观测及预报方法的清理	张家志　陈素改	纪念奖	
8	水氡水化学观测及预报方法的清理	薛桂华	纪念奖	

表 9-3　宁夏地震局参加西北地区地震科学技术清理攻关成果简表

(国家地震局《地震预报方法清理及近期强震危险性判定研究》科学技术专项奖)

序号	成果名称	主要完成人	奖励等级
1	西北五省（区）综合预报研究总体报告	李海华　朱令人 张文孝　… 李孟銮（7）等	一等奖
2	西北五省（区）综合监测能力评价总结报告	张文孝　张勇利等	三等奖
3	西北五省（区）地震综合预报清理震例图选集	吴富春　李孟銮 张文孝　张勇利等	三等奖

第四节　学术论文

1979～2011 年，自治区地震科技工作者在国内外正式期刊（第一作者）发表论文如表 9-4 。

表 9-4　宁夏回族自治区地震科学论文一览表

序号	作者	论文名称	发表刊物	发表时间
01	何寿欢	银川地堑及其地震活动	西北地震学报 1 卷，1 期	1979
02	李孟銮	巴音木仁 6.2 级地震活动及地震活动特征	西北地震学报 1 卷，3 期	1979

序号	作者	论文名称	发表刊物	发表时间
03	连纪仁	膨胀-流体不稳定扩散-地震前兆理论的一种可能模式	西北地震学报 1卷，4期	1979
04	陈素改	宁夏强震与深部构造	西北地震学报 2卷，1期	1980
05	李孟銮	对短临预报的粗浅看法	西北地震学报 增刊	1980
06	李孟銮　任庆维	宁夏地震活动特征的初步探讨	西北地震学报 2卷，3期	1980
07	李孟銮	华北地震与陕甘宁地震的交替活动	地震科学研究 2期	1981
08	李孟銮　赵知军	前兆震群与短临前兆的时间特征	地震研究 4卷，2期	1981
09	李孟銮　赵知军	宁夏地区的震源机制与应力场	西北地震学报 3卷，2期	1981
10	张维岐	正谊关断裂带左旋平移运动的讨论	宁夏地质学会会刊 总2期	1981
11	甄启源	植物电预报地震的初步探讨	宁夏农学院学报 1期	1981
12	朱峻峡	新构造运动与地震活动的关系	宁夏地质学会会刊 总2期	1981
13	白铭学	对黄土地区地震标志的观测与分析	史前地震与第四纪地质文集，陕西科学技术出版社	1982
14	崔黎明	宁夏地质概况	宁夏地质学会会刊 总3期	1982
15	李孟銮	中国宁夏海原发生5.7级地震	国际地震动态 10期	1982
16	李孟銮　董卫国	我国八级大震前的地震活动图像	西北地震学报 4卷，4期	1982
17	廖玉华　潘祖寿	宁夏红果子沟长城错动新知	地震地质 4卷，2期	1982

序号	作者	论文名称	发表刊物	发表时间
18	廖玉华 汪一鹏 宋方敏等	贺兰山东麓断裂带的初步探讨	中国活动断裂 地震出版社	1982
19	张维岐 廖玉华 潘祖寿等	初论贺兰山山前洪积扇断层陡坎	地震地质 4 卷，2 期	1982
20	赵和云 钱家栋	地电阻法中勘探深度和探测范围的理论和计算	西北地震学报 4 卷，1 期	1982
21	赵知军	宁夏及邻区虚波速度与震源深度分布	西北地震学报 4 卷，4 期	1982
22	白铭学	宁夏黄土地区震害与居民居住环境的关系	国际地震动态 7 期	1983
23	陈明猷	清乾隆三年的宁夏大地震	西北史地 2 期	1983
24	焦德成	洞室效应是银川台水平摆倾斜仪的主要干扰因素	形变台站通讯 3 期	1983
25	李孟銮 赵知军 王一宽	海原5.5级地震活动特征	西北地震学报 5 卷，专辑	1983
26	廖玉华 潘祖寿	海原5.5级地震发震构造的讨论	西北地震学报 5 卷，专辑	1983
27	刘登齐	海原5.5级地震前兆总结	西北地震学报 5 卷，专辑	1983
28	万自成	中卫盆地新构造运动概述	宁夏地质学会会刊 总4 期	1983
29	杨明芝 张文孝	海原5.5级地震的前兆异常及预测预报的经验教训	西北地震学报 5 卷，专辑	1983
30	张思源	十三世纪以来固原地区八次中强地震	固原师专学报 1 期	1983
31	张维岐	贺兰山东麓断裂带新活动特征剖析	宁夏地质学会会刊 总4 期	1983

序号	作者	论文名称	发表刊物	发表时间
32	陈素改	利用重力资料探讨宁夏地区构造的基本形态及其与强震活动的关系	西北地震学报 6 卷，1 期	1984
33	陈素改	温度变化对 GS-15 型重力仪观测值的影响	重力台站通讯 4 期	1984
34	李孟銮	1982 年海原 5.5 级地震的一些短临异常与区域地震活动特征（英文）	地震研究 7 卷，5 期	1984
35	李孟銮　万自成	1739 年平罗 8 级地震的发震构造及其震源孕育特征	地震地质 6 卷，3 期	1984
36	杨明芝	近距离地震垂直向记录的早至 S 波振幅-时间特征的研究	华北地震科学 2 卷，4 期	1984
37	张维岐　焦德成	海原古地震的一个剖面	地震地质，6 卷，3 期	1984
38	赵和云	1982 年 4 月海原 5.5 级地震前后地电阻率的特征	西北地震学报 6 卷，3 期	1984
39	白铭学	宁夏南部山区强震活动趋势	宁夏地质学会会刊 总 5 期	1985
40	崔黎明	苏峪口外洪积扇断坎地貌形态与年龄关系探讨	宁夏地质学会会刊 总 6 期	1985
41	李孟銮	鄂尔多斯周边的地震活动与构造	西北地震学报 增刊	1985
42	薛桂华	石嘴山水氡与其西北部地震	西北地震学报 7 卷，3 期	1985
43	杨明芝　董卫国	利用地方震出格记录尾波测定宁夏北部及邻区 Q 值	西北地震学报 7 卷，2 期	1985
44	赵和云	利用地电阻率法研究活动地震构造电性特征	西北地震学报 7 卷，1 期	1985
45	赵和云　张文孝	银川台电阻率趋势变化及年变分析	地震，5 卷，1 期	1985

续表

序号	作者	论文名称	发表刊物	发表时间
46	赵和云　张文孝　杨明芝	水平层状介质中不同深度对地表 ρs 变化的影响特征	地震，5 卷，6 期	1985
47	赵和云　张文孝　杨明芝	地电阻率观测中一类反常年变化的分析讨论	西北地震学报 7 卷，1 期	1985
48	陈素改　戴涌江	宁夏及邻区重力均衡异常的初步研究	地壳形变与地震 6 卷，2 期	1986
49	张文孝	估计最大震级的一个统计方法	模糊数学在地震研究中的应用 地震出版社	1986
50	李孟銮	1984 年宁夏灵武 5.3 级地震及其震前区域地震活动性	地震，6 卷，5 期	1986
51	李孟銮	宁夏地震活动相关性与诱发前震研究	华北地震科学 3 卷，3 期	1986
52	李孟銮　赵知军	宁夏地区现代构造应力场及其与地震活动的关系	地震研究 9 卷，3 期	1986
53	任庆维	电感地应力受力元件和悬空元件的相关关系	西北地震学报 8 卷，3 期	1986
54	任庆维　张文孝　康仲远等	确定地应力探头灵敏度校正系数的一种数学方法	中国地震 2 卷，1 期	1986
55	王　萍	银川地堑的断裂活动特征	西北地震学报 8 卷，增刊	1986
56	杨明芝　张文孝　赵和云	关于层状介质视电阻率响应系数研究	西北地震学报 8 卷，2 期	1986
57	张思源	《重修隆德县志》中的"震兆六端"溯源	宁夏大学学报 3 期	1986
58	赵和云　钱家栋	地电阻率观测中的地表薄层影响与数学模拟	地震，6 卷，5 期	1986
59	陈素改　赵向军　黄　拓	灵武 5.3 级地震前后重力变化	地壳形变与地震 7 卷，4 期	1987
60	封德春	水化异常判别的程序设计	内陆地震 1 卷，4 期	1987

序号	作者	论文名称	发表刊物	发表时间
61	封德春	灵武5.3级地震前地下水动态异常的时空特征	西北地震学报 9卷，增刊	1987
62	李孟銮	灵武5.3级地震的中期和短期预报	西北地震学报 9卷，2期	1987
63	廖玉华	大柳树坝址地震基本烈度评定若干问题的讨论	数量与技术经济	1987
64	万自成　柴炽章 环文林等	1920年海原8.5级地震的构造背景	中国地震考察1卷 地震出版社	1987
65	王增光	宁夏的震害类型、分布特点及地质原因	内陆地震 1卷，3期	1987
66	杨明芝　赵和云	宁夏地区中强地震前兆的区域特征及初步分析	西北地震学报 9卷，3期	1987
67	张家志	海原5.5级地震前后的重力场特征	地壳形变与地震 7卷，2期	1987
68	张维岐	1920年中国海原大地震沿海原断层的水平位移（译名）	美国地震学会会刊　1期	1987
69	赵知军　董卫国	灵武5.5级地震测震学前兆的反应	华北地震科学 5卷，3期	1987
70	许文俊	宁夏红果子沟短水准复测周期的确定	内陆地震 8卷，4期	1987
71	董卫国	宁夏区域台网量规函数修正与台站校正	地震地磁观测与研究， 9卷，1期	1988
72	李孟銮　杨明芝 张文孝	宁夏中强地震前兆的综合异常特征	地震监测与预报方法清理成果汇编（综合预报分册） 地震出版社	1988
73	廖玉华　崔黎明 潘祖寿等	银川-吉兰泰断陷盆地带第四纪活动特征；贺兰山东麓断裂带大地震重复周期的研究；1739年平罗大地震西侧破裂带	鄂尔多斯周缘活动断裂系 地震出版社	1988

续表

序号	作者	论文名称	发表刊物	发表时间
74	万自成　廖玉华　潘祖寿	1739 年平罗 8 级地震	中国特大地震研究（一）地震出版社	1988
75	杨明芝	宁夏地区的两个"震情窗口"	华北地震科学6 卷，3 期	1988
76	杨明芝　张思源　赵和云	铅电极特性的实验研究	地震监测与预报方法清理成果汇编（地磁地电分册）地震出版社	1988
77	张维岐　焦德成　柴炽章等	宁夏香山–天景山弧形断裂带新活动特征及 1709 年中卫南7.5 级地震形变带	地震地质10 卷，3 期	1988
78	赵和云　钱家栋	层状介质中膨胀球模拟力源的应力–应变场与视电阻率的关系	西北地震学报10 卷，2 期	1988
79	张文孝	1970 年 12 月 3 日宁夏回族自治区西吉 5.5 级地震	中国震例（1966–1975）地震出版社	1988
80	张文孝	1971 年 6 月 22 日宁夏回族自治区吴忠 5.1 级地震	中国震例（1966–1975）地震出版社	1988
81	白铭学	石碑塬黄土塬边的低角度大规模滑移	兰州大学学报（自然科学版）增刊	1989
82	Bai Mingxue（白铭学）	Gentle And Large Scale Landslide At the Edge of Shibeiyuan Loess Platform	Journal of Lanzhou University（Natural Sciences）	1989
83	李孟銮	宁夏及邻区中强地震前后的地震活动图像	地震监测与预报方法清理成果汇编（测震学分册）地震出版社	1989
84	廖玉华	中国活断层图集银川地堑活断层图组	中国活断层图集地震出版社、西安地图出版社	1989
85	廖玉华　刘霄祥	宁夏地震构造图	中国岩石圈动力学图集中国地图出版社	1989

续表

序号	作者	论文名称	发表刊物	发表时间
86	王玉霞	宁夏测震台网监测能力的讨论	地震地磁观测与研究，10卷，4期	1989
87	张东平	宁夏37度区地震活动初探	地震，9卷，4期	1989
88	张家志	拉柯斯特重力仪误差及其精度	东北地震研究 5卷，1期	1989
89	张文孝 张勇利 王海涛	西北五省（区）地震观测台网监测能力的初步讨论	地震监测与预报方法清理成果汇编（综合预报分册）地震出版社	1989
90	李孟銮 杨明芝 张文孝等	宁夏及邻区近期地震危险性的预测研究	近期强震危险性研究 地震出版社	1989
91	张文孝	极值理论对宁夏及阿拉善左旗近期地震危险性的初步判定	近期强震危险性研究 地震出版社	1989
92	赵知军 王玉霞 刘秀景	1987年8月10日灵武5.5级地震前后小震活动图像及震区应力场特征	西北地震学报 11卷，3期	1989
93	赵知军 王玉霞 刘秀景	宁夏测震台网使用振动持续时间测定震级MD的公式	地震地磁观测与研究，10卷，5期	1989
94	白铭学 崔黎明 董卫国	宁夏地震图	宁夏回族自治区国土资源地图集 中国地图出版社	1990
95	白铭学 王苏民	高烈度地震时黄土地层的液化滑移	工程勘察 6期	1990
96	白铭学 潘祖寿 董卫国	银川市潜在震源区划分与地震活动性分析	中国技术成果大全 7期	1990
97	陈素改	宁夏几次中强地震前的重力异常特征	地壳形变与地震 10卷，1期	1990
98	崔黎明 王萍 潘祖寿等	贺兰山东麓冲沟裂点溯源迁移速率及形成年龄的讨论	地震地质 12卷，1期	1990
99	刁守忠 蒋海昆 任庆维等	宁夏灵武、吴忠地区4次地震序列的时间分维特性	西北地震学报 12卷，3期	1990

序号	作者	论文名称	发表刊物	发表时间
100	廖玉华	中国西部地震幕、段划分及中期地震趋势预测	中国地震大形势预测研究 地震出版社	1990
101	杨明芝	小近震三分向地震图 S 波记录振幅包络形状及 Q 值测定	地震学报 12 卷，2 期	1990
102	赵知军　刘秀景	宁夏及其邻区地震活动带与小区域构造应力场	地震地质 12 卷，1 期	1990
103	赵知军　殷占魁 刘秀景	宁夏测震台网布局及控制范围的研究	地震地磁观测与研究， 11 卷，2 期	1990
104	张文孝	1982 年 4 月 14 日宁夏回族自治区海原 5.5 级地震	中国震例（1981～1985） 地震出版社	1990
105	张文孝	1984 年 11 月 23 日宁夏回族自治区灵武 5.3 级地震	中国震例（1981～1985） 地震出版社	1990
106	陈素改	1989 年 11 月 2 日宁夏固原 5.3 级地震序列特征及前兆异常	地震研究 14 卷，3 期	1991
107	陈素改　李根起 王勇	宁夏中强地震前重力变化原因探讨	华北地震科学 9 卷，3 期	1991
108	董卫国	宁夏灵武、吴忠地震尾波前兆特性的初步分析	西北地震学报 13 卷，1 期	1991
109	李惠智	银川台 Ms 震级偏差与台站校正值	地震地磁观测与研究， 12 卷，2 期	1991
110	李平林	直接多点测位法与华北地震	西北地震学报 13 卷，3 期	1991
111	孟广魁　廖玉华	1970 年以来宁夏地震活动特征与地震危险性探讨	地震，11 卷，4 期	1991
112	万自成　李惠智	近台深大断裂对地震定位的影响	地震地磁观测与研究， 12 卷，6 期	1991
113	王　勇　金延龙	宁夏重复流动重力观测序列的分维特征	地壳形变与地震 11 卷，4 期	1991
114	王　勇　李根起 陈　力	天祝–景泰 6.2 级地震前宁夏台网观测到的一些前兆异常	西北地震学报 13 卷，4 期	1991

续表

序号	作者	论文名称	发表刊物	发表时间
115	杨明芝　金延龙	宁夏及邻近地区中强地震前地震累积数的非线性变化	地震，11 卷，3 期	1991
116	李根起	宁夏及邻区 5 级以上地震水化前兆异常特征和短临预报指标的初步研究	内陆地震 6 卷，1 期	1992
117	李惠智	763 长周期地震仪及其地震记录特征	地震地磁观测与研究， 13 卷，6 期	1992
118	蒙和平　兰　宁	回归分析在震磁关系研究中的应用	内陆地震 6 卷，1 期	1992
119	闵　伟　柴炽章 王　萍等	罗山东麓断裂全新世活动特征的初步研究	中国地震 8 卷，4 期	1992
120	万自成　马贵仁	灵武四次中强地震前地下水动态	内陆地震 6 卷，3 期	1992
121	王树清　封德春	数传网传输通讯、分报整编及数据入库系统的设计与实现	内陆地震 6 卷，2 期	1992
122	王　勇	宁夏井水位固体潮调和分析结果及应用	地震地质 14 卷，3 期	1992
123	杨明芝	灵武地震尾波频率特征及介质参数的测定	地震学报 14 卷，1 期	1992
124	赵卫明　金延龙 任庆维等	1988 年灵武地震序列的精确定位和发震构造	地震学报 14 卷，4 期	1992
125	赵卫明　李根起 金延龙	多项地震前兆观测数据的综合参数	内陆地震 6 卷，1 期	1992
126	白铭学	宁夏黄土高原区低角度滑移研究	地震科学联合基金会资助课题成果汇编（1985～1989）地震出版社	1992
127	何开明	烈度衰减关系的改进及其在地震危险性分析中的应用	高原地震 5 卷，2 期	1993
128	李惠智	银川台灵武地震记录特征分析	高原地震 5 卷，4 期	1993

序号	作者	论文名称	发表刊物	发表时间
129	王　勇	计算局部大地水准面变形的 FFT 方法	地壳形变与地震 13 卷，3 期	1993
130	王　勇　马禾青 兰　刚	宁夏内蒙古交界地区三次中强地震前多种潮汐响应异常及其解释	内陆地震 7 卷，1 期	1993
131	赵卫明	南北地震带年最高震级序列的建模和应用	西北地震学报 15 卷，4 期	1993
132	赵卫明　王树清 金延龙等	1991 年 1 月 13 日内蒙古阿拉善左旗 5.2 级地震前兆异常分析	内陆地震 7 卷，1 期	1993
133	贾启超	强烈磁暴影响地电测量的探讨	宁夏大学学报（自然科学版） 15 卷，3 期	1994
134	马禾青	宁夏及邻区三次中强地震的形变前兆异常	地震形变前兆特征的识别与研究 地震出版社	1994
135	孟广魁　董卫国	宁夏内蒙古交界地区的构造地震带及其地震活动带	地震地质 16 卷，2 期	1994
136	万自成	Earthquake Disaster Zoningin Ningxia Hui Autonomous Region	The Mitigation of Geological Disaster	1994
137	王　勇　李孟銮 陈素改	不同区域地震前重力变化与垂直形变关系的差异性及其可能机制	地壳形变与地震 14 卷，1 期	1994
138	许文俊	1991 年 10 月 30 日宁夏同心 M_L5.1 级地震前的流动重力异常	内陆地震 8 卷，4 期	1994
139	赵卫明　金延龙	对模式识别 ICHAM 方法的进一步改进和应用	地震学报 16 卷，4 期	1994
140	许文俊	宁夏及青海地震活动性统计指标及未来地震趋势的综合概率预报	高原地震 7 卷，2 期	1995

序号	作者	论文名称	发表刊物	发表时间
141	何开明　孟广魁　班　铁	反射波法检测桩的完整性、中断桩的识别与解释	高原地震 8卷，4期	1996
142	邓起东　廖玉华	Paleoseimology Along the range-front of Helan Mountain, North Center China	Journal of Geophysical Resear-ch, Voll, 101, No, b3, America	1996
143	孟广魁	关于宁夏近代地震烈度考察结果讨论	内陆地震 10卷，4期	1996
144	许文俊	地震活动性新指标 η、c 在综合概率预报中的应用	内陆地震 10卷，3期	1996
145	杨明芝　孙惊诗	高效接地树脂复合电极系统的实验观测研究	地震 14卷，2期	1996
146	白铭学　白　喜	银川地区地震地质条件与城市规划中的防震问题	宁夏大学学报（自然科学版），2期	1997
147	白铭学	宁夏银川平原第四纪沉降中心与龟裂碱土分布的关系	土壤地质文集（四）中国农业出版社	1997
148	柴炽章　张维岐　焦德成	天景山断裂带晚第四纪水平活动强度的分时、分段研究	中国地震 13卷，1期	1997
149	廖玉华　闵　伟　王增光等	F_7 断层最新活动时代的厘定	黄河大柳树水利工程论证工作四十年 中国科学技术出版社	1997
150	孟广魁　何开明　班　铁等	氡、汞测量用于断裂活动性和分段的研究	中国地震 13卷，1期	1997
151	王　萍　李天斌	海原活动断裂最大水平位移量的讨论	内陆地震 11卷，1期	1997
152	王　萍　王增光	阿拉善活动块体的划分及归宿	地震，17卷，1期	1997
153	许文俊	宁夏几次中强地震与重力变化特征	地壳形变与地震 17卷，2期	1997
154	张文孝　赵卫明　柴炽章	1995年宁夏牛首山震群序列分析与预报	西北地震学报 19卷，4期	1997

续表

序号	作者	论文名称	发表刊物	发表时间
155	赵知军　刘秀景　马禾青	宁夏及邻近地区中强地震前小区域应力场的方向变化	内陆地震 11 卷，2 期	1997
156	柴炽章　张维岐　焦德成	天景山断裂带前锋区第四纪构造变形及成因分析	中国地震 14 卷，2 期	1998
157	贾启超	1976 年 9 月 23 日巴音木仁 M_S6.2 级地震序列分析	地震研究 21 卷，3 期	1998
158	兰　宁　蒙和平	强磁扰对视电阻率观测的影响	地震地磁观测与研究， 19 卷，2 期	1998
159	兰　宁　蒙和平　曾小平等	宁夏地区地磁转换函数变化及其与近震的关系	地震地磁观测与研究， 19 卷，4 期	1998
160	李惠智　孙立新　蔡新华	银川台极远震记录特征及其分析处理	地震地磁观测与研究， 19 卷，6 期	1998
161	马禾青	几次中强震前宁夏地倾斜异常特征	内陆地震 12 卷，4 期	1998
162	马禾青　柴炽章	贺兰山东麓断裂带流动短水准测量资料分析	地壳形变与地震 18 卷，2 期	1998
163	孙立新　李惠智	银川地震台地震波记录特征	地震地磁观测与研究， 19 卷，2 期	1998
164	许文俊	1996 年 5 月 3 日包头 6.4 级地震前银川台定点重力异常	内陆地震 12 卷，2 期	1998
165	赵卫明　金延龙　刘秀景等	吴忠、灵武地区地壳中上部速度构造	内陆地震 12 卷，3 期	1998
166	赵卫明　金延龙　刘秀景等	吴忠、灵武地区地震的精确定位和中强地震的发震构造	内陆地震 12 卷，4 期	1998
167	柴炽章　廖玉华　张文孝	罗山东麓断裂最后一次错动事件的再研究	西北地震学报 21 卷，3 期	1999
168	何开明　孟广魁　班　铁	用地脉动研究银川沉积地层的地震波放大特性	西北地震学报 21 卷，4 期	1999

续表

序号	作者	论文名称	发表刊物	发表时间
169	金延龙　杨明芝　赵卫明等	利用区域台网记录直达反射和折射波反演宁夏及邻区地壳 P 波三维速度结构	地震学报 21 卷，4 期	1999
170	王　萍	青藏高原东北缘挤入滑动构造的动力学模式	宁夏青年地学工作者学术论文集 地质出版社	1999
171	赵卫明　柴炽章　金延龙等	海原 4.9 级地震前兆异常和预报	地震 19 卷，4 期	1999
172	赵卫明　李根起　任庆维	1987 年 8 月 10 日宁夏回族自治区灵武 5.5 级地震	中国震例（1986～1988） 地震出版社	1999
173	赵卫明　李根起　任庆维	1988 年 1 月 4 日宁夏回族自治区灵武 5.5 级地震	中国震例（1986～1988） 地震出版社	1999
174	贾启超	地磁 Z 分量低值时间位移与震源孕育体的可能联系	地震研究 23 卷，4 期	2000
175	李惠智	灵武吴忠地区地震方位异常的探讨	内陆地震 14 卷，2 期	2000
176	李万胜　陈春梅　曾小平等	包头 6.4 级地震前银川地磁台的地磁转换函数异常	地震地磁观测与研究， 21 卷，2 期	2000
177	李　英　赵卫明　马禾青	石嘴山水氡低值变化的成因分析	高原地震 12 卷，4 期	2000
178	廖玉华　柴炽章　张文孝等	灵武断裂晚第四纪活动特征及位移速率	中国地震 16 卷，2 期	2000
179	吴立新　赵卫明　马禾青	宁夏倾斜固体潮潮汐因子熵的变化	内陆地震 14 卷，3 期	2000
180	张思源	宁夏回族自治区灾害及减灾对策	西部开发的警示 辽宁科学技术出版社	2000
181	赵卫明　杨明芝　金延龙等	宁夏中北部区域尾波 Q 值特性研究	地震学报 22 卷，3 期	2000
182	李根起　赵卫明　任庆维	1989 年 11 月 2 日宁夏回族自治区固原 5.0 级地震	中国震例（1989～1991） 地震出版社	2000

序号	作者	论文名称	发表刊物	发表时间
183	柴炽章　廖玉华 张文孝	灵武断裂晚第四纪古地震及其破裂特征	地震地质 23卷，1期	2001
184	柴炽章　张文孝 廖玉华	危险率函数在地表破裂型地震危险性评估中的应用	中国地震 17卷，3期	2001
185	李英　柴炽章 赵卫明等	景泰地震前宁夏干盐池井和王民井水位的异常变化	西北地震学报 23卷，3期	2001
186	吴立辛　马禾青	显著地震地方平太阴时分布与后续中强地震的关系	高原地震 13卷，4期	2001
187	许文俊　赵卫明 柴炽章等	Construction of GPS Monitoring Network, Characteristics of Recent Crustal Movement, and Relation between Stress Field and Earthquake Activity in the Ningxia Region	中国地震研究 ERC 15（3）	2001
188	任雪梅　马禾青 赵卫明等	西北地区东部强震前地震活动演化特征	地震 22卷，3期	2002
189	任雪梅　马禾青 赵知军等	宁夏及邻区5级以上地震前中等地震活动增强特征研究	西北地震学报 24卷，3期	2002
190	任雪梅　赵卫明 柴炽章等	南北地震带强震复发间隔的估计	内陆地震 16卷，1期	2002
191	马禾青　赵卫明 卫定军	宁夏及邻区·年尺度中强地震综合预测方案研究	西北地震学报 24卷，4期	2002
192	李惠智	宁夏地震速报质量基本评估和台站工作程式	内陆地震 16卷，2期	2002
193	李惠智	不同地震仪地震定位的对比分析	《中国763长周期地震观测台网论文集》 地震出版社	2002
194	柴炽章　焦德成 廖玉华等	蒙、甘交界罐罐岭发现地震地表破裂带	地震地质 25卷，1期	2003
195	柴炽章　马禾青 金春华	祁连山——六盘山地震带中强地震活动特点及震前异常特征	西北地震学报 26卷，4期	2003

续表

序号	作者	论文名称	发表刊物	发表时间
196	马禾青　赵卫明　任雪梅等	中国大陆地震成组活动特征统计分析	地震 23 卷，1 期	2003
197	马禾青　赵卫明　任雪梅	宁夏前兆观测趋势异常与中强地震	高原地震 15 卷，4 期	2003
198	马禾青　金春华　张文孝等	综合异常指数的进一步研究与应用	地震， 23 卷，4 期	2003
199	马禾青　赵卫明　张文孝等	地震活动加速模型在西北地区的应用	西北地震学报 25 卷，4 期	2003
200	李英　赵卫明　张文孝等	非稳态泊松模型预测在西北地区地震带的应用	地震学报 25 卷，6 期	2003
201	李惠智　王利波	宁夏地震速报质量评估与现状分析	内陆地震 17 卷，6 期	2003
202	蔡新华　李惠智	SKKS 震相在银川台的记录特征	地震地磁观测与研究 17 卷，5 期	2003
203	金春华　马禾青　赵卫明等	昆仑山口西 8.1 级强震前宁夏的地倾斜异常	大地测量与地球动力学 23 卷，2 期	2003
204	李英　赵卫明　盛菊琴	中国大陆西部及邻区各地震活动区地震活动关系研究	西北地震学报 24 卷，2 期	2004
205	李英　赵卫明　马禾青	青藏块体中北部 7 级以上地震前地震活动特征	中国地震 20 卷，4 期	2004
206	任雪梅　赵卫明　金春华	中国周边地区强震与中国大陆 7 级以上地震活动的关系	内陆地震 18 卷，3 期	2004
207	司学芸　廖玉华	海原县西安乡机井喷吸气异常机理初探	高原地震 16 卷，3 期	2004
208	李国斌　马禾青　金延龙	银川基准台浮子水管倾斜仪模拟资料潮汐因子低值变化分析	地震研究 27 卷，增刊	2004
209	李国斌　马禾青	抽水对银川台伸缩仪观测资料干扰的探讨与分析	高原地震 16 卷，3 期	2004
210	盛菊琴　赵卫明　马禾青等	地震时空分布均匀度研究探讨	地震 24 卷，2 期	2004

序号	作者	论文名称	发表刊物	发表时间
211	盛菊琴　赵卫明	西北地区东部地震前兆观测的概率增益	高原地震，16 卷，4 期	2004
212	杨明芝　赵卫明	宁夏及邻近地区地震活动能量场的统计分析	地震学报 26 卷，5 期	2004
213	卫定军　李英	2003 年 7～9 月固原地电阻率异常变化分析	高原地震 16 卷，4 期	2004
214	延海军　周辉	银川台 DSQ 浮子水管仪数字与其模拟记录观测资料的对比分析	高原地震 16 卷，2 期	2004
215	周莉萍	地震灾害法制建设现状	防灾博览 2004（1）	2004
216	梁金仓	银川平罗特大地震灾害赈灾启示	防灾博览 2004（2）	2004
217	罗国富　杨明芝	云南地区地震活动能量场的时空分布特征	中国地震 21 卷，3 期	2005
218	李国斌	印尼 8.7 级地震前银川台形变数字化资料短临异常特征分析	高原地震 17 卷，2 期	2005
219	马禾青　盛菊琴 赵卫明等	青藏块体中北部中强地震前弱震活动统计特征研究	中国地震 21 卷，3 期	2005
220	任雪梅　盛菊琴 蔡新华等	银川市和石嘴山市震后直接经济损失预测	内陆地震 19 卷，2 期	2005
221	任雪梅　马禾青 盛菊琴等	1950 年以来中国大陆 5 级以上地震原地（区）连发地震组的空间特征及意义	地震 25 卷，3 期	2005
222	任雪梅　马禾青 陈春梅	2000 年以来中国大陆 5 级以上地震近源区的相继发震特征与预测	西北地震学报 27 卷，3 期	2005
223	谢晓峰　任雪梅	印尼苏门答腊两次巨震对未来 1 年全球 7 级以上地震活动格局变化的影响	华南地震 25 卷，3 期	2005

续表

序号	作者	论文名称	发表刊物	发表时间
224	吴立辛　许文俊 王晓权等	洞温对银川台重力观测的影响研究	大地测量与地球动力学 25 卷，3 期	2005
225	金春华　张文孝 任雪梅等	两种新参数在银川-河套和祁连山-六盘山地震带地震预报中的应用研究	西北地震学报 27 卷，2 期	2005
226	金　涛　訾少刚 赵　宁	银川地震台重力观测在民乐山丹地震前异常分析	地震地磁观测与研究 26 卷，5 期	2005
227	白铭学　焦德成	1739 年银川-平罗 8 级地震灾害的历史辨析	西北地震学报 27 卷，2 期	2005
228	柴炽章	隐伏活动断层的多层次综合探测—以银川隐伏活动断层为例	地震地质 28 卷，4 期	2006
229	马禾青	2003～2004 年吴忠、灵武地区地震活动性分析	地震研究 29 卷，2 期	2006
230	任雪梅	宁夏南部及邻区 $M_L \geq 3.0$ 地震平静与中强以上地震的对应关系	地震研究 29 卷，2 期	2006
231	张学辉	正断型隐伏生长断层上端点埋伏的研究——以银川隐伏断层钻孔联合剖面为例	中国地震 22 卷，4 期	2006
232	雷启云	乌鞘岭隧道 7 号斜井围岩初步变形及其稳定性分析	地下空间与工程学报 2 卷，4 期	2006
233	任雪梅	北京历史地震 GIS 技术平台的建立	震灾防御技术 1 卷，2 期	2006
234	李国斌	银川台形变数字化观测干扰识别	高原地震 18 卷，1 期	2006
235	吉祥	宁夏地震信息共享系统简介	高原地震 17 卷，4 期	2006
236	吉　祥	宁夏地震短信息统计及守护处理软件	高原地震 18 卷，1 期	2006

序号	作者	论文名称	发表刊物	发表时间
237	訾少刚　刘春云　常　明	银川地震台数字地震仪系统及维护	内陆地震 20 卷，4 期	2006
238	訾少刚　赵　宁　李惠智	银川地震台 CTS-1 数字地震仪震级校正初探	地震地磁观测与研究 27 卷，3 期	2006
239	马文娟	宁夏地震信息网络系统建设及展望	内陆地震 20 卷，4 期	2006
240	陈　力　张进国	认真贯彻防震减灾法律法规推进宁夏防震减灾工作全面发展	震害防御与法制建设 2006（1）	2006
241	赵卫明	银川盆地活动断裂分段地震危险性研究	自然灾害学报 16 卷，增刊	2007
242	吴立辛　卫定军　李国斌等	小波分析方法在宁夏短水准资料分析中的应用	地震研究 30 卷，1 期	2007
243	杜　鹏	罐罐岭断裂带最新活动特征	地震地质 29 卷，3 期	2007
244	马禾青	藏、青、川、滇交界地区地震活动性分析	西北地震学报 29 卷，4 期	2007
245	曾宪伟	小波包分析解树结点与信号空间频带的对应关系	地震学报 30 卷，1 期	2007
246	谭俊林	用相位谱统计规律探讨人造地震动方法	内陆地震 20 卷，1 期	2007
247	罗国富	国内、外特大地震对震源邻近区域的影响	内陆地震 21 卷，2 期	2007
248	盛菊琴	华东地区小震 P 波震源参数特征初探	地震地磁观测与研究 28 卷，5 期	2007
249	盛菊琴	数字化地震波小震 P 波、S 波震源参数的对比研究	地震地磁观测与研究 28 卷，5 期	2007
250	王　银	银川活断层探测进展概述	震灾防御技术 2 卷，2 期	2007

续表

序号	作者	论文名称	发表刊物	发表时间
251	任学梅	大渡河流域地震活动特征研究（英文版）	第五届中、日、美生命线工程国际会议（交流报告）	2007
252	訾少刚　延海军　梅　浩等	小口子泉水氡映震范围及震级研究	内陆地震 21卷，4期	2007
253	谢晓峰	利用地脉动推测银川盆地基地构造	中国地震 23卷，4期	2007
254	延海军	强磁扰对数字化视电阻率干扰初谈	西部地震观测技术交流会（一等奖）	2007
255	陈　力	自救互救从中小学抓起	防灾博览 2007（1）	2007
256	陈　力	加强震害防御和法制建设，积极推进宁夏防震减灾工作全面发展	震害防御与法制建设 2007（1）	2007
257	马贵仁　陈　力	宁夏回族自治区大力加强地震重点监视防御区各方面工作	震害防御与法制建设 2007（3）	2007
258	王建功　王生才	日本防灾减灾见闻	中国应急救援 2007（3）	2007
259	曾宪伟	利用小波包识别宁夏及邻区的地震和爆破	地震研究 31卷，2期	2008
260	雷启云	银川隐伏断层钻孔联合剖面探测	地震地质 30卷，1期	2008
261	马禾青	小地震发生率和累计次数变化的理论解释及应用实例	地震 28卷，1期	2008
262	李国斌	气压对银川基准台重力观测的影响	高原地震 20卷，1期	2008
263	李国斌	银川台石英摆倾斜仪格值变化的分析	高原地震 20卷，2期	2008
264	李国斌	浅谈银川台洞温变化对重力观测资料的影响	内陆地震 22卷，3期	2008

（续表）

序号	作者	论文名称	发表刊物	发表时间
265	任雪梅　高孟潭　付长华	大渡河流域梯级水电站场地地震影响特征	震灾防御技术　3 卷，1 期	2008
266	任雪梅	大渡河流域地震活动特征	震灾防御技术　3 卷，2 期	2008
267	曾宪伟	小波包分解树结点与信号子空间频带的对应关系及其应用	地震学报　30 卷，1 期	2008
268	马禾青	宁夏地震预报的历史、现状与展望	自治区成立 50 周年科技征文二等奖	2008
269	张思源	金兴定三年（公元 1219 年）固原地震重新考证	西北地震学报　30 卷，4 期	2008
270	吕俊强	银川地震台数字化重力资料映震情况分析	内陆地震　22 卷，2 期	2008
271	周志雄	利用接地电阻测试仪确定地埋电缆漏电位置的方法	地震地磁观测与研究　29 卷，6 期	2008
272	吕俊强	银川地磁台 FHD 观测室建设经验浅谈	地震地磁观测与研究　29 卷，6 期	2008
273	延海军	银川台 2008 年汶川大地震钻孔应变观测报告	地壳构造与地壳应力　2008（1）	2008
274	陈　力	宁夏回族自治区加强防震减灾"三网一员"建设	防灾博览　2008（1）	2008
275	马贵仁　陈　力	加强防震减灾法制建设，全面做好宁夏防震减灾工作	震害防御与法制建设　2008（3）	2008
276	陈　力	积极推进防震减灾科普知识进机关活动	震害防御与法制建设　2008（4）	2008
277	张进国	吸取汶川特大地震教训、做好宁夏震害防御工作	地方地震工作　2008（3）	2008
278	盛菊琴	宁夏大峰矿 5500 吨爆破及观测研究介绍	地震地磁观测与研究　30 卷，2 期	2009
279	杜　鹏	贺兰山东麓断裂南段套门沟–榆树沟段全新世活动与古地震	地震地质　31 卷，2 期	2009

续表

序号	作者	论文名称	发表刊物	发表时间
280	任雪梅	1900 年以来我国西南地区强余震统计特征	震灾防御技术 4 卷，2 期	2009
281	罗国富	青藏高原中北部中强以上地震震兆异常的分级特征研究	西北地震学报 31 卷，2 期	2009
282	吉 祥	宁夏数字地震观测网络项目之网络设计与综合评价	震灾防御技术 7 卷，3 期	2009
283	谢晓峰	宁夏南部地区破坏性地震人员伤亡快速盲估	内陆地震 23 卷，4 期	2009
284	赵卫明	对强震中长期预测思路的探讨	国际地震动态 2009（4）	2009
285	卫定军	搭建蔬菜大棚对固原地电台视电阻率观测影响的分析	地震地磁观测与研究 30 卷，2 期	2009
286	金春华	宁夏及邻区和祁连山中东段的 S 波非弹性衰减 Q 值研究	内陆地震 23 卷，1 期	2009
287	金春华	利用宁夏大峰矿大爆破资料研究地震波的衰减特性	地震地磁观测与研究 30 卷，2 期	2009
288	李惠智	关于震级误差成因的初步分析	高原地震 21 卷，2 期	2009
289	马文娟	"十·五"宁夏区域前兆台网建设与系统集成	地震地磁观测与研究 30 卷，3 期	2009
290	杜文勇 吕俊强 王 军等	石嘴山地电台站勘选及评估	地震地磁观测与研究 30 卷，增刊	2009
291	张思源	宁夏抗震救灾防疫队在唐山地震灾区	宁夏文史资料（第 27 辑） 宁夏人民出版社	2009
292	闫 冲 康凌燕	紧急部署 及时跟进努力做好汶川地震应急档案工作	档案博览 2009（1）	2009
293	张进国 周莉萍	防震减灾，任重而道远	中国社会报——社会组织周刊	2009
294	张进国	以法律做保障 努力创新市县防震减灾工作局面	地方地震工作 2009（2）	2009

序号	作者	论文名称	发表刊物	发表时间
295	陈　力	宁夏在全国率先启动中小学校舍安全工程	震害防御与法制建设 2009（1）	2009
296	陈　力	以汶川大地震为启示 认真做好宁夏市县防震减灾工作	地方地震工作 2009（1）	2009
297	陈　力	以汶川特大地震为鉴、全面提高中小学校的震害防御能力	地方地震工作 2009（3）	2009
298	师海阔	宁夏及邻区地震震源参数研究	大地测量与地球动力学 30卷，增刊	2010
299	马禾青	宁夏地区上地幔地震各向异性特征	地震学报 32卷，5期	2010
300	吴立辛　张立强 李国斌等	海原台四分量钻孔应变观测的相对标定及资料应用	地震研究 33卷，4期	2010
301	曾宪伟	利用小波包变换时频谱分析识别宁夏及邻区的地震和爆破	地震研究 33卷，3期	2010
302	曾宪伟	利用小波包变换对地震信号进行时频分析时小波基函数的选取	地震研究 33卷，4期	2010
303	谢晓峰	汶川8.0级地震中宁夏南部山区震害特征分析	地震研究 33卷，1期	2010
304	谢晓峰	利用H-Kappa方法反演宁夏地区的地壳厚度	地震研究 33卷，3期	2010
305	马文娟	"九五"前兆仪器与"十五"前兆管理系统的整合	地震研究 33卷，4期	2010
306	雷启云	银川隐伏活动断裂工程避让问题初步研究	中国地震 26卷，3期	2010
307	任雪梅　高孟潭 冯　静	鄂尔多斯地块周缘历史强震的影响烈度研究	中国地震 26卷，4期	2010
308	李惠智	宁夏数字地震台网观测技术系统	地震地磁观测与研究 31卷，1期	2010

续表

序号	作者	论文名称	发表刊物	发表时间
309	李惠智	宁夏数字地震台网地震速报质量评估与分析	地震地磁观测与研究 31卷，3期	2010
310	李惠智	宁夏数字强震动台网观测系统	地震地磁观测与研究 31卷，4期	2010
311	曾宪伟	基于小波变换与小波包变换的降噪方法比较	地震地磁观测与研究 31卷，4期	2010
312	吴晓燕	Nagios 在网络管理中的应用与探讨	高原地震 22卷，3期	2010
313	杜文勇　訾少刚 马小军等	宁夏地磁台站建设经验浅谈	高原地震 22卷，1期	2010
314	罗国富	中国大陆西部及邻区强震活动特征的初步研究	高原地震 22卷，3期	2010
315	李国斌	鄂尔多斯西南缘前兆异常与映震关系分析	高原地震 22卷，4期	2010
316	马禾青	宁夏地区地壳上地幔各向异性研究	国际地震动态 2010（2）	2010
317	吕俊强	宁夏测震台网的大震应对改进方案	华南地震 30卷，4期	2010
318	马文娟	宁夏"九五"与"十五"前兆观测系统整合	华南地震 30卷，3期	2010
319	马文娟	"九五"前兆仪器与"十五"管理系统的整合	地震研究 33卷，4期	2010
320	卫定军	宁夏石嘴山和固原大地电场资料对比分析	内陆地震 24卷，1期	2010
321	姚琳	地球物理勘探在活断层探测中的应用	中国西部科技 9卷，25期	2010
322	马文娟	宁夏地震前兆数据共享解决方案	华北地震科学 28卷，3期	2010
323	陈力	以"五五"普法为动力 宁夏防震减灾工作取得显著成效	防震减灾政策研究与法制建设 2010（2）	2010

续表

序号	作者	论文名称	发表刊物	发表时间
324	马贵仁 陈 力	做好市县防震减灾工作 不断提高社会服务水平	震害防御工作 2010 (3)	2010
325	陈 力	认真落实全区防震减灾会议精神 不断推进防震减灾事业科学发展	地方地震工作 2010 (4)	2010
326	兰 宁	银川天然地震波研究	IEEE 国际会议论文集	2011
327	马禾青	宁夏地区地壳介质地震各项异性特征	地球物理学进展 26 卷，1 期	2011
328	罗国富	滇西北至滇南强震危险区地震活动能量场分析	地震研究 34 卷，4 期	2011
329	许晓庆	对 SOIP 方法数据处理部分的尝试性改进的研究	地震研究 34 卷，3 期	2011
330	罗国富	汶川 8.0 级地震前地震活动能量场中短期异常	地震 31 卷，3 期	2011
331	金春华	利用地震和爆破资料反演宁夏及邻区浅层三维速度结构	地震学报 33 卷，5 期	2011
332	马文娟	水温前兆台网观测井条件研究	地震研究 34 卷，2 期	2011
333	雷启云	隐伏活断层钻孔联合剖面对折定位方法	地震地质 33 卷，1 期	2011
334	雷启云	基于钻探芦花台隐伏断层晚第四纪活动特征	地震地质 33 卷，3 期	2011
335	吴立辛 杨明芝 赵卫明等	利用重力多尺度分解资料反演青藏高原东北缘地壳厚度	大地测量与地球动力学 31 卷，1 期	2011
336	师海阔	利用 Sato 模型对宁夏及邻区微波 Q 值的研究	地震 31 卷，1 期	2011
337	师海阔	利用 Aki 模型对宁夏及邻区尾波 Q 值的研究	西北地震学报 33 卷，4 期	2011
338	任雪梅	宁夏固原 1306 年和 1622 年地震考证	中国地震 27 卷，3 期	2011

续表

序号	作者	论文名称	发表刊物	发表时间
339	任雪梅	地震目录的完整性对 b 值计算的影响	震灾防御技术 6 卷，3 期	2011
340	司学芸	固原硝口温泉 CO_2 气体异常与映震效应	地震地磁观测与研究 32 卷，3 期	2011
341	罗国富	宁夏及邻区地震活动能量场时空变化特征	高原地震 23 卷，3 期	2011
342	李国斌	固原体应变观测资料综合分析	内陆地震 25 卷，1 期	2011
343	许晓庆	首都圈及邻近区域地震活动能量场研究	华北地震科学 29 卷，4 期	2011
344	许英才　许文俊 李鸿庭等	利用数字地震波资料研究宁夏地区介质非弹性衰减和场地响应	大地测量与地球动力学 31 卷（增刊）	2011
345	许英才　许文俊 李鸿庭	宁夏地区中小地震震源参数的研究	地震地磁观测与研究 32 卷，6 期	2011
346	马文娟	宁夏永宁 4.5 级地震预测回顾	四川地震 14 卷，3 期	2011
347	马文娟	区域地震前兆台网管理及运行监控	地震地磁观测与研究 32 卷，4 期	2011
348	李自芮	银川基准台记录地核界面波特征初探	地震地磁观测与研究 32 卷，4 期	2011
349	张进国　周莉萍	努力办好防灾减灾刊物 积极开展防灾减灾宣传	地方地震工作 2011（2）	2011
350	陈　力	积极做好宁夏防震减灾科普工作 努力提高全民防震减灾意识	震害防御工作 2011（2）	2011
351	陈　力	宁夏组织全区开展防震减灾知识网络竞赛活动	震害防御工作 2011（3）	2011
352	张锦玲　陈　俊 孙鸿博等	GM4 磁通门磁力仪的供电设备对观测数据的影响	高原地震 23 卷，4 期	2011

序号	作者	论文名称	发表刊物	发表时间
353	李青梅　李惠智	宁夏数字强震动台网记录的汶川8.0级地震加速度资料分析	高原地震23卷，2期	2011

梁金仓等在《世界地震译丛》《国际地震动态》刊登《太阳活动周期长度变化影响下的地震活动状态的变化》《岩石破裂实验研究中强震发生前主破裂形成时能量释放过程的分析》等译文30余篇。

第五节　政协地震对策研究

2008年5月12日汶川大地震的巨大灾情在社会上引起强烈震撼，引发了政协委员和专家学者应对宁夏地震灾害问题的思考。自治区党委和政府的主要领导多次作出批示，要求做好震灾的对策研究。自治区政协主席项宗西主持会议研究，决定开展"宁夏地震灾害与对策"课题研究。成立了自治区政协副主席李淑芬任组长，马国权、安纯人副主席任副组长，政协副秘书长和3个专门委员会主任以及地震局长为成员的领导小组。确定课题由自治区政协负责，政协人口资源环境委员会牵头组织实施，科教文卫体委员会、文史和学习委员会参与，地震、民政、建设、国土资源、地矿、卫生、教育等部门和有关专家共同组成课题组开展研究。设立宁夏地震灾害与地震形势研究、地震灾害防御与对策、地震应急救援对策研究等3个课题研究组开展研究。项目于2008年7月启动，2009年7月形成专题研究报告《宁夏地震灾害与对策研究》。自治区政协向自治区党委汇报课题研究成果，并提出进一步加强防震减灾相关工作的建议。建议涉及到依法加强建设工程抗震设防管理工作、加强农村房屋抗震设防、开展既有建筑抗震性能普查，分类进行抗震加固、广泛深入持久地开展防震减灾宣传教育、开展海原地震博物馆的建设、做好地震活动断层避让工作、对大柳树水库诱发地震进行深入研究、进一步完善地震监测台网、增加救灾物资储备库建设面积、推进应急避难场所建设等11个方面的内容。自治区党委主要领导批示："各级都要本着对人民负责，对子孙后代负责的精神，把这件大事抓实抓好"。党委认为"建议"很重要，要求自治区人民政府研究办理。

第三章　学术活动

第一节　重大学术活动

1979 年 5 月，国家地震局兰州地震研究所和宁夏回族自治区地震队在银川市召开"1920 年海原地震学术讨论会"。邀请国家地震局负责人丁国瑜，国家地震局地球物理研究所、地质研究所、郑州物探大队、辽宁省地震局、云南省地震局等 13 个单位参加过海原大地震现场考察的人员参加会议，与会 53 人。丁国瑜、冯学才、郭增建、秦保燕、时振梁、李龙海、李玉龙、唐铭麟、朱海之、王挺梅、李孟銮、强祖基、马云超等作学术报告。

1980 年 9 月，中国地震学会在中宁县召开"中国活断层与古地震专题讨论会暨中国地震学会地震地质专业委员会成立大会"。国家地震局所属的 5 个研究所（队）和 18 个省（市）地震局的代表 112 人与会。自治区副主席马英亮、国家地震局副局长马杏垣、丁国瑜出席会议讲话。

1980 年 10 月，自治区科委在海原县召开宁夏南部山区震害讨论会。自治区建委、水利局、地质局、地震局、建筑勘察设计院、建材研究所的科技人员，固原行署和部分县领导以及南部山区各县计委、科委、地震工作办公室人员共 42 人与会。国家地震局地质研究所副研究员朱海之和中国地震局兰州地震研究所刘朔宽、查小刚应邀出席会议。会议就 1920 年海原地震和 1970 年西吉地震震害、黄土高原地质环境、震害预防措施等作 11 个专题发言，并进行现场考察。

1982 年 10 月，西北协作区流动重力测量学术讨论会在银川召开。国家地震局和陕、甘、宁、青四省（区）的代表，邀请河南、新疆、武汉地震研究所的代表，共 40 人与会

1982 年 11 月，国家地震局兰州地震研究所和宁夏地震局在银川召开"中国 8 级大震学术讨论会"。国家地震局分析预报中心、地球物理研究所、地质研究所、地球物理勘探大队、地震地质大队、地震出版社以及 12 省区的代表 70 余人参加会议。国家地震局副局长、中国科学院地学部委员丁国瑜及马宗晋、谢毓寿、徐煜坚等专家作学术报告。自治区副主席丁毅民，科委党组书记申建生出席会议。会议交流 55 篇学术论文、报告，总结我国 8 级大震研究取得的进展和成果。

1984 年 10 月，国家地震局地质研究所和宁夏地震局在银川召开"鄂尔多斯周围断陷盆地带现今活动特征及其与大地震复发关系的研究"第二次会议，与会专家代表41 人。

1991 年 8 月，第四届西北青年地震工作者学术研讨会在银川召开，48 人与会。会议收到论文 39 篇，评出 18 篇优秀论文。

1997 年 8 月，第六届南北地震带观测技术交流会在银川召开。西北五省（区）及云南省、四川省、内蒙古自治区地震局的代表 66 人与会。会议收到论文 55 篇，评出21 篇优秀论文。

1998 年 7 月，自治区建设厅、地震局、科协等单位，邀请中国科学院院士、中国建筑科学研究院工程抗震研究所教授周锡元讲授"抗震新技术研究状况及其发展方向"，工程抗震研究所隔震技术研究室主任、教授苏经宇讲授"基础隔震技术研究与应用"。自治区人大副主任黄超雄和周锡元，建设厅、地震局等单位领导和技术人员研讨"银川城区东部隐伏断裂对城市规划布局的影响"。地震局副局长万自成和地震工程研究院朱峻峡、孟广魁、王增光参加研讨会。

2006 年 7 月，应自治区地震局邀请，美国康涅狄格大学土木与环境工程系副教授刘澜波、孟菲斯大学地震信息和研究中心教授 Dr. Jerming Chiu 和韩国海洋研究中心Dr. Kwanghee Kim 来宁，实地查看海原大地震遗址遗迹，考察银川基准台、海原地震台、固原地震台，为地震局科技人员做专题学术报告。双方就进一步开展地震科技交流活动座谈。

2009 年 9 月，第六届中国西部地震观测技术交流会在银川召开，甘肃、陕西、云南等 9 个省（市、区）的 70 多位地震科技和管理人员与会。会议评出优秀论文一等奖9 篇、二等奖 10 篇，优秀论文 35 篇。

第二节　涉外学术活动

一、外籍学者来宁访问与合作

1981 年 9 月，日本地震构造访华组藤田和夫教授、尾池和夫副教授、竹内章助教3 人，在宁夏考察 1143 年银川、1739 年银川－平罗、1920 年海原等 3 个地震遗迹和 20多个活动断层点和剖面，作了 3 场学术报告。

1982 年 5 月，美国麻省理工学院地球和行星科学系地震构造访华组 B. C. 贝奇菲尔和 P. 莫尔纳教授，在宁夏考察海原、固原、中宁等地活动断层、地震形变带及历史地震遗迹。中美双方作地震地质及地震活动性方面的学术报告。

1982 年 9 月，为实施"板内活动断层与地震研究"合作项目，美国地质调查局地震研究中心主任 R. 斯蒂沃特，地质调查局科学家协会主席、首席地质学家 R. E 华莱士，丹佛分部地震构造和地震危险性研究室主任 R. C. 巴克南和纽约州立大学宾城分校吴大铭教授，在宁夏野外考察。

1983 年 7 月，根据中美地震科技合作计划附件三，美国麻省理工学院地球和行星科学系 B. C 贝奇菲尔教授来宁，与宁夏地震局科技人员对南、西华山断裂带西段唐家坡–大沟门段、莱园–野狐坡段进行 1:5 万地质填图和断层活动性的综合研究。

1984 年 6 月，为执行中美地震研究科技合作项目附件二的有关课题，美国地质调查局首席科学家 R. E 华莱士、R. C 巴克南姆、T. C 汉克斯三位地震地质专家来宁，在石嘴山进行地震断层崖野外考察，与中方开展活动断裂和地震重复率的合作研究及学术交流。

1984 年 6 月，为执行中美地震研究科技合作议定书附件二的合作项目，美国麻省理工学院 P. 莫尔纳教授、B. C 贝奇菲尔教授和夫人 L. 罗登博士来宁，与宁夏地震局科技人员在海原县、固原县进行地震地质野外合作研究和地质填图，开展地震重复率研究。

1985 年 5 月，加拿大能源矿产部地球物理局亚当斯博士来宁，考察中宁古地震断层和砂土液化形迹、1920 年地震形成的固原石碑塬黄土低角度滑移现场、西吉党家岔地震堰塞湖。

1985 年 8 月，为执行中美科技合作议定书附件二的有关任务，美国麻省理工学院 B. C. 贝奇菲尔教授和夫人 L. 罗登博士、P. 莫尔纳教授和夫人 S. 诺伊斯塔特女士来宁，与中方科技人员在贺兰山前、天景山前、1920 年海原大地震震中区，进行野外地震地质考察和地质填图工作，并进行学术交流。

1988 年 7 月，美国新泽西州普林斯顿大学土木工程系万马克教授偕夫人玛格瑞特应邀来宁，就"地震安全性评价、设计决策分析"和"随机断层力学"进行讲学，宁夏地震局等单位 150 多名工程技术人员听讲。

1991 年 7 月，苏联科学院特雷诺夫教授、马可洛夫教授和卢基娜博士来宁，参观考察贺兰山北麓断层陡坎和红果子长城错动及 1920 年海原大地震的活动断裂、逆断层等地质地貌景观点，在宁夏地震局作"活断层研究的方法和实例"、"最新造山运动在地震预报中的意义"专题报告。

1994 年 8 月，泰国国家电力局巴提拉·阿索卡南来宁，就地震、滑坡、地裂缝、泥石流等有关灾害问题进行野外考察和学术交流。

1996 年 10 月，日本国东北大学专家访问组堀内茂木、三浦哲、左藤俊也来宁工作访问和学术交流，宁夏地震局、国家地震局分析预报中心同日本国东北大学联合开展的"宁夏 1～3 年中强以上地震危险性研究"项目正式启动。

1997 年 11 月，日本国东北大学副教授三浦哲和河野俊夫、佐藤俊也来宁，作为期

6 天的地震合作项目研究和学术交流。

二、自治区地震局科技人员出国（境）访问考察

1984 年 3 月，张维岐与国家地震局地质研究所副研究员邓起东赴美国，与美国麻省理工学院开展地震科技合作研究项目。1984 年 7 月，万自成随国家地震局赴菲律宾地震考察小组，对菲律宾主要地震、火山研究机构以及所属地震台网考察访问，实地考察地震破坏现场和火山体。1984 年 8 月，吴建明随国家地震局组织的赴朝鲜访问考察代表团，考察朝鲜地震工作机构及科研队状况，地震观测台网和仪器设备及监测能力。1984 年 12 月，焦德成与国家地震局地质研究所宋方敏赴美国，与美国麻省理工学院开展地震科技合作研究项目。1985 年 5 月，廖玉华与国家地震局地质研究所虢顺民、兰州地震研究所李玉龙赴美国，对美国西部爱达荷州罗斯特河沿线断层和河谷历史地震区进行野外考察和研究。1986 年 10 月，张维岐赴美国，与美国麻省理工学院开展地震科技合作研究项目。1986 年 10 月，柴炽章、董卫国赴德国波茨坦参加地震学、大地构造学、地震灾害学培训班。1996 年 2 月，孙立新随国家地震局组织的"地震台站观测技术考察团"赴泰国考察和访问。1997 年 9 月，王生才随国家地震局组织的"地震台站观测技术考察团"赴泰国进行考察和访问。1997 年 11 月，何开明随自治区科委组织的访问团赴墨西哥进行为期 15 天的学术访问和考察工作。2000 年 5 月，杨明芝随中国地震局组织的 5 人团组赴埃及、土耳其国执行"访问并签署地震科技合作协议"任务。2000 年 8 月，张文孝随中国地震局组织的 9 人团组赴法国、德国执行"地震预报与监测考察"任务。2001 年 12 月，杨明芝随中国地震局欧洲考察团到德国、意大利、奥地利三国进行地震紧急救援考察。2001 年 12 月，万自成、朱峻峡、马禾青随宁夏地震考察团到欧洲 8 国考察地震应急、地震紧急救援等工作。2002 年 7 月，张思源、张进国赴日本兵库县参加"东北亚地震地方政府联合防灾分科会议"。2002 年 8 月，赵卫明随中国地震局地震科技考察团赴德国、法国、意大利等国学习考察。2002 年 9 月，许文俊随中国地震局西部中青年科技骨干赴日本考察。2002 年 11 月，刘琨、王增光赴欧洲考察学习。2003 年 8 月，万自成、朱峻峡到俄罗斯考察学习。2003 年 12 月，杨明芝随中国地震局代表团到美国考察。2004 年 1 月，赵卫明随中国地震局地震科技考察团赴法国、意大利考察。2004 年 2 月，金延龙、封德春到日本参加"东北亚地震地方政府联合防灾分科会议"。2004 年 7 月，姚宗智赴韩国考察。2004 年 12 月，杨明芝、李根起赴俄罗斯、捷克斯洛伐克考察。2005 年 7 月，张思源随中国地震局地震科技考察团赴英国考察。2005 年 11 月，金延龙赴美国参加培训。2006 年 1 月，张自河、赵知军赴日本兵库县参加东北亚国家地方政府联合会第四届防灾分科委员会防灾考察研修活动。2006 年 3 月，万自成参加自治区科协组织的考察团赴台湾省、香港、澳门考察。2006 年 4 月，马贵仁、蒙和平、谢建永参加中国地震灾害防御协会组织的考察团，

赴法国、西班牙等六国访问考察。2006年7月，赵广堃、常晟勇参加中国灾害防御协会组织的考察团，赴土耳其、南非等国家访问考察防灾机构。2006年9月，张玉珍、崔占魁参加中国灾害防御协会组织的考察团，赴挪威、芬兰等国家访问考察。2006年11月，封德春和宁夏消防总队副参谋长杨忠诚参加中国地震局组织的考察团，赴新加坡考察地震救援工作。2007年2月，王建功、王生才赴日本兵库县，参加东北亚国家地方政府联合会第五届防灾分科委员会会议。2007年9月，马达参加中国地震局组织的考察团，赴加拿大考察灾害应急管理和环境保护及市政建设工作。2007年12月，范东平赴澳大利亚、新西兰，参加地震应急考察和访问。2008年1月，李翔与宁夏消防总队高政委参加中国地震局组织的考察团，赴新加坡考察受训地震救援工作。2008年3月，王清云、陈力赴日本兵库县，参加东北亚国家地方政府联合会第六届防灾分科委员会会议。2008年4月，侯万平赴加拿大、巴西访问考察。2009年3月，吴隽、李英赴日本兵库县，参加东北亚国家地方政府联合会第七届防灾分科委员会会议。2009年4月，周辉、刘登宁参加中国灾害防御协会组织的考察团，赴韩国访问考察防灾机构。2009年9月，张思源参加中国地震局组织的考察团，赴意大利参观意大利民事保护局、考察阿奎拉地震灾区，赴荷兰参观考察荷马特救援设备公司、荷兰国际紧急救援技术培训中心。2010年8月，谢晓峰赴德国波茨坦参加地震学与地震学知识与地震观测实践学习交流活动。2010年11月，马贵仁、张进国赴台湾考察。2011年3月，孟长春赴日本兵库县，参加东北亚国家地方政府联合会第八届防灾分科委员会会议。

第三节　学术刊物

　　1981年12月，宁夏地震局分析预报研究室和银川台合编创刊《地震观测与预报》内部科技学术刊物，1984年改由宁夏地震局主办。2006年第1期（总第37期）起改刊《宁夏地震》。创刊至2011年印制50期，发表文章720篇，约400万字。印制量：第1～9期每期1800册，第10～30期每期500册，第31～50期每期700册。

　　1984年10月，成立《地震观测与预报》编辑室，主任李孟銮，副主任廖玉华、梁金仓，成员6人。1988年9月，成立《地震观测与预报》编辑委员会，主编李孟銮，副主编万自成、廖玉华、杨明芝，编委15人，编辑刘登齐（兼）。1992年7月后5次调整编辑委员会，主编先后由杨明芝、张思源、金延龙担任，副主编先后由万自成、赵卫明、王增光、柴炽章　焦德成、李根起、孙立新担任，编委16～21人。编辑先后由刘登齐、赵知军、张自河担任。

第四节　学术委员会

　　宁夏回族自治区地震局学术委员会于 1981 年 2 月成立，1993 年 8 月改为宁夏回族自治区地震局科学技术委员会，亦为宁夏地震系统科学技术进步奖励评审委员会。组织沿革如表 9-5。

表 9-5　自治区地震局学术委员会、科学技术委员会组织沿革表

届　次	时　　间	主任委员	副主任委员	委员（人）
宁夏回族自治区地震局学术委员会				
第一届	1981 年 2 月	王业昌	白铭学　连纪仁	6
第二届	1985 年 1 月	李孟銮	白铭学　吴建明	11
第三届	1990 年 3 月	杨明芝	孟广魁	9
宁夏回族自治区地震局科学技术委员会				
第一届	1993 年 8 月	杨明芝	孟广魁	9
第二届	1996 年 3 月	杨明芝	孟广魁　赵卫明	15
第三届	1998 年 4 月	杨明芝	张文孝　赵卫明	16
第四届	2000 年 9 月	杨明芝	张文孝　赵卫明	16
第五届	2005 年 5 月	赵卫明	金延龙　柴炽章	17
第六届	2011 年 7 月	柴炽章	马禾青　许文俊	20（特邀 4 人）

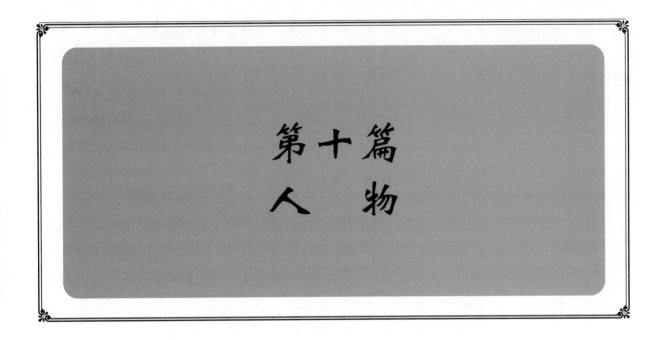

第十篇

人物

宁夏自1954年开展地震工作以来，有410余人先后在自治区地震机构工作，有460余人先后在市（地）、县（市、区）地震机构工作，有2000余人参与业余地震群测群防。他们中的许多人在地处贺兰山中、六盘山麓，或地处毛乌素沙漠、腾格里沙漠边缘的地震台站，耐受寂寞和艰苦，默默地为地震监测预报、科学研究提供连续可靠的观测资料。许多人常年奔波在宁夏的山川沟壑，冒着酷暑严寒，探寻研究地震构造形迹。许多人兢兢业业探索地震预测预报，推进地震灾害防御、应急救援、防震避险、农村民居地震安全、城市社区地震安全服务等减轻地震灾害损失的社会公益工作。他们在本职岗位上，为宁夏防震减灾事业默默奉献，取得了丰硕的成果。

本篇为地震系统去世的人员（离休干部、处级以上干部、享受政府特殊津贴人员、高级技术职务人员、享受省部级劳模待遇人员）立传，对为宁夏防震减灾事业奉献终生的其他人员，一并表达对他们的崇高敬意和怀念之情。对离休干部，宁夏地震队队级干部、宁夏地震局局级干部，享受政府特殊津贴人员，正高级技术职务人员，享受省部级劳模待遇人员，作以简介。表列全区地震系统高级技术职称人员，自治区地震工作机构和市、县（区）地震工作机构的干部和职工名单，以铭记为自治区地震工作和防震减灾事业奉献的人们。

经过多年努力，自治区形成一支准军事化、具有强烈事业心、责任感和献身精神、能吃苦、能战斗的地震工作队伍，肩负着全区防震减灾各项工作任务，为保障自治区经济建设发展和社会稳定与进步服务。地震系统的单位和个人获得国家地震局、中国地震局、科技部、人事部、全国科协等国家部委，自治区党委、自治区政府和相关厅局的先进荣誉，激励他们为最大限度地减轻地震灾害损失做出更大贡献。

人 物 传

高铭显 男，汉族。1925 年 10 月出生，陕西定边人。高中学历。1940 年参加革命。1948 年 8 月加入中国共产党。1940 年在定边七区二乡任文书，1943 年任小学教员、三边公学文书，1947 年在定边七区做文书、报社等工作。1949～1980 年先后任宁夏日报社总务科长，地委文教部长，自治区党委宣传部处长、办公室主任，自治区科委科技情报所党总支书记。1981 年任自治区地震局党总支部书记，1984 年任党组书记。1986 年 6 月离休。2008 年 6 月去世。

肖静涵 男，汉族。1925 年 4 月出生，天津市蓟县人。初中学历。1947 年 3 月参加革命。1948 年 5 月加入中国共产党。1947 年 3 月参加中国人民解放军，二纵六师特务营二连战士，1951 年中国人民志愿军 117 师战士，1953 年任东北军区归来人员管理处副指导员，1954 年任吉林军区洮南县兵役局助理员，1956 年在吉林军区白城子军分区干部科。1959 年转业，在宁夏科委人事处、自治区干校工作。1972 年任宁夏地震队银川基准台负责人，1974 年任宁夏地震队预报室主任。1980 年任宁夏地震局人事科科长。1985 年 4 月离休。2005 年 2 月去世。

马玉林 男，汉族。1930 年 3 月出生，河南蔚县人。高小学历。1949 年 5 月参加革命。1954 年 1 月加入中国共产党。1949 年 5 月参加中国人民解放军，186 团八连战士；1951～1975 年先后任 186 团副班长、班长、副排长、排长、副连长、连长、副营长、后勤处处长。1976 年任宁夏地震队办公室负责人，1980 年任宁夏地震局总务科科长。1983 年 8 月离休。1994 年 1 月去世。

赵卫明 男，汉族。1960 年 11 月出生，北京市海淀区人。中共党员，硕士，研究员。1982 年 7 月毕业于宁夏大学物理专业；1986 年 3 月毕业于中国地震局地球物理研究所，理学硕士。1986 年 4 月参加地震工作。1995 年任宁夏地震局地震分析预报中心副主任，1998 年任地震监测预报研究院副主任，2001 年任地震分析预报中心主任。获省部级科技进步奖 2 项。2002 年自治区人民政府批准享受政府特殊津贴。2010 年 9 月去世。

孟长春 男，汉族。1956 年 3 月出生，陕西长安人。中共党员，大专学历，高级工程师。1974 年参加地震工作。2001 年任宁夏地震局纪检监察审计处副处长，2005 年任处长；2008 年任人事教育处处长。2012 年 5 月去世。

刘登齐 男，汉族。1946 年 7 月出生，宁夏中宁人。中共党员，中专学历，主任记者。1974 年参加地震工作。1980 年任固原地区地震办公室副主任。1988 年任中国地震报记者站站长。2004 年 7 月退休。2006 年 2 月去世。

赵知军 男，汉族。1946 年 7 月出生，甘肃天水人。中共党员，大普学历，高级工程师。1970 年参加地震工作。1973 年任宁夏地震队分析组负责人。1995 年任宁夏地震局测震分析室主任，2005 年任宁夏地震志办公室主任。2006 年 7 月退休。2011 年 12 月去世。

张学平 男，汉族。1952 年 12 月出生，宁夏中卫人。大普学历，高级工程师。1970 年参加地震工作。1988 年任宁夏地震局中卫综合地震台台长。2006 年 11 月去世。

陈余忍 男，汉族。1936 年 10 月出生，陕西人。大学学历，高级工程师。1971 年参加地震工作。1996 年 10 月退休。2007 年 1 月去世。

张家志 男，汉族。1934 年 6 月出生，上海人。大学学历，高级工程师。1960 年参加工作。1985 年任宁夏地震局测量队副队长。1994 年退休。2008 年去世。

姚显坤 男，汉族。1965 年 7 月出生，江苏人。1987 年参加工作。2005 年任石嘴山市地震局局长。2006 年 4 月去世。

李振武 男，汉族。1937 年 4 月出生，宁夏银川人。1970 年参加地震工作。1985 年任银川市地震办公室副主任，1994 年任主任；1998 年任银川市地震局局长。1998 年 3 月退休。2008 年 12 月去世。

魏 诚 男，汉族。1941 年 5 月出生，宁夏吴忠人。中专学历，高级工程师。1965 年参加地震工作，同年任灵武地震台负责人。1980 年任陶乐地震观测站负责人。1984 年任石嘴山市地震办公室副主任。2001 年 6 月退休。2010 年 12 月去世。

人物简介

王德芝　男，回族。1926 年 9 月出生，内蒙古科尔沁盟人。1945 年参加革命工作。中共党员。1973 年 10 月到宁夏地震队工作，1974 年 12 月任宁夏地震队革命委员会主任、党支部书记。1981 年 4 月调自治区人大常委会办公厅工作。

肖玉芳　男，汉族，1931 年 7 月出生，宁夏中宁县人。1949 年 4 月在三边干校参加革命工作。中共党员。1950 年 7 月在定边县政府办公室、财政科工作；1959 年 7 月在宁夏科委办公室任会计；1968 年 10 月在宁夏干校工作。1971 年 4 月在宁夏地震队工作，1979 年 8 月任宁夏地震局副局长，1984 年 1 月任局调查研究员。1991 年 1 月离休。

吴建明　男，汉族，1934 年 3 月出生，四川省新都县人。1951 年 2 月参加工作，1960 年 8 月毕业于甘肃地球物理专科学校地球物理勘探专业。中共党员，高级工程师。曾任宁夏地震队党支部和党总支部副书记、革命委员会副主任，宁夏地震局党组成员、局长；1986 年 6 月～1995 年 8 月任局党组书记、局长。1993 年人事部批准享受国务院政府特殊津贴。1995 年 9 月退休。政协宁夏回族自治区第六届委员会委员。

王业昌　男，回族，1934 年 1 月出生，江苏省苏州市人。1954 年 7 月毕业于苏州工业专科学校。1954 年 8 月参加工作。中共党员，高级工程师。曾任中国科学院兰州地球物理研究所宁夏地震研究分室主任、银川地震基准台台长、宁夏地震局机关党总支部书记。1979 年 8 月～1984 年 1 月任宁夏地震局副局长，1984 年 1 月～1994 年 1 月任局党组成员、副局长。1994 年 1 月退休。

朱峻峡　男，汉族，1949 年 9 月出生，宁夏固原人。1967 年 10 月参加工作，1974 年 5 月～1978 年 5 月在长春地质学院地震地质专业学习。中共党员，正高职高级工程师。1984 年 1 月～1990 年 10 月任宁夏地震局副局长。1996 年组建宁夏防震减灾工程技术开发中心，任经理；1997 年 3 月任宁夏地震工程研究院院长。2001 年人事部批准享受国务院政府特殊津贴。2003 年获银川市"开拓创新优秀企业家"称号。2005 年被人事部、中国地震局授予全国地震系统先进工作者称号。2009 年 11 月退休。

李孟銮　男，汉族，1943 年 1 月出生，天津市蓟县人。1968 年 7 月毕业于北京地质学院，同时参加工作。中共党员。曾任宁夏地震局分析预报研究室主任，1986 年 6 月任宁夏地震局党组成员、副局长。1990 年 10 月调任河北省地震局副局长。政协宁夏回族自治区第五届委员会委员。

杨明芝　男，汉族，1944 年 1 月出生，宁夏贺兰县人。1968 年 7 月毕业于兰州大学物理系，同时参加工作。中共党员，研究员。曾任宁夏地震局震情分析预报室副主任、主任，宁夏地震局党组成员、副书记、副局长，1997 年 9 月～2004 年 8 月任局党组书记、局长。获省部级科技进步奖 2 项。1992 年人事部批准享受国务院政府特殊津贴。2008 年 7 月退休。政协宁夏回族自治区第七届、第八届委员会委员。

刘　琨　男，汉族，1944 年 2 月出生，宁夏吴忠市人。1962 年毕业于宁夏科技学校。1965 年 2 月参加工作。中共党员，高级工程师。曾任中国科学院兰州地球物理研究所宁夏地震台站管理组负责人、兼银川小口子地震台负责人，宁夏地震队业务科科长，宁夏地震局业务科科长、监测处处长、人事教育处处长、审计监察室主任（兼）、机关党总支部书记。1990 年 10 月～2000 年 12 月任宁夏地震局党组成员、副局长。2004 年 2 月退休。

杨　静　女，汉族，1939 年 12 月出生，宁夏平罗县人。1961 年毕业于宁夏农学院。1964 年 9 月参加工作。中共党员，会计师。曾任宁夏地震局办公室主任、审计监察室主任、审计监察处处长。1991 年 1 月任局党组纪检组组长。1996 年 7 月退休。

万自成　男，汉族，1945 年 7 月出生，宁夏中卫县人。1968 年 7 月毕业于西北大学地质系地质专业。1969 年 9 月参加工作。中共党员，高级工程师。曾任宁夏地震局中卫地震台台长，局监测处副处长、处长，科技监测处、地方地震工作处处长，震害防御处、地方地震工作处处长，机关党委书记。1995 年 8 月～2004 年 8 月任宁夏地震局党组成员、副局长。2004 年 5 月任助理巡视员。2005 年 7 月退休。

李文俊　男，汉族，1945 年 11 月出生，宁夏中卫县人。1968 年 7 月毕业于宁夏大学中国语言文学专业，同时参加工作。中共党员，高级政工师。曾任自治区组织部组织处副处长、处长。1997 年 9 月～2000 年 12 月任宁夏地震局党组成员、副局长。2001 年 9 月任局机关党委书记。2005 年 11 月退休。

张思源　男，汉族，1950 年 10 月出生，宁夏中卫县人。1970 年 11 月参加地震工作。1977 年 2 月毕业于北京大学地球物理系。中共党员，高级工程师。1985 年获全国边陲优秀儿女金质奖章。1986 年被自治区人民政府授予自治区劳动模范称号。曾任宁夏地震局固原地震台台长，局办公室副主任、主任，震害防御处、地方地震工作处、科技开发管理处处长，局党组成员、副书记、副局长，2004 年 8 月～2010 年 11 月任局党组书记、局长。政协宁夏回族自治区第九届委员会常务委员，教科文卫体委员会副主任。

马贵仁　男，回族，1953 年 9 月出生，宁夏永宁县人。1975 年 12 月毕业于西安地质学校水文工程地质专业，同时参加工作。1995 年 7 月毕业于宁夏党校经济管理专业。中共党员，高级工程师。曾任宁夏地震局监测处副处长、人事教育处处长。2000 年 12 月任宁夏地震局党组成员、副局长；2000 年 12 月～2010 年 11 月兼任局党组纪检组组长。

赵广堃　男，汉族，1950 年 12 月出生，辽宁省本溪市人。1979 年 1 月于北京大学无线电系毕业。中共党员，高级工程师。曾任甘肃省地震局党组成员、副局长。2004 年 8 月任宁夏地震局党组成员、副局长，2007 年 11 月任巡视员。2008 年 5 月调甘肃省地震局。

金延龙　男，回族，1964 年 5 月出生，宁夏银川市人。1986 年于云南大学地球物理专业毕业，同时参加工作。1998 年中国科学技术大学地球物理专业获硕士学位。中共党员，副研究员。曾任宁夏地震局监测预报研究院副院长，监测预报处、应急救援处处长，外事办公室主任，局机关党委委员。2004 年 8 月任宁夏地震局党组成员、副局长。

佟晓辉　男，汉族，1958 年 3 月出生，河北省唐山市人。1976 年 2 月参加工作。1983 年 8 月毕业于东北工业学院无线电技术专业。中共党员，高级工程师。曾任辽宁省地震局沈阳遥测地震台网台长，辽宁省地震局副局长、党组成员。2001 年人事部批准享受国务院政府特殊津贴。2010 年 12 月任宁夏地震局党组书记、局长。

李　杰　男，汉族，1959 年 11 月出生，河北省阳原县人。1976 年 10 月参加工作。1986 年 7 月毕业于山西省电大经济管理专业，1993 年 12 月毕业于中央党校经济管理专业。中共党员，经济师。曾任山西省地震局处长。2010 年 12 月任宁夏地震局党组成员、纪检组组长。

柴炽章　男，汉族，1957 年 6 月出生，浙江省宁波市人。1975 年 8 月参加工作。1982 年 1 月毕业于西北大学地质系地质学专业。中共党员，研究员。曾任宁夏地震局地震监测预报中心副主任、宁夏地震监测预报研究院副院长、地震分析预报中心副主任，局副总工程师。2009 年获自治区人民政府五一劳动奖章，获科学技术部全国野外优秀科技工作者称号。获国家级科技进步奖 1 项、省部级科技进步奖 5 项。2010 年 11 月任宁夏地震局党组成员、副局长。

蒙和平　男，汉族，1954 年 11 月出生，甘肃省庄浪县人。1972 年 3 月参加工作，先后毕业于西安地质学校地球物理勘探专业、中国科学技术大学固体地球物理专业、中央党校领导干部函授班经济管理专业。中共党员，高级工程师。曾任宁夏地震局石嘴山地震台副台长，银川北塔地磁台副台长、台长，银川基准台台长，局地震监测中心副主任、监察审计处副处长（主持工作），科技监测处处长，人事教育处处长，监测预报处处长，机关党委副书记。2010 年 11 月任宁夏地震局副巡视员。

廖玉华　男，汉族，1943 年 4 月出生，广东省顺德市人。1961 年 12 月毕业于兰州地质学校地质矿产勘察专业，同时参加工作。中共党员，研究员。曾任宁夏地震局基础探测研究室副主任、地震监测预报研究院副总工程师、科技开发部主任、计划财务处处长。获国家级科技进步奖 1 项、省部级科技进步奖 6 项。1993 年人事部批准享受国务院政府特殊津贴。2003 年 5 月退休。

孟广魁　男，汉族，1938 年 5 月出生，河北省南宫市人。1964 年 9 月毕业于北京大学地质地理系，同时参加工作。中共党员，研究员。曾任宁夏地震局科技开发中心主任、工程地震研究所所长、地震工程研究院总工程师。获省部级科技进步奖 2 项。1998 年 7 月退休。

张文孝　男，汉族，1943 年 2 月出生，宁夏银川市人。1967 年 7 月毕业于兰州大学数学系，同时参加工作。中共党员，研究员。曾任宁夏地震局震情分析预报室副主任、主任，地震监测预报中心主任、地震分析预报中心主任，宁夏地震监测预报研究院党支部书记兼总工程师。获省部级科技进步奖 3 项。2003 年 3 月退休。

许文俊　男，汉族，1960 年 10 月出生，山东省荣成市人。1982 年 7 月毕业于武汉测绘学院大地系（地震班）大地形变测量专业，同时参加工作。中共党员，研究员。曾任宁夏地震局测量队副队长，地震分析预报中心副主任，地震监测中心副主任、总工程师。2005 年 1 月任地震监测中心主任、总工程师。获省部级科技进步奖 3 项。获国家地震局 1997 年地震监测预报先进个人、中国地震局"艰苦奋斗、爱岗敬业、无私奉献"先进典型，自治区党委授予全区优秀共产党员称号。2000 年 5 月被人事部、中国地震局授予全国地震系统先进工作者称号。

马禾青　女，回族，1963 年 3 月出生，山东省青州人。1984 年 7 月毕业于北京大学地球物理专业，同时参加工作。2000 年 7 月毕业于中国科学技术大学固体地球物理专业，获硕士学位；2009 年 10 月毕业于中国地震局地球物理研究所固体地球物理专业，获博士学位。正研级高级工程师。获省部级科技进步奖 4 项。2003 年获宁夏回族自治区民族团结进步先进个人，2005 年获全国民族团结进步模范个人。曾任宁夏地震局地震分析预报中心副主任、总工程师，2011 年 7 月任局地震分析预报中心主任。

王生才　男，汉族，1947 年 4 月出生，宁夏盐池县人。1970 年 10 月参加工作。中共党员，工程师。1980 年 11 月任宁夏地震局盐池地震台副台长，1984 年 5 月任台长。1996 年 5 月，被人事部、中国地震局授予全国地震系统先进工作者称号。2007 年 5 月退休。

人物名表

自治区地震局部门、单位干部名表

单位名称	姓名	性别	族别	学历	职务	任职时间
办公室	杨静	女	汉	中专	主任	1984.03～1991.03
	张丰年	男	回	中专	副主任	1984.03～1985.01
	孙安生	男	汉	初中	主任	1991.03～1993.02
	张思源	男	汉	大普	副主任	1991.03～1995.02
					主任	1995.02～1995.09
	张进国	男	汉	大普	主任	1995.09～2001.03
办公室、外事办公室	李根起	男	汉	大学	主任	2001.03～2008.01
	陈力	男	汉	大专	副主任	2002.12～2005.12
	孙立新	男	汉	大学	主任	2008.01～
	闫冲	男	汉	大学	副主任	2009.08～2011.07
人事教育处	薛秀英	女	汉	高中	处长	1985.01～1988.12
	张丰年	男	回	中专	副处长	1985.01～1986.05
	刘琨	男	汉	中专	处长	1988.12～1991.03
	马贵仁	男	回	大专	处长	1991.03～2001.03
	蒙和平	男	汉	大学	处长	2001.03～2008.01
	孟长春	男	汉	大专	处长	2008.01～
计划科研处	王铁林	男	汉	中专	处长	1984.03～1991.03
	梁金仓	男	汉	大学	副处长	1984.03～1987.04
计划处	廖玉华	男	汉	中专	处长	1991.03～1991.12
	常晟勇	男	汉	大学	副处长	1991.03～1991.12
计划财务处	廖玉华	男	汉	中专	处长	1991.12～1997.12
	常晟勇	男	汉	大学	副处长	1991.12～1992.09

续表

单位名称	姓　名	性别	族别	学历	职务	任职时间
计划财务处	封德春	男	汉	大学	副处长	1994.04～1995.09
					处长	1997.12～2005.12
	谢建永	男	汉	大专	副处长	1995.09～1997.12
	李根起	男	汉	大学	副处长	1997.12～2001.03
	侯万平	男	汉	大学	副处长	2001.03～2005.12
					副处长（主持工作）	2005.12～2006.06
					处长	2006.06～2010.12
	周　辉	男	汉	大学	副处长	2005.12～2010.12
发展与财务处	侯万平	男	汉	大学	处长	2010.12～
	周　辉	男	汉	大学	副处长	2010.12～2011.9
监测处	刘　琨	男	汉	中专	处长	1984.03～1988.12
	万自成	男	汉	大学	副处长	1984.03～1989.02
					处长	1989.02～1991.03
	马贵仁	男	回	大专	副处长	1989.08～1991.03
科技监测处、地方地震工作处	万自成	男	汉	大学	处长	1991.03～1992.12
	封德春	男	汉	大学	副处长	1991.03～1992.12
	杨廷俊	男	汉	中专	副处长	1991.03～1992.12
科技监测处	张进国	男	汉	大普	副处长（主持工作）	1992.12～1995.02
					处长	1995.02～1995.09
	封德春	男	汉	大学	副处长	1992.12～1994.04
					副处长（主持工作）	1995.09～1997.12
	张玉珍	男	汉	高中	副处长	1995.02～1995.09
科技监测处、外事办公室	蒙和平	男	汉	大学	处长	1997.12～2001.03
	王清云	男	回	大专	主任	1997.12～2001.03
监测预报处、外事办公室	金延龙	男	回	硕士	处长、主任	2001.03～2002.12

续表

单位名称	姓名	性别	族别	学历	职务	任职时间
监测预报处、应急救援处	金延龙	男	回	硕士	处长	2002.12～2005.01
	孙立新	男	汉	大学	处长	2005.01～2005.12
	张自河	男	汉	大普	副处长（正处级）	2002.12～2005.12
监测预报处	孙立新	男	汉	大学	处长	2005.12～2008.01
	王怀智	男	汉	大学	副处长	2005.12～2011.07
					副处长（主持工作）	2011.07～
	蒙和平	男	汉	大学	处长	2008.01～2010.11
应急救援处	封德春	男	汉	大学	处长	2005.12～
震害防御处、地方地震工作处	万自成	男	汉	大学	处长	1992.12～1995.09
	张思源	男	汉	大普	处长	1995.09～1996.04
	张自河	男	汉	大普	副处长	1995.09～1996.04
震害防御处、地方地震工作处、科技开发管理处	张思源	男	汉	大普	处长	1996.04～2001.03
	张自河	男	汉	大普	副处长	1996.04～2001.03
震害防御处、法规处	张进国	男	汉	大普	处长	2001.03～
	张自河	男	汉	大普	副处长	2001.03～2002.12
	谢建永	男	汉	大专	副处长（正处级）	2002.12～2005.12
	吴隽	女	汉	大学	副处长	2005.12～
后勤处	朱峻峡	男	汉	大普	处长（兼）	1984.03～1985.01
	程力刚	男	汉	中专	副处长	1984.03～1985.01
					处长	1985.01～1991.03
	杨玉玺	男	汉	高中	副处长	1984.03～1993.11
科技开发部	廖玉华	男	汉	中专	副主任	1990.02～1991.03
					主任	1991.03～1992.12
	常晟勇	男	汉	大学	副主任	1991.03～1992.12
开发办公室	常晟勇	男	汉	大学	副主任	1992.12～1995.09

续表

单位名称	姓　名	性别	族别	学历	职务	任职时间
科技开发管理处	常晟勇	男	汉	大学	副处长（主持工作）	1995.09～1996.03
	谢建永	男	汉	大专	处长	2001.03～2002.12
老干部管理工作办公室（挂靠人事教育处）	马贵仁	男	回	大普	主任（兼）	1997.12～2001.03
	范东平	女	汉	大专	副主任	1997.12～2001.03
离退休办公室	范东平	女	汉	大专	主任	2001.03～2005.12
离退休干部管理处	范东平	女	汉	大专	处长	2005.12～2011.4
	闫　冲	男	汉	大学	副处长（主持工作）	2011.07～
审计监察室	刘　琨	男	汉	中专	主任（兼）	1989.07～1991.03
	杨　静	女	汉	中专	主任	1991.03～1995.09
审计处、监察处	杨　静	女	汉	中专	处长	1995.09～1996.06
纪检监察审计处	蒙和平	男	汉	大学	副处长（主持工作）	1996.06～1997.12
	谢建永	男	汉	大专	副处长（主持工作）	1997.12～2001.03
	孟长春	男	汉	大专	副处长（主持工作）	2001.03～2005.08
					处长	2005.08～2008.01
	李根起	男	汉	大学	处长	2008.01～2011.07
	周　辉	男	汉	大学	副处长（主持工作）	2011.09～
机关党总支、党委办公室	文　卫	男	汉	大专	主任	1995.09～2000.10
机关党委	李文俊	男	汉	大学	专职书记	2000.12～2005.11
	谢建永	男	汉	大专	专职副书记	2005.12～
地震局	白铭学	男	回	大学	副总工程师	1991.03～1995.09
	柴炽章	男	汉	大学	副总工程师	2006.06～2010.11
分析预报研究室	李孟銮	男	汉	大学	主任	1984.03～1986.07
	杨明芝	男	汉	大学	副主任	1984.03～1986.07

续表

单位名称	姓名	性别	族别	学历	职务	任职时间
震情分析预报室	杨明芝	男	汉	大学	主任	1986.07～1991.03
	张文孝	男	汉	大学	副主任	1986.07～1991.03
					主任	1991.03～1992.12
	赵和云	男	汉	大学	副主任	1986.07～1988.04
	任庆维	男	汉	大学	副主任	1988.05～1992.12
	王勇	男	汉	大学	副主任	1991.03～1992.12
地震监测预报中心	张文孝	男	汉	大学	主任	1992.12～1995.09
	任庆维	男	汉	大学	副主任	1992.12～1994.05
	孙立新	男	汉	大学	副主任	1997.12～1998.02
	赵卫明	男	汉	研究生	副主任	1997.12～1998.02
	柴炽章	男	汉	大学	副主任	1997.12～1998.02
	张文孝	男	汉	大学	总工程师（兼）	1997.12～1998.02
地震分析预报中心	张文孝	男	汉	大学	主任	1995.09～1997.12
	赵卫明	男	汉	研究生	副主任	1995.09～1997.12
					主任	2001.03～2009.10
	柴炽章	男	汉	大学	副主任	2001.03～2006.06
	许文俊	男	汉	大学	副主任	2001.03～2005.01
	马禾青	女	回	研究生	副主任	2002.12～2006.06
					副主任、总工程师	2006.06～2011.07
					主任	2011.07～
	盛菊琴	女	汉	研究生	副主任	2005.12～
地震监测中心	蒙和平	男	汉	大学	副主任	1995.09～1996.06
	张玉珍	男	汉	高中	副主任	1995.09～1997.12
	邢同成	男	汉	大学	总工程师	1995.09～1997.12
	张隆生	男	汉	高中	副主任	1996.12～1997.12
	孙立新	男	汉	大学	主任	2001.03～2005.01
	王建功	男	汉族	高中	副主任	2001.03～2005.12

续表

单位名称	姓　名	性别	族别	学历	职务	任职时间
地震监测中心	许文俊	男	汉	大学	副主任、总工程师	2002.12～2005.01
					主任总工程师	2005.01～
	吴立辛	男	汉	硕士	副主任	2005.12～2009.11
	梅　浩	男	汉	大学	副主任	2009.11～
宁夏地震监测预报研究院	孙立新	男	汉	大学	副院长（主持工作）	1998.02～2001.03
	张文孝	男	汉	大学	党支部书记兼总工程师	1998.02～2001.03
	赵卫明	男	汉	研究生	副院长	1998.02～2001.03
	柴炽章	男	汉	大学	副院长	1998.02～2001.03
	廖玉华	男	汉	中专	副总工	1998.02～2001.03
	金延龙	男	汉	研究生	副院长	2000.10～2001.03
基础探测研究室	白铭学	男	回	大学	主任	1984.03～1986.03
	廖玉华	男	汉	中专	副主任	1984.03～1986.03
烈度区划室	白铭学	男	回	大学	主任	1986.03～1994.03
	廖玉华	男	汉	中专	副主任	1986.03～1990.02
震害防御室	孟广魁	男	汉	大学	主任	1991.03～1992.12
	王增光	男	汉	大学	副主任	1991.03～1992.12
科技开发中心	孟广魁	男	汉	大学	主任	1992.12～1994.04
	吴致远	男	汉	大专	副主任	1992.12～1994.04
仪器维修研制室	刘亚贤	男	汉	大学	副主任	1984.03～1986.07
					主任	1986.07～1990.08
	吴致远	男	汉	大专	副主任	1986.07～1991.03
技术室	王铁林	男	汉	中专	主任	1991.03～1992.08
	吴致远	男	汉	大专	副主任	1991.03～1992.12
工程地震研究所	孟广魁	男	汉	大学	所长	1994.04～1995.09
	王增光	男	汉	大学	副所长	1994.04～1997.03

续表

单位名称	姓名	性别	族别	学历	职务	任职时间
工程地震研究所	何开明	男	汉	研究生	副所长	1995.09～1997.03
	孟广魁	男	汉	大学	名誉所长	1995.09～1997.03
地震工程研究院	朱峻峡	男	汉	大普	副院长（主持工作）	1997.03～1998.07
					院长	1998.07～2009.11
	王增光	男	汉	大学	副院长兼总工程师	1997.03～2001.03
					副院长	2001.03～2005.12
					副院长、党支部书记	2005.12～2009.11
					副院长、党支部书记（主持工作）	2009.11～2010.7
					院长、党支部书记	2010.07～
	崔黎明	男	汉	大普	副院长	1997.03～1998.07
					党支部书记	1998.07～2001.06
	孟广魁	男	汉	大学	总工程师	1997.03～1998.07
	何开明	男	汉	硕士	副总工程师	1997.03～1998.08
	杨云平	男	汉	大学	副院长	2001.03～
	兰宁	男	汉	大学	副院长	2006.06～
	焦德成	男	汉	大学	总工程师	2001.03～
情报资料室	梁金仓	男	汉	大学	副主任	1987.04～1991.03
					主任	1991.03～1992.12
信息资料室	梁金仓	男	汉	大学	主任	1992.12～1995.09
	杨廷俊	男	汉	中专	副主任	1992.12～1995.09
信息资料中心	梁金仓	男	汉	大学	副主任（主持工作）	1995.09～1997.12
中国地震报宁夏记者站	刘登齐	男	汉	中专	站长	1988.05～1992.12
中国减灾报宁夏记者站	刘登齐	男	汉	中专	站长	1992.12～2000.11

单位名称	姓　名	性别	族别	学历	职务	任职时间
机关服务中心	孙安生	男	汉	初中	主任（兼）	1992.09～1993.02
					主任	1993.02～1997.12
	马达	男	回	大专	副主任	1995.09～1997.12
					副主任（主持工作）	1997.12～2001.03
					党支部书记、副主任（兼）	2001.03～2005.12
					党支部书记	2005.12～2010.12
	刘登宁	男	汉	中专	副主任	1997.12～2005.12
	常晟勇	男	汉	大学	副主任（主持工作）	2001.03～2002.12
					主任	2002.12～2010.12
地震应急保障中心	常晟勇	男	汉	大学	主任	2010.12～
	马达	男	回	大专	党支部书记	2010.12～

自治区地震局处级非领导职务人员名表

单　　位	姓名	性别	民族	学历	职务	任职时间
办公室	张自河	男	汉族	大普	调研员	2005.12～
计划财务处	王清云	男	回	大专	调研员	2002.12～
纪检监察审计处	文正国	男	汉族	大学	调研员	2002.12～2006.2
离退休干部管理处	张玉珍	男	汉族	高中	调研员	2006.06～2007.11
办公室	陈力	男	汉族	大专	副调研员	2001.03～2002.12
						2005.12～
震害防御处、法规处	吴鸣	女	汉族	大学	副调研员	2002.12～
监测预报处、应急救援处	吴隽	女	汉族	大学	副调研员	2002.12～2005.12
监测预报处	王建功	男	汉族	高中	副调研员	2005.12～
离退休干部管理处	刘登宁	男	汉族	中专	副调研员	2005.12～

自治区专业地震台（队）负责人名表

单　位	姓名	性别	出生时间	民族	学历	职务	任职时间
银川地震台（老城区）	杨玉玺	男	1932.11	汉族	大专	负责人	1954.04～1965.09
银川小口子地震台	刘　琨	男	1944.02	汉族	中专	负责人	1965.09～1969.03
	李　兴	男	1942.07	汉族	中专	负责人	1969.03～1974.01
银川基准台（小口子地震台）	王国玺	男	1942.08	汉族	初中	指导员	1974.01～1980.12
	朱峻峡	男	1949.09	汉族	大普	台　长	1980.12～1984.01
	郭凤栖	男	1942.07	汉族	中专	副台长	1980.12～1984.05
						台　长	1984.05～1988.09
	常晟勇	男	1957.12	汉族	大学	副台长	1984.05～1984.10
	张进国	男	1954.09	汉族	大普	副台长	1987.04～1989.02
						台　长	1989.02～1991.03
	张自河	男	1954.03	汉族	大普	副台长	1987.04～1989.06
	赵文科	男	1956.02	汉族	高中	副台长	1989.08～1991.03
银川基准台（北塔地磁台）	刘述旺	男	1945.07	汉族	大学	负责人	1975.10～1978.09
	邵成玺	男	1950.10	汉族	大普	负责人	1978.09～1980.12
	王国玺	男	1942.08	汉族	初中	台　长	1980.12～1984.05
	刘庆斋	男	1939.03	汉族	大学	负责人	1986.08～1987.04
						副台长	1987.04～1988.09
	蒙和平	男	1954.11	汉族	大专	副台长	1984.05～1986.08
							1988.09～1989.02
						台　长	1989.02～1994.04
						兼台长	1994.04～1995.09
	孙惊诗	男	1955.04	汉族	中专	台　长	1995.09～1997.12
银川基准台	王业昌	男	1934.01	回族	大专	负责人	1972.06～1974.01
						台　长	1974.01～1980.12
	肖静涵	男	1925.04	汉族	初中	负责人	1972.06～1974.01
	李　兴	男	1942.07	汉族	中专	负责人	1972.06～1974.01
						副台长	1974.01～1974.08
	连纪仁	男	1942.07	汉族	大学	副台长	1974.01～1980.12

续表

单　位	姓名	性别	出生时间	民族	学历	职务	任职时间
银川基准台	王国玺	男	1942.08	汉族	初中	指导员	1974.01～1980.12
						副台长	1980.12～1984.05
	朱峻峡	男	1949.09	汉族	大普	副台长	1980.12～1984.01
	张进国	男	1954.09	汉族	大普	台　长	1991.03～1993.04
	郭宏斌	男	1955.03	汉族	大专	副台长	1991.03～1993.04
						台　长	1993.04～1994.04
	赵文科	男	1956.02	汉族	高中	副台长	1991.03～
	张隆生	男	1956.08	汉族	高中	副台长	1993.04～1995.09
	蒙和平	男	1954.11	汉族	大专	台　长	1994.04～1995.09
	孙立新	男	1962.06	汉族	大学	副台长	1995.09～1997.12
	周　辉	男	1965.05	汉族	大学	副台长	1995.09～2001.03
						台　长	2001.03～2006.03
	王建功	男	1956.07	汉族	高中	台　长	1997.12～2001.03
	金　涛	男	1972.02	汉族	大专	台长助理	2001.09～2004.09
	梅　浩	男	1967.11	汉族	大学	台　长	2006.03～2009.11
	杜文勇	男	1970.11	汉族	大学	副台长	2006.03～
	吴立辛	男	1975.02	汉族	硕士	台　长	2009.11～
银川遥测地震台	郭凤栖	男	1942.07	汉族	中专	台　长	1989.06～1992.06
	张隆生	男	1956.08	汉族	高中	副台长	1991.06～1993.04
石嘴山地震台	王国祥	男	1940.07	汉族	中专	负责人	1965.10～1971.09
	杨廷俊	男	1941.10	回族	中专	负责人	1971.09～1972.08
	王国玺	男	1942.08	汉族	初中	负责人	1972.08～1974.03
	梁金仓	男	1943.06	汉族	大学	负责人	1972.09～1977.03
	蒙和平	男	1954.11	汉族	中专	负责人	1977.03～1978.01
	刁守忠	男	1946.03	汉族	大学	负责人	1978.01～1978.11
	蒙和平	男	1954.11	汉族	中专	负责人	1978.11～1981.01
						副台长	1981.01～1984.05
	王国祥	男	1940.07	汉族	中专	台　长	1980.12～1994.12
	李福利	男	1956.12	汉族	大专	副台长	1994.12～1997.12
						台　长	1997.12～2000.10

单位	姓名	性别	出生时间	民族	学历	职务	任职时间
石嘴山地震台	文卫	男	1953.07	汉族	大专	台长	2000.10～2002.03
	王利波	男	1972.04	汉族	中专	负责人	2002.03～2006.03
						副台长	2006.03～2009.04
						台长	2009.04～
盐池地震台	王国祥	男	1940.07	汉族	中专	负责人	1971.09～1972.06
	刘文凯	男	1944.01	汉族	初中	负责人	1972.06～1980.12
	王生才	男	1947.04	汉族	高中	副台长	1980.12～1984.05
						台长	1984.05～2007.04
	刘春云	男	1971.02	汉族	大专	负责人	2007.04～2008.10
						副台长（主持工作）	2008.10～
灵武地震台	魏诚	男	1939.05	汉族	中专	负责人	1965.10～1980.07
	唐来发	男	1948.07	汉族	高中	负责人	1970.10～1980.12
	崔占魁	男	1948.02	汉族	高中	副台长	1980.12～1984.05
						台长	1984.05～2008.02
	白晓川	男	1969.10	汉族	中专	负责人	2008.02～2008.10
						副台长（主持工作）	2008.10～
中卫地震台	王国玺	男	1942.08	汉族	初中	负责人	1971.03～1972.08
	吴永录	男	1941.07	汉族	初中	负责人	1972.08～1973.10
	贺长有	男	1942.07	汉族	中专	负责人	1973.10～1974.08
	万自成	男	1945.06	汉族	大学	负责人	1974.08～1980.12
						台长	1980.12～1984.04
	吴福祥	男	1944.09	汉族	中专	副台长	1980.12～1984.05
						台长	1984.05～1988.05
	张学平	男	1952.12	汉族	大普	台长	1988.05～2006.11
	贺永忠	男	1967.11	汉族	大专	负责人	2006.11～2007.07
						副台长	2007.07～2009.04
						台长	2009.04～

单　位	姓名	性别	出生时间	民族	学历	职务	任职时间
海原地震台	潘志玺	男	1944.09	汉族	初中	负责人	1971.11～1977.03
	张玉珍	男	1947.11	汉族	高中	负责人	1977.03～1980.12
						台　长	1980.12～1994.02
	黄生成	男	1957.10	汉族	大专	副台长	1994.02～2000.03
	程鹏图	男	1966.12	汉族	高中	负责人	2000.03～2001.09
						副台长	2001.09～2006.03
					大专	台　长	2006.03～
固原地震台	李保元	男	1944.07	汉族	初中	负责人	1970.09～1972.06
	丁国柱	男	1943.06	汉族	初中	负责人	1972.06～1980.12
						副台长	1988.11～1991.04
						台　长	1991.04～1997.02
	马尚义	男	1943.06	汉族	初中	负责人	1972.06～1980.12
	张思源	男	1950.10	汉族	大普	台　长	1980.12～1991.03
	黄　诚	男	1949.07	汉族	大普	副台长	1980.12～1984.05
	姚宗智	男	1952.10	汉族	大普	副台长	1991.04～1997.02
						台　长	1997.02～
	崔福元	男	1954.07	汉族	高中	副台长	1997.02～2001.09
	余生勤	男	1960.12	汉族	中专	台长助理	2001.09～2006.03
	乐云轩	男	1964.11	汉族	大学	副台长	2006.03～
红果子地形变观测站	王国祥	男	1940.07	汉族	中专	负责人	1978.01～1980.12
						站　长	1980.12～1981.12
	朱峻峡	男	1949.09	汉族	大普	负责人	1978.10～1980.12
	文　卫	男	1953.07	汉族	高中	副站长	1980.12～1981.12
青铜峡地震台	张　华	男	1948.07	汉族	高中	负责人	1970.06～1974.07
	刁守中	男	1946.03	汉族	大学	负责人	1973.10～1978.01
	吴乙让	男	1943.03	汉族	中专	负责人	1974.07～1975.03
	安文国	男	1944.02	汉族	中专	负责人	1978.01～1980.12
	文正国	男	1946.02	汉族	大学	副台长	1980.12～1984.05
						台　长	1984.05～1995.10
	张晓勇	男	1973.05	汉族	大专	负责人	1995.12～1998.03

续表

单　位	姓名	性别	出生时间	民族	学历	职务	任职时间
同心地震台	王　军	男	1954.09	汉族	中专	负责人	1978.01～1980.12
	安文国	男	1940.07	汉族	中专	台　长	1980.12～1984.05
	王建功	男	1956.11	汉族	高中	台　长	1984.05～1990.01
	杨　平	男	1966.01	汉族	大学	负责人	1988.08～1990.03
西吉地震台	朱峻峡	男	1949.09	汉族	大普	负责人	1974.05～1975.09
	马尚义	男	1943.06	汉族	初中	副台长	1980.12～1984.03
	丁国柱	男	1943.06	汉族	初中	台　长	1984.03～1988.11
	马思敬	男	1957.12	汉族	中专	台　长	1988.11～1993.05
测量队	王国玺	男	1942.08	汉族	初中	队　长	1984.05～1988.01
	张家志	男	1934.06	汉族	大学	副队长	1984.05～1988.01
	许文俊	男	1960.10	汉族	大学	副队长	1984.05～1988.01

市县地震工作机构领导干部名单

银川市地震局　梁连选，主任（兼1970～1976年）；杨德琴，主任（兼1976～1983年）；李振武，副主任（1985年1月～1994年10月），主任（1994年10月～1998年1月）；张祥鹤，副书记（1985年9月～1990年12月）；张万荣，副书记（1990年12月～1994年9月）；徐坚，副书记（1994年9月～1997年12月），局长、书记（1998年1月～2000年3月）；唐述和，局长、书记（2000年3月～2008年1月）；兰刚，副局长（2002年6月～　　）；王学海，副局长（2007年9月～2008年1月），局长（2008年1月～2011年1月）；冯连富，局长（2011年1月～　　）。

永宁县地震局　吴树平、王素梅、井树祥、武进民。

贺兰县地震局　井长江、佟殿荣、马立、岳才、魏列庭、陈正兴、张建设、陈立志、马进林、徐建忠。

灵武市地震局　何继德、季立业、吴学诗、马力宁、杨永胜、刘雁。

石嘴山市地震局　葛海滨，主任（银北地区科卫处副处长兼，1973～1976年），主任（市科委主任兼，1976～1980年）；马志超，副主任（1981～1983年）；汤全德，副主任（市科委副主任兼，1984年9月～1986年3月）；魏诚，副主任、副局长（1984年9月～1999年1月）；杨志山，副主任、副局长（1986年5月～2004年3月）；杨伟建，主任（1989年9月～1995年6月）；冯米坤，主任（1995年6月～1997年2月）；孙维护，主任、局长（1997年2月～2005年5月）；杨万忠，副局长（2004年10月～　　）；姚显坤，局长（2005年5月～2006年4月）；沈建荣，书记（2005年6月～2009年4月）；徐宁，局长（2006年4月～　　）；范仲虎，书记（2010年9月～　　）。

石嘴山区地震工作机构　王廷贵、杨广义、马志超、魏天福、李秀霞、王遂珍、宋惠玲。

石炭井区地震工作机构　韩钦辕、张辉、王学禹、张杰、候智山、鲁延恒、余永皓、高山。

平罗县地震局　刘汉武、张光普、王明国、李维元、田兴海、马瑞娟、王海、丁光林。

陶乐县地震工作机构　陈英、任创业、郗天保、刘润德、唐汝田、张玉林、闻过喜、李春晓。

惠农县地震工作机构　陈桂兰、柏书义、杜兴会、赵国辉。

吴忠市地震局　金石，主任（科委副主任兼，1981年10月免）；李铭，主任（科委副主任兼，1984年9月免）；苏继德，主任（1986年9月~1994年5月）；黄文亮，副主任（1984年9月~1988年8月）；吴广新，副主任（1989年10月~1995年9月），主任、局长（1995年9月~2003年7月）；马耀宗，局长（2003年8月~2004年2月）；吴军，副局长（1999年4月~2004年2月），副局长（2004年2月~2005年7月主持工作），副局长（2005年7月~　　）；吴洪宝，局长（2005年7月~2006年9月）；文学峰，局长（2006年10月~2009年10月）；莎莉，局长（2009年11月~　　）；王志荣，党组书记（2009年11月~2011年4月）；马长贵，党组书记（2011年4月~　　）。

利通区（原吴忠县、县级吴忠市）地震工作机构　王传侥、李清、王鹏、胡贤、马明清、马明礼、马兴忠、余金国。

青铜峡市地震局　李善元、张俊英、王玉祥、王学文、沙宝、王福、谢月侠、黄福荣、熊学智、杨文斌、赵勇、刘敏、张银。

同心县地震局　马纯忠、马尚清、张东平、罗彦元、马志萍、马玉吉、马维军、海坚。

盐池县地震局　李天鹏、刘伟泽、宋旭英、赵志峰。

红寺堡开发区地震工作机构　丁孝、张艾博、王汉珍、王军、王毅、安正林。

固原市（固原地区）地震局　黄宗仁，副主任（1970年5月~1980年5月）；万俊岐，主任（地区科委副主任兼1980~1984年）；刘登齐，副主任（1980年5月~1984年10月）；马志明，主任（1984年10月~1991年7月）；尚西秦，副主任（主持工作，1991年11月~1996年6月）；黄占伟，副主任（1991年11月~1997年10月），局长（1997年10月~2007年9月）；党韩生，副局长（1998年5月~　　）；乔守俊，局长（2007年9月~　　）。

原州区（固原县）地震局　何秉礼、白静臣、代成功、李正清、刘来宾、马成有、翟玉平、李含刚、丁永虎、卢世清、秦卫国、马志忠、罗成华。

西吉县地震局　王怀瑾、魏志谦、马志明、苏占禄、牛治富、马学珍、石志成。

隆德县地震局　任怀礼、张彦科、李成林、杨帆。

泾源县地震局　王金绥、仇怀仁、刘安福、苏润身、禹涛、秦志芳、马福生、吴战明、金全喜、杨志德。

彭阳县地震局　郭富国、祁登明、李忠文、张力鼎、张琦、辛鹏科、宋克武、杨新。

中卫市地震局　董振相，副局长（2005年4月~2006年12月，主持工作），副局长（2007年1月~2008年12月）；吴居才，局长（2007年1月~2008年10月）；张存福，局长（2008年10月~　　）；高建国，副局长（2008年10月~　　）。

中卫县地震局（现为沙坡头区）　焦芝兰、刘克忠、施广祥、李春清、宋安国、张建忠、路光明、张全智、贾国柱、蔡治平、钱国孝、董振相、刘淑芳。

中宁县地震局　李生杰、严天寿、麦精学、孙广鲜、马宝明、黄学奎、王新文、严向华、王征坤、李文。

海原县地震局　张登才、马德明、李云磊、李国龙、刘刚、罗贵山、张治虎、程鹏图（兼副局长）。

自治区地震系统高级专业技术人员名表

姓　名	性别	族别	籍　贯	出生时间	学　历	职　称	取得资格时间
孟广魁	男	汉	河北	1938.05	大学	研究员	1995.11
张文孝	男	汉	宁夏银川	1943.02	大学	研究员	1997.02
杨明芝	男	汉	宁夏贺兰	1944.01	大学	研究员	2000.06
赵卫明	男	汉	北京	1960.11	硕士	研究员	2001.10
廖玉华	男	汉	广东顺德	1943.03	中专	研究员	2002.09
柴炽章	男	汉	浙江宁波	1957.06	大学	研究员	2003.08
许文俊	男	汉	山东荣成	1960.10	大学	研究员	2005.12
朱峻峡	男	汉	宁夏西吉	1949.09	大普	正研级高级工程师	2006.08
马禾青	女	回	山东益都	1963.03	博士	正研级高级工程师	2006.12
吴建明	男	汉	四川新都	1934.03	大专	高级工程师	1987.05
白铭学	男	回	辽宁	1935.06	大学	高级工程师	1987.05
刘亚贤	男	汉	天津	1930.11	大学	高级工程师	1987.05
李孟銮	男	汉	河北冀县	1943.01	大学	副研究员	1987.05
王业昌	男	回	江苏苏州	1934.01	大专	高级工程师	1987.11
陈素改	男	汉	河北	1941.05	大学	高级工程师	1987.11
陈余忍	男	汉	陕西	1936.10	大学	高级工程师	1991.08
张维岐	男	汉	辽宁	1936.01	中专	高级工程师	1991.08
万自成	男	汉	宁夏中卫	1945.07	大学	高级工程师	1991.08
任庆维	男	汉	江苏扬州	1945.12	大学	高级工程师	1991.08
邢同成	男	汉	上海	1946.03	大学	高级工程师	1991.08

续表

姓　名	性别	族别	籍　贯	出生时间	学　历	职　称	取得资格时间
唐述和	男	汉	安徽巢县	1951.02	大学	高级工程师	1992.05
崔黎明	男	汉	河北	1946.11	大普	高级工程师	1993.03
王绒霞	女	汉	陕西	1940.07	大学	高级工程师	1993.03
张家志	男	汉	上海	1934.06	大学	高级工程师	1993.03
赵文瑞	女	汉	河北	1938.11	大学	高级工程师	1993.03
梁金仓	男	汉	陕西蒲城	1943.06	大学	高级工程师	1993.03
焦德成	男	汉	山西临猗	1958.04	大学	高级工程师	1993.03
刘　琨	男	汉	宁夏吴忠	1944.02	中专	高级工程师	1994.08
赵知军	男	汉	甘肃天水	1946.07	大普	高级工程师	1994.08
贾启超	男	汉	山西	1939.11	大学	高级工程师	1994.08
张思源	男	汉	宁夏中卫	1950.10	大普	高级工程师	1994.08
文正国	男	汉	湖南益阳	1946.02	大学	高级工程师	1994.08
潘祖寿	男	汉	陕西华县	1947.11	大普	高级工程师	1994.08
王增光	男	汉	陕西西安	1957.07	大学	高级工程师	1994.08
杨云平	男	汉	宁夏固原	1959.05	大学	高级工程师	1994.12
王　萍	女	汉	四川绵阳	1964.04	大学	高级工程师	1995.09
吴广新	男	回	宁夏青铜峡	1948.10	大普	高级工程师	1995.09
魏　诚	男	汉	宁夏吴忠	1939.05	中专	高级工程师	1995.09
杨治山	男	汉	宁夏	1944.03	大专	高级工程师	1995.09
闵　伟	男	回	宁夏银川	1965.08	大学	高级工程师	1996.09
何开明	男	汉	四川绵阳	1964.12	博士	高级工程师	1998.05
李振武	男	汉	宁夏银川	1937.04	大学	高级工程师	1998.05
姚宗智	男	汉	宁夏固原	1952.10	大普	高级工程师	1998.12
赵向军	男	汉	四川资阳	1957.12	大普	高级工程师	1998.12
孙立新	男	汉	湖北黄石	1962.10	大学	高级工程师	1998.12
金延龙	男	回	宁夏银川	1964.05	硕士	副研究员	1998.12
刘登齐	男	汉	宁夏中宁	1946.07	中专	主任记者	1999.04
张进国	男	汉	宁夏银川	1954.09	大普	高级工程师	1999.09
马贵仁	男	回	宁夏银川	1953.09	大专	高级工程师	1999.09
封德春	男	汉	湖南澧县	1955.01	大学	高级工程师	1999.09

续表

姓　名	性别	族别	籍　贯	出生时间	学　历	职　称	取得资格时间
张自河	男	汉	宁夏永宁	1954.03	大普	高级工程师	1999.09
蒙和平	男	汉	甘肃庄浪	1954.10	大学	高级工程师	1999.09
吴致远	男	汉	浙江诸暨	1945.04	大专	高级工程师	1999.09
兰　宁	男	汉	山西大同	1965.06	大学	高级工程师	1999.09
常晟勇	男	汉	陕西米脂	1957.12	大学	高级工程师	2000.10
郭宏斌	男	汉	陕西黄陵	1955.01	大专	高级工程师	2000.10
张学平	男	汉	宁夏中卫	1952.12	大普	高级工程师	2000.10
李根起	男	汉	山东定陶	1964.02	大学	高级工程师	2000.10
侯万平	男	汉	宁夏固原	1964.06	大学	高级会计师	2001.09
李　英	女	汉	山东鄄城	1963.04	大学	高级工程师	2001.10
任雪梅	女	汉	四川崇庆	1968.07	博士	高级工程师	2002.10
周　辉	男	汉	宁夏中宁	1965.10	大学	高级工程师	2002.10
孟长春	男	汉	陕西长安	1956.03	大专	高级工程师	2002.10
周志雄	男	汉	浙江奉化	1956.04	大专	高级工程师	2002.10
黄生成	男	汉	宁夏海原	1958.10	大专	高级工程师	2003.12
王怀智	男	汉	宁夏固原	1966.07	大学	高级工程师	2003.12
杨　平	男	汉	宁夏中卫	1966.01	大学	高级工程师	2003.12
马思敬	男	汉	宁夏隆德	1957.12	中专	高级工程师	2005.12
黄　拓	男	汉	湖南长沙	1955.09	大专	高级工程师	2005.12
严烈钧	男	汉	浙江宁波	1957.01	大专	高级工程师	2005.12
吴成功	男	汉	宁夏永宁	1955.03	中专	高级工程师	2005.12
孙惊诗	男	汉	山东蓬来	1955.04	中专	高级工程师	2005.12
梅　浩	男	汉	四川彭山	1967.11	大学	高级工程师	2006.12
盛菊琴	女	汉	宁夏银川	1972.12	硕士	高级工程师	2008.11
刘幸军	男	汉	宁夏银川	1969.07	大学	高级工程师	2008.12
邵　祯	男	汉	宁夏中宁	1975.03	大学	高级工程师	2009.11
乐云轩	男	汉	江苏扬州	1964.11	大学	高级工程师	2010.10
吴立辛	男	汉	宁夏盐池	1975.02	硕士	高级工程师	2010.10
谢晓峰	男	汉	宁夏石嘴山	1974.06	硕士	高级工程师	2010.10
李泽山	男	汉	宁夏贺兰	1972.03	大学	高级工程师	2011.11

续表

姓　名	性别	族别	籍　贯	出生时间	学　历	职　称	取得资格时间
李惠智	男	汉	宁夏中宁	1956.11	大专	高级工程师	2011.11
雷启云	男	汉	宁夏西吉	1981.01	硕士	高级工程师	2011.11
谭俊林	男	汉	宁夏固原	1972.09	硕士	高级工程师	2011.11

注：学历"大普"为"大学普通班"。

自治区地震工作机构人员名单

杨玉玺	李汉臣	许 权	唐铭林	徐静明	何乃一	姚俊义	张贵义	王克芬
初洪科	朱偕佐	何寿欢	侯乾元	白生昌	周汉瑜	刘成吉	王业昌	吴永庆
刘 琨	郭风栖	王国祥	魏 诚	安文国	殷占魁	杨廷俊	孙太山	贺长有
李 兴	王评智	卢金铎	李太安	吴建明	方明安	廖多荃	帅修德	古佑玲
李保元	刘玉山	夏月山	徐永璋	吕培荣	梁金仓	李孟銮	陈素改	陶 冶
王立平	刁守忠	徐德祥	马淑英	田 岱	赵知军	关汝贤	杨静瑜	王国玺
刘述旺	顾谷钧	蒋 云	沈作华	张福华	徐继生	王棉棉	高明安	王一宽
唐来发	班 铁	崔占魁	吴广新	刘文凯	王生才	吴福祥	韩建国	贾有廉
刘文和	高生兴	丁国柱	张思源	姚喜凤	吴诗芬	张万劳	延兴豹	张维德
马尚义	张玉珍	姚 兴	潘志玺	王美荣	孙海林	吴永录	赵兴明	刘积荣
余生瑞	赵成科	唐元仓	徐守林	肖玉芳	景晓霞	王素梅	王绒霞	任庆维
高祥林	杨明芝	连纪仁	余志新	文正国	万自成	李保寿	黄 诚	孙慧勤
甄代顺	陈学武	马 吉	吴宗平	田一国	魏忠华	杨 静	张连贵	王学山
孔庆绍	葛世权	陈子章	邱文彬	邹学田	程铁珊	许 行	胡飞凤	李洪林
季立业	张丰年	张文贵	刘焕娣	李正凡	孙安生	李嫦娥	肖静涵	王文标
陆修文	王惠生	王铁林	白铭学	吴致远	李太沂	王惠秋	刘 艺	蔡 森
张文孝	刘亚贤	程力刚	朱峻峡	陈余忍	王树经	马一民	王德芝	王 菁
薛秀英	李源华	马贵仁	安国柱	谢建永	范东平	张隆生	吴成功	黄 拓
陈 力	严烈钧	白 莹	崔黎明	贾启超	张淑兰	俞 诚	赵文科	周志雄
杨树棠	陈 喜	蒙和平	刘秀景	兰 刚	郭宏斌	文 卫	郭海军	周学莲
李建华	马玉龙	纪庆文	魏秀玲	丁 平	邵荣华	王 军	武晓英	崔福元
黄慧芳	董卫国	冯燕军	冯秀平	刘 远	杨新宁	李 荔	王梦林	谢富仁
管淑华	马玉林	潘秀宁	许传兴	赵忠贵	王 成	屈 新	张维岐	张树英
王旭明	刘登宁	薛桂华	潘祖寿	吕 平	刘庆斋	张家志	孙悰诗	刘保生
王清云	孟长春	李福利	李冬临	苏文昌	马俊宁	马思敬	任爱萍	刘 存
王玉霞	王建功	李惠智	王凤萍	罗永选	黄生成	邱 鹏	陈致雄	丁国福
赵 志	柳永刚	戴永江	齐俊英	刘 淳	杨保平	肖自立	胡肇庆	张进国
张自河	赵向军	邵成玺	姚宗智	苏水欣	王小力	李 耘	张金国	廖玉华
彭玉桂	邢同成	高铭显	孔繁文	赵和云	张桂兰	张翠玲	封德春	柴炽章
赵卫东	许文俊	常晟勇	焦德成	张 进	彭翠英	刘惠丽	马志刚	王增光

王　萍	屈艳侠	张学平	余生勤	马禾青	孙立新	刘晓琴	闵　伟	刘登齐
孟广魁	赵文瑞	马　达	邓建明	刘风炎	王树青	汤建宁	李平林	陈企石
蒲万莲	王德明	王　轲	蒙晓平	赵卫明	王　勇	金延龙	李根起	李　英
贺永忠	李　涛	延海军	李万胜	蔡黎明	程鹏图	何开明	兰　宁	周　俊
王树富	杨　平	黄苏平	吴　隽	周　辉	乐云轩	王国平	任雪梅	王怀智
梅　浩	陈春梅	田小慧	杜文勇	白晓川	蔡新华	徐丽红	苏　英	徐文静
王　东	程武雄	朱鸿雁	王利波	刘春云	安玉清	张小勇	吴　鸣	金　涛
李　乐	常　明	张菊花	李文俊	侯万平	康凌燕	盛菊琴	李泽山	吉　祥
吴立辛	邵　祯	訾少刚	李芳芳	杨云平	覃　力	马文娟	李世忠	谢晓峰
王　峰	郭振江	司学芸	李青梅	赵　宁	金春华	卫定军	李国斌	李鸿庭
刘　洁	王惠雅	武治群	李春贵	刘　赟	沈卫华	杜　鹏	张淑贤	周莉萍
姚　琳	吴晓燕	李　莉	周德宁	李　翔	安万山	刘幸军	孙　钰	王　银
许晓庆	吕俊强	赵　静	谢吉平	赵旭光	赵广堃	雷启云	马小军	张正义
谭俊林	秦彩霞	罗国富	谢　辉	张锦玲	吴　迪	张立强	闫　冲	李自芮
师海阔	张　楠	常　兴	张立恒	柳忠旺	侯炳正	吴月琴	曾宪伟	马继文
崔　瑾	徐金银	刘　博	袁盈盈	刘　晋	高五明	何秋菊	许英才	沈　宁
佟晓辉	李　杰							

市县地震工作机构人员名单

银川市

梁连选　李振武　杨德琴　陶逢甲　张家志　许梦军　宛燕萍　张汉升　兰　刚
柳幼林　王凤鸣　张祥鹤　石　青　康　芳　司学远　安　刚　刘　兵　张万荣
王树富　徐　坚　魏挥涛　高州宁　黄树祥　唐述和　杨　慧　徐　刚　张志辉
王　涌　李　莉　李　玮　支玉坤　冯连福

永宁县

吴树平　张静波　周淑贞　石秀珍　张玉锦　王树梅　蔡新宁　石兰英　井树祥
魏挥涛　高洲宁　张志辉　杨自平　魏　丽　武进民

贺兰县

井长江　马　立　脱启芳　佟殿荣　马　立　魏列亭　岳　才　魏广才　陈正兴
张建设　王学贤　魏广才　水彩霞　陈正兴　聂维娟　康　芳　林　萍　张慧君
张菊花　岳光泽　杨凤英　杨立华　陈立志　孙志刚　徐建忠　邓建兵

灵武市

季立业　王秉燕　李凤莲　王永杰　季治业　买锦路　赵晓晖　马作斌　崔　巍
杨志京　吴海霞　吴学诗　马力宁　杜　娟　马燕玲　杨永胜　李　俊　刘　雁
张云霞　姚　晓

石嘴山市

常秦浦　陈同魁　咸腊生　张　健　杨治山　葛海缤　刘殿勋　刘学明　朱喜平
田义国　郑　明　杨万忠　马志超　汤全德　魏　诚　孙淑艳　苏会来　王韵兰
杨伟建　陆凤萍　陈　黎　冯米坤　孙维护　叶晓青　姚显坤　沈建荣　徐　宁
王松林　高　山　姚学贵　李晓燕　任　娟　马惠萍　纳宝军　范仲虎　代德龙

平罗县

刘汉武　许宗祥　刘典熊　丁德荣　王环亮　许　昭　朱海涛　张光普　李宗华
杨金玲　李英和　李春花　丁光林　黄建新　赵　健　郭华利　王　颖　郭丰东
高爱霞　郝金元　安淑琴

惠农区（含原石嘴山区）

杨广义　秦　烈　魏成奎　马志超　马学科　李秀霞　王遂珍　李晓宏

原石炭井区

张　辉　王学禹　韩钦辕　张　杰　候智山　李瑞娟　纳学羊　苏晓宇　高　山
吴金羊

陶乐县

陈 英　梁福前　陈 相　魏 诚　丁建梅　魏跃武　郗天保　郝建忠　郝金元
刘润德　马福寿

惠农县

陈桂兰　徐景香　柏书义　杜兴会

吴忠市

金 石　赵 银　吴 军　李 铭　黄文亮　吴广新　穆 平　郭晓荣　苏继德
吴 鸣　马玉龙　张 琛　胡 贤　马明清　马耀宗　吴洪宝　马兴忠　刁桂林
罗福宁　袁金惠　金 珺　马明礼　余金国　余庆龙　文学峰　丁韶军　沙 莉
马长贵　豆斌科

原吴忠市利通区（吴忠县）

李 清　肖忠权　王 鹏　罗福宁　刁桂林　袁金惠　胡 贤　马兴忠　马明清
金 珺　马明礼　余金国　余庆龙

青铜峡市

韩兆林　张晓琴　王玉祥　余振敏　王永红　李 波　王学文　沙 宝　王 涌
姚淑琴　余晓红　王 福　梁 军　雷金荣　袁志强　谢月侠　黄福荣　赵 勇
张 银　刘 敏　杨文斌　黄新生　李兴武

同心县

张东平　邢同成　马纯忠　马健生　王菊兰　马尚清　蒋汉虎　马志萍　杜淑兰
马振云　熊丽红　杨 琨　罗彦元　周海军　马京生　周志明　周治军　罗慧成
马燕红　马文贤　马立贵　马玉吉　马跃武　杨 琨　海 坚

盐池县

晋云溪　王克制　姬学仁　赵旭东　李天鹏　刘伟泽　宋旭英　赵文涛　赵志峰
杨朝霞

红寺堡区

王 军　王 毅　王玉平　李国章　安正林

固原市

董金标　冯大成　黄宗仁　陈连德　党韩生　万俊岐　鱼世敏　刘登齐　黄占伟
张存贵　蓝相云　蓝贵林　庞维龙　颜海兰　马志明　温秀香　任万江　于兆云
李雅娟　尚西秦　丁艳艳　乔守俊　刘淑萍　李玲莉　乔金龙　王桂梅　万立生

原州区（原固原县）

梁树爱　潘生琦　白静臣　施裕壬　樊仲奎　郭建军　白永喜　何秉礼　王玉富
代成功　王万有　李正清　代玲丽　尚利民　金艳芳　徐彩玲　刘来宾　马成有
尚冠辉　纪元龙　白晓荷　纪雅静　刘淑萍　贺卫东　翟玉平　李含刚　秦卫国
卢世清　丁玉虎　马志忠　罗成华

西吉县

朱峻峡	陈余忍	马一民	马志明	魏志谦	孙道礼	刘汉忠	苏占禄	张振玺
马学珍	杨志成	牛治富	刘雪华	石志成	马雪莲			

隆德县

任怀礼	王元浩	田仰琪	赵长珠	夏怀忠	张彦科	张世清	惠艳芳	李成林
有丽萍	何彩云	张兰香	杨　帆					

泾源县

王金绥	杨国统	谢　红	仇怀仁	刘安福	叶跃嘉	吴宁安	者金虎	丁定玲
马生荣	于兆云	辛芝叶	苏润身	秦金选	禹　涛	李建军	马文明	白晓霞
洪小蛟	秦志芳	马福生	吴战明	金全喜	冶晓珍	者　鹏	杨志德	

彭阳县

李忠文	张力鼎	张　琦	虎永军	辛鹏科	宋克武	杨　新	王能能

中卫市（包括原中卫县）

焦芝兰	刘克忠	施广祥	赵金荣	刘荣华	张学平	李春清	宋安国	丁国福
刘正义	宋安国	南晓林	牛淑琴	张建忠	路光明	魏秀玲	张全智	贾国柱
俞　刚	蔡治平	钱国孝	董振相	刘淑芳	周　峰	王再龙	张存福	高建国
曾　艳	刘振林							

中宁县

李生杰	王保祥	严天寿	孙广鲜	麦精学	周　婷	贺　晴	黄学奎	马宝明
严向华	吴秀琴	王新文						

海原县

张登才	马德明	虎　林	王永庆	许　平	李云磊	赵永强	孙晓兰	白永俊
郭慧霞	罗永柱	李国龙	刘　刚	张治虎	罗贵山	曹兴义	王炳军	

自治区地震系统获得先进荣誉一览表

表彰年份	获荣誉单位、个人	荣誉称号	授予单位
1977	宁夏石嘴山矿务局地震观测站	全国地震战线学大庆红旗单位	国家地震局
1978	孙安生	国家地震局机动车辆管理先进工作者	国家地震局
1982	宁夏地震局银川小口子地震台	自治区建设社会主义精神文明先进集体	自治区党委、自治区人民政府
1982	廖玉华	自治区建设社会主义精神文明先进个人	自治区党委、自治区人民政府
1982	张思源	1981 年度优秀共产党员	区直机关工委
1983	白铭学	少数民族地区科学技术事业发展贡献奖	国家民委、劳动人事部、中国科协
1984	廖玉华	自治区有突出贡献科技工作者二等奖	自治区人民政府
1985	张思源	全国边陲优秀儿女金质奖章	全国边陲优秀儿女评选指导委员会
1985	王建功	全国边陲优秀儿女铜质奖章	全国边陲优秀儿女评选指导委员会
1985	张思源	1984 年度优秀共产党员	区直机关工委
1986	宁夏地震局银川台测震组	地震台站工作先进集体	国家地震局
1986	王绒霞、郭风栖、王国祥、刘琨、安文国、张思源	长期在台站和野外及分析预报第一线工作的优秀个人	国家地震局
1986	张思源	自治区劳动模范	自治区人民政府
1986	张思源	自治区两个文明建设先进个人	自治区党委、自治区人民政府

续表

表彰年份	获荣誉单位、个人	荣誉称号	授予单位
1987	马玉龙、张隆生	全国地震监测预报先进个人	国家地震局
	张思源	1986 年度优秀共产党员	区直机关工委
1988	宁夏回族自治区地震局	1988 年度地震监测预报工作先进单位	国家地震局
	宁夏地震局震情分析预报室	1988 年度地震监测预报工作优秀集体	
	张进国	优秀科技工作者，晋升一级工资奖励	
	刘琨	晋升一级工资奖励	
	宁夏地震局震情分析预报室	自治区民族团结进步先进集体	自治区党委、自治区人民政府
	王建功	自治区民族团结进步先进个人	
1989	王树富	1989 年度地震监测预报先进个人	国家地震局
	宁夏回族自治区地震局	国家地震局科技进步奖励先进集体	
	常晟勇	国家地震局科技进步奖励先进个人	
1990	银川基准台、西吉地震台、宁夏地震局监测处、泾源地震观测站	全国地震监测工作先进集体	国家地震局
	陈余忍、张玉珍、刘登齐、崔福元、郭宏斌、万自成、杨树棠、张建设	全国地震监测工作先进工作者	
	西吉县地震办公室、灵武县地震办公室	全国地方地震工作先进集体	
	张东平、张光普、李振武	全国地方地震工作先进工作者	
	泾源地震台	全国地震监测预报先进集体	

续表

表彰年份	获荣誉单位、个人	荣誉称号	授予单位
1991	宁夏回族自治区地震局	全国地震监测工作先进单位	国家地震局
	宁夏地震局震情分析预报室	地震分析预报及现场工作优秀集体	
	张隆生、孙立新	全国地震监测预报先进个人	
	宁夏回族自治区地震局	1991年度基本建设财务决算编报工作先进单位	
	宁夏地震局汽车队	国家地震局后勤工作先进集体	
	柳永刚、刘淳	国家地震局后勤工作先进工作者	
	杨明芝	晋升一级工资奖励	
1992	宁夏回族自治区地震局	1992年度地震监测预报工作先进单位	国家地震局
	杨静	国家地震局系统1991～1992年度优秀监察工作者	
	焦德成	1992年度国家地震局地震科技新星	
	宁夏回族自治区地震局	宁夏一九九二年投入产出调查先进集体	
	梁金仓	《中国地震年鉴》优秀特约撰稿人	
1993	石嘴山地震台	1993年度地震监测预报工作优秀集体	自治区党委、自治区人民政府
	宁夏地震局审计监察室	全国地震系统1993年"争先创优双文明"活动优秀单位	
	蒙和平	1993年度地震监测预报工作先进个人	
	张玉珍	晋升一级工资奖励	
	邢同成	自治区民族团结进步先进个人	

表彰年份	获荣誉单位、个人	荣誉称号	授予单位
1994	宁夏回族自治区地震局	地震系统审计监察部门1993～1994年"双文明"活动先进集体	国家地震局
	杨静	地震系统优秀监察工作者	
1995	宁夏地震局审计监察处	全国地震局系统1995年度审计监察工作先进集体	国家地震局
	杨静	国家地震局系统（1993～1994年）优秀监察工作者	
	宁夏地震局纪检组、监察处	国家地震局系统纪检监察工作双文明活动先进集体	
	谢建永	1995年清产核资先进个人	
	刘登齐	1995年度中国减灾报记者站采编先进个人	中国减灾报
1996	王生才	全国地震系统先进工作者	人事部、中国地震局
	宁夏地震局分析预报中心、银川市地震局、宁夏地震局银川基准台、西吉县地震工作办公室、石炭井矿务局地震台	全区地震系统先进集体	自治区地震局、人事劳动厅
	孟光魁、赵卫明、张光普、张建设、张全智、蓝相云	全区地震系统先进工作者	
	文卫	自治区"二五"普法先进个人	自治区普法领导小组
1997	许文俊	1997年度地震监测预报先进个人	国家地震局
	梁金仓、彭翠英	第一届地震科技资料评比优秀奖	
	张思源	全区保密工作先进工作者	自治区党委保密委员会、人事劳动厅

表彰年份	获荣誉单位、个人	荣誉称号	授予单位
1998	宁夏回族自治区地震局	1998年度地震监测预报暨地震现场工作先进单位	中国地震局
	固原地震台	1998年地震监测预报暨地震现场工作优秀集体	
	陈力	1997~1998年度全国地震系统纪检监察先进个人	
	吴忠市地震局、银川市地震局	全国地市防震减灾工作优秀奖	
	张文孝	自治区第四次民族团结进步先进个人	自治区党委、自治区人民政府
	刘登齐	采编工作业绩突出的优秀记者	中国地震局新闻办公室、中国减灾报
1999	张思源	全国科普工作先进工作者	科技部、中宣部、中国科协
	许文俊	"艰苦奋斗、爱岗敬业、无私奉献"先进典型	中国地震局
	银川市地震局、吴忠市地震局	全国地市防震减灾工作优秀奖	
2000	许文俊	全国地震系统先进工作者	人事部、中国地震局
	宁夏回族自治区地震局	1999年财务决算评比一等奖单位	中国地震局
	侯万平	1999年财务决算编制先进个人	
	石嘴山市地震局、宁夏地震工程研究院	全国地震系统优秀集体,给予记一等功奖励	
	宁夏回族自治区地震局	1999~2000年度纪检监察审计工作先进集体	
	银川市地震局	全国地市防震减灾工作优秀奖、地震应急单项奖	

表彰年份	获荣誉单位、个人	荣誉称号	授予单位
2000	石嘴山市地震局	全国地市防震减灾工作优秀奖	中国地震局
	谢建永	1999～2000年度纪检监察审计工作先进个人	
	王萍	第七届宁夏青年科技奖	自治区科委
2001	许文俊	全区优秀共产党员	自治区党委
	宁夏回族自治区地震局	2000年财务决算评比一等奖单位	中国地震局
	侯万平	2000年财务决算编制先进个人	
	马达	地震系统后勤工作先进个人	
	银川市地震局、吴忠市地震局	全国地市防震减灾工作优秀奖	
	姚宗智	全国地震监测预报先进个人	
2002	银川市地震局、石嘴山市地震局、陶乐县地震办公室、青铜峡市地震局、中卫县地震局、固原市地震局、西吉县地震局、自治区地震局震害防御处	全区防震减灾宣传工作先进集体	自治区党委宣传部、自治区地震局
	张建设、井树祥、白春雷、魏成奎、王明国、魏耀武、徐景香、杨万忠、吴军、马作斌、蔡治平、王福、周婷、蓝湘云、尚利民、李云磊、张自河、孟长春、吴隽	全区防震减灾宣传工作先进个人	
	吴忠市地震局、石嘴山市地震局	全国地市防震减灾工作优秀奖	中国地震局
	张进国	全国地震系统"三五"普法先进个人	
	宁夏回族自治区地震局	2001年财务决算评比一等奖	

续表

表彰年份	获荣誉单位、个人	荣誉称号	授予单位
2002	侯万平	2001 年财务决算编制先进个人	中国地震局
	吴忠市地震局	全国防震减灾宣传工作先进集体	
2003	宁夏回族自治区地震局	2002 年度财务决算评比一等奖	中国地震局
	侯万平	2002 年度财务决算编制先进个人	
	宁夏地震局办公室	省地震局公文评比三等奖	
	宁夏回族自治区地震局	《宁夏地震监测志》获评比二等奖	
	固原地震台	全国地震台站工作先进集体	
	马禾青	全区民族团结进步先进个人	自治区党委、自治区人民政府
	王增光	自治区学术技术带头人（313 人才）	自治区人民政府
	宁夏灾害防御协会	全区先进民间组织	自治区民政厅
		全区协会工作先进集体	自治区科协
2004	宁夏回族自治区地震局	2003 年财务决算评比一等奖单位	中国地震局
	侯万平	2003 年财务决算编制先进个人	
	宁夏地震局计划财务处	2003 年基本财务决算先进单位	
		2003 年度国有资产统计报表汇审评比先进单位	
	吴忠市地震局	2003 年度全国地市防震减灾工作优秀奖	
	银川市地震局	2003 年度全国地市防震减灾工作优秀奖、法制工作单项奖	
	许文俊	2004 年度优秀共产党员	区直机关工委
	宁夏地震局团支部	五四红旗团支部	区直机关团工委

表彰年份	获荣誉单位、个人	荣誉称号	授予单位
2005	马禾青	全国民族团结进步模范个人	国务院
	朱峻峡	全国地震系统先进工作者	人事部、中国地震局
	宁夏回族自治区地震局	全国地震系统优秀集体	中国地震局
	宁夏回族自治区地震局	2004 年财务决算评比一等奖单位	
	宁夏地震局办公室	2005 年公文质量检查评比二等奖	
	侯万平	2004 年财务决算编制先进个人	
	王树富	地震应急救援工作先进个人	
	银川市地震局	2004 年度全国市地防震减灾工作三等奖，全国地震系统优秀集体记一等功奖励	
	吴忠市地震局	2004 年度全国市地防震减灾工作优秀奖	
	宁夏回族自治区地震局	宁夏地震应急演习先进集体	自治区防震减灾领导小组
	卫定军、马禾青、马志刚、王银、王建功、王增光、司学芸、刘登宁、吉祥、孙钰、孙立新、严烈钧、张自河、张菊花、吴隽、李莉、李翔、李万胜、李根起、李惠智、杜鹏、杜文勇、陈力、陈致雄、周德宁、金涛、封德春、侯万平、徐文静、谢吉平、蒙和平、马力宁、杨慧、徐刚	宁夏地震应急演习先进个人	
	许文俊	2005 年度优秀共产党员	区直机关工委

续表

表彰年份	获荣誉单位、个人	荣誉称号	授予单位
	宁夏地震工程研究院、宁夏地震局银川基准台、银川市地震局、固原市地震局、青铜峡市地震局；	全区地震系统先进集体	自治区人事厅、自治区地震局
	兰宁、姚宗智、吉祥、井树祥、马力宁、陈黎、郝锦元、马明礼、秦志芳、马学珍	全区地震系统先进工作者	
2006	宁夏回族自治区地震局、吴忠市地震局	全国地震系统"四五"普法先进单位	中国地震局
	宁夏回族自治区地震局	2005年度财务决算评比一等奖	
		2005年度档案工作综合评比二等奖	
		2004~2005年度国有资产统计年报统计先进单位	
	宁夏地震局离退休干部管理处	2004~2006年度老干部信息工作评比二等奖	
	银川市地震局	2005年度全国市县防震减灾工作二等奖、防震减灾工作创新奖	
	石嘴山市地震局	2005年度全国市县防震减灾工作优秀奖、地震应急救援单项奖	
	宁夏地震局震害防御处	市县防震减灾工作管理奖	
	青铜峡市地震局	全国县级防震减灾工作先进单位	
	张进国、黄占伟	全国地震系统"四五"普法先进个人	
	侯万平	全国地震系统发展与财务管理先进工作者	
		2005年度财务决算编制先进个人	

表彰年份	获荣誉单位、个人	荣誉称号	授予单位
2006	王东	全国地震系统发展与财务工作优秀个人	中国地震局
	李根起	2005 年度信息报送先进工作者	
	宁夏地震局震害防御处	全区危窑危房改造工作先进集体	自治区人民政府
		全区科普工作先进集体	自治区科技厅、科协
	朱峻峡	2006 年度优秀共产党员	区直机关工委
	孟长春	自治区保持共产党员先进性教育先进个人	自治区党委组织部
	宁夏地震局团支部	2005～2006 年度"五四红旗团支部"	区直机关团工委
2007	宁夏地震局办公室	2007 年公文质量检查评比二等奖	中国地震局
	宁夏回族自治区地震局	2006 年度财务决算评比一等奖	
	刘洁	2006 年度财务决算编制先进个人	
	银川市地震局	2006 年度全国市（地）防震减灾工作二等奖、防震减灾法制工作单项奖	
	固原市地震局	2006 年度全国市（地）防震减灾工作优秀奖、防震减灾工作创新奖、地震应急救援单项奖	
	灵武市地震局	全国县级防震减灾工作先进单位	
	宁夏地震局计划财务处	2007 年度环境统计工作先进单位	自治区统计局
	宁夏地震局震害防御处	全区科普工作先进集体	自治区科技厅、科协、区党委宣传部
		2007 年南部山区特困灾民危窑危房改造工作先进集体	自治区危窑危房改造领导小组
	张进国	2007 年科技期刊先进工作者	自治区科协
	赵向军	2007 年度优秀共产党员	区直机关工委
	朱鸿雁	区直机关工会先进工作者	自治区机关工会工委
	宁夏灾害防御协会	全国"省级学会之星"	中国科学技术协会

表彰 年份	获荣誉单位、个人	荣誉称号	授予单位
2008	宁夏回族自治区地震局	2007 年发展与财务工作先进单位	中国地震局
		2007 年度防震减灾事业综合统计年报先进单位	
		2007 年度财务决算评比一等奖	
	王清云	2008 年度防震减灾事业综合统计年报工作先进个人	
	刘洁	2007 年度财务决算编制先进个人	
	石嘴山市地震局	2007 年度全国市（地）防震减灾工作综合评比一等奖	
	银川市地震局	2007 年度全国市（地）防震减灾工作综合评比优秀奖、地震灾害防御单项奖	
	灵武市地震局	2007 年度全国县级防震减灾工作先进集体	
	柴炽章	全国地震系统优秀个人	
		自治区抗震救灾先进个人	自治区人民政府
	宁夏地震局计划财务处	2008 年度统计工作先进单位	自治区统计局
	王清云	2008 年度环境统计工作先进个人	
	蒙和平	全区"孝德之星"	自治区精神文明建设指导委员会
	徐丽红	全区"礼德之星"	
	王银	自治区"三八红旗手"	自治区妇联
	吴隽	全区科普工作先进个人	自治区科技厅、科协、区党委宣传部
	吉祥	第六次民族团结进步先进个人	自治区人民政府
	陈力	全区优秀科普志愿者	自治区科技厅、科协
	宁夏地震局团支部	2008 年度"五四红旗团支部"	区直机关团工委
	宁夏地震局机关党委	2008 年度落实党建工作目标责任制先进集体	区直机关工委
	宁夏地震局监测中心团支部	区直机关级"青年文明号"	区直机关团工委
	宁夏地震科普教育基地	全区优秀科普教育基地	自治区科技厅、科协

表彰年份	获荣誉单位、个人	荣誉称号	授予单位
2009	宁夏回族自治区地震局	2008 年度全国地震系统先进单位	中国地震局
		2009 年度公文评比一等奖	
		2008 年度财务决算评比一等奖	
		2008 年全国震害防御工作先进单位	
	宁夏地震局人事教育处	2008 年工资管理先进集体	
	宁夏地震局办公室	地震系统档案工作先进集体	
	宁夏地震局机关服务中心	地震系统后勤工作先进集体	
	宁夏地震应急指挥中心	地震应急指挥中心先进集体	
	谢建永	中国地震局廉政文化建设优秀个人	
	柴炽章	2008 年度全国地震应急救援工作先进个人	
	侯万平	2008 年度发展与财务工作先进个人	
	彭翠英	地震系统档案工作先进个人	
	刘洁	2008 年度财务决算编制先进个人	
	柴炽章	全国野外优秀科技工作者	科学技术部
		五一劳动奖章	自治区人民政府
	杜文勇	自治区级敬业奉献道德模范	自治区精神文明建设指导委员会
	宁夏地震局监测中心	先进基层党组织	自治区直属机关工委
	谢建永	优秀党务工作者	
	杜文勇	2009 年度优秀共产党员	
		区直机关敬业奉献道德模范	
	吴隽	区直机关助人为乐模范	
	张隆生	2009 年度地市级敬业奉献模范个人	
	宁夏地震局震害防御处	2008 年度全区科普教育先进集体	自治区党委宣传部、科技厅、科协

续表

表彰年份	获荣誉单位、个人	荣誉称号	授予单位
2009	宁夏灾害防御协会	全区学会和基层科协组织先进集体	自治区科协
	周莉萍	全区学会和基层科协组织先进个人	
	宁夏地震局计划财务处	2009年度统计工作先进单位	自治区统计局
	中卫地震台	中卫市第二批园林式单位	中卫市人民政府
2010	宁夏地震局震害防御处	2009年全国震害防御工作先进单位	中国地震局
	宁夏地震局发展与财务处	2009年度财务决算三等奖	
	宁夏地震局发展与财务处	防震减灾事业统计年报优秀单位	
	宁夏地震局人事教育处	2009年工资管理先进集体	
	孟广魁	离退休干部先进个人	
	范东平	2006～2010年度离退休干部工作先进工作者	
	宁夏地震局办公室	2010年公文评比一等奖	
	张进国	全国科普工作先进工作者	中宣部、科技部、中国科协
	陈力	2009年度自治区科普工作先进个人	自治区党委宣传部、科技厅、科协
	柴炽章	全区优秀科技工作者	自治区人力资源和社会保障厅、自治区科协
	邵祯	支援玉树抗震救灾先进个人	自治区党委、自治区人民政府
	宁夏地震局地震现场工作队	全区支援青海玉树抗震救灾先进集体	
	宁夏回族自治区地震局、银川市地震局、石嘴山市地震局、吴忠市地震局、青铜峡市地震局、固原市地震局、彭阳县地震局、中卫市地震局、海原县地震局	全区防震减灾工作先进集体	自治区人民政府

表彰年份	获荣誉单位、个人	荣誉称号	授予单位
2010	王颖、马兴忠、宋旭英、马学珍、黄学奎、赵卫明	全区防震减灾工作先进个人	自治区人民政府
	宁夏回族自治区地震局	文明机关	区直机关精神文明建设指导委员会
	许文俊	2009 年度安全生产工作先进个人	自治区安全生产委员会
	朱鸿雁	区直机关工会积极分子	区直机关工委
2011	宁夏地震局人事教育处	2011 年工资管理工作优秀单位	中国地震局人事教育司
	宁夏回族自治区地震局	全区事业单位登记管理工作先进集体	自治区编制委员会办公室
	宁夏地震局办公室	2011 年公文质量检查评比二等奖	中国地震局办公室
	宁夏地震局团支部	2010 年度全区五四红旗团支部	自治区团委
	宁夏地震局发展与财务处	2010 年度财务决算一等奖	中国地震局发展与财务司
		2010 年防震减灾事业统计优秀单位	
		2011 年度部门统计工作先进单位	自治区统计局
	宁夏地震局震害防御处	2011 年自治区科普工作先进集体	自治区科技厅、宣传部、科协
	宁夏地震局应急救援处	全区应急管理工作先进集体	自治区人民政府
	宁夏地震局离退休干部管理处	老干部工作交流评比三等奖	中国地震局离退休干部办公室
	银川基准台	区直机关先进基层党组织	区直机关工委
		2011 年自治区优秀科普基地	自治区科技厅、宣传部、科协
	贺永忠	区直机关优秀共产党员	区直机关工委
	金涛		

续表

表彰年份	获荣誉单位、个人	荣誉称号	授予单位
2011	张进国	全国科协系统先进工作者	人力资源和社会保障部、中国科协
	刘洁	2010 年度财务决算先进个人	中国地震局发展与财务司
	谢建永	区直机关优秀党务工作者	区直机关工委
	徐丽红	区直机关优秀工会积极分子	

附　录

限外纪事

2012 年

2月2日　自治区人民政府发文，通报表彰奖励自治区地震局。

2月13日　自治区地震局召开2012年全区地震局长会议，通报2012年度宁夏震情及年度地震趋势会商意见，传达学习2012年国务院防震减灾工作联席会议、全国地震局长会暨党风廉政建设工作会议精神，交流研讨促进宁夏防震减灾事业发展的具体思路和工作措施，安排部署全年防震减灾工作。

4月5～20日　自治区人大常委会副主任冯炯华带队，自治区人大教科文卫委员会、自治区政府法制办公室、地震局组成防震减灾地方立法情况调研组，对四川、云南、贵州等地开展防震减灾立法情况进行调研。

5月11～17日　全区各地开展第四个"防灾减灾日"活动，机关、企事业单位、学校、医院、商场等人员密集场所开展了形式多样、内容丰富的地震应急演练活动。自治区党委宣传部、地震局、民政厅、科技厅、科协、灾害防御协会联合制作的防震减灾公益宣传片《未雨绸缪·居安思危》，在全区电信系统12块LED大屏幕上播放。开放防震减灾科普基地、展馆，举办报告会、专题讲座，向社会公众进行防震减灾科普宣传活动。自治区地震局、灾害防御协会和北方民族大学"防灾减灾志愿者"，在银川市兴庆区南门广场悬挂横幅、摆放宣传展板，播放《防震减灾知识》录像，向群众散发《防震避险知识》《宁夏防震减灾》小报和地震科普知识小扇子等宣传资料，现场为群众解疑答惑。自治区党委常委、副主席刘慧看望宣传工作人员。宣传周期间，各地中小学校、幼儿园普遍开展了地震应急演练。

5月18～23日　自治区地震局在银川和吴忠召开《宁夏回族自治区防震减灾条例（修订草案）》征求意见座谈会。

5月19～25日　自治区领导崔波、冯炯华、屈冬玉、安纯人出席宁夏科技活动周启动仪式。海原地震博物馆被命名为"全区科普教育基地"。

6月上旬　地震行业科研专项喜马拉雅计划之四的"颗粒介质传感系统及地震前兆研究"之协作任务"颗粒介质前兆探测方法实施和规范化研究"项目研讨会在银川召开。

6月20日～8月中旬　自治区科协、中国科技馆、自治区地震局、教育厅、科技馆、灾害防御协会在科技馆联合举办防震减灾科普展览，开展"弘扬防灾减灾文化，提高防灾减灾意识"为主题的系列科普教育活动。

6月25~27日　中国地震局西北片区测震流动观测及应急产出演练在银川举行，来自甘肃、青海、新疆、宁夏等4省（区）地震局和中国地震局地球所、地质所、地壳所、预测所、台网中心的专业技术人员，协同展示了流动地震观测台站架设、应急指挥通讯、数据传输与共享、流动台站与固定台网融合、应急产品产出等演练内容。中国地震局副局长阴朝民，监测预报司司长李克、副司长宋彦云观摩演练，会见自治区党委常委、固原市委书记李文章和自治区政府副主席屈冬玉，交换防震减灾工作意见；在固原市地震局、固原地震台调研，实地考察六盘山东麓地震活动断裂带。

7月10~13日　中日地震应急救援能力提高（JICA）项目中日教官组一行来宁开展培训交流活动，对宁夏地震灾害紧急救援队业务骨干集中培训，现场教授救援专业技能。

7月25日　中国科学院院士许厚泽，测量与地球物理研究所所长孙和平、副所长王勇等一行5人，在自治区地震局作学术讲座。

8月5日　中国地震局政策法规司在宁夏平罗召开贯彻落实防震减灾重大决策部署跟踪研讨会。

8月20~23日　地震系统西北片后勤工作研讨会在吴忠召开。

是月　自治区地震局命名吴忠市利通区金星镇金星花园社区、金花园社区、青铜峡市裕民街道办事处北苑社区等18家社区为"自治区地震安全示范社区"，并推荐吴忠市金星花园社区和银川市长庆油田燕鸽湖社区为"国家级地震安全示范社区"。

9月14日　中国地震局地质研究所师生一行40余人到宁夏地震局参观实习，副局长柴炽章研究员应邀作专题学术讲座。

9月12日　自治区地震局局长佟晓辉到"颗粒介质前兆探测方法实施和规范化研究"项目固原观测站，现场指导开挖探测仪器基坑。

9月10日　自治区地震局局长佟晓辉主持召开宁夏防震减灾事业发展工作研讨会。

10月18~19日　自治区地震局召开2013年度全区地震趋势研讨会。

10月23日　"宁蒙陕甘毗邻城市地震应急联动协作区联席会议第一次会议"在银川召开。银川市、石嘴山市、吴忠市、中卫市、固原市、阿拉善盟、巴彦淖尔市、乌海市、包头市、呼和浩特市、鄂尔多斯市、榆林市、延安市、庆阳市、平凉市、兰州市等16个市（盟）地震部门人员参加会议。

11月20日　10时24分，银川市永宁县发生4.5级地震，自治区地震局立即启动地震应急预案，召开临时震情趋势会商会综合研判震情，并通过媒体向社会发布信息。自治区政府副主席屈冬玉、副秘书长李文华、地震局局长佟晓辉等，紧急赶赴地震现场了解、核实有关情况。

11月22日　自治区政府主席王正伟主持召开第125次政府常务会议，审议《宁夏回族自治区防震减灾条例（修订草案）》，原则同意该修订草案。

11 月 27 日　中国地震局副局长刘玉辰带领震害防御司司长孙福梁，在辽宁省地震局局长高常波、宁夏地震局局长佟晓辉、副局长马贵仁、柴炽章和吴忠市地震局负责人的陪同下，考察吴忠市城市活断层项目—关马湖断层探测工作，实地调研吴忠市古城新村地震安全示范社区创建工作。

12 月 14 日　自治区科协在银川举办宁夏科协会员日暨"第三届宁夏优秀科技工作者、第十三届宁夏青年科技奖、宁夏科协 2012 年先进学会及学会优秀会员"颁奖大会。自治区灾害防御协会获 2012 年度全区先进学会。自治区地震局分析预报中心主任、灾害防御协会地震专业委员会副主任马禾青获第三届宁夏优秀科技工作者称号。

12 月 24 日　固原市人民政府与自治区地震局在固原举行固原市活断层探测与地震危险性评价项目签约仪式。

2013 年

1 月　自治区地震局局长佟晓辉被选为政协宁夏回族自治区第十届委员会委员。

2 月 26 日　自治区地震局召开 2012 年总结表彰会暨 2013 年全区地震局长会议。

3 月 19 日　自治区科技厅、党委宣传部及自治区科协联合检查组考核评估银川基准台科普教育基地。

4 月 16 日　自治区人大常委会副主任肖云刚带领人大调研组，到西吉县就《宁夏回族自治区防震减灾条例（修订草案）》进行立法调研。

4 月 20 日　8 点 02 分，四川省雅安市芦山县发生 7.0 级地震，自治区地震局局长佟晓辉就如何做好支援灾区的准备工作，请示中国地震局和自治区政府。刘慧主席批示：宁夏地震局做好现场工作队支援准备。宁夏地震现场工作队整装待发。

4 月 27 日　中国地震局地球物理勘探中心在 G309 公路原州区徐家坡路段，开展固原市活动断层探测项目的控制性浅层地震勘探工作。

5 月 2 日　自治区政府主席刘慧在白雪山副主席陪同下，带领自治区有关部门负责人到自治区地震局调研，听取全区防震减灾工作汇报，视察地震台网中心和地震应急指挥系统。

5 月 9 日　自治区地震局与民政厅、教育厅在宁夏人民会堂举办大型防震减灾报告会，特邀中国老年科技工作者协会副会长、中国灾害防御协会科普委员会主任、原国家地震局副局长何永年研究员作"科学防震，综合减灾"的专题报告。自治区减灾委成员单位、宁夏灾害防御协会，银川市中小学、幼儿园校（园）长，银川市社区居委会负责人，神华宁煤集团及民政、地震部门人员共 1500 多人聆听讲座。

5月10日　自治区党委常委、固原市委书记李文章，市长马汉成，市人大主任姜文奎，市政协主席田治富，自治区地震局党组成员、纪检组长李杰等到固原市地震局调研，参观地震科普馆、地震应急指挥大厅、地震监测室。

5月11～17日，自治区地震局联合民政厅在全区电信系统13块LED大屏幕上播放《未雨绸缪·居安思危》《应对地震灾害》等防震减灾公益宣传片。

5月12日　自治区地震局在银川南门广场开展"识别灾害风险，掌握减灾技能"为主题的防震减灾宣传活动。佟晓辉局长到现场检查指导宣传活动。

5月29日　自治区第十一届人民代表大会常务委员会第四次会议通过了《宁夏回族自治区防震减灾条例》，于2013年7月1日起施行。

5月21日　中国地震局地震预测研究所与自治区地震局在银川举行科技交流协议签字仪式，双方签署了《科技交流与合作框架协议》《立体电磁观测网络建设协议》两项合作文件。

6月9日　陕甘宁三省交汇区地震观测技术与科研预报协作区交流会议在固原举办。

7月22日　07时45分，甘肃省定西市岷县、漳县交界发生6.6级地震后，固原地区震感强烈，隆德县有房屋倒塌、裂缝现象。10时许，自治区地震局副局长金延龙带领地震现场工作队一行10人紧急赶赴地震现场。固原市、县（区）宏观观测员在第一时间向当地地震部门报告受灾情况。

是日　自治区政府主席刘慧指示李锐副主席召开政府专题会议，加快推进全区危窑危房改造工程。上午10时，李锐副主席主持召开自治区政府紧急专题办公会议，研究部署危窑危房改造工程。会议决定，要在继续争取中央财政支持的基础上，集中自治区、市、县三级力量，力争在2年时间内，完成全区危窑危房改造任务，全面提升全区防震保安水平，最大限度地减轻地震灾害损失

7月28日～8月3日，全区各地广泛开展防震减灾知识宣传活动。

9月22～26日，由中国地震学会和中国地震灾害防御中心联合主办、宁夏地震局协办的2013年农村民居地震安全工程抗震技术培训班在银川举办。

9月27日，按照中国地震局部署，自治区地震局与中国地震局应急指挥中心、搜救中心等单位，联合进行地震现场通讯联动应急演练。

10月9日，自治区地震局在青铜峡市举办新修订的《宁夏回族自治区防震减灾条例》培训班。

10月20日，自治区地震局召开2014年度全区地震趋势研讨会。

11月9日，自治区地震局组织TD-LTE通信技术和地震应急指挥通讯车使用培训。

11月20日，新修订的《宁夏回族自治区地震应急预案》正式施行。

12月8日，自治区地震局举办青年地震科技学术交流研讨会。

自治区防震减灾领导组织

1970 年 4 月，临时成立自治区地震工作领导小组。1973 年 11 月，成立自治区地震工作领导小组。1990 年 7 月，成立自治区防震救灾领导小组。1995 年 11 月，改为自治区防震减灾领导小组。1998 年 10 月、2001 年 12 月、2004 年 7 月、2005 年 7 月、2008 年 8 月对领导小组成员进行了 5 次调整。领导小组办公室设在自治区地震局，地震局副局长兼任办公室主任。自治区境内发生严重破坏性地震，自治区防震减灾领导小组即转为自治区抗震救灾指挥部，按预定方案实施抗震救灾。

领导小组成员名单：

1973 年 11 月，自治区革命委员会决定正式成立自治区地震工作领导小组：

组　长：王志强　自治区革命委员会副主任

副组长：张伯弨　自治区科委副主任

　　　　赵　英　自治区计委副主任

　　　　姜志福　自治区建委副主任

　　　　秦俊秀　宁夏军区副司令员

成　员：胡建功　自治区邮电局副局长

　　　　周幼文　自治区公安局副局长

　　　　刘振国　自治区文教局副局长

　　　　潘效曾　自治区交通局副局长

　　　　崔　礼　自治区重工业局副局长

　　　　杨　健　自治区气象局副局长

　　　　仇朝先　自治区地质局副局长

　　　　王凤翔　自治区煤炭局副局长

　　　　马豫珍　自治区民政局副局长

　　　　马　杰　自治区卫生局副局长

1975 年 4 月 12 日，为进一步加强我区地震工作，自治区革命委员会决定成立自治区地震工作领导小组：

组　长：王志强　（自治区革命委员会副主任）

副组长：张伯弨　自治区科委副主任

赵　英　自治区计委副主任

姜志福　自治区建委副主任

成　员：秦俊秀　宁夏军区副司令员

王凤翔　自治区煤炭局副局长

潘效曾　自治区交通局副局长

马　杰　自治区卫生局副局长

刘振国　自治区文教局副局长

崔　礼　自治区重工业局副局长

马豫珍　自治区民政局副局长

周幼文　自治区公安局副局长

胡建功　自治区邮电局副局长

杨曙明　自治区气象局副局长

仇朝先　自治区地质局副局长

办公室设在自治区科委，办公室主任由张伯诏同志兼任，地震队同志任副主任。

（宁发〔1975〕41 号）

1990 年 7 月 24 日，为了进一步加强对我区防震救灾工作的领导，自治区人民政府决定成立防震救灾领导小组：

组　长：杨惠云　自治区人民政府副主席

副组长：李良辉　宁夏军区副司令员

虎维新　自治区人民政府副秘书长

成　员：蓝玉璞　自治区计委副主任

陈德祥　自治区经委副主任

惠秦川　自治区科委副主任

行　程　自治区民政厅副厅长

黄超雄　自治区城乡建设厅厅长

王志新　自治区水利厅副厅长

陈耀南　自治区电力局副局长

马玉章　自治区卫生厅副厅长

李成洲　自治区邮电管理局副局长

马骏廷　自治区财政厅副厅长

王文义　自治区商业厅副厅长

云步霄　自治区物资局副局长

王国相　自治区煤炭厅副厅长

赵长林　自治区粮食局副局长

薛俊明　自治区公安厅副厅长

于连溪　自治区广播电视厅副厅长

郝锦义　自治区交通厅副厅长

吴建明　自治区地震局局长

领导小组办公室设在地震局，李孟銮副局长任办公室主任。（宁政办发〔1990〕82 号）

1991 年 6 月 29 日，自治区地震局副局长杨明芝任领导小组办公室主任，监测处处长万自成任副主任。

1993 年 10 月 15 日，根据工作需要和人事变动，自治区人民政府决定调整自治区防震救灾领导小组成员：

组　长：刘　仲　自治区副主席

副组长：王毓源　宁夏军区副司令员

　　　　吴建明　自治区地震局局长

成　员：赵春起　自治区计委副主任

　　　　宋廷池　自治区经委副主任

　　　　惠秦川　自治区科委副主任

　　　　行　程　自治区民政厅副厅长

　　　　黄超雄　自治区城乡建设厅厅长

　　　　王志新　自治区水利厅副厅长

　　　　陈耀南　自治区电力局副局长

　　　　马玉章　自治区卫生厅副厅长

　　　　李成洲　自治区邮电管理局副局长

　　　　马骏廷　自治区财政厅厅长

　　　　王文义　自治区商业厅厅长

　　　　张永孝　自治区物资局副局长

　　　　胡风忠　自治区煤炭厅副厅长

　　　　赵长林　自治区粮食局副局长

　　　　庞明元　自治区公安厅副厅长

　　　　来经国　自治区广播电视厅副厅长

　　　　郝锦义　自治区交通厅副厅长

　　　　冯永先　宁夏武警总队副队长

　　　　储国兴　自治区保险公司副总经理

　　　　梅洪海　银川铁路分局副局长

　　　　杨明芝　自治区地震局副局长

领导小组办公室设在自治区地震局，杨明芝兼办公室主任，地方地震工作处处长万自成任办公室副主任。（宁政办发〔1993〕62 号）

1995 年 11 月 23 日，自治区人民政府决定调整自治区防震减灾领导小组成员：

组　长：刘　仲　自治区副主席

副组长：王毓源　宁夏军区副司令员

　　　　杨明芝　自治区地震局副局长

　　　　黄超雄　自治区建设厅厅长

成　员：曾庆民　自治区政府办公厅副主任

　　　　海巨增　自治区计委副主任

　　　　马骏廷　自治区财政厅厅长

　　　　王文义　自治区商务厅厅长

　　　　庞明元　自治区公安厅副厅长

　　　　冯永先　宁夏武警总队副队长

　　　　郝锦义　自治区交通厅副厅长

　　　　马文礼　自治区民政厅副厅长

　　　　宋廷池　自治区经济贸易委员会副主任

　　　　阮廷甫　自治区水利厅副厅长

　　　　孟昭靖　自治区电力局副局长（注）

　　　　马玉章　自治区卫生厅副厅长

　　　　张传义　自治区邮电管理局副局长

　　　　张永孝　自治区物资局副局长

　　　　胡风忠　自治区煤炭厅副厅长

　　　　马瑞文　自治区粮食局副局长

　　　　来经国　自治区广播电视厅副厅长

　　　　惠秦川　自治区科委副主任

　　　　赵葆初　自治区保险公司副总经理

　　　　梅洪海　银川铁路分局副局长

　　　　蔡国英　自治区教育委员会副主任

　　　　田哲文　自治区重工业厅副厅长

　　　　程　玉　自治区民航管理局副局长

　　　　赵才尧　自治区石化总公司副总经理

　　　　万自成　自治区地震局副局长

（注：孟昭靖 1996 年 5 月任成员，此前为陈耀南）

领导小组办公室设在自治区地震局，万自成兼办公室主任，自治区地震局震害防

御处处长张思源任办公室副主任。（宁政办发〔1995〕111 号）

1998 年 10 月 22 日，自治区政府决定调整充实自治区防震减灾领导小组成员：

组　　长：于革胜　自治区副主席

副组长：姬亮洲　宁夏军区副司令员

　　　　　曾庆民　自治区政府副秘书长

　　　　　杨明芝　自治区地震局局长

　　　　　田　明　自治区建设厅副厅长

成　　员：王邦秀　自治区党委宣传部副部长

　　　　　马　力　自治区建设厅总工程师

　　　　　齐同生　自治区计划委员会副主任

　　　　　毛国芝　自治区财政厅副厅长

　　　　　王文义　自治区商务厅厅长

　　　　　杜文辉　自治区公安厅副厅长

　　　　　杨　光　宁夏武警总队副队长

　　　　　王学祥　自治区交通厅副厅长

　　　　　马文礼　自治区民政厅副厅长

　　　　　刘学军　自治区经济贸易委员会副主任

　　　　　吴洪相　自治区水利厅副厅长

　　　　　田世存　自治区电力工业局副局长

　　　　　窦文敏　自治区卫生厅副厅长

　　　　　张传义　自治区邮电管理局副局长

　　　　　宋天佑　自治区煤炭工业厅副厅长

　　　　　胡义隆　自治区粮食局副局长

　　　　　来经国　自治区广播电视厅副厅长

　　　　　徐正冠　自治区科学技术委员会副主任

　　　　　李宁建　中保财险公司宁夏分公司总经理助理

　　　　　梅洪海　银川铁路分局副局长

　　　　　蔡国英　自治区教育委员会副主任

　　　　　田哲文　自治区重工业厅副厅长

　　　　　张庆民　中国民用航空宁夏管理局副局长

　　　　　焦连新　自治区石油化学工业总公司副经理

　　　　　万自成　自治区地震局副局长

　　　　　李文俊　自治区地震局副局长

领导小组办公室设在自治区地震局，万自成兼主任，自治区地震局震害防御处处

长张思源任副主任。(宁政办发〔1998〕96号)

2001年12月10日,自治区政府决定调整充实自治区防震减灾领导小组成员:

组　　长: 张来武　自治区主席助理

副组长: 张岳永　宁夏军区副司令员

　　　　李耀松　自治区政府副秘书长

　　　　杨明芝　自治区地震局局长

　　　　马　力　自治区建设厅副厅长

成　　员: 朱昌平　自治区党委宣传部副部长

　　　　齐同生　自治区发展计划委员会副主任

　　　　张义康　自治区教育厅副厅长

　　　　刘　桓　自治区科技厅副厅长

　　　　周建军　自治区公安厅副厅长

　　　　李彦凯　自治区财政厅副厅长

　　　　刘国民　自治区国土资源厅副厅长

　　　　朱生宪　银川铁路分局副局长

　　　　张包平　自治区交通厅副厅长

　　　　陈德祥　自治区经贸委副主任

　　　　蒋志平　自治区民政厅副厅长

　　　　田世存　自治区电力公司副总经理

　　　　窦文敏　自治区卫生厅副厅长

　　　　刘镇岳　自治区广播电影电视局副局长

　　　　方　杰　中国人民保险公司宁夏分公司副总经理

　　　　吴自生　自治区国内贸易办主任

　　　　王林宁　宁夏武警总队副总队长

　　　　万自成　自治区地震局副局长

　　　　张思源　自治区地震局副局长

领导小组办公室设在自治区地震局,张思源兼任办公室主任,自治区地震局震害防御处处长张进国任副主任。(宁政办发〔2001〕214号)

2004年7月5日,自治区政府决定调整充实自治区防震减灾领导小组成员:

组　　长: 张来武　自治区副主席

副组长: 王乃勤　宁夏军区副司令员

　　　　戎生灵　自治区人民政府副秘书长、自治区政府研究室主任

　　　　杨明芝　自治区地震局局长

成　员：马汉文　自治区党委宣传部副部长

　　　　蒋志平　自治区民政厅副厅长

　　　　张思源　自治区地震局副局长

　　　　马贵仁　自治区地震局副局长

　　　　马　明　自治区发展和改革委员会副主任

　　　　赵小平　自治区经济委员会副主任

　　　　王和山　自治区财政厅副厅长

　　　　张新君　自治区科技厅副厅长

　　　　李桂林　自治区交通厅副厅长

　　　　窦文敏　自治区卫生厅副厅长

　　　　张义康　自治区教育厅副厅长

　　　　汪　敬　自治区公安厅副厅长

　　　　刘国民　自治区国土资源厅副厅长

　　　　王法正　自治区商务厅副厅长

　　　　刘镇岳　自治区广播电影电视局副局长

　　　　王向东　自治区电力公司副总经理

　　　　朱生宪　银川铁路分局副局长

　　　　保守义　武警宁夏总队副总队长

　　　　沈惠利　中国人民财产保险公司宁夏分公司副总经理

　　　　章永久　宁夏煤业集团副总裁

　　领导小组办公室设在自治区地震局，张思源兼任办公室主任，自治区地震局震害防御处处长张进国、民政厅减灾救灾中心主任白德东任副主任。（宁政办发〔2004〕132 号）

　　2005 年 7 月 19 日，自治区政府决定调整充实自治区防震减灾领导小组成员：

组　长：张来武　自治区副主席

副组长：高　雷　宁夏军区副司令员

　　　　戎生灵　自治区人民政府副秘书长、自治区政府研究室主任

　　　　张思源　自治区地震局局长

　　　　刘兴勇　宁夏武警总队副总队长

成　员：马汉文　自治区党委宣传部副部长

　　　　蒋志平　自治区民政厅副厅长

　　　　张吉胜　自治区建设厅副厅长

　　　　赵广堃　自治区地震局副局长

　　　　金延龙　自治区地震局副局长

马　明　自治区发展和改革委员会副主任

王永耀　自治区经济委员会副主任

王和山　自治区财政厅副厅长

张新君　自治区科技厅副厅长

李桂林　自治区交通厅副厅长

马秀珍　自治区卫生厅副厅长

马　林　自治区教育厅副厅长

汪　敬　自治区公安厅副厅长

刘国民　自治区国土资源厅副厅长

王法正　自治区商务厅副厅长

赵利宁　自治区广播电影电视局副局长

王向东　自治区电力公司副总经理

朱生宪　银川铁路办事处副主任

任新远　中国人民财产保险公司夏分公司副总经理

刘连柏　自治区煤炭工业局

　　领导小组下设办公室，主持日常工作。办公室设在自治区地震局，金延龙兼任办公室主任，自治区地震局震害防御处处长张进国、民政厅减灾救灾中心主任哈学华任副主任。（宁政办发〔2005〕129号）

　　2008年8月26日，自治区政府决定调整自治区防震减灾领导小组成员：

组　　长：李　锐　自治区副主席

副组长：解孟林　自治区政协副主席

　　　　高　雷　宁夏军区副司令员

　　　　田　明　自治区主席助理

　　　　张　军　自治区政府办公厅副主任

　　　　张思源　宁夏地震局局长

　　　　刘兴勇　宁夏武警总队副总队长

成　　员：张克洪　自治区党委宣传部副部长

　　　　吴占东　自治区发展改革委副主任

　　　　赵旭辉　自治区经委副主任

　　　　张新君　自治区科技厅副厅长

　　　　马　林　自治区教育厅副厅长

　　　　王风刚　自治区民政厅副厅长

　　　　高虹宁　自治区公安厅副厅长

　　　　张苏安　自治区财政厅副厅长

杨金富　自治区国土资源厅副厅长

郑德金　自治区建设厅总工程师

李桂林　自治区交通厅副厅长

王　炜　自治区卫生厅副厅长

王法正　自治区商务厅副厅长

王政敏　自治区广电局副局长

王耀东　自治区政府应急办主任

金延龙　宁夏地震局副局长

冯建民　宁夏气象局副局长

高　伟　自治区通信管理局副局长

邓永辉　宁夏电力公司副总经理

郭吉忠　中国人保财险宁夏分公司副总经理

傅建贞　宁夏消防总队副总队长

刘　静　宁夏红十字会副会长

张仲春　兰州铁路局银川办事处副主任

严永胜　神华宁煤集团总经理

自治区防震减灾领导小组办公室设在宁夏地震局，金延龙兼任办公室主任。

领导小组的主要职责是统一领导、协调全区防震减灾工作，如果发生严重破坏性地震灾害，自治区防震减灾领导小组即转为自治区抗震救灾指挥部，并根据灾情实际和工作需要随时增加有关部门负责人为指挥部成员。（宁政办发〔2008〕150号）

宁夏回族自治区防震减灾条例

（1999 年 4 月 8 日宁夏回族自治区第八届人民代表大会常务委员会第六次会议通过）

第一章　总　　则

第一条　为了加强防震减灾工作，最大限度地减轻地震灾害造成的人员伤亡和财产损失，保障经济建设和社会发展，根据《中华人民共和国防震减灾法》和有关法律、法规，结合我区实际，制定本条例。

第二条　在本自治区行政区域内从事地震监测预报、地震灾害预防、地震应急、震后救灾与重建等活动，适用本条例。

第三条　防震减灾工作，实行预防为主、防御与救助相结合的方针。

第四条　县级以上人民政府应当将防震减灾工作纳入国民经济和社会发展计划，根据防震减灾需要安排一定的经费。

第五条　各级人民政府应当加强对防震减灾工作的领导，组织有关部门采取措施，做好防震减灾工作。

县级以上人民政府负责管理地震工作的部门和经济综合部门、建设行政部门、民政部门以及其他有关部门在本级人民政府的领导下，按照职责分工，各负其责，密切配合，共同做好本行政区域内的防震减灾工作。

第六条　任何单位和个人，都有依法参加防震减灾活动的义务。

中国人民解放军驻宁部队、中国人民武装警察驻宁部队和民兵应当执行国家赋予的防震减灾任务。

对防震减灾工作成绩显著的，各级人民政府和有关部门应给予表彰和奖励。

第七条　自治区鼓励和支持防震减灾科学技术研究，推广应用先进技术成果，增强抗御地震灾害的能力。

第二章　地震监测预报

第八条　自治区地震行政主管部门根据全国地震监测预报方案，负责制定本自治区的地震监测预报方案，并组织实施。

第九条　地震重点监视防御区的县级以上人民政府负责管理地震工作的部门，应当加强地震监测工作，制定短期与临震预报方案，建立震情跟踪会商制度，提高地震监测预报能力。

　　第十条　地震监测台网的建设，实行统一规划，分级、分类管理。各级人民政府及其有关部门、企业应当加强地震监测台网的建设和管理。

　　国家地震监测基本台网和自治区级地震监测台网的建设和管理，按照国家有关规定执行。

　　地区和设区的市、县（市、区）地震监测台网，其建设所需投资，主要由所在地的行署，设区的市、县（市、区）人民政府承担，由同级人民政府负责管理地震工作的部门管理。

　　承担特定任务的地震监测台网，由有关企业或者行业主管部门投资建设和管理，并接受所在地的县级以上人民政府负责管理地震工作的部门的指导。

　　本条第三款、第四款规定的地震台网的建设方案，由自治区地震行政主管部门负责审定。

　　第十一条　凡纳入各级地震监测台网的台（站、点）停测或者撤消，须经同级人民政府负责管理地震工作的部门批准，并报上一级人民政府负责管理地震工作的部门备案。

　　第十二条　地震监测设施及其观测环境受法律保护，任何单位和个人不得破坏、妨害地震监测设施和地震观测环境，不得干扰和妨碍地震监测台（站、点）的工作，不得占用和干扰地震专用通信网的线路、信道及其设施。

　　第十三条　新建、扩建、改建建设工程，不得危害地震监测设施和地震观测环境；确实无法避免造成危害的，建设单位应当事先征得自治区地震行政主管部门或者其授权的市、县级人民政府负责管理地震工作的部门的同意，并按照国家有关规定采取相应措施后，方可建设。

　　第十四条　地震监测实行专业台网同群测群防相结合。各级人民政府负责管理地震工作的部门应当鼓励、支持各种形式的群测群防活动，并给予指导。

　　第十五条　自治区人民政府依照国家发布地震预报的规定，向社会发布地震预报。自治区地震行政主管部门负责向自治区人民政府提出地震短期预报和临震预报及其延期或者撤消的意见。

　　任何单位或者从事地震工作的专业人员关于短期地震预测或者临震预测的意见，应当报自治区地震行政主管部门或者县级以上人民政府负责管理地震工作的部门按照国家有关规定处理，不得擅自向社会扩散。

　　在已经发布地震短期预报的地区，如发现明显临震异常，情况紧急，当地市、县人民政府可以发布48小时之内的临震警报，并同时向自治区人民政府和自治区地震行政主管部门报告。

第三章　地震灾害预防

　　第十六条　各级人民政府及其有关部门，应当建立健全防震减灾工作体系。

第十七条　根据震情和地震灾害预测结果，自治区地震行政主管部门和县级以上人民政府负责管理地震工作的部门，应当会同同级有关部门编制防震减灾规划和计划，报本级人民政府批准后实施。

修改防震减灾规划和计划，应当报经原批准机关批准。

第十八条　地震重点监视防御区的县级以上人民政府应当根据实际需要与可能，在本级财政预算和物资储备中安排适当的抗震救灾经费和物资。

自治区鼓励单位和个人参加地震灾害保险。

第十九条　各级人民政府应当组织有关部门开展防震减灾知识的宣传教育，增强公民的防震减灾意识，提高公民在地震灾害中自救、互救的能力；加强对有关专业人员的培训，提高抢险救灾能力。

第二十条　自治区教育行政主管部门应当采取措施，在中小学校开展防震减灾知识教育，并适时进行防震训练。

第二十一条　新建、扩建、改建建设工程，必须达到国家抗震设防要求。不符合抗震设防要求的工程不得进行建设。

第二十二条　自治区内的重大建设工程和可能发生严重次生灾害的工程，必须按照国家和自治区工程建设场地地震安全性评价工作管理的有关规定进行地震安全性评价；并根据地震安全性评价的结果，确定抗震设防要求，进行抗震设防。地震安全性评价工作应纳入基本建设管理程序和建设投资计划。

第二十三条　一般工业与民用建设工程，必须按照国家颁布的地震烈度区划图或者地震动参数区划图规定的抗震设防要求，进行抗震设防。

第二十四条　各级建设行政主管部门应当建立健全建设工程抗震设计、施工专项审查制度。

勘察设计单位必须按照抗震设防要求和抗震设计规范进行抗震设计。

施工单位必须按照抗震设计进行施工，遵守有关施工规程和规范，不得任意更改抗震设防设计。

工程监理单位对工程进行监理时，应当对抗震设防措施进行监理。

承担建设工程的建设、勘察、设计、施工、监理等单位必须按各自职责对工程抗震设防质量负终身责任。

第二十五条　各级人民政府应当引导农民建造具有抗震性能的住房，逐步淘汰土坯箍窑、崖窑等抗震能力差的住房。

村镇建设中的公共建筑、统建的住房及乡镇企业的生产、办公用房，必须进行抗震设防，其他建设工程应当根据当地经济发展水平，按照因地制宜、就地取材的原则采取抗震措施，提高村镇房屋的抗震能力。

第二十六条　已经建成的下列建筑物、构筑物，未采取抗震设防措施的，应当进行抗震性能鉴定，并采取抗震加固措施：

（一）属于重大建设工程和可能发生严重次生灾害的建筑物、构筑物；

（二）有重大文物价值和纪念意义的建筑物、构筑物；

（三）地震重点监视防御区的建筑物、构筑物。

第四章 地震应急

第二十七条 自治区地震行政主管部门会同自治区有关部门制定自治区破坏性地震应急预案，报自治区人民政府批准，并报国务院地震行政主管部门备案。

自治区有关部门应当根据自治区破坏性地震应急预案，制定本部门的破坏性地震应急预案，并报自治区地震行政主管部门备案。

县级以上人民政府负责管理地震工作的部门，应当会同有关部门，参照自治区破坏性地震应急预案，制定本行政区域内的破坏性地震应急预案，报本级人民政府批准，并报自治区地震行政主管部门备案。

其他部门和单位，特别是大中型企业、生命线工程、易发生次生灾害的单位应当根据当地人民政府的部署，制定本单位的破坏性地震应急预案，并报当地人民政府负责管理地震工作的部门备案。

第二十八条 制定破坏性地震应急预案，应当符合《中华人民共和国防震减灾法》第二十八条及国家有关规定，符合本地区、本单位的实际，并及时检查修订，必要时进行模拟演练。

第二十九条 破坏性地震临震预报发布后，自治区人民政府可以宣布所预报的区域进入临震应急期；有关的人民政府应当按照破坏性地震应急预案，组织有关部门动员社会力量，做好抢险救灾的准备工作。

第三十条 严重破坏性地震发生后，自治区人民政府应当成立抗震救灾指挥机构，组织有关部门实施破坏性地震应急预案。自治区抗震救灾指挥机构的办事机构，设在自治区地震行政主管部门。

破坏性地震发生后，有关行署，设区的市、县（市、区）人民政府应当设立抗震救灾指挥机构，组织有关部门实施破坏性地震应急预案。

第三十一条 地震灾区的各级人民政府应当及时向上一级人民政府报告震情、灾情及其发展趋势等信息；自治区人民政府按照国务院有关规定向社会公告震情和灾情。

第三十二条 自治区地震行政主管部门应当会同有关部门，及时对地震灾害损失进行调查、评估，并将调查结果及时报告自治区人民政府和国务院地震行政主管部门。

自治区设立地震灾情评估机构，负责对自治区地震灾害损失结果的评定、核定工作。

第三十三条 根据地震应急需要，自治区人民政府可以按照国家有关规定，决定在地震灾区实行或者解除紧急应急措施，并由自治区人民政府抗震救灾指挥机构组织实施。

第五章　地震救灾与恢复重建

第三十四条　自治区人民政府负责本自治区抗震救灾管理、指导和协调工作。破坏性地震发生后，灾区各级人民政府及其有关部门应当依法履行救灾职责，迅速抢救人员，妥善安置灾民生活；加强医疗救护、卫生防疫等工作；采取有效措施尽快恢复被破坏的交通、通信、供水、排水、供电、供气等对社会生活、生产有重大影响的生命线工程及学校的教学秩序，对次生灾害源采取紧急防护措施；加强治安管理和安全保卫工作，预防和打击各种犯罪活动，维护社会秩序。

地震灾区的一切组织和个人都应当参加抗震救灾活动，进行自救、互救。

非地震灾区的各级人民政府应当根据震情、灾情，组织和动员社会力量，对地震灾区提供救助。

第三十五条　地震救灾经费和物资，通过国家救助、自筹、生产自救、公民互助、保险理赔、社会捐赠、信贷等多种方式解决。

地震救灾经费和物资必须专用，任何组织和个人不得截留、挪用。

接受国内外救灾援助，按照国家有关规定执行。

各级人民政府审计机关应当加强对地震救灾资金使用情况的审计监督。

第三十六条　地震灾区的人民政府统一部署本行政区域内生产、生活和社会功能的恢复与重建工作，上级人民政府及其有关部门应当给予相应的支持、帮助和指导。

第三十七条　破坏性地震发生后，地震灾区的人民政府或者自治区人民政府应当根据震害情况和抗震设防要求制定恢复重建规划。

一般破坏性地震灾害的恢复重建规划，由当地人民政府组织制定；严重破坏性地震灾害的重建规划，由自治区人民政府组织制定。

制定城市易地重建选址或恢复改造规划时，除考虑该地区原抗震设防要求外，还应当进行地震安全性评价，根据评价结果确定规划区内不同地段的抗震设防要求，进行建筑物、构筑物合理布局与设防。

重建规划应当纳入县级以上人民政府经济和社会发展计划。

第三十八条　地震灾区的重建工程，必须按照国家抗震设防要求和抗震设计规范，进行抗震设计、施工，并实行质量监督检查和竣工验收制度。

第三十九条　自治区依法保护有重大科学价值的典型地震遗址、遗迹。

典型地震遗址、遗迹的保护，应当列入地震灾区的重建规划。

第六章　法律责任

第四十条　违反本条例，有下列行为之一的，由自治区地震行政主管部门或者县级以上人民政府负责管理地震工作的部门，责令停止违法行为，恢复原状或者采取其他补救措施；情节严重的，可处以五千元至十万元的罚款；造成损失的，依法承担民事责任；构成犯罪的，依法追究刑事责任：

（一）新建、扩建、改建建设工程，对地震监测设施或者地震观测环境造成危害，又未依法事先征得有关主管部门同意并采取相应措施的；

（二）破坏典型地震遗址、遗迹的。

第四十一条　违反本条例规定，有关建设单位不进行地震安全性评价的，或者不按照根据地震安全性评价结果确定的抗震设防要求进行抗震设防的，由自治区地震行政主管部门或者县级以上人民政府负责管理地震工作的部门，责令改正，处以一万元至十万元的罚款。

第四十二条　违反本条例第十二条规定的，由县级以上人民政府负责管理地震工作的部门责令其停止违法行为，限期采取补救措施；造成损失的，赔偿损失；由有关部门对直接责任人员给予行政处分。

第四十三条　违反本条例，有下列行为之一的，由县级以上人民政府建设行政主管部门或者其他有关专业主管部门按照职责权限责令改正，并处以一万元至十万元的罚款：

（一）不按照抗震设计规范进行抗震设计的；

（二）不按照抗震设计进行施工的。

第四十四条　违反本条例第二十六条规定的，由建设行政主管部门责令限期改正；逾期不改正的，由有关部门对主要负责人给予行政处分。

第四十五条　违反本条例，有下列行为之一的，由公安机关依照《中华人民共和国治安管理处罚条例》处理；构成犯罪的，依法追究刑事责任：

（一）故意散布地震谣言或擅自向社会扩散地震预测意见，扰乱社会秩序的；

（二）阻碍防震减灾工作人员执行公务的；

（三）阻挠抗震救灾指挥部紧急调用人员、物资或者占用场地的；

（四）对防震减灾工作造成危害，应由公安机关处罚的其他违法行为。

第四十六条　违反本条例，有下列行为之一的，由有关部门对直接责任人员给予行政处分；构成犯罪的，依法追究刑事责任：

（一）不按照规定制定破坏性地震应急预案，造成损失的；

（二）违抗抗震救灾指挥机构命令，拒不承担地震应急任务的；

（三）在地震应急期间不坚守工作岗位，临阵脱逃的；

（四）虚报、隐瞒灾情，造成严重后果的；

（五）截留、挪用地震救灾资金或者物资的；

（六）国家工作人员在防震减灾工作中滥用职权，玩忽职守，徇私舞弊的；

（七）有其他渎职行为的。

第四十七条　当事人对行政处罚决定不服的，可以依法申请行政复议或者提起行政诉讼。当事人逾期不申请复议、不起诉，又不履行处罚决定的，由作出处罚决定的机关申请人民法院强制执行。

第七章 附 则

第四十八条 自治区人民政府可以根据本条例制定实施细则。

第四十九条 本条例自 1999 年 7 月 1 日起施行。

自治区党委、人民政府关于全面加强防震减灾工作的意见

（宁党发〔2008〕50 号 2008 年 7 月 31 日）

2008 年 5 月 12 日，四川省汶川县发生 8.0 级特大地震，给当地人民群众生命财产造成巨大损失，也给我们带来许多启示和教训。宁夏位于我国南北地震带的北段，属地震多发、频发地区之一，全区 97% 的国土面积位于地震基本烈度Ⅶ度以上高值区，具有发生强烈地震的构造背景。近年来，经过各方面不懈努力，我区防震减灾工作不断加强，防震减灾能力逐步提高，防震减灾工作在保护人民生命财产安全、促进经济发展、保持社会稳定等方面发挥了重要作用。但是，我区的防震减灾工作也存在社会公众防震危机意识不强：建筑物抗震设防标准不高，医疗卫生基础设施建设滞后，抢险救援专业队伍规模小，通信保障基础脆弱，救灾物资和应急救援商品储备不足，公共应急管理体制不够健全，抢险救援水平亟待提高等问题。为全面加强防震减灾工作，最大程度减轻灾害损失，确保人民群众生命财产安全，现提出如下意见：

一、加强防震减灾工作的指导思想和总体目标

（一）指导思想。以邓小平理论和"三个代表"重要思想为指导，全面贯彻落实科学发展观，坚持以人为本，按照构建社会主义和谐社会的要求，建立健全集中领导、统一指挥、保障有力、反应灵敏、运转高效的工作机制，全面加强防震减灾综合能力建设，尽最大努力减少地震及次生灾害造成的损失，保护人民群众生命财产安全，为促进全区经济社会又好又快发展提供可靠保障。

（二）总体目标。到 2020 年，全区基本具备综合抗御 6 级左右地震的能力，沿黄城市带的防震减灾能力达到国内先进水平。城市建设工程全部达到抗震设防标准；农村新建民居采取抗震措施；健全地震应急指挥体系和预案体系；壮大应急救援力量，建立健全地震应急和救援保障体系；健全救灾物资储备体系；城市拥有避难场所；重大基础设施和生命线工程具备地震紧急处置能力；建成全区防震减灾科普知识宣传教育网络；建立地震预警系统，建成全区特别是围绕沿黄城市带（包括宁东能源化工基地及中卫大柳树水利枢纽工程）的观代化地震立体监测网络，地震预测尤其是短期和临震预测水平有较大提高。

二、全面提升地震监测预测能力

（一）加强地震监测能力建设。进一步健全完善各级、各类地震监测台网，2020年前全区地震监测能力达到 2.0 级，银川市达到 1.5 级，实现对全区范围及周边地区

地震活动的有效监测。积极推进与周边省（区）的合作，实现地震观测台网资源共享。加快石嘴山市、吴忠市、中卫市和固原市防震减灾中心建设。大型水库、煤矿（矿山）等重大建设工程，要建设专用地震监测台网。电站、水库大坝、重大桥梁和城市生命线工程，必须安装强震动监测设施。

（二）加快立体监测网络建设。统一规划、整合资源，提升现有监测台网的监测能力，加快宁夏地震监测系统测震台网的密度与地震预警系统建设；建设井下综合应力应变观测、流体、电磁和测震观测系统；建设地球物理场动态立体图象处理系统；初步建成以地震重点监视防御区和城市群为重点，覆盖全区及周边地区的空间、地表和地下相结合的立体地震监测网络。

（三）加强群测群防工作。各级地震部门要结合实际，指导广大群众学会观察地下水、气体、动植物、气象等异常观象，充分发挥群测群防在地震短期临震预测、灾情信息报告和普及地震知识中的作用。积极推进地震宏观观测网、地震灾情速报网和地震知识宣传网建设。充分发挥乡镇防震减灾助理员的作用，每个乡镇设立2～3个宏观观测点，确定观测项目，开展监测工作，切实提高群测群防整体水平。

三、切实提高城乡建设工程抗震安全能力

（一）科学制定城乡建设规划。严格按照城乡建设抗震防灾标准和规范，认真做好规划编制工作。严禁在地震断裂带、山体滑坡带、水库下游、滞洪区内，规划建设城市新区、各类开发区、学校、医院、居民小区、村庄居民点和重要工业设施等项目。银川市要严格控制丽景街以东地带的规划实施，其他市、县（区）建设规划也要避让地震断裂带。要把应急避难场所建设纳入城市总体规划，结合城市广场、绿地、公园、学校操场等工程改造，加快应急避难场所建设，配备标识牌，预留应急水源、厕所等公用设施和避险救生设施。城市应急避难场所人均有效面积不少1平方米，服务半径500米；固定避难场所人均有效面积不少于2平方米，服务半径2～3公里。

（二）严格执行抗震设计规范。严格施行《自治区地震重点监视防御区管理办法》和《自治区地震安全性评价管理办法》，对人员密集、自救能力较弱的中小学、幼儿园、敬老院等建筑，一律采用框架结构，由乙级以上资质的建筑设计单位设计，抗震设防标准由丙类提高到乙类或抗震设防烈度在现有基础上提高1度，推广使用新型轻质墙体材料、轻型屋面和轻钢结构体系。新建中学校舍原则上不超过三层，农村新建小学校舍原则上为一层。对各类新建项目，特别是新建的学校、医院、商场、影剧院、会议中心、老年活动中心、敬老院、居民住宅等人员密集场所，以及城镇供水、供电、供气、供热等生命线工程，必须严格按照抗震设防标准进行选址、规划、设计、施工和验收。

（三）全面提高农村住房设防标准。研究制定农村住宅抗震设防标准和政策措施，切实提高农村民居抗震能力。加大塞上农民新居、南部山区危窑危房改造、中部干旱带生态移民搬迁和地质灾害移民搬迁工程实施力度。加快现有旧村庄整治改造，疏通村庄道路。加强对农村建筑队伍的培训，不断提高农村民居建设施工质量。力争用5年时间基本改善农村群众住房安全。

（四）全面开展各类建筑抗震设防大检查。从现在开始，在全区范围内开展各类建筑抗震设防能力大检查。重点检查公共建筑物特别是学校、医院、敬老院、福利院、城镇居民小区等人员密集场所和重要工程、生命线工程、可能产生严重次生灾害等工程的抗震设防问题。根据检查结果，有针对性地进行抗震加固、实施搬迁或异地重建。

四、全面加强应急保障基础设施建设

（一）加强通信保障能力建设。有计划地对现有公众通信网特别是移动通信网进行升级改造，加强公众电信网的应急能力建设；新建短波应急通信系统，在各市、县（区）设置基地台、车载台、便携台等单边带短波通信设备；在紧急情况下，实行通信管制，保证党、政、军及各级应急系统通信畅通，指挥到位。加强抢险救援各专业部门应急通信能力建设，加大卫星电话储备数量，配备短波或特高频通信电台等无线通设备。通信管理部门和各电信运营商要进一步完善应对自然灾害的通信保障应急预案，建立在重大地震灾害条件下迅速恢复通信的保障机制和物资储备制度。

（二）加强广电基础设施建设。继续抓好广播电视"西新工程"、"村村通"工程和"无线覆盖"工程，扩大农村广播电视覆盖面，加强广播电视台站基础设施建设，提高抗震标准，发展广播电视移动平台，加快数字化升级改造步伐，配齐应急电源等必须设备，保证紧急状态下广播电视节目正常播出，各种信息得到及时发布。

（三）加强电力保障能力建设。进一步提高宁夏电网抗震设防标准，确保在发生重大自然灾害情况下，核心骨干网架、战略性输电通道、重要负荷供电线路等线路的安全稳定运行。切实做好电力救援物资、抢修物资的补充和储备，依据地震断裂带和地质灾害分布，分片区配置应急电力物资、发电车和抢修塔。加强地震灾害电力应急救援队伍建设，按电网规模组建相应数量的应急救援队，不断提高应急抢险能力。

（四）加强医疗机构基本建设。重点建设好银川市、石嘴山市、吴忠市、固原市和中卫市紧急救护中心和三级医疗机构业务用房，积极筹建"紧急野战医院"，增加医疗救护设施设备，不断提升应对处置突发事件的能力。

五、全面加强交通基础设施建设

（一）加快交通基础设施和应急运输体系建设。严格执行公路建设抗震设防标准，提高新建公路的抗震能力。加强对现有公路的维护和管理，加快乡村道路建设步伐，加大治超力度，加强安全隐患路段的排查整治，不断提高公路的抗震设防能力。建立健全紧急情况下运力征集、调用机制，形成应急保障网络体系，确保一旦发生重大地震灾害，迅速投入抢险救灾，应急救灾物资、人员等能够第一时间运抵灾区。

（二）加强公路抢修保通的应急能力建设。加强全区地理信息资料收集、遥感技术开发应用等基础工作，一旦公路遭到地震破坏，能够及时准确地对公路受损情况做出检测和评价，为抢修保通提供准确依据；建立迅速恢复公路运输的保障体系，全面核查和准确掌握全区大型推挖装卸机械的数量、状况和分区域，健全档案和联系方式；明确应急抢修保通的责任单位，做好应急保通设施的维护管理，组建若干支公路抢险专业队伍，增强公路保通的快速反应和应急救援能力。

六、加强地震次生灾害防治工作

（一）加强病险水库和重点堤防除险加固工作。加快病险水库和重点堤防除险加固工程进度。遵循预防为主、防抗结合、常备不懈、减少危害的原则，对重点堤防险工险段及其他易出现险情的水利设施，加强日常管理、维护和监测，全面做好隐患排查工作，落实除险加固的各项措施。针对地震可能出现堰塞湖的情况，研究制定应对和治理措施。

（二）全面落实水利设施应急抢险措施。定期分析水利设施的抗震抢险形势，做好基础工作。完善水利设施抗震应急预案，确保地震灾害发生后，立即开展对重点河流、重要河段、水库、水电站、堤坝等水利设施受损情况的检查核实，迅速展开除险加固工作。研究制定震后灾区生活、生产用水应急预案。

（三）切实做好地质灾害防治工作。继续组织开展县市地质灾害普查和详查工作，进一步加强对全区地震带分布区的地质灾害形成及发展趋势研究，为有效防治地质灾害发生提供翔实数据。组织开展易发生地震次生地质灾害地区的排查、危险性评估和应急地下水源地的勘查评价等工作，做好次生地质灾害监测预警、排险避险、临时安置点选址等应急处置工作。

（四）加强对危险化学品和放射性物质的监管。各市、县（区）和有关部门要组织开展专项检查，重点围绕危险化学品和放射性物质的生产、经营、储存、运输、使用，以及有毒废渣、废液的回收处理等方面进行全面检查，对排查出的隐患要登记建档，责令其立即整改。避免因地震灾害造成重大环境污染事件的发生。

七、加强抢险救灾应急救援队伍建设

（一）强化公安消防、武警部队抗震救灾应急能力建设。充分发挥公安消防、武警、驻宁解放军和预备役民兵抗震救灾的骨干作用。依托宁夏消防部队，分级组建自治区、市、县（区）地震应急救援队。配足配强破拆、起重、照明、侦检、洗消、救生等装备和抢险救援器材。加强武警部队应急处置能力和抢险救援后备力量建设，补充必要的抢险救灾装备。各级政府都要在政策、财力、物力等方面给予大力支持，切实加强公安消防、武警部队应急能力建设。各级公安消防、武警部队要加强抗震救灾模拟实战演练及次生灾害事故处置训练。一旦发生地震，迅速启动抗震救灾应急预案，赶赴灾区实施救援。

（二）加强医疗卫生防疫队伍建设。切实加强应急医疗卫生防疫队伍建设。配齐配全急救和卫生防疫设施设备、检测仪器和常用药品，确保在地震发生后，医疗防疫队伍迅速进入灾区，开展医疗救助，抢救、转运和医治伤病员，进行灾区饮用水、食品和环境卫生的监测、消毒等工作。

（三）统筹现有救援力量。在加强地震专业应急救援队伍建设的同时，进一步加强和统筹协调各行业、各部门专业应急救援的力量，全面掌握各专业救援力量基本情况，建立信息数据库，完善协调机制，加强培训和演练，确保一旦发生紧急情况，能够集中统一组织救援力量，及时开展抢险救灾工作。

八、加强抢险救灾应急救援物资储备能力建设

（一）加强救灾物资储备库建设。根据我区不同区域的抗震救灾任务及其它自然灾害的救灾需求，在全区现有救灾物资储备库的基础上，扩建自治区救灾物资储备中心和固原市物资储备库，新建西吉、隆德、泾源、彭阳、同心、盐池、平罗、海原黑城救灾物资储备库，切实提高全区防灾抗灾的物资储备能力。

（二）加强救灾物资及应急设备储备。根据我区抗震救灾的要求，增加救灾物资的储备种类和数量，重点要保障救灾帐篷、棉被、衣裤和应急发电机、通信设备、彩条布、铁锹、蜡烛和抢险救援应急设备等的储备，使全区救灾物资储备品种由现在的12种增加到20种以上。

（三）加强救灾物资生产能力建设。采取政府资金补助，政策扶持等措施，重点培育、扶持区内生产加工帐篷、活动板房等救灾应急物资的企业扩大生产能力，提升抗震救灾物资保障能力。

（四）加快建立市场应急风险调控基金制度。自治区财政每年安排专项资金，建立市场应急风险调控基金。一是建立应急商品储备制度，重点储备清真方便食品、饮用水、手电筒、电池、毛衣、毛裤等吃穿用应急物资。二是建立基本生活必需品紧急采购机制，在发生重大地震等自然灾害时，按照国家市场调控等级，在动用储备的基础上，紧急组织货源，确保抗震救灾基本生活必需品需要。

九、全面开展防震减灾知识宣传教育

（一）加强地震知识和自救能力教育。进一步建立健全防震减灾知识宣传教育工作长效机制，每年5月12日举行防震减灾知识宣传教育活动，通过开展形式多样的防震减灾科普宣传教育活动，使防震减灾知识进机关、进农村、进社区、进学校、进厂矿、进清真寺；新闻媒体要积极配合，开办专栏、知识讲座、刊播公益广告，切实提高广大公众的防震减灾意识。各级党校（行政学院）要开设应急管理和防御地震等灾害的专题讲座，不断提高各级领导干部危机管理水平和应急处置能力。各级各类学校要普遍开设地震防灾避险课，开展经常性的演练，增强广大学生防震安全意识和自救、互救能力。

（二）不断完善应急演练。修订完善地震应急预案，进一步明确抗震救灾组织指挥体系职责、预警机制、应急响应和后期处置等方面的措施，做到责任落实、人员落实、物资落实、联系畅通。各市、县（区）每年都要结合"5.12"防震减灾知识宣传活动，开展地震应急演练，进一步锻炼提高各级政府应急反应能力、指挥能力和各部门密切配合、紧急互动、应急保障能力，提高广大社会公众的地震应急意识和避险能力。

（三）建立完善抗震救灾舆论宣传机制。健全完善各级政府应对重大地震灾害的新闻发布制度，坚持正确的舆论导向，在第一时间准确向社会公开发布信息，确保人心安定和社会稳定。各级新闻单位要加强正面宣传和舆论引导，按有关规定组织好抗震救灾的宣传报道。

十、加强领导，努力为防震减灾工作提供有力保证

（一）认真落实防震减灾工作责任制。各级党委、政府要加强对防震减灾工作的领导，把防震减灾工作作为保障公共安全和促进经济社会协调发展的一项重大政治任务，列入重要议事日程，主要领导亲自抓，分管领导具体抓。要把防震减灾纳入经济社会协调发展规划，进一步加强防震减灾指挥体系建设，坚持防震减灾工作联席会议制度。严格责任追究制度，对应急体制机制不健全，防震减灾措施不落实，不认真履行防震减灾职能的部门和单位，要依照有关规定严肃追究有关领导和直接责任人的责任。

（二）进一步完善防震减灾工作机制。各级党委、政府要加强与驻地人民解放军、武警部队、公安消防部队的联系和协调，及时通报情况，组织联合演练，完善信息共享机制，共同做好防震减灾工作。充分发挥民兵预备役部队在抗震救灾中的作用。建立和完善群众参与、专家咨询评估和集体决策相结合的决策机制，充分发挥各级组织在防震减灾中的作用。建立健全突发地震事件应急机制和社会动员机制，提高公共安全保障和突发事件处置能力。

（三）加强防震减灾法制建设。加快防震减灾地方性法规、规章体系建设，适时修订《宁夏回族自治区防震减灾条例》，尽快出台《宁夏回族自治区地震监测管理办法》，依法开展防震减灾工作，加强对防震减灾行政执法的监督管理。

（四）加大防震减灾投入力度。建立健全防震减灾投入机制，各级政府要根据防震减灾工作需要和财力可能，加大对防震减灾事业的投入，将其纳入各级财政预算。鼓励公民和企业参加保险，充分发挥保险对灾害损失的经济补偿和转移分担功能。广泛动员社会力量，多渠道筹集抗震减灾资金，健全社会动员机制，加强社会捐助工作，大力促进慈善事业发展。

（五）发挥基层党组织的战斗堡垒作用。坚持抓基层、打基础，形成分布广泛、完善严密、坚强有力的基层党组织体系。要充分发挥广大共产党员、各级干部的作用，把防震减灾工作作为加强党员教育培养、干部队伍培养的重要舞台，依靠他们团结带领广大群众认真抓好防震减灾工作，形成开发自然、改造社会、战胜灾害、建设家园的强大力量。

（六）加强人才队伍建设。牢固树立人才是第一资源的观念。立足防震减灾工作的实际需要，整体规划、统筹协调，善待现有人才，引进急需人才，重视未来人才，调整和优化人才队伍结构，实现人才队伍的协调发展。建立良好的人才引进、培养、使用、流动和评价机制，从政策和制度上保障专业人才的发展，努力建设一支高素质的防震减灾专业队伍，为防震减灾事业提供充足的人才保证和智力支持。

　　各地、各部门要根据本意见要求，按照各自的职责范围，抓紧制定配套实施方案和具体政策措施。自治区党委、办公厅、政府办公厅要对落实本意见的情况进行督促检查，及时向自治区党委、政府报告。

自治区人民政府关于表彰全区防震减灾工作
先进集体和先进个人的决定

(宁政发〔2010〕66 号　2010 年 4 月 22 日)

各市、县（区）人民政府，自治区政府各部门、各直属机构：

近年来，在自治区党委、政府的正确领导下，在中国地震局的大力支持下，全区各地、各部门以科学发展观为指导，始终坚持防震减灾科学发展的基本思路，扎实推进，开拓进取，我区地震监测预测能力进一步增强，防震减灾法制体系不断健全，抗震设防监管程序进一步明确，农居地震安全工程深入推进，防震减灾宣传教育工作力度逐步加大，各级各类地震灾害救援队伍不断完善，不同类别、层次的地震应急演习经常开展，应急抢通保障能力大幅增强，为保护人民群众生命财产安全、促进全区经济社会又好又快发展做出了积极贡献。

为表彰先进，树立典型，推动工作，自治区人民政府决定，对固原市人民政府等 33 个先进集体、王彦龙等 62 名先进个人予以表彰奖励。

希望受表彰的全区防震减灾工作先进集体和先进个人珍惜荣誉，再接再厉，争创更大的业绩。各地、各部门和广大干部群众要以先进为榜样，围绕新时期防震减灾目标，认真贯彻落实防震减灾工作会议精神，继续发扬艰苦奋斗、爱岗敬业、无私奉献的精神，推动防震减灾事业再上新台阶，为实现我区经济社会跨越式发展做出新的更大的贡献！

附件：

全区防震减灾工作先进集体和先进个人名单

一、先进集体（33 个），各奖励 1 万元

固原市人民政府	灵武市人民政府
平罗县人民政府	中宁县人民政府
西吉县人民政府	

自治区人大常委会教科文卫工作委员会　宁夏军区司令部作训处

武警宁夏总队直属支队（防震减灾应急分队）

自治区发展和改革委员会	自治区教育厅

自治区科技厅　　　　　　　　　　自治区民政厅

自治区财政厅　　　　　　　　　　自治区住房和城乡建设厅

"自治区交通运输厅""自治区卫生厅"

自治区政协人口资源环境委员会　　宁夏地震局

宁夏消防总队　　　　　　　　　　自治区红十字会

宁夏电力公司　　　　　　　　　　中国电信宁夏公司

神华宁夏煤业集团基建公司　　　　青铜峡铝业股份有限公司

银川市地震局　　　　　　　　　　石嘴山市地震局

吴忠市地震局　　　　　　　　　　青铜峡市地震局

固原市地震局　　　　　　　　　　隆德县教育体育局

彭阳县地震局　　　　　　　　　　中卫市地震局

海原县地震局

二、先进个人（62 名），各奖励 2000 元

王彦龙　银川市九中校长；陈彩娟　银川市兴庆区科学技术局干部；李杨　银川市金凤区科学技术局干部；吴霞　银川市西夏区镇北堡宏观观测员；达英　永宁县副县长；杨凯臻　贺兰县副县长；刘雁　灵武市科学技术局局长；刘金星　石嘴山市教育局副局长；马光　石嘴山市科协科普部部长；姚小凤　石嘴山市大武口区防震减灾指挥部办公室干部；李晓宏　石嘴山市惠农区城市建设和城市管理局局长；王颖　平罗县地震局办公室主任；马兴忠　吴忠市地震局办公室主任；李绍君　吴忠市卫生局应急办公室主任；史君　青铜峡市发展和改革局局长；马文保　同心县民政局局长；宋旭英　盐池县地震局副局长；李宗贤　吴忠市红寺堡区建设环保局办公室主任；张毅　固原市教育局副局长；李文科　固原市卫生局医政科科长；丁永安　固原市原州区教育局党委书记；马学珍　西吉县地震局局长；马爱军　泾源县建设局质量监督站站长；火小刚　隆德县沙塘镇镇长；韩治军　彭阳县教育体育局副局长；徐吉平　中卫市规划局村镇建设办公室主任；王立军　中卫市沙坡头区文昌镇纪委书记；黄学奎　中宁县地震局局长；霍克亮　海原县西安镇地震宏观观测员；李勇　宁夏少数民族科普工作队队长；王占龙　宁夏长庆九年制学校校长；张伟　自治区党委宣传部宣传教育处副处长；王保贵　宁夏军区司令部军务动员处处长；康健　武警宁夏总队司令部作战勤务处参谋；赵卫明　自治区地震局分析预报中心主任；孙志文　自治区发展和改革委员会高级工程师；朱锁林　自治区经济和信息化委员会运行监测协调处主任科员；井玉平　自治区科技厅政策法规处处长；李明　自治区公安厅指挥中心副主任科员；祖国军　自治区民政厅救灾处副处级干部；李志国　自治区住房和城乡建设厅村镇处副处长；安家明　自治区交通运输厅运输处处长；王新军　自治区防汛抗旱指挥部办公室副主任；赵联合　自治区广电局宣传管理处副调研员；朱东　自治区人民政府法制办公室综合处处长；吉海滨　宁夏公安消防总队司令部副参谋长；闫龙　宁

夏公安消防总队防火监督部宣传处助理员；周耀兵　宁夏安全生产监督管理局办公室副调研员；庄克荣　宁夏煤矿安全监察局机关服务中心副主任；钟海云　宁夏气象信息中心主任；周翔　宁夏环境监测中心站水（固体）监测室技术员；张黎　宁夏地质环境监测总站站长；刘雁平　宁夏红十字会备灾救灾中心主任；郭新平　宁夏邮政公司网路运维部业务经理；吴瑞芬　宁夏电力公司综合处处长；杨学明　宁夏电信公司吴忠电信分公司线路维护中心主任；吴学兵　神华宁夏煤业集团基建公司水电钢结构公司材料员；陈晓虎　新华社宁夏分社副总编；庄电一　光明日报宁夏记者站站长；马玲艳　中央人民广播电台宁夏记者站网络编辑；白景辉　宁报集团宁夏日报时政新闻部副主任；王向东　宁夏广电总台新闻中心记者。

自治区人民政府关于印发宁夏回族自治区防震减灾"十二·五"规划的通知

（宁政发〔2011〕120号）

各市、县（区）人民政府，自治区政府各部门、直属机构：

现将《宁夏回族自治区防震减灾"十二·五"规划》印发给你们，请认真组织实施。

宁夏回族自治区人民政府

二〇一一年九月五日

宁夏回族自治区防震减灾"十二·五"规划

前　言

防震减灾是国家公共安全的重要组成部分，事关人民生命财产安全和经济社会可持续发展。加快防震减灾事业发展，对于全面建设小康社会、构建社会主义和谐社会具有重要意义。

"十二·五"是宁夏贯彻落实科学发展观、实现经济跨越式发展和全面建设小康社会的重要时期，也是实施国家和自治区《防震减灾规划（2006～2020年）》、推进全区防震减灾事业又好又快发展的关键阶段。

根据《中华人民共和国防震减灾法》、《国家"十二·五"防震减灾规划体系编制大纲》、《宁夏回族自治区国民经济和社会发展"十二·五"规划纲要（2011～2015）》以及国家和自治区关于加强防震减灾工作的意见，充分汲取汶川地震科学总结经验和反思教训，在与国家和自治区《防震减灾规划（2006～2020年）》相衔接的前提下，编制《宁夏回族自治区防震减灾"十二·五"规划》（以下简称《规划》）。

本《规划》是引领今后五年宁夏防震减灾事业发展、统筹安排防震减灾重大项目和投资、指导全区市县人民政府制定本行政区防震减灾事业发展规划的重要依据。

第一章　宁夏防震减灾现状及面临的形势

一、地震活动背景

地震是对人类生存安全危害最大的自然灾害之一。宁夏地处我国南北地震带北段，是中国大陆地震活动最为强烈、地震灾害最为严重的省区之一，地震活动具有频度高、分布广、强度大、震源浅和震害重的特点。全区97%的国土面积位于地震基本烈度Ⅶ度以上高烈度区，居住人口占全区总人口的95%以上，沿黄城市带90%以上的区域处于地震基本烈度更高的Ⅷ度区。

有历史记载以来，宁夏曾发生过8级地震2次，7级地震3次，6级地震10次，5级地震30次。1739年银川-平罗8级大震，死亡5万多人；1920年海原8.5级大震，死亡27万多人，灾害震惊世界；新中国成立以来，宁夏境内发生了12次5级多地震，死亡119人，伤400多人，其中，1970年西吉5.5级地震死亡117人。

宁夏境内由南向北分布有海原、香山-天景山、三关口-牛首山-固原、黄河、银川-平罗、贺兰山东麓、正谊关等十几条地震活动断裂带，这些活动断裂带都具有发生强烈地震的构造背景。

根据对中国大陆强震活动环境以及历史地震对比分析研究，我国当前及今后一个时期仍将处在地震活跃期，且地震活动的主体区域在西部。在最近几年确定的全国地震重点危险区中，我区北部宁蒙交界地区属于地震重点监视防御区之一，南部甘宁陕交界地区是地震危险区之一。所以，宁夏地震形势严峻而复杂，人民群众的生命财产安全和经济社会的可持续发展面临着严重的潜在震灾威胁。

二、防震减灾工作现状

在自治区党委、政府的坚强领导下，在各地区和各部门的共同努力下，宁夏防震减灾工作初步建立了有效的管理体制，全民防震减灾意识明显提高，监测预报、震灾预防和紧急救援三大工作体系建设取得了重要进展。

（一）地震监测预报水平进一步提高。全区已建成13个数字测震台站、1个流动测震台网、10个地震前兆台站、48个数字强震动台站、2个大中城市信息节点、7个县级信息节点、7个台站信息节点和2个大中城市灾情上报系统，基本实现了地震监测的数字化、网络化、集成化。对前兆观测资料在地震孕育不同阶段的表现形式和复杂性有了一定程度的认识，总结出了一些适合本地区地震活动特点的经验性预报指标。

（二）地震灾害预防能力明显增强。全区基本形成了以政府为主导的防震减灾领导体系和以专业地震工作队伍为主体的防震减灾工作机制，建立了防震减灾法律法规体系；加大建设工程抗震设防管理力度，重大建设工程和重要基础设施的抗震设防得到了进一步规范，中小学校舍安全工程稳步推进；总结推广农居地震安全示范工程的经验和做法，逐步推进实施了农村抗震安居工程；以提升城市建设工程地震安全为重点的银川、石嘴山城市活断层探测工程的圆满完成，为城市规划和工程建设提供了科学依据。

（三）地震应急救援能力有所提升。地震应急预案管理工作进一步加强，健全完善了各级各类地震应急预案，初步形成了"横向到边，纵向到底"的地震应急预案体系；开展了多层次、跨区域、形式多样的地震应急演练；地震应急指挥技术系统建设初步展开，建立了自治区抗震救灾指挥部技术系统和涵盖震情、灾情、对策、指挥、信息等方面的初级工作平台，能够为自治区领导和有关部门指挥抗震救灾提供基础的技术支撑；政府地震应急救援能力有所提高，公众地震灾害自救互救意识明显增强；地震灾害专业救援队伍建设和志愿者队伍建设得到加强，目前全区已建立 1 支省级地震灾害专业救援队伍、29 支志愿者救援队伍。

（四）防震减灾科普宣传教育不断深入。积极开展多渠道、多形式的防震减灾法制和科普知识宣传，推进防震减灾知识"进机关、进企业、进社区、进学校、进清真寺、进农村"活动；开展了不同规模的学校科普讲座和地震应急演练，积极向各级领导干部宣讲防震减灾知识，领导干部管控地震灾害的风险意识明显增强，社会公众的防震减灾意识普遍提高。

三、存在的主要问题

经过多年努力，宁夏防震减灾工作取得了一定成绩，但也存在着一些薄弱环节和突出问题：地震监测能力仍然较弱，台网布局不尽合理，密度还达不到全面控制的需求；地震预报水平较低；地震信息网络基础设施建设滞后；城乡抗震设防能力不足；应急指挥决策所需的基础数据库建设刚刚起步，尚不能有效地满足地震应急的需要；地震现场应急所需的技术支撑、现场工作装备严重不足，缺乏有效快速获取灾情的手段；防震减灾经费投入不足，科技支撑力度不够。

四、发展要求

（一）党和政府对防震减灾工作有新要求。汶川 8.0 级地震后，各级党委、政府更加重视和关注防震减灾工作，对防震减灾提出了新的更高要求。尤其是《中华人民共和国防震减灾法》修订实施以来，各级政府进一步强化了法定责任的落实，把防震减灾作为保障民生的一项重要工作，加强管理，加大投入，要求地震部门在有效减轻地震灾害损失、保障经济社会发展中发挥更大作用。

（二）经济社会发展对防震减灾工作有新需求。地震作为一种突发性自然灾害，对经济社会的可持续健康发展构成了严重威胁。随着新一轮西部大开发的快速推进，我区区域城市群建设以及城镇化和重大工程建设进程日益加快，社会财富聚集效应明显，地震灾害造成的损失也随之加大，迫切需要加强地震监测预测、推进基础探测、规范抗震设防监管、强化救援救助等地震安全保障措施，以最大限度地减轻地震灾害对经济社会造成的损失。

（三）人民群众对防震减灾工作有新期待。随着经济社会的快速发展，人民群众生活质量日益提高，更加珍视生命安全，对防震减灾工作的期望越来越高，希望政府加强建设工程抗震设防监管，使生存空间更为安全；希望政府高效应对地震灾害，保护生命和财产安全；希望震前获得预测信息，及时采取防震、避震措施；希望获得防震减灾知识，掌握自救互救和应急避险技能；希望政府在震后第一时间开展救助，生活得到安置。与此同时，人民群众参与应急演练、参与志愿者工作、组织民间救援团体等防震减灾活动的积极性日渐高涨。防震减灾工作必须顺应民众的减灾需求。

第二章　指导思想和规划目标

一、指导思想

以邓小平理论和"三个代表"重要思想为指导，深入贯彻落实科学发展观，坚持以人为本，坚持预防为主、防御与救助相结合，依靠科技、依靠法制、依靠全社会力量，着力推进以提高地震监测预报能力为主的防震减灾基础建设，着力推进以提高工程建设抗震设防能力为主的社会监管，着力推进以提高快捷、畅通、协调能力为主的救援体系建设，着力推进以提高自救互救和应急避险能力为主的全民防震减灾素质教育，形成政府主导、军地协调、专群结合、全社会参与的防震减灾工作格局。全面提升地震监测预报、震灾防御、应急救援能力，最大限度地减轻地震灾害损失，为宁夏经济社会可持续发展提供有力保障。

二、基本原则

（一）坚持政府主导、部门负责、社会参与的原则。

在自治区各级政府的领导下，将防震减灾作为一项重大民生工作安排和部署。各级地震部门统筹管理，相关部门各负其责，全社会共同参与，按照全区一盘棋的要求，多管齐下，多措并举，全面规划防震减灾事业发展。

（二）坚持实事求是、合力推进的原则。

紧紧围绕国家防震减灾目标，结合我区区情和震情，科学制定规划目标和任务，抓住影响我区防震减灾事业发展的主要矛盾和突出问题，充分汲取汶川地震科学总结与反思成果，汲取近年来大震巨灾的经验教训，着力加强防震减灾工作中的薄弱环节，充分挖掘社会资源，合力推进防震减灾工作。

（三）坚持突出重点、统筹兼顾的原则。

客观评价我区防震减灾工作现状，在已有发展水平的基础上，按照有重点的全面防御战略，突出沿黄城市带和地震重点监视防御区，统筹区域、统筹城乡、统筹三大工作体系，促进全区防震减灾事业全面发展。

（四）坚持立足服务、创新发展的原则。

把握社会对防震减灾工作的新要求，服务于政府决策、经济发展和社会稳定，追踪地震科技发展前沿，努力把防震减灾最新成果转化为服务社会的公共产品，超前谋划，不断探索防震减灾事业发展的新方法、新举措，发挥科技在防震减灾中的支撑和引领作用。

三、规划目标

到2015年，基本形成多学科、多手段的综合立体观测系统，能够监测全区1.5级以上的地震，8分钟内完成区内及周边地震速报，初步建成全区地震烈度速报网，20分钟内基本完成地震烈度速报，地震预测预报能力不断提高，科技创新能力对防震减灾工作的贡献率进一步提升。新建、改扩建工程全部达到抗震设防要求，生态移民等集中建设的农宅建设项目选址、建设达到抗震设防要求，农村民居抗震设防能力显著提升。建立健全地震应急救援体系，完善协调和联动机制，区内破坏性地震发生后，1小时内给出灾情预评和破坏范围的初步结果，2小时内救援队伍赶赴灾区开展救援，24小时内受灾群众生活得到基本安置和医疗救助，灾后过渡性安置和恢复重建能力显著提升。防震减灾知识基本普及，地震重点监视防御区社会公众较好掌握防震减灾基本知识和防震避险技能，公众应对地震灾害的能力明显提升。

第三章　主要任务

一、地震监测预报体系

（一）加强地震监测系统基础建设。

进一步优化台网布局，加密地震重点监视防御区、地震危险区域地震观测站点，完善区域中心台建设，形成布局合理的测震、电磁、重力、形变、流体、应力等多学科、多手段、高精度综合地震观测系统，为地震预测与预警探索新途径；在改造升级现有强震动台站的基础上，补充建设部分强震动台站，建成地震烈度速报台网，提高地震灾害信息快速获取能力；依法加强对地震监测设施和地震观测环境保护，着力提升地震监测能力。

（二）加强地震预测预报工作。

建立开放合作的地震预测预报工作机制，引进吸收地震预测新理论、新方法和新技术，开展地震综合观测试验，多学科、多途径探索，深化对我区地震孕育和发生规律的认识，努力实现有减灾实效的地震预报。

（三）加强群测群防工作。

大力推进市、县防震减灾工作，研究制定支持群测群防工作的政策措施，建立相应的经费渠道，完善群测群防工作机制，引导公众积极参与群测群防活动；加强全区"三网一员"建设，充分发挥群测群防工作在地震短临预报、地震灾情速报、地震应急、防震减灾宣传等工作中的重要作用。

（四）加强地震信息共享与服务。

完善全区地震信息服务系统，健全市县地震信息共享网络平台，提供快速、高效的地震信息产品，提升地震信息服务社会的能力和水平。

二、地震灾害预防体系

（一）加强抗震设防要求监管。

进一步完善建设工程抗震设防要求监管机制，确保抗震设防要求管理切实纳入基建审批程序，保证新建、改建、扩建工程达到抗震设防要求。引导农村民居进行抗震设防。

（二）开展震灾预防基础探测工作。

面向沿黄经济区城市群，重点开展城市活断层探测和地震小区划工作；面向全区生态移民工程场地，重点开展工程场地地震安全性评价；利用全区已有的地震活动构造研究成果，辅以必要的补充探测，开展基于活动断层和时间相依条件概率下的地震中长期预测，为土地规划和利用提供决策依据。

（三）完善地方防震减灾法规体系。

适时完成《宁夏回族自治区防震减灾条例》和部分政府规章的修订工作，颁布施行《宁夏回族自治区地震监测管理办法》，进一步完善地方防震减灾法制体系。

（四）实施国民防震减灾素质教育计划。

积极搭建各级各类宣传教育平台，鼓励全社会积极开展地震科普作品创作，形成政府、社区、农村、企业有机结合的地震安全教育体系。大力实施防震减灾素质教育计划，在全区建设一个地震安全农居工程示范县，在各地级市建设一个地震安全示范企业，在每个市县（区）分别建设防震减灾科普基地以及防震减灾科普示范中学和小学、地震安全示范社区、地震安全农居工程示范村各一个，推动重点领域的防震减灾知识宣传工作，夯实全社会防御地震灾害的基础。

三、地震应急救援体系

（一）加强地震应急救援指挥体系建设。

依托自治区地震应急指挥系统和已建成的信息节点，扩充功能，建立与邻省相互联动的高效、灵活、功能完备的区、市、县地震应急指挥中心，完善抗震救灾指挥体系；建设独立、连续、安全传递指挥指令和应急数据的地震现场应急移动指挥平台，满足指挥首长亲临灾害现场应急处置的需求。

（二）加强地震灾害紧急救援力量建设。

依托现有救援力量和地震、卫生、建设等专业技术人员，加强自治区地震灾害紧急救援队伍建设。建立区域性地震紧急救援队伍，完善装备，强化地震应急救援队伍远程机动能力，开展各种形式的演练培训活动，完善演练机制，进一步提高紧急救援队伍的救援能力和效率。积极推进地震应急救援志愿者队伍建设，加强地震专业救援培训，形成社会基础广泛、协调统一的地震灾害救助力量。加强地震应急现场队伍建设，形成专业齐全、人员稳定、装备先进、层级清晰的地震现场工作队伍。

（三）推进应急避难场所建设。

加大城市应急避难场所建设力度，整合广场、绿地、公园、学校、体育场等公共设施，配置必要的交通、供电、供水、排污、物资储备等设备设施，因地制宜地建设地震应急避难场所。强制学校、医院、影剧院、商店、酒店、体育场馆等人员密集场所设置地震应急疏散通道，配置必要的救生避险设施等。

（四）完善地震应急物资储备保障体系。

加强自治区、市、县救灾物资储备体系建设，建立健全救灾物资储备网络和城市救灾物资储备站，优化储备布局和方式，合理确定储备品种和规模，完善跨部门、跨地区、跨行业的应急物资生产、储备、调拨和紧急配送等机制。鼓励引导社会、家庭开展必要的防震减灾应急物资储备，实现专业储备和社会储备、物资储备与生产能力储备的有机结合。

四、地震科技创新体系

按照"自主创新、重点跨越、支撑发展、引领未来"的指导方针，大力推进地震科技工作。通过加强地震基础研究，加大数字地震监测、地震预警、地震区划、应急救援等防震减灾实用技术的引进力度，加大现代网络通信技术的共享应用，提升科技对防震减灾的贡献率。

第四章　重点项目

一、宁夏地震背景场观测网络建设

（一）建设目标。

银川地区地震活动监控能力达到 1.0 级，全区地震活动监控能力达到 1.5 级。地震前兆台网观测精度有较大幅度提高，为地震预测提供可靠观测资料；建立多学科、高精度、高分辨的多维立体监测网络，为中短期地震预测与预警探索新途径；银川市建立地震预警系统，在强震发生后，可向社会公众和相关行业发布预警信息。提升地震应急响应能力，中强地震发生后 20 分钟内完成烈度速报，30 分钟内向自治区政府提供震区烈度分布图。

（二）建设内容。

1. 测震台网建设。在宁夏中南部建设 7 个数字地震台站，其中 2 个台站采用井下地震计，5 个台站采用地面地震计。与原来 13 个数字台站组成宁夏数字地震观测系统，提高全区地震监测能力。

2. 前兆台网优化改造。调整优化全区前兆台网布局，对观测环境差、不符合观测要求的前兆观测台站进行精减或异地重建，对前兆台网中心软件和设备进行优化改造。完善各市、县地震台网建设，升级改造流动重力观测网、跨断层观测场地。

3. 前兆立体观测网络。建设多学科、高精度、高分辨的多维立体监测网络，探索中短期地震预测与预警，包括砂层应力观测网、重力观测网、电磁立体观测网、卫星观测资料的应用和银川地区地震预警系统。

4. 烈度实时速报网。在宁夏中强地震区域，按照台距 10 公里—15 公里的密度布设烈度速报台，共改造强震动台 48 个，新建烈度速报台 50 个，组成宁夏烈度速报台网，并建设宁夏烈度速报台网中心，完成地震烈度速报任务，为地震应急反应提供基础数据。

二、宁夏震灾预防基础探测工程和示范工程建设

（一）建设目标。

通过对全区地震构造条件、工程地震条件和强震动特点的详细考察和深入研究，采用先进的地球物理探测技术、实验分析技术和数值计算方法，进行活动断层探测和鉴定、地震危险性分析、场地地震动参数和地震地质灾害区划，科学评价全区、特别是沿黄城市群的地震安全性，为抗震设防、工程合理避让、土地规划利用以及编制抗震防灾规划和应急预案提供科学依据。通过社会防震减灾示范工程建设，推动抗震设防工作。

（二）建设内容。

1. 对全区不确定的重要活动构造和主要断裂带进行探测和鉴定，开展大比例尺地震地质填图，查明其空间分布、活动方式、活动速率、历史和史前大地震期次，编制活动断层分布图，评价各断层中—长期强震危险性，给出全区一定时段（50 年和 100 年）的综合等震线分布图，为政府长期规划和建设提供决策依据。

2. 逐步完成沿黄城市群活断层探测与地震小区划。勘探查明宁东能源重化工基地、利通区、沙坡头区等 3 个城市规划区的发震构造及其主要活动断层分布、活动特性和土层特性，编制活动断层分布图与地震小区划图，建立地震活动断层数据库与信息系统，为城市规划、土地利用和建设提供依据，增强城市的地震灾害防御能力。

3. 社会防震减灾示范工程建设内容包括：在全区建设一个地震安全农居工程示范县，在各地级市建设一个地震安全示范企业，在每个市、县（区）分别建设一所防震减灾科普基地、一所防震减灾科普示范中学、一所防震减灾科普示范小学、一个地震安全示范社区、一个地震安全农居工程示范村。

三、宁夏地震应急处置、应急服务与应急救援能力支撑系统工程

（一）建设目标。

通过收集 9 大类 42 种地震应急数据建设地震应急数据库系统、地震现场应急救援流动指挥技术系统、地震灾害损失快速调查评估专家队伍和保障系统、地震应急物资储备和避难场所示范工程建设体系，形成宁夏地震应急处置、应急服务与救援能力提升支撑系统。确保在地震发生后，通过快速获取地震灾害信息，触发具有专家接入支持的地震应急辅助决策技术系统，为领导指挥救灾提供决策依据。建成具有单兵和网络技术、通信技术和条件保障支持的灾害调查评估体系，实现抗震救灾全过程的应急信息服务；建成政府应急仓储、商业代储和民间可征用信息储备与地震救灾风险评估相结合的地震应急储备体系；按照国标建设好地震应急避难场所，整体提升宁夏地震应急处置能力，最大限度地减轻地震灾害损失。

（二）建设内容。

1. 宁夏地震应急处置与应急服务技术系统建设。

收集全区大比例尺地理信息、社会经济、建筑物等九大类数据，建成在数据库软件和具有强力搜索引擎的地理信息系统软件平台下的应急数据库；通过遥感卫星和航空影像、小飞机地震灾情获取、覆盖全区的地震灾情捕捉视频网络及短信息灾情速报网络快速获取震灾信息，并通过地震破裂过程模型计算和灾区展布速判技术，及以快速接入技术获得专家团队支持以快速获取地震灾情信息，为领导应急指挥决策服务和通过网站等公告平台面向社会公众服务。

2. 地震现场应急救援流动指挥技术系统建设。

由音视频采集、单兵流动信息收集台阵、三维信息拼接及快速研判软件系统，包括具备卫星、3G 和短波通信保障系统和现场评估与辅助决策等应用软件系统，满足首长亲临救灾现场，动态了解灾情，灵活调动队伍，及时下达指令的需求，并可远程与指挥中心联动。

3. 地震灾害损失快速调查评估专家队伍和保障系统建设。

组建从多部门抽调的工作队伍，进行专业培训，并配备单兵携带建筑物破坏情况视频和数据采集，地震灾害调查评估现场分析，信息转发和通信技术装备及生活条件保障等。

4. 地震应急物资储备体系和避难场所示范工程建设。

根据动态地震灾害风险评估，建设各地政府的应急物资和设备仓储、商业代储、民间实际在用设备可调用信息动态分析管理系统。

按照国标建设 1～2 个地震应急避难示范场所，以推动全区各市县地震应急避难场所建设。

第五章　保障措施

建立健全规划实施机制是确保防震减灾"十二·五"规划目标顺利实现的重要条件，要从完善机制、组织落实、资金投入、监督检查等方面，形成"十二·五"规划实施的有力保障。

一、加强组织领导，完善工作机制

防震减灾工作是一项系统工程，各地各部门要按照政府统一领导、齐抓共管、全社会共同参与的原则，切实加强对防震减灾工作的组织领导，强化部门协调、合作，建立和完善各项工作制度和机制，形成防震减灾工作的合力。在规划实施过程中，要及时协调解决存在的重大问题，强化监督检查，确保规划的顺利实施。

二、健全工作机构，落实工作责任

要从当地防震减灾实际出发，依法健全市县防震减灾工作机构，加强市县基层防震减灾力量，保证必要的人员编制和工作条件，保障防震减灾工作的正常开展。防震减灾工作涉及面广，各级政府要切实把防震减灾工作纳入重要议事日程，列入政府责任目标考核体系，建立和完善目标管理责任制，把任务分解到部门，制定工作措施，确保责任到位、措施到位、工作到位。规划中确定的目标任务，要落实到责任单位，列入工作计划，确保规划目标任务有计划、有步骤地落实。

三、加大资金投入，建立长效机制

各地政府要将防震减灾事业纳入国民经济和社会发展规划，进一步加大对防震减灾工作的投入力度，建立健全以财政投入为主体的稳定增长投入机制，使防震减灾工作的投入水平与经济社会发展相适应。同时，鼓励和引导企业、社会加大防震减灾经费投入，形成全社会支持防震减灾事业发展的新局面。

四、坚持依法行政，强化监督检查

要进一步健全完善地方性防震减灾法规和政策体系。各地政府及其所属部门要从实际出发，从自身职能出发，针对防震减灾工作中存在的薄弱环节，进一步完善政策措施，充实执法监督力量，加大执法力度，为防震减灾工作提供可靠保障。要建立完善防震减灾监督检查工作制度和责任追究制度，规范履行社会管理和公共服务的职责，依法加强对防震减灾规划落实情况的中期评估和监督检查，确保规划任务和重点项目的顺利实施和圆满完成。

五、强化人才培养，提升队伍素质

按照"稳定现有人才、引进急需人才、培养未来人才"的指导思想，根据防震减灾事业发展需要，树立人才强业观念，尊重知识、尊重人才、尊重创造，紧紧围绕全区防震减灾中心工作，优化人才结构，合理配置人才资源，建立一套科学合理的人才培养、使用、评价和激励机制。实施创新人才工程，组建一批高水平的科技创新团队，加强现有人才队伍素质建设，建立一支精干高效、保障有力的防震减灾工作队伍，为防震减灾事业提供充足的人才保障和智力支持。

自治区各级政府要按照规划的总体要求，结合当地实际，制定适合本区域的发展规划，完善防震减灾事业发展体系。各地各部门要按照规划制定的目标、任务和政策措施，完善规划实施机制，抓紧组织落实，切实推动我区防震减灾事业又好又快发展。

自治区防震减灾文件题录

宁夏回族自治区人民委员会关于如何处理群众捐献款物支援地震灾区问题的通知

（（66）宁办字第 043 号，3 月 12 日）

自治区革命委员会生产指挥部关于转发"全区地震工作座谈会议纪要"和"一九七〇年全区地震预报工作计划（草案）"的通知

（生发〔70〕45 号，3 月 11 日）

自治区革命委员会关于加强当前地震预防工作的紧急通知

（宁发〔1973〕10 号，2 月 10 日）

自治区革命委员会关于做好预防地震的紧急通知

（宁发〔1973〕97 号，9 月 13 日）

自治区革命委员会批转区科委关于加强我区地震工作的报告

（宁发〔1974〕99 号 1974 年 9 月 3 日）

自治区革命委员会关于防震工作有关问题的通知

（宁发〔1976〕76 号，8 月 30 日）

自治区革命委员会办公室关于严格控制去唐山人员的通知

（宁革办〔1976〕11 号，8 月 21 日）

自治区革命委员会办公室关于统一发布地震预报和震情警报的通知

（宁革办〔1976〕12 号，8 月 21 日）

自治区人民政府关于转发宁夏南部山区抗震工作座谈会纪要的通知

（宁政发〔1986〕135 号，10 月 7 日）

自治区人民政府办公厅转发自治区地震局等四个部门关于加强我区地震烈度管理工作的报告的通知

（宁政办〔1986〕212 号，12 月 28 日）

自治区人民政府关于发布《宁夏回族自治区保护地震台站观测环境和地震测量标志的规定》的通知

（宁政发〔1987〕31 号，5 月 19 日）

关于理顺自治区地震局领导关系的通知

（宁政办发〔1988〕48 号，4 月 14 日）

自治区人民政府批转自治区城乡建设厅关于继续抓好宁南山区农房抗震加固和改

造工作的报告的通知

（宁政发〔1988〕48 号，5 月 3 日）

自治区人民政府办公厅关于成立自治区防震救灾领导小组的通知

（宁政办发〔1990〕82 号，7 月 24 日）

关于印发《宁夏地震防灾减灾综合对策方案（试行）》的通知

（宁政办发〔1991〕5 号，1 月 10 日）

自治区人民政府办公厅关于进一步做好防震减灾工作的通知

（宁政办发〔1991〕20 号，3 月 15 日）

自治区人民政府关于转发宁夏破坏性地震应急反应预案的通知

（宁政发〔1992〕28 号，3 月 19 日）

自治区人民政府办公厅转发国家地震局关于发布地方地震工作管理暂行规定的通知的通知

（宁政办发〔1992〕23 号，3 月 19 日）

自治区人民政府办公厅转发自治区地震局、保险公司宁夏分公司关于加强地震知识与保险业务宣传工作意见的通知

（宁政办发〔1992〕64 号，6 月 2 日）

自治区人民政府办公厅转发自治区地震局、城乡建设厅关于执行《中国地震烈度区划图（1990）》和《中国地震烈度区划图（1990）使用规定》意见的通知

（宁政办发〔1993〕33 号，6 月 11 日）

自治区人民政府办公厅关于调整自治区防震救灾领导小组成员的通知

（宁政办发〔1993〕62 号，10 月 15 日）

关于发布《宁夏回族自治区地震灾情上报规定》的通知

（宁政发〔1993〕122 号，12 月 13 日）

自治区人民政府办公厅关于成立地震灾情评估委员会的通知

（宁政办发〔1994〕103 号，9 月 28 日）

自治区人民政府办公厅关于转发自治区地震局《关于贯彻<破坏性地震应急条例>实施意见》的通知

（宁政办发〔1995〕43 号，5 月 23 日）

关于发布《宁夏回族自治区工程建设场地地震安全性评价工作管理规定》的通知

（宁政发〔1995〕50 号，6 月 9 日）

自治区人民政府办公厅关于成立宁夏回族自治区地震安全性评定委员会的通知

（宁政办发〔1995〕110 号，11 月 13 日）

自治区人民政府办公厅关于调整自治区防震减灾领导小组成员的通知

（宁政办发〔1995〕111 号，11 月 23 日）

自治区人民政府关于印发宁夏回族自治区防震减灾十年目标实施纲要的通知

（宁政发〔1996〕8 号，1 月 25 日）

自治区人民政府办公厅关于进一步加强防震减灾工作的通知

（宁政办发〔1996〕62 号，5 月 31 日）

自治区人民政府关于提请审议<宁夏回族自治区防震减灾条例（草案）>的议案

（宁政发〔1997〕42 号，年 5 月 16 日）

自治区人民政府关于印发宁夏回族自治区破坏性地震应急预案的通知

（宁政发〔1997〕45 号，5 月 19 日）

自治区人民政府办公厅关于调整自治区地震灾情评估委员会成员的通知

（宁政办发〔1997〕76 号，8 月 19 日）

关于启用自治区地震局印章的通知　　　　（宁政办发〔1998〕11 号，2 月 26 日）

自治区人民政府办公厅关于调整自治区防震减灾领导小组成员的通知

（宁政办发〔1998〕96 号，10 月 22 日）

宁夏回族自治区人民代表大会常务委员会公告（公布《宁夏回族自治区防震减灾条例》

（宁人常〔1999〕6 号，4 月 8 日）

自治区人民政府关于印发宁夏回族自治区防震减灾 10 年目标实施阶段任务的通知

（宁政发〔2000〕38 号，4 月 24 日）

自治区人民政府办公厅关于检查地震重点监视防御区防震减灾工作的通知

（宁政办发〔2000〕111 号，7 月 27 日）

自治区人民政府关于印发宁夏回族自治区防震减灾规划（2001–2020 年）的通知

（宁政发〔2001〕63 号，6 月 27 日）

自治区人民政府关于修订印发宁夏回族自治区破坏性地震应急预案的通知

（宁政发〔2001〕64 号，6 月 27 日）

自治区人民政府关于进一步加强防震减灾工作的通知

（宁政发〔2001〕66 号，6 月 26 日）

关于开展防震减灾工作情况的报告　　　　（宁政发〔2001〕67 号，7 月 1 日）

自治区人民政府办公厅关于调整自治区防震减灾领导小组成员的通知

（宁政办发〔2001〕214 号，12 月 10 日）

自治区人民政府办公厅关于开展地震安全性评价检查工作的通知

（宁政办发〔2003〕207 号，10 月 29 日）

公布《宁夏回族自治区地震安全性评价管理办法》

（自治区人民政府令第 58 号，2003 年 12 月 11 日）

自治区人民政府办公厅关于贯彻实施《宁夏回族自治区地震安全性评价管理办

法》的通知

（宁政办发〔2004〕26号，2月11日）

自治区人民政府办公厅关于全区地震应急和安评检查工作的通报

（宁政办发〔2004〕27号，2月11日）

自治区人民政府办公厅关于印发《宁夏回族自治区防震救灾物资储备工作职责》的通知

（宁政办发〔2004〕36号，3月1日）

自治区人民政府办公厅关于配合实施"银川市活断层探测与地震危险性评价"工作的通知

（宁政办发〔2004〕60号，3月22日）

自治区人民政府办公厅关于调整自治区防震减灾领导小组成员的通知

（宁政办发〔2004〕132号，7月5日）

自治区人民政府办公厅关于协助开展银川市地震活断层探测工作的通知

（宁政办发〔2004〕192号，9月13日）

自治区人民政府关于印发《宁夏回族自治区人民政府突发公共事件总体应急预案》的通知

（宁政发〔2004〕106号，9月30日）

宁夏回族自治区人民政府关于加强全区防震减灾工作的通知

（宁政发〔2004〕116号，11月15日）

自治区人民政府办公厅关于收集及汇总地震应急基础数据的通知

（宁政办发〔2005〕2号，1月7日）

自治区人民政府办公厅关于调整自治区防震减灾领导小组成员的通知

（宁政办发〔2005〕129号，7月1日）

自治区党委办公厅、人民政府小公厅关于举行宁夏地震应急演习的通知

（宁党办发电〔2005〕81号，9月15日）

自治区人民政府关于表彰宁夏地震局的决定　宁政发〔2005〕106号，9月30日）

自治区人民政府办公厅关于成立自治区地震安全农居工程领导小组的通知

（宁政办发〔2005〕225号，11月16日）

自治区人民政府关于表彰奖励宁夏地震局的决定（宁政发〔2006〕9号，1月13日）

自治区人民政府关于修订印发《宁夏回族自治区地震应急预案》的通知

（宁政发〔2006〕61号，5月18日）

公布《宁夏回族自治区地震重点监视防御区管理办法》

（自治区人民政府主席令第91号，2006年7月12日）

自治区人民政府关于批转《贯彻落实推进地震应急避难场所建设的意见》的通知

（宁政发〔2006〕94号，7月26日）

自治区人民政府办公厅关于贯彻实施《宁夏回族自治区地震重点监视防御区管理办法》的通知

（宁政办发〔2006〕176号，10月9日）

自治区人民政府关于表彰奖励宁夏地震局的决定

（宁政发〔2007〕10号，1月25日）

自治区人民政府关于建立宁夏海原地震地质公园的批复

（宁政函〔2007〕9号，1月25日））

自治区人民政府关于在全区乡（镇）街道配备防震减灾助理员的通知

（宁政发〔2007〕31号，3月1日）

自治区人民政府办公厅关于召开全区农村民居防震保安工作会议的通知

（宁政办明电发〔2007〕119号，9月3日）

自治区人民政府关于实施农村民居地震安全工程的意见

（宁政发〔2007〕134号，9月28日）

自治区人民政府关于全区地震重点监视防御区（2007年–2020年）判定结果和加强防震减灾工作的意见

（宁政发〔2007〕163号，11月30日）

自治区人民政府关于表彰宁夏地震局的决定

（宁政发〔2008〕11号，1月11日）

自治区人民政府办公厅关于成立自治区支援地震灾区抗震救灾指挥部的通知

（宁政办发〔2008〕99号，5月13日）

自治区人民政府办公厅关于加强对四川地震灾区捐助和救援活动管理的通知

（宁政办发〔2008〕88号，5月19日）

自治区人民政府办公厅关于增补自治区防震减灾领导小组成员的通知

（宁政办发〔2008〕89号，5月16日）

自治区党委办公厅、人民政府办公厅关于做好收集整理抗震救灾资料工作的通知

（宁党办发电〔2008〕42号，5月23日）

自治区人民政府关于进一步做好当前抗震救灾有关工作的紧急通知

（宁政发〔2008〕79号，5月23日）

自治区人民政府关于支援四川地震灾区的情况的通报

（宁政发〔2008〕80号，5月23日）

自治区党委办公厅关于举行抗震救灾救援先进事迹报告会的通知

（宁党办发电〔2008〕45号，6月6日）

自治区党委办公厅、人民政府办公厅关于评选表彰自治区支援汶川地震灾区抗震救灾先进集体和先进个人的通知

（宁党办发电〔2008〕47号，6月8日）

自治区党委办公厅关于举办抗震救灾英模事迹报告会的通知

（宁党办发电〔2008〕49 号，6 月 12 日）

自治区党委办公厅、人民政府办公厅关于召开自治区抗震救灾表彰大会的通知

（宁党办发电〔2008〕55 号，6 月 20 日）

自治区抗震救灾指挥部关于表彰自治区抗震救灾先进集体和先进个人的决定

（宁抗指发〔2008〕1 号，6 月 24 日）

关于举办自治区领导干部专题学习班的通知

（宁党办发电〔2008〕57 号，7 月 3 日）

自治区党委人民政府关于全面加强防震减灾工作的意见

（宁党发〔2008〕50 号，7 月 31 日）

自治区人民政府办公厅关于调整自治区防震减灾领导小组成员的通知

（宁政办发〔2008〕150 号，8 月 26 日）

自治区人民政府办公厅关于选择有关重点单位开展地震应急演练活动的通知

（宁政办发〔2008〕162 号，9 月 28 日）

自治区政协关于海原大地震遗址保护情况的视察报告

（宁政协办字〔2008〕77 号，11 月 25 日）

自治区人民政府办公厅关于举行自治区抗震救灾指挥部地震应急预案桌面演练活动的通知

（宁政办明电〔2008〕124 号，12 月 2 日）

自治区人民政府办公厅转发宁夏地震局关于 2009 年地震趋势会商意见和进一步做好防震减灾工作意见的通知　　　　　　（宁政办发〔2008〕195 号，12 月 3 日）

自治区人民政府关于表彰宁夏地震局的决定

（宁政发〔2009〕5 号，1 月 12 日）

公布《宁夏回族自治区房屋建筑抗震设防管理办法》

（自治区人民政府令第 11 号，2009 年 2 月 2 日）

自治区人民政府办公厅关于印发宁夏回族自治区应对中强地震灾害工作方案的通知

（宁政办发〔2009〕12 号，1 月 14 日）

自治区人民政府办公厅关于广泛深入开展防震减灾知识宣传和地震应急演练的通知

（宁政办发〔2009〕131 号，4 月 30 日）

自治区人民政府办公厅关于举行地震应急演习活动的补充通知

（宁政办明电发〔2009〕67 号，5 月 8 日）

自治区党委办公厅、人民政府办公厅关于对全区防震减灾工作进行督察的通知

（宁党办发电〔2009〕41 号，5 月 21 日）

自治区人民政府办公厅关于印发《全区地震活动断层避让工作方案》的通知

（宁政办发〔2009〕156 号，6 月 17 日）

自治区政协关于进一步加强宁夏防震减灾工作的建议

（宁政协办字〔2009〕64 号，11 月 17 日）

自治区人民政府关于表彰奖励宁夏地震局的决定

（宁政发〔2010〕7 号，1 月 11 日）

自治区人民政府办公厅转发宁夏地震局关于 2010 年度宁夏及邻区地震趋势和做好防震减灾工作的意见的通知

（宁政办发〔2010〕35 号，2 月 15 日）

自治区人民政府关于表彰全区防震减灾工作先进集体和先进个人的决定

（宁政发〔2010〕66 号，4 月 22 日）

自治区人民政府办公厅关于开辟应急抢险救援快速通道的通知

（宁政办发〔2010〕119 号，8 月 2 日）

自治区人民政府办公厅关于印发自治区防震减灾领导小组应对地震灾害工作方案的通知

（宁政办发〔2010〕130 号，8 月 25 日）

自治区人民政府关于进一步加强防震减灾工作的实施意见

（宁政发〔2010〕156 号，11 月 2 日）

自治区党委、人民政府关于表彰奖励全区支援青海玉树抗震救灾先进集体和先进个人的决定

（宁党发〔2010〕59 号，11 月 9 日）

自治区人民政府办公厅关于举行宁夏海原地震博物馆开馆仪式暨海原大地震学术研讨会的通知

（宁政办发〔2010〕158 号，12 月 10 日）

自治区人民政府办公厅关于对全区防震减灾和"质量兴宁"工作进行检查的通知

（宁政办发〔2010〕159 号，12 月 13 日）

自治区人民政府关于表彰奖励宁夏地震局的决定

（宁政发〔2011〕15 号，1 月 19 日）

自治区人民政府办公厅转发宁夏地震局关于 2011 度宁夏及邻区地震趋势和做好年防震减灾工作的意见的通知

（宁政办发〔2011〕28 号，2 月 21 日）

自治区人民政府关于印发宁夏回族自治区防震减灾"十二·五"规划的通知

（宁政发〔2011〕120 号，2011 年 9 月 5 日）

自治区人民政府关于表彰奖励宁夏地震局的决定

（宁政发〔2012〕19 号，2 月 2 日）

后 记

　　20 世纪 80 年代初，国家兴起盛世修志热潮。宁夏地震局顺应时势，于 1986 年 9 月成立《宁夏地震志》工作领导小组，吴建明任组长。领导小组设《宁夏地震志》编辑委员会，主编李孟銮，副主编梁金仓，编委 13 人，负责组织开展编撰工作。1999 年 3 月，宁夏地震局局长杨明芝主持召开《宁夏地震志》第一次工作会议，决定以 2000 年为时限，编撰宁夏地震构造、地震灾害、中华人民共和国建立以来宁夏地震事业发展历程和取得的成就。1999 年 8 月成立《宁夏地震志》第二届编纂委员会，主任杨明芝，副主任刘琨、万自成，委员 8 人，总审梁金仓。编纂委员会讨论通过《宁夏地震志》篇目设计和《编纂宁夏地震志有关事项的规定》，明确了撰写分工：第一篇地震活动（梁金仓）、第二篇地震地质（廖玉华）、第三篇地震监测（刘琨）、第四篇地震预报（张文孝）、第五篇工程地震（万自成）、第六篇地震减灾（张思源）、第七篇地震科研（王清云）、第八篇地震机构（张思源）、大事记（梁金仓）。

　　2000 年 8 月，自治区地方志编纂处原副主任郑彦卿到宁夏地震局讲述志书篇目设计的原则和要求，并对《宁夏地震志》的篇目设计提出建议。2002 年 3 月，自治区地方志编纂处原处长黄秉丽编审和自治区社会科学院原副院长吴忠礼研究员，审阅《宁夏地震志》的"地震监测篇"并提出建议。2003 年 7 月，宁夏地震局成立《宁夏地震志》办公室，具体负责编撰工作。2005 年 3 月，宁夏地震局调整《宁夏地震志》编纂委员会成员，杨明芝继续担任主任委员，张思源、万自成为副主任委员，委员 19 人；赵知军任编纂委员会办公室主任。撰稿人员陆续提交了《宁夏地震志》各篇的草稿。

　　《宁夏地震志》编纂前后，出版的专著、印制的内部资料，为编撰工作奠定了良好基础。如专著：《一九二〇年海原大地震》（1980）、《宁夏地震目录》（1982）、《宁夏回族自治区地震历史资料汇编》（1988）、《海原活动断裂带》（1990）、《银川平原地震区划研究》（1994）、《宁夏回族自治区地震监测志》（2006）、《宁夏地震活动与研究》（2007）等，如内部资料：《固原地震台志》（1982）、《宁夏地震工作简史（1954–1981）》（1983）、《银川地震台志》（1984）、《宁夏地震台志（1954～1986）》（1987）、《建国以来宁夏破坏性地震》（1994）、《宁夏地震局记事》（1997）、《宁夏地方地震工作》（1998）、《宁夏地震监测》（2002）、《宁夏地震局记事》（2006）等。

　　2006 年 6 月，赵知军退休，张自河接《宁夏地震志》编纂委员会办公室主任工作，联系有关专家对《宁夏地震志》草稿进行修改、统稿。按照已出版专著、宁夏防震减灾事业全面深入科学发展历程，开展数字地震观测网络建设、城市活断层探测、重大地震事件考证、支援四川汶川和青海玉树地震抗震救灾等实际，宁夏地震局领导认为将这些最新的重要工作成果记述，会使《宁夏地震志》内容更新颖、更科学、更丰富，更有价值，宜将断代年限后延。

2011 年 3 月，张自河与原宁夏地震局局长、党组书记张思源商议，一起开展《宁夏地震志》纂辑、统稿工作。他们对 2006 年移交的《宁夏地震志》（草稿，下限 2000 年底）各篇审阅后，根据宁夏防震减灾事业发展实际、地震部门职能职责的转变、取得的地震科研成果和地方志研究成果，拟订了新的《宁夏地震志》篇目：第一篇机构与管理、第二篇地震活动、第三篇地震地质、第四篇地震监测、第五篇地震预报、第六篇工程地震、第七篇震灾预防、第八篇地震应急救灾、第九篇地震科研、第十篇人物，对各篇提出增加、补充与修改内容的具体意见。

2012 年 3 月，张自河向自治区地方志办公室副主任张明鹏汇报《宁夏地震志》编纂情况，征得编辑统稿、审稿、出版发行等具体指导意见；经请示宁夏地震局局长、党组书记佟晓辉，得到明确指示和全力支持，同意将断代年限延至 2011 年底，并由张思源、柴炽章、侯万平、谢建永、王怀智、张自河、马禾青、王增光、张进国、封德春、盛菊琴、王建功、吴隽、徐丽红等按照新篇目进行增加、补充、修改的撰稿工作。这些在职人员慨然应允，努力挤出时间撰稿。张自河将撰稿进展情况适时向局领导汇报。

2013 年 9 月，《宁夏地震志》办公室收集整理、编辑《宁夏地震志·声像资料》，制作光碟录入 39 次防震减灾电视新闻报道；收集编辑、印制《宁夏地震志·图集》（分上下两册），精选图片 2400 幅；将地震志的相关资料编辑，印制《宁夏地震志·长编》（分上下两册），约 120 万字；编辑印制《海原大地震资料选辑》（30 万字）和《清宫藏宁夏地震档案》（127 件）。这些资料存宁夏地震局综合档案室，并提供自治区地方志办公室等单位。

《宁夏地震志》各篇的草稿经 3 次修改形成初稿，撰稿人陆续将初稿提交《宁夏地震志》办公室，2013 年 8 月各篇初稿全部完成。由于初稿篇目之间内容交叉、重复较多，且记述内容的标准、条件不相一致，因此按照新的入志原则、标准和条件，对初稿归纳、整合、查漏补缺，增加了大量内容，达到志稿竖不断线，横不缺项，翔实、完整地记录宁夏防震减灾历史。经张思源按照志体要求，将各篇统稿，完成了《宁夏地震志（修改一稿）》，10 月 24 日起送各撰稿人和资料主要提供者及老领导、老专家等退休人员，共 24 人进行修改。此后，有 37 人对《宁夏地震志（修改二稿）》、25 人对《宁夏地震志（修改三稿）和《宁夏地震志（送审稿）》进行修改。此外编者走访、咨询 60 余人次，调查核实了疑义内容。

根据 2013 年 2 月中共中央关于改进工作作风、密切联系群众的八项规定，本志稿对相关内容和形式加以简化。经进一步修改完善，于 2014 年 1 月 6 日形成《宁夏地震志（评审稿）》。

2014 年 1 月 22 日，《宁夏地震志》评审委员会会议认为：《宁夏地震志》编纂委员会按照自治区地方志工作发展规划，组织编纂完成《宁夏地震志》，"述、记、志、传、图、表、录"七体兼备，篇目设计合理，内容较为全面，资料翔实，文风端正，记述方法得当，文字简练，图文并茂，可读性强，详细记述了宁夏防震减灾事业的发展脉络和宁夏地震工作者默默奉献的坚实足迹，具有较强的"存史、资政、育人"作用，达到出版要求。经自治区地方志办公室组织专家终审，认为《宁夏地震志》符合志书出版要求，批复同意正式出版。至此，完成了自治区人民政府《宁夏回族自治区地方志工作发展规划（2008～2020 年)》（宁政发〔2009〕114 号）部署的编撰《宁夏地震志》任务。

《宁夏地震志》撰稿与资料采编人员、审改评审人员情况附后。

编撰《宁夏地震志》是一项崭新的工作，涉及内容浩繁。由于历史原因和编者学识水平有限，在体例、记述内容、文字表达诸方面，多有不足之处，敬请读者不吝赐教、指正。

在《宁夏地震志》付梓之际，衷心感谢所有参与此项工作的人员。

宁夏地震志编纂委员会办公室

二〇一四年一月二十八日

《宁夏地震志》 撰稿与资料采编人员

稿件与事项	撰稿与资料采编人员
图片收集	张思源　张自河　刘琨
图片选辑	张思源　张自河
凡例	张自河
概述	张思源
大事记	梁金仓　张思源
第一篇　机构与管理	张思源主笔，侯万平　谢建永　徐丽红　吴隽　常晟勇　闫冲　谢吉平等供稿。
第二篇　地震活动	盛菊琴　任雪梅　梁金仓
第三篇　地震地质	廖玉华　柴炽章　孟广魁
第四篇　地震监测	刘　琨　王怀智　张自河
第五篇　地震预报	张文孝　马禾青　任雪梅
第六篇　工程地震	万自成　王增光　廖玉华　柴炽章
第七篇　震灾预防	张思源　张进国
第八篇　地震应急救援	张思源　封德春
第九篇　地震科研	王清云　王建功　吴隽
第十篇　人物	张思源主笔，徐丽红　闫冲　李莉　张自河　吴隽等供稿。
限外纪事	张自河
图片制作	盛菊琴　王银　崔瑾　许英才
图片拍摄和提供	翁文灏　谢家荣　U·克劳斯　杨玉玺　王业昌　刘　琨 邓起东　柴炽章　廖玉华　白铭学　张维岐　焦德成 刘登齐　张思源　张自河　张进国　孙立新　李根起 谢建永　封德春　许文俊　马禾青　王增光　闫　冲 王怀智　盛菊琴　任雪梅　安万山　彭翠英　吴　隽 陈　力　周德宁　谢吉平　覃　力　袁丽侠　吴永信
后记	张自河

《宁夏地震志》撰稿审改评审人员情况

（按姓氏笔画排序）

丁光林　平罗县地震局局长

万自成　原宁夏地震局副局长、党组成员，高级工程师

马禾青　宁夏地震局地震分析预报中心主任，博士，正研级高级工程师

马贵仁　原宁夏地震局副局长、党组成员、巡视员，高级工程师

文正国　原宁夏地震局调研员，高级工程师

王玉琴　自治区地方志办公室副编审

王业昌　原宁夏地震局副局长、党组成员（1962 年宁夏地震分室主任），高级工
程师

王怀智　宁夏地震局监测预报处处长，高级工程师

王铁林　原宁夏地震局计划科研处处长（1973 年自治区地震办公室干部）

王树富　银川市地震局党支部书记、副调研员

王建功　宁夏地震局调研员

王清云　宁夏地震局调研员

王增光　宁夏地震工程研究院院长，高级工程师

白铭学　原宁夏地震局副总工程师（1973 年自治区地震办公室干部），高级工
程师

兰　刚　原银川市地震局副局长，调研员

刘　琨　原宁夏地震局副局长、党组成员（1969 年宁夏地震台站管理组负责人），
高级工程师

许文俊　宁夏地震局地震监测中心主任，研究员

闫　冲　宁夏地震局人事教育处处长

卢巧娥　自治区建设厅科技处处长、抗震办公室主任

朱峻峡　原宁夏地震局副局长，正研级高级工程师

任雪梅　宁夏地震局副研究员，博士

孙立新　宁夏地震局办公室主任，高级工程师

孙维护　原石嘴山市地震局局长

李　杰　宁夏地震局党组纪检组长、党组成员

杨　云　自治区地方志办公室编辑

杨玉玺　宁夏第一任地震观测员、原银川地震台负责人（1954 年）

杨明芝　原宁夏地震局局长、党组书记，研究员

吴　隽　宁夏地震局离退休干部管理处副处长（主持工作）

吴广新　原吴忠市地震局局长，高级工程师

吴晓红　自治区地方志办公室副编审

陈　力　宁夏地震局调研员

张文孝　原宁夏地震局分析预报中心主任，研究员

张自河　宁夏地震局调研员、宁夏地震志编纂委员会办公室主任，高级工程师

张进国　宁夏地震局震害防御处、法规处处长，高级工程师

张明鹏　自治区地方志办公室副主任，编辑

张思源　原宁夏地震局局长、党组书记，高级工程师

郭风栖　原宁夏地震局银川遥测地震台台长

金延龙　宁夏地震局副局长、党组成员，副研究员

周　勇　中卫市地震局干部

周　辉　宁夏地震局纪检监察审计处处长，高级工程师

孟广魁　原宁夏地震局工程地震研究所所长，研究员

封德春　宁夏地震局应急救援处处长，高级工程师

侯万平　宁夏地震局发展与财务处处长，高级会计师

高建国　中卫市地震局副局长

姚宗智　原宁夏地震局固原地震台台长，高级工程师

柴炽章　宁夏地震局副局长、党组成员，研究员

党韩生　原固原市地震局副局长，调研员

徐丽红　宁夏地震局人事教育处副处长

常晟勇　宁夏地震局地震应急保障中心主任，高级工程师

梁金仓　原宁夏地震局信息资料中心副主任（主持工作），高级工程师

盛菊琴　宁夏地震局监测预报处副处长，高级工程师

谢建永　宁夏地震局机关党委副书记（专职）

蒋志平　原自治区民政厅副厅长、巡视员

焦德成　宁夏地震局地震工程研究院总工程师，高级工程师

蒙和平　宁夏地震局副巡视员，高级工程师

廖玉华　原宁夏地震局计划财务处处长，研究员

图书在版编目（CIP）数据

宁夏地震志／宁夏地震志编纂委员会编. —北京：地震出版社，2014.7
ISBN 978-7-5028-4418-9

Ⅰ．①宁⋯　Ⅱ．①宁⋯　Ⅲ．①地震志-宁夏　Ⅳ．①P316.243

中国版本图书馆 CIP 数据核字（2014）第 065550 号

地震版　XM3224

宁夏地震志

宁夏地震志编纂委员会　编

责任编辑：刘晶海

责任校对：凌　樱

出版发行：　地震出版社

北京民族学院南路 9 号　　　　　　邮编：100081
发行部：68423031　68467993　　　传真：88421706
门市部：68467991　　　　　　　　传真：68467991
总编室：68462709　68423029　　　传真：68455221
专业部：68467982　68721991
http://www.dzpress.com.cn

经销：全国各地新华书店
印刷：北京地大天成印务有限公司

版（印）次：2014 年 7 月第一版　2014 年 7 月第一次印刷

开本：889×1194　1/16

字数：708 千字

印张：33.25　插页：16

书号：ISBN 978-7-5028-4418-9/P（5108）

定价：180.00 元

版权所有　翻印必究

（图书出现印装问题，本社负责调换）